소화기구 및 피난설비 포함

수계소화시스템공학

손 봉 세

도서출판 동화기술

머리말

국내 소방학문의 역사는 1970년대부터 관련 산업계를 중심으로 발전을 거듭하면서 1987년도에 처음으로 2년제 대학에 소방안전관리과가 신설되어 오늘에 이르렀다. 현재 국내의 소방학문과 관련된 대학의 수는 세계 어느 나라에서도 찾아볼 수 없는 많은 대학에 개설되었다. 이와 같은 교육의 과잉현상은 소방전공자를 수용할 수 있는 한계를 벗어남에 따라 학문적인 질적 및 전문대학교육의 향상을 저해하는 원인으로 작용하고 있다. 이러한 현상은 앞으로 학계 및 정부가 풀어야 할 당면과제라 할 수 있다. 이와 같은 물량적인 팽창이 과연 소방학문을 발전시켰다고 할 수 있겠는가? 물론 어느 정도의 긍정적인 면도 있겠으나 수요의 불균형은 소방학문의 발전을 저해하는 결정적인 원인이 되고 있는 것이 사실이다. 현재 국내의 소방학문의 수준은 어느 정도일까? 선진국의 수준으로 발전을 하려면 아직도 많은 부분에 대한 수정과 보완이 필요하다. 특히, 많은 문제 중에서도 가장 먼저 고려되어야 할 부분이 미래 소방학문의 독립성과 대학교육의 체계적인 발전을 위하여 소방공학의 전문성이 고려된 학문의 분류가 선결되어야 할 것이다. 이러한 문제가 해결될 때 비로소 선진국과 동일한 수준으로 대학교육을 할 수 있는 기반조성과 교재개발, 관련연구가 활발하게 진행될 것으로 생각된다. 1989년 3월부터 대학에서 학생들을 교육하는 사람으로서 좀 더 쉽게 이해할 수 있는 교재를 만들어 보겠다는 욕심으로 몇 차례 걸쳐 관련서적을 집필하였으나 원하는 수준의 교재를 만들지는 못하였다. 따라서 관련 산업계의 기술발전과 관련기술기준의 개정에 따른 내용의 추가와 수정보완이 필요하게 되었다. 특히, 대학에서 약 25년간 강의 및 연구 활동을 토대로 학생들에게 필요한 이론과 관련 산업계가 요구하는 소방학문을 본 교재에서 다루고자 노력하였다. 본 교재는 학생은 물론 관련 산업계의 기술자에게도 도움이 될 수 있도록 가능한 자세하게 기술하고자 하였다. 특히, 본 교재를 개정하게 된 가장 큰 이유는 소방시설의 중요성이 최근 들어 국가 및 국민들이 새롭게 재인식되고 확산됨에 따라 국내에서도 외국의 선진소방기술에 대한 반영이 빈번하게 적용되고 있는 실정으로 이애 대한 대응이 필요한 것으로 생각하여 개정하게 되었다. 특히, 2004년 소방관련 법체가 현대 산업사회에서 요구하는 선진법체계로의 변화와 그 동안 국내 기준에 없었던 미분무수소화설비에 대한 기준이 새로 제정됨에 따른 이론을 추가시킴으로서 첨단소방시설에서 발생하는 기술적인 문제를 해결하고 선진기술의 도입에 부응하기 위한 일환으로 교재를 보완 및 재편성하게 되었다. 따라서 본 교재에서는 일부 누락된 시설을 추가하였고 소방전진국가에서 Special Hazard Fire Fighting System으로 다루고 있는 "Foam Fire Extinguishing System"를 수계소화시스템공학에서 다루지 않고 "특수화재소화시스템공학"으로 이동하였으며 대신에 Water Mist Fire Protection System을 본 교재에 포함시켰다. 또한 소화용수설비와 소화활동설비를 하나의 장으로 구성하여 총 10장으로 구성하였다. 각 장별 주요 내용을 간단히 요약하면 다음과 같다. 제1장 소방시스템 개요 및 기초이론, 제2장 가압송수장치, 제3장 소화기구, 제4장 옥내·옥외소화전설비, 제5장 소화용수설비 및 소화활동설비, 제6장 스프링클러소화설비, 제7장 물분무소화설비, 제8장 미분무소화설비, 제9장 피난설비, 제10장은 도로터널의 소방·방재시설로 구성하였다. 즉, 금번 책자에서는 개정된 기술적인 내용과 일부 누락된 선진소방기술을 보충하였다. 본 교재개발을 위하여 나름대로는 최선을 다하였으나 본의 아니게 미진한 점이 많이 있을 것으로 생각됩니다. 이점 독자 여러분의 많은 이해를 부탁드리며 아울러 공학적인 오류나 보완이 필요한 부분이 있을 경우 연락을 주시면 충실하게 수정 보완하여 나가겠습니다. 앞으로도 본 교재는 지속적으로 새로운 이론과 신기술을 보완하여 나갈 것을 약속드립니다. 마지막으로 본 책자를 발간하기까지 많은 도움을 주신 도서출판 동화기술 임직원 여러분께 깊은 감사의 말씀을 전합니다.

화재안전성능연구실에서 저자

CHAPTER

1 소방시스템 개요 및 기초이론

1. 소방시설의 개요
2. 소방시설의 특수성
3. 관계 법령
4. 소방시설의 종류
5. 관련 기초이론

1. 소방시설의 개요

본 장에서는 화재를 감지하고 진압하는 다양한 소방시설에 대한 이론과 전문적인 학문영역을 공부하기 전에 소방분야를 처음으로 접하는 학생들이나 독자 여러분들에게 공부하는데 편리성을 제공하기 위하여 준비한 장이다. 즉, 기초이론 및 소방시설비의 전반적인 내용에 대하여 개괄적으로 정리하기 위하여 마련한 Chapter로서 필요한 이론과 소화약제, 소방시스템의 종류, 유체역학의 기본이론에 대하여 소방공학에서 가장 중요하다고 생각되는 부분에 대하여 간단하게 설명하였다. 본 교재에서 다루지 않은 공학적인 내용은 각 전공과목에서 심도 있게 다루게 될 것이다. 소방시설이란 소방대상물에서 화재가 발생할 경우 신속하게 화재를 감지하고 경보를 하여 화재 진압 및 확산을 억제시키는 안전설비로서 인명 및 재산을 보호하는데 가장 중요한 생명의 설비라 할 수 있다. 예를 들면 방호공간에 거주하는 거주자나 불특정 다수인에게 화재발생을 알려주는 기능을 가진 경보설비, 피난을 위한 피난설비, 연기를 제어하는 제연설비, 소화 및 진압을 위한 소화설비 등 화재안전성능을 확보하는데 필요한 모든 설비를 총칭하여 소방시설이라 한다. 따라서 소방시설은 소방대상물의 방호공간에 있는 인명·재산을 보호하는 특수한 기능과 역할을 담당하는 점에서 일반 건축설비인 위생설비, 냉난방설비, 공기조화설비, 전기설비, 통신설비 등과는 근본적인 목적의 차이가 있다. 소방시설은 작동방법에 따라 크게 자동식 소화설비(특수소화재소화설비 포함)와 수동식 소화설비가 있고, 기타 피난 및 인명안전을 지원하기 위하여 설치하는 설비로 경보설비, 피난설비 및 인명구조장비, 소화용수설비, 소화활동설비 등으로 대별할 수 있다. 또한 사용하는 약제에 따라 수계 및 가스계 소화설비로 구분할 수도 있으며 대학교육과정에서도 구분하여 중요 필수과목으로 교육하고 있다. 국내 법체계에서는 각 소방시설에 대한 기준을 소방관계법령 및 국가화재안전기준에서 규정하고 있으나 급변하는 소방환경변화에 소방산업기술 및 관련제도는 아직까지 국민들의 수준에 미치지 못하고 있다. 2004년에 이러한 문제점을 보완하고 선진국 수준의 소방산업기술을 확보하기 위하여 국가화재안전기준(National Fire Safety Code)을 새롭게 제정하였으나 본래의 제정 취지와는 차이가 있었다. 우리나라의 소방법체계는 消防基本法, 消防施設設置維持 및 安全管理에 관한 法律, 消防施設工事業法, 危險物安全管理法으로 구성되어 있다. 각각 소방시설에 대한 설치기준은 소방대상물의 규모, 용도, 높이, 위험물질의 종류, 화재진압상의 위험성 및 취약성 등 소방안전에 대한 종합적인 화재위험성을 평가하여 가장 적절한 적응 소방시설을 선정하여 설치하는 것으로 되어 있다. 특히, 동일 소방대상물에서 방호공간의 용도, 시설의 규모 등 다양한 방호공간의 조건에 따라 화재강도가 다르게 때문에 적응 소화약제와 시설을 선정하여 설치하는 것이 매우 중요하다. 최근 국내에서도 선진국과 같은 수준의 화재안전을 확보하기 위하여 관련기준을 선진국의 기준을 대폭 수용하여 보완하였으나 국내 실정 등 현재에도 지속적으로 개정이 진행되고 있는 실정이다. 특히, 초고층 건축물 및 자하연계 고층건축물의 등장으로 이에 대한 종합적이고 과학적인 화재안전성을 확보하기 위한 대책으로 성능위주의 소방설비와 사전재난영향성 검토 협의 및 피해경감계획을 수립하여 심의를 받도록 제도화 되었다. 특히, 각각의 특정소방대상물에서 발생할 수 있는 다양한 위험인자 및 잠재화재위험성이 폭 넓게 산재되어 있고 수많은 거주자 및 불특정 다수인이 활용하는 복합방호공간에서 안전성능을 확보하기 위해서는 다른 편의시설보다 소방시설의 중요성은 더욱 강화될 것이다. 특히, 소방시설은 평상시에 사용하는 설비가 아니고 화재 등 비상시에 사용하는 인명안전설비로서 정확한 감지와 작동을 필수로 하는 특수한 기능을 가진 설비로 지속적인 점검과 유지관리가 필요하다. 따라서 본 교재에서는 각 소화시스템의 종류에 대한 구성요소, 작동원리 등 관련 이론과 선진외국의 기술 내용을 첨부하여 다루었다. 소방시설은 어느 한 분야의 기술영역만으로는 복잡하고 다양한 메커니즘으로 발생하는 화재현상을 안전하게 대처할 수 없기 때문에 본 과목을 수강하는 학생은 사전에 유체역학을 수강한 학생이 수강하는 것이 바람직하다.

2. 소방시설의 특수성

소방기본법에서 소방의 목적은 「화재를 예방·경계하거나 진압하고 화재, 재난·재해 그 밖의 구조·구급활동 등을 통하여 국민의 생명·신체 및 재산을 보호함으로서 공공의 안녕질서 유지와 복리증진에 이바지함을 목적으로 한다」라고 정의하고 있다. 또한 소방대상물이라 함은 「건축물, 차량, 선박(선박법 제1조의 2조의 규정에 따른 선박으로서 항구 안에 매어둔 선박), 선박구조물, 산림 그 밖의 공작물 또는 물건」이라고 광범위하게 정하고 있다. 이상에서 알 수 있는 바와 같이 소방시설의 특수성은 다양한 종류의 소방대상물에서 발생하는 화재나 기타의 사고로부터 가장 적극적으로 대응하여 안전을 확보하기 위하여 설치하는 것이 소방시설이다. 따라서 다양한 원인에 의하여 발생하는 화재를 제어 및 진압하기 설치하는 비상설비이기 때문에 일반 건축설비와는 전혀 다른 특수목적이 있다. 소방시설 설치·유지 및 안전관리에 관한 법률에서 「소방시설」이라 함은 소화설비, 경보설비, 피난설비, 소화용수설비, 그 밖의 소화활동설비로서 대통령령이 정한 것으로 되어 있다. 건축물에 설치하는 전원설비, 기계설비, 위생설비 등 생활의 편의를 위하여 설치하는 설비는 항상 편리성과 쾌적함을 제공하기 위한 설비이기 때문에 일반 거주자들이 매우 중요한 설비로 인식하지만 소방시설은 화재진압, 인명안전과 재산보호와 직결되는 특수한 목적과 기능을 가지고 있다는 사실을 알고 있는 국민들은 의외로 많지 않다는 것이 우리의 현실이다. 물론 과거에 비하여 생활수준 및 국가경제의 발전으로 소방시설에 대한 국민들의 인식도 많은 변화가 있지만 아직까지도 그 중요성에 대한 인식은 정착되지 않고 있는 실정이다. 최근 국내에서는 세계적으로 사례를 찾아보기 어려운 대형화재사고가 발생하고 있음에도 선진국수준의 화재안전에 대한 과학적인 대책을 제대로 마련하지 못하고 있다. 특히, 소방공학분야는 소방산업의 선진화, 교육, 연구에 대한 인식의 미흡으로 앞으로 해결해야 할 많은 문제가 누적되어 있다. 예를 들면 과학적이고 체계적인 소방안전대책을 수립하여 적극적으로 적용하였다면 그 동안 발생한 화재사례에서 알 수 있는 바와 같이 어처구니없는 대형 참사는 방지할 수 있을 것이다. 이와 같은 대형사고가 발생할 수밖에 없는 현실에 대하여 화재전문가 아닌 일반인들도 매우 안타깝게 생각하고 있는 것이 사실이다. 그럼에도 불구하고 과거의 관습이나 관행에서 벗어나지 못하고 있는 것이 매우 유감스러운 일이다. 분명한 것은 화재가 발생하지 않도록 예방조치를 철저하게 하고 화재사고가 발생하는 경우라도 초기에 진화할 수는 소방시설과 방화조치를 한다면 대형화재로 확대되지 않고 많은 인명피해와 재산피해를 일으키는 후진국형 사고는 발생하지 않을 것이다. 물론 소방시설의 설치에서부터 유지관리 등 조치를 할 수 있도록 법적으로 규제는 되어 있으나 현실을 그렇지 못하다는 것이다. 화재 등 비상시에 소방시설이 정확하게 작동함으로서 국민의 생명과 재산을 보호한다는 사실을 국민과 국가가 정확하게 인지할 때 우리나라도 선진대열에 다가설 것으로 생각된다. 따라서 우리나라가 선진국이 되기 위해서는 어느 한 분야의 기술이 선진기술을 확보하였다고 선진국이 될 수 없는 것처럼 소방시설이 국가의 안전한 성장의 초석이라는 인식과 국민의 생명과 재산을 보호한다는 차원에서 국가적인 차원의 대책과 지원이 절실히 필요하다.

3. 관계 법령

국가화재안전기준으로 제정되기 이전에는 소방법(시행령, 시행규칙)이라는 하나의 법으로 구성되어 있었으나 2004년 6월 1일 소방방재청으로 정부의 조직이 개편됨에 따라 소방시설 관련 기준도 많은 변화를 가지게 되었다. 소방법에 제정되어 있던 소방시설기준이 고시로 변하면서 선진국가의 화재안전기준에 준하는 수준으로 발전하는 계기가 되었다. 즉, 소방관련 산업, 정보통신기술의 발전 및 소방대상물의 심층화, 대규모화 등으로 인한 소방환경의 급격한 변화에 적응할 수 있는 소방시설을 구축하기 위한 시대적 요구에 따라 국가화재안전기준 체계로 변하게 된 것으로 생각된다. 국가화재안전기준(고시)은 소방시설에 대한 가능한 모든 기준을 정하고 있으나 본 기준만으로 해결할 수 없는 분야에 대하여는 성능위주설계, 초고층 및 지하연계 복합건축물 재난관리에 관한 특별법 등에 의하여 보완하고 있다. 국가화재안전기준은 관련산업기술의 발전과 시대적 여건에 따라 지속적으로 개정 및 보완될 것이며 또한 본 기준은 최상이 아닌 최소한의 화재안전기준이라는 점을 인식하는 것이 중요하다. 특히,

고시에 정한 기준에 따라 설계하고 설치하는 것이 최소한의 국민의 재산과 생명을 지키는 길이라는 것이다. 이와 같이 국가화재안전기준을 토대로 신축하는 소방대상물은 물론 기존 소방대상물의 관계인이 잘 적용될 수 있도록 정책적으로 협조하는 것이 무엇보다 중요하다. 따라서, 소방법이나 화재안전기준에 따라 소방대상물의 관계인은 관례법령이나 고시에서 정하는 기준에 맞게 해당 소방시설을 설치할 것을 의무화 하고 있다. 특히, 최근 초고층 건축물이나 대규모 복합용도의 경우는 화재안전기준뿐만 아니라 성능위주의의 설계기준, 초고층 및 지하연계 복합건축물의 기준에 따라 설치해야 한다. 즉, 각 소방설비의 세부적인 설계기준 등에 대하여는 소방방재청령으로 정하여 시행하고 있는 관련법령은 소방법, 화재안전기준, 위험물안전법령 등이 있다. 특히, 위험물제조시설 등에 설치하는 소방시설은 소화의 난이도에 따라 소방시설기준을 추가로 적용하고 있다. 따라서 화재 및 소방시설과 가장 연계성이 높은 법령 및 고시 등에 대한 기준을 요약하면 다음과 같다.

1) 소방기본법

화재의 예방·경계, 진압 등에 관한 사항, 소방현장활동, 소방용수 등에 관한 사항, 소방안전교육사에 관한 사항

2) 소방시설 설치·유지 및 안전관리에 관한 법률

본 법률에서는 건축물의 소방시설 설치, 점검, 관리·소방안전관리자 지정, 확인사항, 소방시설관리업 등록 등을 다룬다.

3) 화재안전기준(고시)

소화기구, 스프링클러 등 소방시설·용품 등 159종류의 화재안전기준에 관한 사항이 고시로 제정되어 있다.

4) 다중이용업소의 안전관리에 관한 특별법

다중이용업소의 소방시설, 방염, 완비증명 등에 관한 사항 등이 있으며 또한 다중이용업주 및 종업원 소방안전교육에 관한 규정(훈령)이 있다.

5) 초고층 및 지하연계복합건축물 재난관리에 관한 특별법

초고층 건축물과 지하연계 복합건축물에 대한 재난관리에 필요한 사항을 규정

6) 소방시설공사업법

소방시설공사의 착공, 감리, 준공, 소방기술의 관리에 관한 사항, 소방시설(감리·설계·공사)업에 등록 등에 관한 사항

7) 위험물안전관리법

주유소, 위험물저장소 등의 저장, 취급 및 운반 등에 따른 안전관리에 관한 사항

8) 위험물안전관리에 관한 세부기준(고시)

위험물의 시험 및 판정, 안전성능검사 등 위험물 안전관리의 세부적인 기준에 관한 사항

4. 소방시설의 종류

앞에서 언급한 바와 같이 소방시설 설치·유지 및 안전관리에 관한 법률에서 "소방시설"이라 함은 소화설비·경보설비·피난설비·소화용수설비 그 밖의 소화활동설비로서 대통령령이 정하는 것으로 되어 있다. 소방대상물의 규모, 용도, 화재하중 등 여러 소방환경 조건에 따라 설치하는 소방설비는 화재발생 시 초기에 화재를 감지하는 설비, 화재를 소화하는 설비, 거주자의 피난을 위하여 설치하는 피난설비, 이 외에 소화활동이나 구조활동을 지원하기 위하여 설치하는 모든 화재안전과 관련하여 설치하는 설비를 총칭한다. 이들 각 설비에 대하여 세부적인 이론 및 학문적인 내용을 공부하기 전에 이해를 돕기 위하여 소방시설의 종류에 대하여 간단하게 소개하고자 한다.

1) 소화설비

소화설비는 물, 그 밖의 소화약제를 사용하여 화재를 진압하기 위하여 설치하는 시설로서 소화기구(간이식소화용구 포함)나 각종의 소화기(소형수동식, 대형수동식)와 고정식설비로 자동소화장치, 옥내소화전설비, 옥외소화전설비, 스프링클러소화설비 및 간이스프링클러소화설비, 조기반응형스프링클러설비, 진공스프링클러소화설비, 물분무소화설비, 미분무소화설비, 포소화설비, 이산화탄소소화설비, 할로겐화합물소화설비, 청정약제소화설비, 분말소화설비, 기타 특수한 소화능력이 있는 다양한 종류의 소화설비가 있다.

2) 경보설비

본 설비는 건축물 내부에서 화재가 발생한 경우 초기에 화재를 감지하여 방호공간 내에 있는 사람에게 화재발생을 통보하는 기계·기구 또는 설비로서 비상경보설비(비상벨설비, 자동식사이렌설비, 단독경보형 감지기), 비상방송설비, 누전경보기, 자동화재탐지설비, 자동화재속보설비, 가스누설경보기, 기타 특수감지기에 의하여 화재를 감지하는 설비로 되어 있다.

3) 피난설비

피난설비는 화재가 발생한 구역이나 층으로부터 거주자 및 불특정다수인이 안전한 피난공간이나 피난층, 지상층으로 안전하게 피난할 수 있도록 지원하는 시설로서 미끄럼대, 피난사다리, 구조대, 완강기, 피난교, 피난트랩, 피난밧줄, 공기안전매트, 그 밖의 피난기구와 방열복, 공기호흡기, 인공소생기 등의 인명구조기구, 유도등 및 유도표지, 비상조명등 및 휴대용비상조명등이 있다. 현재 국가화재안전기준에는 피난기구의 화재안전기준과 인명구조기구의 화재안전기준, 유도등 및 유도표지의 화재안전기준으로 구분하여 규정하고 있다.

4) 소화용수설비

각 소화설비마다 필요한 전용수원을 확보하고 있지만 대규모 건축물의 경우 화재 시 각 소화설비에서 요구하는 수원만으로 화재를 진압하지 못하는 경우를 대비하여 설치하는 것이 소화용수설비이다. 소화용수설비의 종류는 상수도소화용수설비, 소화수조·저수조 그 밖의 소화용수설비를 말한다. 국가화재안전기준에서는 상수도소화용수설비, 소화수조 및 저수조 설비로 구분하여 기준을 제정하고 있다.

5) 소화활동설비

소방대원의 화재진압 및 구조 활동은 물론 거주자의 안전한 피난을 지원하기 위하여 설치하는 설비를 말한다. 소화활동설비의 종류는 제연설비, 연결송수관설비, 연결살수설비, 비상콘센트설비, 무선통신보조설비, 연소방지설비가 있다. 국가화재안전기준에서 제연설비에 대하여는 건실제연과 특별피난계단의 계단실 및 부속실 제연설비로 구분하여 제정하고 있다. 이상 설명한 내용은 현재 국가화재안전기준으로 제정한 내용은 크게 소화설비, 경보, 피난설비, 소화활동설비, 소화용수설비로 구분되어 있다. 이상 5가지의 소방시설에 대한 내용을 정리하면 다음 표와 같이 요약할 수 있다.

<table>
<tr><th>소방시설 구분</th><th colspan="2">종류 및 개요</th></tr>
<tr><td rowspan="15">소화설비</td><td rowspan="4">소화기 기구</td><td>소화기 : 소화약제를 압력에 따라 방사하는 기구(소형소화기, 대형소화기)</td></tr>
<tr><td>자동소화장치 : 주방용, 가스식, 캐비넷형, 분말식</td></tr>
<tr><td>고체에어로졸식, 자동확산소화장치</td></tr>
<tr><td>간이소화용구 : 에어로졸식 소화용구, 투척용 소화용구 및 소화약제 외의 것을 이용한 소화용구</td></tr>
<tr><td rowspan="2">소화전설비</td><td>옥내소화전설비 : 옥내 초기 및 중기 화재 진압</td></tr>
<tr><td>옥외소화전설비 : 옥외 화재 진압(지상 1, 2층)</td></tr>
<tr><td rowspan="3">스프링클러 소화설비</td><td>스프링클러설비 : 자동식 소화설비</td></tr>
<tr><td>간이스프링클러설비 : 자동식 소화설비</td></tr>
<tr><td>조기진압용스프링클러 : 자동식 소화설비</td></tr>
<tr><td rowspan="6">물분무등 소화설비</td><td>물분무소화설비 : 물을 미립자 상태로 분무하는 설비</td></tr>
<tr><td>포소화설비 : 포소화약제를 사용하는 설비</td></tr>
<tr><td>이산화탄소소화설비 : CO_2를 사용하는 설비</td></tr>
<tr><td>할로겐화합물소화설비 : 할로겐화합물을 사용하는 설비</td></tr>
<tr><td>분말소화설비 : 4종의 분말소화약제를 사용하는 설비</td></tr>
<tr><td>청정소화약제설비(13종의 청정약제) : 청정소화약제를 사용하는 설비</td></tr>
</table>

소방시설 구분	종류 및 개요
경보설비	비상경보설비 : 화재 시 경보를 하는 설비(90 dB 이상)
	비상방송설비 : 화재 시 비상방송(확성기, 음향조절기, 증폭기)
	누전경보설비 : 누전 시 경보 및 차단
	자동화재탐지설비 : 화재를 자동으로 감지하여 경보하는 설비
	자동화재속보설비 : 소방관서에 자동 연락하는 설비
	단독형감지기 : 감지기 자체가 경보를 할 수 있는 감지기
	시각경보기, 가스누설경보기 : 시각장애자 및 가스누설 경보
	통합감시시스템 : 소방시설을 종합으로 통합하여 관리하는 시스템
피난설비	피난기구, 인명구조기구, 인명구조용 공기호흡기, 피난구유도등, 통로유도등, 유도표지, 비상조명설비, 휴대용비상조명등
소화용수설비	상수도소화용수설비 : 75 mm 이상의 수도배관에 연결 소화수조 또는 저수조 : 소화에 필요한 수원을 잠시 저장하는 설비
소화활동설비	제연설비 : 연기 배출 및 제어(특별피난계단 등)
	연결살수설비 : 소규모 지하층 화재 진압용
	연소방지설비(지하구 방화벽) : 지하구의 연소확대 방지
	비상콘센트설비 : 전원 공급용(소방장비 사용)
	연결송수관설비 : 전문소방대원이 활용
	무선통신보조설비 : 통신을 위한 설비
비상전원설비	상용전원 차단 시에 사용할 수 있는 전원설비
도로터널	도로터널 화재를 위한 소방설비 기준

5. 관련 기초이론

이 장에서 다룰 주요 내용은 소방시설에 대한 공학적인 이론을 다루기 전에 수계소화시스템에서 가장 많이 필요로 하는 공학이 유체역학으로 기본이론을 중심으로 다루고자 한다. 소방시설에 관심이 있는 학생이나 독자라면 알 수 있는 내용으로 소화설비의 종류는 크게 수계(水系)소화설비, 특수위험화재소화설비(가스계소화설비)로 구분할 수 있다. 본 교재에서 다루게 될 수계소화설비는 소화약제로 물(Water)을 사용하여 소화하는 설비로서 종류는 옥내·옥외소화전설비, 스프링클러소화설비 및 간이스프링클러소화설비, 조기진압형스프링클러소화설비, 물분무소화설비, 포소화설비 등 매우 다양하다. 또한 소화활동설비 중에서 소화용수설비, 연결송수관설비, 연결살수설비, 연소방지설비 등이 수계소화설비로 본 교재에 포함되어 있다. 피난설비는 수계 및 가스소화설비에 해당하지 않은 지원설비이지만 별도의 장을 구성하여 본 교재에 포함하였다. 이들 소화설비는 앞에서 언급한 바와 같이 소화약제로 물을 사용하는 화재진압설비이다. 따라서 물(유체)에 대한 기초이론을 사전에 숙지하는 것이 필요하다. 각 소화설비의 주요성능과 특성 및 관련이론을 공부하기 전에 반드시 유체에 대한 기본적인 개념정리가 필요하다고 생각하여 제1장에서 다루었다. 물론 소방학문을 공부하기 위해서는 여러 분야의 전문공학 영역을 필요로 하기 때문에 다른 전공에 비하여 공부해야 할 범위가 넓다. 수계소화설비에서 사용하는 소화약제인 물은 매우 경제적이며 동시에 소화능력도 우수한 할 뿐 아니라 우리생활 주변에서 손쉽게 얻을 수 있는 등 많은 이점을 가지고 있는 약제이다.

또한 친환경적인 소화약제로 자연환경을 파괴하는 유해 요소가 없기 때문에 현재까지 소화약제 중에서 가장 널리 사용된다. 이와 같은 여러 장점 때문에 선진국에서는 이미 물을 이용하여 대체청정소화약제로 활용할 수 있는 소화시스템을 개발하기 위한 많은 연구가 진행되어 새로운 소화시스템이 개발되었으나 일부 적용되고 있는 실정이다. 그러나 국내의 경우는 아직 청정소화설비에 대한 국민 및 정부의 관심이 부족하여 연구가 활발하게 추진되고 있지 않은 실정이라 할 수 있다. 이상에서 언급한 바와 같이 수계(水系)소화시스템을 공부하는데 가장 많은 비중을 차지하는 부분이 유체역학 관련 분야로서 기본이론을 이해하는 것이 중요하다. 따라서 본 단위에서는 유체와 관련된 기초이론으로 유체의 기본성질, 유량, 방수에 따른 배관의 크기, 마찰손실 등에 대한 필요한 이론을 다루었다. 즉, 기본단위, 유체특성과 수송, 손실 및 유체수송 등 소화설비에서 필요한 내용을 중심으로 가능한 이해하기 쉽도록 간단하게 설명하였다. 또한 유체를 운송하기 위해서는 동력이 필요하기 때문에 전동기 및 내연기관에 대한 내용을 포함하였다. 그러나 본 단위에서 유체역학과 관련하여 전체를 다룰 수 없기 때문에 공부하는 과정에 좀 더 구체적인 이론이 필요할 경우는 유체역학, 유체기계, 기타 유체역학과 관련된 전문서적을 참고하길 바란다.

1) 유체란

고체는 상온과 상압에서 일정한 모양을 가지고 있는데 반하여 액체와 기체는 고유의 형태가 없이 담겨진 용기의 모양에 따라서 자유롭게 변하게 된다. 따라서 우리는 일반적으로 액체와 기체(혹은 증기)를 유체라 한다. 유체는 우리가 잘 활용한다면 인간에 필요한 에너지를 공급해 주는 가장 유용한 물질로 사용될 수 있으나 이를 제대로 제어하지 못하는 경우에는 큰 손실과 위험을 줄 수도 있는 물질이기도 하다. 즉, 유체는 전단력을 받았을 때 그것이 극히 작다 할지라도 연속적으로 변형하는 성질을 가지고 있다. 그렇다면 유체역학이란 운동하고 있거나(유체동역학) 또는 정지하고 있는(유체정역학) 유체자체를 연구하고 또 그 유체가 고체 표면 또는 다른 유체로 된 경계에 미치는 여러 현상에 대하여 연구하는 학문이다. 즉, 유체역학(Fluid Mechanics)이란 유체에 관한 자연현상이나 물리적 현상을 수학적 방법이나 실험을 통하여 해결하는 학문을 말한다. 유체역학의 응용분야에 대하여 요약하면 인간의 호흡, 혈액유동 및 펌프, 비행기, 선박, 하천, 풍차, 미사일, 엔진, 각종 소방시설 등 거의 모든 산업분야에서 적용이 안 되는 분야가 없을 정도로 다양하다. 소방공학 측면에서 응용 예를 보면 건물과 구조물 주위에서 발생하는 유동장이나 공기역학적인 힘 해석, 화재유동, 피난유동 및 대규모 공간, 야구장, 공연장, 대형유통센터 등의 산업현장에서 활발하게 이용되고 있다. 또한 물질은 고체, 액체, 기체, 고체뿐만 아니라 플라즈마(Plasma)라고 불리는 것이 있다. 플라즈마는 구성입자가 전기적으로 대전하였다는 것을 제외하고는 기체와 비슷하다. 플라즈마의 특성은 다른 상태의 물질에 영향을 미치는 힘과 더불어 전자기력에 강하게 의존한다. 플라즈마는 보통의 지상조건에는 존재하지 않으므로 우리에게는 생소하나 우주의 거의 모든 물질은 플라즈마 상태이므로 최근에 와서 활발히 연구되고 있다. 유체에 대한 기본이론을 설명하게 된 이유는 앞에서도 간단하게 설명한 바와 같이 대부분 소화설비에 사용하는 소화약제가 유체(물)이기 때문에 소화시스템공학을 학습하는데 이해를 돕기 위하여 유체에 대한 기초적인 내용을 다루게 되었다. 따라서 본 장에서는 유체역학에서 가장 기본이 되고 본 학과에 가장 연계성이 높은 내용을 중심으로 정리하고 하였다.

2) 유체의 분류

유체가 정지상태에 있지 않고 운동하고 있을 때에 발생하는 응력들은 실제적으로 점성(Viscosity) 때문이다. 따라서 유체의 점성유무에 따라 분류하면 점성유체(Viscous Fluid)와 비점성유체(Inviscid Fluid)로 구분할 수 있다.

점성이란 물분자가 상대적인 운동을 할 때 분자간, 혹은 물분자와 고체경계면 사이에 마찰력을 유발시키는 물의 성질을 말하며 이는 물분자간의 응집력 및 물분자의 다른 분자간의 점착력 등의 상호작용에 의하여 나타난다.

이상유체가 아닌 모든 실제유체는 점성이라는 성질을 가지며, 점성은 유체 흐름에 저항하는 값의 크기로 측정된다. 단위면적당 힘의 크기로서 점성의 점도를 나타낸다.

그러나 우리가 사용하는 실제유체는 모두 점성을 가지고 있으며 이 점성에 의해서 유체의 운동상태는 달라진다. $\tau = \mu \frac{du}{dy}$와 같이 전단응력과 속도구배와 정비례하는 관계를 갖는 유체를 뉴턴유체(Newton Fluid)라 하며 그렇지 않는 유체를 비뉴턴유체(Non-Newton Fluid)라 한다. 다행스럽게도 공기, 물, 기름과 같은 대부분의 유체는 Newton유체이다. 기체와 같이 체적이 변화하는 유체를 압축성유체(Compressible Fluid), 물이나 기름처럼 체적이 변화하지 않는 유체를 비압축성유체(Incompressible Fluid)라고 한다. 대부분의 경우 공학적인 계산이나 응용에서는 일반적으로 비압축성유체로 취급하는 경우가 많다. 점성유체를 실제유체

(Real Fluid)라고 하며 비점성, 비압축성유체를 이상유체(Ideal Fluid) 또는 완전유체(Perfect Fluid)라고 한다. 이상유체는 이론적인 해석이 가능할 뿐만 아니라 실제유체의 기본적인 성질을 대부분 내포하고 있어서 유체역학의 엔지니어링적 해석에서는 대부분의 경우 이상유체로 해석하는 경우 많다. 이상에서 설명한 유체의 종류를 요약하면 다음 표 1.1과 같다.

표 1.1 유체의 분류

유체의 종류	세부 구분
1) 점성에 따른 종류	점성유체(Viscous Fluid); 실제유체(Real Fluid)
	비점성유체(Inviscid Fluid)
2) 압축에 따른 경우	압축성유체
	비압축성유체
3) 비점성과 비압축성유체	이상유체(Ideal Fluid) 또는 완전유체(Perfect Fluid)
4) Newton점성법칙 전단응력과 속도국배가 정비례하는 관계	Newton유체 : Newton점성법칙을 만족하는 유체
	Non-Newton유체 : Newton점성법칙을 만족하지 않은 유체

3) 단위와 차원

자연현상에서의 여러 물리적 법칙은 수학적인 방법으로 쉽게 표시될 수 있다. 즉, 공학적 문제를 해결하고자 할 때에는 물리적 양을 정량적으로 기술할 수 있다. 그러나 물리학에서 사용하는 방정식은 수학에서 사용하는 방법과는 달리 단지 물리적 양(Quantity)만을 취급하고 있다. 이러한 물리적 양은 차원(Dimension)으로 표시할 수 있으며, 차원은 길이(Length), 질량(Mass), 시간(Time), 속도(Velocity) 등과 같이 일정한 물리적인 양을 표시하는 값을 말한다. 그리고 이러한 차원들은 일정한 단위(Unit)로 측정된다.

한 개의 물리적 양은 단지 한 개의 차원을 갖지만, 이 한 개의 차원은 여러 개의 다른 단위로 표시할 수 있다. 차원을 나타내는 단위들은 서로 환산이 가능하지만 차원 상호간의 환산은 불가능하다. 따라서 자연현상에 있어서 물리적 양은 서로 같은 차원을 나타내는 양만을 비교할 수 있다. 즉, 서로 다른 차원의 양은 가감할 수 없으며, 또한 물리적 관계를 표시하는 방정식의 양변은 반드시 같은 차원을 가져야 한다.

① 차원(Dimension)

길이, 질량, 시간, 속도, 밀도, 온도, 힘, 압력, 점성계수 등 여러 가지의 자연현상을 표시하는 양을 물리량이라 한다. 이 중에서 물리량을 나타내는 기본이 되는 양 시간, 질량, 힘 등을 기본량이라 하며 기본량을 가지고 구체적으로 정한 절차에 따라 유도해 낸 양을 유도량이라 하며 기본차원은 다음과 구분한다.

기본차원
- 절대단위계(MLT계) : 질량 M, 길이 L, 시간 T
- 공학단위계(FLT계, 중력단위계) : 힘 F, 길이 L, 시간 T

길이, 질량, 시간을 기본량으로 잡아 각각 L, M, T로 나타내고 물리량을 Q라 하면

$$Q = CL^{\alpha}M^{\beta}T^{\gamma} \tag{1-1}$$

으로 표시된다. 여기서 C, α, β, γ는 정수이다. 이 지수 α, β, γ를 Q의 각각 L, M, T에 관한 차원(Dimension)이라 하고 $L^{\alpha}M^{\beta}T^{\gamma}$을 Q의 차원식이라 한다. 이 차원식은 다음과 같이 표기한다.

$$Q = L^{\alpha}M^{\beta}T^{\gamma} \tag{1-2}$$

차원식에는 두 가지 방식이 있으며 그 하나는 기본량을 질량 M, 길이 L 및 시간 T로 잡은 MLT계이고 또 하나는 힘 F, 길이 L 및 시간 T를 기본량으로 하는 FLT계이다. SI 단위를 사용할 때에는 항상 질량이 기본량으로 채택되기 때문에 차원은 MLT계를 사용한다. 표 1.2에 대표적인 물리량의 차원을 표시하였으며 차원방정식은 다음과 같이 유도된다.

$$MLT\text{계} : \text{속도} = \frac{\text{거리}}{\text{시간}} = \frac{[L]}{[T]} = [LT^{-1}]$$

$$\text{힘} = \text{질량} \times \text{가속도} = [M][LT^{-2}] = [MLT^{-2}]$$

$$FLT\text{계} : \text{압력} = \frac{\text{힘}}{\text{면적}} = [FL^{-2}]$$

$$\text{질량} = \frac{\text{힘}}{\text{가속도}} = \frac{[F]}{[LT^{-2}]} = [FL^{-1}T^{2}]$$

② 단위

물리량을 측정하려면 일정한 기본 크기를 정해 놓고 이 크기와 비교해서 몇 배가 되는가로 표시하게 되며 이 기본 크기를 단위(Unit)라 한다. MLT계로서 기본 크기를 결정한 단위계(Unit System)를 절대단위계라 하고 FLT계로서 기본 크기를 결정한 단위계를 공학단위계 또는 중력단위계라 하며 국내에서 현재 사용되는 단위계는 다음과 같다.

(가) 절대단위

길이, 질량, 시간의 단위로 m, kg, s를 기본단위로 하는 절대단위계를 MKS단위계라 하고

이 단위계에서의 힘의 단위로는 N(Newton이라 읽는다)을 쓴다. 1 N의 힘이란 질량 1 kg의 물체에 1 m/s^{2}의 가속도를 생기게 하는 힘으로서 다음과 같다.

$$1\ \mathrm{N} = 1\ \mathrm{kg} \times 1\ \mathrm{m/s^2} = 1\ \mathrm{kg \cdot m/s^2}$$

또한 길이, 질량, 시간의 단위로 각각 cm, g, s를 기본단위로 한 절대단위계를 *CGS*단위계라 한다. 여기서 힘의 단위는 질량 1 g의 물체에 1 cm/s^{2}의 가속도를 생기게 하는 힘을 잡아 이것을 1 dyne이라 한다.

$$1\ \mathrm{dyne} = 1\ \mathrm{g} \times 1\ \mathrm{cm/s^2} = 1\ \mathrm{g \cdot cm/s^2} = 10^{-5}\ \mathrm{N}$$

표 1.2 대표적인 물리량의 차원과 단위

물리량(物理量)	차 원		단 위	
	*MLT*계	*FLT*계	SI (국제)	공 학
길 이	$[L]$	$[L]$	m	m
질 량	$[M]$	$[L^{-1}FT^2]$	kg	kgf · s^2/m
시 간	$[T]$	$[T]$	s	s(또는 sec)
면 적	$[L^2]$	$[L^2]$	m^2	m^2
체 적	$[L^3]$	$[L^2]$	m^3	m^3
속 도	$[LT^{-1}]$	$[LT^{-2}]$	m/s	m/s
가속도	$[LT^{-2}]$	$[LT^{-2}]$	m/s^2	m/s^2
각속도	$[T^{-1}]$	$[T^{-1}]$	rad/s	rad/s
비중량	$[L^{-2}MT^{-2}]$	$[L^{-2}F]$	kg/m^2 · s^2	kgf/m^3
밀 도	$[L^{-2}M]$	$[L^{-4}FT^2]$	kg/m^3	kgf · s^2/m^4
운동량	$[LMT^{-1}]$	$[FT]$	kg · m/s	kgf · s
힘, 무게	$[LMT^{-2}]$	$[F]$	N, kg · m/s^2	kgf
토 크	$[L^2MT^{-2}]$	$[LF]$	kg/m^2 · s^2	kgf · m
압력, 응력	$[L^{-1}MT^{-2}]$	$[L^{-2}F]$	Pa, N/m^2, bar	kgf/cm^2
에너지, 일	$[L^2MT^{-2}]$	$[LF]$	J, N · m, kg · m^2/s^2	kgf · m
동 력	$[L^2MT^{-2}]$	$[LFT^{-1}]$	W, kg · m^2/s^3	kgf · m/s
점성계수	$[L^{-1}MT^{-1}]$	$[L^{-2}FT]$	Pa · s, N · s/m^2	kgf · s/m^2
동점성계수	$[L^2T^{-1}]$	$[L^2T^{-1}]$	m^2/s	m^2/s
체적유량	$[L^3T^{-1}]$	$[L^3T^{-1}]$	m^3/s	m^3/s
압축률	$[LM^{-1}T^2]$	$[L^2F^{-1}]$	m^2/N, m · s^2/kg	m^2/kgf
기체상수	$[LT^{-1}]$	$[LT^{-1}]$	kJ/kg · K	m/K
표면장력	$[MT^{-2}]$	$[L^{-1}F]$	N/m, kg/s^2	kgf/m

(나) 공학단위(Technical Unit System)

길이와 시간의 단위로는 m과 s를 쓰고 힘의 단위로서 질량 1 kg의 물체에 미치는 중력 즉, 질량 1 kg인 물체의 무게를 사용한다. 이것을 1 kgf(kg중으로 표기하기도 하고 그냥 kg으로 표기하기도 한다)라 한다. 따라서 절대단위와 공학단위와의 관계는 다음과 같이 된다.

$$1\,\mathrm{kgf} = 1\,\mathrm{kg} \times 9.80665\,\mathrm{m/s^2} = 9.80665\,\mathrm{N} = 9.80665 \times 10^5\,\mathrm{dyne}$$
$$1\,\mathrm{N} = 1/9.80665\,\mathrm{kgf} = 0.101972\,\mathrm{kgf}$$
$$1\,\mathrm{dyne} = 1.01972 \times 10^{-6}\,\mathrm{kgf}$$

또 질량 1 kg을 중력단위로 표시하면 1 kg = 0.101972 $\mathrm{kgf \cdot s^2/m}$로 된다. 힘을 절대단위로 나타낸 Newton의 제2법칙(1차원 유동의 간단한 법칙)은

$$F = ma, \qquad F = M\frac{L}{T^2} \tag{1-3}$$

이며 중력단위로 나타내면 중력가속도를 g라 할 때(중력가속도의 표준값은 9.80665 $\mathrm{m/s^2}$)

$$F = \frac{m}{g}a \tag{1-4}$$

과 같이 된다. 그런데 중량 W와 질량 m은 같은 장소에서는 같은 값($W = mg$)이 되므로 다음 식과 같이 쓸 수 있다.

$$F = \frac{W}{g} \times a \tag{1-5}$$

동력의 단위는 kgf·m/s 또는 kW 및 PS(佛馬力)로 쓰고 이들 사이의 관계는 다음과 같다.

$$1\mathrm{kW} = 101.9716\,\mathrm{kgf \cdot m/s} \fallingdotseq 102\,\mathrm{kgf \cdot m/s}$$
$$1\,\mathrm{PS} \fallingdotseq 75\,\mathrm{kgf \cdot m/s} = 0.7355\,\mathrm{kW}$$
$$1\,\mathrm{HP} = 1.0143\,\mathrm{PS} = 0.746\,\mathrm{kW} = 76.07\,\mathrm{kgf \cdot m/s}$$

여기서, HP(Horse Power)는 영국계의 ft-lb 단위에서 사용되는 마력이다.

(다) 국제단위(SI)

세계적으로 사용되어 온 단위계에는 미터법을 위시하여 여러 가지의 것이 있으나 과학문명의 발달과 더불어 세계 문명이 일일 생활권화에 따라 단위도 통일된 것이 필요하게 되었다. 이에 따라 국제도량형 총회에서 채용하게 된 것이 국제단위계[The International System of Units(SI)]이다. SI단위는 일관성이 있는 실용적 계량단위로서 7개의 기본단위, 2개의 보

조단위 및 이들로 짜여지는 17개의 조립단위와 16개의 SI 접두어 및 이를 써서 만들어지는 SI단위의 10의 정수승배로 구성된다. SI단위는 기본단위, 보조단위 및 조립단위의 총칭이므로 이 단위는 일관성이 있는 단위의 집단이다. 여러 가지 조립단위를 구성하기 위한 대수적 관계에 있어서 1이 아닌 계수는 전혀 없기 때문이다. 표 1-3에는 SI 기본단위와 보조단위를 표시하고 표 1-4에는 유체역학과 관련이 깊은 고유의 명칭을 갖는 SI 조립단위를 나타낸다. 표 1-5에는 단위에 곱해지는 배수의 접두어를 표시하고 있다.

표 1.3 SI 기본단위와 보조단위

단위구분	물리량	SI 기본단위의 명칭	기 호
기본단위	길 이	미 터	m
	질 량	킬로그램	kg
	시 간	초	s
	전 류	암페어	A
	열역학온도	캘 빈	K
	물질의 양	몰	mol
	광 도	칸델라	cd
보조단위	평면각	라디안	rad
	입체각	스텔라디안	sr

표 1.4 SI 조립단위

물리량	SI 조립단위의 명칭	기 호	SI 기본단위 또는 SI 보조단위에 의한 표시법
주파수	헤르츠	Hz	$1\ \mathrm{Hz} = 1\ \mathrm{s}^{-1}$
힘	뉴 턴	N	$1\ \mathrm{N} = 1\ \mathrm{kg \cdot m/s^2}$
압력, 응력	파스칼	Pa	$1\ \mathrm{Pa} = 1\ \mathrm{N/m^2}$
에너지, 일, 열량	줄	J	$1\ \mathrm{J} = 1\ \mathrm{N \cdot m}$
공 률	와 트	W	$1\ \mathrm{W} = 1\ \mathrm{J/s}$

표 1.5 단위에 곱해지는 배수의 접두어

단위에 곱해지는 배수	접두어		단위에 곱해지는 배수	접두어	
	명 칭	기 호		명 칭	기 호
10^{12}	테 라	T	10^{-2}	센 티	c
10^{9}	기 가	G	10^{-3}	밀 리	m
10^{6}	메 가	M	10^{-6}	마이크로	μ
10^{3}	킬 로	k	10^{-9}	나 노	n
10^{2}	헥 토	h	10^{-12}	피 코	p
10	데 카	da	10^{-15}	훔 트	f
10^{-1}	데 시	d	10^{-16}	아 토	a

4) 유체의 성질

일반적으로 대기 중에 존재하는 물질은 고체, 액체, 기체로 존재한다. 이 중에서 액체와 기체를 우리는 유체라 한다. 수계소화설비는 유체 중에서도 액체를 활용하여 화재를 진압하는 설비다. 이러한 유체는 외부로부터 전단력을 받았을 때 그것이 아무리 작은 힘이라 할지라도 연속적으로 변형하는 물질을 유체라 한다. 유체와 관련된 기초적인 내용을 이해하기 위하여 기본성질, 단위, 물리량에 대한 지식이 필요하다.

① 밀도(Density, ρ)

유체의 밀도는 단위체적당 질량이며 국제단위로는 kgf/m^{3}로 나타낸다.

$$\rho = \frac{m}{V}$$

여기서, m : 질량, V : 체적(밀도의 차원은 ML^{-3})

② 비중량(Specific Weight, γ)

비중량은 단위체적의 유체의 무게, 즉 단위체적당 중량이며 단위는 kgf/m^{3}로 나타내며 국제단위는 N/m^{3}이다.

$$\gamma = \frac{W}{V} = \frac{mg}{V} = \rho g$$

여기서, W : 중량, 표준대기압 하에서 4℃의 순수한 물의 비중량은 1,000 kgf/m^{3}이고 g는 중력가속도로 9.807 m/s^{2}이다.

③ 비체적(Specific Volume, v_s)

유체의 단위질량이 갖는 체적으로 단위는 m^3/kg이며, 비체적과 비중량의 관계는 $v_s = 1/\rho$로 표시한다.

④ 비중(Specific Gravity, s)

비중은 흔히 유체(보통 액체)의 비중량이나 밀도를 결정하는데 사용한다. 비중은 4℃의 물의 밀도에 대한 어떤 물질의 상대밀도(Relative Density)이며 단위가 없는 무차원이다. 특별한 언급이 없으면 물의 밀도와 비중량은 1,000 kg/m^3, 9,810 N/m^{3}을 사용한다. 같은 체적을 갖는 물의 질량 또는 무게에 대한 어떤 물질의 질량 및 무게의 비로서 비중 = 물질 질량(무게) / 같은 체적의 물 질량(무게)으로 $S = \frac{\rho}{\rho_w} = \frac{\gamma}{\gamma_w}$를 나타내며 기체의 비중은 공기의 밀도를 기준으로 한다.

예제 01 체적이 5 m^3인 유체의 무게가 3,500 kgf이었다. 이 유체의 비중량(γ), 밀도(ρ), 비중(S)을 각각 구하시오.

해설 ① 비중량 : $\gamma = \dfrac{W}{V} = \dfrac{3,500}{5} = 700\ \mathrm{kgf/m^3}$

② 밀도 : $\rho = \dfrac{\gamma}{g} = \dfrac{700}{9.8} = 71.43\ \mathrm{kgf \cdot s^2/m^4}$

③ 비중 : $S = \dfrac{\gamma}{\gamma_w} = \dfrac{700}{1,000} = 0.7$

[SI 단위]

$$\gamma = \frac{W}{V} = \frac{3,500 \times 9.8}{5} = 6,860\ \mathrm{N/m^3}$$

$$\rho = \frac{\gamma}{g} = \frac{6,860}{9.8} = 700\ \mathrm{kg/m^3}$$

$$S = \frac{\gamma}{\gamma_w} = \frac{6,860}{9,800} = 0.7$$

5) 유체의 점성(Viscosity)

이상유체가 아닌 모든 실제유체는 점성 또는 점도라는 성질을 가지며, 점성은 유체에 내재된 점착성으로 유체 흐름에 저항하는 값의 크기로 측정된다. 유체가 전단력을 받을 때 전단력에 저항하는 전단력 즉, 단위단면적당의 힘의 크기로서 점성의 정도를 나타낸다. 그런데 기체의 점성은 온도 증가와 더불어 증가하는 경향이 있고 액체의 경우는 반대로 온도가 상승하면 점성은 감소한다.

유체가 유동할 때 흐름의 방향에 대하여 마찰전단응력을 유발시켜 주는 성질을 점성(Viscosity)이라 한다. 운동하고 있는 유체에 있어서 서로 인접하고 있는 층 사이에 미끄럼이 생기면 많거나 적거나 마찰을 발생한다. 이것을 유체의 마찰이라 하며 이러한 성질을 점성(粘性)이라고 한다. 점성을 미분형으로 표현하면 $\tau = \mu \dfrac{du}{dy}$으로 나타낼 수 있다. 여기서, τ는 마찰전단응력, μ는 절대점성계수(Absolute Viscosity, Dynamic Viscosity), du/dy는 속도구배 또는 변형률이라 한다. 이 식을 Newton의 점성법칙이라 하며, 이 법칙을 따르는 유체를 뉴턴유체, 따르지 않는 유체를 비뉴턴유체라 한다. 점성이 없고 비압축성인 유체를 이상유체라 한다. 유체의 밀도로 나눈 값인 $\nu[\mathrm{m^2/s}]$를 동점성계수(Kinematic Viscosity)라 하며 $\nu = \dfrac{\mu}{\rho}$로 나타낸다. 즉, 유체가 관 또는 두 평판 사이와 같은 밀폐된 공간을 흐를 때 유체의 평균속도는 유량(Q)을 유체가 흐르는 유로의 단면적(A)으로 나눈 값이 되므로 $v = \dfrac{Q}{A}$(유량/면적 = 유속)가 된다.

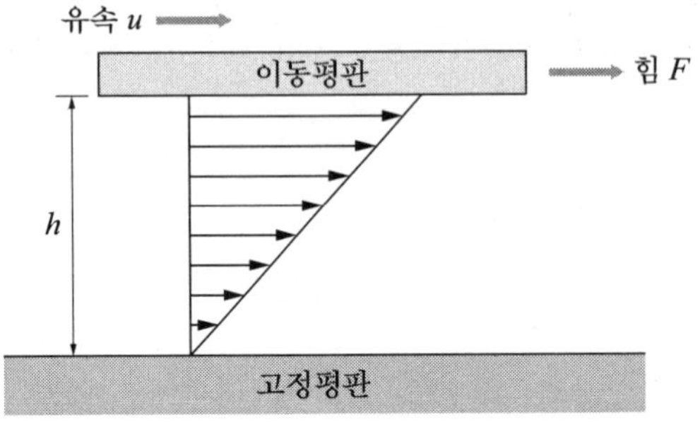

그림 1.1 속도 형성과 속도구배

예제 02 10 mm의 간격을 가진 평행한 두 평판 사이에 점성계수 $\mu = 15$ P인 기름이 차있다. 아래 평판을 고정하고 위 평판을 5 m/s의 속도로 이동시킬 때 평판에 발생하는 전단응력(N/m²)을 구하시오.

해설

$$\tau = \mu \frac{u}{y} = 15 \times \frac{1}{10} \times \frac{5}{0.01} = 750\ \mathrm{N/m^2}$$

* $1\ \mathrm{P} = 1\ \mathrm{dyn \cdot s/cm^2} = \frac{1}{10}\ \mathrm{N \cdot s/m^2}$

예제 03 어떤 유체의 점성계수 $\mu = 2.4\ \mathrm{N \cdot s/m^2}$, 비중 $S = 1.2$이다. 이 유체의 동점성계수($\mathrm{m^2/s}$)를 구하시오.

해설

$$\nu = \frac{\mu}{\rho} = \frac{\mu}{102 \times S} = \frac{2.4}{102 \times 1.2} = 0.002\ \mathrm{m^2/s}$$

예제 04 1 kgf·s/m²은 몇 P인지 계산하시오.

해설

$$1\ \mathrm{kgf \cdot s/m^2} = \frac{9.8 \times 10^5\ \mathrm{dyn \cdot s}}{10^4\ \mathrm{cm^2}} = 98\ \mathrm{dyn \cdot s/cm^2} = 98\ \mathrm{P}$$

6) 압력(Pressure, P)

유체가 벽 또는 가상면(假想面)의 단위면적에 수직으로 작용하는 힘을 유체의 압력이라 하고, 면 전체에 작용하는 힘을 전압력(全壓力 : Total Pressure)이라고 하고 압력의 단위는 국제단위로(Pascal) $1\ \mathrm{Pa} = \mathrm{N/m^2}$이다. 그러나 국제표준기구에서는 bar를 잠정적으로 겸용할 수 있도록 규정하고 있다. 대기가 단위 면적에 미치는 힘을 대기압(Atmospheric Pressure) 또는 기압이라 한다.

$$P = \frac{F}{A}$$

여기서, P : 압력, A : 단면적, F : 면에 수직으로 작용하는 힘

압력의 차원은 $[FL^{-2}]$이다. 국제단위 외에 압력단위로는 일반적으로 중력단위에서 kgf/m^2 또는 kgf/cm^2, mmAq, mmHg(torr, torricelli), atm 등을 사용한다.

여기서, 1 mmAq = 1 kgf/m^2, 1 mmHg = 13.6 mmAq, 1 kgf/cm^2 = 10 mAq,

1 atm = 760 mmHg = 1,000×13.6×0.76 kgf/m^2 = 101,325 Pa = 101.325 kPa

= 1.0336 kgf/cm^2 = 1.013 bar = 10.332 mmAq = 760 mmHg = 14.7 psi

- 중력단위와 SI단위에서의 압력의 비교는
  1 kgf/cm^2 = 98.1 kPa ≒ 0.1 MPa = 9.81 N/m^2
- 표준대기압(Standard Atmospheric Pressure)의 크기는 다음과 같다.
  1 atm = 760 mmHg(수은주 높이) = 1,000×13.6×0.76 kgf/cm^2
  = 10,336 kgf/m^2 = 1.0336 kgf/cm^2(중력단위)
  = 10.336 mAq(물의 높이) = 101,325 N/m^2(SI단위) = 1.013 bar

① 계기압력은 국소대기압을 기준으로 하여 측정한 압력이다. 진공압력의 경우 절대압력은 국소대기압 − 진공압력이 되고 대기압력보다 높은 압력의 경우는 절대압력은 국소대기압 + 계기압력이 된다.

② 절대압력(Absolute Pressure)은 이상적인 진공이 형성된 완전진공을 기준으로 하여 측정한 압력이다. 즉, 절대압력과 계기압력, 국소 대기압력의 관계를 간단하게 표현하면 그림 1.2와 같으며 이상적인 진공이 형성된 절대압력은 0이 된다.

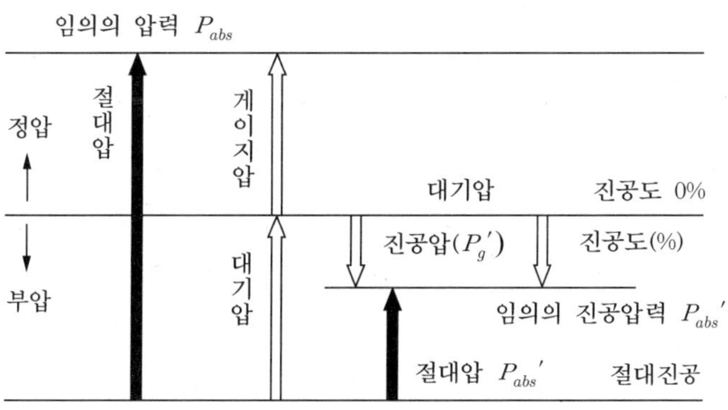

그림 1.2 압력관계

정지유체내의 압력변화는 중력만이 작용하는 정지유체 내에서 그림 1.3과 같은 미소 유체원주를 고려할 때 면에 작용하는 압력을 P라 하면 상면의 압력은 $P+\frac{\delta p}{\delta y}\delta y$로 표시할 수 있다.

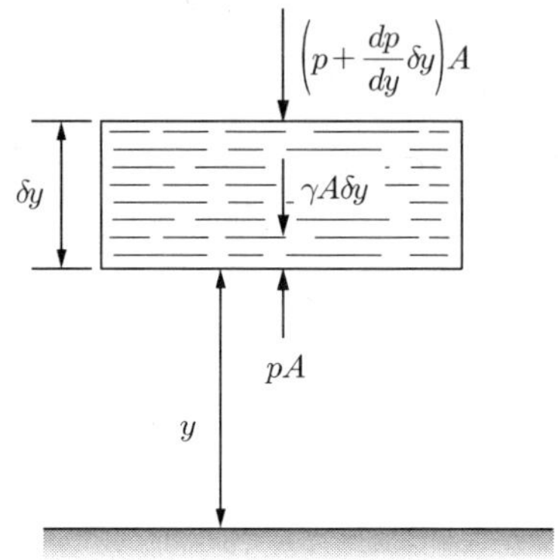

그림 1.3 정지유체의 압력변화

③ 증기압(Vapour Pressure)

액체를 밀폐한 진공용기 속에 미소량을 넣으면 전부 증발하여 용기에 차서 어떤 압력을 나타낸다. 이 압력을 그때의 증기압(Vapour Pressure) 또는 증기장력(Vapour Tension)이라 한다. 용기 안에서 액상과 증기상의 물질간에 평행이 이루어지면 증발은 종료한다. 다시 액체를 주입하면 드디어 증발이 정지되어 평형상태에 이른다. 이때의 증기압을 포화 증기압(Saturated Vapour Pressure)이라 한다. 이것은 액체로서 존재할 수 있는 압력의 최저한도를 부여하는 점으로서 중요한 의미를 가지고 있다.

분자운동은 온도상승과 함께 활발해지므로 포화증기압도 온도의 상승에 따라 높아진다. 어떤 액체의 절대압력이 그 액체의 온도에 상당하는 포화증기압 보다는 낮아지면 액체는 비등(Boiling)하게 된다. 이것은 액체의 비등조건이 온도와 함께 가해진 압력에 달려 있다는 것을 의미한다. 따라서 파이프 내를 통과하는 유체가 갑자기 압력이 떨어진다면 낮은 온도에서도 비등현상이 일어날 수 있으며 이러한 현상은 유압기구나 수력기계에서 매우 중요하게 다루어지는 것으로서 이것을 방지하기 위한 설계가 필연적인 문제인 것이다. 수은은 높은 밀도와 낮은 증기압 때문에 이 액체를 기압계나 다른 압력 측정장치에 이용하는데 적합하게 되며 쉽게 증발하는 휘발성액체는 높은 증기압을 가진다. 만약 증기압 p_v인 액체가 그 액체 표면의 위 공간에 압력 p_0인 어떤 기체가 들어있는 상태로 밀봉된 용기 속에 놓여진다면 액체는 기체공간으로 압력이 p_v+p_0에 도달할 때까지 증발을 계속할 것이다.

이 때 액체로부터 탈출하는 분자수와 액체로 환원되는 분자수가 같고 압력이 더 이상 상승하지 않는 상태를 포화상태라 말한다. 그러나 만약 공간이 너무 크면 포화상태에는 도달하지 못하고 증발은 계속될 것이다. 표 1-6은 물의 포화 증기압을 나타낸다.

표 1.6 물의 포화 증기압

온도(℃)	포화 증기압	
	Pa	kgf/cm^2
0	0.61×10^3	0.0062
5	0.87×10^3	0.0089
10	1.23×10^3	0.0125
15	1.71×10^3	0.0174
20	2.33×10^3	0.0238
25	3.17×10^3	0.0323
30	4.24×10^3	0.0432
40	7.37×10^3	0.0752
50	12.33×10^3	0.1257
60	19.92×10^3	0.2031
70	31.16×10^3	0.3177
80	47.36×10^3	0.4829
90	70.11×10^3	0.7149
100	101.32×10^3	1.0332

예제 05 지름 400 mm인 연직 실린더의 상부에 마찰이 없는 피스톤이 고정되어 있고 실린더에는 70℃의 물이 채워져 있다. 피스톤의 외부는 100 kPa의 대기압이 미치고 있다. 그 상태에서 물이 비등하게 되면 피스톤에 작용하는 최소의 힘은 몇 kN인가? 단, 70℃에서 물의 포화 증기압은 31.2 kPa이다.

해설 힘은 피스턴이 실린더에서 후퇴하는 방향으로 천천히 작용해야 한다. 물은 팽창할 수 없으므로 수증기로 채워진 부분이 피스톤의 하부에 만들어진다. 따라서 피스톤의 안쪽의 압력은 31.2 kPa이 되고 피스톤에 미치는 힘(증기압)은

$$F=\frac{(100-31.2)\times\pi\times(0.4)^2}{4}=8.65\text{ kN}$$

예제 06 물속 200 m 깊이에서의 압력을 절대압력과 게이지압력으로 표시할 때 공학기압 kgf/cm^2와 MPa로 각각 얼마인가? (국소대기압은 101 kPa이다.)

해설 국소대기압 P_0, $P=\gamma h+P_0$에서

$P = (9{,}810\ \mathrm{N/m^3})(200\ \mathrm{m}) + 101 \times 10^3 = 2{,}062{,}000\ \mathrm{Pa} = 2.062\ \mathrm{MPa}$

$1\ \mathrm{kgf/cm^2} = 0.1\ \mathrm{MPa}$이므로 $P = 20.6\ \mathrm{kgf\,(abs)}$

예제 07 다음 설명 중 옳은 것은?

㉮ 국소대기압은 항상 표준대기압 아래에 있다.
㉯ 국소대기압은 단지 그 지방의 고도에 의해서 좌우된다.
㉰ 표준대기압은 해면에서의 국소대기압의 평균값이다.
㉱ 기압계는 국소대기압과 표준대기압의 차를 표시한다.

해설 표준대기압은 해면에서의 국소대기압의 평균값이다. 따라서 정답은 ㉰이다.

예제 08 책상 위에 세로 20 cm, 가로 10 cm, 무게가 20 kgf/cm^{2}인 책이 있다. 이 때 책을 받치고 있는 책상면이 받는 압력 P를 mAq와 Pa로 표시하여라.

해설 $F = 20\ \mathrm{kg},\ \ A = 20\ \mathrm{cm} \times 10\ \mathrm{cm} = 200\ \mathrm{cm^2}$이므로,

$$P = \frac{F}{A} = \frac{20}{200} = 0.1\ \mathrm{kgf/cm^2} = 0.1\frac{\mathrm{kgf}}{\mathrm{cm^2}} \times \frac{10\mathrm{mAq}}{\mathrm{kgf/cm^2}} = 1\ \mathrm{mAq}$$

$$= 0.1\frac{\mathrm{kgf}}{\mathrm{cm^2}} \times \frac{9.8\mathrm{N}}{\mathrm{kgf}} \times \frac{10^4\mathrm{cm^2}}{\mathrm{m^2}} = 9{,}800\ \mathrm{N/m^2} = 9{,}800\ \mathrm{Pa}$$

예제 09 밀폐된 용기 안에 비중이 0.8인 기름이 있고 그 위에 압력이 0.2 kgf/cm^{2}인 공기가 있을 때 기름 표면으로부터 2 m 깊이에 있는 점의 압력은 몇 kg/cm^{2}인가?

해설 $P = P + \gamma h$의 식에 대입하여 풀면 $0.36\ \mathrm{kgf/cm^2}$이 된다.

7) 물의 소화특성

물은 화재진압에 필요한 물리적 특성을 가지고 있다. 높은 열용량(4.2 J/g·K) 및 증기의 높은 잠재열(2,442 J/g)은 화염이나 연료로부터 상당한 양의 열을 흡수할 수 있다.

약 20℃의 물 1 kgf(약 1 l)이 모두 증발하여 수증기로 변하는 경우 물의 총열용량은 다음과 같다. 물의 비열이 1 kcal/kgf·℃이므로 상온(20℃)의 물이 100℃ 물이 되었을 때의 열용량(융해잠열) 80 kcal/kg과 100℃의 물이 100℃(1기압)의 수증기로 되었을 때의 열용량은 539 kcal(물의 증발잠열)로 물 1 l/min은 가연물 약 0.7 m^{3}를 진화가능하다.

물 1 kgf이 모두 수증기로 되었을 때는 620 kcal(620 kcal × 4.186 kJ/kcal = 2,595 kJ) 즉 약 2.6 MJ/l의 열용량으로 열을 흡수할 수 있다. 따라서 물의 상태변화에 따른 열용량의 변화는 그림 1.4와 같다.

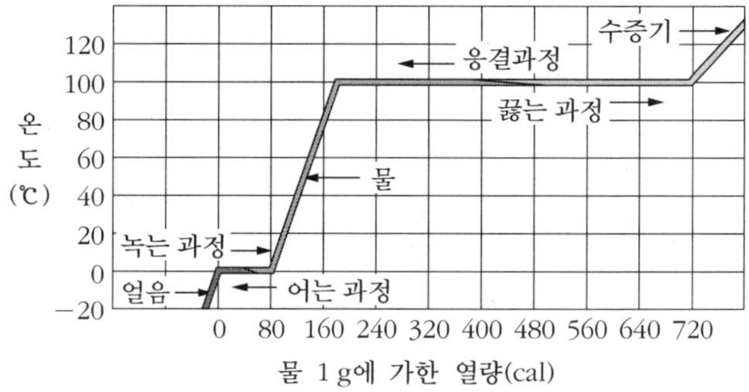

그림 1.4 물의 상태변화에 따른 열용량

8) 수리계산에 필요한 기본 식

① 유량

$$Q = AV = A\sqrt{2gh} = \frac{\pi D^2}{4}\sqrt{2gh}\ [\mathrm{m^3/min,\ sec,\ hr}]$$

여기서, A : 단면적$\left(A = \frac{\pi d^2}{4}\right)$, V : 유체의 속도

② 유체의 유동손실

소화배관 내 유체의 흐름에서 배관벽과 유체의 흐름에 의해 발생되는 에너지손실을 유체의 마찰손실수두라고 한다. 이 값은 관의 길이, 지름, 조도, 관부속 등 여러 조건에 따라서 결정된다. 유체수송의 마찰손실을 계산하는 방정식으로는 Hazen-William방정식과 Darcy-Weisbach가 세운 방정식이 많이 사용되고 있다. 일반적으로 여러 조건을 고려하여 배관의 손실수두를 미리 계산하여 작성해 놓은 표를 이용하여 배관 마찰손실을 간편하게 구할 수도 있다. 배관의 유동손실은 자체에 기인되는 것과 관부속류에 의하여 발생하게 된다.

(가) Darcy – Weisbach에 의한 배관손실

수평 원관 내에 유체의 흐름이 1차원 정상유동일 때 Darcy-Weisbach식에 의하여 관 손실을 구할 수 있다. 이 식은 플라스틱이나 현탁한 물질 등을 제외한 대부분의 액체이송에 적용될 수 있고 수학적이고 합리적인 해를 구해 낼 수 있지만 난류흐름일 때는 적용이 제한된다.

길고 곧은 관에서 손실수두(h_L)는 속도수두$\left(\frac{v^2}{2g}\right)$와 관의 길이($L$)에 비례하고 관의 지름에 반비례한다는 것을 Darcy - Weisbach가 방정식으로 나타낸 것이다.

$$h = f\left(\frac{l}{d}\right)\left(\frac{V^2}{2g}\right)$$

여기서, h : 손실수두(m), f : 원관 내의 마찰계수, l : 관의 길이(m)
d : 관의 안지름(m), V : 유속(m/s), g : 중력가속도(m/s^2)

(나) Hazen - William에 의한 마찰손실

Darcy - Weisbach식과는 달리 유체의 난류 유동현상에도 적용할 수 있으며, 다소 계산하기가 곤란한 점이 있으나 신뢰성이 입증되어 현재 널리 사용되고 있다. NFPA Hand Book에서 사용하고 있는 공식은 다음과 같이 나타낸다.

$$h_f = 0.002083 \times L\left(\frac{100}{C}\right)^{1.85} \times \left(\frac{gpm^{1.85}}{d^{4.8655}}\right)$$

여기서, h_f : 마찰손실수두(피트), L : 배관길이+관 부속품류의 상당관길이
C : 배관의 조도계수(Hazen－William), gpm : 유량, d : 배관의 지름(inch)

상기 식은 15.6℃의 물이 가진 동점성계수를 기준으로 한 것이다. 물의 점성계수는 온도의 함수이지만 소화용수의 수온은 큰 변화가 없으므로 온도변화를 일반적으로 고려하지 않는다. 위 식에 $h_f = 2.310636P$, $L = 1$, $gpm = Q$를 대입하고 정리하면 다음과 같이 된다.

$$\Delta P_m = \frac{4.52 \times Q^{1.85}}{C^{1.85} \times d^{4.87}}$$

여기서, ΔP_m : 관길이 1 ft당의 손실압력(psi), Q : 유량(gpm)
C : 계수(the coefficient of friction), d : 관 안지름(inch)

SI단위로 환산하면, $P[\mathrm{psi/ft}] = \left(\frac{0.3048}{0.0689}\right)P_m$, $Q = \frac{Q_m}{3.785}$, $d = \frac{d_m}{25.4}$이므로 위 식에 대하여 정리하면,

$$\Delta P_m = \frac{6.05 \times 10^5 \times Q_m^{1.85}}{C^{1.85} \times \left(\frac{d_m}{25.4}\right)^{4.87}}$$

여기서, ΔP_m : 관길이 1 m당의 손실압력(bar/m), C : 계수(the coefficient of friction)

d_m : 관 안지름(mm), Q_m : 유량(l/min)

손실압력을 (kgf/cm^2)/m로 나타내면, 1 bar = 1.01972 kgf/cm^{2}이므로 다음과 같이 된다.

$$\Delta P_m = \frac{6.174 \times Q_m^{1.85}}{C^{1.85} \times d_m^{4.87}} \times 10^5$$

여기서, ΔP_m : 관길이 1 m당의 손실압력((kgf/cm^2)/m), Q : 유량(l/min)

C : 계수(the coefficient of friction), d_m : 관 안지름(mm)

그러므로 손실수두(m)는 L을 고려하여 다음과 같이 된다.

$$P = \frac{6.174 \times L \times Q_m^{1.85}}{C^{1.85} \times d_m^{4.87}} \times 10^5$$

여기서, P : 마찰손실수두(m), L : 배관길이 + 관부속품류의 등가관길이(m)

C는 관의 조도계수로서 무차원(dimensionless)으로 위의 식에서 보이는 C는 배관의 재질 및 내부면의 표면처리와 부식조건 등에 따른 값으로서 표 1.7의 값들이 적용된다.

표 1.7에서 아연도탄소강관의 C값은 120이나 신상품의 C값은 대체로 148 정도이다. 그러나 설계에서는 120을 적용하며 이는 완성된 배관이 시간경과에 따른 조도의 변화를 미리 고려하기 때문이다. 이 값은 어디까지나 실험에 의하여 현실성이 있도록 설정된 값이다. 위의 공식을 표에서의 C값을 이용하여 국내에서 수계소화배관용으로 가장 많이 사용되고 있는 KS D3507 탄소강 중 아연도 강관에 대해 호칭구경별로 환산하여 편리하게 이용할 수 있도록 표 1.8과 같이 정리할 수 있다. 또한 배관의 구성은 직관으로만 구성할 수 없기 때문에 배관의 연결이나 방향전환 등에 필요한 관부속이 필요하게 된다. 이들 부속류는 주로 재질이 주철제인 경우가 많고 제조공정도 직관의 경우와 달라서 내부면의 조도가 다를 뿐

표 1.7 관의 조도계수의 값

Pipe or Tube	"C" Value
Unlined Cast or Ductile Iron	100
Black Steel (Dry Systems including Pre-action)	100
Black Steel (Wet Systems including Deluge)	120
Galvanized (all)	120
Plastic-Underground	150
Cement Lined Cast or Ductile Iron	140
Copper Tube	150
Asbestos Cement	140

이 자료는 NFPA의 Fire Code에서 인용한 것임.

표 1.8 배관의 호칭에 따른 마찰손실압력 계산식

호칭구경(m)	배관길이 1 m당 마찰손실압력(kg/cm²)
25	$\Delta P = 8.6 \times 10^{-6} \times q^{1.85}$
32	$\Delta P = 2.26 \times 10^{-6} \times q^{1.85}$
40	$\Delta P = 1.08 \times 10^{-6} \times q^{1.85}$
50	$\Delta P = 3.46 \times 10^{-7} \times q^{1.85}$
65	$\Delta P = 9.75 \times 10^{-8} \times q^{1.85}$
80	$\Delta P = 4.46 \times 10^{-8} \times q^{1.85}$
90	$\Delta P = 2.22 \times 10^{-8} \times q^{1.85}$
100	$\Delta P = 1.24 \times 10^{-8} \times q^{1.85}$
125	$\Delta P = 4.44 \times 10^{-9} \times q^{1.85}$
150	$\Delta P = 1.86 \times 10^{-9} \times q^{1.85}$
200	$\Delta P = 4.37 \times 10^{-10} \times q^{1.85}$

흑관의 경우 $C=100$의 값을 적용하고자 할 경우에는 위의 식들에 1.4를 곱해 주면 된다. 그것은 1201.85/1001.85≒1.4이기 때문이다.

표 1.9 종류별 등가길이

종 별		호칭구경	25	32	40	50	65	80	90	100	125	150	200
관부속	나사식	45° 엘보	0.4	0.5	0.6	0.7	1.0	1.1	1.3	1.5	1.8	2.2	2.9
관부속	나사식	90° 엘보	0.8	1.1	1.3	1.6	2.0	2.4	2.8	3.2	3.9	4.7	6.2
관부속	나사식	티 또는 크로스 (측류)	1.7	2.2	2.5	3.2	4.1	4.9	5.6	6.3	7.9	9.3	12.3
관부속	용접식	45° 엘보 long	0.2	0.2	0.3	0.3	0.4	0.5	0.6	0.7	0.8	0.9	1.2
관부속	용접식	90° 엘보 short	0.5	0.6	0.7	0.9	1.1	1.3	1.5	1.7	2.1	2.5	3.5
관부속	용접식	90° 엘보 long	0.3	0.4	0.5	0.6	0.8	1.0	1.1	1.3	1.6	1.9	2.5
관부속	용접식	티 또는 크로스 (측류)	1.3	1.6	1.9	2.4	3.1	3.6	4.2	4.7	5.9	7.0	9.2
밸브류		게이트밸브	0.2	0.2	0.3	0.3	0.4	0.5	0.6	0.7	0.8	1.0	1.3
밸브류		앵글밸브	4.6	6.0	7.0	8.9	11.3	13.5	15.6	17.6	21.9	26.0	34.2
밸브류		체크밸브 (스윙형)	2.3	3.0	3.5	4.4	5.6	6.7	7.7	8.7	10.9	12.9	17.0
밸브류		알람체크밸브	–	–	–	–	–	6.7	–	8.7	–	12.9	–
밸브류		준비작동식밸브	–	–	–	5.5	–	8.9	–	10.7	–	10.1	–

아니라 흐름방향이 바뀔 경우에는 보다 심한 난류유동이 발생하여 상호 마찰이 커지기 때문에 직관과 동일한 구경의 부속은 물이 흐르는 거리가 동일구경의 직관을 흐르는 거리와 같은 경우라도 압력의 강하는 직관에 비해 커지게 된다. 따라서 배관 내의 압력강하를 구하는 데에는 별도로 관부속의 영향을 고려해야 하지만 현실에서는 실험데이터 값인 등가길이를 이용하는 것이 일반적이다. 등가길이(Equivalent Length)는 관 부속에만 국한되지 않고 각종 밸브에도 함께 응용된다. 등가길이는 관 부속을 통과하는 유체의 흐름에 의한 압력강하와 동

일한 크기의 압력강하를 나타내는 동일구경의 직관의 길이이다. 관 부속 및 밸브 등에 대한 등가길이의 개념을 활용하면 접속되어 있는 배관망을 마치 직관만으로 구성된 배관처럼 가상하여 압력강하를 구할 수 있게 되므로 대단히 편리하다. KS D3507 탄소강의 접속에 적합한 배관부속과 각종 밸브의 등가길이는 표 1.9와 같으며 유량 및 관 지름에 따른 마찰손실은 표 1.10과 같다. 표에서 알람체크밸브와 준비작동식밸브의 등가길이는 메이커에 따라 다소 차이가 있을 수 있다.

표 1.10 유량 및 관경에 따른 마찰손실

유량(l/min)	마찰손실수두(m) (관길이 100 m당)						
	40A	50A	65A	80A	100A	125A	150A
130	14.7	5.10	1.72	0.71	0.17	0.059	0.024
260	54.0	18.4	6.20	2.57	0.63	0.212	0.086
390		39.3	13.2	5.47	1.35	0.453	0.184
520			22.3	9.20	2.23	0.760	0.31
650				14.00	3.41	1.15	0.47
780					4.80	1.62	0.66

③ 펌프의 동력

$$P = \frac{\gamma \times Q \times H}{75 \times \eta} \times K[\mathrm{PS}] = \frac{1000 \times Q \times H}{75 \times 60 \times \eta} \times K[\mathrm{HP}] = \frac{0.222 \times Q \times H}{\eta} \times K[\mathrm{HP}]$$

$$\mathrm{kW} = \frac{1{,}000 \times Q \times H}{102 \times 60 \times \eta} \times K = \frac{0.163 \times Q \times H}{\eta} \times K[\mathrm{kW}]$$

여기서, P : 펌프의 동력(PS, kW), Q : 토출량(m^3/min)

H : 양정(m), η : 펌프효율, K : 전달계수

전달계수는 모터에 의해 발생되는 동력이 축(Shaft)에 의해 펌프에 전달될 때 발생하는 손실을 보정하는 것으로 여유율이라고 할 수 있다. 전동기를 직렬로 연결하는 경우 $K = 1.1$, 직렬이 아닌 경우(내연기관 등)는 $K = 1.15 \sim 1.2$를 적용하는 경우가 일반적이다.

동력의 종류	K의 값
전동기 직렬	1.10 ~ 1.20
V-Belt	1.15 ~ 1.25
평-Belt	1.25 ~ 1.35
스퍼(Spur)Gear	1.20 ~ 1.25
베벨(Bevel)Gear	1.15 ~ 1.25

예제 10 송수량이 700 l/min인 펌프가 관로의 전손실수두가 4 m이고 펌프로부터 2.5 m 이래에 있는 물을 30 m의 송출액면에 송수하고자 할 때 펌프에 공급하여야 할 동력은 몇 kW인가?

해설
$$H = \text{전수두} + \text{전손실수두} = (2.5+30)+4 = 36.5\text{ m}$$

펌프동력 $P = \rho g QH = 1{,}000 \times 9.8 \times \dfrac{0.7}{60} \times 36.5 \times \dfrac{1}{10^3} = 4.17\text{ kW}$

④ 방수노즐의 유량 및 유속

노즐에서 방출되는 유속을 피토 압력계를 이용하여 압력을 측정하고 유속을 구하는 식에 대입하면 노즐의 유속을 구할 수 있다. 유속 $V = \sqrt{2gh}$ 이고 유체기본방정식에서 압력은 $P = \gamma h$이므로, $h = P/\gamma$, $V = \sqrt{2g\left(\dfrac{P}{\gamma}\right)}$ 이다.

따라서 유속은 $V = \sqrt{2 \times 9.8 \dfrac{P \times 10^4}{1{,}000}} = 14\sqrt{P}\,[\text{m/s}]$이며, 여기서 P의 단위는 kgf/m^{2}이다. 물의 점성 등을 고려하여 속도계수 C_v(0.99)를 곱하면 다음 식이 된다.

$$Q = 0.6597 \times d^2 \times C_v \sqrt{P} \quad (\text{여기서, } d\text{의 단위의 cm, } Q\text{의 단위의 m}^3/\text{min})$$
$$= 0.653 d^2 \times \sqrt{P} \quad (\text{여기서, } d\text{의 단위의 cm, } Q\text{의 단위의 } l/\text{min})$$

즉, 옥내소화전 및 옥외소화전 설비 등에 사용하는 유체를 봉상으로 방사하는 노즐의 유량을 측정하는 경우에 이용된다.

⑤ 레이놀즈수(R_e)

레이놀즈수는 유체의 속도에 의한 관성력과 점성력과의 비를 나타내는 것으로, 유동의 층류·난류 여부를 결정짓고 유량을 표시하는데 사용된다. 유량이 많거나 속도가 빠를수록 레이놀즈수는 커지게 되고, 점도가 높은 유체는 같은 속도에서 낮은 레이놀즈수를 가지게 된다.

그림 1.5에서와 같은 탱크와 연결된 유리관을 통하여 탱크의 물을 밸브 A로 유속을 조절하여 분출시키면서 동시에 물감용기 C로부터 아주 가는 관 B를 통하여 물과 비중이 같은 물감을 유리관에 주입하여 유동을 관찰하여 유체의 흐름을 연구하였다. 레이놀즈수 $R_e = \dfrac{\rho VD}{\mu} = \dfrac{VD}{\nu}$로 나타낸다. 유체흐름으로 층류에서 난류로 바뀌는 레이놀즈수를 상임계레이놀즈라 하고, 난류에서 층류로 바뀌는 레이놀즈수를 하임계레이놀즈라 한다. 상기에서 설명한 레이놀즈수는 원관의 경우의 층류 : $R_e < 2100$, 천이 : $2100 < R_e < 4000$, 난류 : $R_e > 4000$의 다음과 같이 구분할 수 있다.

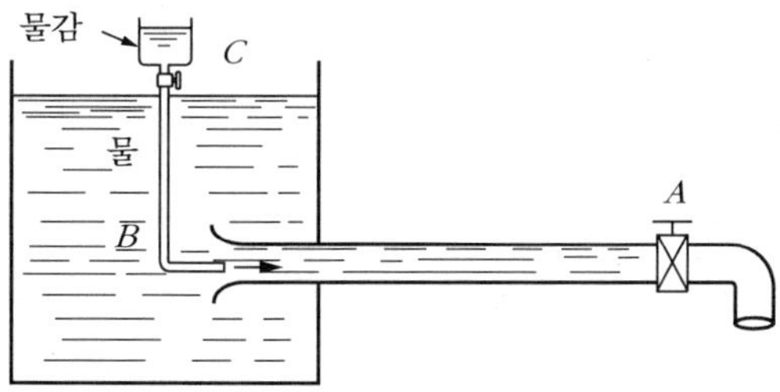

그림 1.5 레이놀즈(Reynolds) 실험장치

⑥ Hagen-Poiseuille Equation

(가) 유량 $Q=\dfrac{\Delta P\pi r_0^4}{8\mu L}=\dfrac{\Delta P\pi d^4}{128\mu L}$

(나) 평균속도 $V=\dfrac{Q}{A}=\dfrac{\Delta P\pi r_0^4/8\mu L}{\pi r_0^2}=\dfrac{\Delta P r_0^2}{8\mu L}$

(다) 압력강하 $\Delta P=\dfrac{128\mu LQ}{\pi d^4}=\dfrac{32\mu LV}{d^2}$

(라) 손실수두 $H_L=\dfrac{\Delta P}{\gamma}=\dfrac{128\mu LQ}{\gamma\pi d^4}$

⑦ 부차적 손실

관내에 유체가 흐를 때 관 손실 이외에 밴드, 엘보, 단면적 변화, 밸브 및 기타 관의 부품 등에서 부가적인 저항 손실이 생긴다. 이러한 저항 손실을 부차적 손실(Minor Loss)이라 하며 다음과 같이 나타낸다.

$$H_L = K\frac{V^2}{2g}$$

여기서, K : 손실계수(Loss Coefficient; 보통 실험에 의해서 구하여진다.)

(가) 돌연확대관의 손실

$$H_{L_{1-2}} = \frac{(V_1 - V_2)^2}{2g}, \qquad A_1V_1 = A_2V_2$$

$$H_{L_{1-2}} = \frac{[V_1 - (A_1/A_2)V_1]^2}{2g} = [1-(A_1/A_2)]^2\frac{V_1^2}{2g} = [1-(d_1/d_2)^2]^2\frac{V_1^2}{2g}$$

여기서, $K=[1-(d_1/d_2)^2]^2$

(나) 돌연축소관의 손실

관로가 갑자기 좁아질 때 흐름을 유체의 관성으로 인하여 일단 단면적 A_1에서 A_c까지 수축한 연후에 하류쪽 A_2단면으로 확대흐름은 V_1에서 V_c로 될 때는 급속확대의 경우 같은 수두손실이 일어난다.

$$H_L = \frac{(V_c - V_2)^2}{2g}, \qquad A_c V_c = A_2 V_2$$

여기서, $C_C = \dfrac{A_c}{A_2}$를 축소계수라 한다.

$$H_L = \left(\frac{A_2}{A_c} - 1\right)^2 \frac{V_2^2}{2g}\left(\frac{1}{C_C} - 1\right)^2 \frac{V_2^2}{2g} \qquad \therefore\ K = \left(\frac{1}{C_C} - 1\right)^2$$

(다) 점진확대관에서의 손실

점진확대관의 손실은 Gibson에 의하여 다음과 같이 나타내었다.

$$H_l = \frac{K(v_1 - v_2)}{2g}$$

예제 11 손실계수 K=10인 밸브가 파이프에 설치되어 있다. 이 파이프에 물이 9.8 m/s로 흐르고 있다면 밸브에 의한 손실수두는 얼마인가?

해설 $h_L = K\dfrac{V^2}{2g} = 10 \times \dfrac{9.8^2}{2 \times 9.8} = 49\ \text{m}$

예제 12 직경 150 mm의 상품용 강관에 완전난류가 흐르고 있다. 만일 이 관로의 부차적 손실계수의 총합이 12라고 하면 달시 방정식을 써서 전 손실수두를 구하기 위하여 실제 관 길이에 더해야 할 등가길이는 몇 m인가? 단, 강관의 마찰계수는 0.015이다.

해설 $L_e = \dfrac{12 \times 150 \times 10^{-3}}{0.015} = 120\ \text{m}$

예제 13 관마찰계수가 0.022인 지름 50 mm 관에 물이 흐르고 있다. 이 관에 부차적 손실계수가 각각 10, 1.8인 밸브와 티(Tee)가 결합되어 있을 경우 관의 등가길이는 몇 m인가?

해설 $\lambda \frac{L_e}{d}\frac{v^2}{2g} = (k_1 + k_2)\frac{v^2}{2g}$ 이므로

$$L_e = \frac{(k_1 + k_2)d}{\lambda} = 11.8 \times \frac{0.05}{0.022} = 26.8 \text{ m}$$

⑧ 체적탄성계수

압력과 체적의 관계를 식으로 표현하면 $\Delta P \propto -\frac{\Delta V}{V}$이 되며 등식으로 나타내면 $\Delta P = -K\frac{\Delta V}{V} = K\frac{\Delta\rho}{\rho}$ 또는 $K = -\frac{\Delta P}{\Delta V/V} = \frac{\Delta P}{\Delta A\rho/\rho}$된다. 본식에서 K를 체적탄성계수(Bulk Modulus of Elasticity)라 한다. $\Delta V/V$는 무차원이기 때문에 K의 단위는 압력의 단위와 같다. K의 역수를 압축률 β(Modules of Compressibility)라고 한다.

$\beta = \frac{1}{K}$ 등온변화에서 $K = P$이고, 단열변화에서 $K = kP$이다. 여기서, k를 비열비라고 한다. 유체 내에서 교란으로 생긴 압력파의 전파속도는 $a = \sqrt{dP/d\rho} = \sqrt{K/\rho}$이고, 대기 중에서 단열가역과정으로 가정하면 음속은 다음과 같이 나타낼 수 있다.

$$a = \sqrt{kP/\rho} = \sqrt{kRT} = \sqrt{kgRT}$$

여기서, R의 단위는 kgf·m/kg·K이다.

예제 14 표준상태에서 물을 1% 압축하는 데 필요한 압력을 구하여라. 단, 물의 체적탄성계수 $K = 0.2105 \times 10^5$ kgf/cm^{2}이다.

해설 $K = -\frac{\Delta V}{V} = 0.01$, $K = 0.2105 \times 10^5$이므로 체적탄성계수의 정의

즉, $K = -\frac{\Delta P}{\Delta V/V}$에서 $\Delta P = -K\frac{\Delta V}{V} = 0.2105 \times 10^5 \times 0.01 = 0.2105 \times 10^3 \text{ kgf/cm}^2$

9) 유체의 유동 및 운동방정식

① 개요

유체흐름의 상태는 유체특성이 시간에 따라 변화하는 유무에 따라 정상유동(정상류; Steady Flow)과 비정상유동(비정상류; Unsteady Flow)으로 나눌 수 있다. 즉, 정상류란 유체특성이

한 점에서 시간에 따라 변화하지 않는 흐름을 말하며, 이에 반해 변화하는 흐름을 비정상류라고 한다.

(가) 정상유동(정상류; Steady Flow)

정상류란 유체특성이 한 점에서 시간의 변화에 따라 변화하지 않는 흐름. 즉, $\partial F/\partial t = 0$인 흐름을 말한다. 예를 들면 정상유동을 하는 유체의 한 점에서의 속도가 V(m/s)이면 속도 V는 시간이 경과하여도 크기, 방향이 모두 변하지 않는다. 여기서 유의할 점은 정상유동은 유동장의 모든 점에서 유동조건이 모두 같다는 뜻은 아니다. 즉 유동조건은 위치에 따라 변하나 각 점에서의 조건은 시간과 무관하게 일정하다는 뜻이다.

$$\frac{\partial V}{\partial t} = 0, \quad \frac{\partial \rho}{\partial t} = 0, \quad \frac{\partial p}{\partial t} = 0, \quad \frac{\partial T}{\partial t} = 0$$

(나) 비정상유동(비정상류; Unsteady Flow)

비정상류란 유체특성이 한 점에서 시간의 변화에 따라 흐름. 즉, $\partial F/\partial t \neq 0$인 흐름을 말한다.

$$\frac{\partial V}{\partial t} \neq 0, \quad \frac{\partial \rho}{\partial t} \neq 0, \quad \frac{\partial p}{\partial t} \neq 0, \quad \frac{\partial T}{\partial t} \neq 0$$

② 운동방정식

유선 또는 미소 단면적의 유관을 따라 움직이는 비점유성 유체의 요소에 뉴턴 운동 제2법칙을 적용하여 얻는 미분방정식을 Euler Equation이라 한다. 유체 흐름에 관련한 방정식은 Euler Equation, Bernoulli Equation, Energy Equation, Momentum Equation 등이 있으며, 본 절에서는 여러 흐름 방정식 중에서 가장 기본이 되는 Euler Equation과 Bernoulli의 방정식에 대하여 설명하기로 하겠다. 배관 내를 흐르는 물을 대상으로 하는 소화배관의 경우에는 비교적 간단한 공식으로 표현될 수 있다. 열기관 등을 제외한 일반 수리배관의 온도변화에 따른 내부에너지의 변화를 상대적으로 무시하기 때문에 배관을 흐르는 물이 갖는 에너지로는 역학적 에너지만을 고려함으로 결과적으로 매우 간단한 식으로 이해하기가 쉽다. 이러한 조건에 의한 베르누이의 정리는 관내를 흐르는 물에 대해 에너지 손실이 없는 정상류(Steady Flow)로 관내의 어느 지점에서든지 유수가 갖는 역학적 에너지인 운동에너지(Kinetic Energy), 위치에너지(Potential Energy), 압력에너지(Pressure Energy)의 합은 일정하다. 이것을 그림 1.6과 같은 임의의 배관에 대해 수식으로 나타내면 다음과 같이 전개될 수 있다.

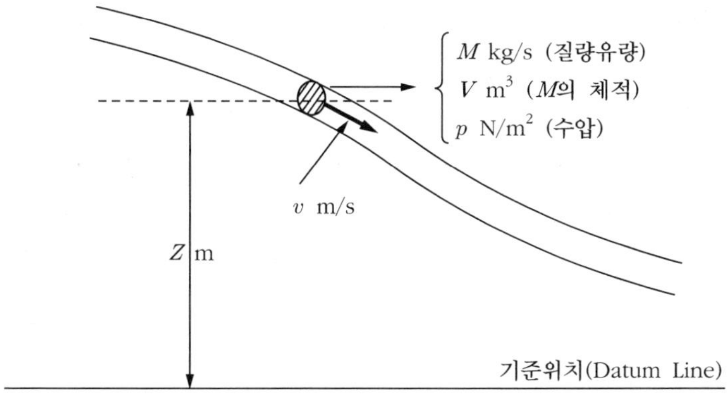

그림 1.6 유체의 흐름

$$\frac{1}{2}Mv^2 + MgZ + pV = E = \text{일정} \quad (1\text{-}6)$$

여기서, M : 배관내의 임의의 수직단면을 통과하는 물의 질량유량(kg/s)

v : 그 단면을 통과하는 물의 평균유속(m/s)

Z : 기준위치로부터 단면의 중심점까지의 수직높이(m)

V : 질량 M의 체적(m^3)

p : 그 단면을 통과하는 물의 압력(N/m^2)

상기 식에서 좌변의 항들은 왼쪽의 것으로부터 각각 운동에너지, 위치에너지, 압력에너지이다. 이 물성량(物性量)들은 일(Work)의 정의에 의하여 힘 f와 미분변위 ds의 곱을 적분함으로써 얻어진다.

$$\text{운동에너지} = \int f\,ds = \int Ma\,ds = \int M\frac{dv}{dt}ds = \int Mv\,dv = \frac{1}{2}Mv^2$$

여기서, a : 가속도, ds : 운동길이의 미분변화

$$\text{위치에너지} = \int f\,ds = \int Mg\,ds = MgZ$$

여기서, g : 중력가속도

$$\text{압력에너지} = \int f\,ds = \int pA\,ds = \int p\,dV = pV$$

여기서, A : 체적 V의 표면적, ds : 체적의 미분변화 시 표면에 수직한 변화의 길이

위의 식에서 나타난 모든 물리량들의 단위로는 국제표준단위(SI Unit)를 사용하였다. 그런데 실제 관내의 유수 시에는 점성유동에 의한 관 내벽과의 마찰 및 난류로 인하여 이른 바 마찰손실에너지라고 부르는 에너지 손실이 존재한다. 따라서 실제에 부합 되도록 배관에서 어느 두개의 임의 지점을 선정하여 그림 1.7과 같이 두 지점간의 구간을 흐르는 유수를 하나의 계(System)로 취하여 이 계에서 일어나는 에너지 손실을 E_f라고 하면 다음과 같이 된다.

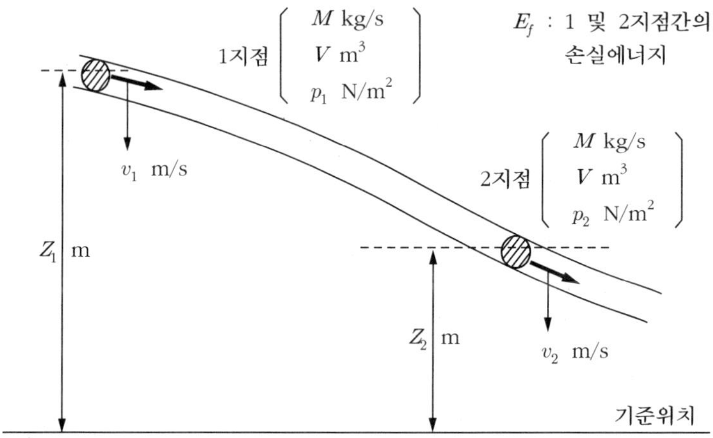

그림 1.7 유체의 유적

$$\frac{1}{2}Mv_1^2 + MgZ_1 + p_1V = \frac{1}{2}Mv_2^2 + MgZ_2 + p_2V + E_f \tag{1-7}$$

상기 식에서 질량 M과 그 체적 V에 대하여는 번호를 표기하지 아니하였다. 왜냐하면, 유체의 정상유동에 대해 고찰하는 것이므로 질량유량 M은 배관의 모든 지점에서 일정한데다가 물은 통상 비압축성 유체로 간주하게 되므로, 배관의 모든 지점에서 물의 밀도와 M의 체적은 일정한 값을 갖기 때문이다. 기준위치 또한 임의로 정하여도 무방하며, 수압은 절대압력과 계기압력 중 어느 것을 택하여도 좋다. 왜냐하면 흐르는 물의 에너지 변화만이 관찰의 대상이 되기 때문이다. 식 (1-7)은 Energy Balance에 따라 얻어진 것이지만, 이 식에서 Mg의 값은 상수이므로 식 (1-7)을 Mg로 나누면 다음과 같이 된다.

$$\frac{v_1^2}{2g} + Z_1 + \frac{p_1V}{Mg} = \frac{v_2^2}{2g} + Z_2 + \frac{p_2V}{Mg} + \frac{E_f}{Mg} \tag{1-8}$$

여기서, $\frac{p_1V}{Mg} = \frac{p_1}{\left(\frac{M}{V}\right)g} = \frac{p_1}{\rho g}$, $\frac{p_2V}{Mg} = \frac{p_2}{\left(\frac{M}{V}\right)g} = \frac{p_2}{\rho g}$가 되므로,

식 (1-8)은 다음 식과 같이 표현된다.

$$\frac{v_1^2}{2g} + Z_1 + \frac{p_1}{\rho g} = \frac{v_2^2}{2g} + Z_2 + \frac{p_2}{\rho g} + \frac{E_f}{Mg} \tag{1-9}$$

그런데 $\rho g = \gamma$로 비중량은 단위체적의 중량(무게)을 말하는 것으로 ρ의 값이 단위체적의 질량이기 때문에 뉴턴 제2법칙인 $F = Ma$에서 가속도 a 대신 중력가속도 g를 대입하고, M 대신 단위체적의 질량의 크기 즉 ρ를 대입하면 ρg의 값이 중력에 의한 단위체적당의 힘으로 비중량이 되는 것이다. 한국과 일본에서는 중량의 단위로 kg중(일반적으로 kg으로 표기하고 있으나 엄격히 옳지 않은 표기다)을 많이 사용해 온 습관 때문에 $\rho g = \gamma$의 단위가 마치 kg중인 것처럼 착각을 일으켜 혼란스러워 하는 일이 적지 않다. 위의 식 (1-9)까지는 어디까지나 SI단위계로 유도된 식들이므로 γ의 단위는 $\rho g = \gamma = (\rho) \cdot (g) = (\text{kg/m}^3) \cdot (\text{m/s}^2) = (\text{kg} \cdot \text{m/s}^2)/\text{m}^3 = \text{N/m}^3$이 된다. N(뉴턴)은 SI단위로 나타내는 힘의 단위이므로 N/m^3은 단위체적당의 힘 즉 비중량이 되는 것이다. 따라서 위의 식 (1-9)에 γ을 대입하여 다시 나타내면 다음과 같다.

$$\frac{v_1^2}{2g} + Z_1 + \frac{p_1}{\gamma} = \frac{v_2^2}{2g} + Z_2 + \frac{p_2}{\gamma} + \frac{E_f}{Mg} \tag{1-10}$$

수력학 관련 서적들에서는 관내의 1, 2지점간의 유수에 의한 에너지 손실(마찰손실)이 없는 이론적 전제에서 E_f/Mg를 표기하지 아니하면서 관내의 임의 지점에서의 수식을 다음과 같이 나타내고 있음을 볼 수 있다.

$$\frac{v^2}{2g} + Z + \frac{p}{\gamma} = \text{일정}$$

상기 식 (1-8), (1-9), (1-10)의 각 항은 상기 식 (1-7)을 Mg로 나눈 결과인데 Mg의 의미를 살펴볼 때 Mg의 값은 관내를 흐르는 물의 질량 M에 대해 지구의 인력에 의하여 지구의 중심방향으로 작용하는 힘 즉, 중량(SI단위로서의 중량)이기 때문에 식 (1-8), (1-9), (1-10)의 각 항은 단위중량당의 에너지 항이 된다.

수두의 단위 = 에너지의 단위/힘의 단위 = N · m/N = m(meter)인 것이다. 식 (1-9)에서, 물의 밀도 ρ는 SI단위로 1,000 kg/m^3로서 일정한 값을 갖고 있으므로 $\rho g = 1{,}000g$이다. 따라서, 식 (1-9)는 다음과 같이 나타낼 수도 있다.

$$\frac{v_1^2}{2g} + Z_1 + \frac{p_1}{1{,}000g} = \frac{v_2^2}{2g} + Z_2 + \frac{p_2}{1{,}000g} + \frac{E_f}{Mg} \tag{1-11}$$

여기서, 식 (1-8)~(1-11)이 갖는 물리적 의미를 생각해보자 식 (1-7)이 성립되므로 반드시 식 (1-9)도 성립된다. 그런데 식 (1-7)의 각 항은 에너지를 뜻하지만, 식 (1-9)는 에너지 관계식은 아니다. 그러나 식 (1-9)의 각 항은 이와 대응되는 식 (1-7)의 각 항이 갖고 있는 물리적 성격을 다른 물성량으로써 대변하고 있는 것은 분명하다. 이런 관점에서 식 (1-9) 중의 Z_1 및 Z_2는 위치에너지의 성격을 대변하는 물성량으로서 그 크기는 단지 기준위치로부터 두 지점간의 수직높이만으로 나타나 있다. 각종 에너지는 기계적 또는 열역학적 조건의 변화에 따라 상호 전환이 가능하므로, 운동에너지와 압력에너지가 각각 위치에너지로 전환되었다고 가상할 때 이들 양의 상대적인 비교는 전환된 위치에너지의 성격을 대변하는 수직높이를 상호 비교함으로써 가능해진다는 사실을 식 (1-9)는 뜻하고 있다. 그래서 이와 같은 의미를 제공하는 식 (1-9)의 각 항을 水頭(Head)라고 부르는 것이다. 수두를 대표하는 문자로서 H를 사용하기로 하고,

$$\frac{v^2}{2g} = H_v(\text{속도수두}),\ Z = H_h(\text{위치수두}),\ \frac{p_1}{1{,}000g} = H_p(\text{압력수두}),\ \frac{E_f}{Mg} = H_f$$

라고 표현하면, 식 (1-9)는 다음과 같이 쓸 수 있다.

$$H_{v1} + H_{h1} + H_{p1} = H_{v2} + H_{h2} + H_{p2} + H_f \qquad (1\text{-}12)$$

여기서, H_f는 마찰손실수두이며 모든 수두값의 SI단위는 미터이다. 식 (1-12)에서 볼 때, 1지점에서의 물의 총수두는 2지점에서의 물의 총수두와 두 지점간의 마찰손실수두와의 합과 같으며, 각 지점에서의 총수두는 그 지점에서의 속도수두, 위치수두 및 압력수두의 합과 같다. 식 (1-11)에서 압력수두의 값은 각각 $\frac{p_1}{1{,}000g}$ 및 $\frac{p_2}{1{,}000g}$인 바, 여기서 p_1, p_2의 단위는 N/m^2 즉 Pascal이었다. 그런데 우리는 현실적으로 압력의 단위를 kg/cm^{2}라는 중력단위로 사용하는 것이 관습화되어 있다. 두 지점에서의 수압을 중력단위의 크기로 P_1 kg/cm^2, P_2 kg/cm^{2}이라 하면, P_1 kg/cm$^2 = 10{,}000gP_1$ N/m^2, P_2 kg/cm$^2 = 10{,}000gP_2$ N/m^{2}이므로, 이 값들을 식 (1-11)의 p_1, p_2에 대입하면 그 식은 다음과 같이 될 것이다.

$$\frac{v_1^2}{2g} + Z_1 + 10P_1 = \frac{v_2^2}{2g} + Z_2 + 10P_2 + H_f \qquad (1\text{-}13)$$

여기서, P_1 kg/cm$^2 = 10{,}000gP_1$ N/m^{2}가 되는 것은 kg/cm^{2}이란 정확히 kg중/cm^{2}인데, 이를 일반적으로 kg/cm^{2}로 표기할 따름이다. kg은 어디까지나 질량의 단위일 뿐 결코 힘의 단위가 아니고 힘의 단위인 kg중을 관습적으로 kg로 표기할 뿐이다. 따라서 P_1 kg/cm$^2 = P_2$ kg중/cm^2

이며, 이것은 1 cm^2의 면적에 P_1 kg중의 힘이 작용한다는 뜻이다. 그리고 P_1 kg중이란 힘은 P_1 kg의 질량체에 지구인력에 의해 작용하는 힘의 크기를 뜻하는 것이므로 이를 뉴턴 제2법칙 $F=ma$에 따라 SI단위계의 힘으로 환산하면 $F=P_1g$ N(뉴턴)이 될 것이다. 따라서 P_1 kg중/cm^2는 면적 1 cm^2에 P_1g 뉴턴(N)의 힘이 작용한다는 것과 동일한 의미가 되므로, P_1 kg중/$cm^2=P_1g$ N/cm^2가 되며 또한 1 $cm^2=1/10{,}000$ m^2이므로 P_1 kg중/$cm^2=P_1g$ N/(1/10,000) m^2 $=10000P_1g$ N/m^2(즉 파스칼)이 되는 것이다. P_2 kg/cm^2의 경우도 마찬가지로 $10{,}000P_2g$ N/m^2가 된다. 이제 다시 식 (1-13)을 10으로 나누어 보면 다음과 같이 된다.

$$\frac{v_1^2}{20g}+0.1Z_1+P_1=\frac{v_2^2}{20g}+0.1Z_2+P_2+0.1H_f \tag{1-14}$$

여기서, 식 (1-14)가 갖는 의미를 생각해볼 때 압력에너지의 성격을 대변하는 물성량 P_1이 압력 그 자체로서 표출되고 있다. 수두의 개념과 같은 방식으로 논리를 전개하여 운동에너지와 위치에너지가 각각 압력에너지로 전환되었다고 가상할 때, 각각 그 압력의 크기는 식 (1-14) 좌변의 경우 $\frac{v_1^2}{20g}$ 및 $0.1Z_1$, 우변의 경우 $\frac{v_2^2}{20g}$ 및 $0.1Z_2$가 될 것이므로 이 값들을 각각 P_{v_1}, P_{v_2}, P_{h_1}, 그리고 P_1, P_2를 P_{n_1}, P_{n_2}, $0.1H_f$를 P_f로 나타내면 식 (1-14)는 다음과 같게 된다.

$$P_{v_1}+P_{h_1}+P_{n_1}=P_{v_2}+P_{h_2}+P_{n_2}+P_f \tag{1-15}$$

여기서 P_{v_1} 및 P_{v_2}는 동압, P_{h_1} 및 P_{h_2}는 위치압력 또는 낙차압력, P_{n_1} 및 P_{n_2}는 정압이라고 불리며, P_f는 마찰손실압력이 된다. 동압의 Vector 방향은 관내의 물의 속도벡터 방향과 일치하며 정압에 있어서는 관 내벽에 수직방향이 된다. 따라서 통상 Bourdon압력계로 측정되는 배관의 수압은 곧 정압을 뜻하는 것이다. 식 (1-13)과 식 (1-14)를 비교할 때 상호 대응되는 항들의 물리적 성질은 다르지만 양들 간의 수치상의 크기는 10 대 1의 관계가 있음을 알 수 있다. 지금까지 베르누이의 정리가 갖는 물리적 의미를 여러 가지 물성량의 측면에서 고찰하였다. 배관내의 수리계산은 이와 같은 베르누이의 정리에 근거를 두고 진행되는 것이다. 어떤 유선을 따라서 흐르고 있는 유체의 적은 체적요소의 유선방향의 단면적을 δA, 길이를 δs로 할 때 두 단면 사이의 압력 및 요소의 질량과 가속도 성분 등을 뉴턴의 제2법칙에 적용시켜 정리하면 오일러의 운동방정식이 된다. 1차원 유체 흐름에 대한 오일러의 운동방정식은 다음과 같다.

$$\frac{dp}{\gamma} + d\left(\frac{v^2}{2g}\right) + dz = 0 \tag{1-16}$$

베르누이 방정식은 오일러 방정식을 적분하면 얻어진다. 비압축성 1차원 유체에 대한 오일러방정식 $\left[\frac{dP}{\gamma} + d\left(\frac{v^2}{2g}\right) + dz = 0\right]$은 쉽게 적분이 가능하며 결과는 $\frac{P}{\gamma} + \frac{v^2}{2g} + z = 0$이 된다. 이 방정식을 베르누이 방정식이라고 하며 이 방정식은 다음의 조건 하에서만 적용될 수 있음을 알아야 한다.

① 임의의 두 점은 같은 유선 상에 있다. ② 정상상태의 흐름이다.
③ 마찰이 없는 흐름이다. ④ 비압축성 유체의 흐름이다.

펌프수두(Pump Head) H_P로, 터빈(H_T)과 관련 있는 항목으로 하면 에너지방정식은 다음의 형태를 취한다.

$$H_P + \frac{v_1^2}{2g} + \frac{P_1}{\gamma} + z_1 = H_T + \frac{v_2^2}{2g} + \frac{P_2}{\gamma} + z_2 + H_L$$

10) 배관의 수리계산

배관의 수리계산은 관찰대상이 되는 배관상의 어느 지점에서의 유량과 소요압력을 구하고자 하는 데에 있으며 어느 경우에 있어서도 살수장치를 통하여 방사하고자 하는 최소한의 방수량을 충족시킬 수 있는 정도의 유수량과, 이 흐름을 일으켜 줄 수 있는 최소한의 소요압력을 산정하고자 하는 것이다. 수리계산은 관내의 마찰손실에 따른 정압변화만을 고려하는 것이 통상적이나, 엄밀하게는 동압을 계산에 포함시켜야 한다. 동압을 계산에 포함시킬 경우에는 시행착오법(Trial and Error Method)에 의한 반복계산을 하거나, 아니면 다소 복잡하지만 방정식을 유도하여 대입하는 방법도 있다. 물론 프로그래밍 된 컴퓨터를 이용하여 계산하는 것이 편리한 경우가 많으나 Tree식 배열구조의 Dead-end형 배관(막다른 끝이 있는 배관배열방식)에 있어서는 대개의 겨우 다소 시간은 걸리지만 수계산으로 비교적 만족한 결과를 얻을 수가 있다. 그러나 Loop Piping(또는 Ring Piping)의 경우에는 배관내의 분배유량(Flow Distribution Rate)을 동시에 결정해야 하므로 계산이 더욱 복잡해진다. 분배유량을 구하기 위해서는 Hardy Cross 계산법이란 것을 사용하게 되지만, 단일 Loop형 배관에는 계산법으로 수계산(Hand Calculation)에 의해 실제에 적용할 수 있는 비교적 만족한 결과를 얻을 수가 있으나, 배관의 형태가 격자형(Grid) 방식이 되었을 때는 수 계산만으로 엄청난 시간과 노력이 소요되는 경우가 대부분이므로, 이때는 전용 소프트웨어를 사용하여 컴퓨터에 의존하는 것이 실제적이다. 일반적으로 배관의 구성형태는 Loop Piping 및 Dead-end Piping의

두 가지 기하학적 형태로 나눌 수 있으므로 수리계산법도 이에 따 그림 1.8에서 계산을 단순화하기 위해 다음과 같이 전제한다.

① Dead-end Piping

수평배관상의 임의 지점에서의 총압은 그 지점에서의 정압과 동압의 합과 같다.

$$P_t = P_n + P_v \tag{1-17}$$

여기서, P_t : 총압(Total Pressure), P_n : 정압(Normal Pressure)

P_v : 동압(Velocity Pressure)

정압과 동압의 두 물성량에 있어서 이들의 벡터는 정압의 경우 관 내벽에 수직방향, 동압에 있어서는 물의 흐름방향이 된다. 앞서 언급한 바와 같이 수리계산시 동압을 무시하는 경우와 계산에 포함시키는 경우를 예로서 그림 1.8과 같이 스프링클러배관에 대해 계산을 단순화하기 위해 다음과 같이 전제한다.

(1) 헤드는 가지관에 직결되어 있다.

(2) 각 헤드의 방출계수는 동일하며, 방출계수는 방수압력의 변화와 관계없이 일정하고, 그 값은 K이다.

(3) 그림에서의 헤드는 모두 개방되어 있다.

(4) 지점 ①이 수리적으로 최장거리(Hydraulically Most Remote)에 있고, 이 지점에서 주어져야 할 최소방수압은 P_1 kg/cm^{2}이다.

(5) 배관구간마다 구경과 등가길이는 이미 알고 있는 값이다.

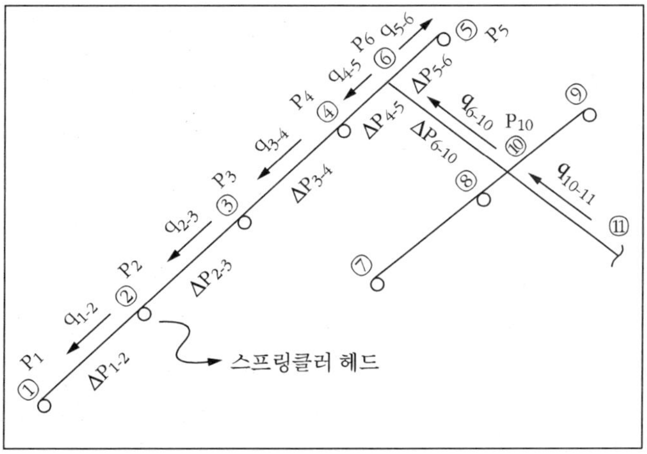

그림 1.8 스프링클러 배관망

(가) 동압을 무시하는 경우

동압을 무시할 때는 식 (1-17)에서 $P_t = P_n$이 되므로 계산은 매우 간단해진다. 그것은 각 Head 지점에서의 총압이 곧 그 헤드에서의 방수압이 되기 때문이다. 그림에서 ΔP_{a-b}의 형태로 표시된 것은 배관구간 ⓐ-ⓑ간의 마찰손실압력을, P_1, P_2, … 등으로 표시된 것은 각 구간을 구분하는 지점에서의 총압을, q_{a-b}의 형태로 표시된 것은 지점 ⓑ에서 ⓐ로 흐르는 유량을 나타낸다. ΔP_{a-b}의 값은 그 구간을 흐르는 유량과 그 구간의 배관구경 및 총 등가길이(Total Equivalent Length)를 알면 Hazen-Williams 공식으로부터 쉽게 구해질 수 있는 값이다. 따라서 ①~⑥구간의 각 지점에서의 총압과 각 구간마다의 유량은 일단 다음과 같은 계산순서로 구할 수 있다.

$$q_{1-2} = K\sqrt{P_1}$$

$$q_{2-3} = q_{1-2} + K\sqrt{P_2} = q_{1-2} + K\sqrt{P_1 + \triangle P_{1-2}}$$

$$q_{3-4} = q_{2-3} + K\sqrt{P_3} = q_{2-3} + K\sqrt{P_2 + \triangle P_{2-3}}$$

$$= q_{2-3} + K\sqrt{P_1 + \triangle P_{1-2} + \triangle P_{2-3}}$$

$$q_{4-6} = q_{3-4} + K\sqrt{P_4} = q_{3-4} + K\sqrt{P_3 + \triangle P_{3-4}}$$

$$= q_{3-4} + K\sqrt{P_1 + \triangle P_{1-2} + \triangle P_{2-3} + \triangle P_{3-4}}$$

이와 같은 계산순서로 q_{4-6}과 지점 ⑥에서의 총압 즉 P_6의 값이 일단 구해진다. 그러나 계산의 핵심은 q_{5-6}를 구하는 데에 있다.

P_5는 P_1과 결코 같지 않으며, 그 값이 얼마인지 당장은 알 수 없다. 그렇지만 가령 지점 ⑤에서의 예상압력을 일단 가정하여 계산하더라도 이 계산결과에 의해 구해지는 지점 ⑥에서의 값이 앞에서 실시한 계산순서에 의해 구해진 P_6의 값과 일치해야 할 것이다. 따라서 수차례 시행착오 법을 사용하면 P_5 및 q_{5-6}을 구할 수가 있겠으나, 많은 반복계산에 따른 노력과 시간이 소요된다. 그러므로 이 경우에 있어서는 간단한 방법으로서 하나의 가정을 한다. 이 가정은 수리적으로 결코 정확한 것은 아니지만, 실제에 적용하는 거시적 공학세계에 있어서는 무리 없는 한 다소간의 오차는 허용될 수 있으므로 가장 보편적으로 사용되고 있다. 즉, 구간 ⑤-⑥간의 배관유수특성과 헤드 ⑤의 방수특성을 복합적으로 보유하고 있는 노즐 한 개가 지점 ⑥에 바로 직결되어 있다고 가정하는 것이다. 따라서 지점 ⑤에서 임의로 설정한 압력 P_5'(가급적 $P_5' < P_6'$의 것이 좋다)를 생각할 때, ⑤-⑥구간의 유량을 q_{5-6}'라 하면 $q_{5-6}' = K\sqrt{P_5'}$이고, 이 경우 지점 ⑥에서의 총압을 P_6'라고 하면 $P_5' = P_5' + \Delta P_{5-6}'$이

므로($\Delta P_{5-6}'$은 유량 q_{5-6}'에 의한 마찰손실 압력이므로 Hazen-Williams공식으로 부터 쉽게 산출된다), 앞에서 가정한 복합특성의 노즐은 방수압이 P_6'일 때 방수량이 q_{5-6}'가 되는 살수 특성을 가진 노즐이라는 뜻으로 결론지어진다. 즉, 이 복합특성을 가진 노즐의 방출계수를 K'라고 하면, 다음의 관계가 성립된다는 뜻이다.

$$q_{5-6}' = K'\sqrt{P_6'} \tag{1-18}$$

따라서, 이 노즐에 P_6의 방수압이 걸릴 때의 방수량이 곧 q_{5-6}가 될 것이며 다음 관계식도 성립될 것이다.

$$q_{5-6} = K'\sqrt{P_6} \tag{1-19}$$

식 (1-18), (1-19)에서 K'를 소거하면 q_{5-6}를 구할 수 있다. 즉,

$$q_{5-6} = q_{5-6}'\sqrt{P_6/P_6'}$$

이상의 계산과정에 의해 ⑥-⑩구간의 유량 즉, q_{6-10}은 $q_{4-6}+q_{5-6}$이 되므로 이 유량에 따른 마찰손실압력 ΔP_{6-10}을 P_6와 합한 값이 P_{10}이 될 것이다. 즉 $P_{10}=P_6+\Delta P_{6-10}$이다. ⑦-⑩구간 및 ⑨-⑩구간의 유량을 구하는 것도 앞에서 전개한 복합특성의 노즐을 가정하는 방식에 의하여 동일한 계산법으로 각 구간의 유량을 구할 수가 있으며, 각각의 유량을 q_{6-10}과 합하면 q_{10-11}이 된다. 물론 지점 ⑪에서의 소요압력도 계산된다.

(나) 동압을 포함하는 경우

동압을 포함하는 경우에는 시행착오 법에 의해 반복하여 보정해 가면 결과를 얻을 수 있으나 많은 시간이 소요될 뿐 아니라, 특히 숙달되지 않으면 혼란을 일으키기 쉽다. 따라서 다소 복잡하더라도 다음과 같이 식을 유도하여 대입하는 것이 편리하다. 배관에서 헤드가 취부 된(일단 배관에 바로 접속되어 있다고 가정)임의의 부분을 취하여 다음 그림 1.9와 같이 생각한다.

그림 1.9에서 다음과 같은 식들이 성립된다.

$$P_t = P_n + P_v \tag{1-20}$$

$$q_3 = q_1 + q_2 \tag{1-21}$$

$$q_2 = K\sqrt{P_n} \tag{1-22}$$

식 (1-20)으로부터,

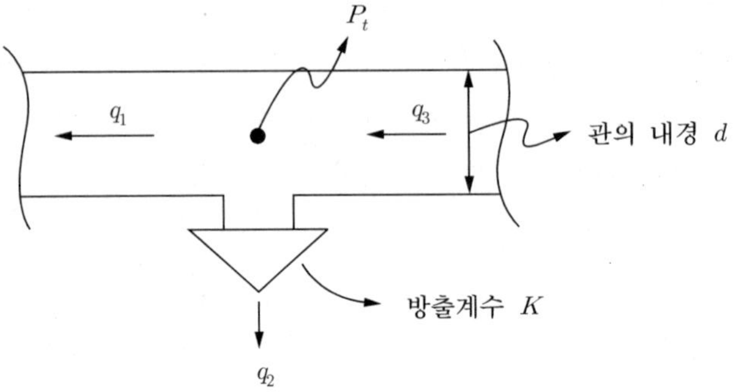

그림 1.9 배관구성

$$P_v = 2.3 q_3^2 d^{-4} \tag{1-23}$$

위의 식 (1-22) $q_2 = K\sqrt{P_n}$에서 √안의 값이 P_n이 됨을 유의할 필요가 있다. 헤드에서의 방수압은 헤드의 오리피스를 통하여 외부로 방수되었을 순간에는 동압(Pitot계로 측정되는 값)만으로 전환되지만 그 값의 크기는 P_n과 같다. 그것은 관내의 총압 P_t의 구성성분 중 관 내벽에 수직방향의 벡터는 P_n이기 때문이다.

식 (1-20) 및 (1-23)에서,

$$P_n = P_t - 2.3 q_3^2 d^{-4} \tag{1-24}$$

식 (1-21) 및 (1-22)에서,

$$q_3^2 - 2q_1 q_3 = q_1^2 = K^2 P_n \tag{1-25}$$

식 (1-24)의 P_n을 식 (1-25)에 대입한 다음, q_3을 미지수로 보고 q_3에 대한 2차 방정식을 풀면 q_3에 대한 해(Solution)는 다음과 같다.

$$q_3 = \frac{q_1 + K\sqrt{P_t + 2.3d^{-4}(K^2 P_t - q_1^2)}}{1 + 2.3K^2 d^{-4}} \tag{1-26}$$

식 (1-26)을 활용하는 방법은 매우 간단하다. 「① 동압을 무시하는 경우」의 계산법에서 예로 든 그림에 대해 적용해 보자. 지점 ①에서 P_1의 압력은 설계조건에 의해 일단 주어지게 되므로 q_{1-2}와 ΔP_{1-2} 및 P_2는 쉽게 산출된다. 따라서 지점 ②에서의 헤드를 기준으로 하여 식 (1-26)의 결론을 도출하기 위하여, 예로 든 앞의 스프링클러 배관도면에 대해 고찰할 때

q_{1-2}는 식의 q_1에 해당하며, q_{2-3}은 q_3에 해당하고 P_2는 곧 P_t와 동일하므로 q_{2-3}은 이 식으로부터 즉각 계산된다. 이렇게 계산되고 난 다음 동일한 방식으로 지점 ③에서의 헤드를 기준으로 하여 식 (1-26)을 적용하면 이때는 구해진 q_{2-3}에 해당되고, q_{3-4}는 q_3에 해당되며, $P_t = P_2 + \Delta P_{2-3}$가 되므로 q_{3-4}도 잇달아 산출되는 것이다. 이러한 방법으로 식 (1-26)을 사용하여 순차적으로 계산하되 복합특성의 노즐을 가상하는 방식의 계산법은 (가)의 경우와 마찬가지로 적용하면 되는 것이다.

② Loop Piping

Loop Piping의 수리해석은 그 배경이 전기공학에서 단일 폐회로에 대한 키르히호프의 법칙과 개념이 유사하다. 즉 하나의 Loop Piping에 있어서,

(1) 총유입유량은 총유출유량과 같다.

(2) 배관내의 손실수두(또는 손실압력)의 대수합은 영(Zero)이다 (단, 서로 다른 유수방향은 수학적으로 +, −로 표기한다).

이 기본원칙에 따라 임의의 값을 설정해가면서 반복계산을 계속하여 얻고자 하는 분배유량을 산출한다는 것은 불가능하지는 않겠으나, 엄청난 반복계산과 노력이 요구된다. 그래서 가능한 한 반복계산의 횟수를 줄여서, 구하고자 하는 값에 쉽게 수렴되게 하는 Hardy Cross 방법에서는, 임의의 분배유량을 가정한 다음 수두손실(또는 압력손실)의 대수합이 영(Zero)에서 벗어나는 정도에 따라 보정유량을 산출하여 처음에 가정했던 유량을 보정하는 것이다. 유량 보정치(Flow Correction Factor)는, 배관내의 압력손실의 대수합을 전 배관에 걸쳐 단위유량의 압력손실로 나누어줌으로써 구할 수 있다. 이때의 산출계수는 1/1.85이며, 보정유량의 유수방향은 배관내의 손실압력의 대수합의 방향과 당연히 반대가 된다. Hardy Cross방법에 의한 계산을 체계 있게 하기 위하여 표 1.11과 같은 양식을 이용하는 것이 편리하다.

표 1.11 배관수리계산 양식

배관 구간	배관의 길이	배관 부속의 등가 길이	총 등가 길이	1차 계산				2차 계산			
				유수량 (F_1)	손실 압력 (P_{f1})	P_{f1}/F	유수 보정치 (C_{f1})	유수량 (F_2)	손실 압력 (P_{f2})	P_{f2}/F	유수 보정치 (C_{f2})
				합계 (Σ)							

◦ 유수보정치 $= -(\sum P_f)/1.85\times\sum(P_f/F)$
◦ $F_2 = F_1 + C_{f1}$

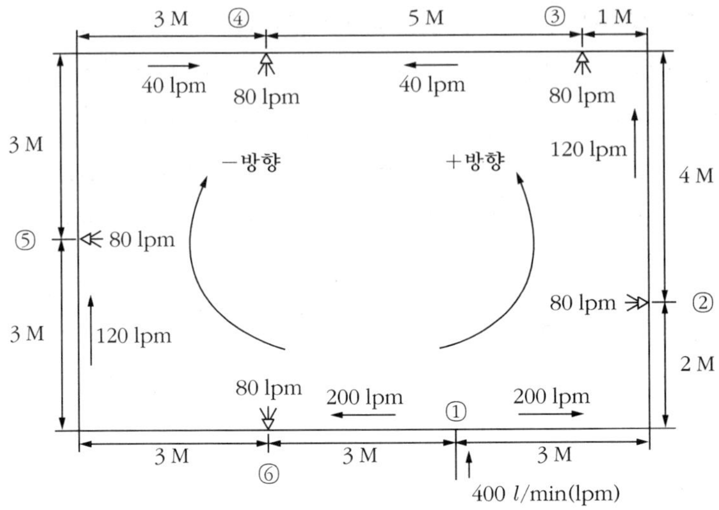

그림 1.10 배관망 구성도

이 계산법의 도출과정에 대한 이론적 해석은 일단 생략하기로 하고, 표 1.12를 이용한 계산법을 그림 1.10과 같은 Loop Piping에 대해 적용해 보기로 한다. 그림 1.10에서 계산의 편의와 이해를 돕기 위해 일단 다음의 사항을 전제한다.

(1) 배관크기는 모두 호칭구경 50 mm이고, 규격은 KS D3507 아연도 탄소강관이다.

(2) 각 노즐에서는 80 l/min의 동일한 방수량이 나타나고 있다(노즐에서 압력이 실제로 같을 수는 없을 것이므로 이 경우에는 각 노즐의 방출계수가 조금씩 다르다고 생각하면 될 것이다).

(3) 배관의 접속부속은 90° 엘보로서 등가길이는 1 m이다.

위의 전제하에서 앞에서 제시한 표 1.11을 이용하여 계산하기에 앞서 계산절차로서 다음과 같은 사항을 설정한다.

(가) 그림 1.10에서와 같이 배관을 구간별로 나눈다.

(나) 구간별로 일단 임의의 유량을 설정한다. 이 경우 배관의 기하학적 모양을 잘 관찰하여 분배유량을 적절히 정할 필요가 있는데, 다소간의 계산경험에 의한 직관적 판단이 중요하다. 만약 지나치게 불합리한 유량을 설정하면 Hardy Cross 계산과정에서 얻고자 하는 결과로 수렴되지 않고 오히려 발산하는 경우가 있다. 본 계산에서는 ③-④구간 및 ④-⑤구간에 대해 40리터/분의 유량과 유수방향을 가정하였다.

(다) 분배되는 유수의 방향에 대해 부호(+ 또는 −)를 설정한다. 어느 한쪽 방향을 +로 잡으면 그 반대방향은 −이다.

표 1.12 수리계산 결과

배관 구간	배관 길이	총등가 길이	1차 계산				2차 계산			
			유수량 (F_1)	손실 압력 (P_{f1})	P_{f1}/F_1	유량 보정치	유수량 (F_2)	손실 압력 (P_{f2})	P_{f2}/F_2	유량 보정치
①~②	5	5.6	200	41.3	0.2065		184.9	35.7	0.1931	
②~③	5	6.6	120	16.0	0.1333		104.9	12.5	0.1192	
③~④	5	5	40	1.6	0.0400	−15.1	24.9	0.7	0.0281	0.08
④~⑤	6	7.6	−40	−2.4	0.0600		−55.1	−4.4	0.0800	
⑤~⑥	6	7.6	−120	−18.5	0.1542		−135.1	−23.0	0.1702	
⑥~①	3	3	−200	−18.8	0.0940		−215.1	−21.6	0.1000	
			Σ	19.2	0.6880		Σ	−0.1	0.6906	
			$C_{f1}=\frac{-\Sigma P_{f1}}{1.85\Sigma(P_{f1}/F_1)}$ $=\frac{-19.2}{1.85\times0.6880}\Im E-15.1$				$C_{f2}=\frac{-\Sigma P_{f2}}{1.85\Sigma(P_{f2}/F_2)}$ $=\frac{-0.1}{1.85\times0.6906}\Im E0.08$			
							$C_{f2}=0.08$이므로 구하고자 하는 Flow rate로 F_2를 취한다.			

이상과 같은 사항을 염두에 두면서 계산하면 그 결과는 표 1.12와 같다. 이 계산에서 압력 손실의 크기는 계산의 정밀성을 위해 보통 g/cm^{2}의 크기로 구한 값을 취한다. 표 1.12의 계산결과를 볼 때, 2차 계산에서 분배유량의 대수합이 −0.1이 되었다. 이 값은 영(Zero)에 매우 가깝다. 이 정도의 정확도이면 만족한 결과로 인정할 수 있다. 보통 유량보정치(C_f)가 ±1 이하이면 당시에 계산된 분배유량(F_2)을 실제에 적용시켜도 무방하다. 실제에 있어 옥외 Transformer 등에 대한 물분무설비는 Transformer 주위에 Loop Piping을 하는 일이 많고 적정한 살수밀도(Water Density)를 주기 위하여 노즐의 선택에 있어서도 그 방출계수가 같지 않은 경우가 많다. 이때에 있어서는 배관의 기하학적 모양을 관찰하여 일단 최소방수압이 예상되는 노즐에 대해 설계조건에서 주어진 최소한의 기준방수압을 설정하여 그 노즐에서의 방수량을 공급하는 좌우의 분배유량을 가정하고, 이 가정위에서 (가) 또는 (나)에서의 수리계산 절차에 따라 노즐간의 각 구간별 유량을 Hardy Cross 계산법에 따라 보정하면, 처음에 최소방수압으로 가정하였던 노즐의 좌우 구간에 대해 보정된 유량이 얻어진다. 그러면 이 보정된 유량에서 다시 출발하여, 같은 방식의 수리계산 절차에 따라 다시 각 구간별 유량과 노즐에서의 총압을 계산하고 재차 Hardy Cross계산법에 따라 구간유량을 보정한다.

이러한 계산과정의 반복은 Loop 배관과 급수유입 배관과의 접속점에서 두 분기관으로부터 계산되어 온 각 총압이 서로 일치될 때까지 시행함으로써 계산이 완료되며, 이때의 일치된 총압과 그 때까지의 구간별 유량이 최종적으로 얻고자 하는 결과가 된다. 지금까지 실제에 응용할 수 있는 수리계산법에 대해 살펴보았으나, 이 계산법들이 다소 복잡은 하지만 내용면에서 그다지 난해한 것은 아니다. 다만, 다소간 숙련을 요하므로 스스로 실례를 만들어서 반복연습함으로써 수리계산법을 자신의 것으로 만들 수 있을 것이다.

11) 배관부속 및 밸브류의 마찰손실과 등가길이

곧은 배관 즉 직관에서의 마찰손실을 구하는 일은 헤이전 - 윌리엄스 공식을 활용함으로서 쉽게 해결할 수 있으나, 직관만으로 완성 가능한 설비는 없으며, 배관의주행과정에서 흐름방향이 바뀌거나, 관경이 변하거나 배관상에 밸브류와 같은 장치가 설치됨으로써 마찰손실에 영향을 줄 수 있게 된다. 흐름방향이 서로 다르거나 구경이 다른 배관을 상호 연결하기 위해 사용되는 것들, 예컨대 엘보(Elbow), 티(Tee), 리듀서(Reducer), 크로스(Cross)와 같은 배관부속을, 또는 밸브류를 물이 통과할 때 일어나는 마찰손실 계산을 위하여 수계(水系)소화설비에서는 전통적으로 등가길이(Equivalent Length, 줄여서 EQL로 표현하기도 한다)의 개념을 적용하면서, 이에 따른 자료를 활용하고 있다. 배관부속 또는 밸브류의 등가길이란 것은 "이들과 동일한 구경의 배관을 통하여 물이 흐를 때 발생하는 마찰손실과 똑 같은 크기의 마찰손실을 일으킬 수 있는 동일 구경의 직관의 길이"를 뜻한다. 예를 들어, 호칭구경(Nominal Diameter)이 65 mm인 KS D3507 탄소강 강관의 접속용 엘보는 등가길이가 0.6 m인데, 호칭구경 65 mm의 엘보를 물이 통과할 때 발생되는 마찰손실이, 0.6 m의 직관 속을 물이 흐르는 과정에서 발생되는 마찰손실과 동일함을 뜻하는 것이다. 수계소화설비에서 가장 많이 사용되고 있는 KS D3507 탄소강 강관의 결속용 배관부속 및 밸브류의 등가길이를 예시하면 다음 표와 같다.

종 별		호칭구경		25	32	40	50	65	80	90	100	125	150	200
관부속	나사식	45° 엘보		0.4	0.5	0.6	0.7	1.0	1.1	1.3	1.5	1.8	2.2	2.9
		90° 엘보		0.8	1.1	1.3	1.6	2.0	2.4	2.8	3.2	3.9	4.7	6.2
		티 또는 크로스(측류)		1.7	2.2	2.5	3.2	4.1	4.9	5.6	6.3	7.9	9.3	12.3
	용접식	45° 엘보, Long		0.2	0.2	0.3	0.3	0.4	0.5	0.6	0.7	0.8	0.9	1.2
		90° 엘보	Short	0.5	0.6	0.7	0.9	1.1	1.3	1.5	1.7	2.1	2.5	3.5
			Long	0.3	0.4	0.5	0.6	0.8	1.0	1.1	1.3	1.6	1.9	2.5
		티 또는 크로스(측류)		1.3	1.6	1.9	2.4	3.1	3.6	4.2	4.7	5.9	7.0	9.2
밸브류		게이트밸브		0.2	0.2	0.3	0.3	0.4	0.5	0.6	0.7	0.8	1.0	1.3
		앵글밸브		4.6	6.0	7.0	8.9	8.9	13.5	15.6	17.6	21.9	26.0	34.2
		체크밸브(스윙형)		2.3	3.0	3.5	4.4	4.4	6.7	7.7	8.7	10.9	12.9	17.0
		알람체크밸브		-	-	-	-	-	6.7	-	-	-	12.9	-
		준비작동식 밸브		-	-	-	5.5	5.5	8.9	-	-	-	10.1	-

주) 1) 알람체크밸브와 준비작동식 밸브의 등가길이는 메이커에 따라 다소 차이가 있을 수 있다.
2) 위의 표에는 직관의 접속부속, 예컨대 소켓, 리듀서 등의 등가길이는 예시되어 있지 않다. 엄밀하게는 이들 부속의 등가길이도 포함되어야 할 것이나, 그 영향성이 미미하여 무시하는 것이 통례이다. 결론적으로 물흐름의 방향이 변하지 않는 경우, 접속부속의 등가길이는 보통 무시하고 계산한다. 따라서 티(Tee)의 경우에도 측류의 구조에만 등가길이를 포함시킨다.

연습문제

01. 공기가 산소와 질소가 1 : 4로 혼합된 기체라 할 때 표준상태(0℃, 101.325 kPa)에서의 공기의 밀도는 몇 kg/m^3인가?

02. 안지름 200 mm, 높이 300 mm인 동제 실린더 속에 물을 밀봉하고 있다. 이 속에 지름 30 mm의 동봉을 나사를 이용하여 100 mm만큼 압입하였을 때 실린더내의 수압의 변화는 몇 kPa인가? 단, 물의 압축률은 $4.64 \times 10^{-8}\ m^2/N$이고 물의 누설은 없다.

03. 비중이 0.85인 유체가 지름 10 cm인 원관속을 $u = 2 - 800r^2$ m/s의 속도분포로 흐르고 있다. 관벽에서 전단응력이 $3.2\ N/m^2$이면 이 유체의 동점성계수는 몇 m^2/s인가? 단, 여기서 r은 관 중심으로부터 m 단위로 측정한 거리이다.

04. 4℃의 순수한 물 1,000 L의 무게는 1,000 kgf이다. SI단위로는 몇 N인가?

05. 에너지의 차원을 MLT계로 나타내시오.

06. 질량의 차원을 FLT계, 압력의 차원을 MLT계로 나타내시오.

07. 중력 가속도가 $9.5\ m/s^2$인 곳에서 구리의 무게를 달았더니 220 N이었다. 이 구리의 질량은 얼마인가?

08. 45,000 N의 기름의 체적이 $5.63\ m^3$이다. 이 기름의 비중량, 밀도, 비중을 구하시오.

09. 안지름 1 mm의 유리관을 알코올 속에 세웠더니 알코올이 10.5 mm 올라갔다. 알코올의 비중이 0.81, 유리와의 접촉각은 0°로 할 때 알코올의 표면장력은 몇 dyne/cm인가?

10. 단면이 2 mm × 4 mm의 유리관에 온도가 20℃인 물이 들어 있을 때 수주상단의 내외부에 생기는 압력차이를 구하시오.

11. 밑면이 2 m×2 m인 탱크에 비중이 0.9인 유체 3 m가 들어있고 그 위에 비중 0.8인 유체가 2 m 높이로 떠있을 때 탱크 바닥면에 작용하는 힘은 몇 kN인가?

12. 펌프의 흡입이론에서 볼 때 펌프의 흡입배관으로 물을 흡수할 수 있는 이론 최대높이는 몇 m인가? 단, 대기압은 740 mmHg이고 물의 밀도는 1,000 kg/m^3이다.

13. 관의 안지름이 80 mm이고 관로에 설치된 오리피스의 지름이 20 mm이다. 이 관로에 물을 유동시켰을 때 오리피스의 전후에서의 압력수두의 차이가 120 mm이었다. 유량을 계산하시오. 단, 유동계수는 0.66이다.

14. 유량 2.3 m^3/mim, 축동력 12 kW인 원심펌프의 게이지 압력을 측정하였더니 송출측이 200 kPa, 흡입측이 −40 kPa이었다. 양 압력계의 높이의 차가 50 cm이고 송출구경 125 mm, 흡입구경 150 mm일 때의 펌프효율은 몇 %인가?

CHAPTER

2 가압송수장치

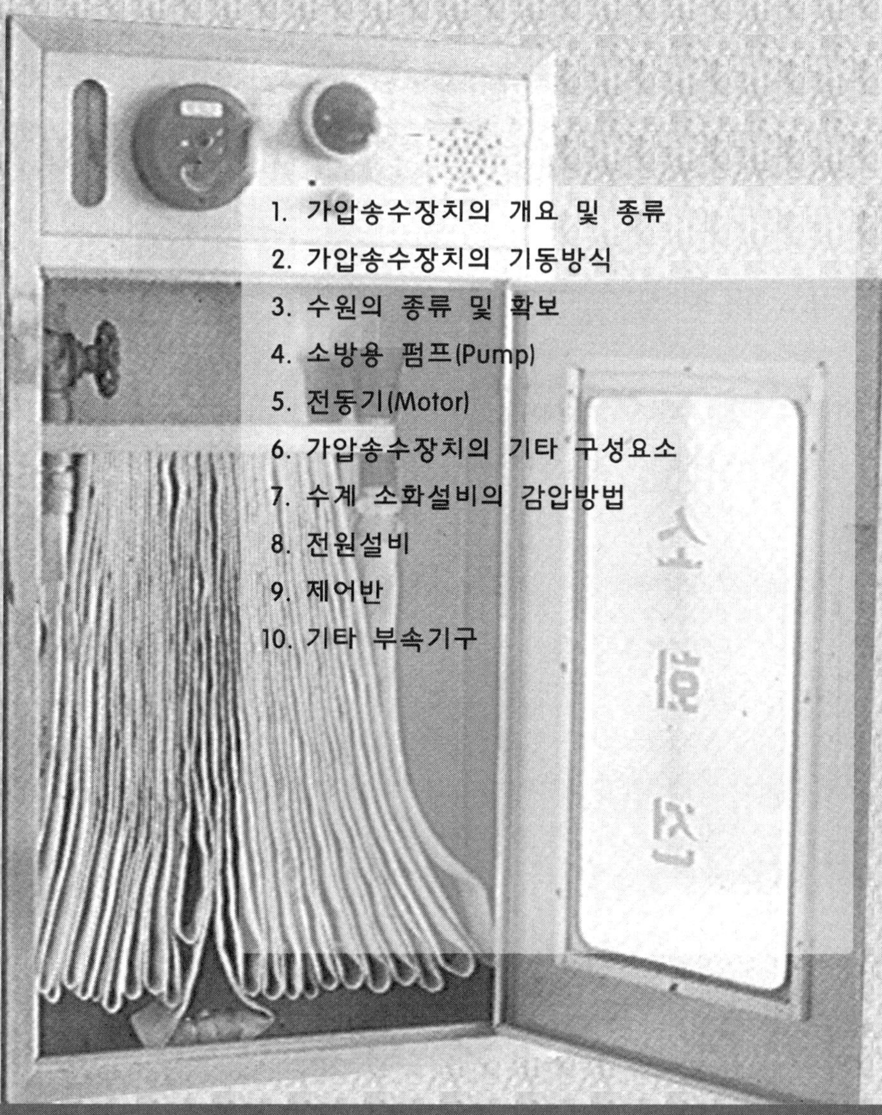

1. 가압송수장치의 개요 및 종류
2. 가압송수장치의 기동방식
3. 수원의 종류 및 확보
4. 소방용 펌프(Pump)
5. 전동기(Motor)
6. 가압송수장치의 기타 구성요소
7. 수계 소화설비의 감압방법
8. 전원설비
9. 제어반
10. 기타 부속기구

1. 가압송수장치의 개요 및 종류

가압송수장치란 각각의 소화설비에서 요구하는 방수압력, 방수량 등 화재를 진압하는데 필요한 성능을 확보하기 위하여 설치하는 장치를 말한다. 주요 구성요소는 가압송수장치의 종류에 따라 다르며 일반적으로 펌프, 전동기(내연기관 포함), 수원, 기동장치, 물올림장치, 전원설비, 제어반 등으로 구성되어 있다. 물을 소화약제로 사용하는 소화설비의 종류는 여러 가지가 있기 때문에 방호대상물의 규모, 용도 등 위험정도에 따라 적응 소화설비를 선정하여 설치하게 된다. 선정된 소화설비에 따라 화재진압에 필요한 적합한 가압송수장치의 종류와 제원을 선정하게 된다. 이와 같이 가압송수장치의 종류 및 제원은 주로 방수압력(배관의 손마찰손실, 건물의 높이, 규정방수압력)과 방수량 등에 따라 결정된다. 소화설비의 성능조건을 충족시키기 위해서는 수원과 유체가 통과하는 배관망의 구성, 가압송수장치 등 기타 관련 부속장치가 필요하게 된다. 예를 들면 옥내소화전설비는 방수압력은 0.17 MPa(1.7 kg/cm^2) 이상 0.7 MPa(7 kg/cm^2) 이하이고, 방수량은 130 l/min 이상으로 방출할 수 있어야 한다. 국내 소방법에 의하면 수계소화설비에 사용하는 가압송수장치의 종류는 고가수조방식, 압력탱크방식, 펌프방식, 가압수조방식이 있다. 이상에서 설명한 가압송수장치는 종류에 상관없이 가압송수장치의 성능은 소방대상물의 규모에 따라 20분, 40분, 60분 이상을 사용할 수 있는 성능이 확보되어야 한다.

1) 고가수조방식

그림 2.1과 같이 옥상 등 최상층부의 소화전함보다 높은 위치에 수조를 설치하고 고가수조의 바닥면에서부터 최상층부분의 방수구까지의 높이를 낙차로 환산하여 필요한 규정방수압력 방수량을 확보하는 것으로 자연낙차를 이용하는 송수방식이다. 즉, 고가수조의 자연낙차를 이용한 방식이다.

2) 압력수조방식

그림 2.1과 같이 압력수조의 압력을 이용하는 방식으로 압력탱크의 2/3 이상 물을 급수펌프로 상시 공급하는 상태에서 압력수조내 상부의 1/3에 해당되는 부분은 공기압축기를 이용하여 압축공기가 공급할 수 있도록 되어 있다. 따라서 이 압축공기의 압력으로 방수구의 법정방수압력 및 방수량을 확보할 수 있게 되어 있는 가압송수방식이다. 본 가압장치에는 반드시 급수펌프와 공기압축기가 부설되며 주로 대규모의 공장 등에 적용되는 경우가 많으나 일반 건축물에서는 거의 볼 수가 없는 방식이다.

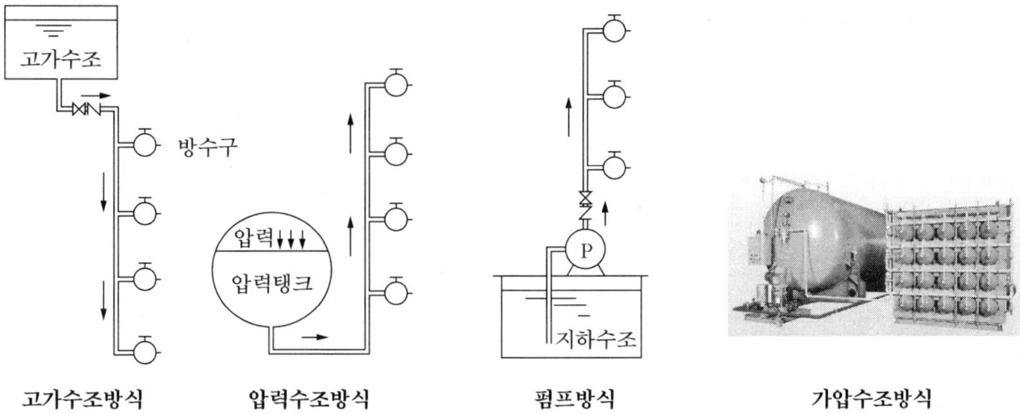

그림 2.1 가압송수장치의 종류

3) 전동기 또는 내연기관을 이용하는 방식(펌프방식)

본 방식은 일반 소방대상물에서 가장 많이 적용되는 방식으로 펌프를 이용하기 때문에 펌프를 구동하기 위한 전동기가 필요하다. 그림 2.1은 펌프와 전동기 또는 내연기관에 의한 가압송수장치, 압력수조방식, 고사수조방식, 가압수조방식에 대한 개략도를 나타낸 것이고 그림 2.2는 펌프방식 가압송수장치의 주요 구성요소에 대한 상세도를 나타낸 것이다.

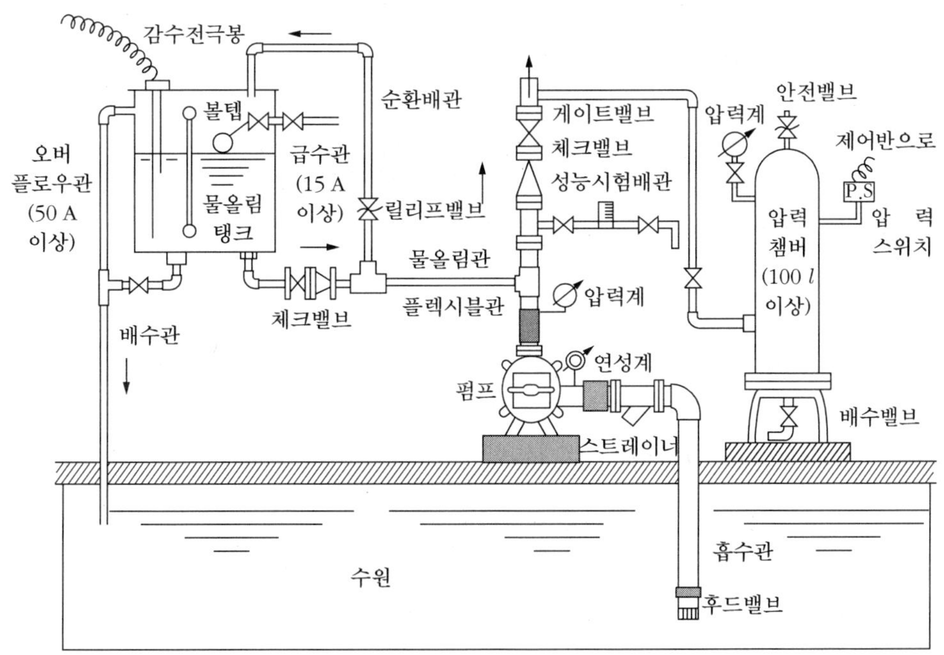

그림 2.2 펌프방식의 가압송수장치

4) 가압수조를 이용한 가압송수장치

가압원인 압축공기 또는 불연성 고압기체에 따라 소방용수를 가압시키는 수조로 그림 2.3과 같다.

① 가압수조의 압력은 29층 이하에서는 방수량 및 방수압이 20분 이상, 층수가 30층 이상 49층 이하는 40분 이상, 50층 이상은 60분 이상 유지한다.

② 가압수조는 최대상용압력 1.5배의 물의 압력을 가하는 경우 물이 새지 않고 변형이 없을 것

③ 가압수조 및 가압원은 방화구획된 장소에 설치할 것

④ 가압수조에는 수위계·급수관·배수관·급기관·압력계·안전장치 및 수조에 소화수와 압력을 보충할 수 있는 장치를 설치할 것

⑤ 가압수조를 이용한 가압송수장치는 소방용기계기구의 승인 등에 관한 규칙에 적합한 것으로 설치할 것

그림 2.3 가압수조식 가압송수장치

2. 가압송수장치의 기동방식

1) 수동기동방식(On-Off방식)

학교, 공장, 창고, 업무시설, 종교시설, 전시시설, 아파트 등 동결이 우려되는 장소에 한하여 설치할 수 있으며 소화전함의 펌프 기동스위치를 누르고, 앵글밸브를 열면 가압송수장치의 펌프가 작동되어 방수가 시작되는 방식으로 소화전함에 필수적으로 보호판을 부착한 기동(On) - 정지(Off) 스위치가 부착되어 있다.

2) 자동기동방식

수동기동방식의 적용이 허용되는 대상물을 제외한 소방대상물에는 반드시 자동기동방식으로 설치하여야 한다. 자동방식은 기동용수압개폐장치를 이용하거나 소방방재청장이 정하여 고시하는 성능시험기술기준에 적합한 압력스위치 또는 이와 동등 이상의 성능이 있는 것을 설치하여야 한다. 예를 들면, 옥내소화전함의 앵글밸브를 개방하면 배관내의 압력 감소를 기동용수압개폐장치에 의하여 감지하고 소화펌프와 연동되어 자동으로 기동하는 방식이다. 옥내소화전설비에서는 수동기동방식과 자동기동방식을 선택적으로 적용될 수 있지만 스프링클러설비나 포소화설비, 물분무소화설비 등 자동식 소화설비에는 필수적인 기동방식이다. 그러나 대부분의 소화설비에는 수동 및 자동으로 기동할 수 있도록 되어 있다.

3. 수원의 종류 및 확보

1) 고가수조

건물 최상층 또는 옥상층에 설치하여 자연낙차압을 이용하는 것으로 별도의 동력이 필요하지 않다. 고가수조는 그림 2.4에서 같은 구조로서 각 소화설비에 필요한 유효수량은 일반물탱크와 겸용하는 경우는 물탱크전체의 수량이 아니라 일반급수배관의 급수구와 소화설비의 급수구 사이의 높이에 저장되는 수량만을 말하며 각 설비마다 요구하는 수원량을 확보해야 한다.

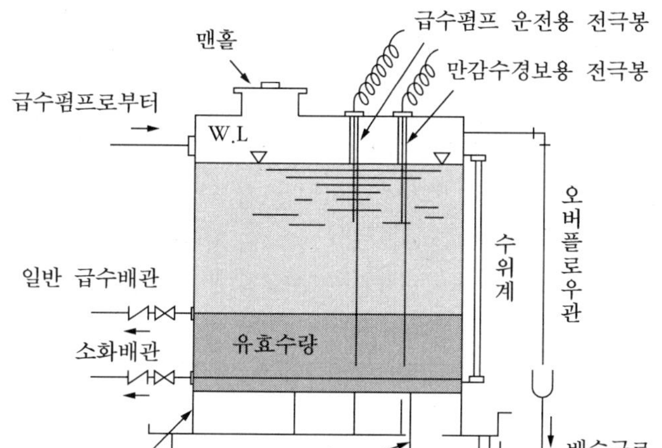

그림 2.4 고가수조

2) 압력수조

그림 2.5와 같이 압력수조는 탱크용량의 2/3는 물을 채우고 1/3은 압축공기를 충전시켜 두어 수위가 낮아지면 급수펌프 운전용 감지장치(감수전극 봉)에 의하여 급수펌프가 작동하여 2/3의 수량이 항상 유지되고 공기압축기 운전용 감지장치(압력스위치)에 의하여 공기압축기가 작동 필요한 압력을 보충시켜 주게 된다. 안전밸브는 정상작동압력의 10% 이내에서 작동되어야 하고 보급수관의 크기는 80 mm 이상, 급기관의 직경은 20 mm 이상, 압력수조의 누수는 24시간을 기준으로 0.05 kg/cm^2 이하가 되어야 한다.

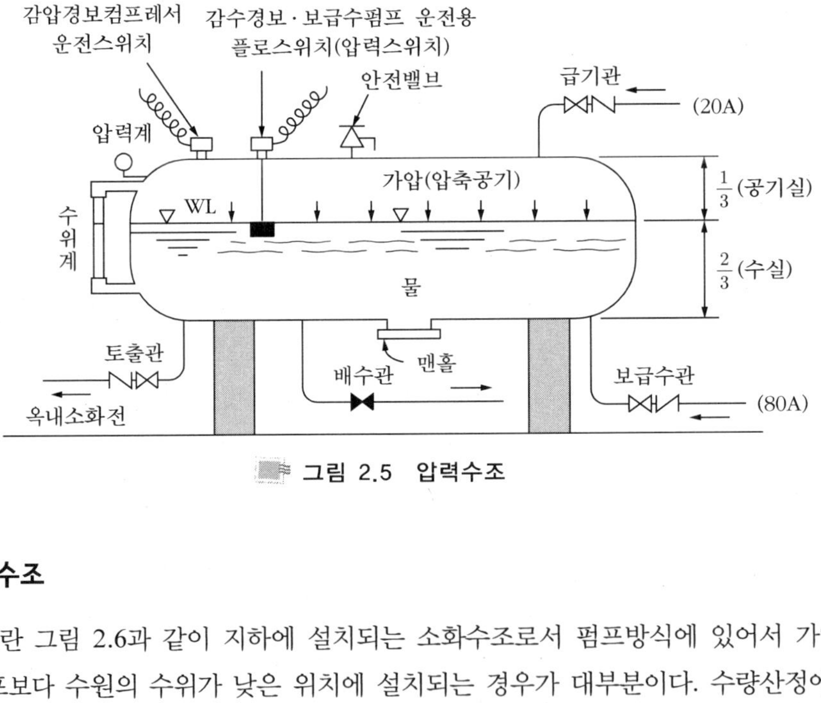

그림 2.5 압력수조

3) 지하수조

지하수조란 그림 2.6과 같이 지하에 설치되는 소화수조로서 펌프방식에 있어서 가압송수장치의 펌프보다 수원의 수위가 낮은 위치에 설치되는 경우가 대부분이다. 수량산정에 있어서 소화설비 전용으로 설치된 경우에는 당해 수조 전체의 용량을 유효수량으로 산정하며 같이 일반용수와 겸용인 경우에는 일반급수펌프의 후드밸브와 소화펌프의 후드밸브 사이의 수량만을 유효수량으로 산정한다.

[예 외]

- 옥내소화전펌프의 후드밸브 또는 흡수배관의 흡수구(수직회전축펌프의 흡수구를 포함)를 다른 설비(소방용설비 외의 것)의 후드밸브 또는 흡수구보다 낮은 위치에 설치하여 유효수량이 확보된 때

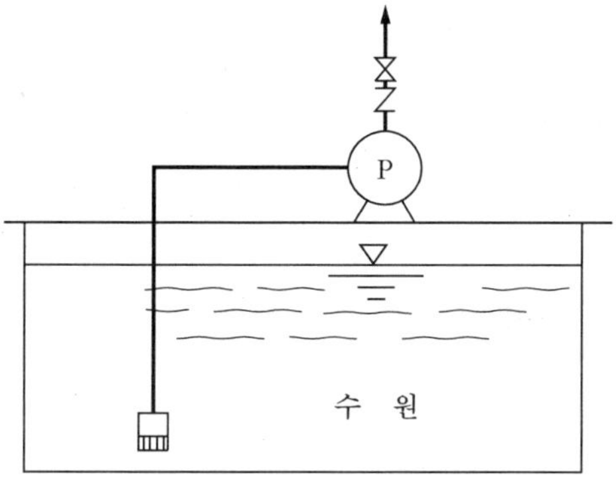

그림 2.6 지하수조

- 고가수조로부터 옥내소화전설비의 입상배관에 물을 공급하는 급수구를 다른 설비의 급수구보다 낮은 위치에 설치하여 유효수량이 확보하여야 말한다.

4) 다른 설비와 겸용수원

그림 2.7에서처럼 소화전설비의 후드밸브·흡수구 또는 입상배관의 급수구와 다른 설비의 후드밸브·흡수구 또는 입상배관의 급수구와의 사이의 수량을 그 유효수량으로 한다.

① 지하수조

소화전의 후드밸브(Foot Valve)보다 다른 설비의 후드밸브가 높을 때 차이의 수량을 말한다.

② 고가수조

소화전 급수배관설비보다 높은 위치에 다른 급수배관 설치 시에 소화전 급수배관의 밸브와 다른 급수배관의 밸브사이의 수량을 유효수량으로 한다.

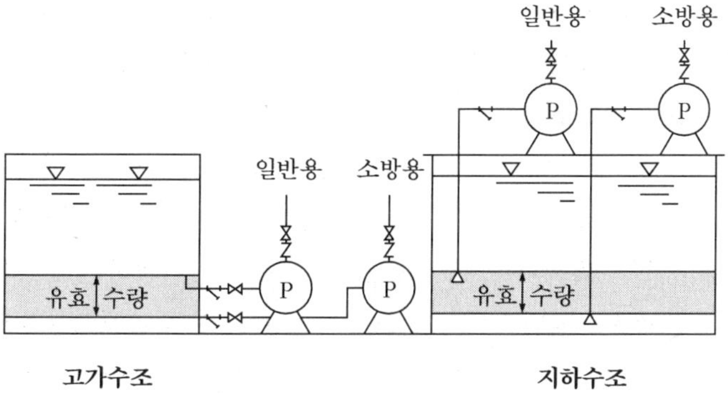

그림 2.7 유효수량의 확보

5) 수량의 확보

유효수량이란 저장된 물중에서 화재 시 실제로 소방용으로 사용할 수 있는 물의 양을 말한다. 전용수조를 설치하여 사용하더라도 수조내의 흡입구 위치와 흡입이 불가능한 경우는 유효수량이라 할 수 없다. 소화수원을 저장하는 수조의 종류에 따라 유효수량을 산정하는 기준이 다르기 때문에 다음 그림을 참고하여 설치하여야 한다.

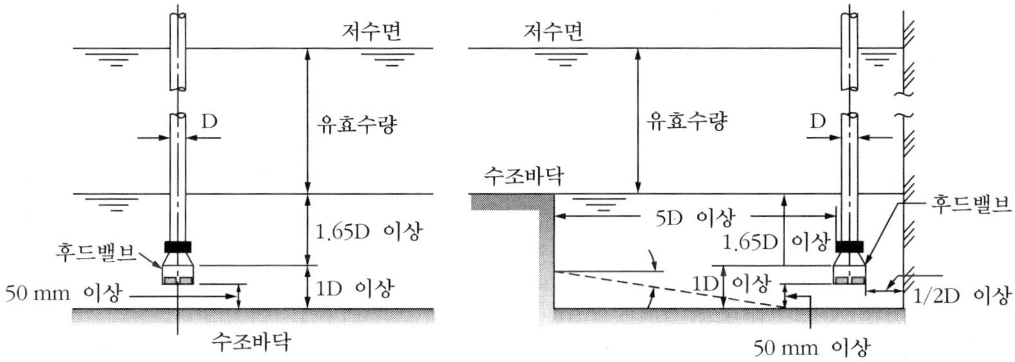

(a) 흡입용 피트(Suction Pit)가 없는 경우　　(b) 흡입용 피트가 있는 경우

그림 2.8 수조의 유효수량

4. 소방용 펌프(Pump)

소방펌프를 사용하는 가압송수장치를 펌프 및 내연기관을 이용한 방식이라고 한다. 소방용 펌프에는 주펌프, 예비펌프, 보조펌프로 구분하며 일반적으로 소방대상물의 규모가 작은 경우는 예비펌프를 설치하는 않는 경우가 대부분이다. 예비펌프는 주펌프가 고장으로 제 성능을 하지 못하는 경우를 대비하여 설치하는 펌프로서 주펌프와 동일 용량으로 설치하여야 한다. 소화설비에 설치하는 주펌프의 기능은 화재 등 사고가 발생한 경우에 작동하는 펌프를 말한다. 보조펌프(Jockey Pump, Priming Pump)는 소화설비의 토출측 배관계통에서 발생하는 누수로 인하여 각 설비에서 필요로 하는 규정압력 이하로 저하되는 것을 보충하기 위하여 설치하는 펌프를 말한다. 이는 화재발생 시 방출구로부터 즉각적으로 규정압력의 소화수를 방출하기 위함이다. 따라서 화재가 아닌 경우 누수로 인한 압력저하를 보충해주는 역할을 하는 펌프를 보조펌프라 한다. 일반적으로 보조펌프는 기동용 수압개폐장치에 의하여 자동기동 되도록 설치되며 배관계통의 압력변화에 따라 기동 및 정지를 반복하게 된다. 소방용 가

압송수장치 중 펌프방식은 펌프, 전동기 또는 내연기관, 기동장치, 성능시험배관, 물올림장치 등으로 구성되어 있다. 펌프는 자력으로 운송체를 운반할 수 없기 때문에 전동기, 엔진, 터빈 등 구동기로부터 동력을 전달받아 운송물체를 낮은 곳에서 높은 곳으로 또는 멀리 이송시키는 기능을 가진 유체기계를 말한다. 펌프의 일반적인 구조는 그림 2.9와 같으며 선박, 건물용, 상수도용, 하수도용, 배수용, 농업관개용, 공업용수용, 발전소용, 각종 Plant 등 광범위하게 사용되고 있다. 펌프는 구조와 용도가 매우 다양하여 분류방법도 여러 가지로 세분화하여 분류할 수 있으나 기본적으로 작동원리와 사용 용도에 따라 분류하는 것이 일반적이다. 소방용 펌프는 일반 산업용 펌프와는 달리 토출량과 방수압력이 항상 일정하지 않은 관계로 어떠한 경우에서라도 소방대상물에 설치되어 있는 각 소화설비에서 요구하는 규정압력과 방수량을 확보할 수 있어야 한다. 따라서 소방펌프는 토출량 및 방수압력의 변화가 조건에 따라 변화하기 때문에 일반 펌프와는 다른 별도의 소화펌프의 특성을 요구하게 된다. 예를 들면

그림 2.9 펌프의 종류

소방법기술기준에 명시된 규정에 의하면 기동용 수압개폐장치를 기동장치로 사용할 경우의 보조펌프의 정격토출량은 정상적인 누설량 보다 적어서는 아니 되며 스프링클러 또는 옥내소화전설비가 자동적으로 작동할 수 있도록 충분한 토출량을 유지하도록 되어 있다. 또 보조펌프의 정격토출압력은 그 설비의 최고위 살수장치 등의 자연압 보다 0.2 MPa 이상 더 크도록 하거나 가압송수장치의 정격토출압력과 같게 하도록 규정하고 있다. 소화펌프 토출측 배관계통의 압력이 누수 등에 의하여 유지해야 할 압력점 이하가 되면 보조펌프 기동용 스위치가 작동하여 보조펌프를 자동 기동시키며, 보조펌프의 기동에 의하여 배관계통의 압력이 보조펌프의 정지 설정압력까지 올라가면 보조펌프를 자동 정지시킨다.

1) 펌프의 종류

펌프의 종류는 터보형, 용적형, 특수형으로 구분하고 터보형 펌프는 회전차에 의하여 유체에 에너지를 부여하는 펌프로서 원심펌프(벌류트펌프, 디퓨져펌프), 사류펌프(벌류트펌프, 디퓨져펌프), 축류펌프가 있고, 용적형 펌프는 피스톤 또는 플런저를 실린더 내에서 왕복시키는 왕복식 펌프(피스톤펌프, 플런저펌프)와 회전차를 케이싱 내에서 회전시킴으로써 일정한 용적의 액체를 흡입측에서 송출측으로 이송시키는 회전식 펌프(기어펌프, 베인펌프, 스크류펌프)가 있다. 특수형 펌프에는 마찰펌프, 제트펌프, 기포펌프, 수격펌프가 있다. 그러나 소방펌프로 가장 많이 사용하는 원심펌프는 펌프 회전시의 토출량이 부하에 따라 일정하지 않은 비용적(Turbo)형의 펌프로서 Impeller의 회전으로 유체에 회전운동을 주어 이때 발생하는 원심력에 의한 속도에너지를 압력에너지로 변환하는 방식의 펌프이다. 이상에서 설명한 펌프에 대한 내용을 요약하면 다음과 같다.

소방용 펌프로는 원심펌프를 주로 사용하며 원심펌프에는 볼류트펌프와 터빈(Turbine)펌프의 2종류가 있으며(그림 2.10) 원심펌프는 펌프회전시의 토출량이 부하에 따라 일정하지 않은 비용적(Turbo)형의 펌프로서 임펠러의 회전으로 유체에 회전운동을 주어 이때 발생하는 원심력에 의한 속도에너지를 압력에너지로 변환하는 방식의 펌프이다. 원심펌프는 경량 중소형이고 구조가 간단하여 취급이 용이하다. 또한 고속회전이 가능하여 전동기와 직결 운전할 수 있어 효율이 높기 때문에 소방용 펌프로 많이 사용된다.

① 볼류트펌프(Volute Pump)

안내날개(Guide Vane)가 없으며 이로 인하여 임펠러가 직접 물을 케이싱으로 유도하는 펌프로서 고유량 저양정 펌프의 특성을 가진다. 일반적으로 펌프의 단수(임펠러 수)를 많게 하여 높은 양정을 얻는 다단 볼류트펌프가 많이 사용된다.

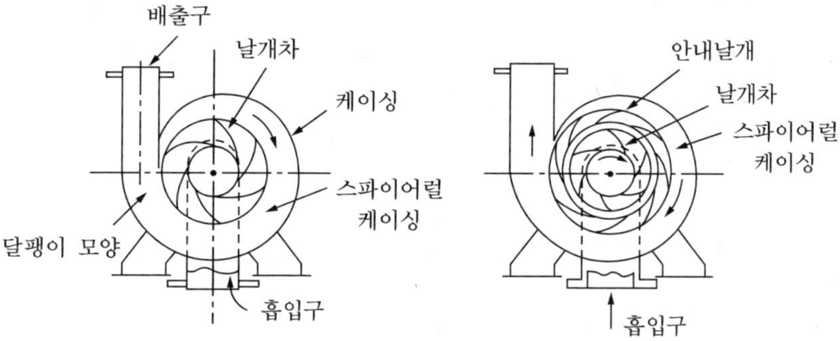

(a) 볼류트펌프 (b) 터빈펌프

그림 2.10 원심펌프

② 터빈펌프(Turbine Pump)

터빈펌프는 안내날개가 있어 임펠러 회전운동 시 물을 일정하게 유도하여 속도에너지를 효과적으로 압력에너지로 변환시킬 수 있다. 즉 안내날개로 인하여 난류가 생기는 것을 감소시키므로 물의 압력이 증가한다. 따라서 터빈펌프는 저유량 고양정 펌프로 고층건물에 많이 사용한다.

③ 피스톤펌프(Piston Pump)

밀폐된 실린더 속에서 피스톤의 왕복작용으로 급수하는 펌프이다.

④ 플런저펌프(Plunger Pump)

플런저의 작용에 의해 급수하며 펌프의 누설이 적어 수압이 높고 유량이 적은 곳에 사용된다.

⑤ 워싱턴펌프(Washington Pump)

증기에 의하여 작동되는 복식펌프로서 고압 보일러의 급수용에 사용된다.

⑥ 회전펌프(Rotary Pump)

케이싱 속의 회전자(Rotary)를 회전시켜 물을 연속적으로 급수하는 펌프로서 기름이나 점성이 높은 액체의 압송에 적합하다. 회전펌프의 종류에는 기어, 나사, 베인펌프 등이 있다.

⑦ 제트펌프(Jet Pump)

물 또는 증기를 분사시켜 이것과 수반하여 다른 유체를 수송하는 펌프이다.

⑧ 마찰펌프(Friction Pump)

원판 주위에 많은 홈을 가진 회전자를 케이싱 속에서 회전시키고 이것에 접촉하는 유체마찰로 양수하는 펌프로서, 웨스코펌프라고도 부른다.

⑨ 수격펌프

수격작용을 이용하여 저낙차에 있는 물의 일부를 높은 곳으로 올리는 펌프이다.

⑩ 깊은 우물용 펌프(Deep Well Pump)

지하 7 m 이상의 깊은 우물을 퍼올리는데 사용되는 펌프로서 수중모터펌프와 보어홀펌프가 있다. 펌프방식의 가압송수장치는 유지·보수 등 관리가 용이하도록 유의하여 설치하여야 한다. 펌프 방식의 주변 계통도는 그림 2.2와 같으며 각 크기 및 용량은 소방법기술기준 규칙에서 정해져 있다.

2) 펌프의 제현상 및 방지대책

① 공동현상(Cavitation)

회전차 속을 액체가 흐를 때, 국부적이지만 압력이 액온에 상당하는 포화 증기압 이하로 떨어지면, 액중에 용해되어 있는 기체는 미세한 기포가 되는데, 압력이 상승하는 고압 영역에 이르러 기포는 파괴된다. 아울러 이상할 정도로 높은 압력이 되기 때문에 소음, 진동이 발생한다. 이와 같은 현상을 공동현상이라 한다.

[발생 방지책]

- 흡입관경을 크게 한다.
- 단흡입을 양흡입펌프로 바꾼다.
- 흡입양정을 낮추기 위하여 펌프의 설치위치를 낮게 한다.
- 흡입측의 마찰손실을 적게 한다.
- 펌프의 임펠러 속도를 작게 한다. (회전수를 낮춘다.)

② 서징 현상(Surging)

액체를 취급하는 펌프나, 기체를 취급하는 송풍기에서 공통적으로 일어나는 현상으로서, 유체기계를 운전할 때 숨을 쉬는 것과 같은 소리가 나며 압력의 순간적인 변동이 일어남을 말한다. 즉, 펌프의 출구 및 입구에 있어서 압력계의 바늘이 흔들리고, 동시에 송출량의 급격한 변화가 일어나는 현상이다. 또, 펌프의 송출압력과 송출량의 주기적(약 0.2～10초)인 변동이 일어나는데, 격한 진동을 수반하기 때문에 연속적인 운전이 곤란하다. 이러한 현상을 서징(Surging)이라 한다.

[방지 대책]

- 펌프의 H-Q특성의 오른쪽 하향구배 특성을 가진 펌프 채용
- 유량조절 밸브의 위치를 펌프 토출측 직후에 위치시킨다.
- 바이패스관을 사용하여 운전점이 펌프의 H-Q곡선이 오른쪽 하향구배 범위에 있도록 한다.
- 배관중에 수조 또는 기체 상태인 부분이 존재하지 않도록 배관한다.
- 안전영역에서 운전한다.

③ 수격작용(Water Hammering)

관내를 흐르던 물이 갑자기 정지하거나 압력이 급격히 상승할 때 그 변화가 압력파로 변하여 관내를 전파해 간다. 관내를 전파해 가던 압력파가 관성에 의해 마치 해머로 관을 때리는 이상음이 발생하는데 이를 수격작용(Water Hammer)이라 한다. 발생 원인은 정전 등으로 인해 펌프가 갑자기 정지했을 때나 밸브의 개폐를 급하게 하였을 때 또는 유체의 압력 변동이 있는 경우에 발생한다.

[방지 대책]

- 서지탱크(Surge Tank)를 설치하는 방법.
- 완충장치(Accumulator)를 설치하는 방법.
- 적절한 밸브의 설치하는 방법.
- 유체의 유속을 작게 한다.
- 회전체의 관성 Moment를 크게 한다.
- 양정, 유량이 급격한 변화를 일으키지 않도록 한다.
- 급격한 밸브 폐쇄를 하지 않아야 한다.

3) 소방펌프의 성능기준

① 개요

소방펌프는 전용으로 한다. 다만, 다른 소화설비와 겸용하는 경우 각각의 소화설비의 성능에 지장이 없을 때에는 그러하지 아니하다. 그러나 층수가 30층 이상의 특정소방대 상물은 스프링클러소화설비와는 겸용할 수 없다. 또한 가압송수장치가 기동이 된 경우에는 자동으로 정지되지 아니하도록 하여야 한다. 다만, 충압펌프의 경우에는 그러하지 아니하다. 따라서

소방용 펌프는 토출량 및 방수압력이 항상 일정하지 않기 때문에 큰 변화가 발생하더라도 이로 인하여 과부하를 일으켜 펌프가 정지하는 현상(Over Load)이 발생하지 말아야 한다.

② 성능조건

(가) 정격토출량(설계수량)의 150%로 운전 시 정격토출압력의 65% 이상
(나) 체절운전(Shut Off) 시 정격토출압력의 140%를 초과하지 않아야 한다.

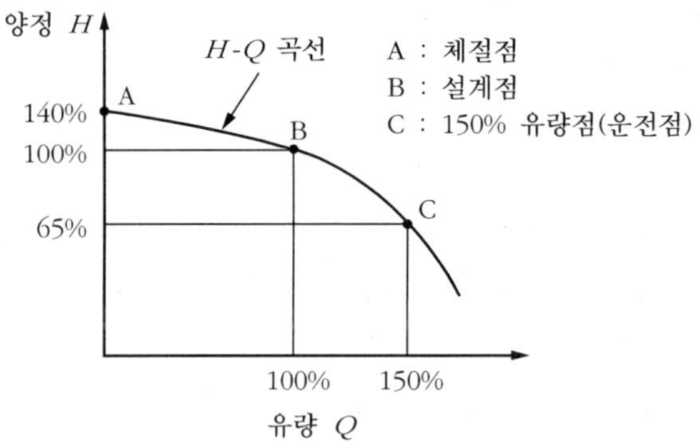

그림 2.11 펌프의 성능곡선

소화용 펌프의 성능은 그림 2.11과 같이 상기조건을 충족하여야 한다. 여기서 체절양정이란 펌프의 토출측 밸브를 잠그고, 펌프를 기동시키는 무부하상태의 운전을 체절운전이라고 하며 이때 측정한 압력을 체절압력(양정)이라고 한다. 체절운전을 장시간 지속되면 수온이 상승하고 펌프가 공회전하게 되어 고장날 수가 있다.

③ 펌프의 설치

원심펌프는 물을 빨아올리는 것이 아니라 밀어내는 역할을 한다. 그 원리는 그림 2.12에서와 같이 수은주를 세웠을 때 높이는 76 cm가 되며 대기압하에서 진공상태만 유지해주면 수은 76 cm 높이까지 밀려 올라가게 된다는 것을 의미한다. 수은의 비중이 13.6으로 수은 대신 물을 채우면 10.336 m(76 cm × 13.6 = 10.336 m)의 물기둥이 서게 되는데 설비에 있어서도 절대진공상태만 유지시켜 주면 10.336 m 높이까지는 자동적으로 물기둥이 서게 되나 실제 설비에 있어서는 펌프 내부가 완전 진공이 되도록 하는 것은 구조상 불가능하고 흡입관 속의 손실수두, 양수 유체의 증기압, 설치위치의 표고(대기압) 등의 영향으로 보통 펌프는 6～7 m까지가 펌프의 설치높이가 한계이다. 따라서 원심펌프의 단수를 높일 경우 방출압력은 높아지나 흡입능력은 6～7 m를 초과할 수 없다. 즉, 원심펌프의 단수와 흡입높이와는 무관한 것이다.

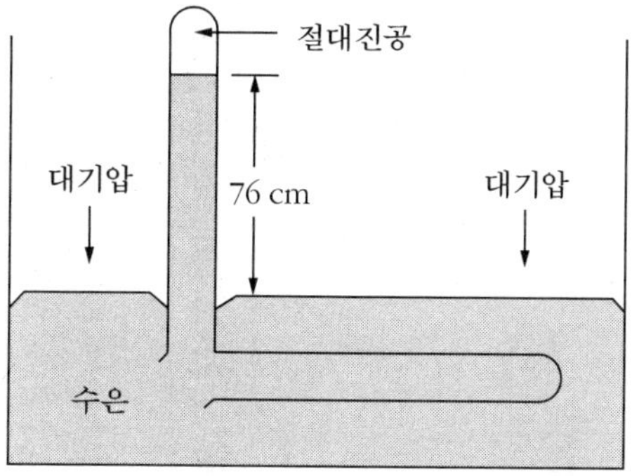

그림 2.12 절대진공

(가) 순환배관

순환배관은 펌프의 토출측 체크밸브 이전에서 분기시켜 20 mm 이상의 배관으로 설치하고 배관상에는 개폐밸브를 설치하여서는 아니 되며 체절운전(펌프 토출측의 배관이 모두 막힌 상태, 즉 물이 전혀 방출되지 않고 펌프가 계속 작동되어서 압력을 낼 수 있는 최상한 점으로 압력이 더 올라갈 수 없는 상태에서 펌프가 공회전 하는 것) 시 체절압력 미만에서 개방되는 릴리프밸브(Relief Valve)를 그림 2.13과 같이 설치하여야 한다.

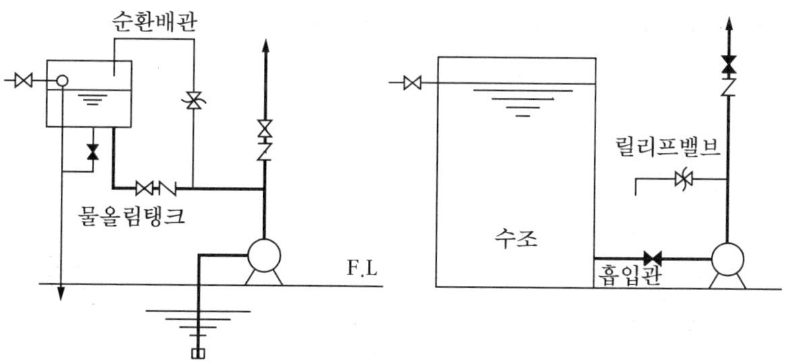

그림 2.13 순환배관 설치

릴리프밸브는 그림 2.14와 같은 구조로 설정압력 이상이면 밸브 캡을 지지하고 있는 스프링이 밀려올라가 열리면서 과압을 방출하여 펌프내의 체절운전 시 공회전에 의한 수온상승을 방지한다.

- Relief Valve와 Safety Valve의 차이
  ㉠ 릴리프밸브(Relief Valve)는 설정된 압력 직하에서 작동되도록 사용자가 압력을 조정

하여 사용할 수 있는 밸브

㉡ 안전밸브는 설정된 압력 이상에서만 작동되도록 조립 시 제조공장에서 고정시킨 것으로 압력조정이 불가능한 밸브를 말한다.

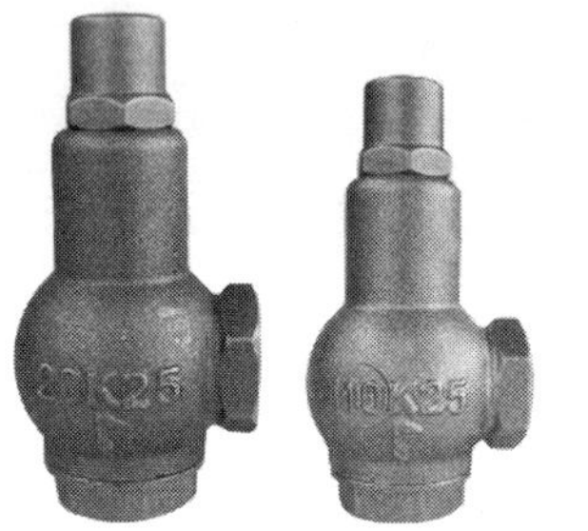

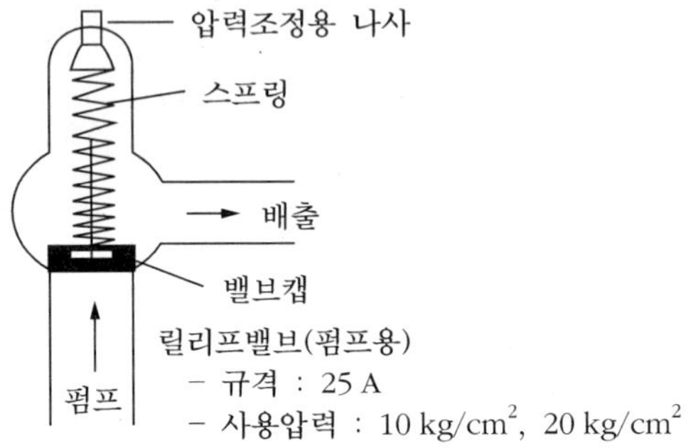

그림 2.14 릴리프밸브

(나) 릴리프밸브 압력조정

㉠ 동력제어반에서 주펌프 및 충압펌프의 운전선택스위치를 수동위치로 한다.

㉡ 그림 2.18에서 주밸브 V_1을 잠근다.

㉢ 성능시험배관상의 밸브 V_2, V_3(그림 2.18)를 개방한다.

㉣ 동력제어반에서 주펌프를 수동으로 기동시킨다.

㉤ 펌프가 기동되면 밸브 V_2를 서서히 잠그면서 펌프 토출측의 압력계 지침이 체절압력 미만이 되도록 한다.

㉥ 릴리프밸브 캡을 열고 조정나사를 스패너로 반시계 방향으로 돌려서 순환배관으로 물이 흐르는 것이 확인되면 펌프를 수동으로 정지시킨다.

㉦ 성능시험배관의 밸브 V_2, V_3를 완전히 잠그고 주밸브 V_1을 개방한다.

㉧ 동력제어반에서 충압펌프 및 주펌프의 운전선택스위치를 자동으로 한다(설정 압력에 도달되면 펌프는 자동으로 정지한다).

(다) 물올림장치(호수조, Priming Tank)

그림 2.15와 같이 물올림장치는 수평회전축 펌프를 사용한 지하수조방식 즉, 수원의 수위가 펌프보다 아래에 있는 가압송수장치에 필요한 설비로 주기능은 펌프의 후드밸브 고장으로 펌프실 및 흡입관내의 물이 수조로 빠져 내려가면 펌프를 작동시켜도 물이 흡입되지 않은 경우에 펌프 케이싱에서 후드밸브까지 물을 공급하여 항상 펌프만 작동하면 물이 흡입될 수 있도록 대비시켜 주는 장치이다. 물올림탱크의 용량은 유효수량이 100 l 이상의 전용으로

하되 구경 15 mm 이상의 급수배관에 의하여 당해 탱크에 물이 계속 보급되도록 볼탭 등을 설치한다(상수도 본관에서 분기배관 할 것).

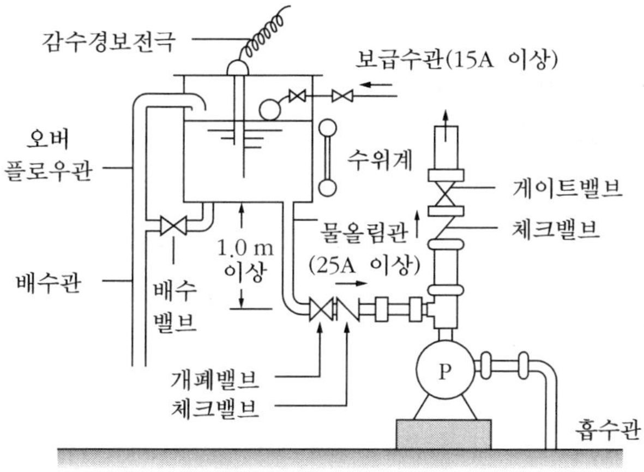

그림 2.15 물올림 장치

- 감수경보장치(저수위경보장치)

  물올림 탱크내의 물이 1/2 이상 감수하였을 때 플로트스위치 또는 전극봉에 의하여 신호를 발신하여 감시제어반 등에 표시등 및 부저 등으로 음향 경보하는 장치이며 그림 2.16과 같이 설치한다.

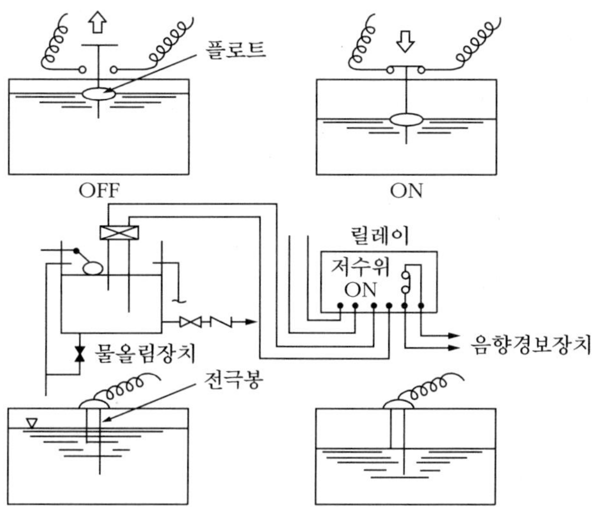

그림 2.16 감수경보장치

④ 성능시험배관

성능시험배관은 펌프의 방사압과 토출량을 검사하기 위한 배관으로서 개략도는 그림 2.18과 같으며 펌프 토출측으로 물을 방수하지 않는 상태로 운전을 하면 토출측의 관로가 모두 폐쇄되어 있어 펌프는 물을 전혀 토출하지 못하고 공회전하게 된다. 이때의 운전상태를 체절운전상태라 하며 이때의 체절압력으로 정격압력의 140%를 초과해서는 안 된다. (체절압력＝펌프의 전 양정 ÷ 10 × 1.4) 또한 정격토출량의 175% 이상을 측정할 수 있는 유량계를 설치한다. 성능시험배관의 관경은 정격토출압력의 65% 이하에서 정격토출량의 150% 이상을 토출할 수 있는 크기 이상으로 하도록 되어 있는데 정격토출압력은 당해 설비의 양정계산 시 총양정을 10 : 1로 환산한 압력(kg/cm^2)이며 정격토출량은 당해 설비에 필요한 펌프의 분당 토출량(l/min)이다. 그림 2.17 또한 유량계는 일반적으로 로타미터(Rotameter)를 많이 사용하는데 유체속에 부자(Float)를 띄워 눈금으로 표시된 유량(lpm)을 직접 눈으로 읽을 수 있으며 압력손실이 적고 측정 범위가 넓은 장점이 있다.

(가) 성능시험배관의 구성

시험배관의 구경은 방수압과 방수량과의 관계식인 $q = 0.653 \times d^2 \times \sqrt{p}$ 를 이용하여 구한다. 즉, $p \rightarrow p \times 65\%$, $q \rightarrow q \times 175\%$를 대입하면 $1.75 \times q = 0.653 \times d^2 \times \sqrt{p \times 0.65}$ 식에서 배관경 d를 구할 수 있다. 유량계 설치는 그림 2.17과 같이 성능시험배관 상에 배관과 동일한 호칭구경의 유량계를 수직으로 하여 유량계 상류측은 배관구경의 8배 이상, 하류측은 사용구경의 5배 이상 이격한 부분에 설치한다. 유량계 1차측에만 개폐밸브를 설치하는 경우가 있으나 이 경우는 난류로 인하여 원활한 측정이 불가능하다. 따라서 유량계 2차측에도 개폐밸브를 설치하여 측정시 1차측 개폐밸브는 완전개방하고 2차측 개폐밸브로 유량을 조정하여 측정하도록 설계 및 시공하는 것이 바람직하다. 유량계의 규격은 다음 표 2.1과 같다.

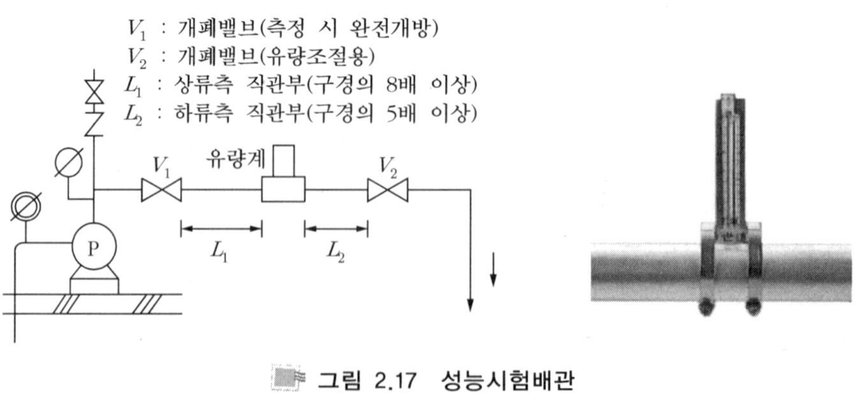

그림 2.17 성능시험배관

표 2.1 유량계 규격

구경(mm)	25	32	40	50	65	80	100	125	150
유량 (l/min)	35 ~ 100	70 ~ 360	110 ~ 550	220 ~ 1,100	450 ~ 2,200	700 ~ 3,300	900 ~ 4,500	1,200 ~ 6,000	2,000 ~ 10,000

(나) 소방펌프의 성능시험

㉠ 그림 2.18에서 펌프의 토출측 주밸브 V_1을 잠근다.

㉡ 그림 2.18에서 성능시험배관상의 밸브 V_2, V_3를 잠근다(평상시 잠근 상태임).

㉢ 동력제어반(MCC패널)에서 충압펌프의 운전선택스위치를 수동 또는 정지위치로 한다.

㉣ 압력챔버의 배수밸브 V_4(그림 2.18)를 개방하고 주펌프가 기동되면 V_4를 잠근다.

㉤ 릴리프밸브가 개방될 때의 압력을 압력계에서 읽고 그 값이 체절압력 미만인지 확인한다. 체절운전시험 시 펌프성능저하와 과부하에 의한 전동기의 소손을 방지하기 위하여 짧은 시간 내에 행하고 점검 후에 밸브 및 동력제어반을 원상복구하여야 한다.

(다) 유량측정시험

㉠ 그림 2.18에서 펌프 토출측 주밸브 V_1을 잠근다.

㉡ 성능시험배관상의 밸브 V_2를 완전 개방한다.

㉢ 동력제어반에서 충압펌프 운전선택스위치를 수동 또는 정지위치로 한다.

㉣ 압력챔버의 배수밸브 그림 2.18에서 V_4를 개방하고 주펌프가 기동되면 V_4를 잠근다.

㉤ 성능시험배관의 유량조절밸브 V_3를 서서히 개방하여 유량계를 통과하는 유량이 정격토출유량(펌프 사양에 명시)이 되도록 조정한다. 정격토출유량이 되었을 때 펌프 토출측 압력계를 읽어 정격토출압력(펌프사양에 명시된 전양정 ÷ 10의 값) 이상인지 확인한다.

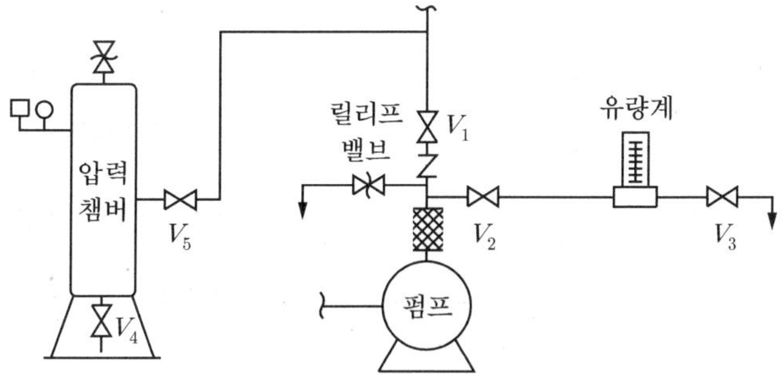

그림 2.18 펌프의 성능시험배관 개략도

ⓗ 성능시험배관의 유량조절밸브 V_3를 조금 더 개방하여 유량계를 통과하는 유량이 정격 토출유량의 150%가 되도록 조정한다. (예, 펌프토출유량이 400 lpm인 경우, 400×1.5 =600 lpm임) 이때 펌프 토출측 압력계의 확인된 압력은 정격토출압력의 65% 이상. 또한 전 양정이 60 m인 펌프의 경우 60 m ÷ 10 × 0.65 = 3.9 kg/cm^2 이상이어야 함.

ⓢ 펌프 토출측 주밸브 V_1을 개방하고, 성능시험배관상의 밸브 V_2, V_3를 서서히 잠근다. (이때 수격작용이 발생하지 않도록 주의)

ⓞ 주펌프는 설정압력에 도달되면 정지한다. 동력제어반에서 충압펌프 운전 선택스위치를 자동으로 한다.

⑤ 펌프 Setting 방법

(가) 주·보조펌프의 기동점은 자연낙차압보다 높아야 한다.
펌프양정이 건물높이보다 작은 경우 언제나 압력챔버 위치에서는 건물높이에 의한 자연낙차압이 작용하므로 압력챔버내의 압력이 펌프양정 이하로 내려갈 수 없기 때문에 절대로 자동기동이 될 수 없다.

(나) 따라서 펌프의 기동점은 당해 건축물의 자연낙차압에 2 kg/cm^{2}를 가산한 압력(스프링클러 : 1.5 kg/cm^2) 이하로 저하되었을 때 기동되도록 조정하여야 한다.

(다) 펌프의 정지점은 Range의 설정값으로서 당해 설비의 양정계산 시 산정된 총양정(또는 당해 펌프사양상의 양정값)을 10 : 1로 환산한 값으로 설정한다.

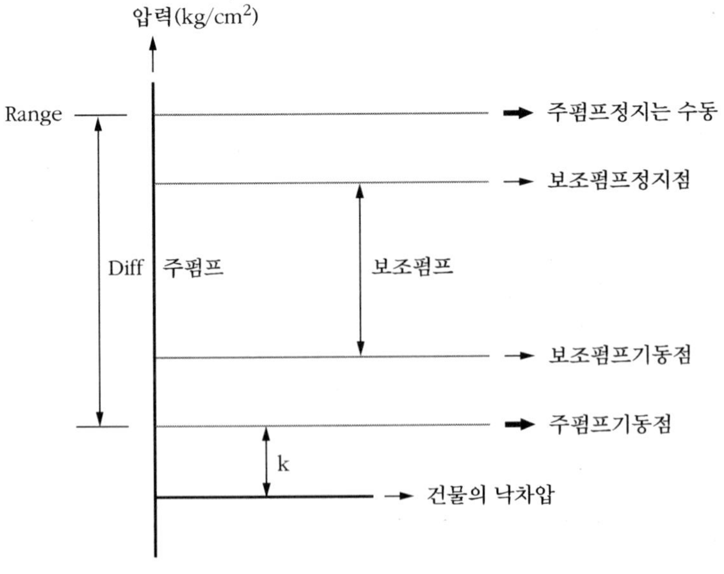

그림 2.19 펌프의 Setting 예

(라) 일반적으로 주·보조펌프의 원활한 기동관계상 주펌프는 보조펌프보다 0.5 kg/cm^2 낮게 기동점을 설정하고 정지점은 0.5 kg/cm^2 높게 설정 → 보조펌프는 주펌프의 기동/정지점 범위 내에 있도록 설정

(마) 보조펌프의 DIFF는 최소한 1 kg/cm^2 이상이 되도록 하여 잦은 ON/OFF가 일어나지 않도록 할 필요가 있다.

(바) 펌프의 기동 및 정지순서 예(그림 2.19)
보조펌프기동 → 주펌프기동 → 보조펌프정지 → 주펌프정지(수동정지)

⑥ 동력전달 장치 점검

펌프는 스스로 기능을 발휘할 수 없으므로 전동기나 내연기관과 축으로 연결되어 원동기로부터 동력을 전달받는다. 충압펌프 등은 예외일 수 있으나 주펌프 등은 연결축 사이에 완충작용을 위해 고무패킹 등을 사이에 끼우게 되는데 전동기의 rpm은 1,800~3,000 rpm 이상이므로 약간의 이격만 생겨도 쉽게 마모된다. 그 결과 연결축이 부러지거나 정상적인 rpm을 확보할 수 없게 되므로 제 성능을 발휘할 수 없게 된다. 따라서 수시로 펌프와 전동기의 연결축에 설치된 패킹 확인 등 성능시험을 하여 이상여부를 점검하고 불량부품을 교체해주어야 한다.

5. 전동기(Motor)

소화펌프 구동용 전동기는 기동회전력이 크고 기동전류가 적게 소모되는 유도전동기가 많이 사용된다.

1) 펌프의 수동력(L_w)

펌프에 의해서 액체에 주어지는 동력을 말하며 다음 식을 이용하여 계산할 수 있다.

$$L_w = \frac{\gamma QH}{102} = \frac{1,000\,QH}{102}\ [\text{kW}]$$

여기서, L_w : 수동력(kW), γ : 물의 비중량(kg/m^3), Q : 유량(m^3/s)
H : 양정(m), 1 kW = 102 kg·m/s, 1 HP = 75 kg·m/s

2) 펌프의 축동력(L_s)

펌프운전에 필요한 동력으로서 펌프내에 생기는 손실동력분만큼 수동력보다 크게 된다.

펌프의 전 효율을 E라 하면 다음과 같은 식으로 표현할 수가 있으며 펌프 구경에 따른 효율은 표 2.2와 같다.

$$E = \frac{L_w}{L_s}, \quad \text{즉 } L_s = \frac{L_w}{E}, \quad L_s = \frac{\gamma QH}{E \cdot 102} \text{[kW]}$$

여기서, $\gamma = 1,000\ \text{kg/m}^3$, Q : 유량(m^3/s), H : 양정(m)이므로

$$L_s = \frac{1000 \times Q \times H}{E \times 102}$$

이며 일반적으로 Q를 m^3/min으로 나타내므로 $1\ \text{m}^3 = 1/60\ \text{m}^3/\text{s}$

$$L_s = \frac{1000 \times Q \times H}{E \times 102 \times 60} \text{[kW]} = \frac{1,000 \times Q \times H}{6,120 \times E} = \frac{0.163 \times Q \times H}{E} \text{[kW]}$$

여기서, Q : 유량(m^3/min), H : 양정(m)

E : 펌프의 효율(전효율 = 기계효율 × 수력효율 × 체적효율)

표 2.2 펌프의 효율

펌프구경(mm)	효 율
40	0.4～0.45
50～65	0.45～0.56
80	0.55～0.6
100	0.6～0.65
125～150	0.65～0.7

3) 전동기 출력 계산

$$P\text{[kW]} = \frac{0.163 \times Q \times H}{E} \times K$$

여기서, 전달계수 K는 모터(Motor)에 의해 발생되는 동력이 축에 의해 펌프 측에 전달될 때 발생하는 손실을 감안하여 보정하는 계수로서 일반적으로 표 2.3과 같다.

표 2.3 전달계수

동력의 종류	K의 값
전동기 직결	1.1
전동기 이외의 원동기	1.15～1.20

* 전동기 이외의 원동기란 내연기관(엔진펌프)등에 의한 것을 말함.

6. 가압송수장치의 기타 구성요소

1) 압력스위치(Pressure Switch)

압력스위치는 그림 2.20과 같은 구조로 되어 있으며 작동은 소화설비의 방수구가 개방되어 배관내의 압력이 설정압력 이하로 강하되면 압력챔버에 부착되어 있는 이 장치가 펌프를 기동시킨다. 용기내부의 압력이 설정압력에 달하면 압력스위치는 물리적인 양의 압력을 전기신호로 변환(Switch)시켜 신호를 발신하고 이 전기신호에 의해 전동기가 기동되어 운전된다. 펌프기동용 신호의 발신설정 값은 필요시 변경할 수 있는 구조로 되어 있다.

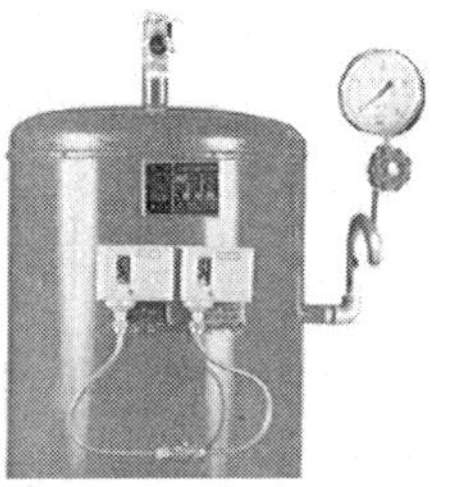

외관 설치 예

그림 2.20 압력스위치

① 압력스위치의 Setting 방법

일반적으로 설계 시 정형화된 펌프의 Setting 방법은 없으나 압력챔버 상의 압력스위치를 사용할 경우 다음과 같이 적용한다.

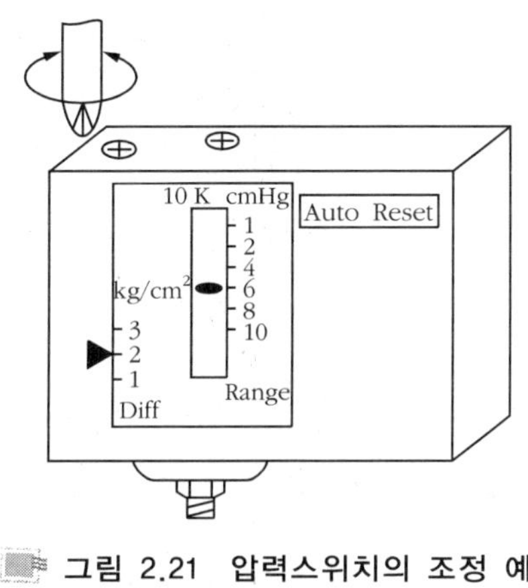

그림 2.21 압력스위치의 조정 예

(가) 압력스위치에는 "RANGE"와 "DIFF"의 눈금이 있으며 압력스위치 상단부의 나사를 이용하여 조정하게 되어 있다.

(나) RANGE는 펌프의 정지점이며 DIFF는 『정지점과 기동점의 차』로 펌프가 RANGE위치일 경우 DIFF만큼 압력이 떨어지면 펌프는 다시 기동하게 된다(그림 2.21 참조).

2) 안전밸브(Safety Valve)

안전밸브는 그림 2.22와 같으며 펌프 토출측의 배관에 과압력이 발생할 때 작동되어 압력을 방출한다. 예를 들면, 호칭압력 1 MPa(10 kg/cm^2)인 것은 사용압력이 1 MPa(10 kg/cm^2) 미만인 곳에 설치하고, 호칭압력 2 MPa(20 kg/cm^2)인 것은 사용압력이 1 MPa(10 kg/cm^2) 이상 2 MPa(20 kg/cm^2) 미만인 압력 내에서 세팅하여야 한다. 동작원리는 펌프가 정지되어도 체크밸브 상부는 이 체크밸브로 인해 압력이 유지된다. 압력챔버의 내부에는 물과 함께 공기가 들어 있다. 공기는 물과 달리 압축성 유체이므로 펌프의 작동에 의해 관내(챔버)압력이 상승하면 체적이 줄면서 압축되고 관내압력이 일정하게 유지되나, 누설 등에 의해 미소한 물의 누출이 생기면 결국 누출 체적만큼 압축되어 있던 공기가 팽창한다. 누출이 많아지거나 방수구가 개방되면 압축되어 있던 공기의 팽창만으로 압력을 유지하기가 어려워지고 압력이 설정압력 이하로 강하되면 압력스위치가 이를 검지하여 펌프를 자동으로 기동하게 되고 이후 압력이 설정압력까지 상승하면 펌프를 자동으로 정지시킨다. 보통 압력챔버에는 두 개의 압력스위치(Pressure Switch)가 장치되어 있는데 각각 주펌프와 보조펌프(충압펌프)를 기동/정지시키는 신호를 발신한다. 압력스위치의 기동/정지신호의 발신압력은 조정이 가능하며 설비에 알맞도록 설정한다.

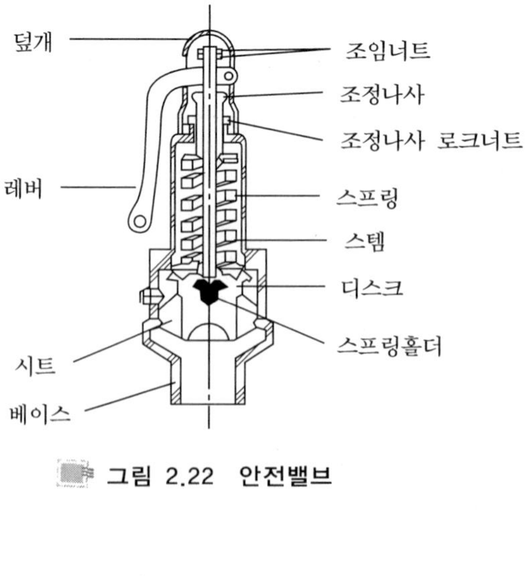

그림 2.22 안전밸브

7. 수계 소화설비의 감압방법

각 소화설비는 자동과 수동으로 기동할 수 있도록 되어 있기 때문에 사용자가 이용하기 어렵거나 각 소화설비에서 요구하는 규정의 방수압력과 방수량보다 훨씬 높을 경우는 설비가 제기능을 발휘할 수 없게 된다. 이러한 과부현상을 방지하기 위하여 설치하는 것이 감압장치이다. 예를 들면 옥내소화전설비와 같이 노즐을 사람이 직접 조작하여야 하는 설비의 경우 높은 압력은 문제가 된다. 즉 지나치게 높은 방축압력일 경우는 조작 시 반동력에 의해 사용 노즐을 놓치게 되어 부상을 입을 수 있고 소방호스가 파손될 우려가 있다. 이와 같은 현상을 방지하기 위하여 옥내소화전설비의 방수압력을 0.7 MPa 이하로 제한하고 있다. 또한 고층건축물일 경우 높이 70 m인 위치에 소화전을 설치하였을 때 방수압력은 법적으로 최하 기준인 0.17 MPa만 유지한다 할지라도 기준 위치에서의 배관압력은 마찰손실을 무시했을 때 0.7 MPa가 된다. 따라서 고층건물의 경우 기준 위치에서의 압력이 0.7 MPa를 초과하게 되면 적절한 감압 대책이 필요하며 감압 방법에는 다음과 같은 것이 있다.

1) 감압밸브방식

방수구접결구의 인입구측에 감압용 밸브 또는 오리피스를 설치하여 압력을 감압하는 방식으로 그림 2.23과 같이 가장 많이 사용한다.

2) 고가수조방식

고가수조를 이용한 가압송수장치에서 고가수조를 고층부와 저층부로 구분하여 설치하여 감압하는 방식이다.

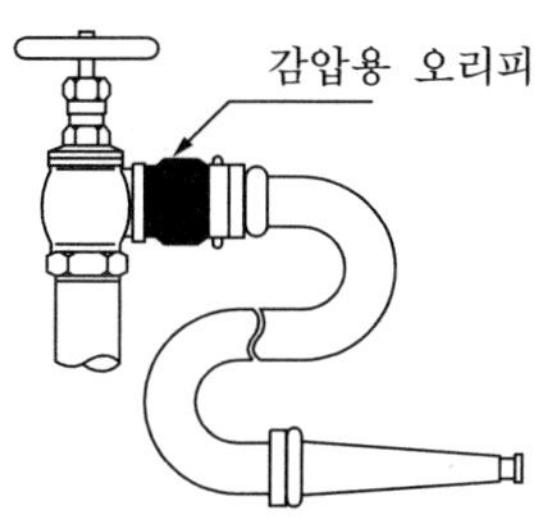

감압용 오리피스

설치 예

그림 2.23 감압용 오리피스

3) 구간별 전용배관방식

그림 2.24에서와 같이 구간을 고층부와 저층부로 구분하여 구간별로 입상관 및 펌프 등을 각각 별도로 설치하여 감압하는 방식이다.

4) 중간펌프방식

구간을 저층부와 고층부로 구분한 후 고층부용 중간 펌프 및 수조를 별도로 설치하여 감압하는 방식으로 그림 2.24를 참고하기 바랍니다.

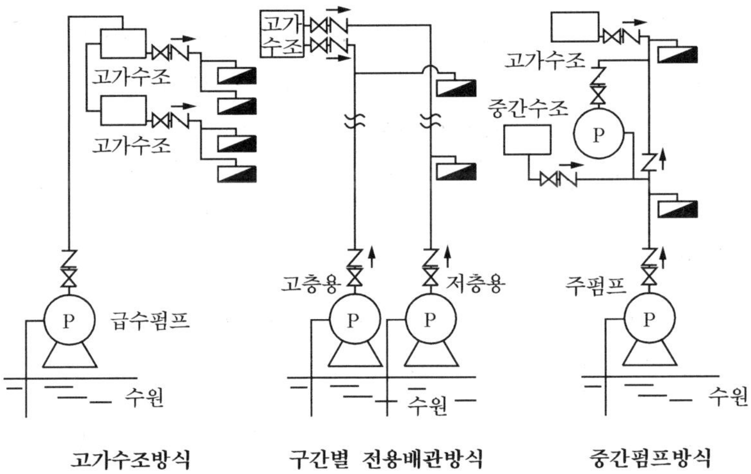

그림 2.24 기타 감압방식

8. 전원설비

1) 상용전원 수전방식

특정소방대상물의 수전방식에 따라 다음의 기준에 따른 상용전원회로의 배선을 설치하여야 한다. 다만, 가압수조방식의 경우는 층수가 30층 이하는 20분 이상, 층수가 30층 이상 49층 이하에서는 40분 이상, 50층 이상은 60분 이상 유효하게 지속될 수 있는 경우에는 그러하지 아니하다.

① 저압수전인 경우에는 인입개폐기의 직후에서 분기하여 전용배선으로 하여야 하며, 전용의 전선관에 보호 되도록 할 것

② 특별고압수전 또는 고압수전일 경우에는 전력용 변압기 2차측의 주차단기 1차측에서 분

기하여 전용배선으로 하되, 상용전원의 상시공급에 지장이 없을 경우에는 주차단기 2차측에서 분기하여 전용배선으로 할 것. 다만, 가압송수장치의 정격입력전압이 수전전압과 같은 경우에는 ①의 기준에 따른다.

2) 비상전원

상용전원의 배선을 저압수전으로 하는 경우에는 인입개폐기의 직후에서 분기하여 전용배선으로 하고 특별고압수전 또는 고압수전일 경우에는 전력용 변압기 2차측의 주차단기 1차측에서 분기하여 전용배선으로 하되 상용전원회로의 배선기능에 지장이 없을 경우에는 주차단기 2차측에서 분기하여 전용배선으로 할 수 있다. 비상전원은 비상전원전용수전설비, 자가발전설비, 축전지설비 등이 있다.

① 비상전원전용수전설비

(가) 전력회사가 공급하는 상용전원을 이용하는 것으로 소방대상물의 옥내화재에 의한 전기회로의 단락과, 과부하에 견딜 수 있는 구조를 갖춘 수전설비로 특고압 또는 고압으로 수전하는 것, 저압으로 수전하는 것 등이 있는데, 어느 것이나 배전선으로부터 당해 소방대상물의 수전설비까지의 전력인입선은 화재로부터 보호될 수 있어야 하므로 가급적 지중전선로로 인입시키고 부득이 가공으로 인입할 경우에는 소방대상물의 개구부에 직접 면하지 않는 옥상층 부분으로 인입시킨다.

(나) 비상전원전용수전설비는 불연재료로 된 벽, 기둥, 바닥 및 천장으로 구획되고 창 및 출입구에 갑종 또는 을종방화문을 설치한 전용실에 설치하고, 큐비클식 비상전원 전용수전설비는 불연재로 구획된 변전실 등에 설치하며, 옥외 또는 옥상에 설치한 경우에는 인접한 건축물·공작물에서 3 m 이상을 두고 설치한다.

② 축전지설비

상용전원이 정전되었을 때 자가발전설비가 작동하여 정격전압을 확보할 때까지의 중간전원으로 쓰이는 것이 가장 많고 내연기관을 사용하는 가압송수장치의 경우에는 기동용 축전지를 충전된 상태로 항시 관리하여야 한다.

③ 자가발전설비

발전기를 회전시켜 주는 원동기로는 디젤기관과 가솔린기관을 사용하는데 이는 소방시설의 상용전원이 정전되는 경우 즉시 기동하여 전원을 발생하여 일정량의 비상전원을 확보함으로서 설비를 가동시키는 역할을 하게 되는 것으로 비상전원 확보에 가장 정확하고 보편적으로 쓰이는 것이다. 비상발전설비는 건축물 자체적으로 설치되는 발전기에 의해서 전원을 얻게 되므로 정전 시 비상전원으로 운용되는 설비의 양에 따라 그 용량을 달리 적용하고 있으며, 비상엘리베이터 등 비상동력설비 계통이나 비상조명등설비와 함께 연결하여 비상전원을 확보 운용하고 있다.

④ 비상전원 설치대상

2 이상의 변전소(「전기사업법」 제67조에 따른 변전소를 말함)에서 전력을 동시에 공급받을 수 있거나 하나의 변전소로부터 전력의 공급이 중단되는 때에는 자동으로 다른 변전소로부터 전원을 공급받을 수 있도록 상용전원을 설치한 경우와 가압수조방식에는 그러하지 아니하다.

(가) 지하층을 제외한 층수가 7층 이상으로서 연면적이 2,000 m^2 이상인 것

(나) (가)에 해당하지 아니하는 특정소방대상물로서 지하층의 바닥면적의 합계가 3,000 m^2 이상인 것. 다만, 차고·주차장·보일러실·기계실·전기실 및 이와 유사한 장소의 바닥면적은 기준 면적에서 제외한다.

⑤ 비상전원의 설치기준

자가발전설비 또는 축전지설비(내연기관에 따른 펌프를 사용하는 경우에는 내연기관의 기동 및 제어용 축전지를 말한다)로서 다음의 기준에 따라 설치한다.

(가) 점검에 편리하고 화재 및 침수 등의 재해로 인한 피해를 받을 우려가 없는 곳에 설치할 것

(나) 소화설비를 유효하게 20분 이상, 층수가 30층 이상 49층 이하는 40분 이상, 50층 이상은 60분 이상 작동할 수 있어야 할 것

(다) 상용전원으로부터 전력의 공급이 중단된 때에는 자동으로 비상전원으로부터 전력을 공급받을 수 있도록 할 것

(라) 비상전원(내연기관의 기동 및 제어용 축전기를 제외)의 설치장소는 다른 장소와 방화구획할 것. 이 경우 그 장소에는 비상전원의 공급에 필요한 기구나 설비 외의 것(열병합발전설비에 필요한 기구나 설비 제외)을 두어서는 아니 된다.

(마) 비상전원을 실내에 설치하는 때에는 그 실내에 비상조명등을 설치할 것

9. 제어반

감시제어반과 동력제어반으로 구분하여 설치하여야 한다. 다만, 다음에 해당하는 경우에

는 감시제어반과 동력제어반으로 구분하여 설치하지 아니할 수 있다.

(1) 2 이상의 변전소(「전기사업법」 제67조에 따른 변전소를 말한다)에서 전력을 동시에 공급받을 수 있거나 하나의 변전소로부터 전력의 공급이 중단되는 때에는 자동으로 다른 변전소로부터 전원을 공급받을 수 있도록 상용전원을 설치한 경우와 가압수조방식

(2) 내연기관에 따른 가압송수장치

(3) 고가수조에 따른 가압송수장치

(4) 가압수조에 따른 가압송수장치

1) 감시제어반 기능의 기준

다만, 상기 (1), (3), (4)에 해당하는 경우에는 ③ 및 ⑥을 적용하지 아니한다.

① 각 펌프의 작동여부를 확인할 수 있는 표시등 및 음향경보기능이 있어야 할 것

② 각 펌프를 자동 및 수동으로 작동시키거나 작동을 중단시킬 수 있어야 할 것

③ 비상전원을 설치한 경우 상용전원 및 비상전원의 공급여부를 확인할 수 있어야 할 것

④ 수조 또는 물올림탱크가 저수위로 될 때 표시등 및 음향으로 경보할 것

⑤ 각 확인회로(기동용수압개폐장치의 압력스위치회로·수조 또는 물올림탱크의 감시회로를 말한다)마다 도통시험 및 작동시험을 할 수 있어야 할 것

⑥ 예비전원이 확보되고 예비전원의 적합여부를 시험할 수 있어야 할 것

2) 감시제어반의 설치기준

① 화재 및 침수 등의 재해로 인한 피해를 받을 우려가 없는 곳에 설치할 것

② 감시제어반은 전용으로 할 것. 다만, 각 소화전설비의 제어에 지장이 없는 경우에는 다른 설비와 겸용할 수 있다.

③ 감시제어반은 전용으로 할 것. 다만, 2 이상의 변전소(「전기사업법」 제67조에 따른 변전소를 말한다)에서 전력을 동시에 공급받을 수 있거나 하나의 변전소로부터 전력의 공급이 중단되는 때에는 자동으로 다른 변전소로부터 전원을 공급받을 수 있도록 상용전원을 설치한 경우와 가압수조방식, 내연기관에 따른 가압송수장치, 고가수조에 따른 가압송수장치, 가압수조에 따른 가압송수장치가 설치된 경우와 공장, 발전소 등에서 설비를 집중제어·운전할 목적으로 설치하는 중앙제어실 내에 감시제어반을 설치하는 경우에는 그러하지 아니하다.

(가) 다른 부분과 방화구획을 할 것. 이 경우 전용실의 벽에는 기계실 또는 전기실 등의 감시를 위하여 두께 7 mm 이상의 망입유리(두께 16.3 mm 이상의 접합유리 또는 두

께 28 mm 이상의 복층유리를 포함)로 된 4 m^2 미만의 붙박이창을 설치할 수 있다.

(나) 피난층 또는 지하 1층에 설치할 것. 다만, 다음에 해당하는 경우에는 지상 2층에 설치하거나 지하 1층 외의 지하층에 설치할 수 있다.

㉠ 「건축법 시행령」 제35조에 따라 특별피난계단이 설치되고 그 계단(부속실을 포함) 출입구로부터 보행거리 5 m 이내에 전용실의 출입구가 있는 경우

㉡ 아파트의 관리동(관리동이 없는 경우에는 경비실)에 설치하는 경우

(다) 비상조명등 및 급·배기설비를 설치할 것

(라) 무선통신보조설비의 화재안전기준(NFSC 505) 제6조에 따른 무선기기 접속단자(영 별표 4 소화활동설비의 소방시설 적용기준란 제5호에 따른 무선통신보조설비가 설치된 특정소방대상물에 한한다)를 설치할 것

(마) 바닥면적은 감시제어반의 설치에 필요한 면적 외에 화재 시 소방대원이 그 감시제어반의 조작에 필요한 최소면적 이상으로 할 것

④ 전용실에는 특정소방대상물의 기계·기구 또는 시설 등의 제어 및 감시설비외의 것을 두지 아니할 것

3) 동력제어반(MCC)의 설치기준

① 앞면은 적색으로 하고 "각 소화설비의 명칭으로 동력제어반"이라고 표시한 표지를 설치할 것

② 외함은 두께 1.5 mm 이상의 강판 또는 이와 동등 이상의 강도 및 내열성능이 있는 것으로 할 것

③ 그 밖의 동력제어반의 설치에 관하여는 화재 및 침수 등의 재해로 인한 피해를 받을 우려가 없는 곳에 설치하고, 동력제어반은 전용으로 할 것. 다만, 각 소화전설비의 제어에 지장이 없는 경우에는 다른 설비와 겸용할 수 있다.

즉, 동력제어반의 구조는 그림 2.25와 같으며 동력제어반은 점검이 편리하며 화재의 위험이나 침수우려가 없는 곳에 설치하여야 한다. 감시제어반의 기능은 각 펌프의 작동여부를 확인할 수 있는 표시등 및 음향경보기능과 각 펌프의 자동·수동작동정지기능, 비상전원공급확인 및 전환기능이 있어야 하며 저수위감시기능, 회로도통시험 및 작동시험기능, 예비전원시험기능이 있어야 한다.

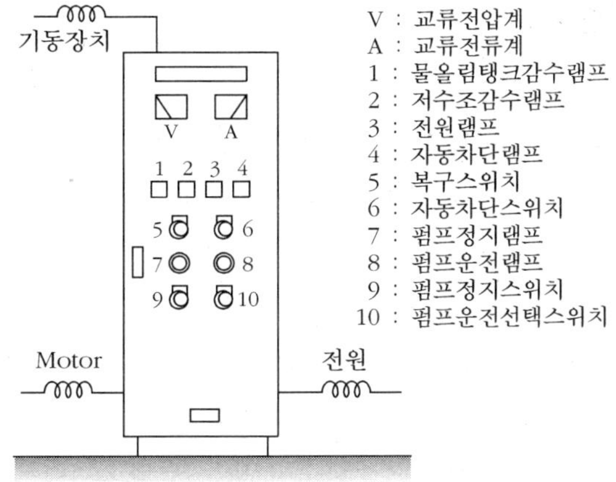

그림 2.25 제어반

10. 기타 부속기구

1) 수격방지기(Water Hammer Cushion : W.H.C)

수격방지기의 구조는 그림 2.26과 같으며 가압송수펌프가 기동되어 송수를 시작할 때 초기에는 펌프에서부터 급작스럽게 압력이 상승되어 관로망으로 퍼져나간다. 주펌프는 용량이 크므로 이 충격 압력은 배관에 연결된 방수장치에 악영향을 미칠 뿐 아니라 배관의 진동, 누수 등을 초래하기도 한다. 이와 같은 현상을 줄이기 위하여 펌프직상부나 곡관부위 및 관의 말단에 수격방지기를 부착한다. 수격방지기는 내부에 공기실이 있어 순간적인 이상고압을 흡수 충격을 완화한다.

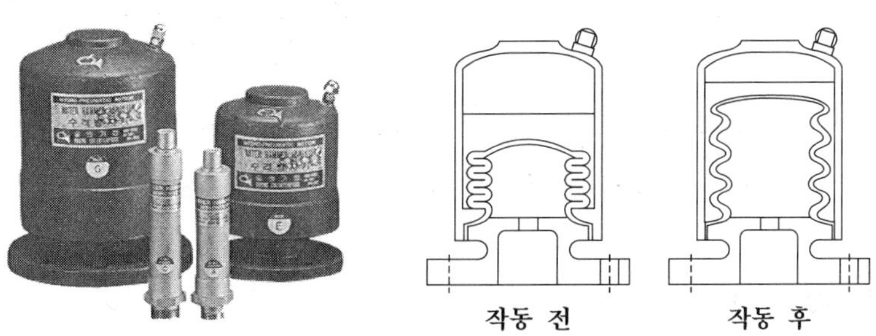

규격 : 40~150A 사용압력 : 10 kg/cm^2, 20 kg/cm^2

그림 2.26 수격방지장치

2) 옥외연결송수구

송수구는 소화설비에 소화용수를 보급하기 위하여 건물외벽 옥외에 설치하는 연결구를 말한다. 화재가 확대되어 방수시간이 길어져서 저장된 물이 고갈된다든지 정전 또는 펌프의 고장으로 소화펌프를 동작시키지 못한 경우에 소방펌프차가 적재된 물을 직접 송수구를 통해서 옥내소화전설비로 압송하여 지속적인 방수가 가능하도록 한다. 설치는 다음의 기준에 의하여 설치한다.

① 소방펌프자동차가 쉽게 접근할 수 있고 노출된 장소에 설치한다.

② 송수구로부터 주배관에 이르는 연결배관에는 개폐밸브를 설치하여서는 아니된다(스프링클러설비, 물분무소화설비, 포소화설비 또는 연결송수관설비의 배관과 겸용인 경우 그러하지 아니하다).

③ 지면으로부터 높이가 0.5 m 이상 1 m 이하 위치에 설치한다.

④ 구경 65 mm의 쌍구형 또는 단구형으로 하여야 한다.

⑤ 송수구의 가까운 부분에 자동배수밸브(그림 2.27) 또는 직경 5 mm의 배수공 및 체크밸브를 설치하여야 한다. 이 경우 자동배수밸브는 배관의 물이 잘 빠질 수 있는 위치에 설치하되, 배수로 인하여 다른 물건 또는 장소에 피해를 주지 않도록 해야 한다.

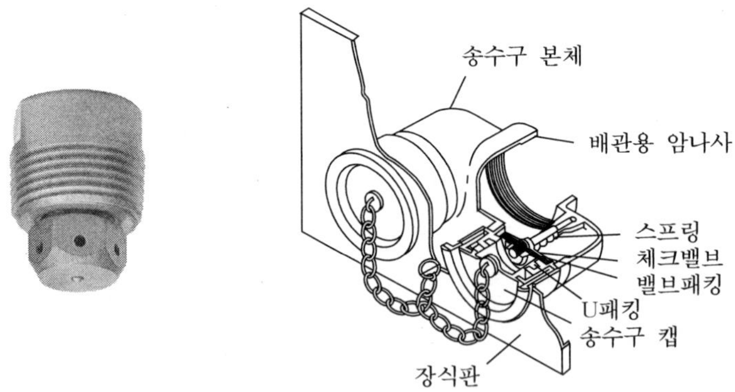

자동배수밸브　　　매립형 옥외송수구의 구조

그림 2.27 옥외송수구와 자동배수밸브

3) 제어밸브(Valve)

밸브는 유체의 흐름을 차단하거나 유량을 조절하는데 사용되며 소화설비에 많이 사용되는 것으로 게이트밸브(Gate Valve), 글로브밸브(Globe Valve), 버터플라이밸브(Butterfly Valve), 볼밸브(Ball Valve) 등이 있다.

4) 체크밸브(Check Valve)

유체의 흐름이 역류하면 자동적으로 밸브가 닫히게 할 때 사용하며 현재 많이 사용되고 있는 것은 Smolensky Check Valve와 Swing Check Valve가 있다.

그림 2.28과 같으며 평상시에는 체크밸브 역할을 하며 바이패스밸브를 열어 주면 2차측 배관의 물이 반대로 흐를 수 있어 배관의 유지보수 관리가 용이하여 주배관상에 많이 설치하며 구성품은 표 2.4와 같다.

표 2.4 구성의 부품명

① 몸 체	② 디스크	③ 시 트	④ 가이드	⑤ 상부가이드
⑥ 스프링	⑦ 완충깃	⑧ 바이패스밸브시트	⑨ 바이패스밸브	⑩ 패 킹

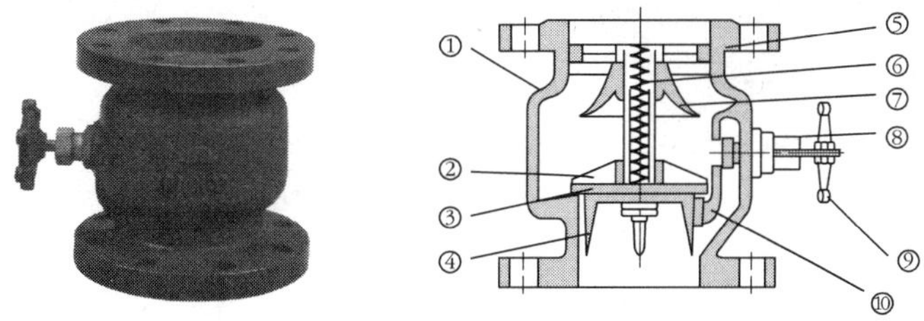

그림 2.28 스모렌스키 체크밸브

① 스윙 체크밸브(Swing Check Valve)

주로 소형으로 주관로상이 아닌 즉 물올림장치의 배관과 같은 유량이 적은 배관상에 주로 사용된다(그림 2.29).

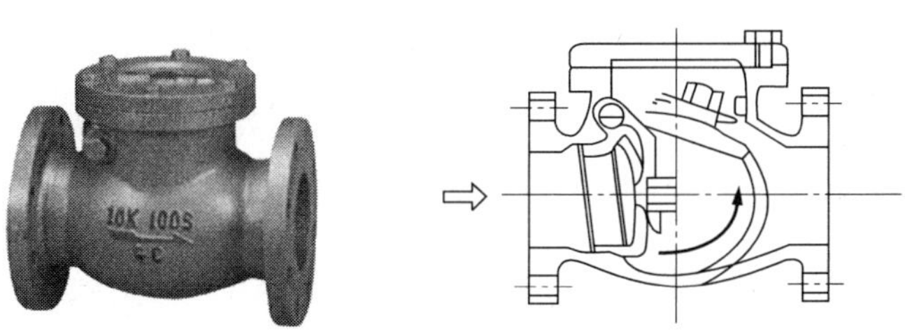

그림 2.29 스윙 체크밸브

5) 후드밸브(Foot Valve)

수원의 수위가 펌프보다 아래에 위치한 흡수방식에서 흡수관 말단에 설치하여 펌프기동 시 물의 흐름을 펌프측으로만 흡상되게 하고 펌프정지 시에 흡입관내 물을 가두어 두는 역할(체크기능)과 수조내 이물질이 흡입되는 것을 1차적으로 걸러 주는 여과기능을 겸한다. 후드밸브에서의 누수 시 펌프의 흡상능력이 저하 또는 불능 되는 경우가 있으므로 와이어로프(Wire Rope) 등을 연결하여 수동으로 용이하게 밸브시트(Sheet)면의 작동상황을 확인할 수 있는 구조로 한다(그림 2.30).

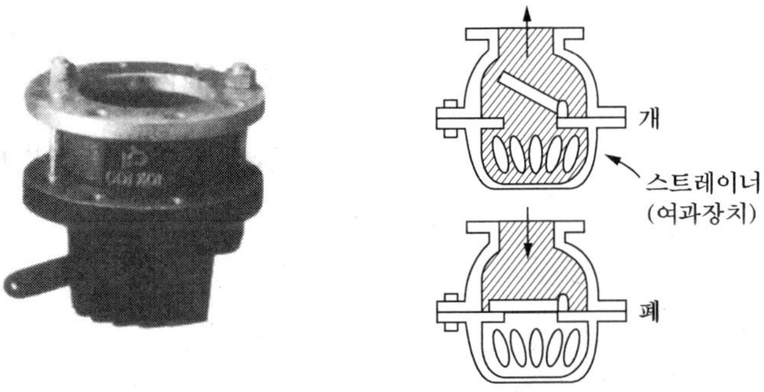

그림 2.30 후드밸브

6) 흡입관

펌프의 흡입측에 설치하는 관으로서 다음과 같이 설치한다.

① 흡입측배관은 전용으로 하며 가급적 짧고 관경은 크게 할 것
② 흡입관과 펌프를 연결하는 배관에는 편심리듀서 사용
③ 설치 시 흡입배관은 펌프쪽으로 1/50 이상 오름 경사로 한다.
④ 진공계(또는 연성계) 설치 시 가급적 펌프 가까이에 설치
⑤ 스트레이너 설치 시 유수방향에 주의 및 걸림망은 바닥으로 향하게 설치(공기 고임 방지)
⑥ 개폐밸브로 버터플라이밸브(Butterfly Valve) 사용금지

■ **버터플라이밸브의 설치 제한 이유**

㉠ 밸브 구조상 물의 흐름 저항이 큰 밸브로서 원활한 흡입을 방해하고 공동현상(Cavitation)이 발생할 우려가 있다.
㉡ 개폐 조작(90°에서 개폐)이 순간적이어서 펌프 운전 중 조작 시 수격작용(Water Hammer)이 발생할 수 있다.

7) 스트레이너(Strainer)

흡입측 배관에 모래, 침전물과 같은 이물질 등이 펌프 케이싱내로 침입하는 것을 방지하여 펌프의 고장이나 기능의 저하를 방지하는 여과장치이다. 그림 2.31에서와 같이 "Y"형과 "U"형이 있으나 소화설비에는 "Y"형이 많이 사용된다.

Strainer(KS형)
- 규격 : 40~300A
- 사용압력 : 100 kg/cm^2

그림 2.31 스트레이너

8) 플렉시블 조인트(Flexible Joint)

플렉시블 조인트(그림 2.32)는 주로 펌프의 토출측과 흡입측에 펌프와 직결하여 쓰이는데 펌프의 기동 또는 기동 후 정지 시 펌프로부터의 진동을 흡수하여 배관의 파손 및 변형을 방지하는 신축이음으로서 급격한 압력차로 생기는 충격중량을 흡수하기 위한 부품이므로 펌프로부터 가장 가까이 설치하는 것이 바람직하다.

그림 2.32 플렉시블 조인트

9) 압력계, 연성계, 진공계

① 압력계(Pressure Gauge)

그림 2.33에서 보는 바와 같이 압력계는 펌프의 토출측에 설치하여 토출압력(正의 게이지

압력)을 나타내며 최고 눈금 0.05 MPa(0.5 kg/cm²)에서 200 MPa(2,000 kg/cm²)까지 측정이 가능하다. 게이지압력은 대기압을 "0"으로 보고 측정한 압력 즉, 압력계에 나타난 압력을 말한다.

② 연성계

수원의 수위가 펌프보다 아래쪽에 위치하는 흡입송출방식에서는 흡입배관내의 압력은 항상 대기압 이하가 된다. 연성계는 진공압(부압)과 양압을 모두 측정할 수 있으며, 일반적으로 물의 흡입상태를 확인하기 위해 펌프의 흡입측배관에 설치한다.

③ 진공계

부(負)의 게이지압력을 측정하는 게이지로서 여러 종류가 있으나 측정되는 범위는 0～76 cmHg까지이다.

그림 2.33 압력계, 연성계, 진공계

연습문제

01. 소화설비에 사용할 수 있는 가압송수장치의 종류를 들고 각각에 대하여 설명하시오.

02. 기동용수압개폐장치에 대하여 기술하시오.

03. 펌프의 제현상 및 방지대책에 대하여 자세하게 설명하시오.

04. 펌프방식의 펌프성능 기준에 대하여 도시하고 설명하시오.

05. 물올림탱크가 필요한 경우와 구조에 대하여 설명하시오.

06. 펌프 주위의 주변장치의 구성도를 그리고 각 규격을 기입하시오.

07. 유체 흐름에서 역류를 방지하기 위해 쓰이는 체크밸브 중 Water Hammer를 방지할 수 있도록 설계된 것이 있다. 원래 상품명이었으나 흔히 통용되고 있는 이 밸브의 명칭은?

08. 소화설비용 펌프의 흡입관에 부착하는 밸브, 기타 부속기구류를 조립순서(부착)대로 기술하시오.

09. 흡입배관의 하부 말단에 Foot Valve를 설치하는데 그 이유는 무엇인가?

10. 소화펌프의 토출측에서 유량이 150 lpm, 압력이 0.7 MPa(7 kgf/cm^2)이었다. 이 소화펌프의 토출측 주배관의 적당한 크기를 정하시오(단, 배관의 안지름은 다음 표에 의한다).

호칭지름	안지름(mm)	호칭지름	안지름(mm)	호칭지름	안지름(mm)
25A	25	65A	65	150A	150
32A	32	80A	80	200A	200
40A	40	100A	100	250A	250
50A	50	125A	125	300A	300

11. 물 계통의 소화설비에 사용하는 충압펌프의 설치 목적을 설명하시오.

12. 소화펌프는 고양정, 대토출량의 특성이 필요하며 펌프 산정 시 토출량이 정격 토출량의 150%가 되었을 때 전양정이 일정치 이하로 낮아져서는 안 된다. 펌프의 성능곡선을 그리고 설명하시오.

13. 펌프의 흡입이론에서 볼 때 물을 흡입할 수 있는 이론 최대높이는 몇 m인가? (단, 대기압은 760 mmHg, 수은의 비중량은 13,600 kgf/m^3, 물의 비중량은 1,000 kgf/m^{3}이다.)

14. 소화배관을 흐르는 물의 유량을 Q [l/min], 유속을 V [m /s], 배관의 안지름을 d [mm]라 할 때 이들 간의 관계식은 어떻게 되는가?

15. 소화 전용펌프를 구동시킬 전동기의 용량을 산정하고자 한다. 토출량 2 m^3/min, 전양정 30 m, 펌프효율 60%라고 한다면 전동기는 몇 마력(HP)이 적합한가?

전동기 규격 : 10 20 30 50 75 100 (HP)

16. 소화용 펌프가 2 m^3/min, 60 m 수두로 선정되어 1,770 rpm으로 운전되고 있다. 공장 배치가 변경되어 수두가 100 m로 요구되는 조건에서 기존 펌프를 회전수만 변경시켜 같은 효율로 운전하고자 한다면 회전수를 몇 rpm으로 하면 되겠는가?

17. 소화펌프의 토출측에 릴리프 밸브를 분기하여 설치하는 이유는?

18. 물 소화펌프의 흡입배관을 설치할 때 펌프흡입구와 흡입배관의 구경이 다를 경우 접속부속으로 편심 리듀서를 사용하는 이유를 설명하시오.

19. 소방용 펌프의 설계 시 흡입양정을 크게 하는 것과 토출양정을 크게 하는 것 중 어느 쪽이 어려운 지를 선택하고 그 이유를 설명하시오.

20. 소화설비의 가압송수장치에 사용되는 물올림장치(Priming Tank System)의 구성요소를 5가지만 쓰시오.

CHAPTER

3

소화기구

(Potable Extinguisher)

1. 소화기구의 개요

소화기구는 액체, 가스 및 분말성분 등 소화약제를 일정 크기의 저장용기에 방출원 되는 압력이 저장되어 있는 기구로서 화재가 발생할 때 화재를 발견한 사람이 직접 사용할 수 있도록 제작된 이동식 소화기를 말한다. 즉 소화기란 저장된 소화약제를 가압된 압력에 의하여 방사하는 기구로서 사람이 수동으로 조작하여 소화할 수 있는 것으로 매우 단순한 조작에 의하여 손쉽게 약제를 방출시킬 수 있다. 따라서 소화기구는 초기 화재 및 소규모 화재를 소화하는 것을 목적으로 한다. 물론 소화기구 이외의 모든 소화시설의 경우에도 여러 단계의 조작으로 작동되는 구조로 해서는 안 된다. 왜냐하면 화재가 발생한 경우는 평상시와 다른 상황으로 사람의 판단능력이 낮아지고 화재진압을 위한 시간을 지연하는 등의 나쁜 영향을 미치는 요소를 최대한 최소화해야 하기 때문이다. 화재안전기준에서는 소화기구라 함은 소화기를 비롯하여 마른 모래, 팽창질석 및 팽창진주암 등 소화능력 단위가 1단위 이하가 되는 간이 소화용구를 포함하여 국내 소방법에서 소화기구라고 정의하고 있다. 현재 국가화재안전기준(NFSC)이 개정됨에 따라 소화기구의 종류는 소화기와 자동소화장치로 구분되어 있다. 그러나 일반적으로 소화기의 종류는 작동방식, 능력단위, 사용약제의 종류에 따라 분류할 수 있으며 이에 대한 내용은 소화기구의 종류 및 구조에서 설명하게 된다. 일반인이면 누구나 사용이 편리하도록 만들어진 소화기구는 자주 사용하는 편의기구가 아니고 화재발생 시에 사용하기 때문에 사용빈도가 낮기 때문에 중요성 및 필요성을 잊고 방치해두는 경우가 많이 있다. 그 동안 화재사고 사례에서 알 수 있는 바와 같이 대부분의 화재는 초기에 대응을 어떻게 하는가에 따라 화재로 인한 인명피해나 재산피해의 정도가 좌우된다. 본장에서는 국내법에서 정하고 있는 소화기구의 화재안전기준(NFSC 101), 고체에어로졸자동식소화장치, 자동확산소화장치, 가스·분말식소화장치, 캐비넷형소화장치 등의 기준 및 기타 선진국가의 관련 기술을 정리하였다.

2. 용어 해설

소화기구란 소방대상물의 방호공간, 장치, 장비 등에서 화재가 발생할 때 초기에 화재를 소화하기 위하여 방호공간의 주변에 설치하여 사용할 수 있는 가장 간편한 기구로서 물 또는 이·화학적으로 제조된 소화약제를 용기에 충전하여 화재 발생을 감지하여 자동작동하거나 사람이 직접 1～2조작으로 약제를 방출할 수 있는 소화기·간이소화용구를 말한다. 따라서 소화기구에 대한 여러 기술적인 내용을 이해하기 위해서는 아래의 용어를 알아 두는 것이 필요하다.

1) 소화약제는 소화기구에 사용되는 소화성능이 있는 고체·액체 및 기체의 물질을 말한다. 과거에는 방염성능이 있는 물질을 가공하여 소화에 사용하는 약제로 되어 있었으나 최근에 개정되었다.
2) 소화기란 소화약제를 압력에 따라 방사하는 기구로서 사람이 수동으로 조작하여 소화하는 다음의 것을 말한다.
   가. 소형소화기 : 능력단위가 1단위 이상이고 대형소화기의 능력단위 미만인 소화기를 말한다.
   나. 대형소화기 : 화재 시 사람이 운반할 수 있도록 운반대와 바퀴가 설치되어 있고 능력단위가 A급 10단위 이상, B급 20단위 이상인 소화기를 말한다.
3) 자동소화장치란 소화약제를 자동으로 방사하는 고정된 소화장치로서 유효설치범위(설계방호체적, 최대설치높이, 방호면적 등) 이내에 설치하여 소화하는 다음 각 목의 것을 말한다.
   가. 주방용자동소화장치 : 가연성가스 등의 누출을 자동으로 차단하며, 소화약제를 방사하여 소화하는 소화장치를 말한다.
   나. 캐비넷형자동소화장치 : 열, 연기 또는 불꽃 등을 감지하여 소화약제를 방사하여 소화하는 캐비넷형태의 소화장치를 말한다.
   다. 가스식자동소화장치 : 열, 연기 또는 불꽃 등을 감지하여 가스계 소화약제를 방사하여 소화하는 소화장치를 말한다.
   라. 분말식자동소화장치 : 열, 연기 또는 불꽃 등을 감지하여 분말의 소화약제를 방사하여 소화하는 소화장치를 말한다.
   마. 고체에어로졸식자동소화장치 : 열, 연기 또는 불꽃 등을 감지하여 에어로졸의 소화약제를 방사하여 소화하는 소화장치를 말한다.
   바. 자동확산소화장치 : 화재 시 화염이나 열에 따라 소화약제가 확산하여 국소적으로 소화하는 소화장치를 말한다.
4) 간이소화용구란 에어로졸식소화용구, 투척용소화용구 및 소화약제 외의 것(팽창질석, 팽창진주암, 마른 모래)을 이용한 소화용구를 말한다.

3. 적응 소화기 및 능력단위

소방시설 설치·유지 및 안전관리에 관한 법률 소화설비의 소방시설 적용에 규정에 따른 소화기구를 설치하여야 한다.

1) 소화기구를 설치해야 할 특정소방대상물

가. 소화기 또는 간이소화용구를 설치하여야 하는 것. 다만, 노유자시설의 경우에는 투척용 소화용구 등을 법 제9조제1항에 따라 소방방재청장이 정하여 고시하는 화재안전기준에 따라 산정된 소화기 수량의 1/2 이상으로 설치할 수 있다.

(1) 연면적 33 m^2 이상인 것

(2) 연면적 33 m^2 이상인 것에 해당하지 않은 시설로서 지정문화재 및 가스시설

(3) 터널

나. 주방용자동소화장치는 아파트 및 30층 이상의 오피스텔의 경우는 전층 설치

[참고]

노유자시설이란 아동관련시설, 노인복지시설, 장애인시설 그 밖의 다른 용도로 분류되지 아니한 사회복지시설 및 근로복지시설을 말한다.

1) 아동관련시설 : 아동복지시설, 영유아보육시설, 유치원 그 밖에 이와 비슷한 것
2) 노인복지시설 : 노인복지시설, 경로당 그 밖에 이와 비슷한 것
3) 장애인시설 : 장애인재활시설, 요양시설, 점자도서관
4) 기타 : 그 밖의 다른 용도로 분류되지 않은 사회복지 및 근로복지시설

2) 특정소방대상물의 설치장소에 따라 적응 소화기구

표 3.1 소화기구의 소화약제에 의한 설치장소별 적응성

소화약제 구분 / 설치장소별 적응대상		가스			분말		액체				기타			
		이산화탄소소화약제	할로겐화물소화약제	청정소화약제	인산염류소화약제	중탄산염류소화약제	산알칼리소화약제	강화액소화약제	포소화약제	물·침윤소화약제	고체에어로졸화합물	마른모래	팽창질석·팽창진주암	그 밖의 것
건축물, 기타 공작물		–	○	○	○	–	○	○	○	○	○	–	–	–
전기실 및 전산실		○	○	○	○	○	–	–	–	–	○	–	–	–
통신기기실		○	○	○	–	–	–	–	–	–	○	–	–	–
특수가연물	가연성 고체류 또는 합성수지류	○	○	○	○	○	○	○	○	○	○	○	○	–
	가연성 액체류	○	○	○	○	○	○	○	○	○	○	○	○	–
	그 밖의 것	–	–	–	○	–	○	○	○	○	–	–	–	–
가연성 가스		○	○	○	○	○	○	○	○	○	○	–	–	–

3) 능력단위 산정기준 및 부속용도 소화기구 추가

표 3.2 특정소방대상물별 소화기구의 능력단위기준

특정소방대상물	소화기구의 능력단위
1. 위락시설	해당 용도의 바닥면적 30 m^2마다 능력단위 1단위 이상
2. 공연장·집회장·관람장·문화재·장례식장 및 의료시설	해당 용도의 바닥면적 50 m^2마다 능력단위 1단위 이상
3. 근린생활시설·판매시설·운수시설·숙박시설·노유자시설·전시장·공동주택·업무시설·방송통신시설·공장·창고시설·항공기 및 자동차 관련 시설 및 관광휴게시설	해당 용도의 바닥면적 100 m^2마다 능력단위 1단위 이상
4. 그 밖의 것	해당 용도의 바닥면적 200 m^2마다 능력단위 1단위 이상

(주) 소화기구의 능력단위를 산출함에 있어서 건축물의 주요구조부가 내화구조이고, 벽 및 반자의 실내에 면하는 부분이 불연재료·준불연재료 또는 난연재료로 된 특정소방대상물은 기준면적의 2배를 해당 특정소방대상물의 기준면적으로 한다.

4) 3)의 능력단위 외에 부속용도별로 표 3.3에 따라 소화기구를 추가하여 설치할 것

표 3.3 부속용도별로 추가하여야 할 소화기구

용도별	소화기구의 능력단위
1. 다음 각 목의 시설. 다만, 스프링클러설비·간이스프링클러설비·물분무등소화설비 또는 주방용자동소화장치가 설치된 경우에는 자동확산소화장치를 설치하지 아니할 수 있다. 가. 보일러실(아파트의 경우 방화구획된 것을 제외)·건조실·세탁소·대량화기취급소 나. 음식점(지하가의 음식점을 포함)·다중이용업소·호텔·기숙사·노유자시설·의료시설·업무시설·공장의 주방. 다만, 의료시설·업무시설 및 공장의 주방은 공동취사를 위한 것에 한한다. 다. 관리자의 출입이 곤란한 변전실·송전실·변압기실 및 배전반실(불연재료로 된 상자 안에 장치된 것을 제외) 라. 지하구의 제어반 또는 분전반	해당 용도의 바닥면적 25 m^2마다 능력단위 1단위 이상의 소화기로 하고, 그 외에 자동확산소화장치를 바닥면적 10 m^2 이하는 1개, 10 m^2 초과는 2개를 설치할 것. 다만, 지하구의 제어반 또는 분전반의 경우에는 제어반 또는 분전반마다 그 내부에 가스식·분말식·고체에어로졸식 자동소화장치를 설치하여야 한다.
2. 발전실·변전실·송전실·변압기실·배전반·통신기기실·전산기기실·기타 이와 유사한 시설이 있는 장소. 다만, 제1호 다목의 장소를 제외한다.	해당 용도의 바닥면적 50 m^2마다 적응성이 있는 소화기 1개 이상 또는 유효설치방호체적 이내의 가스식·분말식·고체에어로졸식 자동소화장치, 캐비넷형자동소화장치(다만, 통신기기실·전자기기실을 제외한 장소에 있어서는 교류 600 V 또는 직류 750 V 이상의 것에 한한다).

<table>
<tr><td colspan="4">3. 위험물안전관리법 시행령 별표1에 따른 지정수량의 1/5 이상 지정수량 미만 위험물을 저장 또는 취급하는 장소</td><td>능력단위 2단위 이상 또는 유효설치 방호체적 이내의 가스식·분말식·고체에어로졸식 자동소화장치, 캐비넷형 자동소화장치</td></tr>
<tr><td colspan="2" rowspan="2">4. 소방기본법 시행령 별표2에 따른 특수가연물을 저장 또는 취급하는 장소</td><td colspan="2">소방기본법 시행령 별표2에서 정하는 수량 이상</td><td>소방기본법 시행령 별표2에서 정하는 수량의 50배 이상마다 능력단위 1단위 이상</td></tr>
<tr><td colspan="2">소방기본법 시행령 별표2에서 정하는 수량의 500배 이상</td><td>대형소화기 1개 이상</td></tr>
<tr><td colspan="2" rowspan="2">5. 고압가스안전관리법·액화석유가스의 안전관리 및 사업법 및 도시가스사업법에서 규정하는 가연성 가스를 연료로 사용하는 장소</td><td colspan="2">액화석유가스 기타 가연성 가스를 연료로 사용하는 연소기기가 있는 장소</td><td>각 연소기로부터 보행거리 10 m 이내에 능력단위 3단위 이상의 소화기 1개 이상. 다만, 주방용 자동소화장치가 설치된 장소는 제외한다.</td></tr>
<tr><td colspan="2">액화석유가스 기타 가연성 가스를 연료로 사용하기 위하여 저장하는 저장실(저장량 300 kg 미만은 제외한다)</td><td>능력단위 5단위 이상의 소화기 2개 이상 및 대형 소화기 1개 이상</td></tr>
<tr><td rowspan="6">6. 고압가스안전관리법·액화석유가스의 안전관리 및 사업법 및 도시가스사업법에서 규정하는 가연성 가스를 제조하거나 연료 외의 용도로 저장·사용하는 장소</td><td rowspan="6">저장하고 있는 양 또는 1개월 동안 제조·사용하는 양</td><td rowspan="2">200 kg 미만</td><td>저장하는 장소</td><td>능력단위 3단위 이상의 소화기 2개 이상</td></tr>
<tr><td>제조·사용하는 장소</td><td>능력단위 3단위 이상의 소화기 2개 이상</td></tr>
<tr><td rowspan="2">200 kg 이상 300 kg 미만</td><td>저장하는 장소</td><td>능력단위 5단위 이상의 소화기 2개 이상</td></tr>
<tr><td>제조·사용하는 장소</td><td>바닥면적 50 m^2마다 능력단위 5단위 이상의 소화기 1개 이상</td></tr>
<tr><td rowspan="2">300 kg 이상</td><td>저장하는 장소</td><td>대형 소화기 2개 이상</td></tr>
<tr><td>제조·사용하는 장소</td><td>바닥면적 50 m^2마다 능력단위 5단위 이상의 소화기 1개 이상</td></tr>
</table>

비고 : 액화석유가스·기타 가연성가스를 제조하거나 연료 외의 용도로 사용하는 장소에 수동식소화기를 설치하는 때에는 당해 장소 바닥면적 50 m^2 이하인 경우에도 해당 소화기를 2개 이상 비치하여야 한다.

4. 설치기준

1) 소화기구의 설치기준

① 특정소방대상물의 설치장소에 따라 표 3.1에 적합한 종류의 것으로 할 것

② 특정소방대상물에 따라 소화기구의 능력단위는 표 3.2의 기준에 따를 것

③ ② 능력단위 외에 표 3.3에 따라 부속용도별로 사용되는 부분에 대하여는 소화기구를 추가하여 설치할 것

④ 소화기는 다음의 기준에 따라 설치

(가) 각 층마다 설치하되, 특정소방대상물의 각 부분으로부터 1개의 소화기까지의 보행거리가 소형소화기의 경우에는 20 m 이내, 대형소화기의 경우에는 30 m 이내가 되도록 배치할 것. 다만, 가연성물질이 없는 작업장의 경우에는 작업장의 실정에 맞게 보행거리를 완화하여 배치할 수 있으며, 지하구의 경우에는 화재발생의 우려가 있거나 사람의 접근이 쉬운 장소에 한하여 설치할 수 있다.

(나) 특정소방대상물의 각층이 2 이상의 거실로 구획된 경우에는 가목의 규정에 따라 각 층마다 설치하는 것 외에 바닥면적이 33 m^2 이상으로 구획된 각 거실(아파트의 경우에는 각 세대를 말한다)에도 배치할 것

⑤ 능력단위가 2단위 이상이 되도록 소화기를 설치하여야 할 특정소방대상물 또는 그 부분에 있어서는 간이소화용구의 능력단위가 전체 능력단위의 2분의 1을 초과하지 아니하게 할 것. 다만, 노유자시설의 경우에는 그렇지 않다.

⑥ 소화기구(자동소화장치를 제외)는 거주자 등이 손쉽게 사용할 수 있는 장소에 바닥으로부터 높이 1.5 m 이하의 곳에 비치하고, 소화기에 있어서는 "소화기", 투척용 소화용구에 있어서는 "투척용 소화용구", 마른모래에 있어서는 "소화용모래", 팽창질석 및 팽창진주암에 있어서는 "소화질석"이라고 표시한 표지를 보기 쉬운 곳에 부착할 것

⑦ 주방용 자동소화장치는 아파트의 각 세대별 주방 및 오피스텔의 각실 별 주방에 다음의 기준에 따라 설치할 것

(가) 소화약제 방출구는 환기구(주방에서 발생하는 열기류 등을 밖으로 배출하는 장치를 말한다)의 청소부분과 분리되어 있어야 하며, 형식승인 받은 유효설치 높이 및 방호면적에 따라 설치할 것

(나) 감지부는 형식승인 받은 유효한 높이 및 위치에 설치할 것

(다) 가스차단장치는 주방배관의 개폐밸브로부터 2 m 이하의 위치에 설치하되, 상시 확인 및 점검이 가능하도록 설치할 것

(라) 탐지부는 수신부와 분리하여 설치하되, 공기보다 가벼운 가스를 사용하는 경우에는 천장 면으로부터 30 cm 이하의 위치에 설치하고, 공기보다 무거운 가스를 사용하는 장소에는 바닥 면으로부터 30 cm 이하의 위치에 설치할 것

(마) 수신부는 주위의 열기류 또는 습기 등과 주위온도에 영향을 받지 아니하고 사용자가 상시 볼 수 있는 장소에 설치할 것

⑧ 캐비넷형 자동소화장치는 다음의 기준에 따라 설치

(가) 분사헤드의 설치 높이는 방호구역의 바닥으로부터 최소 0.2 m 이상 최대 3.7 m 이하로 하여야 한다. 다만, 별도의 높이로 형식승인 받은 경우에는 그 범위 내에서 설치할 수 있다.

(나) 화재감지기는 방호구역내의 천장 또는 옥내에 면하는 부분에 설치하되 「자동화재탐지설비의 화재안전기준(NFSC 203)」에 적합하도록 설치할 것

(다) 방호구역내의 화재감지기의 감지에 따라 작동되도록 할 것

(라) 화재감지기의 회로는 교차회로방식으로 설치할 것. 다만, 화재감지기를 「자동화재탐지설비의 화재안전기준(NFSC 203)」의 적응 감지기로 설치하는 경우에는 그러하지 아니하다.

(마) 교차회로내의 각 화재감지기회로별로 설치된 화재감지기 1개가 담당하는 바닥면적은 「자동화재탐지설비의 화재안전기준(NFSC 203)」에 따른 바닥면적으로 할 것

(바) 개구부 및 통기구(환기장치를 포함)를 설치한 것에 있어서는 약제가 방사되기 전에 해당 개구부 및 통기구를 자동으로 폐쇄할 수 있도록 할 것. 다만, 가스압에 의하여 폐쇄되는 것은 소화약제방출과 동시에 폐쇄할 수 있다.

(사) 작동에 지장이 없도록 견고하게 고정시킬 것

(아) 구획된 장소의 방호체적 이상을 방호할 수 있는 소화성능이 있을 것

⑨ 가스식, 분말식, 고체에어로졸식 자동소화장치의 설치기준

(가) 소화약제 방출구는 형식승인 받은 유효설치범위 내에 설치할 것

(나) 자동소화장치는 방호구역내에 형식승인 된 1개의 제품을 설치할 것. 이 경우 연동방식으로서 하나의 형식을 받은 경우에는 1개의 제품으로 본다.

(다) 감지부는 형식승인된 유효설치범위 내에 설치하여야 하며 설치장소의 평상시 최고주위온도에 따라 표 3.4에 따른 표시온도의 것으로 설치할 것. 다만, 열감지선의 감지부는 형식승인 받은 최고주위온도범위 내에 설치하여야 한다.

표 3.4 설치장소의 최고주위온도

설치장소의 최고주위 온도	표시온도
39℃ 미만	79℃ 미만
39℃ 이상 64℃ 미만	79℃ 이상 121℃ 미만
64℃ 이상 106℃ 미만	121℃ 이상 162℃ 미만
106℃ 이상	162℃ 이상

(라) (다)에도 불구하고 화재감지기를 감지부를 사용하는 경우에는 ⑧의 (나)~(마)의 설치방법에 따를 것

2) 이산화탄소 또는 할로겐화합물

이산화탄소 또는 할로겐화합물을 방사하는 소화기구(자동확산소화장치를 제외)는 지하층이나 무창층 또는 밀폐된 거실로서 그 바닥면적이 20 m^2 미만의 장소에는 설치할 수 없다. 다만, 배기를 위한 유효한 개구부가 있는 장소, 할론 1301과 청정소화약제를 사용한 소화기를 설치한 경우에는 그러하지 아니하다.

5. 소화기 감소기준

1) 소형소화기를 설치하여야 할 특정소방대상물 또는 그 부분에 옥내소화전설비·스프링클러설비·물분무등소화설비·옥외소화전설비 또는 대형소화기를 설치한 경우에는 해당 설비의 유효범위의 부분에 대하여는 소화기의 3분의 2(대형소화기를 둔 경우에는 2분의 1)를 감소할 수 있다. 다만, 층수가 11층 이상인 부분, 근린생활시설, 위락시설, 문화 및 집회시설, 운동시설, 판매시설, 운수시설, 숙박시설, 노유자시설, 의료시설, 아파트, 업무시설(무인변전소를 제외), 방송통신시설, 교육연구시설, 항공기 및 자동차관련시설, 관광 휴게시설은 그러하지 아니하다.
2) 대형소화기를 설치하여야 할 특정소방대상물 또는 그 부분에 옥내소화전설비·스프링클러설비·물분무등소화설비 또는 옥외소화전설비를 설치한 경우에는 해당 설비의 유효범위안의 부분에 대하여는 대형소화기를 설치하지 아니할 수 있다.

6. 소화기의 종류

소화기는 수동식과 자동식소화장치, 간이 소화용구로 구분한다. 또한 충전되어 있는 소화약제를 방사시키는 방사원의 저장된 가압방식에 따라 가압식 및 축압식소화기, 충전된 소화약제(kg, l)용량에 따른 대형과 소형소화기, 소화약제의 종류에 따라 분류한다.

1) 약제의 종류에 따른 분류

표 3.5 소화약제별 종류

구 분			주성분
수계소화기	물소화기		H_2O + 침윤제(浸潤劑) 첨가
	산·알칼리소화기		A제 : $NaHCO_3$, B제 : H_2SO_4
	강화액소화기		K_2CO_3
	포소화기	화학포	A제 : $NaHCO_3$, B제 : $Al_2(SO_4)_3$
		기계포	AFFF(수성막포), FFFP(수막형성 불화단백포)

가스계소화기	CO_2 소화기		CO_2
	청정약제소화기		국가화재안전기준에 규정한 13종 - 일부 소화기 유
	Halon 소화기	1211	CF_2ClBr
		1301	CF_3Br
분말계소화기	A, B, C급 소화기		$NH_4H_2PO_4$(제1인산암모늄)
	B, C급 소화기		$NaHCO_3$(1종) 또는 $KHCO_3$(2종)

* 포소화기 중 화학포 소화기는 화학반응식 소화기로 A, B 소화약제가 혼합되어 반응을 일으켜 발생한 압력에 의하여 약제를 방출하는 방식이다.

표 3.6 사용약제 및 소화효과

소화기명	소화약제	종 류	적응화재	소화화재
산·알칼리소화기	$Al_2(SO_4)_3$, $NaHCO_3$	파병식, 전도식	A급(무상 : C급)	냉각
강화액소화기	K_2CO_3	축압식, 화학반응식, 가스가압식	A급 (무상 : A, B, C급)	냉각(무상 : 질식)
이산화탄소소화기	CO_2	고압가스 용기	B, C급	질식, 냉각, 피복
할로겐화합물 소화기	할로겐 화합물	축압식, 수동펌프식	B, C급	질식, 냉각, 부촉매
분말소화기	제 1 종, 제 2 종, 제 3 종, 제 4 종	축압식, 가스가압식	A, B, C급	질식, 냉각, 부촉매
포말소화기	$Al_2(SO_4)_3 \cdot 18H_2O$ $NaHCO_3$	전도식, 내통밀폐식, 내통밀봉식	A, B급	질식, 냉각

2) 소화능력단위에 의한 분류

① 소형소화기

능력단위 1단위 이상 대형소화기의 능력단위 미만인 소화기

② 대형소화기

능력단위가 A급 소화기는 10단위 이상, B급 소화기는 20단위 이상인 것으로서 소화약제의 저장량이 다음 표 3.7의 충전량 이상인 소화기를 말한다.

표 3.7 대형소화기 소화약제량

종 별	소화약제의 충전량
물소화기	80 *l*
포소화기	20 *l*
강화액소화기	60 *l*
할로겐화합물소화기	30 kg
이산화탄소소화기	50 kg
분말소화기	20 kg

주) 위의 표에서 소화기가 적응하는 화재의 종류별 소화능력단위가 규정수치 이상일 경우에는 대형소화기라 하며, 소화능력단위가 규정수치 미만일 경우 소형소화기라 한다.

③ 간이소화용구

간이소화용구는 표 3.8과 같이 마른 모래·팽창질석 또는 팽창진주암 등을 삽과 함께 일정한 용량을 비치하는 경우 간이소화용구로 인정하고 있다.

표 3.8 간이소화용구의 소화능력단위

간이소화용구		능력단위
1. 마른 모래	삽을 상비한 50 *l* 이상의 것 1포	0.5단위
2 팽창질석 또는 팽창진주암	삽을 상비한 160 *l* 이상의 것 1포	1단위

(주) 1. 팽창질석 : 질석은 운모(雲母)가 풍화 변질되어 생성된 것으로 불연성 및 내화성의 재질로서 내화도는 1,400℃전후로 단열, 흡음, 방부성능이 있어 건축자재 및 요업 등에 이용한다. 팽창질석은 질석의 가열공정에서 1,300℃로 가열되며 이때 3～4배로 팽창하며 주성분은 SiO_2(57.4%), Al_2O_3(15.9%)로서 화재시 질식소화의 약제로 이용할 수 있다.
2. 팽창진주암 : 화산암 지대에서 생산되는 암석을 분해 후 급속 가열하여 팽창한 것으로 팽창질석과 성상은 유사하다. 소성 단계에서 8～20배로 팽창되며, 내화도는 1,200℃이고 단열, 보온, 내화용으로 사용되며 주성분은 SiO_2(74.4%), Al_2O_3(12.1%)이다.

3) 가압방식에 의한 분류

① 축압식 소화기

소화기의 용기내부에 소화약제와 방사원이 되는 압축가스(질소 등 불연성 가스)를 넣어 놓은 소화기를 말한다. CO_2소화기와 할론 1301소화기 등 자기 증기압으로 방사되는 것 외에는 지시압력계가 부착되어 내부의 압력을 표시하고 있으며 압력계의 지시침이 황색이나 적색 부분을 지시하면 비정상압력이고 녹색부분을 지시하면 정상압력 상태이며 대부분 7～9.8 kg/cm^2 정도로 충전시킨다.

② 가압식 소화기

소화약제의 방출을 할 수 있는 가압가스를 소화기 본체 용기와는 별도의 가스용기에 충전한 소화기를 말한다. 표 3.9는 소화기별 가압방식을 나타낸 것이다.

표 3.9 소화기별 가압방식

가압방식 / 소화약제	축압식	가압식		
		가스압식	반응식	수동펌프식
물소화기	○	○		○
산·알칼리소화기			○	
강화액소화기	○	○	○	
화학포소화기			○	
기계포소화기	○			
할론소화기	○			
이산화탄소소화기	○			
분말소화기	○	○		

7. 소방시설 설치·유지기준의 특례

소방본부장 또는 소방서장은 소방대상물의 위치·구조·설비의 상황에 따라 유사한 소방시설로도 이 기준에 의하여 당해 소방대상물에 설치하여야 할 소방시설의 기능을 수행할 수 있다고 인정되는 경우에는 그 효력 범위 안에서 그 유사한 소방시설을 이 기준에 의한 소방시설로 보고 소방시설의 설치·유지기준의 일부를 적용하지 아니할 수 있다. 소방시설의 설치·유지에 관한 기준 중 이 기준에서 정하지 아니한 세부기준 및 새로운 소재와 기술원리를 이용한 소방시설의 설치·유지에 관하여 필요한 사항은 소방기술심의위원회의 심의를 거쳐 적용한다.

8. 소화기의 성능기준

1) 작동방식이 확실하고 취급·점검 및 정비가 용이하여야 한다.
2) 소화기는 한사람이 쉽게 사용할 수 있어야 하며 조작 시 인체에 부상을 유발하지 아니하는 구조이어야 한다.

3) 소화기에 충전하는 소화약제는 중량을 100 g 단위로 구분하여야 한다.
4) 축압식 소화기(이산화탄소 및 할론 1301 소화약제를 충전한 소화기와 한번 사용한 후에는 다시 사용할 수 없는 형의 소화기는 제외)는 지시압력계를 설치한다.
5) 지시압력계는 충전압력 값이 소화기의 축심과 일직선상에 위치하도록 부착하여야 한다.
6) 소화기 본체용기의 외부에 부착하는 소화기 가압용 가스용기는 외부의 충격으로 부터 보호될 수 있는 구조이어야 한다.
7) 소화기는 손상, 변형 및 가공불량 등이 없어야 하며 각 부 치수의 허용공차는 KS B0250(주조품 - 치수공차 및 절삭여유방식), KS B0412(보통공차 - 제1부 : 개별적인 공차의 지시가 없는 길이치수 및 각도치수에 대한 공차) 및 KS B0413(금속프레스 가공품 보통치수 공차)을 준용하여야 한다.
8) 소화기 총중량은 설계값의 $^{+5}_{-2}$%이어야 한다. 다만, 이음매 없는 강제용기를 사용하는 경우에는 설계값의 $^{+15}_{-5}$%이어야 한다.
9) 소화기 본체용기 하단에 설치되는 밑받침은 용접 또는 체결 등의 방법으로 설치하여야 하며 별도의 조작 없이 빠지지 아니하는 구조이어야 한다.
10) 소화기의 주기능에 영향을 미치는 부속장치를 설치하지 아니하여야 한다.

9. 능력단위 시험기준

소화기의 능력은 한국소방산업기술원에서 제정한 소화기의 검정기준에 의한 화재시험을 통하여 능력단위를 인정받게 된다. 소화기의 검정시험은 A급 화재 소화능력시험, B급 화재 소화능력시험으로 구분하여 실시하며 소화능력을 한다. 그러나 C급 화재에 대한 능력단위는 없고 방사된 약제가 전기절연성이면 C급 화재에 적응되는 것으로 표시된다.

1) A급 화재용 소화기의 소화능력시험

제1모형 및 제2모형이 있으며 제1모형은 건조한 소나무나 오리나무 144개, 제2모형은 90개의 나무를 그림 3.2와 같이 설치하여 실시한다.

① A급 화재용 소화기의 능력단위 수치는 제1소화시험에 의하여 측정한다.
② 제1소화시험 측정은 다음의 방법에 의한다.
(가) 그림 3.2의 제1모형 또는 제2모형에 의하여 행하되, 제2모형은 이를 2개 이상 사용할 수 없다.

(나) 모형의 배열방법은 다음과 같다.

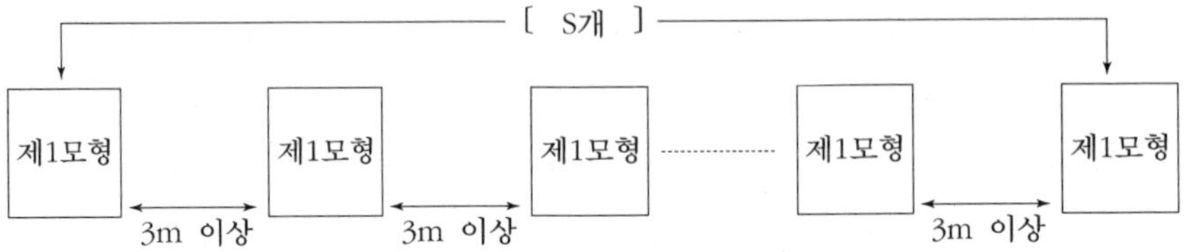

(a) S(임의의 수치)개의 제1모형을 사용할 경우의 배열

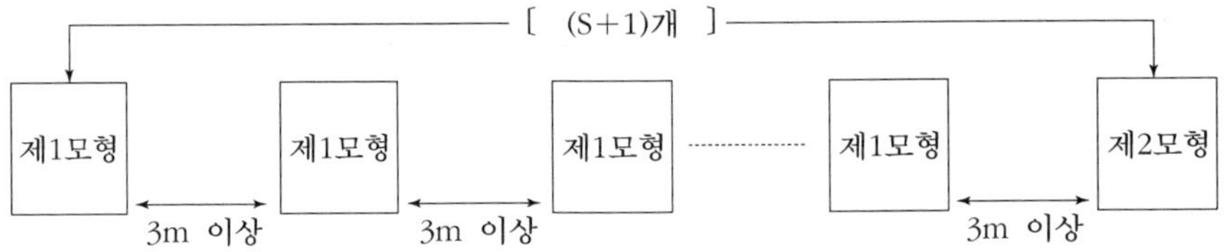

(b) S개의 제1모형 및 1개의 제2모형을 사용할 경우의 배열

그림 3.1 A급 능력단위 소화시험 모형

(다) 제1모형의 연소대에는 3 l, 제2모형의 연소대에는 1.5 l의 휘발유를 넣어 최초의 제1 모형으로부터 순차적으로 불을 붙인다.

(라) 소화는 최초의 모형에 불을 붙인 다음 3분 후에 시작하되, 불을 붙인 순으로 한다. 이 경우 그 모형에 잔염(불꽃을 알아볼 수 있는 상태)이 있다고 인정될 경우에는 다음 모형에 대한 소화를 계속할 수 없다.

(마) 소화기를 조작하는 자는 방화복을 착용하지 아니하여야 한다.

(바) 소화는 무풍상태(풍속이 0.5 m/s 이하인 상태)와 사용상태(휴대식은 손에 휴대한 상태, 멜빵식은 멜빵으로 착용한 상태, 차륜식은 고정된 상태)에서 실시한다.

(사) 소화약제의 방사가 완료된 때 잔염이 없어야 하며, 방사완료 후 2분 이내에 다시 불타지 아니한 경우 그 모형은 완전히 소화된 것으로 본다.

③ 제2항의 규정에 의하여 소화시험을 한 A급 화재용 소화기의 소화능력단위의 수치는 S개의 제1모형을 완전히 소화한 것은 2S로, S개의 제1모형과 1개의 제2모형을 완전히 소화한 것은 2S+1로 한다.

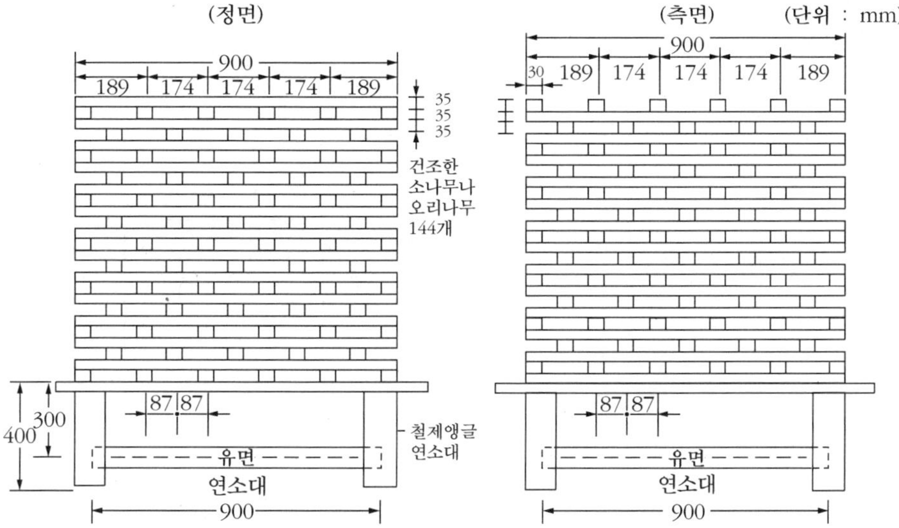

제1모형(2단위 모형)

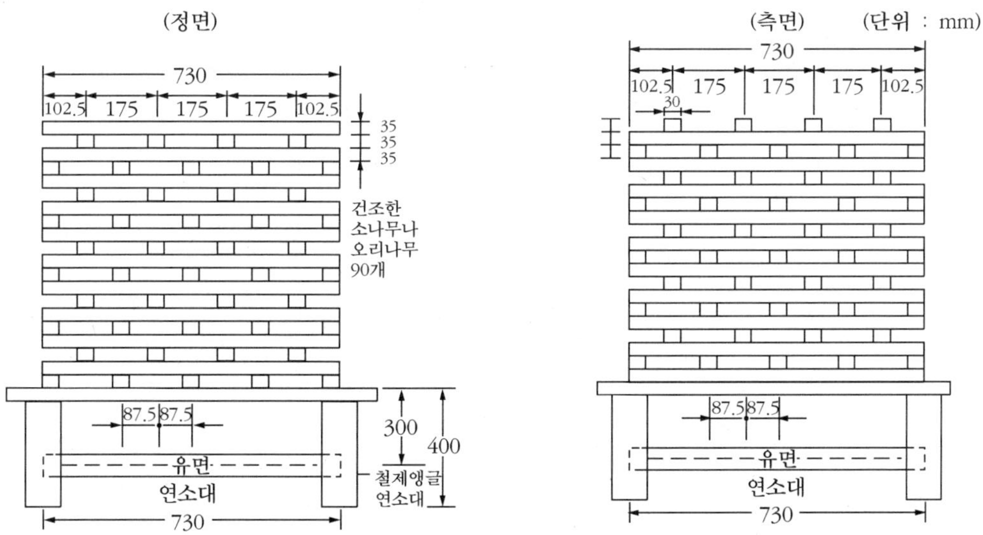

제2모형(1단위 모형)

그림 3.2 A급 화재의 소화기 성능시험

2) B급 화재용 소화기의 소화능력시험

① B급 화재용 소화기의 능력단위의 수치는 제2소화시험 및 제3소화시험에 의하여 측정한다.

② 제2소화시험의 측정은 다음의 방법에 의한다.

(가) 모형은 다음 그림 3.3의 형상을 가진 것으로 모형의 종류(표) 중 모형번호 수치가

1 이상인 것을 1개 사용한다.

㉠ 모형의 모양

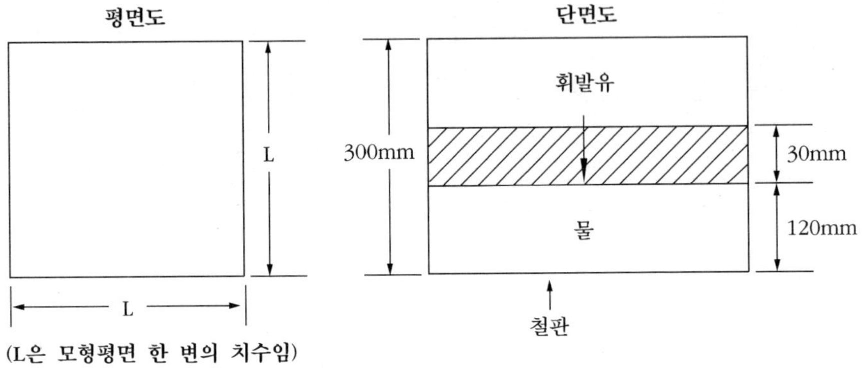

그림 3.3 B급 화재 소화기 시험

㉡ 모형의 종류

모형번호 수치(T)	연소면적(m^2)	일변의 길이(cm)(L)
0.5	0.1	31.6
1	0.2	44.7
2	0.4	63.3
3	0.6	77.5
4	0.8	89.4
5	1.0	100.0
6	1.2	109.5
7	1.4	118.3
8	1.6	126.5
9	1.8	134.1
10	2.0	141.3
12	2.4	155.0
14	2.8	167.4
16	3.2	178.9
18	3.6	189.7
20	4.0	200.0

(나) 소화는 모형에 불을 붙인 다음 1분 후에 시작한다.

(다) 소화기를 조작하는 자는 방화복을 착용하지 아니하여야 한다.

(라) 소화는 무풍상태와 사용 상태에서 실시한다.

(마) 소화약제의 방사완료 후 1분 이내에 다시 불타지 아니한 경우 그 모형은 완전히 소

화된 것으로 본다.

③ 제3소화시험의 측정은 다음의 방법에 의한다.

(가) 제2소화시험에서 그 소화기가 완전히 소화한 모형번호 수치의 2분의 1 이하인 것을 2개 이상 5개 이하 사용한다.

(나) 모형의 배열방법은 모형번호 수치가 큰 모형으로부터 작은 모형 순으로 평면상에 일직선으로 배열하고, 모형과 모형간의 간격은 상호 인접한 모형 중 그 번호 중 그 번호의 수치가 큰 모형의 한 변의 길이보다 길게 한다.

(다) 모형에 불을 붙이는 순서는 모형번호 수치가 큰 것부터 순차로 하되 시간간격을 두지 아니한다.

(라) 소화는 최초의 모형에 불을 붙인 다음 1분 후에 시작하되, 불을 붙인 손으로 실시하며, 잔염이 있다고 인정될 경우에는 다음 모형에 대한 소화를 계속할 수 없다.

(마) 소화기를 조작하는 자는 방화복을 착용하지 아니하여야 한다.

(바) 소화는 무풍상태와 사용상태에서 실시한다.

(사) 소화약제의 방사완료 후 1분 이내에 다시 불타지 아니한 경우에 그 모형은 완전히 소화된 것으로 본다.

④ 제2항 및 제3항의 규정에 의하여 제2소화시험 및 제3소화시험을 실시한 B급 화재에 대한 능력단위의 수치는 제2소화시험에서 완전히 소화한 모형번호의 수치와 제3소화시험에서 완전히 소화한 모형번호 수치의 합계 수와의 산술평균치로 한다. 이 경우 산술평균치에서 1 미만의 끝수는 버린다.

10. 소화기 종류별 구조 및 소화능력

가연물의 종류 및 특성이 다양하기 때문에 이들 가연물을 효과적으로 소화할 수 있는 소화약제가 필요하다. 따라서 소화약제는 물질의 성상에 따라 기체, 액체, 고체로 구분하지만 큰 의미는 없다. 일반적으로 기체소화약제는 이산화탄산가스, 할로겐화합물, 청정소화약제가 있으며, 액체소화약제는 물, 산·알칼리, 강화액, 포소화수용액 등이 있으며, 고체소화약제로는 분말 제1종부터 제4종, 기타 마른 모래 등이 있다. 소화기는 저장되어 있는 약제의 방출을 위하여 가스(Gas)압력을 이용한다. 예를 들면 기체약제와 분말약제가 저장되어 있는 소화기는 별도의 가압용기 또는 본체에 일정 압력으로 저장하여 사용할 수 있도록 되어 있다. 이와 같이 소화기구는 화재발생 시에 사용하기에 편리하도록 약제를 용기에 저장하여 화재초기에 사람이 직접 사용할 수 있도록 제조된 것으로서 각 소화기의 종류별 구조와 소화 성능에 관한 내용을 정리하면 다음과 같다.

1) 물소화기

소화기의 원조적인 것으로 수조에 수동펌프를 설치한 수동펌프식과 수조본체를 압력용기로 하고 그 속에 물과 공기를 축압시킨 축압식과 수조와는 별도로 탄산가스 등의 가압용 가스용기를 설치하여 그 가스압력으로 물을 방출하는 가압식이 있으나, 축압식의 물소화기는 현재 생산되지 않고 가압식은 대형소화기에 사용된다. 펌프식은 그림 3.4와 같이 수조에 수동펌프를 상하로 움직여서 물을 방사하는 것이다.

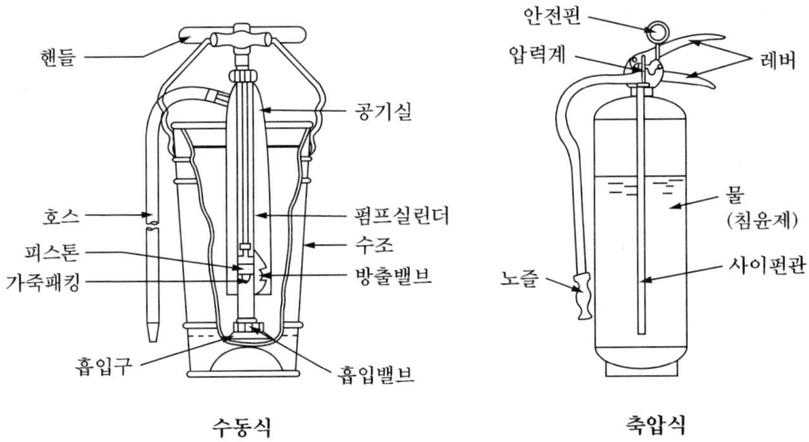

그림 3.4 물소화기

① 소화원리

소화약제는 맑은 물이나 맑은 물에 계면활성제 등을 첨가하여 소화능력을 높이고 부동성을 갖게 하여 사용온도범위를 확대시킨 것이다. 물은 증발을 하여 주위의 열을 물 1 kg당 539 kcal 정도를 빼앗아 냉각작용에 의한 소화효과가 가장 크며, 증발하여 원래의 물의 체적의 약 1,700배의 수증기로 변화되므로 질식작용과 가연성 혼합기체의 희석작용도 하게 된다. 본 소화기는 영상의 온도에서 사용하여야 하며, 방사거리 12 m, 수평거리 10 m의 위치에서 높이 5 m의 목표까지 연속 주수가 가능하다.

② 약제 소화성능

(가) 물은 우리 생활주변에서 얻기 쉽고 경제적인 소화약제로서 큰 증발잠열과 비열을 가진 소화약제이다.

(나) 자체가 액체이기 때문에 침투성이 좋고 응고점이 낮다.

(다) 재연방지 효과(계면활성제, 탄산염, 인산염을 첨가한 침윤제 혼합)

(라) 물 1 g이 같은 온도의 기체 1 g으로 변화하려면 539 cal의 기화열이 필요하며 얼음 1 g을 같은 온도의 물 1 g으로 용해시킬 때 80 cal의 융해열이 필요하다.

(마) 기화 시 체적의 팽창비는 1,600～1,700배 이상이다.

③ 물소화기별 능력단위 및 동결방지제

표 3.10 물소화기의 소화성능

가압 방식	충전량(l)	능력단위	방사시간(초)	방사거리(m)	총중량
수동펌프식	16	A－3	약 90	12	25
축압식	3	A－2	40	6	6
축압식	6(8)	A－3(A－4)	80(100)	12	12
가스 가압식	140～155	A－1	90～150 (무상 70～120)	16	16

표 3.11 물소화기의 동결방지제

종 별	기온(℃)	첨가농도(%)	첨가량(gr/l)
염화칼슘	－10 ℃	20	230
	－20 ℃	27	340
식 염	－10 ℃	15	200
	－20 ℃	25	300

2) 산 · 알칼리소화기

소화기의 내부에 탄산수소나트륨($NaHCO_3$) 수용액과 진한 황산(H_2SO_4)이 분리 저장된 상태에서, 사용 시 탄산수소나트륨 수용액과 황산을 혼합시켜 발생하는 이산화탄산가스를 압력원으로 약제를 방사하는 전도식과 파병식(그림 3.5 참고)이 있으나 주로 전도식을 사용한다. 전도식은 소화기내부의 상부에는 합성수지용기에 황산을 넣어 놓고 용기 본체에는 탄산수소나트륨 수용액을 넣어, 사용할 때 소화기를 거꾸로 하면 황산이 들어 있는 용기의 마개가 자동적으로 열려서 두 가지 약제가 혼합되어 화학반응을 일으켜 방출구로 방사된다.

① 소화원리

$$H_2SO_4 + 2NaHCO_3 \rightarrow 2CO_2\uparrow + 2H_2O + Na_2SO_4$$

(황산) (중탄산나트륨) (이산화탄소) (물) (황산나트륨)

② 설치상의 주의

기온이 0℃ 이하가 되는 장소에 설치하는 경우에는 보온이 필요하며, 부딪혀서 전도되지 않도록 방호조치를 하고, B급·C급 화재에 사용하지 말아야 하나 약제를 무상으로 방사하는 것은 고압전기설비가 아닌 C급 화재에 적용된다.

③ 약제혼합방식

(가) 전도식

소화기 내부의 상부에 합성수지 용기에 황산을 넣어 놓고 용기 본체에는 탄산수소나트륨 수용액을 넣어 사용할 때 소화기를 거꾸로 하면 황산이 들어 있는 용기의 마개가 자동적으로 열려 두 가지 약제가 혼합되고 화학반응을 일으켜서 방사하는 방식이다.

(나) 파병식

용기 본체의 중앙부 상단에 있는 황산이 든 앰플을 파열시켜 용기 본체 내부의 중탄산나트륨 수용액과 화합하여 반응 시 생성되는 탄산가스의 압력으로 약제를 방출하는 소화기이다.

④ 산·알칼리 소화약제의 특성

(가) 알칼리는 물에 잘 용해되는 양질의 염류이어야 하고 산은 양질의 무기산 또는 이와 동등한 염류이어야 한다.

(나) 방사액의 수소이온 농도가 pH : 5.5이어야 한다.

(다) 소형소화기의 소화약제로 주로 사용되며 이산화탄소가 압력원으로 작용한다.

(라) 탄산수소나트륨 용액과 농황산을 분리하여 두고, 사용할 때 양자를 혼합하여 발생하는 이산화탄소가스의 압력에 의하여 물이 방사된다.

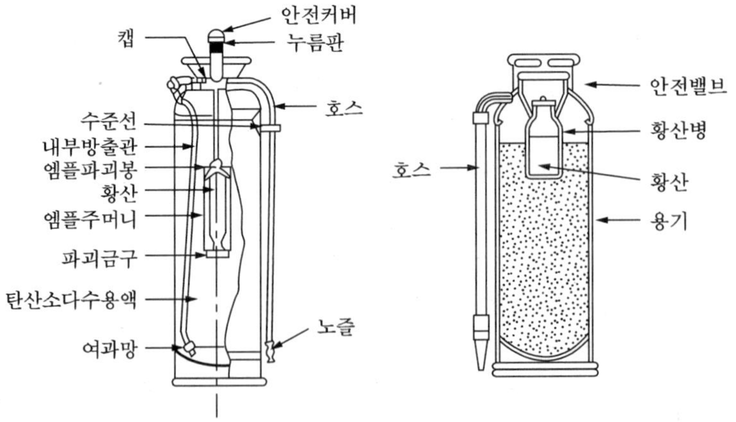

그림 3.5 산·알칼리소화기

⑤ **적응 소화능력**

(가) 봉상으로 방출 시는 보통화재에 적합(무상 방사는 전기화재에도 적용)하다.

(나) 사용온도는 0～40℃이며, 충전량은 9.5 *l* 정도이며 방사거리는 4～12 m, 방사시간은 약 40～60초이다.

3) 강화액소화기

소화약제로 탄산칼륨을 주성분으로 한 담황색의 강알칼리성(pH : 12 이상)의 수용액으로서 비중이 섭씨 15°에서 1.3～1.4이고, 응고점은 －25℃이며 독성이 적고 분해 침전 및 노화 등이 생기지 않는다. 압력원으로는 질소가스 등으로 축압하여 사용한다. 강화액은 무색 또는 황색으로 약간의 점성이 있는 액체로서 부촉매 효과에 의한 화재의 제어작용이 크며 재연을 저지하는 작용을 한다. 강화액은 －30℃에서도 동결되지 않으므로 한냉지에서도 보온의 필요가 없을 뿐만 아니라 탈수·탄화작용으로 목재·종이 등을 불연화하고 재연방지의 효과도 있어서 A급 화재에 대한 소화능력이 증가된다. 무상으로 방사하는 경우에는 소규모의 C급 화재에도 적용된다. 강화액소화기는 축압식, 가스가압식, 반응식의 3가지 방식이 있으나 최근에는 경제성을 고려하여 거의 축압식을 사용하고 있다. 축압식은 그림 3.6과 같이 압력용기 속에 강화액을 충전하고 공기압으로 가압시켜, 사용할 때에는 압축공기의 압력으로 강화액을 방사시키게 된다.

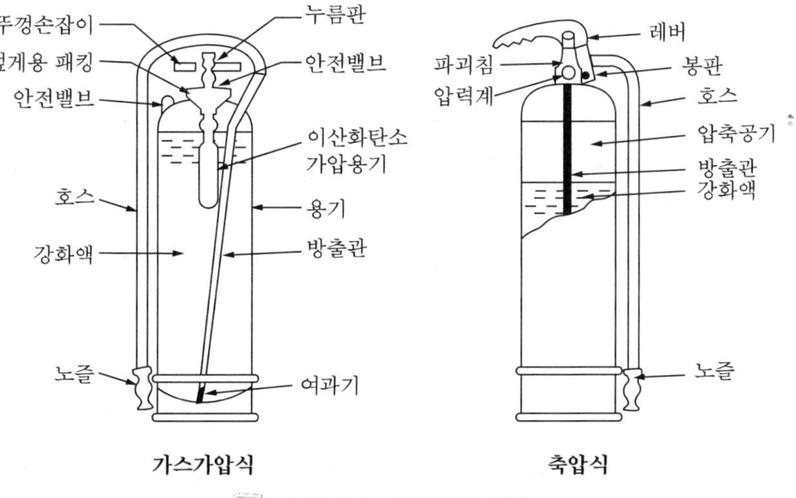

그림 3.6 강화액소화기

① 소화원리

강화액은 무색 또는 황색으로 약간의 점성이 있는 액체로서 알칼리금속염류의 수용액이다. 소화액의 특징은 부촉매효과(연소의 진행을 단절하고 반응을 억제하는 효과)에 의한 화재의 제어작용이 크며 연소의 재발을 저지하는 작용을 한다.

반응식의 경우에는 산·알칼리 소화기와 같은 구조로 황산과 탄산칼륨 수용액을 분리 저장하고 사용 시 혼합되면 $H_2SO_4 + K_2CO_3 \rightarrow CO_2\uparrow + K_2SO_4$ 반응식의 생성된 이산화탄소 가스로 방사한다.

② 설치상의 주의

보일러실, 건조실, 노의 옆 등 온도가 높아지게 되는 곳에 축압식 소화기를 설치하면 용기의 내압이 상승하여 위험하기 때문에 주위의 온도가 40℃ 이상인 곳은 피하여 설치하여야 한다.

③ 일반적 특성

(가) 내한성으로 인한 물의 결빙온도를 보완하여 한랭 시에 사용 가능한 약제이다.
(나) 냉각작용과 재연방지 작용에 의한 보통화재에 적응성이 있다.
(다) 무상 시에는 질식 및 억제작용에 의하여 작은 기름화재도 적용이 가능하다.

④ 약제 충전방식

(가) 축압식 : 강화액 소화약제(탄산칼륨 수용액)를 정량적으로 충전시킨 소화기로 압력을 용이하게 확인할 수 있도록 압력지시계가 부착되어 있으며 방출방식은 봉상 또는 무상인 소화기이다. 이 경우 압축공기 또는 질소가스로 축압하고 압력은 7～9.8 kg/cm^2이다.
(나) 가스 가압식 : 강화액을 충전한 압력용기 본체 속에 가압용 가스의 봄베가 설치되어 있고 압력지시계가 없으며, 안전밸브와 액면표시계가 부착되어 있는 소화기이다.
(다) 반응식 : 용기의 재질과 구조는 산·알칼리소화기의 파병식과 동일하며, 용기 본체 내부에는 소화약제가 충전되어 있고 반응기제로 황산이 충전되어 있는 소화기이다. 사용온도의 범위는 －25～40℃ 이하이다.

⑤ 적응소화능력

A급 화재와 무상으로 방사할 때는 A, B, C급 화재에도 적용된다. 강화액은 무색 또는 황색으로 약간의 점성이 있는 액체로서 알칼리금속염류의 수용액이다. 이 소화액의 특징은 부촉매효과(연소의 연쇄를 단절하고 반응을 제어하는 효과)에 의한 화재제어작용이 크며 재연을

저지하는 작용을 한다. 강화액소화기의 약제량에 따른 소화 능력단위는 표 3.12와 같다.

표 3.12 강화액소화기의 능력단위 및 성능

약제용량	방사방법	능력단위	방출시간	방출거리
3∼4 *l*	무상	A-1, B-1, C	20∼25초	4∼10 m
6 *l*	무상	A-2, B-1, C	약 40초	4∼10 m
8 *l*	무상	A-2, A-3, B-1, C	약 50초	4∼10 m
60 *l*	무상	A-10, B-3, C	약 140초	6∼10 m

[참고] 능력단위의 산출은 무상으로 방사하여 얻은 것이다.

⑥ 취급 시 유의사항

(가) 불순물 혼입 방지

(나) 동결 방지를 위한 보온 조치

(다) 용기 또는 저수조의 부식 방지

(라) 화재 시 전기 누전에 의한 사고 예방

4) 이산화탄소소화기

이산화탄소는 탄소의 최종산화물로 더 이상 연소반응을 일으키지 않기 때문에 질소, 수증기, 아르곤, 할론 등의 불활성 기체와 함께 소화약제로 널리 이용되고 있다. 소화기의 구조는 그림 3.7과 같으며 질식 및 냉각작용을 이용한 소화방식을 택한 것으로 충전된 상태에서는 액화상태이고, 외부로 방출하면 기화잠열에 의해 스스로 냉각되어 드라이아이스 상태가 된다. 액화 탄산가스 1 kg은 기화하였을 때 15℃에서 534 *l*의 기체로 변하여 가연물 주위를 CO_2가스로 충만시켜 질식시킨다. CO_2가스가 방출되어 드라이아이스 상태가 될 때 온도는 -78℃까지 급격히 냉각된다. CO_2소화기는 유류화재 및 전기절연성이 아주 좋기 때문에 전기화재에 효과가 있다. 고온장소에서의 사용도 고려하여 가스용기는 250 kg/cm^{2}의 내압시험이 행하여지며 200∼250 kg/cm^{2}의 압력에 견디는 안전봉판이 부착되어 있다. 그러나 본 소화기는 지구온난화에 영향을 미치는 관계로 앞으로 사용이 규제되며 소화기의 충전량에 따른 능력단위는 표 3.13과 같다.

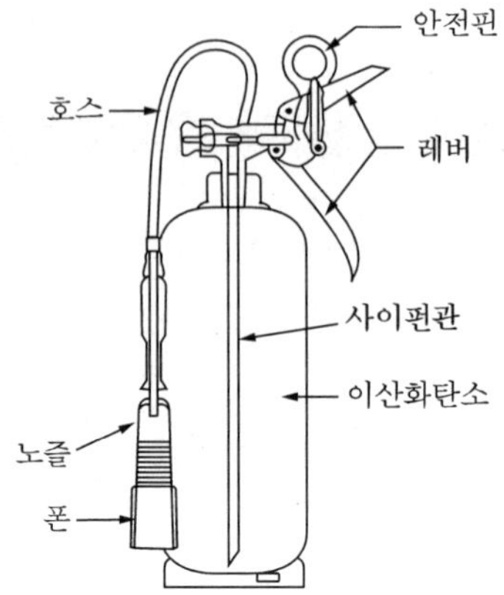

그림 3.7 이산화탄소소화기의 구조

표 3.13 충전량별 소화능력

충전량(kg)	능력단위	방사시간(초)	방사거리(m)	총중량(kg)
2.3	B－2, C	13～18	1～2	9.5
3.2	B－2, C	14～18	1～3	14
4.6	B－3, C	15～18	2～3	18
6.8	B－4, C	19～20	2～3	26
23	B－6, C	60～65	3～5	93
50	B－20, C	110～115	3～5	185

① 소화약제 특성

탄산가스의 함량은 99.5% 이상으로서 냄새가 없어야 하며 수분이 중량의 0.05% 이하이어야 한다. 수분이 0.05% 이상이 되면 줄·톰슨효과에 의하여 수분이 결빙되어 노즐의 구멍이 막히기 때문이다. 약제의 일반적인 성질과 특성에 대하여 정리하면 다음과 같으며 독성은 표 3.14를 참고하기 바란다.

표 3.14 이산화탄산가스가 인체에 미치는 영향

농 도	증 상
2%	불쾌감이 있다.
3%	호흡수가 증가하며 깊어진다.
4%	눈, 목의 점막 자극, 두통, 귀울림, 어지러움, 혈압상승 등의 현상
8%	호흡이 곤란해진다.
9%	구토를 하며 실신하는 경우가 발생한다.
10%	시력장애, 몸이 떨리며 1분 이내에 의식을 잃으며 방치 시 사망한다.
20%	중추신경이 마비되어 사망한다.

(가) 이산화탄소는 탄소원자(C)가 산화하여 생성되는 화합물이다.

(나) 대기압에서 무색·무취로 부식성이 없는 기체로서 전기 전도성이 없으며 비중이 1.53으로 침투성이 뛰어나며 공기보다 약 1.53배 무겁다(심부화재에 적합).

(다) 냉각 및 압축에 의해 쉽게 액화(31～35℃)될 수 있고 냉각 및 팽창을 적절히 반복함으로써 고체상태로 변화시킬 수 있다.

(라) 질식 우려가 있으나 할론 소화약제보다 경제성이 좋다.

(마) 자체 압력원이 있으므로 타 압력원이 필요 없다.

(바) 체적팽창이 1 kg, 15℃에서 대기 중에 방출(534 l)한다.

(사) 계기압으로 약 4.2 kg/cm^2(절대압력 5.3 kg/cm^2) 이하에서는 액체로 존재할 수 없으며 온도의 변화에 따라 기체 또는 고체 상태로 존재한다.

(아) 21℃에서 액화된 이산화탄소 1 kg을 30℃ 온도에서 팽창시켜 기체로 변하게 하면 약 0.56 m^{3}의 부피를 갖는다.

(자) 이산화탄소는 액체에서 기체화될 때의 체적비가 클수록 좋으며 기체를 액화하기 위해서는 냉각작용이 필요하다.

(차) 이산화탄소는 자체 독성은 미약하나 소화에 소요되는 농도 하에서 호흡을 계속하면 위험하고, 방출시 보안대책이 필요(허용농도 : 5,000 ppm)하다.

방사 후 가스 상태가 되므로 좁은 공간에도 잘 침투되어 오손이나 손실이 전혀 없기 때문에 통신기기실, 컴퓨터실 등 고가의 전기, 전자시설이 있는 대상물에 적당하다.

② 취급 시 주의사항

직사광선, 고온·다습의 장소를 피하여 비, 눈, 이슬이나 약품 등에 의해서 부식되지 않는 곳에 설치하여 지하가 및 환기용의 개구부가 바닥면적의 1/30 이하 또는 바닥면적이 20 m^2 이하의 지하층, 무창층의 거실 등에 설치해서는 안 되며 사용할 때 동상이나 질식을 주의하여야 한다.

5) 할로겐화합물소화기(Halogenated Agent Extinguisher)

할로겐화합물은 화재 시 발생한 연소열에 의해 화학적 변화를 일으켜 소화하는 소화약제로 액체상이나 기체상으로 존재하며 모두가 공기보다 무거운 불연성이다.

본 소화약제는 연소물의 주위에 체류하여 질식소화와 동시에 연소의 연쇄반응을 차단하는 작용에 의해서 소화를 시키고 또한 약간의 냉각효과를 가진 소화약제이다. 소화기용으로 최초에 보급된 것은 할론 104이며, 그 후 할론 1011이 개발되어 실용화되었고, 다시 플루오린

화합물의 우수성이 인정되어 할론 2402, 할론 1301 등이 개발되어 사용하게 되었다.

현재 할로겐화합물의 소화기에 사용되는 대표적인 약제로는 상온에서 액체상태인 할론 1011과 2402, 기체상태인 고압가스에 해당하는 할론 1301과 할론 1211을 사용한다. 할론이라 함은 할로겐화합물의 준말로서 메탄(CH_4), 에탄 등의 탄화수소의 수소(H)원자 일부 또는 전부가 염소(Cl), 브롬(Br), 플루오린(F), 요오드 등의 할로겐원소로 치환된 화합물을 말한다. 본 소화약제는 당초에 항공기엔진 화재에 사용하기 위하여 개발된 것이다. 구조는 이산화탄산가스소화기의 구조와 같으며 할론은 어느 것이나 무색투명의 액체 또는 기체이다. 작동방법상의 종류로는 축압식, 자기증기압식 등이 있으나 그림 3.8과 같은 자기증기압식이 가장 많이 사용된다.

분자식	CF_3Br	CF_2ClBr	$C_2F_4Br_2$	CH_2ClBr
화학명	브로모 트라이플루오르메탄	브로모클로로 다이플루오르메탄	다이브로모 다이플루오로에탄	브로모클로로 메탄
관습명	1취화3불화	1취화1염화2불화메탄	2취화4불화에탄	1취화1염화메탄
Halon 번호	1301	1211	2402	1011
Freon 번호	1301	1281	11482	3081
약 호	할론 1301	할론 1211	할론 2402	할론 1011

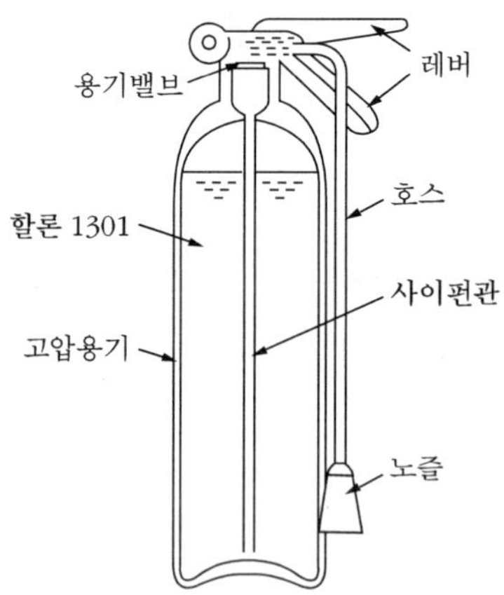

그림 3.8 할론소화기

① 소화원리

액체나 기체 모두가 공기보다 무거운 불연성 기체 또는 액체로서 연소물의 주위에 체류하여 질식소화와 동시에 연쇄반응에 있어서의 활성물질에 작용하여 그 활성을 빼앗아 연소반응을 차단하는 억제작용에 약간의 냉각효과를 겸하여 소화시킨다. 즉, 할로겐화합물의 소화원리는 화학적 억제작용에 의한 것으로 소화제가 고온의 화염에 접할 시에 그 일부가 분해하여 유리되고 그 유리 할로겐이 연소하고자 하는 가연물의 활성기와 산소와의 반응을 억제하고 스스로가 가연성의 활성기와 결합하여 산화에 의한 발열을 방지하여 소화하는 것이다. 즉, 연료의 4요소 중의 하나인 연쇄반응을 차단시켜 화재를 진압하는 것으로 부촉매효과에 의한 소화를 한다.

② 소화약제의 특성

(가) 분자량이 커지면 커질수록 융점, 비점은 상승, 밀도도 커짐
(나) 금속에 대해서 부식성이 적다.
(다) 불활성 기체로 안전하므로 장기적 영구보존이 용이하다.
(라) 전기전열성이 적고 인체에 미치는 독성이 적다.
(마) 소화 후에 잔사를 남기지 않으며 B급, C급 화재에 뛰어난 소화능력을 갖는다.
(바) 소화약제로 사용하는 것은 증발성 액체가 많으며 큰 분자량을 갖지 않는다. 또한, 화학적으로 C - F결합은 아주 강력하여 안정성이 높고, 저독성이며 Br, I의 결합체보다 소화효과도 좋다.
(사) 변질분해가 없고 연소 억제작용으로 부촉매효과가 좋다.
(아) 값이 비싸다는 단점이 있다.
(자) 소화 후에 약제에 의한 오손이 없다.

③ 할론 소화약제의 종류별 특성

(가) 할론 1301(CF_3Br, BT, Bromotrifluoromethane)

㉠ 상온·상압에서는 기체이지만 압축되면 액화가스로 기화 시 증발잠열의 크다.
㉡ 증기압이 높고 인체에 끼치는 독성이 낮기 때문에 많이 사용(단, 자체는 무해하지만 분해생성물은 매우 위험하다)한다.
㉢ 약 482℃ 이상의 온도에서 불꽃이나 고열에 노출되면 열분해하여 불화수소, 취화수소 등 독성이 강하고 부식성을 갖게 된다.
㉣ 상온, 상압에서 기체이며 무색·무취, 비전도성이고 공기보다 5.1배 무겁다.
㉤ 21℃에서 약 15 kg/cm^2의 압력을 가하면 액화할 수 있다.
㉥ 평상시 온도에서 고압용의 용기 내에 액체상태로 보존이 가능하다.
㉦ 불꽃연소에 특히 강한 소화력을 나타낸다(일반적으로 5%의 농도).
㉧ 독성이 가장 적고 시계의 저하 및 냉각도 최소한도이며 피난도 용이하다.

(나) 할론 1211(CF_2ClBr, BCF, Bromochordifluormethane)

㉠ 할론 소화약제 중 안정성이 가장 높고 독성이 적은 편이며 상온에서 2 kg/cm^{2}의 압력을 가하면 쉽게 액화된다.

㉡ 무색, 비전도성, 약간의 달콤한 냄새를 가지고 상온, 상압에서 기체로 A, B, C급 화재에 적합하며, 브롬을 포함한 염소와 플루오린화합물은 통상 프레온이라 하여 냉매로도 사용된다.

㉢ 저장 중의 압력은 너무 높지 않으나 사용할 때에는 저압으로 부족하므로 질소를 가압하여야 한다. 상온·상압에서 기체로 존재하며 공기보다 5.7배 무겁다.

㉣ 비점이 0℃가까이 있기 때문에 −4℃로 방출할 시에는 액으로 되어 나온다.

㉤ 액체상태로 방사되므로 이산화탄소나 할론 1301만큼 바람의 영향을 받지 않기 때문에 4~7 m까지 수평으로 방출을 할 수 있다.

㉥ 소화능력은 할론 1301과 동일하다.

(다) 할론 2402($C_2F_4Br_2$)

㉠ 상온·상압에서 액체로 존재하므로 주로 국소방출방식에만 사용된다.

㉡ 비교적 독성이 적은 편이며 분해성이 적고 화학적 안정성이 있는 약제로서 현재 옥외 탱크 저장소 등 옥외의 유류화재에 사용한다.

㉢ 제4류의 준위험물을 저장·취급하는 소방대상물 등에 사용한다.

㉣ 오존층을 파괴하는 지수가 6, 독성이 있기 때문에 매우 한정적으로 사용된다.

㉤ 할론 1211과 마찬가지로 액체 상태로 방사되기 때문에 방사거리가 4~7 m이다.

(라) 할론 1011(CH_2ClBr)

㉠ 소화효과가 좋아 2차 대전 중에는 영국군의 항공기 화재용으로 사용한다.

㉡ 화학적 안정성이 낮고 분해성이 강해 빛과 수분에 약하여 저장이 어려워서 현재는 사용이 중지되었다.

㉢ 상온에서 기체이며 저장용기에서 액체로 충전되며 기체의 비중은 4.53이다.

이상의 할로겐 소화약제의 특성을 요약하면 다음과 같다.

소화약제	Halon 1301	Halon 1211	Halon 2402	Halon 1011
분자식	CF_3Br	CF_2ClBr	$C_2F_4Br_2$	CH_2ClBr
분자량	148.9	165.4	259.9	129.4
비 점(℃)	−57.75	−3.4	47.5	67.8

소화약제	Halon 1301	Halon 1211	Halon 2402	Halon 1011
응고점(℃)	−168.0	−160.5	−110.5	−86.5
임계온도(℃)	67.0	153.8	214.5	28.3
임계압력(kg/cm^2)	40.8	41.8	35.8	62.0
액체비중(20℃)	1.57	1.83	2.18	1.94
기체비중(공기=1)	5.17	5.71	9.0	4.5
증발잠열(cal/g)	28	32	25	57
액체비열(cal/g)	0.19	0.18	0.18	0.21
액체점도(cp, 20℃)	0.27	0.34	0.76	0.68
오존파괴지수	10	3	6	

④ 할로겐소화기의 종류별 능력단위

할로겐화합물소화기의 약제 충전량에 따른 소화 능력단위는 표 3.15와 같다.

표 3.15 할로겐 소화별 소화능력

할론의 종류	충전량(l)	능력단위	방사시간(초)	방사거리(m)	총중량(kg)
할론 1011	0.5 1.0 1.3	B, C B, C B, C	20 30 20	6~8 7~9 7~9	2.1 3.4 4.0
할론 2402	0.4 1.0	B, C B, C−2	15 17	3~5 4~7	1.8 3.8
할론 1301	1.0~1.25 2.0	B, C B−2, C	13 14 15	1~2 1~3 2~3	4.0 4.6 6.0
할론 1211	3.0 4.5	A, B, C A, B−4, C	10~13 15~18	2~3 3~4	6.6 9.6

⑤ 취급 시 주의사항

직사광선을 받는 장소나 40℃ 이상의 고온의 장소에는 설치하지 말아야 하며 소화 시에 유독한 포스겐가스를 발생할 수 있으므로 지하가 및 환기용의 개구부가 바닥면적의 1/30 이하, 지하층이나 무창층 또는 바닥면적 20 m^2 미만의 밀폐된 거실 및 사무실 등에 설치할 수 없다. 단, 할론 1301 소화기에 한해서 이와 같은 좁은 공간에서도 사용할 수가 있다(다만, 배기를 위한 유효한 개구부가 있는 장소인 경우에는 제외). 그러나 대부분의 할론 소화약제는 공기보다 무겁기 때문에 밀폐된 장소에 방출하는 경우 교반되지 않으면 하부농도가 높아지기 때문에 주의하여야 한다.

[참고]
할론 1011, 1301 등의 숫자는 할로겐원자의 숫자를 의미한다. 즉, 할론 1011의 첫번째 1은 탄소(C)의 원자수, 두번째 0은 불소(F)의 원자수, 세번째 1은 염소(Cl)의 원자수, 네번째 1은 브롬(Br)의 원자수를 의미한다. 세번째 염소원자를 포함하는 것은 화재 시 가연성물질의 불완전연소에 의해 생성된 일산화탄소(CO)와 반응해서 인체에 유독한 포스겐가스를 생성하게 되므로 사용할 때 주의가 요망된다.

6) 분말소화기(Dry Chemical Extinguisher)

분말소화기는 국내에서 가장 많이 이용되는 소화기로서 현재 제조수량의 약 90% 이상을 차지하고 있는 실정이다. 소화약제는 제1종 분말, 제2종 분말, 제3종 분말, 제4종 분말의 4종류가 있으나 소화기의 약제로는 인산염류(인산암모늄)를 주성분으로 한 약제만을 사용하고 있는 실정이다. 분말소화기는 건조한 분말을 방습제 및 분산제에 의해 처리하여서 방습성과 유동성을 부여한 것으로 주성분은 중탄산나트륨, 중탄산칼륨, 제1인산암모늄, 탄산수소갈륨과 요소의 반응물질 등이다. 일반적으로 중탄산나트륨이나 중탄산칼륨을 사용한 것은 BC 분말소화기, 제1인산암모늄을 사용한 것은 ABC 분말소화기로 구분된다. 용기본체에 충전된 분말에 이산화탄소가스 또는 질소가스를 혼입시켜 유동화시켜 동작시키는 것으로 분말을 방출시키기 위한 가압용 가스를 내장 또는 외장하는 가스가압식과, 항상 용기본체에 가스압력이 축압되어 있는 축압식이 있으며 최근에는 축압식이 많이 사용되고 있으며 일반적인 분말소화기의 구조는 그림 3.9와 같다.

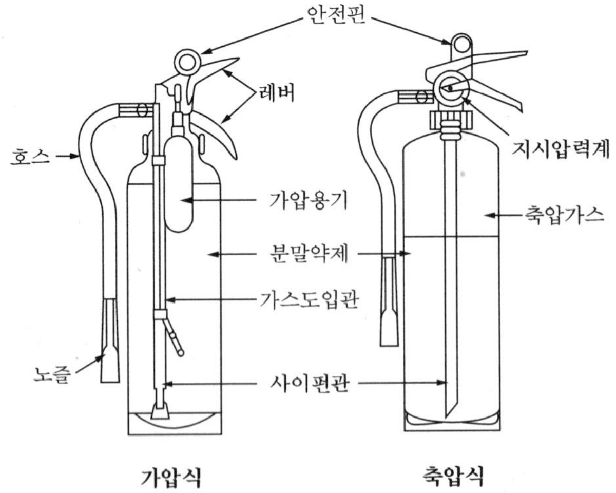

그림 3.9 분말소화기

① 소화원리

열분해에 의한 냉각작용 및 발생된 불연성 가스, 수증기에 의한 질식작용, 발생이온의 부촉매작용과 연쇄반응을 정지시키는 억제작용에 의해 소화되며, 반응에서부터 소화시간까지가 빠르다는 특색이 있다.

② 일반적 특징

(가) 기름화재에 대해서 효과가 크고, 제일 넓게 보급되어 있다.

(나) 급격히 확대하는 가연성 액체의 표면화재 및 심부화재 소화에 적합하다.

(다) 전기의 불량도체의 성질이 있어 전기설비에도 사용된다.

(라) 분말 소화약제 자체에는 독성이 없으나 방사 도중에 사람이 그 속에 노출되면 호흡장애나 시야의 장애를 일으킨다.

(마) 이산화탄소소화기나 할론 1301 소화기와 다른 점은 별도의 추진가스가 필요하다.

(바) 유사시 방출된 후에도 배관의 내부에 점착된 분말이 존재하게 되면 습기에 의해 응고되고 부식을 유발할 수 있으므로 청소를 실시해야 한다. (물청소 금지)

(사) 121℃ 이상의 고열이나 상대습도가 50% 이상인 장소에 노출되면 쉽게 침전물이 생기고 퇴적되어 이를 제거하기가 어렵게 된다.

③ 소화약제별 특성

분말 소화약제는 제1종~제4종 분말이 있으며, 이들 약제의 응고된 것을 막기 위해 금속의 스테아린산염이나 실리콘수지로 표면처리하고 유동성을 높여 주기 위해 탄산마그네슘, 인산갈륨 등의 분사제를 첨가하여 사용한다.

(가) 제1종 소화약제($NaHCO_3$)

㉠ 탄산수소나트륨을 주성분으로 한 백색 분말이다.

㉡ 인화성의 기체 및 액체 화재(B급 화재)에 적당하다.

㉢ 전기 전도성이 없기 때문에 전기시설물의 화재(C급)에 적합하나 일반 A급 화재에는 부적당하다. 탄산수소나트륨의 소화작용 화학 반응식은 다음과 같다.

$$2NaHCO_3 \rightarrow Na_2CO_3 + H_2O + CO_2 - Q\,\text{kcal}$$

(나) 제2종 분말약제($KHCO_3$)

㉠ 제1종 분말과 마찬가지로 B급, C급 화재에 적합하며, 주성분은 탄산수소칼륨이며 제1종보다 약 1.67배의 소화효과가 높다.

㉡ 칼륨염은 나트륨염에 비하여 흡습성이 강하고 고체화되기 쉽기 때문에 소화력이 제1종 소화약제보다 강하다고 하나 가격이 비싸다. 중탄산칼륨의 소화작용 화학 반응식 관계는 다음과 같다.

$$2KHCO_3 \rightarrow K_2CO_3 + H_2O + CO_2 - Q\,\text{kcal}$$

(다) 제3종 분말 소화약제(제1인산암모늄 : $NH_4H_2PO_4$)

㉠ A, B, C급 화재에 모두 적합하며, 인산암모늄을 주성분으로 한 약제로서 불꽃연소에는 대단한 소화력을 가지고 있으나 작열연소의 화재에는 큰 소화력을 발휘하지 못한다. 특히 A급 화재에 좋은 효과를 보이며 현재 가장 많이 생산되는 소화기이다.

㉡ 제1종 및 제2종 약제와 달리 요리용 기름이나 지방질 기름과는 비누화 반응을 일으키지 않기 때문에 식용유나 지반질유의 화재에는 사용되지 않는다.

㉢ 화재 시 열분해된 후 메탄, 인산암모니아, 수증기의 생성물이 되는데 메탄인산은 가연물의 표면에 부착되어 산소와 접촉을 차단하기 때문에 1, 2종보다 소화효과가 크다. 화학반응식은 다음과 같다.

$$NH_4H_2PO_4 \rightarrow HPO_3 + NH_3 + H_2O \ (360℃\text{에서 } -76.95\,\text{kcal})$$

㉣ 열분해 시 흡열반응에 의한 냉각효과, 불연성 가스에 의한 질식효과, 반응과정에서 생성된 메탄인산의 방진, 분말운무에 의한 열방사의 차단효과 등 소화효과가 있다.

(라) 제4종 분말($KHCO_3 + (NH_2)_2CO$)

제2종 분말을 개량한 것으로 탄산수소칼륨과 요소와의 반응물($KC_2H_3N_2O_3$)을 주성분으로 하며 약제는 회색으로 착색되어 있다.

$$2KHCO_3 + (NH_2)_2CO \rightarrow K_2CO_3 + 2NH_3 + 2CO_2\uparrow$$

소화력이 큰 중탄산칼륨에 요소를 결합시킨 것으로 입자는 보통 크기이지만 화염과 만나면 산탄처럼 미세한 입자로 분해되어 커다란 표면적을 갖기 때문에 큰 소화력을 발휘하게 된다. 소화력은 분말소화약제 중 가장 우수하며 특히, B·C급 화재에는 소화효과가 우수하나 A급 화재에는 효과가 없다. 이상의 분말소화약제별 주성분 및 적응화재에 대하여 요약하여 정리하면 표 3.16과 같다.

표 3.16 약제의 적응화재 및 착색

종 류	주성분	적응화재	착색(분말의 색)
제1종 분말	$NaHCO_3$	B, C급	백 색
제2종 분말	$KHCO_3$	B, C급	담자색(보라색)
제3종 분말	$NH_4H_2PO_4$	A, B, C급	담홍색(핑크)
제4종 분말	$KHCO_3+(NH_2)_2CO$	B, C급	회백색

④ 설치상의 주의

직사광선이나 고온을 받는 장소에는 축압식 소화기를 설치해서는 안 되며, 가스가압식의 경우 안전핀이 이탈되지 않도록 하고 한번 작동시키면 내부의 약제가 모두 방사되므로 필히 분말약제와 가압용 가스를 재충전하여야 한다.

7) 포말소화기(Foam Extinguisher)

물과 포소화약제를 혼합하여 공기를 주입시키거나 화학반응을 일으켜 생성된 포로 소화하는 방식으로 냉각효과는 물론, 포가 연소표면을 덮어 공기를 차단하여 산소의 농도를 저하시켜 질식소화의 효과를 갖는 소화기이다. 포소화기는 발포과정에 따라 화학포소화기와 기계포소화기로 나누며 화학포말소화약제는 산·알칼리소화기의 경우와 마찬가지로 2종류의 약제를 반응시키는 것이다. 즉, 용기 내의 A제로서 탄산수소나트륨($NaHCO_3$)을 주성분으로 한 것과 B약제로는 황산알루미늄($Al_2(SO_4)_3$) 수용액이 충전하여 A, B제를 혼합시키면 화학작용으로 이산화탄소가 발생하고 이 가스가 화학포를 발생시켜 약제를 방사시킨다. 기계포말소화약제는 용기 내에 계면활성제와 수성막 포소화약제의 수용액을 넣고, 분출용 가스를 축압한 소화기이다. 포말소화기는 수동식 소화기로 사용하지 않고 포소화설비에 사용되어지고 있다.

① 포소화약제

$$6NaHCO_3 + Al_2(SO_4)_3 \cdot 18H_2O \rightarrow 6CO_2 + 3Na_2SO_4 + 2Al(OH)_3 + 18H_2O$$

(가) 내약제(B약제) : 황산알루미늄 $Al_2(SO_4)_3$

(나) 외약제(A약제) : 중탄산나트륨($NHCO_3$)에 기포 안정제(카세인, 젤라틴, 사포닝 등)를 첨가한 액상의 것으로 포(거품)를 발생시켜 소화하는 약제를 말한다.

② 포 성상(Foam Properties)

(가) 화학포소화약제

탄산수소나트륨(중조)의 수용액과 황산알루미늄의 화학반응에 의해 발생하는 이산화탄소를 이용하여 포를 발생시키는 것으로써 포의 안정제로는 카세인 등의 단백질이 주로 사용된다. 내한성 소화약제의 내구성에 난점이 있지만, 가격이 저렴하다. 화학포의 소화성능은 표 3.17과 같다.

표 3.17 화학포소화기의 성능

약제용량	능력단위	방출시간	방출거리
7.5 *l*	A－1, B－3	약 50초	5～9 m
8.5 *l*	A－1, A－2, B－4	약 60초	5～9 m
200～800 *l*	A－10, B－20	90～150초	8～20 m

(나) 기계포소화약제(공기포소화약제)

공기포약제라고도 하며 용기 내에 계면활성제, 수성막포소화약제의 수용액이 본체에 충전되어 사용할 시 특수한 구조의 노즐에서 인젝트의 원리로 방사될 때 공기를 흡입하여 혼합시켜 다량의 포를 방사한다.

㉠ 단백포소화약제(Protein Foaming Agents)

소의 뿔, 발톱, 동물의 피 등 동물성 단백질의 가수 분해생성물을 개제로 하고 여기에 포 안정제로서 제1철염을 물에 혼입시켜 규정농도의 수용액으로 제조된 소화약제이다. 단백포소화약제의 색깔은 흑갈색으로 특이한 냄새가 나며 주로 팽창비는 10 이하의 저팽창포로 사용되며 원액의 비중은 11.1, pH 농도는 6.0～7.5 정도이다.

㉡ 합성계면활성제 포소화약제(Synthetic Foaming Agents)

- 갱도, 지하가, 고층건물 등에 한하여 사용되는 것이 많고, 밀실화재용 소화약제로 개발된 고팽창포를 기제로 하여 석유류 화재에 적합한 약제
- 포의 방출구에서 화재지점까지 포를 도달시키는 거리, 즉 사정거리가 짧다.

㉢ 수성막포소화약제(Aqueous Film Foaming Agents, AFFF)

- 플루오린 계통의 습윤제에 합성계면활성제가 첨가되어 있는 소화약제
- 일명 Light Water라고 하며 기름화재 진압용으로 가장 뛰어난 소화력을 갖는다.

- 액체 위에 기포로 흘러들어 견고하고 조밀하게 채우고, 동시에 연소 액체의 증기 확대를 억제하도록 수성막의 생성으로 질식작용과 냉각작용으로 소화한다.
- 재연소 저항력이 단백포에 비하여 33% 정도 높으며 내열성, 내포성도 높다.
- 원액이든 수용액이든 장기 보존성이 단백포 등 타 포원액보다 높으며 독성이 없고 색깔은 흑갈색이다.

㉣ 내알코올용 포소화약제(Alcohol Type Foaming Agents)

- 단백질의 가수분해물에 합성세제를 혼합하여 제조한 소화약제로 알코올, 에스터류와 같이 수용성인 용제에 단백포소화약제를 사용하면 포가 순식간에 파괴되기 때문에 내알코올용 포소화약제를 사용한다.
- 소화 후 재연방지에는 그 성능이 뛰어나다.

㉤ 불화단백포소화약제(Fluoroprotein Foaming Agents)

플루오린계 계면활성제를 혼합하여 제조한 것으로서 플루오린의 소화효과는 포소화약제 중 우수하나 가격이 비싸 잘 유통되지 않고 있다. 포소화약제는 목재, 원면 등 고체연료화재에 사용되며 포 중에 함유된 수분에 의한 냉각작용과 포층에 의한 가연성 가스와 산소의 차단효과에 의한 것이다.

8) 기타소화기

① 강화액소화장치

(가) 유류화재 및 일반화재의 질식·냉각의 효과가 타 약제의 성능과 비교 시에 소량으로 빠른 소화효과를 얻을 수 있는 장점이 있다.

(나) 무독성 성분과 pH수치가 7.0으로 중성으로 약제의 장기보관에 따른 용기의 부식성이 없으며 침전물이 없어서 재충전의 비용이 절감되는 효과가 있다.

(다) OF케이블의 화재 시에 전기적 화재사고가 절연유의 유류화재 및 외피와 절연지의 발화에 의한 화학적 화재로 분류되어 화재초기에 빠른 질식의 소화작용과 2차적으로 내부화재를 진압하는 냉각의 소화작용이 필요하며, 강화액소화약제의 경우 질식과 냉각의 소화작용이 우수하여 콤팩트 소화설비의 약제로의 사용에 문제가 없다.

항 목			명 세
성상	조 성		별 첨
	외관 및 독성		무색 투명
	표면장력		19.8 dyne/cm
	포배율		
	25% 환원시간		
	침전량		없 음
	변질시험후의 침전량		없 음
	수소이온농도(20℃)		7.00
	비중(20℃)		1.120
	응고점		−22℃ 이하
	부식성		별지 첨부
	미세도	425 μm	
		150 μm	
		75 μm	
		45 μm	
소화성능	소화시험에 사용하는 소화기의 종류		3 *l* 용
	소화능력단위		A : 1, B : 1 (소화기 용량 3 *l* 용)
	포장용기의 재질 등		P.V.C 또는 P.E 통 (용량 별첨)
	표시사항		별 첨

(라) 강화액소화약제의 소화성능시험

1차 소화실험 점화 가열 약제방사(1초) 완전소화

약제 : 1,000 cc / 질소충진 10 bar 약제잔량 : 930 cc
유류 : 백등유 1,000 cc + 시너 100 cc

2차 소화실험 점화가열 약제방사(2초) 완전소화 질식, 냉각상태

약제 : 1,000 cc / 질소충진 10 bar 약제잔량 : 840 cc
유류 : 백등유 1,000 cc + 시너 500 cc

강화액소화약제 소화성능시험 장면

② 고체에어로졸 소화장치

기체 속에 떠 있는 매우 미소한 고체 또는 액체의 입자, 또는 그것이 떠 있는 기체로 포함한 전체. 대기 중의 에어로졸은 보통 지름 0.001~100 μm(1 mm)의 크기의 입자로 되어 있다. 전기적으로나 온도에 의해 점화되면 미세하고 건조한 화학물질과 가스 등의 산화 건조한 화학물질과 복합가스가 함께 혼합되어 소화에어로졸을 생성한다. 에어로졸이 방출되기 전에 뜨거운 에어로졸은 특별한 냉각제를 통해 많은 양의 열 에어로졸이 방출확산하여 놀라운 소화효과를 발휘한다.

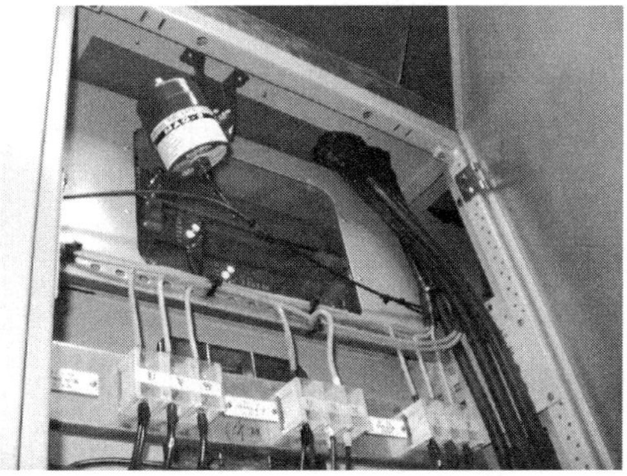

(가) 할론보다 3배 더 효과적인 소화능력을 가진다.
(나) 지구완난화지수 및 오존층 파괴지수가 0으로 친환경적이다.
(다) 고압실린더나 파이프 등 추가 설비가 필요치 않습니다.
(라) 소화시스템 중 가장 소형이고 가볍다.
(마) 손쉬운 설치와 교체가 가능하여 전기적 및 온도에 의한 자동작동이 가능
(바) 독성이 낮고 작동 중 산소를 제거하지 않습니다.
(사) 유지보수가 필요치 않고 오래 사용이 가능하여 가장 경제적이다.
(아) 사용장소
  ㉠ 항공시설 : 관제방비실, 컨테이너, 카고, 헬리콥터, 일반항공기, 지상지원장비
  ㉡ 전기시설 : 컴퓨터실, 변전실, ups&ips실, 테이터실, 서버실, 전기실
  ㉢ 군사시설 : 기계, 전기실, 이동군사기지, 창고, 고립된 장소, 탱크, 장갑차

③ FM-500 소화기

소화 후 검품 등의 부산물이 없는 청정소화약을 이용한 소화기로서 적용범위는 A급 화재, B급 화재 및 D급 화재의 소화 능력이 있다.

(가) 일반 포소화약제에 비하여 1/10의 량으로 신속한 화재 진압
(나) 신속한 열의 감소(650℃ 1초 후 52℃)로 재발화의 위험성이 없다.
(다) 보존기간이 15년으로 장기 사용이 가능하다.
(라) 연기 및 탄화수소 등 유독가스를 크게 줄여 소화 시 시야 확보 양호
(마) 흘러내린 기름 등을 뭉쳐 주어 식수 및 지면의 오염을 방지할 수 있다.

④ PRO119 소화기

기존분말 또는 할론가스 소화약제의 단점을 개선·보완하고 인체와 환경에 무해하며, 소화력을 인정받은 액상 미생물 소화약제를 충전한 소화기(소화용구)로 인간과 환경에 친화적인 신개념 및 차대세 소화기(소화용구)이다. 본 제품은 EPA에 등록된 일련의 Micro-Blaze제품의 하나로 미국 특허 및 UL 등록된 친환경적 미생물소화약제로 특징은 다음과 같다.

(가) 소화 후 유기성 잔재물 등을 소화약제내의 미생물이 물과 이산화탄소로 분해하므로 환경피해를 최소화 한다.
(나) 진압 후 소화약제내의 특수한 향이 유독가스 및 타는 냄새를 억제시킨다.
(다) 분사 시 미생물약제가 침투된 곳은 2차 발화가 없다.
(라) 장기간 보관해도 물성변화가 없어 내압이 존재하는 한 반영구적으로 사용이 가능하다.

11. 소화기의 유지관리

1) 소화기구는 통행 또는 피난에 지장이 없고 동시에 사용에 있어서 용이하게 반출할 수 있는 곳에 설치할 것
2) 소화제가 동결 및 변질, 잘못 분출할 우려가 적은 곳에 설치할 것. 단, 보호 때문에 유효한 조치를 강구할 때는 그렇지 아니하다.
3) 소화기구는 바닥면에서의 높이가 1.5 m 이하인 곳에 설치할 것
4) 소화기에는 지진으로 인한 진동 등에 의한 전도를 방지하기 위한 적당한 조치를 강구할 것. 단, 분말소화기 이외 전도에 의해 소화제가 누출될 우려가 없는 소화기에 있어서는 이 범위에 들지 않는다.
5) 지시압력계는 축압식의 소화기에 설치하는 것으로, 다만 할론 1301 소화기는 고압가스에 속하는 소화기로서 가스 자체의 압력으로 방사할 수 있는 소화기이기 때문에(질소가스로 가압) 지시압력계를 장치하지 않는 것도 있다. 이 압력계로 약제의 충전상태를 확인할 수가 있으며 압력게이지에는 적색, 노란색, 녹색 부분으로 구분되어 있다.

6) 2층 이상인 소방대상물에는 층마다 설치되어 있는가

7) 설치한 소화기는 보행거리 20 m 이하마다의 배치 여부

① 2층 이상인 방화대상물은 층마다 각각 별개로 보행거리를 측정할 것

② 보행거리의 측정은 통행 가능한 부분을 측정하여 20 m(대형 소화기에 있어서는 30 m) 이하로 설치한다.

③ 통행 가능한 부분이란 사람이 소화기를 들고(또는 작동하여) 서둘러서 걸을 때 충돌하거나 쓰러지거나 통행이 곤란한 일 없이 용이하게 통행할 수 있는 폭 및 높이를 갖는 통로부분을 말하며, 반드시 통상 사용하는 통로만은 아니다. 단, 배치를 결정할 때 예정 통로였다고 해도 그 후 장애물이 생기거나 검사 시에 장애물이 있는 그 부분을 해당 통로로서 인정할 수 없다.

8) 약제는 변질되어 있지 않은가

우선 소화기 1개의 총중량을 측정한다. 다음으로 용기에 표시되어 있는 용기 중량을 총중량에서 빼면 소화약제량을 구할 수 있다. 이 경우 가압가스 용기와 A제, B제 등이 다른 용기에 들어가 있는 경우에는 각각 따로 따로 측정하여 각각의 소화약제량을 구한다. 이상과 같이 구한 각 소화약제의 감소율을 다음 식에 의해 구한다.

$$E = (1-(A-B)/C)\times 100$$

여기서, E : 감소율(%), A : 측정 총중량(kg)

B : 용기중량(kg), C : 소화제 규정량(kg)

감소율 E는 20% 이내까지 사용 가능하나 20% 넘게 감량되어 있는 소화기는 소화약제를 보충시킨다.

9) 발포 성능은 좋은가

실린더 검사 또는 방사 포 채집검사를 하고 포 팽창률 및 안정도를 산출하여서 발포성능을 조사한다.

① 본체의 외통 덮개를 떼어내고 내통을 꺼내어 전도의 우려가 없도록 조치

② 피펫 또는 컵을 사용해서 외통액 및 내통액 규정량의 1%를 각각 비커에 덜어낸다.

주 외통액을 채취한 피펫은 물로 잘 닦고 나서 내통액을 채취할 것

③ 채취한 외통액의 액체 온도가 20℃가 되도록 하고나서 내통액을 1,000 cc 메스실린더에 넣는다. 다음으로 외통액을 한꺼번에 메스실린더에 넣는다.

④ 메스실린더 내의 발생기포가 최대가 되었을 때의 거품량을 발포량으로 기록한다. 다음은 15분 경과했을 때의 포의 양(잔포량)을 기록한다.

[방사포 채집 검사법]

검사방법은 화학포소화기 하나를 사용하여 노즐로부터 거품을 방사하고 그 방사포를 포 계량용기에 포집하여 노즐로부터 방사가 정지되었을 때의 발포량을 기록한다. 방사 정지 시부터 15분 경과했을 때의 포의 양(잔포량)을 기록한다.

[팽창률의 산정]

팽창률은 다음 식에 의해 산출하고 K수치가 메스실린더 검사에 의한 경우는 10 이상인 것. 방사포 포집검사에 의한 경우는 7(차륜식 소화기에 있어서는 5.5) 이상인 것

$$K = V_1 / A + B$$

여기서, K : 팽창률, V_1 : 발포량(cc)
A : 외통액 채취량(cc), B : 내통액 채취량(cc)

㈜ 팽창률은 휴대식 또는 멜빵식는 7배 이상, 차륜식은 5.5배 이상일 것

[안정도의 산정]

안정도는 다음 식에 의해 산출하고, C값이 25% 이하일 것

$$C = (V_1 - V_2 / V_1) \times 100$$

여기서, V_1 : 발포량(cc), V_2 : 잔포량(cc)

12. 소화기 점검 시 주요 체크사항

1) 소화기의 적응성 확인
   설치장소에 대한 소화기의 적응성을 확인하고 대상에 맞도록 비치한다.
2) 약제충전 규정기간 및 충전일자 표시여부
   약제의 충전은 내구성이 약한 약제일수록 관심을 가지고 확인하여 충전하여야 한다. 오래 방치된 소화기의 약제는 제 기능을 발휘할 수 없기 때문에 충전일자 등을 확인하여야 한다.
3) 소화기의 청소와 부식상태 등 소화기는 대부분 고압가스 용기화 되어 있으므로 반드시 외관상 부식의 정도를 확인하여 사용 중의 2차적인 안전사고 요인도 파악하여야 한다.
4) 안전핀의 탈락 및 봉인손상여부를 확인하고 조치하여야 한다.
5) 노즐의 막힘과 연결 상태에 이상이 없는지 확인하여야 한다.
6) 소화기의 비치장소 적정여부를 파악하고 비상구 등 탈출로 부근에 비치하여 유사시 적절

히 사용할 수 있는 곳에 비치하여야 한다.

7) 유사시 쉽게 반출할 수 있도록 바닥으로부터 높이 1.5 m 이하의 곳에 비치 확인

8) 가압식 분말소화기의 경우 소화기 캡을 렌치로 열고 분말의 응고상태 등을 확인한 후 가압용기를 분리시켜 봉판의 파손여부를 점검한다. 축압식 분말소화기는 지시압력계의 압력이 녹색(7～9.8 kg/cm^2 이하) 범위에 있는지를 확인한다.

화재안전기준의 별표 1 특수장소의 분류(제3조 관련)

(1) 근린생활시설	① 슈퍼마켓, 일용품(식품, 잡화, 의류, 완구, 서적, 건축자재, 의약용품 등) 등의 소매점으로서 동일한 건축물(동일 구내에 2동 이상의 건축물이 있는 경우에는 이를 동일한 건축물로 본다) 안에서 그 용도에 사용되는 바닥면적의 합계가 1,000 m^2 미만인 것 ② 휴게음식점, 일반음식점, 기원, 노래연습장 및 바닥면적의 합계가 150 m^2 미만인 단란주점 ③ 이용원, 미용원, 일반목욕장, 세탁소(공장이 부설된 것을 제외한다) ④ 의원, 치과의원, 한의원, 침술원, 접골원, 조산소, 안마시술소 ⑤ 정구장, 탁구장, 볼링장, 헬스클럽, 체육도장 그 밖의 이와 비슷한 것으로 동일 건축물 안에서 그 용도에 사용하는 바닥면적의 합계가 500 m^2 미만인 것 ⑥ 금융업소, 사무소, 부동산중개업소, 결혼상담소 등 그 밖의 이와 비슷한 것으로서 동일 건축물에서 그 용도에 사용되는 바닥면적의 합계가 500 m^2 미만인 것 ⑦ 종교집회장으로서 동일한 건축물 안에서 그 용도에 사용되는 바닥면적의 합계가 300 m^2 미만인 것 ⑧ 공업배치 및 공장설립에 관한 법률 제28조의 규정에 의한 도시형 업종에 해당하는 공장인 제조업, 수리점 그 밖의 이와 비슷한 것으로서 동일한 건축물 안에서 그 용도에 허용되는 바닥면적의 합계가 200 m^2 미만이고, 대기환경보전법, 수질환경보전법 또는 소음·진동규제법에 의한 배출시설(이하 "배출시설"이라 한다)의 설치허가를 요하지 아니하는 것 ⑨ 당구장, 청소년전자유기장으로서 동일한 건축물 안에서 그 용도에 사용되는 바닥면적의 합계가 200 m^2 미만인 것 ⑩ 사진관, 표구점, 예능계학원, 기술계학원(주산, 부기, 타자, 속기, 경리, 속셈, 속독, 웅변, 변론, 언어교정, 컴퓨터에 한한다), 독서실, 장의사, 동물병원, 총포판매소 그 밖의 이와 비슷한 것
(2) 위락시설	① 유흥주점(근린생활시설에 해당하지 아니하는 단란주점 그 밖의 이와 비슷한 것 포함) ② 특수목욕장 ③ 당구장, 유기장 그 밖의 이와 비슷한 것으로서 근린생활시설에 해당하지 아니하는 것 ④ 투전기업소 및 카지노업소 ⑤ 무도장 및 무도학원
(3) 관람집회 및 운동시설	① 공연장 : 극장, 영화관, 연예장, 음악당, 서커스장 그 밖의 이와 비슷한 것 ② 집회장 : 회의장, 공회장, 예식장 그 밖의 이와 비슷한 것 ③ 관람장 : 운동경기관람장(운동시설에 해당하는 것을 제외), 경마장, 자동차경주장 그 밖의 이와 비슷한 것 ④ 체육관, 운동장(육상, 구기, 수영, 스케이트, 승마, 사격, 궁도, 골프 등의 운동장을 말한다)으로서 관람석의 바닥면적이 1,000 m^2 미만인 것(제2항 제5호 또는 제9호에 해당하는 것을 말한다) ⑤ 볼링장으로서 근린생활시설에 해당하지 아니한 것 ⑥ 제4호 규정에 의한 운동장에 부수되는 건축물

(4) 판매 시설	① 도매시장 : 백화점 ② 소매시장 : 도·소매업진흥법 제2조의 규정에 의한 시장, 대규모 소매점 그 밖의 이와 비슷한 곳 ③ 상점 : 동일 건축물 안에 복합되어 있는 제1항 제1호 내지 제4호 제9호의 용도로 사용되는 시설의 바닥면적의 합계가 1,000 m^2 이상인 것
(5) 숙박 시설	① 일반숙박시설 : 호텔, 여관, 여인숙, 모텔 ② 관광숙박시설 : 관광호텔, 가족호텔, 국민호텔, 해상관광호텔, 휴양콘도미니엄, 한국 호텔, 유스호스텔 ③ 오피스텔(업무를 주로 하는 각 개별실에 일부 숙식을 할 수 있는 건축물을 말한다)
(6) 노유자 시설	① 아동시설 : 아동복지시설, 유치원, 새마을유치원 그 밖의 이와 비슷한 것 ② 노인시설 : 노인복지시설, 경로당 그 밖의 이와 비슷한 것 ③ 장애인시설 : 장애인재활시설, 요양시설, 이용시설, 점자도서관 ④ 그 밖의 다른 용도로 분류되지 아니한 사회복지시설
(7) 의료 시설	① 일반병원 : 전염병원, 병원, 치과병원, 한방병원, 정신병원, 요양소 ② 격리병원 : 전염병원, 마약진료소 그 밖의 이와 비슷한 것
(8) 아파트(주택건설촉진법 시행령 제2조의 규정에 의한 아파트) 및 기숙사	
(9) 업무 시설	① 동사무소, 경찰서 및 소방서의 파출소, 우체국, 보건소, 공공도서관 그 밖의 이와 비슷한 것으로서 그 용도에 사용되는 바닥면적이 1,000 m^2 미만인 것 ② 마을공회당, 마을공동작업소, 마을공동구판장 그 밖의 이와 비슷한 것 ③ 발전소(변전소, 양수장, 정수장, 대피소 그 밖의 이와 비슷한 것) ④ 공공업무시설 : 국가 또는 지방자치단체의 청사 그 밖의 이와 비슷한 것으로서 제1호 내지 제3호에 해당하지 아니하는 것 ⑤ 일반업무시설 : 금융업소, 사무소, 신문사 그 밖의 이와 비슷한 것으로서 제2항에 해당하지 아니하는 것
(10) 통신 촬영 시설	① 방송국 ② 전신전화국 ③ 촬영소
(11) 교육 연구 시설	① 학교 : 초등학교, 중학교, 고등학교, 전문대학, 대학교 그 밖의 이에 준하는 각종 학교 ② 교육원(연수원 그 밖의 이와 비슷한 것을 포함한다) ③ 직업훈련소 ④ 학원(근린생활시설에 해당하는 것과 자동차운전학원, 정비학원 및 무도학원은 제외) ⑤ 연구소(연구소에 준하는 시험소, 계량계측소를 포함한다) ⑥ 도서관 ⑦ 청소년시설 : 생활권 청소년시설, 자연권 청소년시설 그 밖의 이와 비슷한 것
(12) 전시 시설	① 전시장 : 박물관, 미술관, 과학관, 기념관, 전시장, 박람회장 그 밖의 이와 비슷한 것 ② 동·식물원 : 동물원, 식물원, 수족관 그 밖의 이와 비슷한 것

(13) 공장	물품의 제조, 가공(세탁, 염색, 도장, 표배기, 재봉, 건조, 인쇄 등을 포함한다) 또는 수리에 계속적으로 이용되는 건축물로서 다음의 1에 해당하는 것. 다만, 근린생활시설 또는 위험물저장 및 처리시설에 해당하는 것은 제외. ① 공해공장 : 배출시설의 설치허가를 받아야 하는 공장 ② 일반공장 : 제1호에 해당하지 아니하는 공장
(14) 창고 시설	위험물저장 및 처리시설에 해당하지 아니하는 건축물로서 다음의 1에 해당하는 것 ① 창고(냉동창고를 포함한다) ② 하역장
(15) 운수 자동차 관련 시설	① 여객자동차터미널 및 화물터미널 ② 철도역사 ③ 공항시설, 비행기 격납고 ④ 항만시설 및 종합여객시설 ⑤ 주차용 건축물 및 차고 ⑥ 세차장 ⑦ 폐차장 ⑧ 자동차검사장 ⑨ 자동차매매장 ⑩ 자동차정비공장 ⑪ 자동차부속상 ⑫ 자동차운전학원, 정비학원 ⑬ 주차장
(16) 관광 휴게 시설	① 야외음악당 ② 야외극장 ③ 어린이회관 ④ 관망탑 ⑤ 휴게소 ⑥ 공원, 유원지 또는 관광지에 부수되는 건축물 ⑦ 군휴양시설
(17) 종교 시설	① 종교집회장 : 교회, 성당, 사찰, 기도원 그 밖의 이와 비슷한 것으로서 제1항에 해당하지 아니하는 것 ② 수도장 : 수도원, 수녀원 그 밖의 이와 비슷한 것
(18) 동·식물 관련 시설	① 부화장 ② 도축장
(19) 위생등 관련 시설	① 분뇨 처리시설 ② 일반폐기물 처리시설 ③ 특정폐기물 처리시설 ④ 화장장 ⑤ 납골당 ⑥ 묘지에 부수되는 건축물 ⑦ 장례식장
(20) 교정 시설	① 교도소(구치소, 소년원, 소년감별소를 포함한다) ② 감화원 그 밖의 범죄자 갱생, 보호, 교육, 보건 등의 용도에 사용하는 것

<table>
<tr><td>(21)
위험물
저장
및
처리
시설</td><td>산소 또는 가연성 가스를 제조, 저장 또는 취급하는 시설 중 지상에 노출된 산소 또는 가연성 가스 탱크의 저장용량의 합계가 100톤 이상이거나 저장용량이 30톤 이상인 탱크가 있는 가스시설로서 다음 각 목의 1에 해당하는 것
① 위험물제조소 등
② 가스시설
(개) 가스제조시설
• 고압가스안전관리법 제4조 제1항의 규정에 의한 고압가스의 제조허가를 받아야 하는 시설
• 도시가스사업법 제3조의 규정에 의한 도시가스사업허가를 받아야 하는 시설
(나) 가스저장시설
• 고압가스안전관리법 제4조 제3항의 규정에 의한 고압가스의 저장허가를 받아야 하는 시설
• 액화석유가스의 안전 및 사업관리법 제5조 제1항의 규정에 의한 액화석유가스의 저장 허가를 받아야 하는 시설
(다) 가스취급시설 : 액화석유가스의 안전 및 사업관리법 제3조 제1항의 규정에 의한 액화석유가스 충전사업 또는 액화석유가스집단 공급사업의 허가를 받아야 하는 시설</td></tr>
<tr><td>(22)
지하가</td><td>지하의 공작물 안에 설치되어 있는 점포, 사무실 그 밖의 이와 비슷한 시설로서 연속하여 지하도에 면하여 설치된 것과 그 지하도를 합한 것
① 지하상가
② 터널(궤도차량용을 제외한다)</td></tr>
<tr><td>(23)
지하구</td><td>전력, 통신용의 전선이나 가스, 냉·난방용의 배관 또는 이와 비슷한 것을 집합 수용하기 위하여 설치한 지하 공작물로서 사람이 점검 또는 보수하기 위하여 출입이 가능한 것 중 행정자치부령이 정하는 것</td></tr>
<tr><td>(24)
문화재</td><td>문화재보호법에 의하여 문화재로 지정된 건축물</td></tr>
<tr><td>(25)
복합
건축물</td><td>하나의 건축물 안에 제1항 내지 제22항 중 2항의 용도로 사용되는 것
다만, 관계법령상에서 주된 용도의 부수시설로서 그 설치를 의무화하고 있을 때에는 그러하지 아니하다.</td></tr>
</table>

연습문제

01. 가압식 소화기와 축압식 소화기의 차이점에 대하여 자세하게 설명하시오.

02. 할론 및 CO_2 소화약제는 물과 접촉해서는 안 될 활성화금속의 화재에는 적응성이 거의 없다. 활성화금속 4가지만 쓰시오.

03. 지시압력계를 설치하지 않으면 안 되는 소화기의 종류는 어떠한 것이 있는가?

04. 할로겐 2402의 분자식은 (　　)이고 할로겐 1301은 대기압 및 상온에서 (　　) 상태로만 존재하는 물질로서 무색·무취이며 21℃에서 공기보다 약 (　　)배 무겁다. 또한, 21℃에서 약 (　　) kg/cm^{2}의 압력으로 가압하면 액화된다. 할론 1301은 약 (　　) ℃ 이상의 온도에서는 아무리 큰 압력으로 압축하여도 결코 액화하지 않는데, 이 온도를 (　　)라고 한다. ( ) 안에 알맞은 말은?

05. 분말소화약제의 이상 유무를 확인하기 위해 약제를 확인한 결과 약제의 색깔이 담홍색이었다. 이 약제의 주제(主劑)는 무엇인가?

06. 수성막포액의 특성을 단백포 또는 타 소화액과 비교하여 3가지만 기술하시오.

07. 포에는 물리적 또는 화학적 과정에 의해 형성되는 두 가지가 있다. 전자의 경우 (　　)포, 후자의 경우 (　　)포라고 부른다. (　　)포는 미리 제조된 원액을 적절한 비율로 (　　)과 혼합하여 (　　)으로 만들고 이를 기계적인 조작에 의해 (　　)와 뒤섞이게 함으로써 얻어진다. (　　)포는 (　　) 수용액과 (　　) 수용액을 반응시켜 생성되는 (　　)이 원액의 역할을 하면서 생성되는 (　　)가 기포 형성의 핵이 되어 형성된다. (　　)포는 원액의 종류와 성질에 따라 발포율이 달라진다. 포는 발포율에 따라 (　　)포와 (　　)포로 구분된다. ( ) 안에 알맞은 말은?

08. 이산화탄소의 상태특성 중 삼중점에 대하여 간단히 설명하시오.

09. 포소화약제로는 다음과 같은 종류가 있다. ( ) 안에 알맞은 말을 넣으시오.

(1) ( )는 동물성단백질의 가수분해 생성물에 안정제를 첨가하여 제조한 것이다.

(2) 합성계면활성제는 합성물질이므로 변질 우려가 없다.

(3) ( )는 액면 상에 수용액의 박막을 만드는 특징이 있으며 플루오린계의 계면활성제가 첨가되어 있다.

(4) ( )는 수용성 액체의 화재에 사용된다.

(5) 불화단백포는 플루오린계 계면활성제와 분해 단백질을 혼합한 것이다.

10. 포소화약제의 25% 환원시간이란 무엇이며 환원시간 측정방법을 설명하시오.

11. 자동차에 사용할 수 있는 소화기를 5가지 쓰시오.

12. 석유난로의 화재에 이산화탄소를 방사하면 즉각적인 소화 외에도 재발화도 효과있게 방지될 수 있다. 그 이유는 무엇인가?

13. 할론 1301 소화약제의 특징에 대하여 5가지 기술하시오.

14. 간이소화용구의 종류와 능력단위에 대하여 기술하시오.

15. 물이 가지고 있는 소화능력에 대하여 5가지를 기술하시오.

16. 지하 1층에 판매시설로 사용하는 면적이 2,000 m^2이다. 여기에 수동식 분말소화기 A급 2단위가 되는 것으로 설치할 경우에 소화기 수는 몇 개가 필요한가?

17. 자동확산소화기와 자동식 소화기에 대하여 설명하시오.

CHAPTER

4

옥내 · 외소화전설비
(Indoor & Outdoor Hydrant System)

1. 옥내소화전설비

옥내소화전설비는 소방대상물의 내부공간에서 발생한 화재를 본 설비를 수동으로 작동시켜 화재를 진압하기 위해 설치한 수동식 고정소화설비이다. 국가화재안전기준에서 정하고 있는 소화설비의 종류는 여러 가지가 있으나 소방대상물의 규모나 용도에 따라 필요한 가장 최적의 소화설비를 선정하여 설치하는 것이 중요하다. 대부분의 경우 화재진압은 화재성장 과정에서 제일 먼저 사용하는 것이 소화기구이고 그 다음 단계에서 사용하는 소화설비가 옥내소화전설비이다. 즉, 중기화재로 성장하는 과정에서는 소화기구만으로 화재진압이 불가능해질 경우 소방대원이 도착하기 전에 방화관리자가 사용할 수 있는 설비이다. 즉, 중기화재로 성장하는 것을 억제하고 소방대원이 도착하기까지 소화를 할 수 있는 설비로 주요 구성요소는 소화수(Water), 가압송수장치, 전원장치, 기동장치, 배관 및 각종 밸브류, 호스, 노즐, 소화전함, 제어반, 수신반 등으로 구성되며 계통도는 그림 4.1과 같다. 물론 수계소화설비에 사용하는 가압송수장치의 설치기준은 각 소화설비에 따라 가압송수장치(전동기, 펌프)의 제원만 차이가 있고 기타 설치기준은 거의 동일하다.

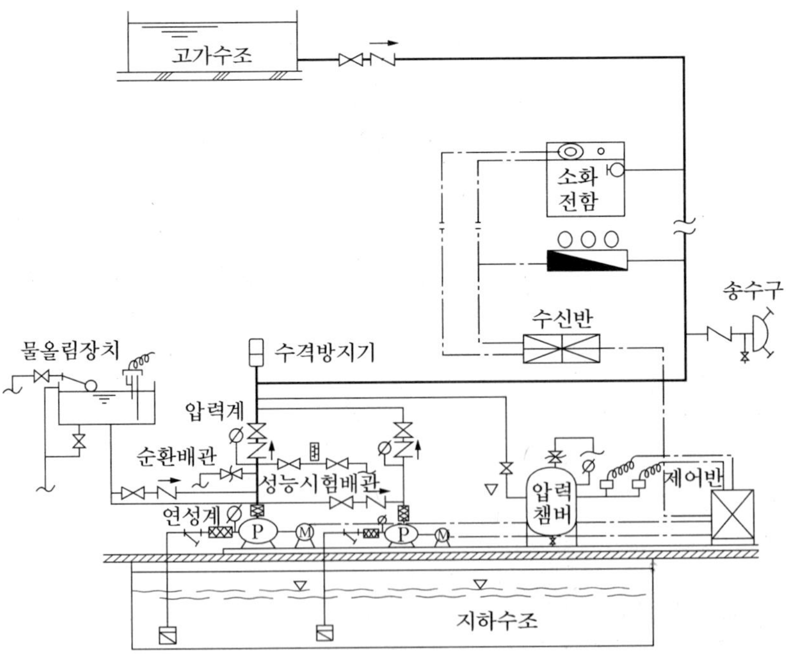

그림 4.1 옥내소화전설비 계통도

1) 설치대상

옥내소화전설비를 설치하여야 하는 특정소방대상물(위험물 저장 및 처리 시설 중 가스시설, 지하구 및 방재실 등에서 스프링클러설비 또는 물분무등소화설비를 원격으로 조정할 수 있는 업무시설 중 무인변전소는 제외)은 다음과 같다. 다만, 아파트·업무시설 또는 노유자시설에는 호스릴옥내소화전설비를 설치할 수 있다.

① 연면적이 3,000 m^2 이상(지하가 중 터널은 제외)이거나 지하층·무창층(축사는 제외) 또는 층수가 4층 이상인 것 중 바닥면적이 600m^2 이상인 층이 있는 것은 전층

② 지하가 중 터널로서 길이가 1,000 m 이상인 터널

③ ①에 해당하지 않는 근린생활시설, 판매시설, 운수시설, 의료시설, 노유자시설, 업무시설, 숙박시설, 위락시설, 공장, 창고시설, 항공기 및 자동차관련시설, 교정 및 군사시설 중 국방·군사시설, 방송통신시설, 발전시설, 장례식장 또는 복합건축물로서 연면적 1,500 m^2 이상이거나 지하층·무창층 또는 층수가 4층 이상인 층 중 바닥면적이 300 m^2 이상인 층이 있는 것은 전층

④ 건축물의 옥상에 설치된 차고 또는 주차장으로서 차고 또는 주차의 용도로 사용되는 부분의 면적이 200 m^2 이상인 것

⑤ ① 및 ③에 해당하지 않는 공장 또는 창고로서 「소방기본법 시행령」 별표2에서 정하는 수량의 750배 이상의 특수가연물을 저장·취급하는 것

이상에서 설명한 옥내소화전설비의 설치대상에 대한 내용을 간단히 요약하면 다음 표 4.1과 같다.

표 4.1 옥내소화전설비 설치대상

소방대상물		기 준	
1. 용도별	모든 소방대상물	연면적(지하가 중 터널 제외)	3,000 m^2 이상
		지하층·무창층(축사 제외)·4층 이상 층의 바닥면적	600 m^2 이상인 경우 전층
	근린생활시설, 운수시설, 판매시설, 숙박시설, 노유자시설, 의료시설, 업무시설, 위락시설, 공장, 창고시설, 항공기 및 자동차관련시설, 교정 및 군사시설 중 국방·군사시설, 방송통신시설, 발전시설 또는 복합건축물	연면적	1,500 m^2 이상
		지하층·무창층·4층 이상 층의 바닥면적	300 m^2 이상인 경우 전층
2. 지하가 중 터널		길이	1,000 m 이상
3. 옥상의 차고 및 주차장		주차의 용도에 사용되는 부분의 바닥면적	200 m^2 이상
4. 위에 해당되지 않는 공장·창고시설		특수가연물의 저장·취급	750배 이상

2) 옥내소화전설비 방수구 설치 제외

불연재료로 된 소방대상물 또는 그 부분으로서 다음 해당하는 곳에는 옥내소화전 방수구를 설치하지 아니할 수 있다.

① 냉장 또는 냉동창고의 냉장실 또는 냉동실
② 고온의 노(爐)가 설치된 장소, 또는 물과 격렬하게 반응하는 물품의 저장 또는 취급장소
③ 발전소, 변전소 등으로 전기시설이 설치된 장소
④ 식물원, 수족관, 목욕실, 수영장(관람석부분 제외) 또는 그 밖의 이와 비슷한 장소
⑤ 야외음악당, 야외극장 또는 그 밖의 이와 비슷한 장소

3) 가압송수장치

규정의 방수량과 방수압력을 화재 시에 얻기 위해서는 가압송수장치가 필요하다. 소화설비용 가압송수장치는 여타의 설비와는 달리 화재 시에 즉시 사용될 수 있어야 하므로 안정된 기동, 운전을 행할 수 있어야 한다. 방수량 및 방수압력은 배관 및 사용 관부속류와 밸브의 종류, 소방대상물의 층고, 마찰손실에 따라서 결정되며 가압송수장치의 성능에 맞는 것을 선정하여야 한다. 소방대상물의 방호공간에 설치된 모든 방수구에서 동시(최대는 5개소) 개방할 경우 방수구의 선단 방수압력이 0.17～0.7 MPa 이하, 방수량은 130 *l*/min 이상이 되도록 가압송수장치를 설치하여야 한다. 가압송수장치에 대한 설명은 제1장에서 설명하였으며 내용을 요약하면 고가수조방식, 압력수조방식, 펌프방식의 3가지의 방식이 있으며 개략도는 그림 4.2와 같으며 소방대상물에 따라 적합 방식을 선택하여 설치하면 된다.

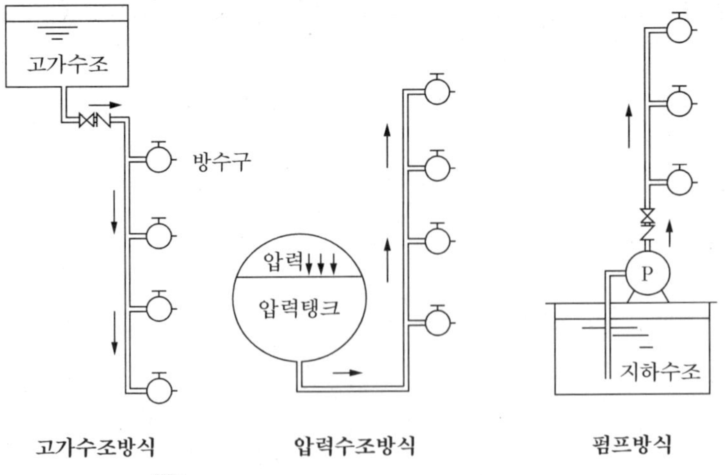

그림 4.2 각 가압송수장치의 종류

가. 설치기준

(1) 전동기 및 내연기관에 따른 펌프를 이용하는 가압송수장치

① 쉽게 접근할 수 있고 점검하기에 충분한 공간이 있는 장소로서 화재 및 침수 등의 재해로 인한 피해를 받을 우려가 없는 곳에 설치할 것

② 동결방지조치를 하거나 동결의 우려가 없는 장소에 설치할 것

③ 소방대상물의 어느 층에 있어서도 당해 층의 옥내소화전(5개 이상 설치된 경우는 5개의 옥내소화전)을 동시에 사용할 경우 각 소화전의 노즐선단에서의 방수압력이 0.17 MPa(호스릴옥내소화전설비를 포함) 이상이고, 방수량이 130 *l*/min(호스릴옥내소화전설비를 포함) 이상이 되는 성능의 것으로 할 것.

> [위험물의 경우]
> 옥내소화전설비는 각 층을 기준으로 하여 당해 층의 모든 옥내소화전(설치개수가 5개 이상인 경우는 5개의 옥내소화전)을 동시에 사용할 경우에 각 노즐선단의 방수압력이 350 kPa 이상이고 방수량이 1분당 260 *l* 이상의 성능이 되도록 할 것. 수원은 $7.8\ m^3 \times 5$를 하면 구할 수 있다(30분 기준).

다만, 하나의 옥내소화전을 사용하는 노즐선단에서의 방수압력이 0.7 MPa을 초과할 경우 호스접결구의 인입측에 감압장치를 설치하여야 한다. 펌프의 전양정을 계산할 때에는 규정 방수압력의 환산수두, 호스의 마찰손실수두, 배관 및 관부속류의 마찰손실수두, 건축 높이에 따른 낙차수두 등을 가산하여 필요한 전양정을 계산하여야 하고 수식은 다음과 같다.

$$H = H_1 + H_2 + H_3 + H_4 + H_5 + H_6$$

여기서, H : 전양정(m), H_1 : 흡입양정(m)

H_2 : 직관의 마찰손실(m), H_3 : 밸브류, 관이음쇠 등의 마찰손실수두(m)

H_4 : 호스의 마찰손실(m)

H_5 : 펌프로부터 최고위치에 설치된 소화전 방수구까지의 수직높이(m)

H_6 : 노즐 선단에서의 방수압력, 환산수두(0.17 MPa ≒ 17 m)

그림 4.3 감압 오리피스

④ 펌프의 토출량은 옥내소화전이 가장 많이 설치된 층의 설치개수(옥내소화전이 5개 이상 설치된 경우에는 5개)에 130 l/min를 곱한 양 이상이 되도록 할 것

⑤ 펌프는 전용으로 할 것. 다만, 다른 소화설비와 겸용하는 경우 각각의 소화설비의 성능에 지장이 없을 때에는 그러하지 아니하다. 단, 층수가 30층 이상의 특정소방대상물은 스프링클러설비와 겸용할 수 없다.

⑥ 펌프의 토출측에는 압력계를 체크밸브 이전에 펌프 토출측 플랜지에서 가까운 곳에 설치하고, 흡입측에는 연성계 또는 진공계를 설치할 것. 다만, 수원의 수위가 펌프의 위치보다 높거나 수직회전축 펌프를 설치한 경우에는 연성계 또는 진공계를 설치하지 아니할 수 있다.

⑦ 가압송수장치에는 정격부하운전 시 펌프의 성능을 시험하기 위한 배관을 설치할 것. 다만, 충압펌프의 경우에는 그러하지 아니하다.

⑧ 가압송수장치에는 체절운전 시 수온의 상승을 방지하기 위한 순환배관을 설치할 것. 다만, 충압펌프의 경우에는 그렇지 않다.

⑨ 기동장치로는 기동용수압개폐장치 또는 이와 동등 이상의 성능이 있는 것을 설치할 것. 다만, 아파트·업무시설·학교·전시시설·공장·창고시설 또는 종교시설 등(옥상수조를 설치한 대상)으로서 동결의 우려가 있는 장소에 있어서는 기동스위치에 보호판을 부착하여 옥내소화전함내에 설치할 수 있다.

⑩ 기동용수압개폐장치(압력챔버)를 사용할 경우 용적은 100 l 이상의 것으로 할 것.

⑪ 수원의 수위가 펌프보다 낮은 위치에 있는 가압송수장치에는 다음의 기준에 따른 물올림장치를 설치할 것.

(가) 물올림장치에는 전용의 탱크를 설치할 것

(나) 탱크의 유효수량은 100 l 이상으로 하되, 구경 15 mm 이상의 급수배관에 따라 당해 탱크에 물이 계속 보급되도록 할 것

⑫ 기동용수압개폐장치를 기동장치로 사용할 경우에는 다음의 기준에 따른 충압펌프를 설치할 것. 다만, 옥내소화전이 각 층에 1개씩 설치된 경우로서 소화용 급수펌프로도 상시 충압이 가능하고 다음 (가)의 성능을 갖춘 경우에는 충압펌프를 별도로 설치하지 아니할 수 있다.

(가) 펌프의 토출압력은 그 설비의 최고위 호스접결구의 자연압보다 적어도 0.2 MPa이 더 크도록 하거나 가압송수장치의 정격토출압력과 같게 할 것

(나) 펌프의 정격토출량은 정상적인 누설량보다 적어서는 아니되며, 옥내소화전설비가 자동적으로 작동할 수 있도록 충분한 토출량을 유지할 것

⑬ 내연기관을 사용하는 경우에는 다음의 기준에 적합한 것으로 할 것

(가) 내연기관의 기동은 기동용수압개폐장치에 의한 기동장치를 설치하거나 또는 소화전함의 위치에서 원격조작이 가능하고 기동을 명시하는 적색등을 설치할 것

(나) 제어반에 따라 내연기관의 자동기동 및 수동기동이 가능하고, 상시 충전되어 있는 축전지설비를 갖출 것

⑭ 가압송수장치에는 "옥내소화전펌프"라고 표시한 표지를 할 것. 이 경우 그 가압송수장치를 다른 설비와 겸용하는 때에는 그 겸용되는 설비의 이름을 표시한 표지를 함께 하여야 한다.

⑮ 가압송수장치가 기동된 경우는 자동으로 정지되지 아니하도록 하여야 한다. 다만, 충압펌프의 경우에는 그러하지 아니하다. 또한 펌프의 흡입측에는 다음과 같은 부속품을 설치하여야 한다.

(가) 후드밸브 : 후드밸브는 수조 내에 설치하여 이물질 여과기능과 소화수의 역류를 방지

(나) 개폐밸브 : 흡입측에 설치된 개폐밸브는 점검 및 유수흐름을 차단.

(다) 스트레이너 : 후드밸브에서 여과한 소화수를 2차적으로 여과시킨다.

(라) 플렉시블 조인트 : 펌프 및 전동기에서 발생한 진동 및 충격을 배관에 전달되지 않도록 탄성효과로서 차단

(마) 연성(진공)계 : 펌프 흡입압을 측정

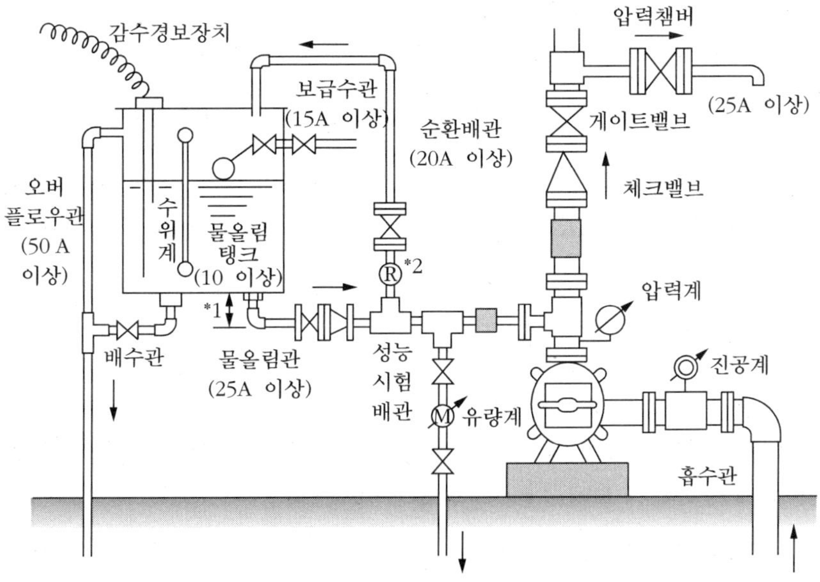

그림 4.4 펌프방식의 가압송수장치 주변개략도

(바) 편심리듀서 : 펌프의 흡입구와 흡입배관이 다를 경우에 배관 내 공기 고임의 발생과 공동현상이 발생되지 않도록 하며, 또한 마찰손실을 적게 하기 위하여 설치한다.

가압송수장치로 사용하는 펌프를 스프링클러설비·간이스프링클러설비·화재조기진압용 스프링클러설비·물분무소화설비·포소화설비 및 옥외소화전설비의 가압송수장치와 겸용하여 설치하는 경우의 펌프의 토출량은 각 소화설비에 해당하는 토출량을 합한 양 이상이 되도록 하여야 한다. 다만, 이들 소화설비 중 고정식 소화설비가 2 이상 설치되어 있고, 그 소화설비가 설치된 부분이 방화벽과 방화문으로 구획되어 있으며 각 소화설비에 지장이 없는 경우에는 펌프의 토출량 중 최대의 것 이상으로 할 수 있다. 다만, 층수가 30층 이상인 경우는 그렇지 않다.

(2) 고가수조의 자연낙차를 이용한 가압송수장치

① 고가수조의 자연낙차수두(수조의 하단으로부터 최고층에 설치된 소화전 호스접결구까지의 수직거리)는 다음의 식에 따라 산출한 수치 이상이 되도록 할 것

$$H = h_1 + h_2 + 17 \text{ (호스릴옥내소화전설비의 경우에는 25)}$$

여기서, H : 필요한 낙차(m), h_1 : 호스 마찰손실수두(m), h_2 : 배관 마찰손실수두(m)

② 고가수조에는 수위계·배수관·급수관·오버플로우관 및 맨홀을 설치할 것

(3) 압력수조를 이용한 가압송수장치

① 압력수조의 압력은 다음의 식에 따라 산출한 수치 이상으로 할 것

$$P = p_1 + p_2 + p_3 + 0.17 \text{ (호스릴옥내소화전설비의 경우에는 0.25)}$$

여기서, P : 필요한 압력(MPa), p_1 : 소방용 호스의 마찰손실수두압(MPa)
p_2 : 배관의 마찰손실수두압(MPa), p_3 : 낙차의 환산수두압(MPa)

② 압력수조에는 수위계·급수관·배수관·급기관·맨홀·압력계·안전장치 및 압력저하 방지를 위한 자동식 공기압축기를 설치할 것

(4) 가압수조를 이용한 가압송수장치

① 가압수조의 압력은 기준에 따라 방수량 및 방수압이 20분 이상, 층수가 30층 이상 49층 이하는 40분 이상, 50층 이상은 60분 이상 유지할 것

② 가압수조는 최대상용압력 1.5배의 물의 압력을 가하는 경우 물이 새지 않고 변형이 없을 것

③ 가압수조 및 가압원은 방화구획된 장소에 설치할 것

④ 가압수조에는 수위계·급수관·배수관·급기관·압력계·안전장치 및 수조에 소화수와 압력을 보충할 수 있는 장치를 설치할 것

⑤ 가압수조를 이용한 가압송수장치는 소방용기계기구의 승인 등에 관한 규칙에 적합한 것으로 설치할 것

나. 기동방식

(1) 수동기동방식(On-Off방식)

학교, 공장, 창고, 업무시설, 종교시설, 전시시설, 아파트로써 동결이 우려되는 장소에 설치할 수 있으며 소화전함의 펌프기동스위치를 누르고, 앵글밸브를 열면 가압송수장치가 작동되어 소화작업을 할 수 있는 방식으로 기동(On) - 정지(Off)스위치에는 보호판을 설치하여야 한다.

(2) 자동기동방식(기동용수압개폐장치방식)

수동기동방식의 적용이 가능한 대상을 제외한 소방대상물에는 반드시 자동기동방식으로 설치한다. 기동용수압개폐장치를 이용하거나 행정자치부장관이 정하여 고시하는 성능시험기술기준에 적합한 압력스위치 또는 이와 동등 이상의 성능이 있는 것을 설치하여 소화전함의 앵글밸브를 개방하면 배관내의 압력 감소를 감지하여 가압송수장치가 기동하는 방식이다.

4) 수원

가. 수원의 종류

(1) 고가수조

고가수조는 건물 최상층에 설치한 옥내소화전 방수구보다 높은 위치에 설치하여 자연낙차압을 이용하는 것뿐 아니라 펌프방식에 있어서 펌프보다 수원의 수위가 높은 장소에 설치되는 모든 수조를 말한다. 그림 4.5는 일반용수와 겸용하는 자연낙차압력 이용방식의 고가수조로서 해당 소화설비에 필요한 유효수량은 물탱크전체의 수량이 아니라 일반급수배관의 급수구와 소화설비의 급수구 사이의 높이에 저장되는 수량만을 인정한다. 이와 같은 일반급수와의 겸용고가수조에서 특히 유의할 것은 일반급수배관의 급수구보다 소화설비의 급수구를 반드시 아래에 설치하여 해당 소화설비에서 요구하는 유효수량이 되도록 하여야 한다. 또한 옥상수조(유효수량의 1/3 이상을 옥상에 설치한 설비)는 이와 연결된 배관을 통하여 상시 소화수를 공급할 수 있는 구조인 소방대상물인 경우에는 2 이상의 소방대상물이 있더라도 하나의 소방대상물에만 이를 설치할 수 있다. 옥상수조는 부지 내에 있는 건물 중에서 가장 높은

건물에 설치한다.

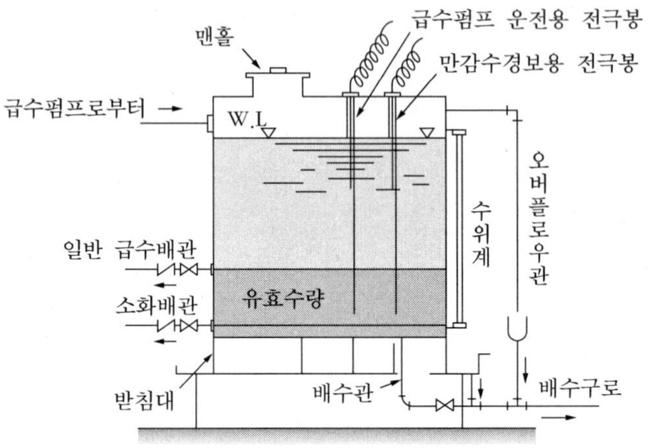

그림 4.5 고가수조

(2) 압력수조

압력수조(그림 4.6 참고)는 가압송수방식 중 압력수조방식의 압력수조 자체가 수원인 것으로서, 탱크용량의 2/3은 물을 채우고 1/3은 압축공기를 충전시켜 두어 수위가 낮아지면 급수펌프 운전용 감지장치(예 감수전극봉)에 의하여 급수펌프가 작동 2/3의 수량이 항상 유지되고 공기압축기 운전용 감지장치(압력스위치)에 의하여 공기압축기가 작동 필요한 압력을 보충시켜 주게 된다. 급수관의 크기는 80 mm 이상, 급기관은 20 mm 이상이어야 하며 안전장치는 작동압력의 10% 이상에서 작동되어야 한다. 또한, 탱크는 모든 밸브를 잠근 상태에서 사용압력으로 24시간 유지하여 0.005 MPa(0.05 kg/cm^2) 이상의 압력저하가 되지 않아야 한다.

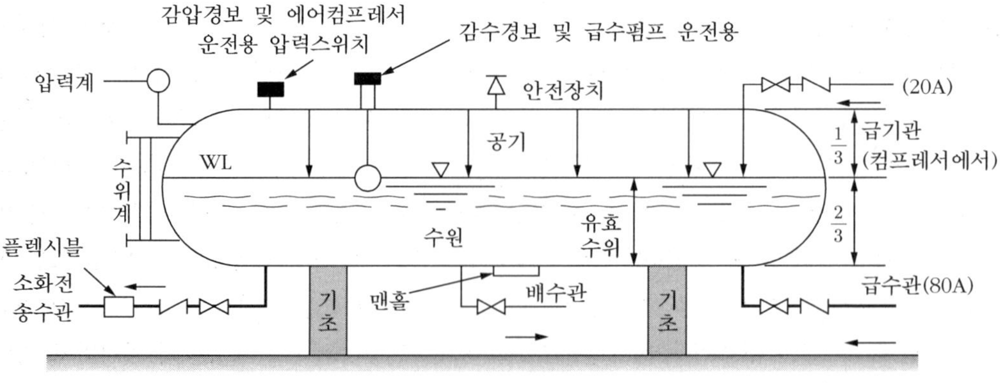

그림 4.6 압력수조

(3) 지하수조

지하수조란 지하에 설치되어 있는 수조를 의미하는 것이 아니라 펌프방식에 있어서 가압송수장치의 펌프보다 수원의 수위가 낮은 위치에 설치된 모든 수조를 말한다(그림 4.7 참고). 수량산정에 있어서 소화설비 전용으로 설치된 경우에는 당해수조 전체의 용량을 유효수량으로 산정하며 일반용수와 겸용인 경우에는 일반 급수펌프의 후드밸브와 소화펌프의 후드밸브 사이의 수량만을 유효수량으로 산정한다.

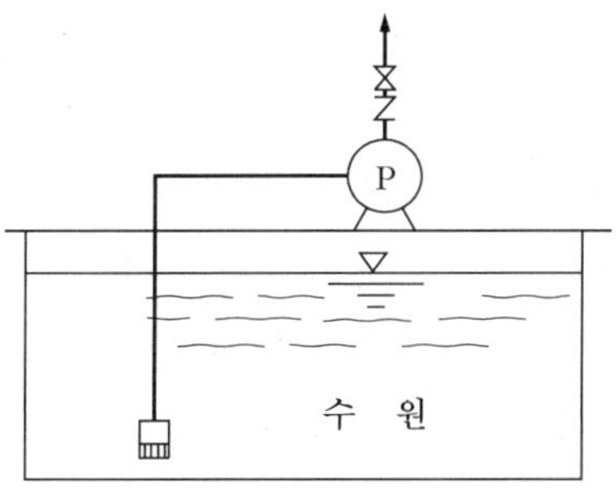

그림 4.7 지하수조

나. 수원의 량

(1) 1차 수원

옥내소화전설비의 수원은 옥내소화전이 가장 많은 층의 설치 개수(옥내소화전이 5개 이상 설치된 경우는 5개)에 옥내소화전의 법적 방수량 130 l/min를 20분간 사용하기 위하여 2.6 m^3(호스릴옥내소화전설비를 포함한다)을 곱한 양 이상이 되도록 한다. 다만, 층수가 30층 이상 49층 이하는 5.2 m^3를, 50층 이상은 7.8 m^3를 곱한 양 이상이 되도록 하여야 한다.

$$\text{수원양 } Q(m^3) = 130\ l/\min \times 20\ \min \times N = 2{,}600\ l \times N = 2.6\ m^3 \times N$$

여기서, N : 1개 층에 가장 많이 설치된 소화전수(5개 이상이면 5개)

(2) 2차 수원

옥내소화전설비의 수원은 규정에 의하여 산출된 유효수량의 1/3 이상을 옥상(옥내소화전설비가 설치된 건축물의 주된 옥상을 말한다.)에 설치하여야 한다. 다만, 다음에 해당하는 경우에는 그러하지 아니하다.

$$\text{옥상 수원양 } Q'(\text{m}^3) = 2.6\,\text{m}^3 \times N \times 1/3 \text{ 이상}$$

[예 외]

① 옥상이 없는 건축물 또는 공작물

② 지하층만 있는 건축물

③ 고가수조를 가압송수장치로 설치한 옥내소화전설비

④ 수원이 건축물의 지붕보다 높은 위치에 설치된 경우

⑤ 지표면으로부터 당해 건축물의 상단까지의 높이가 10 m 이하인 경우

⑥ 주펌프와 동등 이상의 성능이 있는 별도의 펌프로서 내연기관의 기동과 연동하여 작동되거나 비상전원을 연결하여 설치한 경우

⑦ 아파트·업무시설·학교·전시시설·공장·창고시설 또는 종교시설 등

⑧ 가압수조를 가압송수장치로 설치한 옥내소화전설비

(3) (2)의 단서에도 불구하고 층수가 30층 이상의 특정소방대상물의 수원은 산출된 유효수량 외에 유효수량의 3분의 1 이상을 옥상(옥내소화전설비가 설치된 건축물의 주된 옥상)에 설치하여야 한다.

(4) 옥상수조(유효수량의 3분의 1 이상을 옥상에 설치한 설비)는 이와 연결된 배관을 통하여 상시 소화수를 공급할 수 있는 구조인 특정소방대상물인 경우에는 둘 이상의 특정소방대상물이 있더라도 하나의 특정소방대상물에만 이를 설치할 수 있다.

(5) 옥내소화전설비의 수원을 수조로 설치하는 경우에는 소방설비의 전용수조로 하여야 한다. 다만, 다음에 해당하는 경우에는 그러하지 아니하다.

① 옥내소화전펌프의 후드밸브 또는 흡수배관의 흡수구(수직회전축펌프의 흡수구를 포함)를 다른 설비(소방용설비 외의 것)의 후드밸브 또는 흡수구보다 낮은 위치에 설치한 때

② 고가수조로부터 옥내소화전설비의 수직배관에 물을 공급하는 급수구를 다른 설비의 급수구보다 낮은 위치에 설치한 때

(6) 저수량을 산정함에 있어서 다른 설비와 겸용하여 옥내소화전설비용 수조를 설치하는 경우에는 옥내소화전설비의 후드밸브·흡수구 또는 수직배관의 급수구와 다른 설비의 후드밸브·흡수구 또는 수직배관의 급수구와의 사이의 수량을 그 유효수량으로 한다(그림 4.8 참고).

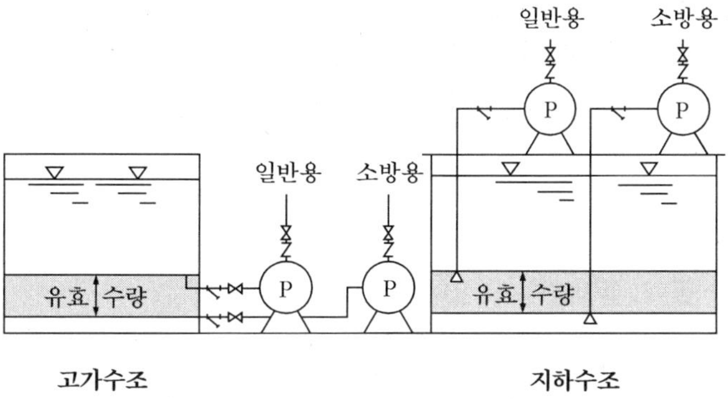

그림 4.8 유효수량의 확보

(7) 수량의 유효수량

유효수량이라고 하는 것은 저장된 물중에서 화재 시 실제로 소방용으로 이용할 수 있는 물의 양을 말한다. 소방전용수조를 설치하여 수조내의 흡입구의 위치와 흡입 시 소용돌이 발생으로 인한 흡입불능 수위 등을 고려하여야 한다. 이와 같은 현상 때문에 저장된 물을 흡입구 위치까지 모두 양수해 내는 것은 어렵게 된다(그림 4.9)는 수조의 유효수량을 산출하는 기준을 나타낸다.

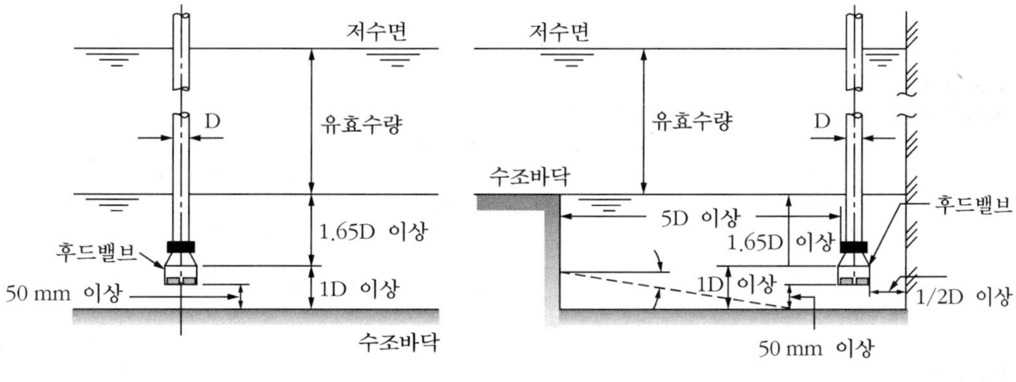

(a) 흡입용 피트(Suction pit)가 없는 경우 (b) 흡입용 피트가 있는 경우

그림 4.9 수조의 유효수량

옥내소화전설비의 수원을 스프링클러설비·간이스프링클러설비·화재조기진압용 스프링클러설비·물분무소화설비·포소화전설비 및 옥외소화전설비의 수원과 겸용하여 설치하는 경우의 저수량은 각 소화설비에 필요한 저수량을 합한 양 이상이 되도록 하여야 한다. 다만,

이들 소화설비 중 고정식 소화설비(펌프·배관과 소화수 또는 소화약제를 최종 방출하는 방출구가 고정된 설비)가 2 이상 설치되어 있고, 그 소화설비가 설치된 부분이 방화벽과 방화문으로 구획되어 있는 경우에는 각 고정식 소화설비에 필요한 저수량 중 최대의 것 이상으로 할 수 있다.

(8) 수조설치기준

① 점검에 편리한 곳에 설치하여야 한다.

② 동결방지조치를 하거나 동결의 우려가 없는 장소에 설치하여야 한다.

③ 수조의 외측에 수위계를 설치하여야 한다. 다만, 수조의 맨홀 등을 통하여 수조 안의 물의 양을 쉽게 알 수 있도록 표지를 한 때에는 그렇지 아니하다.

④ 수조의 상단이 바닥보다 높은 때는 수조의 외측에 고정식 사다리를 설치한다.

⑤ 수조가 실내에 설치된 때에는 그 실내에 조명설비를 설치하여야 한다.

⑥ 수조의 밑 부분에는 청소용 배수밸브 또는 배수관을 설치하여야 한다.

⑦ 수조 외측의 보기 쉬운 곳에 "옥내소화전 설비용 수조"라고 표시한 표지를 하여야 한다. 이 경우 그 수조를 다른 설비와 겸용하는 때에는 그 겸용되는 설비의 이름을 표시한 표지를 함께 하여야 한다.

⑧ 옥내소화전 펌프의 흡수배관 또는 옥내소화전 설비의 입상배관과 수조의 접속부분에는 "옥내소화전 설비용 배관"이라고 표시한 표지를 하여야 한다.

예제 01 옥내소화전 설비의 전용수원으로 최대량은 얼마 이상 되어야 확보하여야 하는가?

해설 옥내소화전의 최대수원의 양을 계산할 때 각층 중에서 최대로 설치되어 있는 소화전수를 기준으로 산정한다. 따라서 옥내소화전 전용수원으로 최대는 $Q = N \times 130\,l/\text{min} \times 20\,\text{min} = 1{,}300\,l$, 즉 $13\,\text{m}^3$이 된다.

예제 02 소방법 기술기준에 적합하게 옥내소화전이 각층에 3개소씩 설치되어 있을 경우 가압송수장치의 토출량과 수원의 양은 얼마 이상으로 하여야 하는가?

해설 토출량 $Q = 130\,l/\text{m} \times 3 = 390\,l/\text{min}$, 수원의 양은 $390\,l/\text{min} \times 20\,\text{min} = 7{,}800\,l = 7.8\,\text{m}^3$

5) 옥내소화전설비의 배관

(1) 배관은 배관용 탄소강관(KS D3507) 또는 배관내 사용압력이 1.2 MPa 이상일 경우에는 압력배관용 탄소강관(KS D3562) 또는 이음매 없는 동 및 동합금(KS D5301)의 배관용 동관이나 이와 동등 이상의 강도·내식성 및 내열성을 가진 것으로 하여야 한다.

(2) (1)의 규정에 불구하고 다음에 해당하는 장소에는 소방방재청장이 정하여 고시하는 성능시험기술기준에 적합한 소방용 합성수지배관으로 설치할 수 있다.

① 배관을 지하에 매설하는 경우

② 다른 부분과 내화구조로 구획된 덕트 또는 피트의 내부에 설치하는 경우

③ 천장(상층이 있는 경우에는 상층바닥의 하단을 포함)과 반자를 불연재료 또는 준불연재료로 설치하고 그 내부에 습식으로 배관을 설치하는 경우

(3) 급수배관은 전용으로 하여야 한다. 다만, 옥내소화전의 기동장치의 조작과 동시에 다른 설비의 용도에 사용하는 배관의 송수를 차단할 수 있거나, 옥내소화전설비의 성능에 지장이 없는 경우에는 다른 설비와 겸용할 수 있다. 단, 층수가 30층 이상의 특정소방대상물은 스프링클러설비의 배관과 겸용할 수 없다.

(4) 펌프의 흡입측배관은 다음의 기준에 따라 설치하여야 한다.

① 공기 고임이 생기지 아니하는 구조로 하고 여과장치를 설치할 것

② 수조가 펌프보다 낮게 설치된 경우에는 각 펌프(충압펌프를 포함)마다 수조로부터 별도로 설치할 것

(5) 펌프의 토출측 주배관의 구경은 유속이 4 m/s 이하가 될 수 있는 크기 이상으로 하여야 하고, 옥내소화전방수구와 연결되는 가지배관의 구경은 40 mm(호스릴옥내소화전설비의 경우에는 25 mm) 이상으로 하여야 하며, 주배관 중 수직배관의 구경은 50 mm(호스릴옥내소화전설비의 경우에는 32 mm) 이상으로 하여야 한다.

(6) 연결송수관설비의 배관과 겸용할 경우의 주배관은 구경 100 mm 이상, 방수구로 연결되는 배관의 구경은 65 mm 이상의 것으로 하여야 한다.

(7) 펌프의 성능은 체절운전 시 정격토출압력의 140%를 초과하지 아니하고, 정격토출량의 150%로 운전 시 정격토출압력의 65% 이상이 되어야 하며, 펌프의 성능시험배관은 다음 기준에 적합하여야 한다.

① 성능시험배관은 펌프의 토출측에 설치된 개폐밸브 이전에서 분기하여 설치하고, 유량측정장치를 기준으로 전단 직관부에 개폐밸브를 후단 직관부에는 유량조절밸브를 설치할 것

② 유량측정장치는 성능시험배관의 직관부에 설치하되, 펌프의 정격토출량의 175% 이상 측정할 수 있는 성능이 있을 것

(8) 가압송수장치의 체절운전 시 수온의 상승을 방지하기 위하여 체크밸브와 펌프사이에서 분기한 구경 20 mm 이상의 배관에 체절압력 미만에서 개방되는 릴리프밸브를 설치하여야 한다.

(9) 동결방지조치를 하거나 동결의 우려가 없는 장소에 설치하여야 한다.

(10) 급수배관에 설치되어 급수를 차단할 수 있는 개폐밸브(옥내소화전방수구를 제외)는 개폐표시형으로 하여야 한다. 이 경우 펌프의 흡입측배관에는 버터플라이밸브 외의 개폐표시형 밸브를 설치하여야 한다.

(11) 배관은 다른 설비의 배관과 쉽게 구분이 될 수 있는 위치에 설치하거나, 그 배관표면 또는 배관 보온재표면의 색상은 적색으로 소방용 설비의 배관임을 표시한다.

(12) 분기배관을 사용할 경우에는 한국소방산업기술원 또는 성능시험기관으로 지정받은 기관에서 그 성능을 검증받은 것으로 설치하여야 한다.

6) 송수구의 설치기준

송수구는 소화설비에 소화용수를 보급하기 위하여 건물외벽에 설치하는 연결구를 말하며 설치 예는 그림 4.10과 같다. 화재가 확대되어 방수시간이 길어져서 저장된 물이 고갈된다든지 정전 또는 펌프의 고장으로 소화펌프를 동작시키지 못한 경우에 소방펌프차가 적재된 물을 직접 송수구를 통해서 옥내소화전설비로 압송하여 지속적인 방수가 가능하도록 한다. 따라서 송수구의 설치기준은 아래와 같다.

자동배수밸브

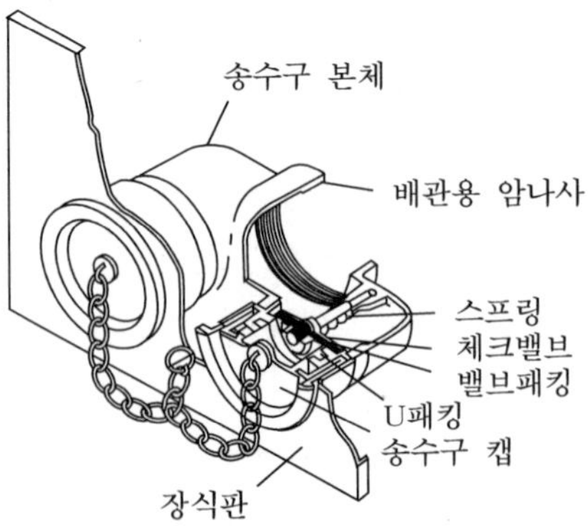

매립형 옥외송수구의 구조

그림 4.10 옥외송수구(매립형)의 구조와 자동배수밸브

(1) 소방펌프 자동차가 쉽게 접근할 수 있는 노출된 장소에 설치하여야 한다.

(2) 송수구로부터 주배관에 이르는 연결배관에는 개폐밸브를 설치해서는 안 된다. 다만, 스프링클러설비, 물분무소화설비, 포소화설비 또는 연결송수관설비의 배관과 겸용하는 경우에는 그렇지 않다.

(3) 지면으로부터 높이가 0.5 m 이상, 1 m 이하의 위치에 설치하여야 한다.

(4) 구경 65 mm의 쌍구형 또는 단구형으로 하여야 한다.

(5) 송수구의 가까운 부분에 자동배수밸브(또는 지름 5 mm 배수공) 및 체크밸브를 설치하여야 한다. 이 경우 자동배수밸브는 배관 안의 물이 잘 빠질 수 있는 위치에 설치하되, 배수로 인하여 다른 물건 또는 장소에 피해를 주지 않아야 한다.

(6) 송수구에는 이물질을 막기 위한 마개를 설치하여야 한다.

7) 옥내소화전함 및 방수구 설치기준

가. 소화전함

(1) 함의 재질은 두께 1.5 mm 이상의 강판 또는 두께 4 mm 이상의 합성수지재로 하고, 문짝의 면적은 0.5 m^2 이상으로 하여 밸브의 조작, 호스, 노즐의 수납 등에 충분한 여유를 가질 수 있도록 할 것. 연결송수관의 방수구를 같이 설치하는 경우에도 또한 같다(그림 4.11 참조).

(2) 함의 재질이 강판인 경우는 염수분무시험방법(KS D9502)에 의하여 시험한 경우 변색 또는 부식되지 않아야 하고, 합성수지재인 경우에는 내열성 및 난연성의 것으로서 80℃의 온도에서 24시간 이내에 열로 인한 변형이 없어야 한다.

그림 4.11 옥내소화전함의 구성

(3) (1), (2)항을 초과하는 경우로서 기둥 또는 벽이 설치되지 아니한 대형공간의 경우에는 다음 기준에 따라 설치하여야 한다.
  ① 호스 및 관창은 방수구의 가장 가까운 장소의 벽 또는 기둥 등에 함을 설치하여 비치할 것
  ② 방수구의 위치표지는 표시등 또는 축광도료 등으로 상시 확인이 가능토록 할 것

나. 위치표시등의 기준

(1) 위치표시등은 그림 4.12와 같이 함의 상부에 설치하되 그 불빛과 부착면이 15° 이상의 범위 안에 부착지점으로부터 10 m 이내의 어느 곳에서도 쉽게 식별할 수 있는 적색등으로 설치한다.
(2) 표시등은 사용전압의 130%인 전압을 24시간 연속하여 가하는 경우 단선, 현저한 광속변화, 전류변화 등의 현상이 발생되지 않아야 한다.
(3) 가압송수장치의 시동을 표시하는 표시등은 옥내소화전함의 내부 또는 그 직근에 설치하되 적색등으로 해야 한다. 다만, 자체소방대를 구성하여 운영하는 경우(「위험물안전관리법 시행령」 별표 8에서 정한 소방자동차와 자체소방대원의 규모) 가압송수장치의 시동표시등을 설치하지 않을 수 있다.
(4) 옥내소화전설비의 함에는 그 표면에 "소화전"이라고 표지하고 그 사용요령을 기재한 표시판을 붙인다.

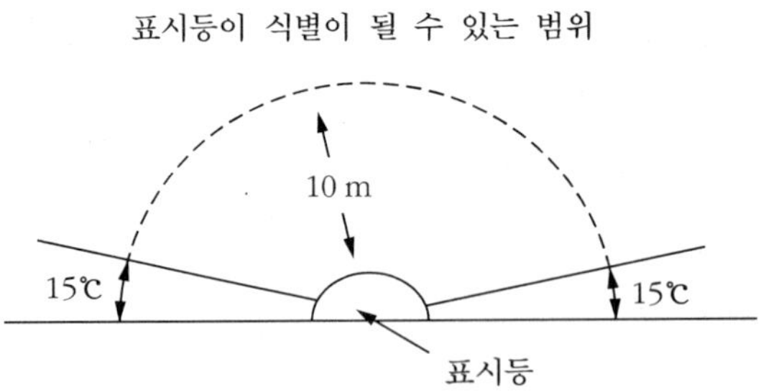

그림 4.12 위치 표시등

다. 방수구 설치기준

(1) 방수구(개폐밸브)는 특정소방대상물의 층마다 설치하되, 특정소방대상물의 각 부분으로부터 하나의 옥내소화전 방수구(그림 4.13 참조)까지의 수평거리가 25 m(호스릴옥내소화전설비를 포함) 이하가 되도록 할 것. 다만, 복층형 구조의 공동주택의 경우에는 세대의 출입구가 설치된 층에만 설치할 수 있다.

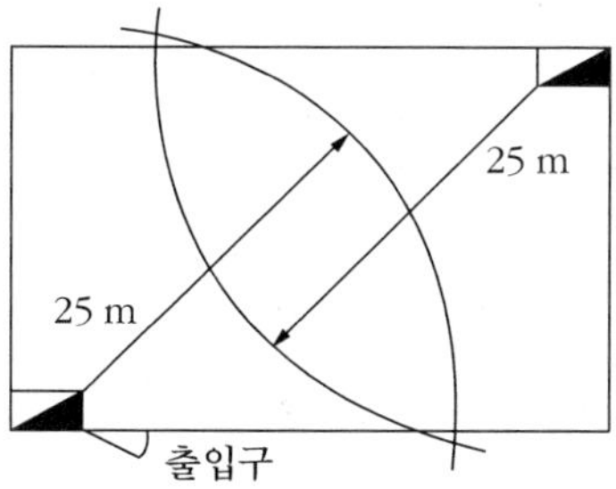

그림 4.13 옥내소화전 수평 포용반경

(2) 바닥으로부터의 높이가 1.5 m 이하가 되도록 할 것
(3) 호스는 구경 40 mm(호스릴옥내소화전설비의 경우에는 25 mm) 이상의 것으로서 소방대상물의 각 부분에 소화수를 유효하게 방사할 수 있는 길이로 설치
(4) 호스릴옥내소화전설비의 경우 그 노즐에는 노즐을 쉽게 개폐할 수 있는 장치를 부착할 것

8) 전원시설

가. 상용전원

옥내소화전설비에는 그 특정소방대상물의 수전방식에 따라 다음의 기준에 의한 상용전원회로의 배선을 설치하여야 한다. 다만, 가압수조방식으로서 모든 기능이 20분 이상, 층수가 30층 이상 49층 이하는 40분 이상, 50층 이상은 60분 이상 유효하게 지속될 수 있는 경우에는 그러하지 아니하다.

(1) 저압수전인 경우에는 인입개폐기의 직후에서 분기하여 전용배선으로 한다.
(2) 특별고압수전 또는 고압수전일 경우에는 전력용 변압기 2차측의 주차단기 1차측에서 분기하여 전용배선으로 하여야 한다. 다만, 가압송수장치의 정격 입력전압이 수전전압과 같은 경우에는 (1)의 기준에 의한다.

나. 비상전원

(1) 다음의 특정소방대상물에는 비상전원을 설치하여야 한다. 다만, 2개 이상의 변전소(전기설비기술기준에 관한 규칙에 의한 변전소)에서 전력을 동시에 공급받을 수 있거나 하나의 변전소로부터 전력의 공급이 중단되는 때에는 자동으로 다른 변전소로부터 전력을 공급받을 수 있도록 상용전원을 설치한 경우와 제어용 가압수조방식에는 그렇지 아니하다.

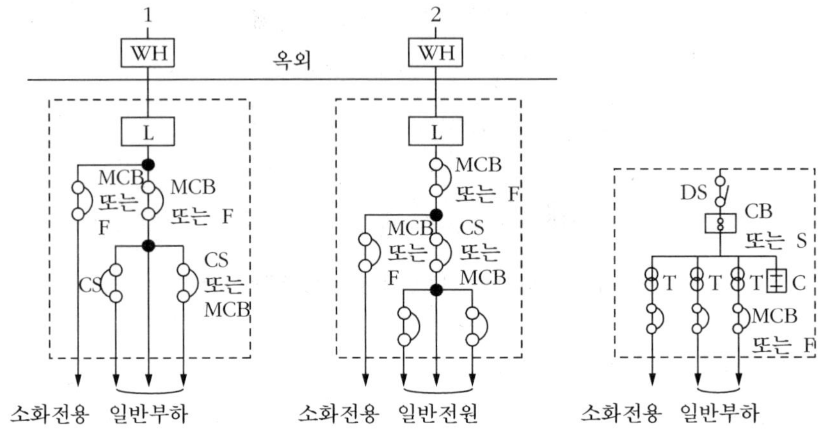

여기서, CB : 차단기, WH : 계량기, S : 개폐기
CS : 스위치(퓨즈 부착), T : 변압기, L : 전류제한기
MCB : 배선용 차단기, DS : 단로기, DS : 분전반 또는 불연전용실

(a) **저압의 경우 2가지** (b) **고압의 경우**

그림 4.14 전원 설치 예

① 지하층을 제외한 층수가 7층 이상으로서 연면적이 2,000 m^2 이상인 것

② ①에 해당하지 않는 소방대상물로서 지하층의 바닥면적의 합계가 3,000 m^2 이상인 것. 다만, 차고·주차장·보일러실·기계실·전기실 및 이와 유사한 장소의 바닥면적은 기준면적에서 제외한다.

(2) 비상전원은 자가발전설비 또는 축전지설비(내연기관에 의한 펌프를 사용하는 경우에는 내연기관의 기동 및 제어용 축전지)는 다음 기준에 따라 설치한다.

① 점검에 편리하고 화재 및 침수 등의 재해로 인한 피해를 받을 우려가 없는 곳

② 옥내소화전설비를 유효하게 20분 이상 작동할 수 있어야 한다.

③ 상용전원으로부터 전력의 공급이 중단된 때에는 자동으로 비상전원으로부터 전력을 공급받을 수 있도록 하여야 한다.

④ 비상전원의 설치장소는 다른 장소와 방화구획하여야 하며, 그 장소에는 비상전원의 공급에 필요한 기구나 설비 외의 것을 두어서는 안 된다. 다만, 열병합발전설비에 있어서 필요한 기구나 설비는 그렇지 아니하다.

⑤ 비상전원을 실내에 설치할 때에는 그 실내에 비상조명등을 설치해야 한다.

(3) 비상전원의 종류

① 비상전원전용수전설비

(가) 전력회사가 공급하는 상용전원을 이용하는 것으로 소방대상물의 옥내화재에 의

한 전기회로의 단락과, 과부하에 견딜 수 있는 구조를 갖춘 수전설비로 특고압 또는 고압으로 수전하는 것, 저압으로 수전하는 것 등이 있는데, 어느 것이나 배전선으로부터 당해 소방대상물의 수전설비까지의 전력인입선은 화재로부터 보호될 수 있어야 하므로 가급적 지중전선로로 인입시키고 부득이 가공으로 인입할 경우에는 소방대상물의 개구부에 직접면하지 않는 옥상층 부분으로 인입시킨다.

(나) 비상전원전용수전설비는 불연재료로 된 벽, 기둥, 바닥 및 천장으로 구획되고 창 및 출입구에 갑종 또는 을종방화문을 설치한 전용실에 설치하고, 큐비클식 비상전원전용수전설비는 불연재료로 구획된 변전실 등에 설치하며, 옥외 또는 옥상에 설치한 경우에는 인접한 건축물·공작물에서 3 m 이상을 두고 설치한다.

② 축전지설비

상용전원이 정전되었을 때 자가발전설비가 작동하여 정격전압을 확보할 때까지의 중간 전원으로 쓰이는 것이 가장 많고 내연기관을 사용하는 가압송수장치의 경우에는 기동용 축전지를 충전된 상태로 항시 관리하여야 한다.

③ 자가 발전설비

발전기를 회전시켜 주는 원동기로는 디젤기관과 가솔린기관을 사용하는데 이는 소방시설의 상용전원이 정전되는 경우 즉시 기동하여 전원을 발생하여 일정량의 비상전원을 확보함으로서 설비를 가동시키는 역할을 하게 되는 것으로 비상전원확보에 가장 정확하고 보편적으로 쓰이는 것이다. 비상발전설비는 정전 시 비상전원으로 운용되는 설비의 양에 따라 그 용량을 달리 적용하고 있으며, 비상엘리베이터 등 비상동력설비 계통이나 비상조명등설비와 함께 연결하여 비상전원을 확보 운용하고 있다.

9) 제어반

가. 제어반을 설치하되, 감시제어반과 동력제어반으로 구분하여 설치. 다만, 다음은 옥내소화전설비의 경우에는 감시제어반과 동력제어반으로 구분하여 설치하지 아니할 수 있다.

(1) 2개 이상의 변전소(「전기사업법」에 따른 변전소)에서 전력을 동시에 공급받을 수 있거나 하나의 변전소로부터 전력의 공급이 중단되는 때에는 자동으로 다른 변전소로부터 전력을 공급받을 수 있도록 상용전원을 설치한 경우와 가압수조방식에는 그러하지 아니하다.

(2) 내연기관에 의한 가압송수장치를 사용하는 옥내소화전설비

(3) 고가수조에 의한 가압송수장치를 사용하는 옥내소화전설비

(4) 가압수조에 따른 가압송수장치를 사용하는 옥내소화전설비

나. 감시제어반의 기능

(1) 펌프의 작동여부를 확인할 수 있는 표시등 및 음향경보 기능이 있어야 한다.

(2) 각 펌프를 자동 및 수동으로 작동시킬 수 있어야 한다.

(3) 비상전원을 설치한 경우에는 상용전원 및 비상전원의 공급여부를 확인할 수 있어야 하고, 자동 및 수동으로 상용전원 또는 비상전원으로의 전환이 가능해야 한다.

(4) 수조 또는 물올림탱크가 저수위로 될 때 표시등 및 음향으로 경보되어야 한다.

(5) 각 확인회로(기동용 수압개폐장치의 압력스위치회로, 수조 또는 물올림탱크의 감시회로)마다 도통시험 및 작동시험을 할 수 있어야 한다.

(6) 예비전원이 확보되고 예비전원의 적합여부를 시험할 수 있어야 한다.

다. 감시제어반의 설치기준

(1) 화재 및 침수 등의 재해로 인한 피해를 받을 우려가 없는 곳에 설치한다.

(2) 감시제어반은 옥내소화전설비의 전용으로 하여야 한다. 다만, 옥내소화전설비의 제어에 지장이 없는 경우에는 다른 설비와 겸용할 수 있다.

(3) 감시제어반은 다음의 기준에 의한 전용실 안에 설치하여야 한다. 다만, 감시제어반의 설치대상이 아닌 것과 공장, 발전소 등에서 설비를 집중 제어·운전할 목적으로 설치하는 중앙제어실내에 감시제어반을 설치하는 경우에는 그러하지 아니하다.

① 다른 부분과 방화구획을 할 것. 이 경우 전용실의 벽에는 기계실 또는 전기실 등의 감시를 위하여 두께 7 mm 이상의 망입유리(두께 16.3 mm 이상의 접합유리 또는 두께 28 mm 이상의 복층유리를 포함)로 된 4 m^2 미만의 붙박이창을 설치할 수 있다.

② 피난층 또는 지하 1층에 설치할 것. 다만, 다음에 해당하는 경우에는 지상 2층에 설치하거나 지하 1층 외의 지하층에 설치할 수 있다.

(가) 「건축법 시행령」에 따라 특별피난계단이 설치되고 그 계단(부속실을 포함) 출입구로부터 보행거리 5 m 이내에 전용실의 출입구가 있는 경우

(나) 아파트의 관리동(관리동이 없는 경우에는 경비실)에 설치하는 경우

③ 비상조명등 및 급·배기설비를 설치하여야 한다.

④ 무선통신보조설비의 화재안전기준(NFSC 505)에 따른 무선기기 접속단자를 설치할 것

⑤ 바닥면적은 감시제어반의 설치에 필요한 면적 외에 화재 시 소방대원이 그 감시제어반의 조작에 필요한 최소면적 이상으로 하여야 한다.

⑥ 전용실에는 소방대상물의 기계, 기구 또는 시설 등의 제어 및 감시설비 외의 것을 두어서는 안 된다.

라. 동력제어반(MCC)

동력제어반은 점검이 편리하며 화재의 위험이나 침수우려가 없는 곳에 설치하고 옥내소화전설비전용으로 해야 하나, 다만, 옥내소화전설비의 제어에 지장이 없는 경우에는 다른 설비와 겸용할 수 있다.

(1) 앞면은 적색으로 하고 "옥내소화전설비용 동력제어반"이라고 표시한 표지를 설치

(2) 외함은 두께 1.5 mm 이상의 강판 또는 이와 동등 이상의 강도 및 내열성능이 있는 것으로 하여야 한다.

(3) 그 밖의 동력제어반의 설치에 관하여는 동력제어반은 옥내소화전설비의 전용으로 할 것. 다만, 옥내소화전설비의 제어에 지장이 없는 경우에는 다른 설비와 겸용할 수 있다.

10) 옥내소화전설비의 배선 등

(1) 배선은 「전기사업법」에 따른 기술기준에 정한 것 외에 다음의 기준에 의하여 설치하여야 한다.

① 비상전원으로부터 동력제어반 및 가압송수장치에 이르는 전원회로배선은 내화배선으로 하여야 한다. 다만, 자가발전설비와 동력제어반이 동일한 실에 설치된 경우에는 자가발전기로부터 그 제어반에 이르는 전원회로배선은 그렇지 아니하다.

② 상용전원으로부터 동력제어반에 이르는 배선, 그 밖의 옥내소화전설비의 감시, 조작 또는 표시등 회로의 배선은 내화배선 또는 내열배선으로 하여야 한다. 다만, 감시제어반 또는 동력제어반 안의 감시, 조작 또는 표시등 회로의 배선은 그렇지 아니하다.

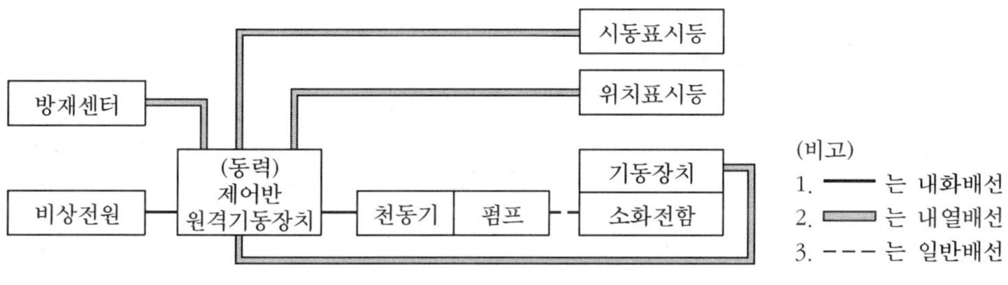

그림 4.15 내화·내열전선 사용관계

(2) 내화배선 및 내열배선에 사용되는 전선 및 설치방법은 별표 4의 기준에 의한다.

별표 4 배선에 사용되는 전선의 종류와 공사방법

1. 내화배선

사용전선의 종류	공사방법
1. 600 V 2종 비닐절연전선 2. 가교폴리에틸렌 절연비닐외장케이블 3. 클로로프렌 외장케이블 4. 강재 외장케이블 5. 박스 덕트 6. 알루미늄피복 케이블 7. CV케이블(가교폴리에틸렌비닐케이블), CD케이블(Combined Duct Cable) 8. 연피케이블 9. 4플루오르화 에틸렌 절연전선 10. 기타 공산품규격에 의거 동등이상의 내화성능이 있다고 주무장관이 인정한 것	금속관·2종 금속제 가요전선관 또는 합성수지관에 수납하여 내화구조로 된 벽 또는 바닥 등에 벽 또는 바닥의 표면으로부터 25 mm 이상의 깊이로 매설하여야 한다. 다만, 다음 기준에 적합하게 설치하는 경우에는 그렇지 않다. ① 내화성능을 갖는 배선전용실 또는 배선을 배선용 샤프트·피트·덕트 등에 설치 ② 배선전용실 또는 배선용 샤프트·피트·덕트 등에 다른 설비의 배선이 있는 경우에는 이로부터 15 cm 이상 떨어지게 하거나 옥내소화전 설비의 배선과 이웃한 다른 설비의 배선 사이에 배선지름(배선의 지름이 다른 경우에는 가장 큰 것을 기준으로)의 1.5배 이상의 높이의 불연성 격벽을 설치하는 경우
내화전선·MI 케이블	케이블 공사의 방법에 의하여 설치한다.

[비고] 내화전선의 내화성능은 버너의 노즐에서 75 mm의 거리에서 온도가 섭씨 750±5℃인 불꽃으로 3시간 동안 가열한 다음 12시간 경과 후 전선간에 허용전류 용량 3 A의 퓨즈를 연결하여 내화시험전압을 가한 경우 퓨즈가 단선되지 않는 것 또는 행정자치부장관이 정하여 고시한 내화전선의 성능시험기준에 적합한 것

2. 내열배선

사용전선의 종류	공사방법
1. 600 V 2종 비닐절연전선 2. 가교폴리에틸렌절연비닐 외장케이블 3. 클로로프렌 외장케이블 4. 강재 외장케이블 5. 버스 덕트 6. 알루미늄피복 케이블 7. CD케이블 8. 하이파론 절연전선 9. 4플루오르화 에틸렌 절연전선 10. 실리콘 절연전선 11. 연피케이블 12. 기타 공산품 품질규격에 의하여 동등 이상의 내열성능이 있다고 주무장관이 인정하는 것.	금속관·금속제 가요전선관·금속덕트 또는 케이블(불연성 덕트에 설치하는 경우) 공사방법에 의한다. 다만, 다음 기준에 적합하게 설치하는 경우에는 그렇지 아니하다. ① 배선을 내화성능을 갖는 배선전용실 또는 배선용 샤프트·피트·덕트 등에 설치한 경우 ② 배선전용실 또는 배선용 샤프트·피트·덕트 등에 다른 설비의 배선이 있는 경우에는 이로부터 15 cm 이상 떨어지게 하거나 옥내소화전 설비의 배선과 이웃하는 다른 설비의 배선 사이에 배선지름(배선의 지름이 다른 경우에는 지름이 가장 큰 것을 기준)의 1.5배 이상 높이의 불연성 격벽을 설치하는 경우
내화전선·내열전선 MI 케이블	케이블 공사의 방법에 의하여 설치하여야 한다.

[비고] 내열전선의 내열성능은 온도가 섭씨 816±10℃인 불꽃을 20분간 가한 후 불꽃을 제거하였을 때 10초 이내에 자연소화가 되고, 전선의 연소된 길이가 180 mm 이하이거나 가열온도의 값 을 KS F2257에서 정한 건축구조 부분의 내화시험 방법으로 15분 동안 섭씨 380℃까지 가열한 후 전선의 연소된 길이가 가열로의 벽으로부터 150 mm 이하일 것 또는 내무부장관이 정하여 고시한 내열전선의 성능시험기준에 적합할 것

(3) 옥내소화전설비의 과전류차단기 및 개폐기에는 "옥내소화전설비용"이라고 표시한다.

(4) 옥내소화전설비용 전기배선의 양단 및 접속단자에는 다음 기준에 따라 표지한다.

① 단자에는 "소화전단자"라고 표시한 표지를 부착한다.

② 옥내소화전설비용 전기배선의 양단에는 다른 배선과 식별이 용이하도록 표시

(5) 각 구간별 배선수 및 배선의 굵기는 다음 표 4.2와 같다.

표 4.2 구간별 배선수 및 배선 굵기

기호	구 분		배수선	배선굵기(mm)	배선의 종류
A	소화전함 ↔ 수신반	ON, OFF식	5	1.6 이상	기동, 정지, 공통, 기동확인표시등 2
		수압개폐식	2	1.6 이상	기동확인표시등 2
C	압력탱크 ↔ 수신반		2	1.6 이상	압력스위치 2
B	M.C.C ↔ 수신반		5	1.6 이상	기동 2, 기둥확인표시등, 전원감시표시등, 표시등 공통

11) 옥내소화전 소화설비의 사용방법

가압송수장치의 기동방식에 따라서 약간의 차이가 있으며 자동기동방식과 수동기동방식의 구분을 두지 않고 설명하면 다음과 같이 요약할 수가 있다.

(1) 옥내소화전함의 상부 및 내부에 설치되어 있는 작동스위치를 누른다. 만약에 버튼스위치가 없을 경우에는 소화전함 내에 있는 개폐밸브를 개방한다. 이렇게 하여 펌프가 기동이 되면 기동표시등에 점등이 됨으로써 펌프가 정상적인 작동이 되는지를 확인할 수가 있다.

(2) 소화전함 내에 걸려 있는 호스를 화재가 발생한 장소 근처까지 연장시킨다. 이때 개폐밸브가 완전하게 개방이 되지 않았을 경우에는 규정의 방수량과 방수압력을 얻을 수 없게 된다.

(3) 방수로 인한 수압으로 반발력이 발생하므로 확실하게 소화전 노즐을 잡아 주어야 한다.

(4) 소화 후에는 소화전함 내에 있는 개폐밸브를 완전히 폐쇄한다.

(5) 사용한 소화전 호스는 다음에 사용이 원활하도록 건조시킨 후 원래의 위치에 고정시킨다.

12) 안전진단 및 점검

옥내소화전 소화설비에 대한 안전진단 및 점검에 필요한 사항은 분야별로 취급해야 할 내용이 많이 있겠으나, 본 책자에서는 가압송수장치에 대한 일반적인 내용만을 다루고 기타의 자세한 내용은 소화시스템공학 실습교재를 참고하기 바란다.

가. 펌프의 성능시험

(1) 체절압력 운전시험

소화펌프의 토출측으로 물을 방수하지 않는 상태로 운전을 하면 토출측의 관로가 모두 폐쇄되어 있어 펌프는 물을 전혀 토출하지 못하고 공회전하게 된다. 이때의 운전상태를 체절운전상태라 하며 펌프는 체절압력에 도달하게 된다.

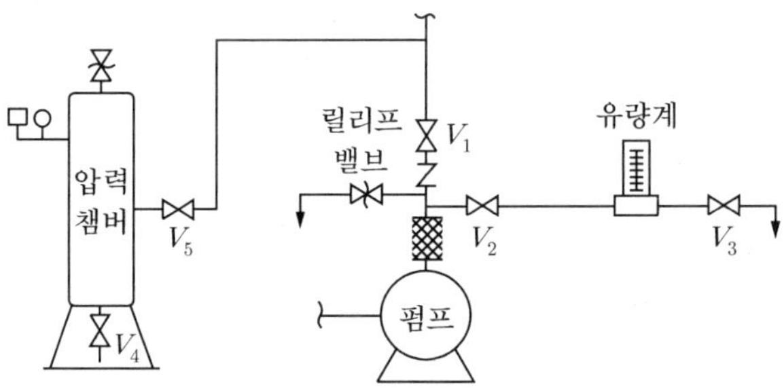

그림 4.16 펌프의 성능시험

① 펌프의 토출측 주밸브 V_1을 잠근다.

② 성능시험배관 상의 밸브 V_2, V_3를 잠근다.(평상시 잠근 상태임)

③ 동력제어반(MCC패널)에서 충압펌프의 운전선택스위치를 수동 또는 정지위치로 한다.

④ 압력챔버의 배수밸브 V_4를 개방하고 주펌프가 기동되면 V_4를 잠근다.

⑤ 릴리프밸브가 개방될 때의 압력을 압력계에서 읽고 그 값이 체절압력 미만인지 확인한다.

(2) 릴리프밸브 압력조정방법

① 동력제어반에서 주펌프 및 충압펌프의 운전선택스위치를 수동의 위치로 한다.

② 그림 4.16에서 주밸브 V_1을 잠근다.

③ 성능시험배관상의 밸브 V_2, V_3를 개방한다.

④ 동력제어반에서 주펌프를 수동으로 기동시킨다.

⑤ 펌프가 기동되면 밸브 V_2를 서서히 잠그면서 펌프 토출측의 압력계 지침이 체절압력 미만이 되도록 한다.

⑥ 릴리프밸브 캡을 열고 조정나사를 스패너로 반시계 방향으로 돌려서 순환배관으로 물이 흐르는 것이 확인되면 펌프를 수동으로 정지시킨다.

⑦ 성능시험배관의 밸브 V_2, V_3를 완전히 잠그고 주밸브 V_1을 개방한다.

⑧ 동력제어반에서 충압펌프 및 주펌프의 운전선택스위치를 자동으로 한다.

(3) 유량측정시험

① 그림 4.16에서 펌프 토출측 주밸브 V_1을 잠근다.

② 성능시험배관상의 밸브 V_2를 완전 개방한다.

③ 동력제어반에서 충압펌프 운전선택스위치를 수동 또는 정지위치로 한다.

④ 압력챔버의 배수밸브 V_4를 개방하고 주펌프가 기동되면 V_4를 잠근다.

⑤ 성능시험배관의 유량조절밸브 V_3를 서서히 개방하여 유량계를 통과하는 유량이 정격토출유량(펌프 사양에 명시)이 되도록 조정한다. 정격토출유량이 되었을 때 펌프 토출측 압력계를 읽어 정격토출압력(펌프 사양에 명시된 전양정 ÷ 10의 값) 이상인지 확인한다.

⑥ 성능시험배관의 유량조절밸브 V_3를 조금 더 개방하여 유량계를 통과하는 유량이 정격토출유량의 150%가 되도록 조정한다. (예, 펌프 토출유량이 400 lpm인 경우, 400×1.5 = 600 lpm임) 이때 펌프 토출측 압력계의 확인된 압력은 정격토출압력의 65% 이상이어야 한다. (예, 전양정이 60 m인 펌프의 경우 60 m÷10×0.65 = 3.9 kg/cm^2 이상이어야 함)

⑦ 펌프 토출측 주밸브 V_1을 개방하고, 성능시험배관상의 밸브 V_2, V_3를 서서히 잠근다.

⑧ 주펌프는 설정압력에 도달되면 정지한다. 동력제어반에서 충압펌프 운전선택스위치를 자동으로 한다.

나. 펌프의 동력전달 장치 점검

펌프는 스스로 기능을 발휘할 수 없으므로 전동기나 내연기관과 축으로 연결되어 원동기로부터 동력을 전달받는다. 충압펌프 등은 예외일 수 있으나 주펌프 등은 연결축 사이에 완충작용을 위해 고무패킹을 사이에 끼우게 되는데 전동기 등의 rpm은 1,800회전 이상이므로 약간의 이격만 생겨도 쉽게 마모된다. 그 결과 연결축이 부러지거나 정상적인 rpm을 확보할 수 없게 되므로 수시 펌프와 전동기의 연결축에 설치된 패킹을 확인, 교체해 주어야 한다.

다. 방수압력의 측정방법

최상층부분의 소화전설치 개수를 동시에 개방하여 방수압을 측정하였을 때 각각의 소화전에서 1.7 kg/cm^{2}의 압력으로 130 l/min의 토출량 이상이 계측되어야 한다. 수압측정은 피토(Pitot) 게이지를 사용하는데 그림 4.17과 같이 노즐선단에서 노즐구경의 0.5배 떨어진 부분에 피토관 입구를 수류의 중심선과 일치하도록 대면, 방출압이 게이지상에 지시침에 의해서 계기된다. 방출구의 구경과 방수압을 알게 되면 유량산출식($Q = 0.653 \times D^2 \times \sqrt{P}$)에 의하여 산정이 되는데 위 산출식은 노즐의 유량뿐만 아니라 배관의 유량산출에 공용된다.

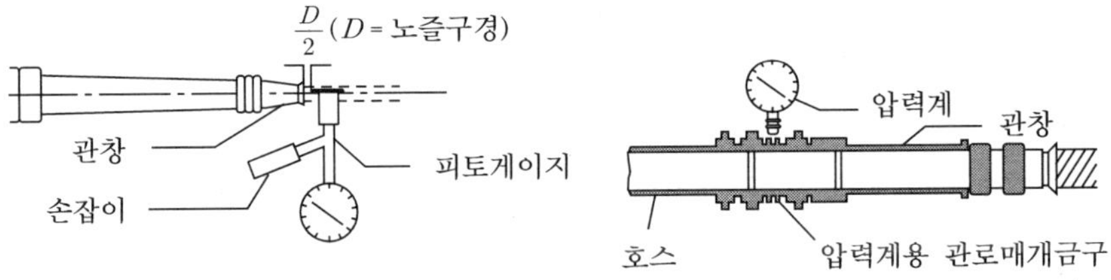

그림 4.17 Pitot Gage에 의한 수압측정

라. 기타 사항

(1) 화재 등에 피해를 입을 우려가 없을 것
(2) 펌프의 양정 및 방수량은 규정 이상인가
(3) 점검의 장애가 되는 장애물이 없을 것
(4) 물올림탱크에 만수가 되어 있을 것
(5) 펌프의 윤활유는 충만되어 있을 것
(6) 접지저항은 100Ω 이하일 것
(7) 내연기관의 전류계, 전압계 및 고장 표지 등은 정상 작동상태를 유지할 것
(8) 소화전함으로부터 원격조작이 가능하며 기동표시등의 점등 사항은 정상적일 것
(9) 소화수원의 확보량은 이상이 없을 것

예제 03 다음의 옥내소화전 설비의 도면을 보고 가압송수장치에 필요한 펌프의 양정을 계산하여라.

해설

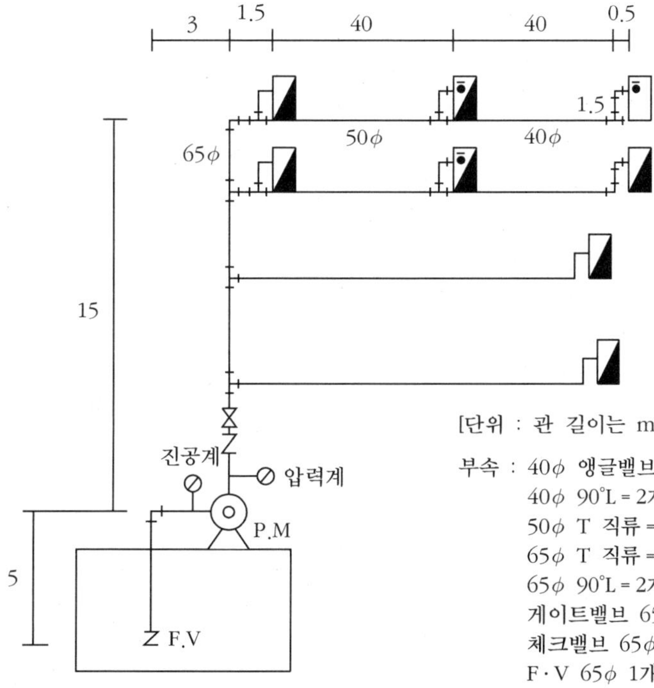

[단위 : 관 길이는 m, 관경은 mm]

부속 : 40ϕ 앵글밸브 1개
40ϕ 90°L = 2개
50ϕ T 직류 = 1개
65ϕ T 직류 = 4개
65ϕ 90°L = 2개
게이트밸브 65ϕ 1개
체크밸브 65ϕ 1개
F·V 65ϕ 1개

그림 4.18 옥내소화전설비의 양정계산 예

펌프 가압송수장치의 양정계산 $H = h_1 + h_2 + h_3 + 17\,\text{m}$에서

① h_1(호스 마찰손실수두) $(15\text{m} \times 2\text{본}) \times \frac{12}{100} = 3.6\,\text{m}$

② h_2(배관 및 관부속품 마찰손실수두)

㉠ 40A 배관

- 직관 길이 : $1.5\text{m} + 0.5\text{m} + 40\text{m} = 42\,\text{m}$
- 관부속품 상당관 길이
  - 앵글밸브(1개) : $6.5\text{m} \times 1\text{개} = 6.5\,\text{m}$
  - 엘보(90° - 2개) : $1.5\text{m} \times 2\text{개} = 3\,\text{m}$
- 40A 배관 전체 길이 : $42\text{m} + 6.5\text{m} + 3\text{m} = 51.5\,\text{m}$

$\therefore\ 51.5\text{m} \times \frac{13.32}{100} = 6.86\,\text{m}$

㉡ 50A 배관

- 직관 길이 : $40\,\text{m}$
- 관부속품 상당관 길이
  - T(티 직류 - 1개) : $0.6\text{m} \times 1\text{개} = 0.6\,\text{m}$
- 50A 배관 전체 길이 : $40\text{m} + 0.6\text{m} = 40.6\,\text{m}$

$\therefore\ 40.6\text{m} \times \frac{14.9}{100} = 6.05\text{ m}$

㉢ 65A 배관

- 직관 길이 : 1.5m＋15m＋3m＋5m＝24.5 m
- 관부속품 상당관 길이
  - T(티 직류 - 4개) : 0.75m×4개＝3 m
  - 엘보(90° - 2개) : 2.4m×2개＝4.8 m
  - 게이트밸브(1개) : 0.48m×1개＝0.48 m
  - 체크밸브(1개) : 10.2m×1개＝10.2 m
  - 후드밸브(1개) : 10.2m×1개＝10.2 m
- 65A 배관 전체 길이 : 24.5m＋3m＋4.8m＋0.48m＋10.2m＋10.2m＝53.18 m

$\therefore\ 53.18\text{m} \times \frac{9.34}{100} = 5.06\text{ m}$

그러므로 h_2＝㉠＋㉡＋㉢

$h_2 = 6.86\text{m} + 6.05\text{m} + 5.06\text{m} = 17.97\text{ m}$

③ h_3(낙차 : 후드밸브에서 최상층 방수구까지의 수직 높이)

$h_3 = 1.5\text{m} + 15\text{m} + 5\text{m} = 21.5\text{ m}$

따라서 전양정(H)＝①＋②＋③＋17 m이므로 $H = 3.6\text{m} + 17.97\text{m} + 21.5\text{m} + 17\text{m} = 60.07\text{ m}$이다.

표 4.3 소방용호스의 마찰손실수두(호스 100 m당)

구경종별 / 유량(l/min)	호스의 구경(mm) 40 마제호스	40 고무내장호스	50 마제호스	50 고무내장호스	65 마제호스	65 고무내장호스
130	26	12	7	3	-	-
350	-	-	-	-	10	4

표 4.4 직관의 마찰손실수두(관길이 100 m당)

유량 (l/min)	관의 구경(mm) 40	50	65	80	100	125	150
130	13.32	4.15	1.23	0.53	0.14	0.05	0.02
260	47.84	14.90	4.40	1.90	0.15	0.18	0.08
390		31.60	9.34	4.02	1.10	0.38	0.17
520			15.65	6.76	1.86	0.64	0.28
650				10.37	2.84	0.99	0.43
780					3.98	1.38	0.60

표 4.5 관이음쇠·밸브류 등의 마찰손실수두에 상당하는 직관길이(m)

종류 호칭경	90° 엘보	45° 엘보	90° T (분류)	카플링 90° T(직류)	게이트 밸브	볼 밸브	앵글 밸브
15	0.60	0.36	0.90	0.18	0.12	4.50	2.4
25	0.90	0.54	1.50	0.27	0.18	7.50	4.5
32	1.20	0.72	1.80	0.36	0.24	10.50	5.4
40	1.5	0.9	2.1	0.45	0.30	13.8	6.5
50	2.1	1.2	3.0	0.60	0.39	16.5	8.4
65	2.4	1.5	3.6	0.75	0.48	19.5	10.2
80	3.0	1.8	4.5	0.90	0.63	24.0	12.0
100	4.2	2.4	6.3	1.20	0.81	37.5	16.5
125	5.1	3.0	7.5	1.50	0.99	42.0	21.0
150	6.0	3.6	9.0	1.80	1.20	49.5	24.0

(주) ① 이 표의 엘보·티는 나사접합의 관이음쇠에 적합하다.
② 이경소켓, 푸쉬는 대략 이 표의 45° 엘보와 같다. 다만, 호칭구경이 작은 쪽을 따른다.
③ 스윙 체크밸브·후드밸브는 표의 앵글밸브와 같다.
④ 소화전은 그 구조·형상에 따라 표의 유사한 밸브와 같다.
⑤ 밴드는 표의 카플링과 같다.
⑥ 유니온·후렌지·소켓은 손실수두가 근소하기 때문에 생략한다.
⑦ 자동경보밸브는 일반적으로 스윙 체크밸브와 같다.
⑧ 포소화설비의 자동밸브는 일반적으로 볼밸브와 같다.

표 4.6 관경과 유수량

사용관경(mm)	관이 담당하는 허용유수량(l/min)
40	130
50	260
65	390
80	520
100	650

표 4.7 $E \cdot K$의 값

펌프의 구경(mm)	펌프의 효율	동력의 종류	전달계수
40	0.40 ~ 0.45	전동기 직결	1.1
50 ~ 65	0.45 ~ 0.55		
80	0.55 ~ 0.60	전동기 이외의 원동기	1.15 ~ 1.20
100	0.60 ~ 0.65		
125 ~ 150	0.65 ~ 0.70		

표 4.8 노즐의 방수량 환산표(l/min)

압력 (kg/cm^2)	구 경(mm)							
	10	13	16	19	22	25	28	38
1.4		130.0						
1.7	85.1	143.8						
2.0	92.3	156.0	236.4	33.3	446.9	577.1	724	1333.5
2.2	96.8	163.6	247.9	349.6	468.7	605.3	759.3	1398.5
2.4	101.1	170.9	258.9	365.0	489.6	632.2	793.1	1460.7
2.5	103.2	174.4	264.3	372.7	499.7	645.3	809.4	1490.9
2.6	105.2	177.9	269.5	380.1	509.6	658.0	825.4	1520.4
2.8	109.2	184.6	279.7	394.4	528.8	682.9	856.6	1577.8
3.0	113.1	191.1	289.5	408.3	547.4	706.8	886.7	1633.2
3.2	116.8	197.4	299.0	421.6	565.3	730.0	915.8	1686.7
3.4	120.4	203.4	308.2	434.6	582.7	752.5	943.9	1738.6
3.6	123.8	209.3	317.1	447.2	599.6	774.3	971.3	1789.0
3.8	127.2	215.1	325.8	459.5	616.0	795.5	997.9	1838.1
4.0	130.6	220.7	334.3	471.4	632.1	816.2	1023.9	1885.8
4.2	133.8	226.1	342.5	473.1	647.7	836.4	1049.1	1932.4
4.4	136.9	231.4	350.6	494.4	662.9	856.0	1073.8	1977.9
4.6	140.0	236.6	358.5	505.5	677.8	875.3	1098.0	2022.3
4.8	143.0	241.7	366.2	516.4	692.4	894.1	1121.6	2065.8
5.0	146.0	246.7	373.7	527.1	706.7	912.5	1144.7	2108.4
5.2	148.9	251.6	381.2	537.5	720.7	630.6	1167.4	2150.2
5.4	151.7	256.4	388.4	547.7	734.4	948.3	1189.6	2191.1
5.6	154.5	261.1	395.5	557.8	747.9	965.7	1211.4	2231.3
5.8	157.2	265.7	402.5	567.7	761.1	982.8	1232.9	2270.8
6.0	159.9	270.3	409.4	5777.4	774.4	999.6	1254.0	2309.7
6.2	162.5	274.7	416.2	586.9	786.9	1016.2	1274.7	2347.8
6.4	165.1	279.1	422.9	596.3	799.5	1032.4	1295.1	2385.4
6.6	167.7	283.5	429.4	605.6	811.9	1048.4	1315.2	2422.4
6.8	170.2	287.7	435.9	614.7	824.1	1064.2	1335.0	2458.8
7.0	172.7	291.9	442.2	623.6	836.1	1079.7	1354.4	2494.7
7.2	175.2	296.1	448.5	632.5	848.0	1095.1	1373.4	2530.1
7.4	177.6	300.2	454.7	641.2	859.7	1110.2	1392.6	2565.0
7.6	180.0	304.2	460.8	649.8	871.2	1125.1	1411.3	2599.4
7.8	182.3	308.2	466.8	658.3	882.6	1139.8	1429.8	2633.4
8.0	184.6	312.1	472.8	666.7	893.9	1154.3	1448.0	2667.0
8.2	186.9	316.0	478.6	675.0	805.0	1168.6	1466.0	2700.1
8.4	189.4	319.8	484.4	683.2	916.0	1182.8	1483.7	2732.8
8.6	191.4	323.6	490.2	691.3	926.8	1196.8	1501.3	2765.2
8.8	193.7	327.3	495.9	699.2	937.5	1210.6	1518.6	2897.1
9.0	195.9	331.0	501.5	707.1	948.1	1224.3	1535.8	2828.7
9.2	198.0	334.7	507.0	715.0	958.6	1237.9	1552.8	2860.0
9.4	200.2	338.3	512.5	722.7	968.9	1251.2	1569.6	2890.9
9.6	202.3	341.9	517.9	730.3	979.2	1264.5	1586.6	2921.5
9.8	204.4	345.4	523.3	737.9	989.3	1277.6	1602.2	2951.8
100	206.4	348.9	528.6	745.4	999.4	1290.6	1618.9	2981.8

2. 호스릴옥내소화전설비

호스릴옥내소화전설비는 아파트·업무시설 또는 노유자시설에 한하여 설치할 수 있는 소화설비로서 옥내소화전과 유사한 설비이나 다음 사항에서 구별된다.

1) 수원

호스릴옥내소화전이 가장 많이 설치된 층의 설치개수 × 2.6 m^3 (단, 5개 이상 설치된 경우에는 5개소로 한다)

2) 가압송수장치

노즐선단 방수압력 0.17 MPa 이상, 노즐선단 방수량 130 l/min 이상일 것

3) 배관

호스와 연결되는 가지배관구경 25 mm 이상, 주배관 중 입상배관구경 32 mm 이상일 것

4) 방수구 및 호스

(1) 수평거리는 소방대상물의 각 부분으로부터 하나의 호스릴옥내소화전 방수구까지의 거리가 15 m 이하일 것

(2) 호스 구경은 25 mm 이상의 것으로 소방대상물의 각 부분에 물이 유효하게 뿌려질 수 있는 길이로 할 것

(3) 호스릴옥내소화전설비의 경우 노즐을 쉽게 개폐할 수 있는 장치를 부착할 것

3. 옥외소화전설비

옥외소화전설비는 건축물의 1, 2층에서 발생하는 화재와 옥외설비, 기타의 소방대상물치에서 발생하는 화재진압은 물론 인접 건축물로의 연소 확대를 방지할 목적으로 특정소방대상물의 옥외에 설치하는 수동식 고정소화설비이다. 즉, 화재의 초기진압 및 연소 확대방지를 위하여 건축물의 외부에 설치된 설비로서 화재 시 소방대상물의 전층을 유효하게 소화할 수 있는 설비가 아니고 건축물인 경우는 1, 2층의 화재에만 유효한 소화설비로서 인정한다. 옥외소화전설비의 주요 구성요소는 옥내소화전설비와 거의 동일하며 수원, 가압송수장치, 배관, 호스, 소화전함 등으로 구성되어 있다. 본 소화설비의 사용방법도 옥내소화전과 동일하며 방수압력 및 방수량이 옥내소화전설비 보다는 높기 때문에 조심스럽게 다루어야 한다. 옥외소화전설비의 종류는 방수구를 설치하는 위치에 따라 지상식과 지하식이 있으며, 또한 호스접결구(방수구)의 형식에 따라 쌍구형과 단구형으로 구분한다. 지상식 옥외소화전설비는 방수구를 지상으로 노출시킨 것으로 옥외소화전 개폐밸브가 지상에 있는 것이고, 지하식의 경우는 옥외소화전의 개폐밸브가 지면 하에 설치되어 있는 것으로 지상에는 개폐 기구를 설치하여 개방할 수 있도록 되어 있으며 계통도는 그림 4.19와 같다.

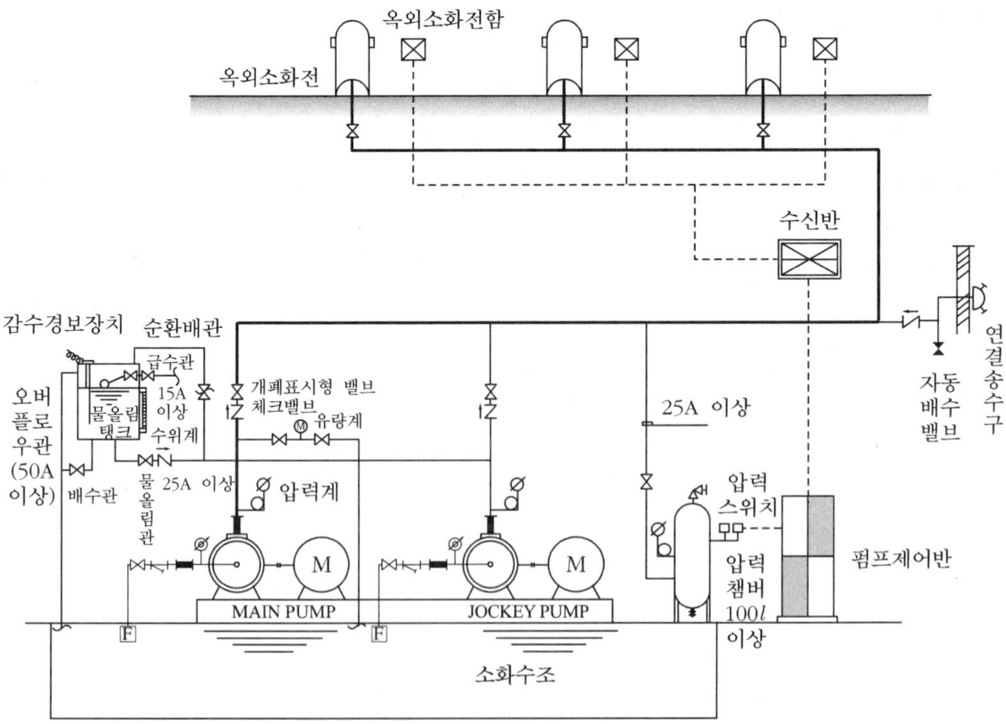

그림 4.19 옥외소화전설비 계통도

1) 설치대상

옥외소화전설비를 설치하여야 하는 특정소방대상물(아파트, 위험물 저장 및 처리시설 중 가스시설, 지하구 또는 지하가 중 터널은 제외)은 다음과 같다.

(1) 지상 1층 및 2층의 바닥면적의 합계가 9,000 m^2 이상인 것. 이 경우 동일구 내에 2 이상의 특정소방대상물이 행정안전부령으로 정하는 연소 우려가 있는 구조인 경우에는 이를 하나의 특정소방대상물로 본다.

(2) 「문화재보호법」에 따라 국보 또는 보물로 지정된 목조건축물

(3) 지상 1층 및 2층의 바닥면적의 합계가 9,000 m^2 이상인 것에 해당하지 않는 공장 또는 창고시설로서 「소방기본법 시행령」 별표 2(아래 표)에서 정하는 수량의 750배 이상의 특수가연물을 저장·취급하는 것.

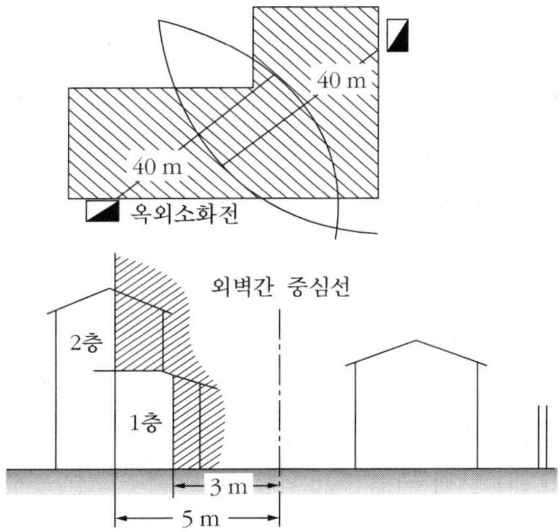

그림 4.20 동일구 내의 건축물

별표 2 특수가연물 (제6조 관련)

품 명	수 량
면화류	200 kg 이상
나무껍질 및 대팻밥	400 kg 이상
넝마 및 종이부스러기	1,000 kg 이상
사류(絲類)	1,000 kg 이상
볏짚류	1,000 kg 이상

가연성 고체류		3,000 kg 이상
석탄·목탄류		10,000 kg 이상
가연성 액체류		2 m^3 이상
목재가공품 및 나무부스러기		10 m^3 이상
합성수지류	발포시킨 것	20 m^3 이상
	그 밖의 것	3,000 kg 이상

2) 설비의 종류

앞에서 간단하게 설명한 바와 같이 본 시스템의 종류는 옥외소화전 설비용 방수구(개폐장치)의 설치위치가 지상에 있느냐 아니면 지하에 있느냐에 따라 지상식과 지하식 옥외소화전 설비로 구분한다. 그러나 설비의 종류에 따라 구성요소의 차이는 없다. 또한, 방수구(호스접결구)의 수(數)에 따라 단구형과 쌍구형으로 구분된다. 즉 한쪽에서 물을 방출할 수 있도록 되어 있는 방수구는 단구형이고, 방수구의 양쪽에서 소화수를 방출할 수 있도록 되어 있는 방수구는 쌍구형이다. 이들 방수구의 규격은 세계적으로 규격화되어 있으며 본 소화설비의 기동방식은 옥내소화전설비와 동일하다.

가. 지상식(stand식) 옥외소화전

건물 외벽 주위의 지반보다 1.5 m 이하의 지상에 소화전 몸체를 설치하고 방수구는 지상에서 제어할 수 있도록 설치되어 있어 입관식 또는 스탠드식이라고도 하며, 배관내부에 물이 체류하게 되면 동결의 우려가 있기 때문에 소화전을 사용한 후에 밸브를 폐쇄하면 밸브의 옆에 설치된 배수밸브(지하)가 개방되어 입상관(개폐밸브 상부) 내의 물을 배수되도록 되어 있다. 배수는 흙속에 침투시켜서 하는 것이기 때문에 소화전 하부의 주위는 자갈 채우기를 하는 등 배수가 용이하도록 설치하여야 한다. 그림 4.21과 같이 볼 타입의 배수밸브가 부착되어 개폐밸브를 개방하면 볼이 배수구를 막아서 배수되지 않고, 개폐밸브를 잠그면 볼이 밑으로 떨어져 옥외소화전 몸체내의 물을 배수시키도록 되어 있으나 현재 국내생산품은 그림에서처럼 배수밸브 바로 윗부분에 좌우로 배수구가 부착되고 배수밸브는 없는 것이 생산되고 있다. 그 특성은 개폐밸브를 완전히 열어야 밸브디스크에 의해 배수구가 막힌다. 그러므로 사용 시 완전히 열지 않으면 소화전 몸체의 배수구로 계속 압력수가 배수되어 몸체 주위에 웅덩이가 패이는 원인이 되므로 시공이나 유지관리 시에 이러한 특성을 감안하여야 할 것이다.

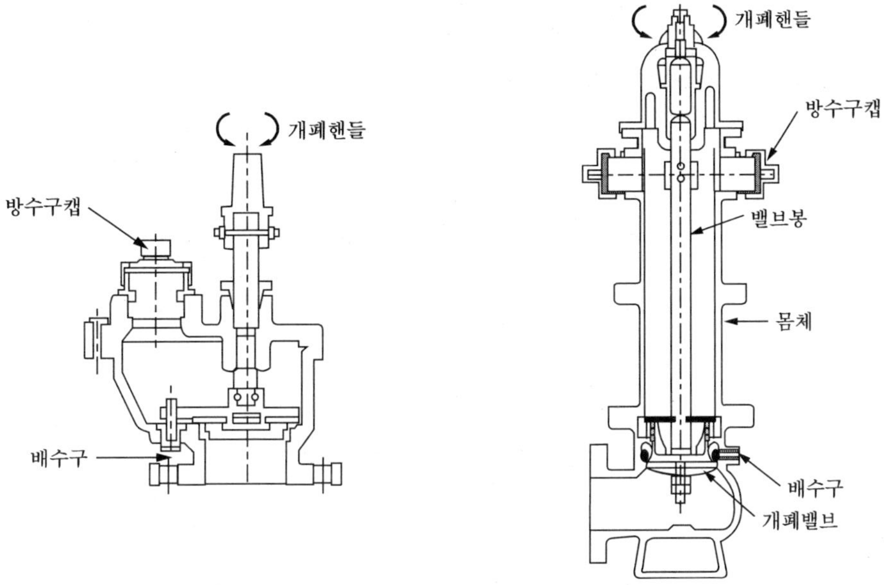

그림 4.21 옥외소화전밸브의 구조

나. 지하식 소화전

소화전 상부의 밸브 개방장치(밸브봉, 캡)가 건물 주위의 지반면에서 지중의 0.6 m 이내에 설치되어 지상에서 개폐기구를 이용하여 개방할 수 있도록 되어 있는 매립식 또는 지하식이라 한다. 즉, 지상식은 방수구가 지상에 설치되어 있는 반면에 지하식은 방수구가 지면 하에 설치되어 있는 방식이다. 지중에 설치하는 호스의 접결구는 지반 밑 0.3 m 이내의 위치에 설치하여야 하며, 지하식 옥외소화전설비를 매립식이라고도 하며, 대부분의 경우 지상식으로 설치되며 건물 외벽의 지반에서 1.5 m 이하의 곳에 소화전을 배치하는 측벽식이 있으나 이 방식은 지상식과 설치방법은 동일하므로 별도로 구분하지 않는 것이 일반적이다. 옥외소화전설비의 지상식과 지하식 소화전설비의 설치관계는 그림 4.22와 같다.

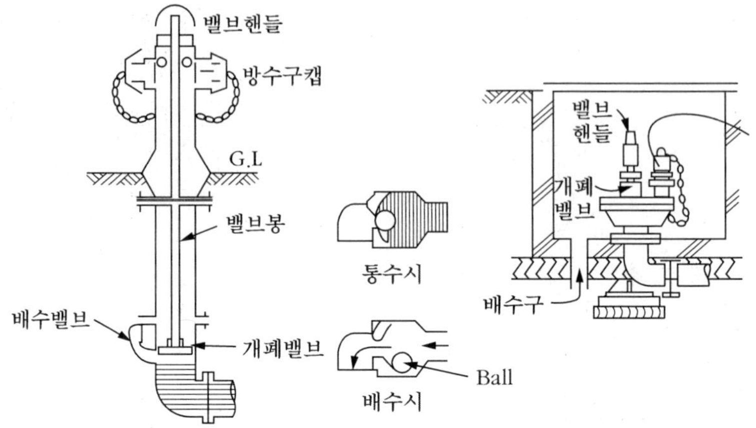

그림 4.22 옥외소화전설비의 설치

3) 설비기준

가. 수원

옥외소화전설비의 수원은 그 저수량이 옥외소화전의 설치개수(여기서 소화전의 설치개소는 옥외방수구의 수를 말하며 2개 이상 설치된 경우에는 2개소까지만 고려한다)가 7 m^3를 곱한 양 이상이 되도록 하여야 한다. 여기서 7 m^3라는 수량은 350 l/min × 20 min = 7,000 l = 7 m^3이 된다. 따라서 기준에서 정하고 있는 옥외소화전설비의 수원의 양은 14 m^3이 된다. 기타 수원의 설치에 관한 기술적인 내용은 옥내소화전설비의 수원의 종류 및 시설기준을 준용한다.

(1) 수원은 본 소화설비용으로 20분간을 사용할 수 있는 양 이상을 저장한다.

(2) 옥외소화전 2개를 동시에 방사할 경우에는 방사압력은 개당 0.25 MPa 이상, 방수량은 350 l/min 이상

(3) 옥외소화전설비의 수원은 상기 기준에 의하여 산출된 유효수량 외 유효수량의 3분의 1 이상을 옥상(옥외소화전설비가 설치된 건축물의 옥상)에 설치하여야 한다. 옥상수조(유효수량의 3분의 1 이상을 옥상에 설치)는 이와 연결된 배관을 통하여 상시 소화수를 공급할 수 있는 구조인 소방대상물인 경우에는 2 이상의 소방대상물이 있더라도 하나의 소방대상물에만 설치할 수 있다. 다만, 다음에 해당하는 경우에는 그러하지 않다.

① 옥상이 없는 건축물 또는 공작물

② 지하층만 있는 건축물

③ 고가수조를 가압송수장치로 설치한 옥외소화전설비

④ 수원이 건축물의 지분보다 높은 위치에 설치하는 경우

⑤ 건축물의 높이가 지표면으로부터 10 m 이하인 경우

⑥ 주펌프와 동등 이상의 성능이 있는 펌프에 비상전원을 연결하여 별도로 설치한 경우

(4) 옥외소화전설비의 수원을 수조로 설치하는 경우에는 소방설비의 전용수조로 하여야 한다. 다만, 다음에 해당하는 경우에는 그러하지 아니하다.

① 옥외소화전펌프의 후드밸브 또는 흡수배관의 흡수구(수직회전축펌프의 흡수구를 포함)를 다른 설비(소방용설비 외의 것)의 후드밸브 또는 흡수구보다 낮은 위치에 설치한 때

② 고가수조로부터 옥외소화전설비의 입상배관에 물을 공급하는 급수구를 다른 설비의 급수구보다 낮은 위치에 설치한 때

(5) 저수량을 산정함에 있어서 다른 설비와 겸용하여 옥외소화전설비용 수조를 설치하는 경우에는 옥외소화전설비의 후드밸브·흡수구 또는 입상배관의 급수구와 다른 설비의 후드밸브·흡수구 또는 입상배관의 급수구와의 사이 수량을 유효수량으로 한다.

참고 수원의 종류

- 자연수리(自然水利) : 하천, 호수, 연못 등
- 인공수리(人工水利) : 사설수도, 저수조(지하수조, 압력수조, 고가수조) 등

예제 04 옥외소화전의 1층에 7개소, 2층에 3개소가 설치된 경우 본 소화설비의 수원량과 펌프의 토출량은 얼마인가?

해설 수원의 양은 최대로 설치층의 개수로 산정(단, 2개소를 초과하는 경우는 2개로 한다)한다. 그러므로 350 l/min×20 min＝7 m^3. 따라서, 7×2＝14 m^3, 토출량(송수량)은 Q＝350 l/min×2개소＝700 l/min이 된다.

예제 05 소방법 기술기준에 적합하게 옥외소화전이 설치되어 있을 경우 필요한 가압장치 및 수원의 최저 토출량과 최저 수원의 양은 얼마인가?

해설 최저토출량 Q＝350 l/min, 확보량은 350 l/min×20 min＝7 m^{3}이다.

나. 옥외소화전설비용 수조의 설치기준

(1) 점검에 편리한 곳에 설치할 것

(2) 동결방지조치를 하거나 동결의 우려가 없는 장소에 설치할 것

(3) 수조의 외측에 수위계를 설치할 것. 다만, 구조상 불가피한 경우에는 수조의 맨홀 등을 통하여 수조 안의 물의 양을 쉽게 확인할 수 있도록 하여야 한다.
(4) 수조의 상단이 바닥보다 높은 때에는 수조의 외측에 고정식 사다리를 설치할 것
(5) 수조가 실내에 설치된 때에는 그 실내에 조명설비를 설치할 것
(6) 수조의 밑부분에는 청소용 배수밸브 또는 배수관을 설치할 것
(7) 수조의 외측의 보기 쉬운 곳에 "옥외소화전설비용 수조"라고 표시한 표지를 할 것. 이 경우 그 수조를 다른 설비와 겸용하는 때에는 그 겸용되는 설비의 이름을 표시한 표지를 함께 하여야 한다.
(8) 옥외소화전펌프의 흡수배관 또는 옥외소화전설비의 수직배관과 수조의 접속부분에는 "옥외소화전설비용 배관"이라고 표시한 표지를 할 것. 다만, 수조와 가까운 장소에 옥외소화전펌프가 설치되고 옥내소화전펌프의 규정에 따른 표지를 설치한 때에는 그러하지 아니하다.

다. 가압송수장치

옥외소화전설비의 가압송수장치는 당해 소방대상물에 설치된 옥외소화전을 동시에 사용할 경우 각 옥외소화전의 노즐선단(19 mm)의 방수압력이 0.25 MPa(2.5 kg/cm^2) 이상, 최고 방수압력은 0.7 MPa(7 kg/cm^2) 이하이어야 한다. 또한 방수량은 1분당 350 l 이상이 되는 성능의 것으로 하여야 한다. 그러나 화재안전기준에는 0.7 MPa(7 kg/cm^2)를 초과할 경우에는 옥내소화전설비와 마찬가지로 호스접결구의 인입측에 감압장치를 설치하여야 하는 것으로 되어 있으나 외국의 경우는 0.5 MPa(5 kg/cm^2)로 되어 있다. 가압송수장치의 설치에 관한 기준은 옥내소화전설비의 기준과 동일하므로 옥내소화전설비의 시설기준을 준용한다. 따라서 본 장에서 간단하게 요약하면 다음과 같다.

(1) 전동기 또는 내연기관에 의한 방식

전동기 및 내연기관을 이용하는 가압송수장치는 다음의 기준에 의하여 설치한다.

① 소방대상물에 설치된 옥외소화전(2개 이상 설치된 경우에는 2개의 옥외소화전)을 동시에 사용할 경우 각 옥외소화전의 노즐선단에서의 방수압력이 2.5 kg/cm^2 이상이고, 방수량이 350 l/min 이상 성능의 것으로 하여야 한다. 다만, 하나의 옥외소화전을 사용하는 노즐선단에서의 방수압력이 7 kg/cm^{2}를 초과할 경우에는 호스접결구의 인입측에 감압장치를 설치하여야 한다.

(가) 펌프의 토출량

$$Q = N \times 350\, l/\text{min}$$

여기서, N은 동시에 개방하는 옥외소화전의 수(옥외소화전 개수가 2인 이상인 경우는 2개로 하여 토출량을 산정한다.

(나) 펌프의 전양정(m)

$$H = H_1 + H_2 + H_3 + H_4 + H_5 + H_6 \ (25\ \mathrm{m})$$

여기서, H : 옥외소화전의 총양정(m)

H_1 : 펌프 흡입높이(양정 : m)

H_2 : 펌프 중심에서 옥외소화전이 설치된 위치까지의 높이(m)

H_3 : 직관 부분의 마찰손실수두(m)

H_4 : 관 이음쇠, 밸브류 등의 마찰손실수두(m)

H_5 : 호스의 마찰손실수두(m)

H_6 : 최상부 옥외소화전 방수압력의 환산수두(25 m)

> [위험물의 경우]
> 1) 수원의 수량은 옥외소화전의 설치개수(설치개수가 4개 이상은 4개의 옥외소화전)에 13.5 m^3를 곱한 양 이상이 되도록 설치할 것
> 2) 옥외소화전설비는 모든 옥외소화전(설치개수가 4개 이상인 경우는 4개의 옥외소화전)을 동시에 사용할 경우에 각 노즐선단의 방수압력이 350 kPa 이상이고, 방수량이 1분당 450 l 이상의 성능이 되도록 할 것

② 펌프는 전용으로 할 것. 다만, 다른 소화설비와 겸용하는 경우 각각의 소화설비의 성능에 지장이 없을 때에는 예외로 한다.

③ 펌프의 토출측에 설치하는 압력계는 체크밸브 이전에 펌프 토출측 플랜지에서 가장 가까운 곳에 설치하고, 흡입측에는 연성계 또는 진공계를 설치할 것. 다만, 수원의 수위가 펌프의 위치보다 높거나 수직회전축 펌프의 경우에는 연성계 또는 진공계를 설치하지 아니할 수 있다.

④ 가압송수장치에는 정격부하운전 시 펌프의 성능을 시험하기 위한 배관을 설치할 것. 다만, 충압펌프의 경우에는 그러하지 아니하다.

⑤ 가압송수장치에는 체절운전 시 수온의 상승을 방지하기 위한 순환배관을 설치

⑥ 기동장치로는 기동용 수압개폐장치나 성능시험기술기준에 적합한 압력스위치 또는 이와 동등 이상의 성능이 있는 것을 설치하고 기동용 수압개폐장치의 용적은 100 l 이상의 것으로 한다.

⑦ 수원의 수위가 펌프보다 낮은 위치에 있는 가압송수장치에는 다음의 기준에 의한 물올림장치를 설치할 것

(가) 물올림장치에는 전용의 수조를 설치할 것

(나) 수조의 유효수량은 100 l 이상으로 하되, 구경 15 mm 이상의 급수배관에 의하여 당해 수조에 물이 계속 보급되도록 할 것

⑧ 기동용 수압개폐장치를 기동장치로 사용할 경우에는 다음의 기준에 의한 충압펌프를 설치할 것. 다만, 옥외소화전이 각 층에 1개씩 설치된 경우로서 소화용 급수펌프로도 상시 충압이 가능하고 다음의 성능을 갖춘 경우에는 충압펌프를 별도로 설치하지 아니할 수 있다.

(가) 펌프의 정격토출압력은 설비의 최고위 호스접결구의 자연압보다 적어도 0.2 MPa (2 kg/cm^2)이 더 크도록 하거나 가압송수장치의 정격토출압력과 같게 할 것

(나) 펌프의 정격토출량은 정상적인 누설량보다 적어서는 안 되며, 옥외소화전설비가 자동적으로 작동할 수 있도록 충분한 토출량을 유지하여야 한다.

⑨ 내연기관을 사용하는 경우에는 다음의 기준에 적합한 것으로 할 것.

(가) 내연기관의 기동은 기동용 수압개폐장치 또는 압력스위치를 사용하지 아니할 경우에는 소화전함의 위치에서 원격조작이 가능하고 기동을 명시하는 적색등을 설치하여야 한다.

(나) 제어반에 의하여 내연기관의 자동기동 및 수동기동이 가능하고, 상시 충전되어 있는 축전지설비를 갖출 것

⑩ 가압송수장치에는 "옥외소화전펌프"라고 표시한 표지를 하여야 한다. 이 경우 그 가압송수장치를 다른 설비와 겸용하는 때에는 그 겸용되는 설비의 이름을 표시한 표지를 함께 하여야 한다.

⑪ 가압송수장치가 기동이 된 경우에는 자동으로 정지되지 아니하도록 하여야 한다. 다만, 충압펌프인 경우에는 그러하지 아니하다.

예제 06 옥외소화설비의 전용 가압송수장치를 펌프방식으로 설치할 때 필요한 총 흡입양정은 얼마인가? (단, 흡입양정은 4.5 m이고 직관 및 관부속류의 손실이 15 m이며 펌프로부터 옥외소화전이 설치된 위치까지의 수직거리는 6 m이고 기타의 손실은 무시한다.)

해설 $H = H_1 + H_2 + H_3 + H_4 + H_5 + H_6\,(25\,\mathrm{m})$의 식에서 호스의 마찰손실은 무시하므로,

$H = 4.5 + 6 + 15 + 25\mathrm{m} = 50.5\ \mathrm{m}$

(2) 고가수조(고가물탱크) 방식

고가수조의 자연낙차압력을 이용한 가압송수장치는 다음의 기준에 의하여 설치하여야 한다.

① 고가수조의 자연낙차압력(수조의 하단으로부터 최고층에 설치된 소화전 호스접결구까지의 수직거리)은 다음 식에 의하여 산출한 수치 이상이 되도록 할 것

$$H = h_1 + h_2 + 25$$

여기서, H : 필요한 낙차(m), h_1 : 소방용 호스 마찰손실수두(m)

h_2 : 배관의 마찰손실수두(m)

② 고가수조에는 수위계·배수관·급수관·오버플로우관 및 맨홀을 설치할 것

(3) 압력(탱크) 수조방식

소화수조, 즉 압력탱크에 1/3 정도는 물을 채우고 나머지 부분은 공기를 채워서 공기압축기를 이용한 규정 방수량과 압력을 낼 수 있도록 만들어진 탱크에 일정압력을 저장하여 1, 2층의 건물 외부 화재 시에 사용할 수 있도록 구성되어 있는 가압송수장치이다. 압력수조를 이용한 가압송수장치는 다음의 기준에 의하여 설치하여야 한다.

① 압력수조의 압력은 다음의 식에 의하여 산출한 수치 이상으로 할 것

$$P = P_1 + P_2 + P_3 + 0.25$$

여기서, P : 필요 압력(MPa), P_1 : 소방용 호스 마찰손실수두(MPa)

P_2 : 배관 및 관부속류의 마찰손실수두(MPa)

P_3 : 낙차 환산 수두압(MPa)

② 압력수조에는 수위계·급수관·배수관·급기관·맨홀·압력계·안전장치 및 압력저하방지를 위한 자동식 에어컴프레서를 설치할 것

(4) 가압수조를 이용한 가압송수장치

① 가압수조의 압력은 제1항제3호의 규정에 따른 방수량 및 방수압이 20분 이상 유지되도록 할 것

② 가압수조는 최대상용압력 1.5배의 물의 압력을 가하는 경우 물이 새지 않고 변형이 없을 것

③ 가압수조 및 가압원은 방화구획된 장소에 설치할 것

④ 가압수조에는 수위계·급수관·배수관·급기관·압력계·안전장치 및 수조에 소화수와 압력을 보충할 수 있는 장치를 설치할 것

⑤ 가압수조를 이용한 가압송수장치는 소방용 기계기구의 승인 등에 관한 규칙에 적합한 것으로 설치할 것

라. 배관

(1) 호스접결구는 소방대상물의 각 부분으로부터 하나의 호스접결구까지의 수평거리가 40 m 이하가 되도록 설치하여야 한다.

(2) 배관은 배관용 탄소강관(KS D3507) 또는 배관내 사용압력이 1.2 MPa 이상일 경우에는 압력배관용 탄소강관(KS D3562) 또는 이음매 없는 동 및 동합금(KS D5301)의 배관용 동관이나 이와 동등 이상의 강도·내식성 및 내열성을 가진 것으로 한다. 다만, 다음에 해당하는 장소에는 소방방재청장이 정하여 고시하는 성능시험기술기준에 적합한 소방용 합성수지배관으로 설치할 수 있다.

① 배관을 지하에 매설하는 경우

② 다른 부분과 내화구조로 구획된 덕트 또는 피트의 내부에 설치하는 경우

③ 공동주택·기숙사·교육연구시설·교정시설·종교시설·업무시설·의료시설 또는 동식물관련시설 등의 천장(상층이 있는 경우에는 상층바닥의 하단을 포함)과 반자를 불연재료로 설치하고 그 내부에 습식으로 배관을 설치하는 경우

(3) 급수배관은 전용으로 하여야 한다. 다만, 옥외소화전의 기동장치의 조작과 동시에 다른 설비의 용도에 사용하는 배관의 송수를 차단할 수 있거나, 옥외소화전설비의 성능에 지장이 없는 경우에는 다른 설비와 겸용할 수 있다.

(4) 펌프의 흡입측 배관은 다음 기준에 따라 설치한다.

① 공기 고임이 생기지 않은 구조로 하고 여과장치를 설치

② 수조가 펌프보다 낮게 설치된 경우에는 각 펌프(충압펌프를 포함한다)마다 수조로부터 별도로 설치할 것

(5) 펌프의 성능은 체절운전 시 정격토출압력의 140%를 초과하지 아니하고, 정격토출량의 150%로 운전 시 정격토출압력의 65% 이상이 되어야 하며 펌프의 성능시험배관은 다음 기준에 적합하여야 한다.

① 성능시험배관은 펌프의 토출측에 설치된 개폐밸브 이전에서 분기하여 설치하고, 유량측정장치를 기준으로 전단 직관부에 개폐밸브를 후단직관부에는 유량조절밸브를 설치할 것

② 유량측정장치는 성능시험배관의 직관부에 설치하되, 펌프의 정격토출량의 175% 이상 측정할 수 있는 성능이 있을 것

(6) 가압송수장치의 체절운전 시 수온상승방지를 위하여 체크밸브와 펌프사이에서 분기한 구경 20 mm 이상의 배관에 체절압력 미만에서 개방되는 릴리프밸브를 설치한다.

(7) 동결방지조치를 하거나 동결의 우려가 없는 장소에 설치하여야 한다.

(8) 급수배관에 설치되어 급수를 차단할 수 있는 개폐밸브(옥외소화전방수구를 제외)는 개폐표시형으로 하여야 한다. 이 경우 펌프의 흡입측배관에는 버터플라이밸브(볼형식의 것을 제외) 외의 개폐표시형밸브를 설치하여야 한다.

(9) 배관은 다른 설비의 배관과 쉽게 구분이 될 수 있는 위치에 설치하거나 그 배관표면 또는 배관의 보온재의 색상을 달리하는 방법 등으로 소방용 설비의 배관임을 표시하여야 한다. 사용배관에 따른 유효 유수량은 다음과 같다.

관 경	유수량	개 수
65 mm	350 *l*/min	1개
100 mm	700 *l*/min	2개
125 mm	1,050 *l*/min	3개

(10) 분기배관을 사용할 경우에는 한국소방산업기술원 또는 성능시험기관으로 지정받은 기관에서 그 성능을 검증받은 것으로 설치하여야 한다.

마. 소화전함 등

소화전함의 재질은 두께 1.5 mm 이상의 강판 또는 두께 4 mm 이상의 합성수지재로 하고, 문짝의 면적은 0.5 m^2 이상으로 하여 밸브의 조작, 호스의 수납 등에 충분한 여유를 가질 수 있도록 할 것. 연결송수관의 방수구를 같이 설치하는 경우에도 또한 같다. 함의 재질이 강판인 경우에는 염수분무시험방법(KS D9502)에 따라 시험한 경우 변색 또는 부식되지 아니하여야 하고, 합성수지재인 경우에는 내열성 및 난연성의 것으로서 80℃의 온도에서 24시간 이내에 열로 인한 변형이 생기지 아니하는 것으로 할 것.

(1) 옥외소화전마다 그로부터 5 m 이내의 장소에 소화전함을 설치하여야 한다.
   ① 10개소 이하 설치된 때에는 옥외소화전마다 5 m 이내의 장소에 1개 이상의 소화전함을 설치
   ② 11개소 이상 30개 이하 설치된 때에는 11개의 소화전함을 각각 분산하여 설치
   ③ 31개소 이상 설치된 때에는 옥외소화전 3개소마다 1개 이상의 소화전함을 설치

(2) 수납물은 호스 길이는 20 m 이상의 것 2개, 구경 19 mm의 노즐 1개를 수납하고 호스는 고무내장 및 면 호스를 사용하고 호칭지름에 따라 40 mm, 50 mm, 65 mm가 있으나 65 mm의 것을 사용한다.

(3) 방수압력(kg/cm^2)과 노즐의 구경(mm)에 대한 방사량 $Q[l/\text{min}]$은 다음 식을 이용한다.

$$Q = 0.653\,D^2\sqrt{P}\ [l/\text{min}]$$

(4) 옥외소화전설비의 소화전함 표면에는 "옥외소화전"이라고 표시한 표지를 하고, 가압송수

장치의 조작부 또는 그 부근에는 가압송수장치의 기동을 명시하는 적색등을 설치하여야 한다.

(5) 표시등의 기준

① 옥외소화전설비의 위치를 표시하는 표시등은 함의 상부에 설치하되, 그 불빛은 부착면으로부터 15도 이상의 범위 안에서 부착지점으로부터 10 m 이내의 어느 곳에서도 쉽게 식별할 수 있는 적색등으로 할 것

② 가압송수장치의 시동을 표시하는 표시등은 옥외소화전함의 내부 또는 그 직근에 설치하되 적색등으로 할 것

③ 적색등은 사용전압의 130%인 전압을 24시간 연속하여 가하는 경우에도 단선, 현저한 광속변화, 전류변화 등의 현상이 발생되지 아니할 것

바. 전원

옥외소화전설비에는 그 소방대상물의 수전 방식에 따라 다음의 기준에 의한 상용전원회로의 배선을 설치하여야 한다. 다만, 가압수조방식으로서 모든 기능이 20분 이상 유효하게 지속될 수 있는 경우에는 그러하지 아니하다.

(1) 저압수전인 경우에는 인입개폐기의 직후에서 분기하여 전용배선으로 한다.

(2) 특별고압수전 또는 고압수전일 경우에는 전력용 변압기 2차측의 주차단기 1차측에서 분기하여 전용배선으로 하되, 상용전원회로의 배선기능에 지장이 없을 경우에는 주차단기 2차측에서 분기하여 전용배선으로 할 수 있다. 다만, 가압송수장치의 정격입력전압이 수전전압과 같은 경우에는 제1호의 기준에 의한다.

사. 제어반

옥외소화전설비에는 제어반을 설치하되, 감시제어반과 동력제어반으로 구분하여 설치하여야 한다.

(1) 감시제어반과 동력제어반으로 구분하지 않아도 되는 경우

① 지하층을 제외한 층수가 7층 이상으로서 연면적이 2,000 m^2 이상인 것

② ①에 해당하지 아니하는 소방대상물로서 지하층의 바닥면적의 합계가 3,000 m^2 이상인 것. 다만, 차고·주차장 또는 보일러실·기계실·전기실 등 이와 유사한 장소의 면적은 제외한다.

③ 내연기관에 따른 가압송수장치를 사용하는 옥외소화전설비

④ 고가수조에 따른 가압송수장치를 사용하는 옥외소화전설비

⑤ 가압수조에 따른 가압송수장치를 사용하는 옥외소화전설비

(2) 감시제어반의 기능의 기준

① 각 펌프의 작동여부를 확인할 수 있는 표시등과 음향경보기능이 있을 것

② 각 펌프를 자동 및 수동으로 작동시키거나 중단시킬 수 있어야 한다.

③ 비상전원을 설치한 경우에는 상용전원 및 비상전원의 공급여부를 확인할 수 있어야 할 것

④ 수조 또는 물올림탱크가 저수위로 될 때 표시등 및 음향으로 경보할 것

⑤ 각 확인회로(기동용수압개폐장치의 압력스위치회로·수조 또는 물올림탱크의 감시회로를 말한다)마다 도통시험 및 작동시험을 할 수 있어야 할 것

⑥ 예비전원이 확보되고 예비전원의 적합여부를 시험할 수 있어야 할 것

(3) 감시제어반 및 동력제어반의 설치기준은 옥내소화전설비와 동일하므로 옥내소화전설비의 기준으로 참고하길 바란다. 단, 표기 및 표지판은 옥내소화전설비 대신 옥외소화전설비로 교체하여 표시하면 된다.

아. 배선 등

(1) 옥외소화전설비의 배선은「전기사업법」제67조의 규정에 의한 기술기준에서 정한 것 외에 다음 기준에 의하여 설치하여야 한다.

① 비상전원으로부터 동력제어반 및 가압송수장치에 이르는 전원회로배선은 내화배선으로 하여야 한다. 다만, 자가발전설비와 동력제어반이 동일한 실에 설치된 경우에는 자가발전기로부터 그 제어반에 이르는 전원회로배선은 그러하지 아니하다.

② 상용전원으로부터 동력제어반에 이르는 배선, 그 밖의 옥외소화전설비의 감시·조작 또는 표시등회로의 배선은 내화배선 또는 내열배선으로 하여야 한다. 다만, 감시제어반 또는 동력제어반의 감시·조작 또는 표시등회로의 배선은 그러하지 아니하다.

(2) 내화배선 및 내열배선에 사용되는 전선 및 설치방법은 옥내소화전설비의 화재안전기준(NFSC 102) 별표 1의 기준에 의한다.

(3) 옥외소화전설비의 과전류차단기 및 개폐기에는 "옥외소화전설비용"이라고 표시한 표지를 하여야 한다.

(4) 옥외소화전설비용 전기배선의 양단 및 접속단자에는 다음 기준에 따라 표지하여야 한다.

① 단자에는 "소화전단자"라고 표지한 표지를 부착한다.

② 옥외소화전설비용 전기배선의 양단에는 다른 배선과 식별이 용이하도록 표시한다.

자. 수원 및 가압송수장치의 펌프 등의 겸용

(1) 옥외소화전설비의 수원을 옥내소화전설비·스프링클러설비·간이스프링클러설비·화재조

기진압용 스프링클러설비·물분무소화설비 및 포소화설비의 수원과 겸용하여 설치하는 경우의 저수량은 각 소화설비에 필요한 저수량을 합한 양 이상이 되도록 하여야 한다. 다만, 이들 소화설비 중 고정식 소화설비(펌프·배관과 소화수 또는 소화약제를 최종 방출하는 방출구가 고정된 설비)가 2 이상 설치되어 있고, 그 소화설비가 설치된 부분이 방화벽과 방화문으로 구획되어 있는 경우에는 각 고정식 소화설비에 필요한 저수량 중 최대의 것 이상으로 할 수 있다.

(2) 옥외소화전설비의 가압송수장치로 사용하는 펌프를 옥내소화전설비·스프링클러설비·간이스프링클러설비·화재조기진압용 스프링클러설비·물분무소화설비 및 포소화설비의 가압송수장치와 겸용하여 설치하는 경우의 펌프의 토출량은 각 소화설비에 해당하는 토출량을 합한 양 이상이 되도록 하여야 한다. 다만, 이들 소화설비 중 고정식 소화설비가 2 이상 설치되어 있고, 그 소화설비가 설치된 부분이 방화벽과 방화문으로 구획되어 있으며 각 소화설비에 지장이 없는 경우에는 펌프의 토출량 중 최대의 것 이상으로 할 수 있다.

(3) 옥내소화전설비·스프링클러설비·간이스프링클러설비·화재조기진압용 스프링클러설비·물분무소화설비·포소화설비 및 옥외소화전설비의 가압송수장치에 있어서 각 토출측 배관과 일반급수용의 가압송수장치의 토출측 배관을 상호 연결하여 화재 시 사용할 수 있다. 이 경우 연결배관에는 개·폐표시형 밸브를 설치하여야 하며, 각 소화설비의 성능에 지장이 없도록 하여야 한다.

차. 설치·유지기준의 특례

소방본부장 또는 소방서장은 기존건축물이 증축·개축·대수선되거나 용도 변경되는 경우에 있어서 이 기준이 정하는 기준에 따라 당해 건축물에 설치하여야 할 옥외소화전설비의 배관·배선 등의 공사가 현저하게 곤란하다고 인정되는 경우에는 당해 설비의 기능 및 사용에 지장이 없는 범위 안에서 옥외소화전설비의 설치·유지기준의 일부를 적용하지 아니할 수 있다.

예제 07 소화전에 사용하는 노즐의 구경이 19 mm이고 방수압력이 2.5 kg/cm²일 때 이 노즐을 통하여 방수되는 방수량은 얼마인가?

해설 $Q = 0.653\, D^2 \sqrt{P}\ [l/\mathrm{min}] = 0.653 \times 19^2 \sqrt{2.5}\ \mathrm{kg/cm^2} = 372.73\ l/\mathrm{min}$

예제 08 다음 그림을 보고 옥외소화전설비의 설계에 필요한 사항을 구하여라.

해설

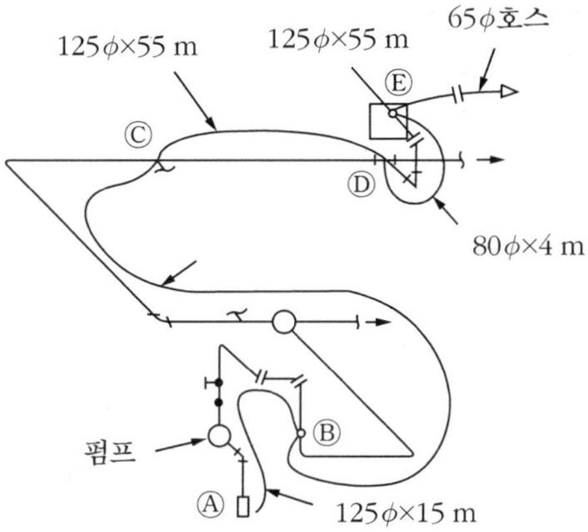

(1) 수원의 수량(V) : 동시 개방 수가 2개이므로, $V \geqq 7\,m^2 \times 2 = 14\,m^2$

(2) 펌프의 토출량(Q) : 소화전의 수는 최대 개수가 2개이므로,

$Q \geqq 350\,l/min \times 2 = 700\,l/min$

(3) 펌프의 전양정(H) : $H = H_1 + H_2 + H_3 + 25\,m$

① 흡입양정(H_1) : 3 m

② 배관의 마찰손실수두(H_2) : 4.11 m

(가) Ⓐ ~ Ⓑ 간(구간 125 mm, 유량 700 l/min)

- 직관 : 4.0 m, • 이음쇠, 밸브 : 63.21 m

  - 90° 엘보 4개×5.1m = 20.4 m
  - 개폐밸브 1개 = 0.81 m
  - 체크밸브 1개 = 21 m

- 후드밸브 1개 = 21 m

∴ Ⓐ ~ Ⓑ 간의 마찰손실수두는 $(15m + 63.21m) \times \frac{1.13}{100} \fallingdotseq 0.88\,m$

(나) Ⓑ ~ Ⓒ 간(구경 125 mm, 유량 700 l/min)

- 직관 : 175 m, • 이음쇠 : 30.9 m

  - 90° 엘보 4개×5.1m = 20.4 m
  - 90° 티(직류) 2개×1.5 = 3.0 m

- 90° 티(분류) 1개 = 7.5 m

∴ Ⓑ ~ Ⓒ 간의 마찰손실수두는 $(175m + 30.9m) \times \frac{1.13}{100} \fallingdotseq 2.33\,m$

㈐ Ⓒ ~ Ⓓ 간(구경 125 mm, 유량 350 l/min)

- 직관 : 55 m,   • 이음쇠 : 7.5 m
- 90° 티(분류) 4개 = 7.5 m

∴ Ⓒ ~ Ⓓ 간의 마찰손실수두는 $(55\text{m}+7.5\text{m})\times\dfrac{0.31}{100} ≒ 0.19\text{ m}$

㈑ Ⓓ ~ Ⓔ 간(구경 80 mm, 유량 130 l/min)

- 직관 : 4.0 m,   • 이음쇠, 밸브 : 17.5 m

  ┌ 90° 엘보 2개×3.0m = 6.0 m
  └ 소켓 1개 = 1.3 m

- 밸브(앵글밸브) 65 m, 1개 = 10.2 m

∴ Ⓓ ~ Ⓔ 간의 마찰손실수두는 $(4.0\text{m}+17.5\text{m})\times\dfrac{3.30}{100} ≒ 0.71\text{ m}$

따라서, 배관의 총 마찰손실수두는 ①+②+③+④ 이므로 4.11 m이다.

③ 호스의 마찰손실수두(H_3) : $15\text{m}+2\text{개}\times\dfrac{10}{100}=3.0\text{ m}$

④ 노즐 선단에서의 규정방수압 환산수두 : 25 m

따라서, 펌프의 전양정 $H=H_1+H_2+H_3$이므로 35.11 m이다.

$\therefore H = 3\text{m} + 4.11\text{m} + 3.0\text{m} + 25\text{m} = 35.11\text{ m}$

(4) 전동기 출력(P)

$$P \geq \frac{0.163\,QH}{E}K = \frac{0.163\times0.7\times35.11}{0.7}\times1.1 = 6.3\text{ kW}$$

여기서, Q : 펌프 토출량, H : 펌프양정, E : 효율, K : 여유율

연습문제

1. 옥내소화전설비

01. 옥내소화전설비가 각 층에 2개소씩 설치되어 있고 건물의 층고가 25 m(가압송장치가 설치되어 있는 층에서 최고층에 설치 소화전까지의 수직거리임)이고 흡입수두는 3 m이다. 다음 문제에 답하시오.
(1) 전양정(m)은 얼마인가?
(2) 가압장치를 펌프방식으로 할 경우의 펌프의 소요 토출량(l/min)은?
(3) 펌프의 효율은 65%이고 전달계수를 무시할 때 전동기의 용량은?

02. 가로 35 m, 세로 60 m인 소방대상물에 옥내소화전설비를 설치할 경우 다음 문제에 답하시오.
(1) 본 대상에 설치해야 하는 소화전의 설치개소는?
(2) 가압장치를 펌프방식으로 할 경우의 펌프의 소요토출량(l/min)은?

03. 가압송수장치의 종류를 들고 각 시스템별로 도면을 첨부하여 자세히 설명하시오.

04. 옥내소화전설비의 설치 대상물건에 대하여 설명하시오.

05. 옥내소화전에 사용하는 펌프의 성능시험(성능곡선을 활용)에 대하여 설명하시오.

06. 옥내소화전설비의 규정 방수압력과 방수량은 얼마인가?

07. 옥내소화전설비의 주배관 및 소화전함에 설치하는 개폐밸브의 지름은 몇 mm 이상의 것으로 설치해야 하는가?

08. 옥내소화전의 노즐 선단의 방수압력이 0.35 MPa(3.5 kg/cm^2)일 때 방수량은 얼마인가?

09. 물올림장치의 설치가 필요한 경우에 대하여 설명하고 그 설치기준에 대하여 설명하시오.

10. 노즐 선단의 방수량이 분당 300 l이고 사용한 노즐의 구경이 13 mm일 때 방수압력은 몇 kg/cm^2이 되겠는가?

11. 안지름이 100 mm, 길이 240 m의 관로를 통하여 매분 800 l의 물을 높이 60 m의 옥내소화전에서 방수하려고 한다. 다음 물음에 대하여 답하시오(단, 펌프 효율은 0.6, 마찰계수 0.035, 전달계수 1.0으로 하고, 호스마찰손실은 5 m로 한다. 기타사항은 무시할 것).

(1) 관내를 흐르는 물의 평균유속(m/s)은 얼마인가?

(2) 관로의 마찰손실수두는 몇 m인가?

(3) 펌프의 소요동력(kW)은 얼마로 해야 하는가?

12. 옥내소화전설비의 소화전함을 열고 호스 노즐을 통하여 10분간 방수하면서 받아 낸 물의 양을 측정해 보니 2400 l이었다. 이 노즐에서의 방수압은 얼마인가? (단, 이 노즐의 K값(방출계수)은 100이다.)

13. 옥내소화전을 위한 고가수조를 설치하려고 한다. 소방용 호스의 마찰손실수두를 4 m, 배관의 마찰손실수두를 3 m라고 할 때 고가수조는 최소한 몇 m 위치에 설치하여야 하는가?

14. 옥내소화전설비의 감시제어반이 갖추어야 할 기능을 5가지만 기술하시오.

15. 옥내소화전이 2개소 설치되어 있고 수원의 공급은 모터 펌프로 한다. 수원으로부터 가장 먼 소화전의 앵글밸브까지의 요구되는 수두(水頭)가 29.4 m라고 할 때 모터의 용량은 몇 kW 이상이어야 하는가? (단, 호스 및 관창의 마찰손실수두는 3.6 m, 펌프의 효율은 0.65이며, 전동기에 직결한 것으로 한다.)

16. 노즐에서의 방수압력과 방수량 사이에는 $Q=K\sqrt{P}$의 관계가 있다. 이 식에서 Q의 단위를 gpm(galon/min), P의 단위를 psi로 취했을 때 K의 값이 30이라면, Q 및 P의 단위를 각각 lpm, kgf/cm^2로 환산할 경우 K의 값은 얼마가 되는가? (단, 1 gal = 3.785 l, 1 kgf/cm^2 = 14.223 psi이다.)

17. 단수가 6인 어느 수평 회전축 소화펌프를 운전시키면서 흡입구로 들어가는 물의 수압을 측정하였더니 0.06 MPa(0.6 kgf/cm^2)이고, 토출측에서는 1.26 MPa(12.6 kgf/cm^2)이었다. 펌프 몸체 내에 있는 하나의 회전차(임펠러)는 몇 MPa(kgf/cm^2)의 가압능력을 가지고 있는가? (단, 펌프 내부의 물의 에너지 손실은 없다고 가정하고 물의 속도수두는 무시한다.)

18. 지름이 10 cm인 소방 호스에 구경이 3 cm인 노즐 팁이 부착되어 있고, 1.5 m^3/min의 물을 대기 중으로 방수할 경우 다음 물음에 답하시오 (단, 유동에는 마찰이 없는 것으로 한다).

(1) 소방 호스의 평균유속(m/s)을 구하시오.

(2) 소방 호스에 연결된 방수 노즐의 평균유속(m/s)을 구하시오.

(3) 노즐(nozzle)을 소방 호스에 부착시키기 위한 플랜지 볼트에 작용하고 있는 힘(F_1)을 구하시오 (단위는 N으로 할 것).

19. 어느 옥내소화전의 개폐밸브(앵글밸브)를 열고 유량과 압력을 측정하였더니 보기와 같았다. 소화전에서 유량을 200 lpm으로 하려면 압력(P_2)은 얼마인가?

[보 기]

관창에서 압력(P_1) : 1.7 kgf/cm^2, 관창에서 유량(Q_1) : 130 lpm

20. 어떤 소방대상물에 옥외소화전 5개를 소방법, 동시행령 및 시행규칙 등과 다음 조건에 따라 설치하려고 한다. 다음 각 물음에 답하시오.

[조 건]

① 옥외소화전은 지상용 A형을 사용한다.
② 펌프에서 첫째 옥외소화전까지의 직관 길이는 200 m, 관의 안지름은 100 mm
③ 펌프의 양정 H = 50 m, 효율 = 65%
④ 모든 규격값은 최소량을 적용한다.

21. 옥내소화전설비에서는 노즐 선단의 방수압이 0.7 MPa(7 kg/cm^2) 이상은 허용되지 않는다. 그 이유는 무엇인가?

22. 소방법상으로 옥내소화전 설비 대상 건축물로서 소화전 설치수가 지하 1층 2개소, 1~3층까지 각 4개소씩, 5, 6층에 각 3개소, 옥상층에는 시험용 소화전을 설치하였다. 본 건축물의 층고는 28 m(지층은 제외), 가압펌프의 흡입고 1.5 m, 직관의 마찰손실 6 m, 호스의 마찰손실 6.5 m, 이음쇠 밸브류 등의 마찰손실 8 m일 때 다음 물음에 답하시오 (단, 지하층의 층고는 3.5 m로 하고, 기타 사항은 무시한다).

(1) 본 소화설비 전용 수원의 확보 용량은 얼마 이상이어야 하는가? (단, 전용 수원 확보량은 법적 수원 확보량의 15%를 가산한 양으로 한다.)

(2) 옥내소화전용 가압송수장치의 펌프 토출량(m^3/min)은 얼마 이상이어야 하는가? (단, 펌프 토출량은 안전율 15%를 가산한 양으로 산정한다.)

(3) 가압송수장치를 지하층에 설치할 경우 펌프의 전양정(m)은 얼마로 해야 하는가?

(4) 가압송수장치의 전동기의 용량(kW)은 얼마 이상으로 설치해야 하는가? (단, $\eta=0.65$, $K=1.1$이다.)

(5) 옥상층(PH층)에서 옥내소화전의 수압력을 측정한 결과 70,000 kg/m²이었다. 이때의 유량계수를 결정하시오 (단, 유량은 펌프 토출량으로 하고, 노즐구경은 16 mm).

23. 옥내소화전설비를 작동시켜 호스의 관창으로부터 노즐의 선단 방수압력을 측정한 결과 0.25 MPa(2.5 kg/cm²)이었다. 이 노즐의 선단으로부터 방사되는 순간의 물의 유속은 몇 m/s인가? (단, 중력가속도는 9.8 m/s²이다.)

24. 가압송수장치에는 당해 옥내소화전의 노즐 선단에서 방수압력이 0.7 MPa(7 kg/cm²)을 초과하는 경우 감압장치를 설치해야 하는데, 이 방법으로는 크게 4가지로 나눌 수 있다. 이 4가지 방법의 종류를 쓰시오.

25. 옥내소화전설비의 소화전함을 열고 호스 노즐을 토하여 5분간 방수하면서 받아 낸 물의 양을 측정해 보니 1,000 l이었다. 이 노즐에서의 방수압은 얼마인가? (단, 이 노즐의 K(방출계수)는 100이다.)

26. 소방법상 옥내소화전 방수구를 설치하지 않는 장소를 5가지 기술하시오.

27. 다음은 펌프주위 배관 계통도이다. (1) 부당한 것 5개소를 지적하여 고치고, (2) 기호를 써서 그 이유를 설명하시오.

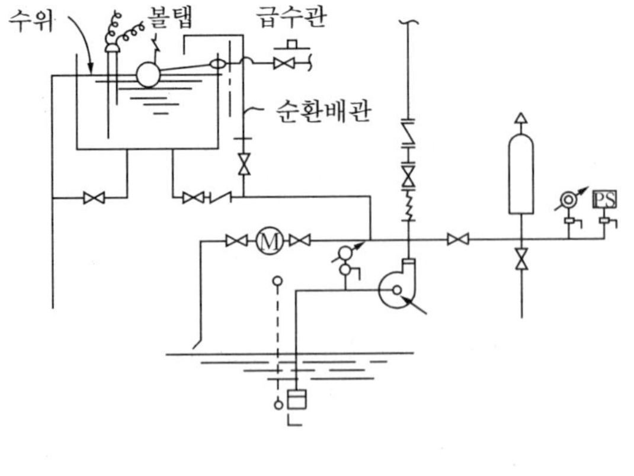

28. 탬퍼스위치(Tamper Switch)에 대하여 간단히 설명하시오.

29. 알람체크밸브의 리타딩챔버(Retarding Chamber)에 관하여 각 물음에 답하시오.

(1) 기능은 무엇인가?

(2) 내부구조도를 그리고 설명하시오.

(3) 작동원리를 설명하시오.

30. 다음과 같은 옥내소화전설비를 다음 조건과 소방법 등 시행령 및 시행규칙 등에 따라 설치하려 한다. 각 물음에 답하시오.

[조 건]

① P_1 : 옥내소화전 펌프
② P_2 : 잡용수 양수펌프
③ 펌프의 후드밸브로부터 9층 옥내소화전함의 호스접속구까지의 마찰손실 및 저항손실수두는 실양정의 30%로 한다.
④ 펌프의 효율은 65%이다.
⑤ 옥내소화전의 개수는 각 층 2개씩이다.
⑥ 소화 호스의 마찰손실수두는 7.8 m이다.

(1) 펌프의 최소유량은 몇 [l/min]인가?

(2) 수원의 최소 유효저수량은 몇 [m^3]인가?

(3) 펌프의 양정은 몇 [m]인가?

(4) 펌프의 축동력은 몇 [kW]인가?

(5) 체절운전 시 수온의 상승을 방지하기 위한 순환배관의 최소구경은 몇 [mm]인가?

(6) 물올림장치용 탱크의 최소 유효수량은 몇 [l]인가?

(7) 주배관용 입상관의 최소구경은 몇 [mm] 이상인가?

31. 다음에서 소화용수로 유용한 수량(m^3)을 구하시오(단, 수조의 내면적은 30 m^2이다).

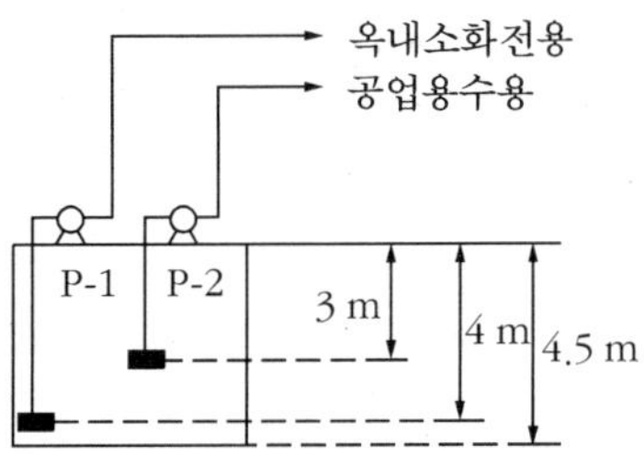

32. 옥내소화전설비에는 제어반을 설치하되 감시제어반과 동력제어반으로 구분하여 설치하여야 한다. 감시제어반의 기능을 5가지만 쓰시오.

33. 그림과 같이 용기 내용적 3 m^3의 압력수조에 물을 채우고 하부에 방출계수가 80인 스프링클러헤드를 설치하였다. 이때 압력수조는 0.5 MPa(5 kg/cm^2)를 나타내고 있다. 만약 스프링클러헤드가 개방되어 물이 1 m^3 방출되는 순간에 방사되는 물의 양(l/min)은 얼마인가? (단, 헤드와 수조간의 마찰손실은 무시하는 것으로 하고 대기압은 0.1 MPa(1 kg/cm^2, 절대압력)이다.)

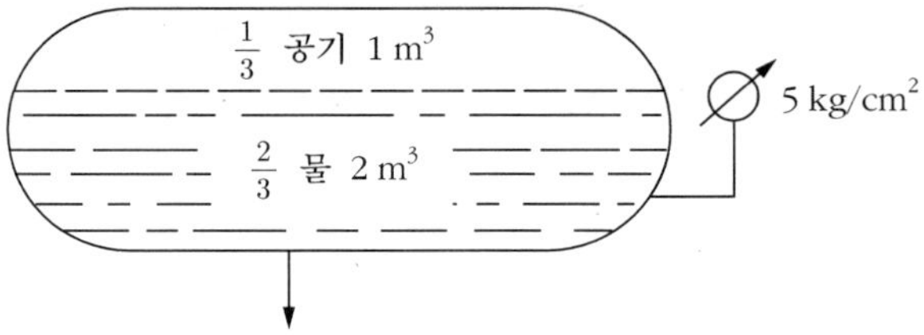

34. 소화펌프의 성능시험을 위하여 다음 그림과 같이 오리피스 방식의 유량측정장치를 설치하고 오리피스양측의 압력을 측정하였더니, 인입측 압력은 1 MPa(10 kg/cm^2), 토출측의 압력은 0.5 MPa(5 kg/cm^2)이었다. 이때의 유량(lpm)은 얼마인가? (단, 오리피스 k상수는 600이라고 가정한다.)

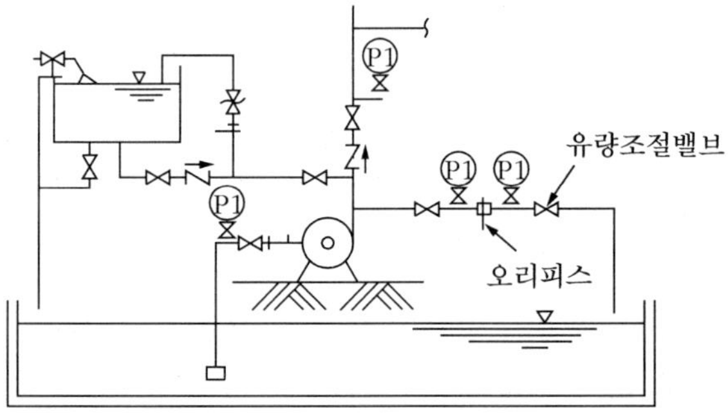

35. 어느 옥내소화전의 개폐밸브(앵글밸브)를 열고 유량과 압력을 측정하였더니 보기와 같았다. 이 소화전에서 유량을 200 lpm으로 하려면 압력(P_2)은 얼마가 되어야 하는가?

[보 기]

관창에서 압력(P_1) : 0.17 MPa(1.7 kgf/cm^2), 관창에서 유량(Q_1) : 130 lpm

36. 다음 그림에서 흡입배관과 토출배관의 구경이 같을 경우 펌프의 전양정은 얼마인가?

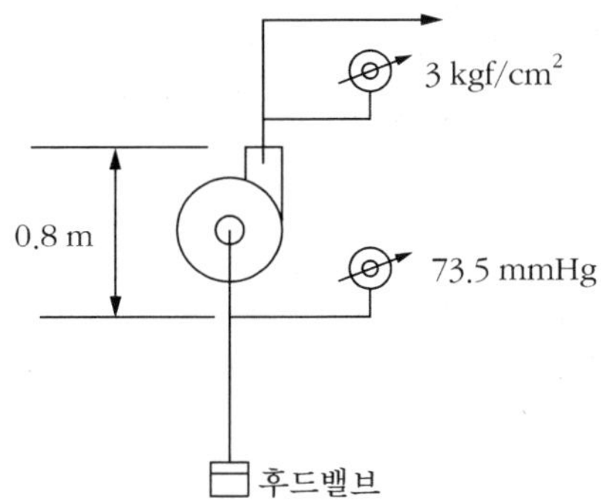

37. 다음 그림은 펌프의 기동용 수압개폐장치(압력챔버)와 그 주변과의 연관성을 나타내는 그림이다. 기동용 압력챔버 공기를 재충전하려고 할 때의 조작순서를 요약하여 답안지의 빈칸을 채우시오(단, 현재 펌프는 작동 중이라고 한다).

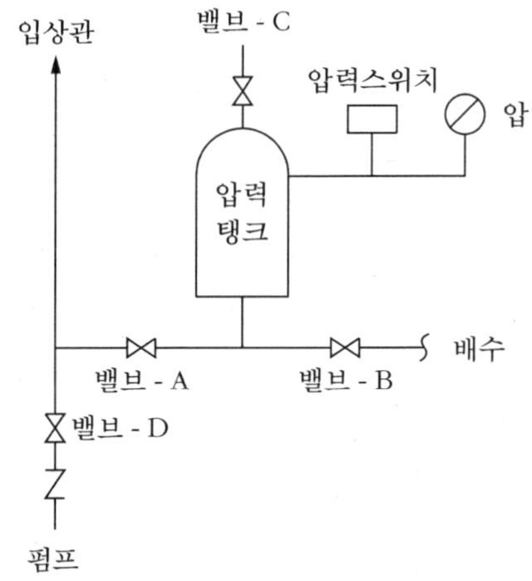

(1) 펌프를 정지시킨다.
(2) 밸브－(　　)를 폐쇄한 후 밸브－(　　)와 밸브－(　　)를 개방하고, (　　)한다.
(3) 밸브－(　　)와 밸브－(　　)를 폐쇄하고, (　　)를 기동한다.
(4) 밸브－A를 개방하여 압력탱크를 가압한다.
(5) 펌프를 압력탱크의 압력스위치에 의하여 정지하도록 한다.

38. 옥내소화전을 설치 완료하고 최상층에 설치된 테스트밸브측의 압력을 측정한 결과 4.1 MPa(41 kg/ cm^2)이었다. 이 때 테스트밸브 노즐의 오리피스 구경이 15 mm이었다면 방수량은 대략 어느 정도인가? (단, 노즐의 흐름계수(Flow Coefficient)는 0.75이다.)

39. 옥내소화전설비에서 펌프의 소요 송수량이 390 l/min, 이때의 소요 양정압이 0.6 MPa(6 kg/cm^2)이면, 이 펌프의 운전에 필요한 전동기의 소요동력은 몇 [kW]인가? (단, 동력전달계수는 1.1, 펌프효율은 0.65이다.)

40. 옥내소화전설비의 소화전함을 열고 5분간 방수하면서 받아 낸 물의 양을 측정했더니 1,000 l이었다. 이 노즐에서 방수압은 얼마인가? (단, 이 노즐의 K값(방출계수)은 100이었다.)

41. 소화설비의 가압송수장치의 사용되는 물올림 장치(Priming Tank System)의 구성요소를 5가지만 쓰시오.

2. 옥외소화전설비

01. 옥외소화전설비를 펌프방식으로 하는 경우 펌프의 최대 토출량과 최대 수원의 양은 각각 얼마인가?

02. 건축물 1, 2층의 바닥면적의 합계가 9,000 m^{2}이고 1층은 가로가 100 m, 세로가 60 m이다. 이 건축물에 옥외소화설비를 펌프방식으로 설치할 때 다음 물음에 답하시오.
(1) 옥외소화전은 몇 개를 설치하여야 유효하게 포용할 수가 있겠는가?
(2) 펌프의 토출량은 얼마인가?
(3) 옥외소화전용 전용 수원의 확보량은 얼마 이상이 되어야 하는가?

03. 옥외소화전 노즐을 통하여 350 l/min이 방수되고 이때의 압력이 0.25 MPa(2.5 kg/m^2)이면 이 노즐의 구경은 몇 mm인가?

04. 옥외소화전설비의 호스접속구는 호칭구경이 얼마 이상의 것을 사용하여야 하는가?

05. 옥내소화전과 옥외소화전의 차이점에 대하여 3가지만 기술하시오.

06. 방수량이 400 l/min이고 노즐의 구경이 19 mm일 때 방수압력(kg/cm^2)은?

07. 옥외소화전의 포용반지름은 얼마인가?

08. 지상식과 지하식 옥외소화전설비에 대하여 설명하시오.

09. 옥외소화전설비에 방수압력이 얼마 이상인 경우에 감압장치를 설치해야 하는가?

10. 측정한 방수압력이 0.25 MPa(2.5 kg/cm^2)이고, 방수량이 420 l/min인 경우 노즐의 구경은 몇 mm인가?

11. 옥외소화전이 지상 1층에 5개소가 설치된 경우 소화전함의 설치관계를 설명하시오.

12. 옥외소화전설비에 사용하는 호스의 지름은 일반적으로 몇 mm의 것을 사용하는가?

13. 옥외소화전설비의 노즐에서의 선단 방수압력을 측정하는 방법에 대하여 기술하시오.

14. 아래의 ( )안에 알맞은 답을 쓰시오.

옥외소화전설비의 수원은 설치개수가 (①)개 이상 설치된 경우에는 (②)개에 (③) m^{3}를 곱한 양 이상이 되도록 하여야 한다. 옥외소화전의 가압송수장치는 설치된 옥외소화전을 동시에 사용할 경우 (④) 이상 설치된 경우에는 (⑤)개의 각 소화전의 노즐선단에서의 방수압력은 (⑥) MPa 이상이고 방수량은 1분당 (⑦) l 이상이 되는 성능의 것으로 하여야 한다. 옥외소화전함에는 (⑧)을 수납하고 옥외소화전으로부터 (⑨) m 이내의 장소에 설치한다. 그리고 소화전함 표면에는 (⑩)이라고 표시한 표지를 한다.

15. 관속의 유체에 혼합된 모래, 흙 등의 불순물을 제거하기 위해 밸브, 계기 등의 앞에 설치하며, 주철제의 몸체 속에 여과망이 달린 둥근 통을 수직으로 놓은 것으로 유체는 망의 안쪽에서 바깥으로 흐른다. 주로 기름 배관에 많이 사용되어 오일 스트레이너라고도 하는데 이는 외형을 따서 붙여진 이름으로 (   )형 여과기라 한다. 다음 ( )안에 알맞은 말을 넣으시오.

16. 파이프시스템 설계 시 Moody 차트에서 배관길이의 마찰손실 이외에 소위 부차적 손실을 고려하게 된다. 부차적 손실을 주로 어떠한 부분에서 발생하는지 3가지만 기술하시오.

17. 두 개의 직관을 이을 때 또는 배관을 증설하거나 분기 또는 수리할 경우 파이프 전체를 회전시키지 않고, 너트를 회전하는 것으로 주로 구경 50 mm 이하의 배관에 사용하며 너트의 회전으로 접속, 분리가 가능한 관 부속품의 명칭은 무엇인가?

Memo

CHAPTER

5 소화용수설비 및 소화활동설비

1. 소화용수설비

국내화재안전기준에 의하면 소화용수설비라 함은 상수도소화용수설비(NFSC 401)와 소화수조 및 저수조(NFSC 402)로 구분하고 있다. 각 설비의 설치대상은 소방대상물의 규모나 환경조건에 따라 필요한 설비를 선정하여 설치한다. 여기서 말하는 소화용수설비는 각 수계소화설비에서 요구하는 전용수원을 확보하는 것과는 별도로 예비수원을 확보하는 것을 말한다. 따라서 본 고시에서 정하는 일정규모 이상이 되는 소방대상물에는 별도로 추가하여 소화용수설비에 필요한 수원을 확보해야 한다. 본 설비의 설치위치는 소방대원이 화재현장에 출동한 소방차가 쉽게 접근하여 사용할 수 있는 장소와 구조로 설치하여야 한다. 또한 본 설비의 설치목적은 소방차가 화재현장에 도착하기 전에 화재를 진압할 경우에는 문제가 없겠지만 화재가 확대되어 각 소화설비별로 설치된 수원만으로 화재를 진압하지 못하는 경우를 대비하여 현장에서 원활하게 소화수를 공급할 수 있도록 수원을 확보하기 위함이다. 즉, 소화용수설비는 언제 어디서나 화재현장에서 사용이 원활하도록 설치 및 관리되어야 한다. 본 설비는 화재를 직접 진압하기 위한 설비가 아니고 소방차 등 공공 소방력에 소방장비에서 필요로 하는 수원을 공급하여 소화활동을 원활하게 지원하는 설비이다. 적용범위는 소방시설 설치유지 및 안전관리에 관한 법률 제9조제1항 및 동법률 시행령 별표 4 소화용수설비의 소방시설 적용에 따른 상수도소화용수설비 및 소화수조 및 저수조를 설치하여 유지·관리하여야 한다.

1) 개요 및 시설 개요

상수도소화전은 엄밀하게 소화설비라고 할 수 없으며 소방차가 화재현장에 출동하여 화재시 추가로 소화수가 필요한 경우 상수도설비에 직접연결하여 급수를 받을 수 있는 소화활동을 지원하는 설비이다. 상수도소화전의 경우 도로에 설치하는 공설소화전은 소방기본법에 따라 시장이나 도지사가 유지·관리하여야 한다. 이와는 달리 상수도소화전은 소방대상물에 설치된 소방시설로서 이는 개인 소유 시설물이다. 상수도소화전을 보수하거나 교체하는 경우 상수도의 급수를 차단할 필요가 있으므로 반드시 상수도소화전 전단에 제수밸브를 설치하여야 한다. 또한 배관내부의 물이 잔류할 경우에 동파의 요인이 되므로 잔류수를 자연적으로 배출할 수 있는 자동배수밸브를 설치하여야 한다. 상수도소화전의 배관 계통도는 그림 5.1과 같다.

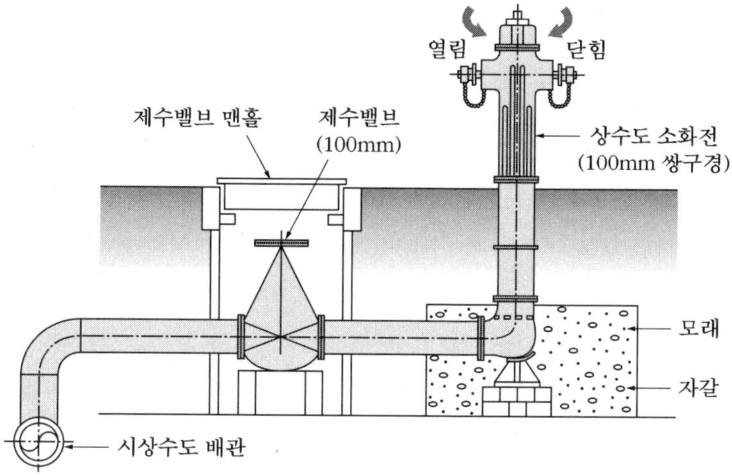

그림 5.1 상수도 소화전 개략도

2) 소화용수설비의 설치대상

가. 상수도소화용수설비

(1) 연면적 5,000 m^2 이상인 것. 다만, 가스시설, 지하구 또는 지하가 중 터널의 경우 제외한다.

(2) 가스시설로서 지상에 노출된 탱크의 저장용량의 합계가 100톤 이상인 것

(3) 상수도소화용수설비를 설치하여야 할 특정소방대상물의 각 부분으로 수평거리 140 m 이내에 공공의 소방을 위한 소화전이 화재안전기준의 정하는 바에 따라 적합하게 설치되어 있는 경우에는 설치가 면제된다.

적용기준	내 용
1. 연면적 5,000 m^2 이상	가스시설, 지하구 또는 지하가 중 터널 제외
2. 가스시설로서 지상에 노출된 탱크	저장용량의 합계가 100톤 이상

면제) 특정소방대상물의 각 부분으로 수평거리 140 m 이내에 공공의 소방을 위한 소화전이 있는 경우(공공의 소방을 위한 소화전이란 공설소화전을 의미한다)

나. 소화수조 또는 저수조

(1) 소화수조 또는 저수조는 수조를 설치하고 여기에 소화에 필요한 물을 항시 채워두는 것으로 채수구를 설치하고 소방차의 소방호스와 접결되는 구조로 되어 있어야 한다.

(2) 상수도소화용수설비를 설치하여야 하는 특정소방대상물의 대지 경계선으로부터 180 m 이내에 구경 75 mm 이상인 상수도용 배관이 설치되어 있지 아니한 지역에는 소화수조 또는 저수조를 설치하여야 한다.

3) 설치기준

가. 상수도소화용수설비

본 설비는 「수도법」에 따른 기준 외에 다음의 기준에 따라 설치하여야 한다. 수도법은 환경부에서 정한 법령으로 수도(水道)에 관한 종합적인 계획을 수립하고 수도를 적정하고 합리적으로 설치·관리하여 공중위생을 향상시키고 생활환경을 개선하게 하는 것을 목적으로 한 법령이다.

(1) 호칭지름 75 mm 이상 수도배관에 호칭지름 100 mm 이상의 소화전을 접속할 것
(2) 호칭지름 75 mm 이상 수도배관에 호칭지름 100 mm 이상의 소화전을 접속은 소방자동차 등의 진입이 쉬운 도로변 또는 공지에 설치할 것
(3) 호칭지름 75 mm 이상 수도배관에 호칭지름 100 mm 이상의 소화전을 접속할 경우 소화전은 소방대상물의 수평투영면의 각 부분으로부터 140 m 이하가 되도록 설치할 것

> [참고] 140 m의 기준 : 수평투영면적의 각 부분으로부터 수평거리이므로 건물 최상층 모서리 끝에서 상수도 소화전까지의 직선거리가 아니라 지상층 건물을 바닥면에다 수평으로 투영한 그림자의 1층 바닥면의 모서리 끝에서 상수도소화전까지의 직선거리를 뜻한다.

소방본부장 또는 소방서장은 기존건축물이 증축·개축·대수선되거나 용도 변경되는 경우에 있어서 이 기준이 정하는 기준에 따라 당해 건축물에 설치하여야 할 상수도소화용수설비의 배관 등의 공사가 현저하게 곤란하다고 인정되는 경우에는 당해 설비의 기능 및 사용에 지장이 없는 범위 안에서 상수도소화용수설비의 설치·유지기준의 일부를 적용하지 아니할 수 있다.

나. 소화수조 및 저수조

소화수조는 1997.7.29일 당시 소방법 시행령을 개정하여 소화수조를 의무적으로 설치하는 소방시설 대상에서 제외하고 상수도소화용수설비가 대상인 건물에서 주위에 수도배관이 없어 이를 설치할 수 없는 경우에 소화수조나 저수조를 설치할 수 있도록 대처되었다(소화수조 및 저수조의 화재안전기준(NFSC 402)).

(1) 소화수조, 저수조의 채수구(소방차의 소방호스와 접결되는 흡입구) 또는 흡수관투입구는 소방차가 2 m 이내의 지점까지 접근할 수 있는 위치에 설치한다.
(2) 소화수조 또는 저수조의 저수량은 소방대상물의 연면적을 다음 표에 따른 기준 면적으로 나누어 얻은 수(소수점 이하의 수는 1로 한다)에 20 m^3을 곱한 양 이상이 되도록 하여야 한다.

소방대상물의 구분	면 적
1. 1층 및 2층의 바닥면적 합계가 15,000 m^2 이상인 소방대상물	7,500 m^2
2. 제1호에 해당되지 아니하는 그 밖의 소방대상물	12,500 m^2

(3) 소화수조 또는 저수조의 흡수관투입구 또는 채수구 설치기준

① 지하에 설치하는 소화용수설비의 흡수관투입구는 그 한 변이 0.6 m 이상이거나 직경이 0.6 m 이상인 것으로 하고, 소요수량이 80 m^3 미만인 것에 있어서는 1개 이상, 80 m^3 이상인 것에 있어서는 2개 이상을 설치하여야 하며, “흡관투입구”라고 표시한 표지를 할 것

② 소화용수설비에 설치하는 채수구

(가) 채수구는 다음 표에 따라 소방용 호스 또는 소방용 흡수관에 사용하는 구경 65 mm 이상의 나사식 결합금속구를 설치할 것

소요수량	20 m^3 이상 40 m^3 미만	40 m^3 이상 100 m^3 미만	100 m^3 이상
채수구의 수	1개	2개	3개

(나) 채수구는 지면으로부터의 높이가 0.5 m 이상 1 m 이하의 위치에 설치하고 “채수구”라고 표시한 표지를 할 것

[참고] 채수구나 흡수관 투입구를 2개 모두 설치하는 것이 아니고 상황에 따라 1개만 설치하는 것으로 흡수관 투입구는 소방차의 자체펌프에 의하여 흡입을 하는 것이고 채수구는 소방대상물에 설치된 건물 자체의 펌프에 의하여 양수되는 것을 소방차가 흡입하는 것이다. 이에 비하여 지표면에서 수조 내부 바닥까지의 거리가 4.5 m 이상일 경우에는 소방차 펌프로 흡입이 불가능상태가 되어 흡수관 투입구를 사용할 수 없으므로 소방대상물 자체에 소화수조용 가압펌프를 설치하여 지상으로 송수하게 되면 소방차가 이를 흡입하는 것이고 이때 소방차의 소방호스를 접결하는 것이 채수구이다.

(4) 소화용수설비 설치 제외

소화수조를 설치하여야 할 소방대상물에 있어서 유수(流水)의 양이 0.8 m^3/min(800 lpm) 이상인 유수를 사용할 수 있는 경우는 소화수조를 설치하지 아니할 수 있다.

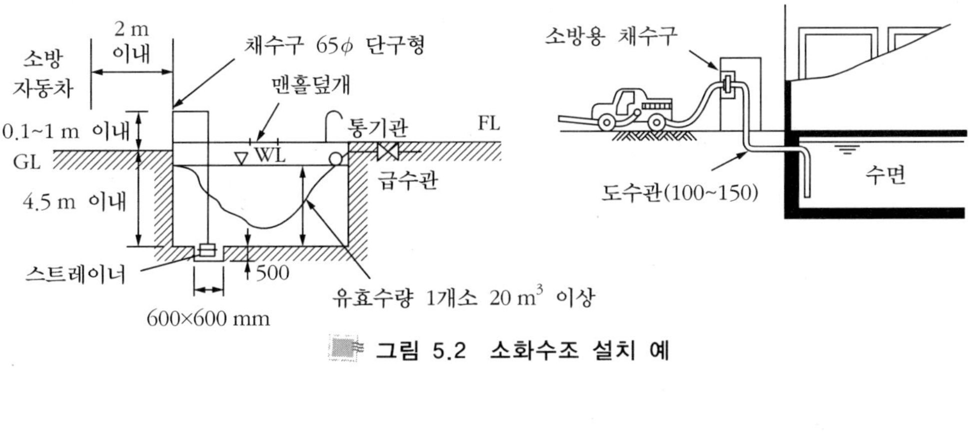

그림 5.2 소화수조 설치 예

다. 가압송수장치의 설치기준

(1) 소화수조 또는 저수조가 지표면으로부터의 깊이(수조 내부바닥까지의 길이)가 4.5 m 이상인 지하에 있는 경우에는 다음 표에 따라 가압송수장치를 설치하여야 한다. 다만, 규정에 따른 저수량을 지표면으로부터 4.5 m 이하인 지하에서 확보할 수 있는 경우에는 소화수조 또는 저수조의 지표면으로부터의 깊이에 관계없이 가압송수장치를 설치하지 아니할 수 있다.

소요수량	20 m^3 이상 40 m^3 미만	40 m^3 이상 100 m^3 미만	100 m^3 이상
가압송수장치의 1분당 양수량	1,100 l 이상	2,200 l 이상	3,300 l 이상

(2) 소화수조가 옥상 또는 옥탑의 부분에 설치된 경우에는 지상에 설치된 채수구에서의 압력이 0.15 MPa(1.5 kg/cm^2) 이상이 되도록 하여야 한다.

(3) 전동기 또는 내연기관에 따른 펌프를 이용하는 가압송수장치의 기준

① 쉽게 접근할 수 있고 점검하기에 충분한 공간이 있는 장소로서 화재 및 침수 등의 재해로 인한 피해를 받을 우려가 없는 곳에 설치할 것

② 동결방지조치를 하거나 동결의 우려가 없는 장소에 설치할 것

③ 펌프는 전용으로 할 것. 다만, 다른 소화설비와 겸용하는 경우 각각의 소화설비의 성능에 지장이 없을 때에는 예외로 한다.

④ 펌프의 토출측에는 압력계를 체크밸브 이전에 펌프 토출측 플랜지에서 가까운 곳에 설치하고, 흡입측에는 연성계 또는 진공계를 설치할 것. 다만, 수원의 수위가 펌프의 위치보다 높거나 수직회전축 펌프의 경우에는 연성계 또는 진공계를 설치하지 아니할 수 있다.

⑤ 가압송수장치에는 정격부하운전 시 펌프의 성능을 시험하기 위한 배관을 설치할 것

⑥ 가압송수장치에는 체절운전 시 수온의 상승을 방지하기 위한 순환배관을 설치할 것

⑦ 기동장치로는 보호판을 부착한 기동스위치를 채수구 직근에 설치할 것

⑧ 수원의 수위가 펌프보다 낮은 위치에 있는 가압송수장치에는 다음의 기준에 따른 물올림장치를 설치할 것

(가) 물올림장치에는 전용의 탱크를 설치할 것

(나) 탱크의 유효수량은 100 l 이상으로 하되, 구경 15 mm 이상의 급수배관에 따라 당해 탱크에 물이 계속 보급되도록 할 것

⑨ 내연기관을 사용하는 경우에는 다음의 기준에 적합한 것으로 할 것

(가) 내연기관의 기동은 채수구의 위치에서 원격조작으로 가능하고 기동을 명시하는 적색등을 설치할 것

(나) 제어반에 따라 내연기관의 기동이 가능하고 상시 충전되어 있는 축전지설비를 갖출 것

⑩ 가압송수장치에는 “소화용수설비펌프”라고 표시한 표지를 할 것. 이 경우 그 가압송수장치를 다른 설비와 겸용하는 때에는 그 겸용되는 설비의 이름을 표시한 표지를 함께 하여야 한다.

라. 소화용수설비의 유효수량

소화용수는 기본적으로 소화수조의 유효수량은 적어도 20 m^3 이상으로 되어야 한다. 여기서 말하는 유효수량은 지반면 아래 수심이 4.5 m 이내의 수량을 말한다. 그 이유는 소방펌프차가 소화수조를 이용하는 경우, 소방차에 적재하고 있는 흡수관을 수조에 투입하여 흡입이 가능한 범위이기 때문이다. 물론 유효수량은 소방대상물의 규모에 따라 필요한 수량이 결정되며 60 m^3의 유효수량을 설치할 때 반드시 1개의 소화수조에 설치하지 않아도 된다. 즉, 20 m^3 이상씩 나누어 3개의 소화수조에 분산하여 설치도 가능하다. 소화수조의 주요 점검사항은 소방자동차가 접근하는 데 장애가 없어야 하며, 수질의 보존 상태가 양호하여야 한다.

마. 유지기준의 특례

소방본부장 또는 소방서장은 기존건축물이 증축·개축·대수선되거나 용도 변경되는 경우에 있어서 이 기준이 정하는 기준에 따라 당해 건축물에 설치하여야 할 소화수조 및 저수조의 배관·배선 등의 공사가 현저하게 곤란하다고 인정되는 경우에는 당해 설비의 기능 및 사용에 지장이 없는 범위 안에서 소화수조 및 저수조의 설치·유지기준의 일부를 적용하지 아니할 수 있다.

예제 01 유수를 사용하는 소화용수설비의 경우 유수의 양이 1분당 얼마인가?

해설 소화수조 외에 연못이나 작은 천과 같은 경우 매분 0.8 m^3 이상이면 인정된다.

예제 02 1층 및 2층의 바닥면적의 합계가 30,000 m^2인 경우 소요수량은 얼마인가?

해설 $30,000 \div 7,500 \times 20 = 80\ m^3$ 이상을 저장하여야 한다.

예제 03 상수도 소화용수설비의 소화전은 구경이 얼마 이상의 상수도용 배수관에 접속하여야 하는가?

해설 호칭지름이 75 mm 이상의 수도배관에 100 mm 이상의 소화전을 접속한다.

2. 소화활동설비

소화활동설비는 소방대원의 화재진압 및 구조활동은 물론이고 거주자의 안전한 피난 등을 지원하기 위하여 설치하는 설비를 말한다. 화재가 발생하였을 때 발생하는 다양한 종류의 많은 연소생성가스를 방출하기 때문에 소화작업이나 구조활동 및 거주자의 피난에도 큰 장애를 주는 원인이 된다. 특히, 고층건축물이나 대규모 지하 공간으로 구성된 소방대상물의 경우는 더욱 일반 방호대상에 비하여 소화작업과 구조활동이 더욱 어렵다. 따라서 소화활동설비는 자체 소방대원이나 거주자가 사용하기 보다는 자체소방대원, 공공 소방대원 등 전문대원이 화재의 진압이나 거주가의 구조 등 소방활동을 원활하게 수행할 수 있도록 지원해 주는 설비이다. 즉, 연결송수관설비는 소방대에 의해 사용되는 타력설비이다. 연결송수관설비의 방수구는 소방대가 외부에서 침투하여 사용이 편리하도록 계단에서 5 m 이내에 설치하여야 한다. 소방호스는 평소에는 접결하지 않고 방수구함 내에 별도로 보관하는 것이다. 국내 화재안전기준에 고시된 소화활동설비의 종류는 제연설비, 연결송수관, 연결살수설비, 연소방지설비, 비상콘센트설비, 무선통신보조설비가 있다. 그러나 본 장에서는 이들 설비 중에서 비상콘센트설비와 무선통신보조설비는 전기시설론 시간에 다루고, 연기를 제어 및 방어는 제연설비는 기술적인 내용이 복잡하여 별도로 분리하여 제연공학 과목에서 자세하게 강의한다. 본 장에서 연결송수관설비, 연결살수설비, 연소방지설비 및 방화벽을 중심으로 다루었다.

1) 연결송수관설비

지하상가, 대규모 소방대상물의 내부에서 화재가 발생했을 때 화재신고를 접수하고 소방대원이 화재현장으로 출동하여 소방대원이 화재진압을 시작하기까지 필요한 시간은 상당한 시간이 요구된다. 만약, 화재발생 지점이 고층부분에서 발생한 경우로 가정했을 때 소방대원들은 호스를 끌어올리거나 어깨에 메고 고층부의 화재발생지점까지 운반하여 소화작업을 한다고 생각하면 본 설비가 왜 필요한지를 이해할 수 있을 것이다. 이와 같은 일련의 화재진압활동은 매우 어렵고 위험한 환경에서 작업하기 때문에 가능한 신속하게 화재진압 및 구조활동이 이뤄져야 한다. 예를 들면 소방대원이 방수작업을 개시하는데 많은 시간과 에너지가 소비된다는 것은 심각한 문제이다. 따라서 가능한 빠른 시간 내에 효과적으로 소화작업이 이루어질 수 있도록 하기 위하여 건축물 내부에 설치하여 소방대원이 사용할 수 있도록 한 설비가 연결송수관설비이다. 본 설비는 건물의 관리자 또는 거주가 사용하기 보다는 전문 소방대원이 소화활동을 하는데 사용하는 설비라 할 수 있다. 연결송수관 설비의 주요 구성요소는 옥내·외소화전설비와 비슷하다. 연결송수구, 송수배관, 방수함, 또한 초고층 건물인 경우는 규정의 방수압력과 방수량을 방사할 수 있는 가압송수장치를 설치하여야 한다. 본 설비의 계통도는 그림 5.3과 같으며 연결송수관설비의 배관은 옥내소화전설비의 배관과 겸용으로 설치하는 경우가 대부분이다.

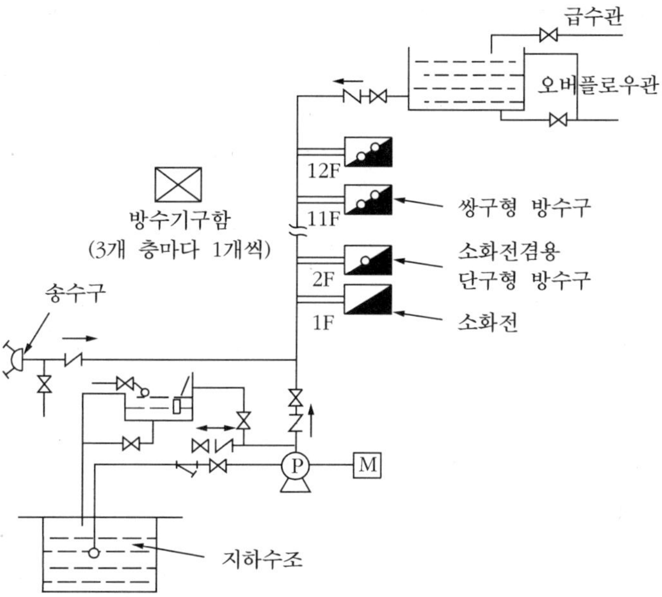

그림 5.3 연결송수관설비 계통도

가. 설치대상

설치하여야 할 소방대상물은 다음과 같으며, 가스시설 또는 지하구의 경우에는 제외한다.

(1) 층수가 5층 이상으로서 연면적 6,000 m^2 이상의 것

(2) 5층 이상으로서 연면적 6,000 m^2 이상에 해당하지 아니하는 소방대상물로서 층수가 7층 이상의 것

(3) (2)에 해당하지 않은 특정소방대상물로 지하층의 층수가 3 이상이고 지하층의 바닥면적의 합계가 1,000 m^2 이상인 것

(4) 지하가 중 터널로서 길이가 1,000 m 이상인 것

나. 설치 제외 대상

(1) 설치 면제

연결송수관설비를 설치해야 할 소방대상물에 옥외에 연결송수구 및 옥내에 방수가 부설된 옥내소화전설비, 스프링클러설비, 간이스프링클러설비 또는 연결살수설비를 적합하게 설치

한 경우에는 그 설비의 유효범위 안의 부분에서 설치가 면제된다.

(2) 설치 제외(방수구 설치 제외)

① 아파트 1층 및 2층

② 소방차 접근이 가능하고 소방대원이 소방차로부터 각 부분에 쉽게 도달할 수 있는 피난층

③ 송수구가 부설된 옥내소화전이 설치된 소방대상물(집회장, 관람장, 백화점, 도매시장, 소매시장, 판매시설, 공장, 창고시설, 지하가 제외)로서 다음에 해당하는 층

(가) 지상 4층 이하로서 연면적이 6,000 m^2 미만인 소방대상물의 지상층

(나) 지하층의 층수가 2 이하인 소방대상물의 지하층

다. 설비의 종류

연결송수관설비는 송수구, 배관, 방수기구함, 방수구, 격납함(호스, 방사형관창), 가압송수장치 등으로 구성되어 있으며 연결송수관설비의 종류는 다음과 같다.

(1) 습식연결송수관설비

높이가 31 m 이상 되는 건축물과 11층 이상의 건축물에 설치하는 연결송수관설비는 건축물의 옥상에 고가수조를 설치하여 여기에 연결송수관용 배관을 연결하여 송수구에 설치된 체크밸브에 이르는 배관까지 항상 물이 충만되어 있는 설비방식이다. 연결송수관설비를 습식배관방식으로 하는 목적은 고층건축물(높이 31 m 이상)과 11층 이상인 건축물의 외부에 설치된 송수구로 물을 공급받을 경우 배관 내가 건식상태로 되어 있게 되면 물이 배관 내를 흐르는 동안 발생하는 마찰손실과 시간을 줄이기 위함이다. 습식배관방식으로 하려면 옥내소화전배관과 공용하거나 옥상의 고가수조를 사용하는 자연낙차방식에 의한 것으로 건축물의 높이가 70 m 이상이 되는 경우에는 건축물의 중간층에 가압송수장치를 설치하여 시험방수가 설치된 옥상층에서도 법정 방수압력과 방수량이 유지되도록 하여야 한다.

(2) 건식연결송수관설비

건축물의 1층 벽면 또는 화단 벽면에 설치된 송수구로부터 건축물의 최상층에 설치된 방수구까지의 배관에 소화수가 충전되어 있지 않은 방식이다. 즉, 건식방식은 입상관에 물을 채워두지 않고 비워 놓은 방식으로 10층 이하의 저층 건물에 작용하며 소방펌프자로 물을 공급하는 설비이다.

라. 설치기준

(1) 송수구

① 소방펌프자동차가 쉽게 접근할 수 있고 노출된 장소에 설치한다.

② 지면으로부터 높이가 0.5 m 이상 1 m 이하의 위치에 설치한다.

③ 송수구는 화재층으로부터 지면으로 떨어지는 유리창 등이 송수 및 그 밖의 소화작업에 지장을 주지 아니하는 장소에 설치한다.

④ 송수구로부터 연결송수관설비의 주배관에 이르는 연결배관에 개폐밸브를 설치한 때에는 그 개폐상태를 쉽게 확인 및 조작할 수 있는 옥외 또는 기계실 등의 장소에 설치하여야 한다.

⑤ 구경 65 mm의 쌍구형으로 할 것

⑥ 송수구는 연결송수관의 수직배관마다 1개 이상을 설치할 것. 다만, 하나의 건축물에 설치된 각 수직배관이 중간에 개폐밸브가 설치되지 아니한 배관으로 상호 연결되어 있는 경우에는 건축물마다 1개씩 설치할 수 있다.

⑦ 송수구 부근에는 자동배수밸브 및 체크밸브를 다음 기준에 따라 설치. 이 경우 자동밸브는 배관 안의 물이 잘 빠질 수 있는 위치에 설치하되, 배수로 인하여 다른 물건이나 장소에 피해를 주지 아니하여야 한다.

(가) 습식의 경우는 송수구, 자동배수밸브, 체크밸브의 순으로 설치할 것

(나) 건식의 경우는 송수구, 자동배수밸브, 체크밸브, 자동배수밸브의 순으로 설치할 것

⑧ 송수구에는 가까운 곳의 보기 쉬운 곳에 "연결송수관설비 송수구"라고 표시한 표지를 설치할 것

⑨ 송수구에는 이물질을 막기 위한 마개를 씌울 것

(가) 습식의 경우는 송수구, 자동배수밸브, 체크밸브의 순으로 설치할 것

(나) 건식의 경우는 송수구, 자동배수밸브, 체크밸브, 자동배수밸브의 순으로 설치할 것 단, 연결송수관설비의 송수구를 옥내소화전설비·스프링클러설비·간이스프링클러설비·화재조기진압용 스프링클러설비·물분무소화설비·포소화설비 또는 연결살수설비와 겸용으로 설치하는 경우에는 스프링클러설비의 송수구 설치기준에 따르되 각각의 소화설비의 기능에 지장이 없도록 하여야 한다.

(2) 배관 등

① 주배관의 구경은 100 mm 이상의 것으로 할 것

② 지면으로부터의 높이가 31 m 이상인 소방대상물 또는 지상 11층 이상인 소방대상물에 있어서는 습식설비로 할 것

③ 연결송수관설비의 배관은 주배관의 구경이 100 mm 이상인 옥내소화전설비, 스프링클러설비 또는 물분무소화설비의 배관과 겸용할 수 있다.

④ 연결송수관설비의 수직배관은 내화구조로 구획된 계단실(부속실 포함) 또는 파이프 덕트 등 화재의 우려가 없는 장소에 설치하여야 한다. 다만, 학교 또는 공장이거나 배관 주위를 1시간 이상의 내화성능이 있는 재료로 보호하는 경우에는 그러하지 아니하다.

⑤ 분기배관을 사용할 경우에는 한국소방검정공사 또는 법 제42조제1항의 규정에 따라 성능시험기관으로 지정받은 기관에서 그 성능을 검증받은 것으로 설치하여야 한다.

(3) 방수구

① 방수구는 아파트 또는 바닥면적이 1,000 m^2 미만인 층에 있어서는 계단(계단의 부속실을 포함하며 계단이 2 이상 있는 경우에는 그 중 1개의 계단)으로부터 5 m 이내에, 연면적 1,000 m^2 이상인 층(아파트를 제외)에 있어서는 각 계단(계단의 부속실을 포함하며 계단이 3개 이상 있는 층의 경우에는 그 중 2개의 계단)으로부터 5 m 이내에 설치하되, 그 방수구로부터 그 층의 각 부분까지의 수평거리가 다음 기준을 초과하는 경우에는 그 기준 이하가 되도록 방수구를 추가하여 설치하여야 한다.

(가) 지하가(터널은 제외) 또는 지하층의 바닥면적의 합계가 3,000 m^2 이상인 것은 수평거리 25 m

(나) 지하가(터널은 제외) 또는 지하층의 바닥면적의 합계가 3,000 m^2 이상에 해당하지 아니하는 것은 50 m

② 11층 이상의 부분에 설치하는 방수구는 쌍구형으로 하여야 한다. 다만, 다음에 해당하는 층에는 단구형으로 설치할 수 있다.

(가) 아파트의 용도로 사용되는 층

(나) 스프링클러설비가 유효하게 설치되어 있고 방수구가 2개소 이상 설치된 층

③ 방수구의 호스접결구는 바닥으로부터 높이 0.5 m 이상 1 m 이하에 위치할 것

④ 방수구는 연결송수관설비의 전용방수구 또는 옥내소화전방수구로서 구경 65 mm의 것으로 하여야 한다.

⑤ 방수구의 위치표시는 표시등이나 발광식 또는 축광식 표지로 하되 다음의 기준에 따라 설치할 것

(가) 표시등을 설치하는 경우에는 함의 상부에 설치하되, 그 불빛은 부착면으로부터 15° 이상의 범위 안에서 부착지점으로부터 10 m 이내의 어느 곳에서도 쉽게 식별할 수 있는 적색등으로 할 것

(나) (가) 규정에 따른 적색등은 사용전압의 130%인 전압을 24시간 연속하여 가는 경우에도 단선, 현저한 광속변화, 전류변화 등의 현상이 발생되지 아니할 것

(다) 발광식 또는 축광식 표지를 설치하는 경우에는 유도등 및 유도표지의 화재안전기준(NFSC 303) 제8조제3항의 기준에 적합할 것

⑥ 방수구는 개폐기능을 가진 것으로 하며, 평상시에는 닫힌 상태를 유지할 것

(4) 방수기구함

① 방수기구함은 방수구가 가장 많이 설치된 층을 기준하여 3개 층마다 설치하되, 그 층의 방수구마다 보행거리 5 m 이내에 설치할 것

② 방수기구함에는 길이 15 m의 호스와 방사형관창을 다음의 기준에 따라 비치

(가) 호스는 방수구에 연결하였을 때 그 방수구가 담당하는 구역의 각 부분에 유효하게 물이 뿌려질 수 있는 개수 이상을 비치할 것. 이 경우 쌍구형 방수구는 단구형 방수구의 2배 이상의 개수를 설치하여야 한다.

(나) 방사형 관창은 단구형 방수구의 경우에는 1개, 쌍구형 방수구의 경우에는 2개 이상 비치할 것

③ 방수기구함에는 "방수기구함"이라고 표시한 표지를 할 것

(5) 가압송수장치

지표면에서 최상층 방수구의 높이가 70 m 이상의 소방대상물에는 다음 기준에 따라 연결송수관설비의 가압송수장치를 설치하여야 한다.

① 쉽게 접근할 수 있고 점검하기에 충분한 공간이 있는 장소로서 화재 및 침수 등의 재해로 인한 피해를 받을 우려가 없는 곳에 설치할 것

② 동결방지조치를 하거나 동결의 우려가 없는 장소에 설치할 것

③ 펌프는 전용으로 할 것. 다만, 다른 소화설비와 겸용하는 경우 각각의 소화설비의 성능에 지장이 없을 때에는 예외로 한다.

④ 펌프의 토출측에는 압력계를 체크밸브 이전에 펌프 토출측 플랜지에서 가까운 곳에 설치하고, 흡입측에는 연성계 또는 진공계를 설치할 것. 다만, 수원의 수위가 펌프의 위치보다 높거나 수직회전축 펌프의 경우에는 연성계 또는 진공계를 설치하지 아니할 수 있다.

⑤ 가압송수장치에는 정격부하운전 시 펌프의 성능을 시험하기 위한 배관을 설치할 것. 다만, 충압펌프의 경우에는 그러하지 아니하다.

⑥ 가압송수장치에는 체절운전 시 수온의 상승을 방지하기 위한 순환배관을 설치할 것. 다만, 충압펌프의 경우에는 그러하지 아니하다.

⑦ 펌프의 토출량은 2,400 *l*/min(계단식 아파트의 경우에는 1,200 *l*/min) 이상이 되는 것으로 할 것. 다만, 당해 층에 설치된 방수구가 3개를 초과(방수구가 5개 이상인 경우에는 5개)하는 것에 있어서는 1개마다 800 *l*를 가산한 양이 되는 것으로 할 것

⑧ 펌프의 양정은 최상층에 설치된 노즐선단의 압력이 0.35 MPa 이상의 압력이 되도록 할 것

⑨ 가압송수장치는 방수구가 개방될 때 자동으로 기동되거나 또는 수동스위치의 조작에 따라 기동되도록 할 것. 이 경우 수동스위치는 2개 이상을 설치하되, 그 중 1개는 다음 기준에 따라 송수구의 부근에 설치하여야 한다.

(가) 송수구로부터 5 m 이내의 보기 쉬운 장소에 바닥으로부터 높이 0.8 m 이상 1.5 m 이하로 설치할 것

(나) 1.5 mm 이상의 강판함에 수납하여 설치할 것. 이 경우 문짝은 불연재료로 설치할 수 있다.

(다) 「전기사업법」 제67조의 규정에 따른 기술기준에 따라 접지하고 빗물 등이 들어가지 아니하는 구조로 할 것

⑩ 기동용 수압개폐장치를 사용할 경우 그 용적은 100 *l* 이상의 것으로 할 것

⑪ 수원의 수위가 펌프보다 낮은 위치에 있는 가압송수장치에는 다음의 기준에 따른 물올림장치를 설치할 것

(가) 물올림장치에는 전용의 탱크를 설치할 것

(나) 탱크의 유효수량은 100 *l* 이상으로 하되, 구경 15 mm 이상의 급수배관에 따라 당해 탱크에 물이 계속 보급되도록 할 것

⑫ 기동용 수압개폐장치를 기동장치로 사용할 경우에는 다음의 기준에 따른 충압펌프를 설치할 것. 다만, 소화용 급수펌프로도 상시 충압이 가능하고 다음의 성능을 갖춘 경우에는 충압펌프를 별도로 설치하지 아니할 수 있다.

(가) 펌프의 토출압력은 그 설비의 최고위 호스접결구의 자연압보다 적어도 0.2 MPa이 더 크도록 하거나 가압송수장치의 정격토출압력과 같게 할 것

(나) 펌프의 정격토출량은 정상적인 누설량보다 적어서는 아니되며, 연결송수관설비가 자동적으로 작동할 수 있도록 충분한 토출량을 유지할 것

⑬ 내연기관을 사용하는 경우에는 다음의 기준에 적합한 것으로 할 것

(가) 내연기관의 기동은 기동장치의 기동을 명시하는 적색등을 설치할 것

(나) 제어반에 따라 내연기관의 자동기동 및 수동기동이 가능하고, 상시 충전되어 있는 축전지설비를 갖출 것

⑭ 가압송수장치에는 "연결송수관펌프"라고 표시한 표지를 할 것. 이 경우 그 가압송수장치를 다른 설비와 겸용하는 때에는 그 겸용되는 설비의 이름을 표시한 표지를 함께 하여야 한다.

⑮ 가압송수장치가 기동이 된 경우에는 자동으로 정지되지 아니하도록 한다. 다만, 충압펌프의 경우에는 그러하지 아니하다.

(6) 전원시설

① 가압송수장치의 상용전원회로의 배선 및 비상전원은 다음 기준에 따라 설치

(가) 저압수전인 경우에는 인입개폐기의 직후에서 분기하여 전용배선으로 할 것

(나) 특별고압수전 또는 고압수전일 경우에는 전력용 변압기 2차측의 주차단기 1차측에서 분기하여 전용배선으로 하되, 상용전원회로의 배선기능에 지장이 없을 경우에는 주차단기 2차측에서 분기하여 전용배선으로 할 것. 다만, 가압송수장치의 정격입력전압이 수전전압과 같은 경우에는 (가) 기준에 따른다.

② 비상전원은 자가발전설비 또는 축전지설비(내연기관에 따른 펌프를 사용하는 경우에는 내연기관의 기동 및 제어용 축전지)로서 다음 기준에 따라 설치한다.

(가) 점검에 편리하고 화재 및 침수 등의 재해로 인한 피해를 받을 우려가 없는 곳에 설치할 것

(나) 옥내소화전설비를 유효하게 20분 이상 작동할 수 있도록 할 것

(다) 상용전원으로부터 전력의 공급이 중단된 때에는 자동으로 비상전원으로부터 전력을 공급받을 수 있도록 할 것

(라) 비상전원의 설치장소는 다른 장소와 방화구획 할 것. 이 경우 그 장소에는 비상전원의 공급에 필요한 기구나 설비 외의 것(열병합발전설비에 필요한 기구나 설비는 제외)을 두어서는 아니된다.

(마) 비상전원을 실내에 설치하는 때에는 그 실내에 비상조명등을 설치할 것

(7) 배선 등

① 연결송수관설비의 배선은「전기사업법」제67조의 규정에 따른 기술기준에서 정한 것 외에 다음의 기준에 따라 설치하여야 한다.

(가) 비상전원으로부터 동력제어반 및 가압송수장치에 이르는 전원회로배선은 내화배선으로 할 것. 다만, 자가발전설비와 동력제어반이 동일한 실에 설치된 경우에는 자가발전기로부터 그 제어반에 이르는 전원회로배선은 그러하지 아니하다.

(나) 상용전원으로부터 동력제어반에 이르는 배선, 그 밖의 연결송수관설비의 감시, 조작 또는 표시등회로의 배선은 옥내소화전설비의 화재안전기준(NFSC 102) 별표 1의 내화배선 또는 내열배선으로 할 것. 다만, 감시제어반 또는 동력제어반 안의 감시, 조작 또는 표시등회로의 배선은 그러하지 아니하다.

② 연결송수관설비의 과전류차단기 및 개폐기에는 "연결송수관설비용"이라고 표시한 표지를 하여야 한다.

③ 연결송수관설비용 전기배선의 양단 및 접속단자에는 다음 기준에 따라 표지하여야 한다.

(가) 단자에는 "연결송수관설비단자"라고 표지한 표지를 부착할 것

(나) 연결송수관설비용 전기배선의 양단에는 다른 배선과 식별이 용이하도록 표시할 것

예제 04 연결송수관 주배관의 지름은 얼마 이상의 것으로 설치하여야 하는가?

해설 연결송수관의 주배관은 100 mm 이상

예제 05 연송수관설비의 가압송수장치는 최소 얼마 이상의 토출량의 것으로 설치하여야 하는가?

해설 최소 토출량은 2,400 l/min 이상으로 설치할 것

2) 연결살수설비

본 소화설비는 지상층의 화재를 제어하는 것이 아니고 지하 화재에 대응하기 위하여 개발된 설비이다. 지하층에서 화재가 발생할 경우 열기와 연기가 배출되지 않고 체류로 인하여 소방대가 출동하여도 진입이 곤란하고 소방활동이 매우 제한을 받기 때문에 소방활동에 지장이 없도록 하기 위하여 바닥면적이 일정 규모 이상인 지하층에 설치하는 설비이다. 소방대가 화점에 접근하지 않은 상태에서 소방차와 연결하여 살수할 수 있도록 설치되어 있다. 예를 들면 연소생성물이 꽉 차있는 경우는 잘 훈련된 소방대원이라 할지라도 진입하여 소화활동을 하기가 매우 곤란하다. 이와 같은 방호공간의 소화를 하기 위하여 자동소화설비를 설치하여 화재를 진압하는 것이 가장 효과적이지만 방호공간의 규모나 화재하중을 고려하여 이와 비슷한 성능을 가진 연결살수설비를 설치할 수 있다. 연기가 배출되지 않은 지하층만 설치대상으로 적용하였으나, 판매시설의 경우 화재하중이 매우 큰 관계로 연기가 충만하여 소방대의 진입이 곤란할 수 있으므로 설치하도록 추가하였다. 일본은 연기가 배출되지 않고 지하층만 연결살수 대상으로 하고 있으며, 또한 지하층의 경우에도 제연설비가 설치되어 있는 장소는 연기가 체류하지 않고 유효하게 배출되므로 소방대의 활동에 지장이 없다고 간주하여 연결살수설비를 면제하고 있다. 연결살수설비의 주요구성요소는 송수구, 배관(송수관과 가지관), 살수헤드, 습식의 경우 수원 등으로 구성되어 있다. 화재가 발생할 경우 소방펌프차가 본 설비의 송수구에 연결한 소방펌프차로부터 가압하여 공급된 소화수의 송수에 의해 천장의 살수헤드에서 살수하여 화재를 진압하는 설비이다(그림 5.4 참조). 연결살수설비는 스프링클러소화설비, 물분무소화설비와 다른 점은 외부의 소방차로부터 수원을 공급받아 화재를 소화할 수 있게 되어 있다는 점과 송수구역마다 선택밸브가 설치되어 있어 선택밸브를 개폐하여 물을 살수할 수 있다는 점이다.

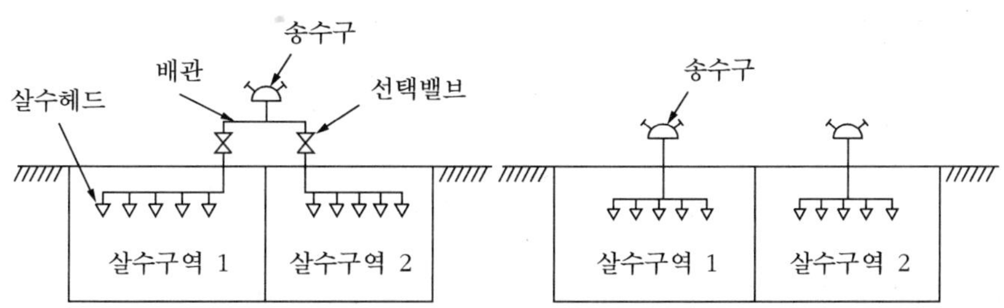

그림 5.4 연결살수설비 설치

가. 시스템의 종류

연결살수설비는 선택밸브를 송수구역 외부에 설치한 경우와 선택밸브를 설치하지 않은 설비로 구분하기도 하고, 사용하는 살수헤드를 어느 형식의 것을 설치하는가에 따라 설비의 종류를 구분하기도 한다. 일반적으로 연결살수설비의 종류는 배관 내에 물을 충진시키지 않은 건식방식과 배관 내에 물을 채워 두는 습식이 있다. 각 시스템별(그림 5.5 참조) 차이점은 다음과 같다.

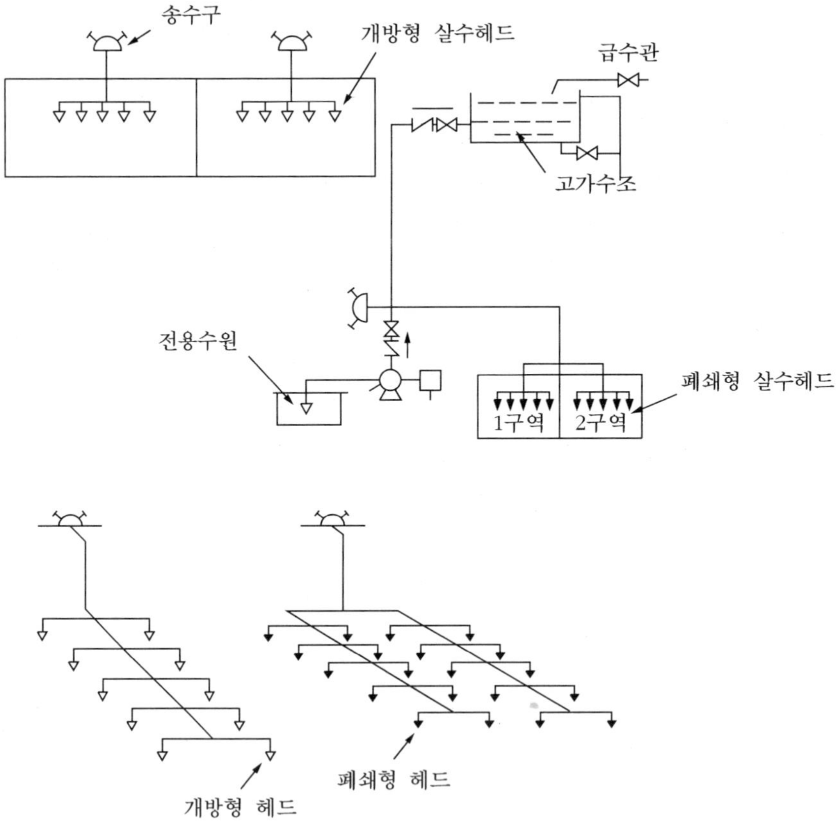

그림 5.5 연결살수설비 개방형과 폐쇄형

(1) 건식연결살수설비

본 방식은 개방형 헤드를 사용하기 때문에 배관 내에 물을 충수할 수 없으므로 건축물의 1층 벽면에 설치된 연결송수구로부터 소방차 등에 의해서 수원을 공급받아 개방형 살수헤드를 통하여 물을 살수할 수 있게 설치되어 있는 방식이다. 즉, 본 시스템은 개방형 살수헤드를 사용하기 때문에 살수구가 열린 채로 되어 있어 송수하면 바로 전 헤드에서 살수(撒水)되는 것으로 구조가 간단하고 가격이 저렴하지만 방수수구역 전체에 살수되므로 물에 의한 손실이 커지는 결점이 있다.

(2) 습식연결살수설비

본 방식은 폐쇄형 헤드를 사용하는 경우로서 주배관에 옥상에 설치된 수조에 접속하여 항상 배관 내에 소화수가 충수되어 있는 방식이다. 폐쇄형 살수헤드는 화재에 의한 발생하는 화열(火熱)에 의해 헤드가 개방되고 개방된 헤드에서 살수가 됨으로 화재지점만을 살수한다. 또한 하나의 송수구역에 접속하는 살수헤드는 개방형 또는 폐쇄형 중 어느 하나의 종류로 통일하지 않으면 안 된다.

나. 설치대상

(1) 판매시설, 운수시설, 창고시설 중 물류터미널로서 해당 용도로 사용되는 부분의 바닥면적의 합계가 1,000 m^2 이상인 것

(2) 지하층(피난층으로 주된 출입구가 도로와 접한 경우는 제외)으로서 바닥면적의 합계가 150 m^2 이상인 것. 다만, 「주택법 시행령」에 따른 국민주택규모 이하인 아파트의 지하층(대피시설로 사용하는 것만 해당)과 교육연구시설 중 학교의 지하층에 있어서는 700 m^2 이상인 것

(3) 가스시설 중 지상에 노출된 탱크의 용량이 30톤 이상인 탱크시설

(4) 판매시설, 운수시설, 창고시설 중 물류터미널 및 (2)의 특정소방대상물에 부속된 연결통로

다. 헤드의 설치 제외

연결살수설비를 설치하여야 할 소방대상물 또는 그 부분으로서 다음에 해당하는 장소에는 연결살수설비의 헤드를 설치하지 아니할 수 있다.

(1) 상점(영 별표 2 제4호 판매시설 및 영업시설을 말하며, 바닥면적이 150 m^2 이상인 지하층에 설치된 것을 제외)으로서 주요구조부가 내화구조 또는 방화구조로 되어 있고 바닥면적이 500 m^2 미만으로 방화구획되어 있는 소방대상물 또는 그 부분

(2) 계단실(특별피난계단의 부속실을 포함)·경사로·승강기의 승강로·파이프덕트·목욕실·수영장(관람석 부분을 제외)·화장실·직접 외기에 개방되어 있는 복도 기타 이와 유사한 장소

(3) 통신기기실·전자기기실·기타 이와 유사한 장소

(4) 발전실·변전실·변압기·기타 이와 유사한 전기설비가 설치되어 있는 장소

(5) 병원의 수술실·응급처치실·기타 이와 유사한 장소

(6) 천장과 반자 양쪽이 불연재료로 되어 있는 경우로서 그 사이의 거리 및 구조가 다음에 해당하는 부분

① 천장과 반자 사이의 거리가 2 m 미만인 부분

② 천장과 반자 사이의 벽이 불연재료이고 천장과 반자 사이의 거리가 2 m 이상으로서 그 사이에 가연물이 존재하지 아니하는 부분

(7) 천장·반자 중 한쪽이 불연재료로 되어 있고 천장과 반자 사이의 거리가 1 m 미만인 부분

(8) 천장 및 반자가 불연재료 외의 것으로 되어 있고 천장과 반자 사이의 거리가 0.5 m 미만인 부분

(9) 펌프실·물탱크실 그 밖의 이와 비슷한 장소

(10) 현관 또는 로비 등으로서 바닥으로부터 높이가 20 m 이상인 장소

(11) 냉장창고의 냉장실 또는 냉동창고의 냉동실

(12) 고온의 노가 설치된 장소, 물과 격렬히 반응하는 물품의 저장 또는 취급 장소

(13) 불연재료로 된 소방대상물 또는 그 부분으로서 다음에 해당하는 장소

① 정수장·오물처리장 그 밖의 이와 비슷한 장소

② 펄프공장의 작업장·음료수공장의 세정 또는 충전하는 작업장 그 밖의 이와 비슷한 장소

③ 불연성의 금속·석재 등의 가공공장으로서 가연성 물질을 저장 또는 취급하지 아니하는 장소

(14) 실내에 설치된 테니스장·게이트볼장·정구장 또는 이와 비슷한 장소로서 실내바닥·벽·천장이 불연재료 또는 준불연재료로 구성되어 있고 가연물이 존재하지 않는 장소로서 관람석이 없는 운동시설 부분(지하층은 제외)

라. 설치기준

(1) 송수구

① 소방차가 쉽게 접근할 수 있고 노출된 장소에 설치할 것. 이 경우 가연성 가스의 저장·취급시설에 설치하는 연결살수설비의 송수구는 그 방호대상물로부터 20 m 이상의 거리를 두거나 방호대상물에 면하는 부분이 높이 1.5 m 이상 폭 2.5 m 이상의 철근콘크리트벽으로 가려진 장소에 설치하여야 한다.

② 송수구는 구경 65 mm의 쌍구형으로 한다. 다만, 하나의 송수구역에 부착하는 살수헤

드의 수가 10개 이하인 것에 있어서는 단구형의 것으로 할 수 있다.

③ 개방형 헤드를 사용하는 송수구의 호스접결구는 각 송수구역마다 설치하여야 한다. 다만, 송수구역을 선택할 수 있는 선택밸브가 설치되어 있고 각 송수구역의 주요구조부가 내화구조로 되어 있는 경우에는 그렇지 아니하다.

④ 지면으로부터 높이가 0.5 m 이상 1 m 이하의 위치에 설치하여야 한다.

⑤ 송수구로부터 주배관에 이르는 연결배관에는 개폐밸브를 설치하여서는 아니할 수 있다. 다만, 스프링클러설비·물분무소화설비·포소화설비 또는 연결송수관설비의 배관과 겸용하는 경우에는 그러하지 아니하다.

⑥ 송수구 부근에는 송수구역 일람표를 설치하여야 한다. 다만, 송수구를 쌍구형에 의한 선택밸브를 설치한 경우에는 그렇지 아니하다.

(2) 선택밸브

송수구를 송수구역마다 설치한 때에는 그러하지 아니하다.

① 화재 시 연소의 우려가 없는 장소로서 조작 및 점검이 쉬운 위치에 설치한다.

② 자동개발밸브에 의한 선택밸브를 사용하는 경우에 있어서는 송수구역에 방수하지 아니하고 자동밸브의 작동시험이 가능하도록 하여야 한다.

③ 선택밸브의 부근에는 송수구역 일람표를 설치한다.

(3) 자동배수밸브 및 체크밸브

연결살수설비에는 송수구의 가까운 부근에 자동배수밸브 및 체크밸브를 다음의 기준에 적합하게 설치하여야 한다.

① 폐쇄형 헤드를 사용하는 설비의 경우에는 송수구, 자동배수밸브, 체크밸브의 순으로 설치하여야 한다.

② 개방형 헤드를 사용하는 설비의 경우에는 송수구, 자동배수밸브, 체크밸브, 자동배수밸브의 순으로 설치하여야 한다.

③ 자동배수밸브는 배관 안의 물이 잘 빠질 수 있는 위치에 설치하되, 배수로 인하여 다른 물건 또는 장소에 피해를 주지 않아야 한다.

(4) 개방형 헤드

개방형 헤드를 사용하는 연결살수설비에 있어서 하나의 송수구역에 설치하는 살수헤드의 수는 10개 이하가 되도록 하여야 한다.

(5) 배관 등

① 배관의 규격

배관은 배관용 탄소강관(KS D3507) 또는 압력배관용 탄소강관(KS D3562)이나 이와 동등 이상의 강도·내식성 및 내열성을 가진 것으로 하여야 한다. 다만, 다음에 해당하는 장소에는 소방방재청장이 정하여 고시하는 성능시험기술기준에 적합한 소방용 합성수지배관으로 설치할 수 있다.

(가) 배관을 지하에 매설하는 경우

(나) 다른 부분과 내화구조로 구획된 덕트 또는 피트의 내부에 설치하는 경우

(다) 천장(상층이 있는 경우에는 상층바닥의 하단을 포함)과 반자를 불연재료 또는 준불연재료로 설치하고 그 내부에 습식으로 배관을 설치하는 경우

② 연결살수설비 배관의 구성

(가) 연결살수설비 전용헤드를 사용하는 경우에는 표 5.1에 의한 구경 이상으로 하여야 한다.

표 5.1 배관구경별 살수헤드 수

하나의 배관에 부착하는 살수헤드의 개수	1개	2개	3개	4개 또는 5개	6개 이상 10개 이하
배관의 구경(mm)	32	40	50	65	80

(나) 스프링클러헤드를 사용하는 경우에는 스프링클러화재안전기준(다음 표)의 기준에 따른다.

SP헤드	2개	3개	5개	10개	30개
배관의 구경(mm)	25	32	40	50	65

③ 폐쇄형 헤드를 사용하는 연결살수설비의 주배관은 옥내소화전설비의 주배관(옥내소화전설비가 설치된 경우) 및 수도배관(연결살수설비가 설치된 건축물 안에 설치된 수도배관 중 구경이 가장 큰 배관) 또는 옥상에 설치된 수조(다른 설비의 수조를 포함)에 접속하여야 한다. 이 경우 연결살수설비의 주배관과 옥내소화전설비의 주배관, 수도배관, 옥상에 설치된 수조의 접속부분에는 체크밸브를 설치하되, 점검하기 쉽게 하여야 한다.

④ 폐쇄형 헤드를 사용하는 연결살수설비에는 다음 기준에 의한 시험배관을 설치하여야 한다.

(가) 송수구의 가장 먼 가지배관의 끝으로부터 연결하여 설치한다.

(나) 시험배관의 구경은 가장 먼 가지배관의 구경과 동일한 구경으로 하고 그 끝에는 물받이통 및 배수관을 설치하여 시험 중 방사된 물이 바닥으로 흘러내리지 아니하도록 한다. 다만, 목욕실, 화장실 또는 그 밖의 배수처리가 쉬운 장소의 경우에는 물받이통 또는 배수관을 설치하지 아니할 수 있다.

⑤ 개방형 헤드를 사용하는 연결살수설비에 있어서의 수평주행배관은 헤드를 향하여 상향으로 100분의 1 이상의 기울기로 설치하고 주배관 중 낮은 부분에는 자동배수밸브를 설치하여야 한다.

⑥ 가지배관 또는 교차배관을 설치하는 경우에는 가지배관의 배열은 토너먼트방식이 아니어야 하며, 가지배관은 교차배관 또는 주배관에서 분기되는 지점을 기점으로 한쪽 가지배관에 설치되는 헤드의 개수는 8개 이하로 한다.

⑦ 습식연결살수설비의 배관은 동결방지조치를 하거나 동결의 우려가 없는 장소에 설치하여야 한다.

⑧ 급수배관에 설치되어 급수를 차단할 수 있는 개폐밸브는 개폐표시형으로 하여야 한다. 이 경우 펌프의 흡입측배관에는 버터플라이밸브(볼형식의 것을 제외한다) 외의 개폐표시형 밸브를 설치하여야 한다.

⑨ 연결살수설비 교차배관의 위치·청소구 및 가지배관의 헤드설치

(가) 교차배관은 가지배관과 수평으로 설치하거나 또는 가지배관 밑에 설치하고, 그 구경은 배관구경별 살수헤드 수(표 5.1)의 규정에 따르되, 최소구경이 40 mm 이상이 되도록 할 것

(나) 폐쇄형 헤드를 사용하는 연결살수설비의 청소구는 주배관 또는 교차배관(교차배관을 설치하는 경우에 한한다) 끝에 40 mm 이상 크기의 개폐밸브를 설치하고, 호스접결이 가능한 나사식 또는 고정배수 배관식으로 할 것. 이 경우 나사식의 개폐밸브는 옥내소화전 호스접결용의 것으로 하고, 나사보호용의 캡으로 마감하여야 한다.

(다) 폐쇄형 헤드를 사용하는 연결살수설비에 하향식 헤드를 설치하는 경우에는 가지배관으로부터 헤드에 이르는 헤드접속배관은 가지관 상부에서 분기할 것. 다만, 소화설비용 수원의 수질이 「먹는 물 관리법」 제5조의 규정에 따라 먹는 물의 수질기준에 적합하고 덮개가 있는 저수조로부터 물을 공급받는 경우에는 가지배관의 측면 또는 하부에서 분기할 수 있다.

⑩ 배관에 설치되는 행가의 설치기준

(가) 가지배관에는 헤드의 설치지점 사이마다 1개 이상의 행가를 설치하되, 헤드간의 거리가 3.5 m를 초과하는 경우에는 3.5 m 이내마다 1개 이상 설치할 것. 이 경우 상향식 헤드와 행가 사이는 8 cm 이상의 간격을 한다.

(나) 교차배관에는 가지배관과 가지배관 사이마다 1개 이상의 행가를 설치하되, 가지배관 사이의 거리가 4.5 m를 초과하는 경우에는 4.5 m 이내마다 1개 이상 설치할 것

(다) (가) 내지 (나)의 수평주행배관에는 4.5 m 이내마다 1개 이상 설치할 것

⑪ 기계실·공동구 또는 덕트에 설치되는 배관은 다른 설비의 배관과 쉽게 구분이 될 수 있는 위치에 설치하거나 그 배관표면 또는 배관보온재의 색상을 달리하는 방법 등으로 소방용설비의 배관임을 표시하여야 한다.

⑫ 분기배관을 사용할 경우에는 한국소방검정공사 또는 법 제42조제1항의 규정에 따라 성능시험기관으로 지정받은 기관에서 그 성능을 검증받은 것으로 설치하여야 한다.

(6) 연결살수설비의 헤드

① 연결살수설비의 헤드는 연결살수설비전용헤드 또는 스프링클러헤드로 설치하여야 한다.

② 건축물에 설치하는 연결살수설비의 헤드는 다음에 따라 설치하여야 한다.

(가) 천장 또는 반자의 실내에 면하는 부분에 설치할 것

(나) 천장 또는 반자의 각 부분으로부터 하나의 살수헤드까지의 수평거리가 연결살수설비전용헤드의 경우는 3.7 m 이하, 스프링클러헤드의 경우는 2.3 m 이하로 할 것. 다만, 살수헤드의 부착면과 바닥과의 높이가 2.1 m 이하인 부분에 있어서는 살수헤드의 살수분포에 따른 거리로 할 수 있다.

③ 폐쇄형 스프링클러헤드를 설치하는 경우에는 다음 기준에 따라 설치한다.

(가) 그 설치장소의 평상시 최고 주위온도에 따라 다음 표에 따른 표시온도의 것으로 설치할 것. 다만, 높이가 4 m 이상인 공장 및 창고(랙크식 창고를 포함)에 설치하는 스프링클러헤드는 그 설치장소의 평상시 최고 주위온도에 관계없이 표시온도 121℃ 이상의 것으로 할 수 있다.

설치장소의 최고 주위온도	표시온도
39℃ 미만	79℃ 미만
39℃ 이상 64℃ 미만	79℃ 이상 121℃ 미만
64℃ 이상 106℃ 미만	121℃ 이상 162℃ 미만
106℃ 이상	162℃ 이상

(나) 살수가 방해되지 아니하도록 스프링클러헤드로부터 반경 60 cm 이상의 공간을 보유할 것. 다만, 벽과 스프링클러헤드간의 공간은 10 cm 이상으로 한다.

(다) 스프링클러헤드와 그 부착면(상향식 헤드의 경우에는 그 헤드의 직상부의 천장·반자 또는 이와 비슷한 것)과의 거리는 30 cm 이하로 할 것

(라) 배관·행가 및 조명기구 등 살수를 방해하는 것이 있는 경우에는 (나)의 규정에도 불구하고 그로부터 아래에 설치하여 살수에 장애가 없도록 할 것. 다만, 연결살수헤드와 장애물과의 이격 거리를 장애물 폭의 3배 이상 확보한 경우에는 그러하지 아니하다.

(마) 스프링클러헤드의 반사판은 그 부착면과 평행하게 설치할 것. 다만, 측벽형 헤드 또는 연소할 우려가 있는 개구부에 설치하는 스프링클러헤드의 경우에는 그러하지 아니하다.

(바) 천장의 기울기가 10분의 1을 초과하는 경우에는 가지관을 천장의 마루와 평행하게 설치하고, 스프링클러헤드는 다음 기준에 적합하게 설치할 것

㉠ 천장의 최상부에 스프링클러헤드를 설치하는 경우에는 최상부에 설치하는 스프링클러헤드의 반사판을 수평으로 설치할 것

㉡ 천장의 최상부를 중심으로 가지관을 서로 마주보게 설치하는 경우에는 최상부의 가지관 상호간의 거리가 가지관상의 스프링클러헤드 상호간의 거리의 2분의 1 이하(최소 1 m 이상)가 되게 스프링클러헤드를 설치하고, 가지관의 최상부에 설치하는 스프링클러헤드는 천장의 최상부로부터의 수직거리가 90 cm 이하가 되도록 할 것. 톱날지붕, 둥근 지붕 기타 이와 유사한 지붕의 경우에도 이에 준한다.

(사) 연소할 우려가 있는 개구부에는 그 상하좌우에 2.5 m 간격으로(개구부의 폭이 2.5 m 이하인 경우에는 그 중앙에) 스프링클러헤드를 설치하되, 스프링클러헤드와 개구부의 내측면으로부터의 직선거리는 15 cm 이하가 되도록 할 것. 이 경우 사람이 상시 출입하는 개구부로서 통행에 지장이 있는 때에는 개구부의 상부 또는 측면(개구부의 폭이 9 m 이하인 경우)에 설치하되, 헤드 상호간의 간격은 1.2 m 이하로 설치하여야 한다.

(아) 습식연결살수설비 외의 설비에는 상향식 스프링클러헤드를 설치할 것. 다만, 다음에 해당하는 경우에는 그러하지 아니하다.

㉠ 드라이펜던트스프링클러헤드를 사용하는 경우

㉡ 스프링클러헤드의 설치장소가 동파의 우려가 없는 곳인 경우

㉢ 개방형 스프링클러헤드를 사용하는 경우

(자) 측벽형 스프링클러헤드를 설치하는 경우 긴 변의 한쪽 벽에 일렬로 설치(폭이 4.5 m 이상 9 m 이하인 실에 있어서는 긴 변의 양쪽에 각각 일렬로 설치하되 마주보는 스프링클러헤드가 나란히꼴이 되도록 설치)하고 3.6 m 이내마다 설치할 것

④ 가연성 가스의 저장·취급시설에 설치하는 연결살수설비의 헤드는 다음 기준에 따라 설치하여야 한다. 다만, 지하에 설치된 가연성 가스의 저장·취급시설로서 지상에 노출된 부분이 없는 경우에는 그러하지 아니하다.

(가) 연결살수설비 전용의 개방형 헤드를 설치할 것

(나) 가스저장탱크·가스홀더 및 가스발생기의 주위에 설치하되, 헤드상호간의 거리는 3.7 m 이하로 할 것

(다) 헤드의 살수범위는 가스저장탱크·가스홀더 및 가스발생기의 몸체의 중간 윗부분의 모든 부분이 포함되도록 하여야 하고 살수된 물이 흘러내리면서 살수범위에 포함되지 아니한 부분에도 모두 적셔질 수 있도록 할 것

(7) 기타

① 연결살수설비의 송수구를 스프링클러설비·간이스프링클러설비·화재조기진압용 스프링클러설비·물분무소화설비·포소화설비 또는 연결송수관설비와 겸용으로 설치하는 경우에는 스프링클러설비의 송수구 설치기준에 따르고, 옥내소화전설비의 송수구와 겸용으로 설치하는 경우에는 옥내소화전설비의 송수구의 설치기준에 따르되 각각의 소화설비 기능에 지장이 없도록 하여야 한다.

② 설치·유지기준의 특례

소방본부장 또는 소방서장은 기존건축물이 증축·개축·대수선되거나 용도 변경되는 경우에 있어서 이 기준이 정하는 기준에 따라 당해 건축물에 설치하여야 할 연결살수설비의 배관·배선 등의 공사가 현저하게 곤란하다고 인정되는 경우에는 당해 설비의 기능 및 사용에 지장이 없는 범위 안에서 연결살수설비의 설치·유지기준의 일부를 적용하지 아니할 수 있다.

3) 연소방지설비

본 연소방지설비의 설치목적은 지하구(전력 또는 통신사업용인 것에 한함)의 화재발생 시 연소가 확대되는 것을 방지하기 위하여 설치하는 설비이다. 여기서 발하는 지하구는 500 m 이상으로 연소방지설비에 부가하여 방화벽을 반드시 설치하여야 한다. 최근 산업기술의 급성장으로 인구의 도시 집중화 현상을 초래했으며, 이로 인한 소방대상의 고층화, 심층화 및 복잡·다용도화가 급속하게 이루어졌다. 특히 효과적인 도시공간의 활용과 미관 등을 고려하여 각종 사회기반시설인 전력시설, 통신시설, 가스시설, 송유관시설, 급·배수시설, 에너지시설 등의 주요시설을 원활하게 설치할 수 있는 지하공간을 이용하게 됨에 따라 지하구가 급증하게 되었다. 따라서 사회기간시설의 확장에 따라 파생되는 여러 안전상의 문제점을 해결하기 위한 방안으로 시설물을 한 곳으로 모아 유지 및 관리가 편리한 지하공동구의 활용이 더욱 증가하고 있는 실정이다. 지하공동구는 이상에 언급한 바와 같이 여러 측면에서 편리한 점이 있는 반면에 지상과는 달리 잠재위험을 쉽게 예측 및 제어하기에 문제점이 존재한다는 것이다. 이러한 관점에서 날로 첨단정보형 도시로 변화하고 있는 시점에서 지하공동구의 유용성은 앞으로 계속 확대될 것으로 예상된다. 특히, 지하시설물은 국가 및 도시기능의 신경망으로서 중추적인 역할을 가지고 있으므로 한 번의 화재사고로도 전력의 공급중단으로 생산 활동의 중단과 통신, 금융산업 등의 마비로 도시의 전체기능을 무력화시킬 수 있기 때문에 종합적인 대책이 필요하다. 즉, 본 설비는 전력·통신용의 전선이나 가스·냉난방시설 등 설치되어 있는 지하공동구 내에서 화재발생을 예방하고 연소 확대를 방지하기 위하여 설치하는 설비로서 주요 구성요소는 송수구, 배관, 방수 헤드 등으로 구성된다.

가. 설치대상

연소방지설비 및 방화벽은 지하구(전력 또는 통신사업용인 것에 한한다)에 설치하여야 한다. 단, 연소방지설비를 설치하여야 할 특정소방대상물에 스프링클러설비 또는 물분무소화설비를 화재안전기준에 적합하게 설치할 경우에는 그 설비 유효범위 안의 부분에는 설치가 면제된다.

[지하구의 정의]
(1) 전력·통신용의 전선이나 가스·냉방용의 배관일 것(또는 이와 비슷한 것)
(2) 집하 수용하기 위하여 설치한 지하 공작물
(3) 사람이 점검 또는 보수하기 위하여 출입가능 할 것
(4) 폭 1.8 m 이상이고, 높이가 2 m 이상이며, 길이가 50 m 이상일 것(단, 전력 및 통신사업용인 것은 500 m 이상

나. 설치기준

(1) 송수구

① 소방펌프자동차가 쉽게 접근할 수 있는 노출된 장소에 설치하되, 눈에 띄기 쉬운 보도 또는 차도에 설치하여야 한다.

② 송수구는 구경 65 mm의 쌍구형으로 하여야 한다.

③ 송수구로부터 1 m 이내에 살수구역 안내표지를 설치하여야 한다.

④ 지면으로부터 높이가 0.5 m 이상 1 m 이하의 위치에 설치하여야 한다.

⑤ 송수구의 가까운 부분에 자동배수밸브(또는 직경 5 mm의 배수공) 및 체크밸브를 설치할 것. 이 경우 자동배수밸브는 배관 안의 물이 잘 빠질 수 있는 위치에 설치하되, 배수로 인하여 다른 물건 또는 장소에 피해가 없어야 한다.

⑥ 송수구로부터 주배관에 이르는 연결배관에는 개폐밸브를 설치하지 아니할 것

⑦ 송수구에는 이물질을 막기 위한 마개를 설치하여야 한다.

(2) 배관

① 배관의 규격

배관용 탄소강관(KS D3507) 또는 압력배관용 탄소강관(KS D3562)이거나 이와 동등 이상의 강도·내식성 및 내열성을 가진 것으로 하여야 한다. 다만, 다음에 해당하는 장소에는 소방방재청장이 정하여 고시하는 성능시험기술기준에 적합한 소방용 합성수지 배관으로 설치할 수 있다.

(가) 배관을 지하에 매설하는 경우

(나) 다른 부분과 내화구조로 구획된 덕트 또는 피트의 내부에 설치하는 경우

② 급수배관(송수구로부터 연소방지설비 방수구에 급수하는 배관)은 전용으로 하여야 한다.

③ 급수배관에 설치되어 급수를 차단할 수 있는 개폐밸브는 개폐표시형으로 하여야 한다.

④ 연소방지설비의 배관의 구경은 다음 기준에 적합한 것이어야 한다.

(가) 연소방지설비전용헤드를 사용하는 경우는 표에 따른 구경 이상으로 할 것

하나의 배관에 부착하는 살수헤드의 개수	1개	2개	3개	4개 또는 5개	6개 이상
배관의 구경(mm)	32	40	50	65	80

(나) 스프링클러헤드를 사용하는 경우는 스프링클러설비의 화재안전기준(NFSC 103) 별표 1의 기준에 따를 것(다음 표와 같음)

SP헤드	2개	3개	5개	10개	30개
배관의 구경(mm)	25	32	40	50	65

⑤ 연소방지설비에 있어서의 수평주행배관의 구경은 100 mm 이상의 것으로 하되, 연소방지설비전용헤드 및 스프링클러헤드(방수헤드)를 향하여 상향으로 1,000분의 1 이상의 기울기로 설치하여야 한다.

⑥ 연소방지설비 교차배관의 위치·청소구 및 가지배관의 헤드 설치기준

(가) 교차배관은 가지배관과 수평으로 설치하거나 또는 가지배관 밑에 설치하고, 그 구경은 ④ 규정에 따르되, 최소구경이 40 mm 이상이 되도록 할 것

(나) 청소구는 주배관 또는 교차배관(교차배관을 설치하는 경우) 끝에 40 mm 이상 크기의 개폐밸브를 설치하고, 호스접결이 가능한 나사식 또는 고정배수 배관식으로 할 것. 이 경우 나사식의 개폐밸브는 옥내소화전 호스접결용의 것으로 하고, 나사보호용의 캡으로 마감하여야 한다.

(다) 하향식 헤드를 설치하는 경우에 가지배관으로부터 헤드에 이르는 헤드접속배관은 가지관 상부에서 분기할 것

⑦ 배관에 설치되는 행가의 설치기준

(가) 가지배관에는 헤드의 설치지점 사이마다 1개 이상의 행가를 설치하되, 헤드간의 거리가 3.5 m를 초과하는 경우에는 3.5 m 이내마다 1개 이상 설치할 것. 이 경우 상향식 헤드와 행가 사이에는 8 cm 이상의 간격을 둔다.

(나) 교차배관에는 가지배관과 가지배관 사이마다 1개 이상의 행가를 설치하되, 가지배관 사이의 거리가 4.5 m를 초과하는 경우에는 4.5 m 이내마다 1개 이상 설치할 것

(다) 수평주행배관에는 4.5 m 이내마다 1개 이상 설치할 것

⑧ 연소방지설비는 습식 외의 방식으로 하여야 한다.

⑨ 기계실·공동구 또는 덕트에 설치되는 배관은 다른 설비의 배관과 쉽게 구분이 될 수 있는 위치에 설치하거나 그 배관 표면 또는 배관 보온재 표면의 색상을 달리하는 방법 등으로 소방용 설비의 배관임을 표시하여야 한다.

⑩ 분기배관을 사용할 경우에는 한국소방검정공사 또는 법 제42조제1항의 규정에 따라 성능시험기관으로 지정받은 기관에서 그 성능을 검증받은 것으로 설치하여야 한다.

(3) 방수헤드

① 천장 또는 벽면에 설치하여야 한다(그림 5.6 참고).

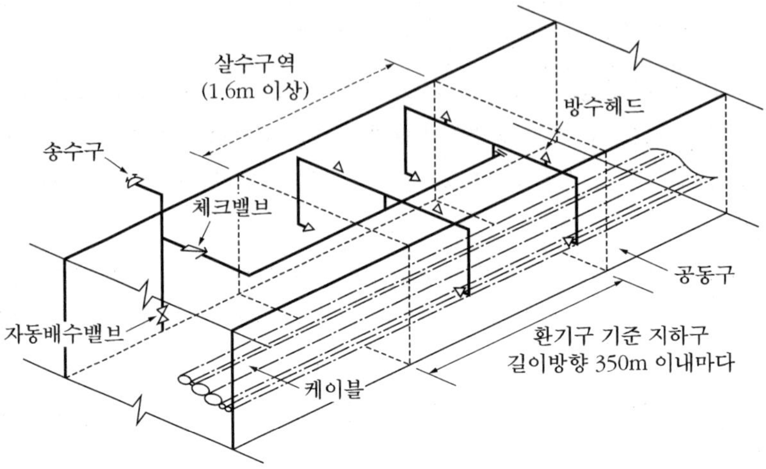

그림 5.6 연소방지설비 설치 예

② 방수헤드간의 수평거리는 연소방지설비 전용헤드인 경우에는 2.0 m 이하, 스프링클러 헤드의 경우에는 1.5 m 이하로 하여야 한다.

③ 살수구역은 지하구의 길이방향으로 350 m 이하마다 1개 이상 설치하되, 하나의 살수구역의 길이는 3.0 m 이상으로 하여야 한다.

(4) 연소방지도료

지하구 안에 설치된 케이블, 전선 등에는 다음 기준에 의하여 연소방지용 도료를 도포하여야 한다. 다만, 케이블, 전선 등을 옥내소화전설비 화재안전기준(NFSC 102)의 규정에서 정하는 기준에 적합한 내화배선방법으로 설치한 경우와 이와 동등 이상의 내화성능이 있도록 한 경우에는 그렇지 아니하다.

① 도료의 도포

(가) 도료를 도포하고자 하는 부분의 오물을 제거하고 충분히 건조시킨 후 도포할 것

(나) 도료의 도포두께는 평균 1.0 mm로 할 것

(다) 유성도료의 1회당 도포간격은 2시간 이상으로 하되 환기가 원활한 곳에서 실시할 것. 다만, 지하구 또는 유증기의 체류가 우려되는 공간에서 실시하여서는 안 된다.

② 도포 위치

연소방지도료는 다음 부분의 중심으로부터 양쪽 방향으로 전력용 케이블의 경우에는 20 m(단, 통신케이블의 경우에는 10 m) 이상 도포하여야 한다.

(가) 지하구와 교차된 수직구 또는 분기구

(나) 집수정 또는 환풍기가 설치된 부분

(다) 지하구로 인입 및 인출된 부분

(라) 분전반, 절연유 순환펌프 등이 설치된 부분

(마) 케이블 상호 연결된 부분

(바) 기타 화재발생 위험이 우려되는 부분

③ 도료의 시험방법

연소방지도료 및 난연테이프의 성능기준 및 시험방법은 다음에 의한다. 다만, 난연테이프의 경우는 난연성 시험 및 발연량 규정만 시험한다.

(가) 연소방지도료에는 인체에 유해한 석면 등이 함유되어서는 아니되며, 난연 처리하는 케이블, 전선 등의 기능에 변화를 일으키지 아니하여야 한다.

(나) 건조시험

KS M5000 중 시험방법 2511[도료의 건조시간 시험방법(바니쉬·락카·에나멜 및 수성도료)] 또는 시험방법 2512[도료의 건조시간 시험방법(유성도료)]에 의거 7일간 자연건조하였을 경우 고화건조, 경화건조, 불점착건조 또는 완전건조 중 하나에 해당되어야 한다. 다만, 가열 건조할 경우는 65±2℃에서 24시간 건조한다.

(다) 산소지수

㉠ 시험을 위한 시료는 KS M5000 중 1121(도료 시험용 유리판 조제방법)의 방법으로 두께 3 mm, 가로 6 mm, 세로 150 mm의 크기로 한다.

㉡ 시료의 건조는 50±2℃인 항온 건조기 안에서 24시간 건조한 후 실리카겔을 넣은 데시케이터 안에 2시간 동안 넣어 둔다.

㉢ 시료의 연소시간이 3분간 지속되거나 착염 후 탄화길이가 50 mm일 때까지 연소가 지속될 때의 최저 산소유량과 질소유량을 측정하여 산소지수 값을 다음 계산식에 의하여 산출하되 산소지수는 평균 30 이상이어야 한다. 다만, 난연테이프의 산소지수는 평균 28 이상이어야 한다.

$$\text{산소지수} = \frac{O_2}{O_2 + N_2} \times 100$$

여기서, O_2 : 산소유량(l/min), N_2 : 질소유량(l/min)

(라) 난연성 시험

㉠ 시료의 길이가 2,400 mm인 전선에 연소방지도료 또는 난연테이프를 도포(감은)한 것으로 한다.

㉡ 난연성 시험기는 금속제 수직형 트레이와 별도의 리본가스버너를 사용한다.

㉢ 트레이는 사다리형태이며 깊이 75 mm, 너비 300 mm, 길이 2,440 mm로 한다.

㉣ 리본가스버너의 불꽃의 길이는 380 mm 사이이어야 하고, 트레이격자 사이의 시료 중심에 불꽃이 닿도록 한다.

㉤ 버너면은 시험편 표면에서부터 76 mm 간격을 두어야 하며, 수직형 트레이 바닥에서 600 mm 높이에 수평으로 장치하여야 한다.

㉥ 수직형 트레이 시험기준의 온도측정용 온도감지센서는 불꽃 가까이에 설치하여야 하며, 시험편과 닿지 않도록 3 mm 거리를 두어 설치하여야 한다.

㉦ 시료의 배열은 수직형 트레이 중심부분에 시료를 단층으로 배열하고 전선의 직경 1/2 간격으로 폭 150 mm 이상 되도록 금속제 사다리 중앙부에 배열

㉧ 가열온도를 816±10℃를 유지하면서 20분간 가열한 후 불꽃을 제거하였을 때 자연소화되어야 하며, 시험체가 전소되지 아니하여야 한다.

(마) 발연량

ASTM E 662(고체물질에서 발생하는 연기의 특성광학밀도)의 방법으로 발연량을 측정하였을 때 최대연기밀도가 400 이하이어야 한다.

④ 성능시험을 위한 시료채취

(가) 시료채취는 KS M5000(도료 및 관련원료 시험방법) 중 시험방법 1021(도료의 시료채취방법)에 따른다.

(나) 성능시험을 위한 시험판은 KS D3512(냉간압연강판 및 강대) 또는 이와 동등 이상의 것으로 두께 0.8 mm, 가로 70 mm, 세로 150 mm인 것으로 하며, 전선은 직경 $10\phi \sim 20\phi$ 또는 22.9 kV CN - CV(동심 중앙선 전력 케이블) 325 mm, 피복은 흑색 폴리에틸렌을 혼합(Black Polyethylene Compound)한 것으로 한다.

(다) 시험을 위한 시험판 또는 전선에 도료를 분무기 또는 붓으로 칠하여 직사광선을 피하며 수직으로 7일 이상 건조한 것으로 한다. 이 경우 건조한 도료의 두께는 1.0 mm 이내이어야 한다.

(5) 방화벽의 설치기준

① 내화구조로서 홀로 설 수 있는 구조일 것

② 방화벽에 출입문을 설치하는 경우에는 방화문으로 할 것

③ 방화벽을 관통하는 케이블·전선 등에 내화성이 있는 화재차단재로 마감할 것

④ 방화벽의 위치는 분기구 및 환기구 등의 구조를 고려하여 설치할 것

(6) 공동구의 통합감시체계 구축 등

① 소방관서와 공동구의 통제실간에 화재 등 소방활동과 관련된 정보를 상시 교환할 수 있는 정보통신망을 구축할 것

② 정보통신망은 광케이블 또는 이와 유사한 성능을 가진 선로로서 원격제어가 가능할 것

③ 주수신기는 공동구의 통제실에 보조수신기는 관할 소방관서에 설치하여야 하고, 수신기에는 원격제어 기능이 있을 것

④ 비상시에 대비하여 예비선로를 구축할 것

(7) 소방시설 설치·유지기준의 특례

소방본부장 또는 소방서장은 기존건축물이 증축·개축·대수선되거나 용도 변경되는 경우에 있어서 이 기준이 정하는 기준에 따라 당해 건축물에 설치하여야 할 연소방지설비의 배관·배선 등의 공사가 현저하게 곤란하다고 인정되는 경우에는 당해 설비의 기능 및 사용에 지장이 없는 범위 안에서 연소방지설비의 설치·유지기준의 일부를 적용하지 아니할 수 있다.

연습문제

1. 소화용수설비

01. 소화용수설비의 수조가 옥상에 설치된 경우 지상에서 설치된 채수구의 압력은 얼마 이상인가?

02. 유수(流水)를 사용하는 소화용수설비의 경우 유수의 양이 분당 얼마 이상 되어야 하는가?

03. 층수가 12층으로 연면적이 60,000 m^2인 경우 소화용수설비에 필요한 수원의 양은 얼마인가?

04. 상수도소화용수설비의 소화전은 구경이 얼마 이상인 상수도용 배수관에 접속하여야 하는가?

05. 소화용수설비의 저장탱크는 지면으로부터 지하 얼마 이내로 하는 것이 좋은가?

06. 만약 소화용수설비의 수원이 지면 4.5 m 이하 있는 경우 소요수원의 양이 100 m^2 이상일 경우 가압송수장치의 분당 토출량은 얼마로 설치하여야 하는가?

07. 지하에 설치하는 소화수조의 흡수관 투입구의 크기는 얼마 이상으로 하는가?

08. 소화용수설비의 소화수조 설치기준에 대하여 기술하시오.

09. 소화용수설비의 설치대상에 대하여 설명하시오.

10. 소화용수설비의 수원 양이 100 m^2 이상인 경우 채수구의 설치 개수는?

11. 상수도소화용수설비의 설치기준에 대하여 규정하고 있는 내용을 기술하시오.

2. 소화활동설비

01. 연결송수관설비의 송수구를 점검사항에 대하여 5가지만 기술하시오.

02. 연결송수관설비에서 건물의 11층 이상 부분에는 설치하는 시스템의 종류와 방수구의 종류는?

03. 11층 이상인 건물에 설치하는 연결송수관용 방수용 기구함에는 호스 및 관창(노즐)이 몇 개씩 비치되어야 하는가?

04. 연결송수구와 체크밸브 사이에 자동배수장치(Auto Drip)를 설치하는 이유를 간단하게 설명하시오.

05. 연결송수관설비의 배관 설치기준에 대하여 기술하시오.

06. 연결송수관설비의 방수구가 한 층에 4개소씩 설치되어 있는 초고층 건축물에 본 설비용 중간 가압송수장치를 설치하고자 한다. 필요한 펌프의 최소 토출량은 얼마 이상의 것으로 설치하여야 하는가?

07. 다음 그림은 11층 건물에 설치된 습식연결송수관설비의 배관 계통도이다. 이 계통도와 계통도에 나타난 제원 설명(종류, 위치, 치수 등) 중 잘못된 것이 많이 있다. 잘못된 것을 8가지만 지적하고 수정 보완하시오.

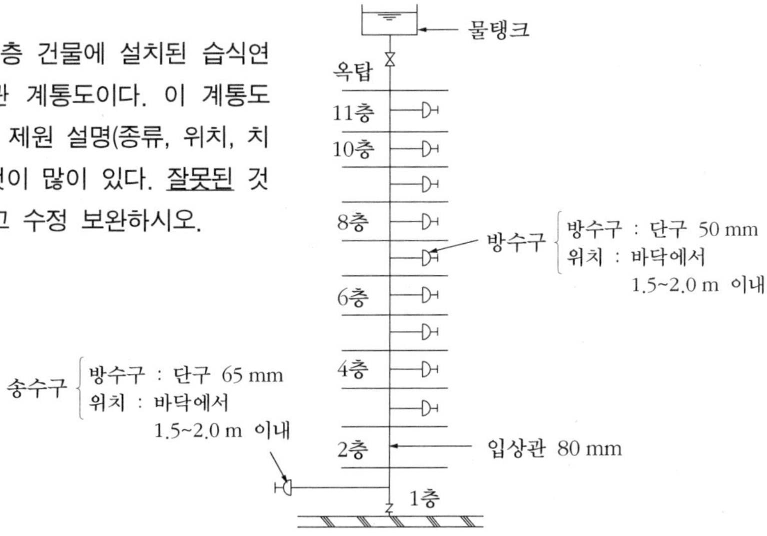

08. 연결살수설비의 송수구 설치기준에 대하여 설명하시오.

09. 연결살수설비의 설치대상에 대하여 기술하시오.

10. 연결살수설비의 헤드설치 제외 대상을 기술하시오.

11. 연소방지설비의 설치대상 및 방화벽 설치기준에 대하여 기술하시오.

12. 연소방지도료의 도포방법에 대하여 기술하시오.

13. 연소방지설비의 산소지수시료 및 방법에 대하여 기술하시오.

14. 연소방지설비에 사용하는 연소방지도료 및 난연테이프결의 난연성시험에 대하여 기술하시오.

15. 연결살수헤드와 스프링클러설비의 헤드를 비교하여 설명하시오(방사압력, 방사량, 수평거리로 구분하여 설명).

CHAPTER

6

스프링클러소화설비

(Automatic Sprinkler Systems)

1. 개요

화재 발생의 위치를 정확하게 감지하고 자동으로 소화하는데 가장 확실하고 효과적인 소화설비가 스프링클러소화설비이다. 즉, 본 소화설비는 화재발생지점을 정확하게 감지하여 신속하게 자동으로 소화수를 살수함으로써 초기에 화재를 진압하여 인명안전 및 재산손실을 최소화하는 데 중요한 역할을 하는 고정식 자동소화설비이다. 스프링클러소화설비의 소화효과를 단적으로 보여주는 일례는 자동식 스프링클러설비가 개발되기 전인 1860년 이전 미국의 경우는 화재로 인한 재산손실이 100달러의 재산에 대한 평균 피해규모가 30센트였으나 본 소화설비가 널리 보급된 최근에 이르러서는 2~3센트의 손실에 불과한 것으로 나타났다. 따라서, 본 소화설비는 현재까지 개발된 소화설비 중에서 가장 소화성능하고 신뢰성이 가장 우수한 소화설비라 할 수 있다. 스프링클러설비의 역사는 문헌에 의하면 초기에는 물통에 화약통을 설치하고, 여기에 도화선을 연결하여 화재 시 발생하는 열로 도화선이 물통에 있는 물을 방출시켜 소화할 수 있는 간이식 장치로 1723년 영국의 화학자인 Ambrose Godfrey에 의해 처음으로 특허를 받으면서부터 스프링클러라는 용어가 널리 소개되어 사용하기 시작하였다. 또한 배관을 이용한 소화설비는 1806년 John Carey가 발명한 것으로 고가탱크에 연결한 배관에 일정한 간격으로 물을 살수할 수 있는 구멍을 뚫어 물탱크에 연결하고 화재 발생 시에 도화선이 열에 의해 끊어지면 밸브를 개방하여 물이 쏟아지도록 하는 Perforated Pipe System이 개발되었다. 본 설비는 개발 당시에는 소화설비로서 실용화되지 못하고 그 후 계속적인 연구 개발로 1852년에 오늘날과 유사한 스프링클러소화설비가 영국에서 처음으로 탄생하게 되었다. 스프링클러소화설비의 주요 구성요소 중에서 가장 중요한 기능을 가진 스프링클러헤드(Sprinkler Head)를 1864년 영국의 Stuart Harrison에 의해 처음 개발함으로서 오늘날과 같은 화재를 자동으로 감지할 수 있는 스프링클러헤드의 효시가 되었다. 이후 1875년 미국의 Henry S. Parmelee가 일정한 온도에서 개방되도록 설계된 스프링클러헤드를 개발함으로써 현재에 널리 보급되어 사용되는 자동식 스프링클러소화설비로서 출발하게 되었다. 이와 같이 스프링클러헤드가 개발됨으로써 1878년부터 Providence Steam and Gas Pipe 회사(현재 Grinnell 사)에 의해 널리 보급되면서 실용화가 본격적으로 이루어지기 시작하였다. Parmelee 시대 이후 약 1세기 동안 본 설비에 대한 기술이 더욱 발전하게 되었으며, 특히 스프링클러헤드의 감도를 제어하고 평가하는 기술이 1980년대 본 기술 분야에 있어서 매우 중요한 연구과제였으며, 이와 같은 노력으로 최근에 개발한 Fast Response Sprinkler Head 등 새로운 성능을 가진 제품 개발과 함께 인명안전 및 재산보호를 위한 고도의 화재예방기법을 적용하는데 중요한 계기가 되었다. 그 동안 스프링클러헤드의 발전과정은 미국의 경우는 저용융합금형 스프링클러헤드를 중심으로 연구·개발하였다. 이와 같이 스프링클러헤드의 연구의 방향이 다른 점은 지역의 기후 등의 특성을 고려하여 가장 적응성이 좋은 헤드를 개발하기 위한 방안에서 추진된 것으로 생각된다. 스프링클러소화설비에 대한 선진국의 신기술은 각국 간의 기술교류를 통하여 급진적으로 발전하게 되었으며, 방호대상물의 용도 및 규모에 따라 효과적인 화재감지와 소화 작업이 이루어질 수 있도록 현재에도 지속적인 시험과 연구가 진행되고 있다. 그러나 국내의 스프링클러소화설비의 역사는 불과 약 35년 전인 1974년에 표준형 감도(Sensitivity)를 갖는 스프링클러헤드가 미국의 기술적으로 처음 개발되어 검정제품으로 시판을 시작하였다. 이상에서와 같이 본 설비에 대하여 개발과정 및 가장 중요한 핵심 부품인 스프링클러헤드 개발에 대한 내용에 설명하였다. 이를 토대로 본 설비에 대한 공학적인 기술내용을 기술하고자 한다. 자동식 스프링클러소화설비의 주요 구성요소는 스프링클러헤드, 배관, 자동경보장치(유수 검지장치), 가압송수장치, 급수장치, 수원, 기타 주변기기 등의 부속장치로 구성되어 있다. 대표적인 스프링클러소화설비의 계통도는 그림 6.11과 같으며 설비의 종류는 폐쇄형 스프링클러헤드방식과 개방형 스프링클러헤드방식으로 대별하며, 폐쇄형 스프링클러헤드방식에는 습식스프링클러소화설비, 건식스프링클러소화설비, 준비작동식 스프링클러소화설비 등이 있으며, 개방형 스프링클러헤드방식은 천장이 높은 장소와 화재가 급격히 확대될 수 있는 장소로서 무대부, 특수한 공장·창고 등 대량의 물을 동시에 살수하여야 하는 장소에 설치하는 설비로서 일제살수식(Deluge Sprinkler System)이 있다. 이상에서 설명한 내용을 요약하면 스프링클러소화설비는 소방대상물의 규모에 따라 방호대상물의 상부(천장), 벽 등에 스프링클러헤드를 설치하여 화재발생 시 헤드에 의해 화재감지와 동시에 가압송수장치의 기동과 화재경보를 발하고 배관 내에 가압된 물을 헤드로부터 방사시켜 소화하는 가장 발달된 자동식 고정소화설비이다. 본 소화설비에 대한 좀 더 자세한 부분을 연구하고자 하는 학생과 독자는 NFPA 13, Automatic Sprinkler System 책자를 참고하기 바란다.

그림 6.1 초기 스프링클러헤드(좌)와 방수 모습(가운데), 최초의 그린넬 스프링클러 헤드(우)

2. 소화 및 감지특성

1) 냉각성능

본 소화설비의 소화약제로 사용하는 물은 냉각효과가 매우 탁월하다. 물은 큰 열 흡수 능력을 가지고 있으며 증발잠열은 539 kcal/kg이다. 이러한 특성으로 인하여 연소가연물을 직접 냉각시킨다. 또한 증기팽창에 의한 산소의 희석작용과 에멀션효과에 따른 산소의 차단성능이 있다. 물의 일반적인 특성으로 물이 액체상태에서 100℃ 증기상태로 변할 때 체적은 약 1,600배 이상 팽창, 200℃의 증기가 될 경우에는 무려 2,100배 이상 체적팽창 함으로서 연소가연물 주위의 산소농도를 희석시키거나 가연성 증기의 농도를 희석시켜 연소를 억제하는 효과를 가지게 된다. 특히, 분무되는 물방울의 입자를 작은 미립자로 분무할 경우에는 에멀션효과(매우 얇은 막의 형성)가 발생한다. 물은 유류화재에 적합하지 않다는 것은 누구나 잘 알고 있지만 이러한 경우 미세분무로 유류표면을 얇은 막을 형성함으로서 산소를 차단하여 질식소화의 효과를 발휘한다. 실제로 스프링클러소화설비의 소화능력의 대부분은 직접적인 냉각효과가 대부분이라 할 수 있다. 스프링클러의 입자분포는 0.2～2 mm까지 광범위한 분포로 일반적으로 가장 많이 사용하는 표준 분무형 스프링클러에 한한 것이다. 이러한 물입자의 크기는 충분한 증발효율과 에멀션효과를 나타내기에는 너무 크기 때문에 스프링클러설비보다 더 미세한 물입자를 발생시킬 수 있는 물분무설비와 미분무수설비(Water-Mist Systems)에서는, 체적팽창에 기인한 질식효과와 화재실내 열기류 냉각효과 그리고 에멀션효과가 주요 소화성능을 가진 설비가 개발되었다고 할 수 있다. 스프링클러로부터 방수되는 물입자의 분포는 0.2～2 mm까지의 범위로 이러한 입자의 분포를 3가지로 구분하여 나누게 될 경우 1 mm 이상은 큰 입자, 0.5～1 mm의 범위는 중간 입자, 0.5 mm 이하는 가는 입자로 구분할 수 있으며 각각의 입자크기의 범위가 소화 메커니즘에 작용하는 능력은 큰 입자의 경우에는 화염을 뚫고 직접 연소가연물 상단에 방수되어 냉각작용을 극대화 하고, 중간 입자의 경우에는 타지 않은 가연물을 적셔 연소 확대를 방지하고, 마지막으로 가는 입자의 경우에는 화염으로부터의 복사열을 차단하는 능력이 뛰어나고 상대적 표면적이 커 증발효율이 높아 화재실내의 열기류온도를 떨어뜨리는 역할을 하게 됨으로써 스프링클러의 소화 메커니즘을 완성하게 된다. 스프링클러소화설비의 물입자 크기가 약 1 mm(1,000 μm) 이상으로 이루어져 있으나 미분무수의 물입자 지름의 크기는 99%가 1,000 μm(1 mm) 이하로 이루어져 있다.

표 6.1 물방울 크기에 따른 물의 표면적 변화 / 물 0.001 m^3			
물방울 크기[ψmm]	6	1	0.1(100 μm)
물방울의 수	8.8×10^3	1.9×10^6	1.9×10^9
표면적[m^2]	1	6	60

2) 방수특성

화재 시 에너지방출은 화재하중, 적재상태, 건물공간구조, 가연물의 특성, 개구부 등에 의해 차이가 있지만 복사열에 의한 열분해, 기화를 통한 연소로 화염은 성장하기 때문에 복사열과 열분해율, 기화율을 낮추는 것이 중요하다. 헤드로부터 방사되는 물방울의 침투력을 증가시켜 방사된 물이 화염을 지나 연소하는 연료표면까지 충분히 도달하게 함으로써 열분해율, 기화율을 낮추고 연소속도를 낮춤으로서 열방출을 저하시켜 화재성장을 방지하는 화재진압방법이다. 따라서 RDD(Requirred Delivered Density)는 화재진압에 필요한 Sprinkler Head 방출수를 가연물 상단면적으로 나눈 것으로 화재진압에 필요한 단위면적당 최소수량으로 시간의 경과와 방출열량이 클수록 RDD는 커진다. ADD(Actual Delivered Density)는 Sprinkler Head로부터 분사된 물 중에서 화염을 통과하여 연소중인 가연물의 상단에까지 도달한 양을 가연물 상단의 면적으로 나눈 것으로 침투된 물의 분포밀도를 말하며 Sprinkler Head 성능을 결정하는 중요한 요소이다. 시간의 경과와 방출열량이 클수록 ADD는 작아진다. 살수량을 간단하게 표현하자면 연소 가연물의 상단(표면)에 쏟아 붓는 물의 양을 말한다. 일반적으로 보다 많은 물을 부을 경우에 쉽게 화재를 진압할 수 있는 것은 당연하지만 무한정 많은 양의 물을 쏟아 부을 수는 없을 것이다. 가장 적은 양의 물로서 화재를 진압하거나 화세를 제어하는 것이 최적의 엔지니어링이라 할 수 있다. 이러한 방수량은 단위바닥면적당 방수량으로 방수밀도 $l/(\mathrm{min}\cdot \mathrm{m}^2)$라고 한다. 실제 화재실험에서 일반가연물이 적재되어 있는 사무실 혹은 주거공간의 경우 단위면적당 약 4 $l/(\mathrm{min}\cdot \mathrm{m}^2)$ 정도의 방수밀도로 충분한 화세제어를 달성할 수 있었다. 이러한 방수밀도는 스프링클러 설계 시 기준값이 될 것이다. NFPA 13 Standard for the Installation of Sprinkler Systems(스프링클러설비 설치기준)에서는 스프링클러를 설계하기 위한 방호공간의 용도를 경급, 중급 1, 중급 2, 상급 1, 상급 2의 5단계로 구분하고 있으며, 각각의 단계별로 설계기준 방수밀도를 규정하고 있다. 우리나라의 경우에는 방수밀도의 개념은 없으나 헤드간의 배치거리에 대한 규정이 방수밀도와 유사하다고 할 수 있다. 현재의 스프링클러 설계접근방식은 화재진압이 아니라 화세제어를 목표로 하고 있다. 따라서 NFPA 13의 방수밀도 규정도 화재진압이 아닌 화세제어에 필요한 최소한의 기준으로 이해를 하여야 한다. 그림 6.2는 화재진압과 화세제어의 개념에 대한 모델을 그래프로 나타낸 것이다.

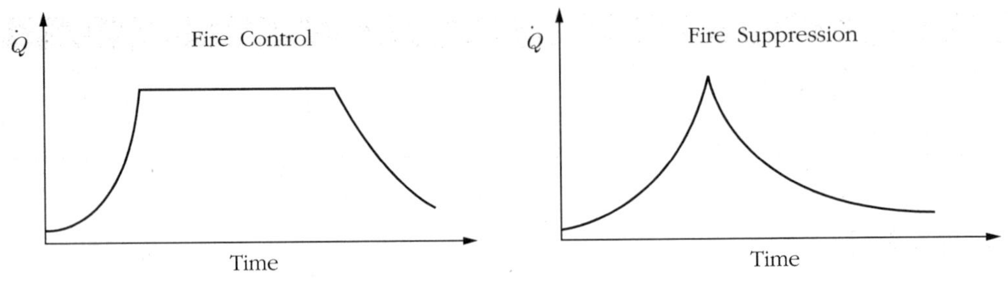

그림 6.2 화세제어(좌)개념과 화재진압(우)개념

3) 화재감지특성

화재발생시점부터 소화가 시작되는 시간은 화재감지시간과 직결되어 화재진압의 성패를 좌우하는 중요한 요소이다. 예를 들면, 수동식 소화설비가 설치되어 있는 경우 화재발생장소 인근에 있는 사람이 화재를 초기에 발견할 경우에는 화재진압이 용이할 수 있으나 화재발견 시간이 늦어지게 되면 사람이 접근할 수 없을 정도로 화재가 크게 되면 수동식 소화설비로만으로는 원만하게 소화작업을 할 수 없게 된다. 그렇지만 자동식 스프링클러소화설비의 경우에는 자동으로 화재를 감지하여 작동하기 때문에 시스템이 고장이 나기 전에는 화재진압을 실패하는 경우는 없으며, 유지관리를 잘 못하여 화재를 진압하지 못하는 경우가 발생하는 경우가 일부 있다. 이와 같이 본 소화설비에서의 화재감지는 중요한 특성으로 스프링클러헤드의 반응시간지수(Response Time Index), 작동온도, 열용량, 전도열전달계수(Conductivity)

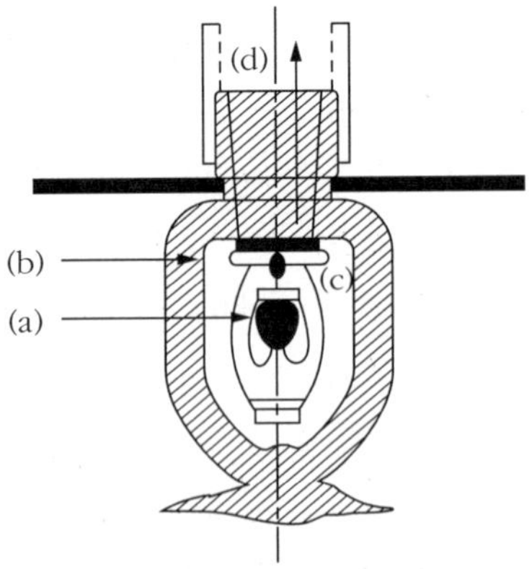

(a) from Hot Gas to Element (b) from Hot Gas to Body
(c) from Element to Body (d) from Body to Pipeline

그림 6.3 스프링클러헤드의 열전달 방향

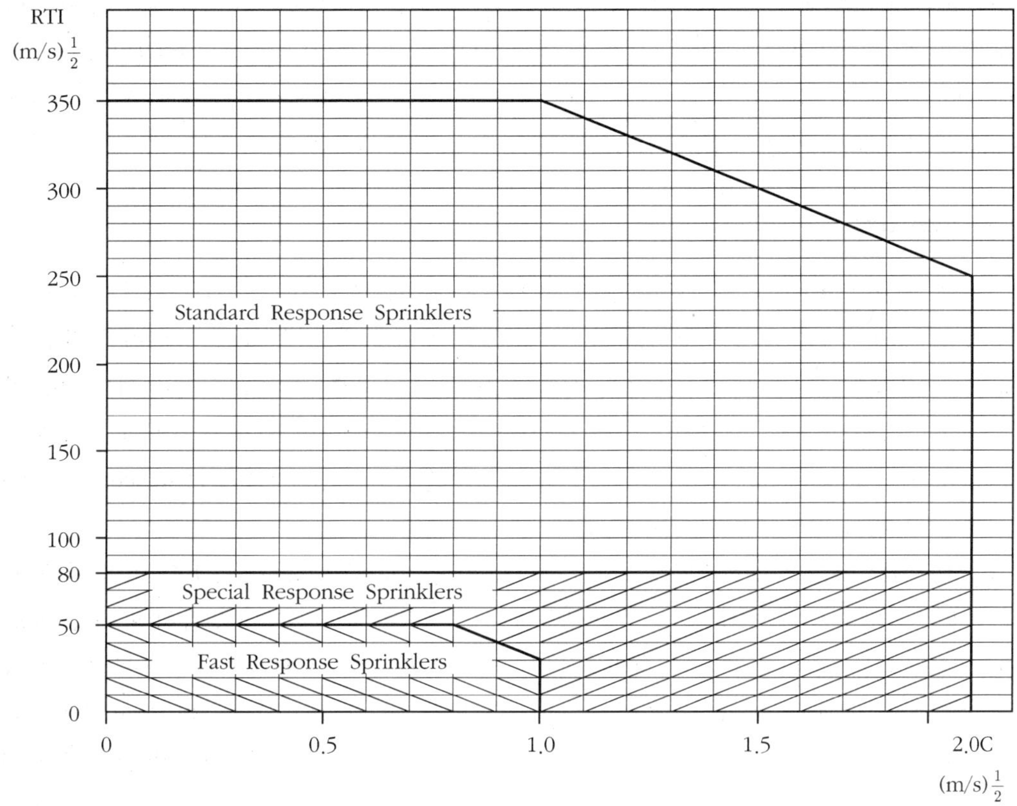

그림 6.4 스프링클러헤드의 감도범위

등이 화재감지특성에 영향을 미치는 중요한 요소이다. 스프링클러헤드의 감지특성에 대한 연구는 1980년대에 미국, 영국 등 선진국을 중심으로 활발하게 연구가 진행되어 왔다. 특히, 정확한 화재감지와 직결되는 감도(Sensitivity)를 제어할 수 있는 기술을 확보함으로서 더욱 안전하고 신뢰성이 높은 헤드가 등장하게 되었다. 일반적으로 화재 시에 발생하는 열기류에 의한 스프링클러헤드 각 부분에 대한 열이 전달되는 방향은 그림 6.3과 같고 스프링클러헤드의 반응시간지수(Response Time Index : RTI)는 스프링클러헤드의 작동에 필요한 충분한 양의 열을 주위로부터 얼마나 빠른 시간 내에 흡수할 수 있는지를 나타내는 특성치로서 가열공기의 온도 및 속도에 의해 결정된다.

반응시간지수는 열기류감도시험기를 이용하여 측정하며, 반응시간지수의 값이 적을수록 감열체의 온도상승비율이 커져 헤드가 조기에 작동하게 된다. 또한 전도열전달계수는 스프링클러헤드의 주위로부터 흡수된 열량 중 스프링클러 배관 및 수로 등으로 방출되는 열손실량에 대한 주요 특성치로서 이 값이 적을수록 전도 열손실량이 적어져 헤드가 빨리 작동하게 된다. 따라서 스프링클러헤드가 작동하는 시간과 직결되는 스프링클러헤드의 빠른 감도는 화재를 유효하게 제어 및 진압할 수 있는 전제조건이라고 할 수 있겠다. 현재 ISO[6182-1]기준에서는 스프링클러헤드의 감도범위를 그림 6.4와 같이 Fast Response, Special Response, Standard Response의 3개 영역으로 분류하고 있다.

4) 방수시점

방수량과 마찬가지로 방수시점도 매우 중요하다. 화재초기에 스프링클러로부터 방수를 할 수 있다면 보다 적은 양의 물로서도 충분히 화세를 제어할 수 있을 것이다. 이러한 방수 개시점을 결정하는 요소는 방호공간의 구조적 특징, 즉 층고, 넓이, 개구부의 존재여부, 연소양상 등과 직접적인 관계가 있으며, 그 다음으로는 스프링클러의 감열체의 물리적인 특징에 좌우될 것이다. 이러한 스프링클러의 감열성능을 수치로 표현한 것을 RTI(Response Time Index)라고 하며 응답시간지수라고 부른다.

즉, 열적감도특성의 측정방법이 반응시간지수(Response Time Index : RTI)이며 화재 시 일정한 작동온도를 가진 감지기나 스프링클러헤드가 얼마나 민감하게 반응하여 작동(개방)하는가를 시험하여 이를 지수로 나타낸 것이다. RTI 측정은 일정한 온도와 속도의 열류를 공급하도록 설계된 풍동(Plunge Test Apparatus) 안에 스프링클러헤드를 넣어두고 스프링클러의 작동시간을 측정하여 결정하는데 RTI값이 작을수록 감열체의 온도상승비율이 커져 헤드가 조기에 작동한다. 반응시간지수 RTI는 다음과 같이 계산되며 단위는 $\sqrt{\mathrm{m \cdot s}}$ 이다.

$$\mathrm{RTI} = \tau\sqrt{u}$$

여기서, τ : 감열체의 시간상수(sec), u : 기류속도(m/s)

표준반응의 RTI값은 80～350 이하, 특수반응의 RTI값은 50～80 이하, 조기반응의 RTI값은 50 이하이다. 스프링클러헤드는 화재 시 발생한 열에 의해 열전달의 과정을 거쳐 감열체의 용융온도에 도달되면 헤드를 막고 있던 감열체가 이탈되면서 방수가 시작된다(그림 6.5).

그림 6.5 스프링클러의 감열체(좌)와 감열과정

이러한 감열체의 작동온도는 제조업체에 따라 다소 차이는 있으나 일반적으로 사무실용의 경우 68～72℃ 등 다양한 범위의 헤드가 존재한다. 앞서 이야기한 RTI는 동일한 작동온도를 가진 스프링클러헤드라 할지라도 감열체의 민감도가 달라 감열시점이 늦거나 빠른 것을 나타내는 것이다. 예를 들어 RTI값이 24인 경우와 150인 경우의 스프링클러헤드가 설치되어 있으며, 두 헤드 모두 작동점은 72℃라고 가정할 경우, 실제 화재 시에는 RTI값이 작은 24인 헤드가 먼저 감열되어 개방된다는 뜻이다. 화재초기에는 열방출률이 비교적 크지 않기 때문에 보다 적은 양의 물을 이용하여 불을 끄거나 제어가 가능하기 때문에 초기에 작동함으로써 비교적 화재실내의 온도가 높지 않은 상태에서는 화재실내의 거주자가 화재에 견딜 수 있는 환경을 만들어 주는 것이 가능하다. 즉, 화재실내 거주자가 미처 피난을 하지 못한 상태일지라도 스프링클러가 작동됨으로써 피난시간을 확보해줄 수 있으며 거주자의 인명을 보호할 수 있는 장점이 있다. RTI의 값이 작을수록 감열특성은 빠르다는 것을 나타내며 RTI의 구분은 ISO(International Standards Organization)에서 표준반응형은 80～350, 조기작동형은 50 이하로 규정하고 있으며 인명보호를 위한 주거용 스프링클러의 경우에는 RTI값이 24 정도인 것으로 알려져 있다. 그렇지만 모든 경우에 속동형 스프링클러의 설치가 좋은 것만은 아니다. NFPA 13에서는 상급 1, 2 위험용도 그룹의 경우에 해당되는 장소에는 속동형 스프링클러의 설치를 권장하지 않는다. 왜냐하면 화재의 성장속도가 매우 빠르기 때문에 감열특성이 빠른 속동형 스프링클러의 경우 설계기준 개수 이상의 헤드가 감열되어 개방될 우려가 있어 설계방수밀도가 낮아져 화세제어에 실패할 가능성이 높기 때문인 것이다.

3. 열기류 양상

랙크식 형태의 창고 화재의 경우 일반적인 스프링클러시스템으로는 화세제어를 실패하게 됨으로써 보다 새로운 화세제어가 필요하게 되었다. 기존까지의 스프링클러의 화세제어 이론에 많은 의문점이 생기게 되었으며, 이는 특정 장소에 한하여 완전한 화재진압을 위한 새로운 개념의 스프링클러소화설비의 개발이 필요하게 되었다. 층고가 높고 수직으로 상품이 적재된 랙크식 창고의 경우에는 화재 시 매우 빠르게 성장하는 수직상승열기류의 발생과 함께 화재의 성장속도가 매우 빠른 전형적인 특성이 있다. 이러한 화재의 양상에는 일반적인 표준분무형 스프링클러로부터 방수되는 물방울의 입자크기로는 화염을 뚫고 들어가 직접 연소가연물을 적시기에는 역부족이었던 것이다. 오히려 상승열기류에 휩쓸려 날아가 버렸다. 실험결과 보다 굵은 입자가 필요하게 되었으며 화세제어는 어렵고 화재진압만이 해결책이라는 것을 알게 되었다. 그림 6.6에서처럼 14.4 mm/min($l/(\text{min}\cdot\text{m}^2)$)의 방수밀도에서는 화재진압에 실패하였으며 겨우 2 mm/min($l/(\text{min}\cdot\text{m}^2)$) 더 높은 16.4 mm/min($l/(\text{min}\cdot\text{m}^2)$)에서는 화재가 진압되는 것이 확인되었다. 창고와 같은 고열, 큰 상승열기류를 화재 시 화염을 침투할 수 있는 물방울의 입자가 큰 스프링클러헤드를 개발하기 위해 FM(Factory Mutual)연구소의 연구로 라지드롭(Large Drop) 스프링클러헤드가 탄생하였으며 그와 더불어 보다 확실한 화재진압을 위하여 ESFR 스프링클러헤드가 또한 개발되었다.

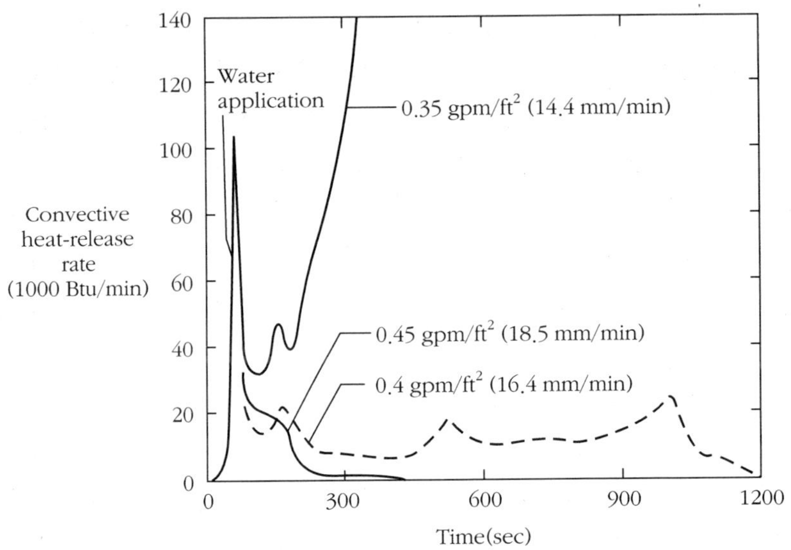

그림 6.6 3가지 다른 방수밀도와 화재진압여부에 관한 실험

4. 살수패턴

스프링클러헤드의 방수패턴은 전형적인 하향포물선 형태를 나타내지만(그림 6.7) 방수패턴을 형성시켜 주는 스프링클러헤드의 디플렉터의 형태에 따라 살수패턴이 결정된다. 방수각도가 넓을수록 헤드의 배치간격을 보다 넓게 하면 방수밀도가 떨어지기 때문에 방수량을 증가시켜야 한다. 또한 헤드간의 거리가 멀게 되면 화재로부터 헤드가 먼 곳에 위치할 수가 있어 감열지연이 발생할 수 있다. 스프링클러헤드 중 방수패턴이 매우 넓은 각도를 가지는 확장형 스프링클러헤드, 주거용 스프링클러헤드도 방수패턴이 매우 넓은 형태를 가지고 있다. 방수압력에 따라 방수패턴은 약간씩 변할 수 있으며 방수압력이 높아질수록 방수각도는 넓어지게 된다. 그러나 실험에 의하면 지나치게 높은 방수압력은 오히려 방수각도가 줄어들고 바닥의 투영모습이 원형이 아닌 타원형에 가깝게 변하는 것으로 알려져 있다. 방수각도가 작아질 경우에는 화재위치까지 방수된 물이 도달되지 못할 수도 있다. 물분무설비나 미분무

설비의 경우에는 방수압력에 상응하는 운동량을 가지고 방수되는 것에 반하여, 스프링클러의 경우에는 중력에 의한 자중으로 낙하하는 것이 특징이다. 또한 소화전의 노즐을 통해 방수되는 분무형태가 연속적 흐름이라면 스프링클러의 경우에는 연속적 흐름이 아닌 액적(물방울) 등의 유동으로 이루어진 흐름이다. 이러한 형태의 특성은 화세제어의 특성에도 서로 다른 영향을 미치게 된다.

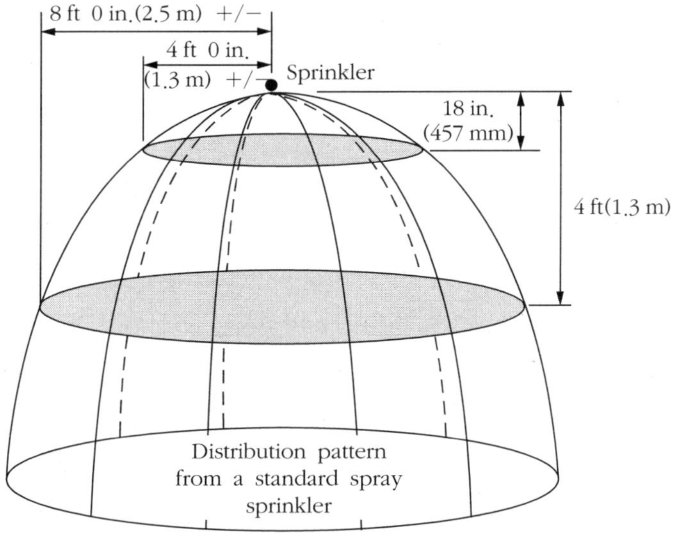

그림 6.7 스프링클러의 전형적인 방수패턴

5. 스프링클러설비의 신뢰성

스프링클러성능에서 "만족할 만한 성능"의 정의에 NFPA는 방호하고자 하는 대상공간의 과도한 화재확산의 예방으로 정의하며, Australian 연구에 따르면, 만족할 만한 성능은 건물 및 점유자가 화재, 물 및 연기로부터 단지 미소한 손상(Minor Damage)을 입는 경우에 이를 수 있는 것으로 여겨진다(미소한 손상이란 건물과 동산을 더한 총 가치의 20%를 초과하지 않을 때). NFPA 통계에 따르면 스프링클러시스템의 불만족스러운 성능은 화재사건의 단지 4%에 지나지 않고 있으며, 호주 및 뉴질랜드의 통계는 이보다 더 높은 신뢰성을 나타내고 있는데 시스템의 단 0.2%가 불만족한 성능을 나타내고 있는 것으로 여기고 있다.

1) 오스트리아

오스트리아 Harry W. Marryatt의 연구에 의하면 지난 1886년부터 1986년까지 100년 동안 오스트리아에서 발생한 화재사고를 조사 분석한 결과 스프링클러가 설치된 건물에서 발생한 화재 9,022건 중 8,973건, 즉 99.46%가 스프링클러에 의해서 진화되었음을 보여주었다. 이는 오스트리아 소방당국이 스프링클러설비의 유수경보장치의 오동작방지와 시스템의 작동검사를 위하여 주간점검 등 주기적인 점검을 실시하여 유사시에 즉시 작동할 수 있도록 유지관리를 한 결과이다.

2) 미국

미국에 있어서는 에너지부(Department of Energy, DOE)가 1952년부터 1980년까지 29년간 에너지부가 관리하고 있던 사무실, 창고, 산업시설 등에 설치된 스프링클러설비들 중 600건이 작동한 결과를 분석하여 다음과 같이 발표하였다. 스프링클러가 설치된 건물에서 화재로 인한 재산손실은 스프링클러설비가 미설치된 건물에서 발생한 화재손실의 1/5이었다. 스프링클러가 설치된 건물에서 인명피해는 한 건도 없었다. 스프링클러가 설치된 건물의 화재 중 98% 이상이 스프링클러에 의해 화재를 제어 또는 진압하였다. 모든 화재의 약 1/3이 1개의 스프링클러헤드의 작동으로 진압되었다. 스프링클러헤드의 오작동 확률은 연간 1/1,000,000이었다. 스프링클러설비로 인한 피해는 연간 800개의 스프링클러설비 중 1번이 있었고, 이 중 절반은 피해가 경미하였으며, 스프링클러설비의 유지관리를 소홀히 했기 때문이었다. 스프링클러설비는 다른 수계 소화설비보다 신뢰성이 있으며 스프링클러의 사고로 인한 손실빈도와 손해규모는 다른 수계 소화설비의 절반 수준이었다. 스프링클러설비에 의해 진압된 평균 재산손해는 스프링클러 사고로 인한 평균 손해의 약 50배 정도였다. 실제적인 손해조사에 의하면 스프링클러설비의 오작동에 의한 손해는 스프링클러설비가 설치되지 않은 곳에서 발생한 화재로 인한 손해의 1%보다 작았다. Walter W. Maybee는 1988년에 스프링클러의 성능에 대한 보고서를 발표하였는데, 모든 화재의 약 절반가량이 1개의 스프링클러헤드의 작동으로 진압되었고 약 90% 이상이 6개의 스프링클러헤드의 작동으로 진압되었음을 보여주었다.

미국의 아리조나주의 Scottsdale시의 소방국의 "Automatic Sprinkler, A 10 Year Study"라는 보고서를 통해 1986년부터 1996년까지 스프링클러가 설치된 건물에서 10년간 발생한 109건의 화재 가운데 스프링클러설비는 모두 작동하였으며 그 중 92%인 100건은 스프링클러헤드가 최대 2개 이내가 작동하여 진압되었으며, 3개 이상의 스프링클러헤드가 작동한 화재는 9건으로 나타났다(표 6.2). 재미있는 것은 스프링클러가 작동한 경우의 추정 방수량은

표 6.2 10년간 화재사고와 스프링클러 작동 등에 관한 통계(미국 아리조나주 Scottsdale시)

January 1, 1985 through January 1, 1996

Total Working Structure Fires in Sprinklered Buildings		109
Occupancy Types for Incidents	Commercial	65
	Multi-Family	26
	Single Family	18
Total Value of Incident Properties		$620,765,000
Total Fire Loss at 109 Incidents		$211,950
Definite Lives Saved		8
Average Loss per Sprinklered Incident		$1,945
Average Loss per Non Sprinklered Incident		$17,067
Sprinkler Head Activation Rate	1~2 Heads (100)	92%
	3 or more (9)	8%
Estimated Sprinkler Water per Incident		299 gls
Estimated Suppression Water Comparison		5,996 gls
Estimated Sprinkler Flow per Residential Incident		209 gls
Estimated Suppression Water per Residential Incident		3,290 gls

299 Galon(1,132 *l*)인 반면 소방대원이 소화전을 사용하여 진압한 경우의 추정 방수량은 약 20배인 5,996 Galon(22,695 *l*)로 나타났다. 재산손실의 경우에는 화재 1건당 평균 손해액이 스프링클러설비 설치의 경우 $1,945인 반면 스프링클러 미설치 주택은 $17,067나 되어 스프링클러설비가 설치된 주택피해의 8.8배나 되었다고 한다. 그리고 스프링클러가 설치된 건물에서의 화재로 인한 손실액은 건물자산의 0.034%에 불과한 것으로 나타났다. 미국의 손해보험회사인 Factory Mutual(FM Global)이 조사한 바에 따르면 스프링클러 사용 초기인 1877년부터 1888년까지 Factory Mutual에 화재보험을 가입한 사업장 중 스프링클러가 설치되지 않은 사업장에서 759건의 화재가 발생하여 총 손해액은 $5,707,000에 달하였으며 사고 당 평균 $7,500의 손해를 초래하였다. 한편 스프링클러가 설치된 사업장에서는 총 206건의 화재사고가 발생하여 총 손해액은 $224,480으로서 건당 평균 $1,080의 손해액이 초래되었다. 이 기간 동안의 화재피해를 분석하면 스프링클러가 설치된 경우 건당 평균 손해액이 스프링클러가 설치되지 않은 경우의 14%에 불과하다는 것을 알 수 있다. FM Global의 통계자료를 좀 더 살펴보면 1971년부터 10년간의 평균 재산손해액이 스프링클러를 설치한 경우 1/8(12.5%)로 감소하였으며 최근 1996년부터 2000년까지 5년간에는 스프링클러가 적절히 설치된 곳에서 발생한 화재손해는 평균 $400,000인데 반하여, 스프링클러가 설치되지 않은 곳에서 발생한 화재손해는 평균 $2,200,000가 되어 스프링클러설비가 설치된 곳의 화재손해는 비설치장소의 약 18% 수준인 것으로 밝히고 있다(표 6.3). 한편 FM Global의 Loss Data에 따르면 스프링클러가 적절히 설치된 경우에는 73%가 9개 이하의 스프링클러헤드의 개방으로 화재를 제

어하였으며, 스프링클러가 설치된 건물과 설치되지 않은 건물의 손해액 비교에서 미국의 경우 4~5배 가량 차이가 나며 유럽이나 그 외의 지역은 최고 10배 이상 차이가 나고 있다. 인명피해와 관련하여서는, 1982년 미국 에너지부의 발표에 의하면 사무실, 창고, 산업시설에서의 600건의 화재 중 스프링클러설비가 작동한 경우에는 인명피해가 단 한명도 없었음을 보고하고 있다. 또한 John R. Hall, Jr가 1996년에 NFPA를 통하여 발표한 자료에 의하면 스프링클러설비가 완벽하게 설치된 건물의 화재 시 폭발이나 가연성 액체의 표면화재를 제외하고 2명 이상 사망하는 기록은 없었다고 보고하고 있다(표 6.4). 특히 주택화재에 있어서 주거용 스프링클러설비의 개발보급에 따라 1985년부터 사망률은 1,000건당 69%가 감소하였음을 보여주고 있으며 연기감지기만 설치한 주택에 비하여 스프링클러설비와 연기감지기를 함께 설치한 경우 사망률은 63%까지 감소하고 있음을 보여주고 있다(표 6.5).

표 6.3 스프링클러 설치유무에 따른 평균 손실액(미국 FM사) (단위 : $1,000)

설치유무 / 연도	스프링클러 설치			스프링클러 미설치		
	건 수	합계손해액	평균손해액	건 수	합계손해액	평균손해액
1971	408	3,896	10	565	26,049	54
1972	478	6,906	14	565	37,822	67
1973	475	5,485	11	642	61,205	95
1974	492	9,447	19	601	56,185	93
1975	410	8,403	20	478	53,034	111
1976	444	10,562	24	511	74,051	145
1977	449	7,303	16	542	114,638	211
1978	546	12,476	23	577	107,560	186
1979	549	10,821	20	624	147,829	237
1980	513	11,962	23	531	116,151	219
합 계	4,764	87,230	18	5,556	794,524	143

(Factory Mutual, 1971~1980년)

표 6.4 스프링클러설비 건물의 화재 1,000건당 사망자수 현황(John R. Hall, Jr)

건물용도	스프링클러가 미설치된 건물의 사망자수	스프링클러가 설치된 건물의 사망자수	사망자수 감소율(%)
다중이용시설	1.1	0.0*	100
교육시설	0.3*	0.3	-
요양원	4.2	1.7	59
호텔 및 모텔	9.2	1.5	83
상점 및 사무실	0.9	0.0*	100
제조산업	1.6	1.1	30
평 균	1.7	0.8	53

* 10년 동안 연간 사망자수가 2명 미만이므로 통계적 수치에 영향을 주지 못함.
자료 : Hall, 1996, p.10, 조사기간 : 1985~1994

표 6.5 단독주택 및 2가구주택의 화재 1,000건당 사망률 감소 현황

구 분	스프링클러 설치 연기감지기 미설치	스프링클러 설치 연기감지기 설치
스프링클러 미설치 및 연기감지기 미설치 주택에 대한 사망률 감소 비율	69%	82%
연기감지기만 설치한 주택에 대한 사망률 감소 비율	-	63%

자료 : Ruegg and Fuller, 1984

3) 일본

일본 동경에서 작성된 1982～1991년 10년간 스프링클러가 설치된 건물의 화재분석에 의하면, 총 화재건수 683건 중 스프링클러가 작동한 경우는 103건이었으며, 이 중 4건만이 별 효과가 없었다. 그러나 4건은 매우 작은 소규모 화재였으며, 스프링클러가 작동하지 않은 화재는 작은 규모의 화재이거나 스프링클러를 설치하지 않은 지역에서 발화한 경우이다(표 6.6). 화재 사례 중 스프링클러설비가 설치되어 작동된 화재와 설치되지 않은 화재의 비율로 스프링클러 주수 효율을 평가하면, 스프링클러가 작동된 203건의 화재 사례 중 헤드 1개 개방의 경우가 80% 이상이었으며, 전체 화재가 헤드 6개 이하의 작동으로 소화되었다.

표 6.6 스프링클러가 설치된 건물의 화재분석(일본 1982~1991)

	'82	'83	'84	'85	'86	'87	'88	'89	'90	'91	합계
스프링클러설비 작동수	13	9	7	8	10	10	8	14	10	14	103
효과 있음	13	9	6	8	10	10	5	14	10	14	99
효과 없음	0	0	1	0	0	0	3	0	0	0	4
소규모 화재			1				3				4
연소 확대			0				0				0
스프링클러설비 미작동	3	0	4	2	0	0	0	1	1	0	11
소규모 화재	3		4	2				1	1		11
연소 확대	0		0	0				0	0		0
스프링클러설비 작동 불가	39	45	22	31	32	37	46	29	35	47	363
헤드 미설치 부분 출화	11	5	12	13	25	29	22	33	27	29	206
합 계	66	59	45	54	67	76	76	77	73	90	683

표 6.7 스프링클러헤드 작동 개방 개수(일본)

개방된 헤드	1개	2개	3개	4개	5개	6개	합 계
주효율 건수	165	23	11	0	2	2	203
비율(%)	81	12	5	0	1	1	100

4) 호주, 뉴질랜드

호주와 뉴질랜드의 경우, 1886～1986년의 100년간의 자료가 상세하게 분석되었으며, 총 화재 발생건수 9,022건 중에 스프링클러의 작동으로 화세제어 또는 진압에 성공한 경우는 8,973건으로 99.46%이었으며, 실패한 경우가 나머지 49건으로 0.54%를 차지하였다. 그리고 헤드 1개의 작동으로 전체의 64.46%의 화재를 소화시켰고, 헤드 3개 이내의 작동으로 86.5%의 화재가 소화된 것으로 나타났다.

표 6.8 스프링클러헤드 작동개수(호주, 뉴질랜드 1886~1986)

업 종	화재발생수	제어화재	미제어화재	사망자	평균작동헤드
주 택	163	163	0	0	1.24
집회소	76	75	1	0	1.43
교육시설	26	26	0	0	1.58
병 원	198	198	0	3	1.21
사무실	383	383	0	0	1.44
상업시설	1,379	1,372	7	1	2.31
화학공업	488	484	4	1	3.43
섬유공업	548	546	2	0	2.91
식료품공업	942	940	2	0	2.19
유리공업	124	123	1	0	2.85
피혁공업	262	262	0	0	2.29
기계금속	640	636	4	2	2.78
광 업	7	7	0	0	5.57
종이펄프	301	295	6	0	3.86
인 쇄	317	316	1	2	1.85
고무공업	351	345	6	1	3.69
직 물	536	534	2	0	2.67
목제품	1,346	1,342	4	0	2.75
기타제조	740	739	1	1	2.59
창 고	68	66	2	0	2.29
기타업종	127	121	6	0	2.24
합 계	9,022	8,973	49	11	
비율(%)		99.46	0.54		

6. 작동불량 원인

스프링클러설비는 가장 신뢰성이 뛰어나고 효과적인 소화설비임에도 불구하고 스프링클러가 설치된 건물이 전소되거나 화재로 인해 재산손해와 인명피해를 입는 경우가 간혹 있다. 미국의 NFPA에서 지난 1970년에 발표한 "스프링클러설비의 화재진압 실패원인"에 의하면 스프링클러설비의 유지관리 부실, 화재위험도에 따른 완벽한 방호시스템 구축 미흡, 스프링클러설비의 자체결점, 스프링클러설비의 부적절한 작동을 주요 실패원인으로 지적하고 있다. 이러한 설비의 작동실패에 대한 분석 개념을 도시하면 그림 6.8과 같다. 설비의 불량사례로는 스프링클러헤드 내부의 이물질 축적, 디플렉터의 변형, 파손 및 탈락, 외부 이물질(고형물) 고착 및 도장, 감열부의 이격 등을 들 수 있다(그림 6.9). 헤드 내 이물질의 축적은 규정 방수량을 미달시키는 결과를 초래하게 된다. 디플렉터의 변형은 방수패턴을 왜곡시켜 균일한 방수밀도가 달성되지 않게 할 것이며, 감열부에 이물질의 부착 등은 화재 시 감열시간의 지연을 초래하거나 아예 감열이 되지 않도록 하여 화세제어에 실패하게 되는 요인으로 작용하게 될 것이다. 간혹 스프링클러헤드가 작동될 때 캡(Cap), 가스켓(Gasket) 등 감열부의 분해부분이 프레임 부분에 걸려서 살수를 방해하는 Lodgement가 발생하기도 한다(그림 6.9의 맨 왼쪽그림). 그림 6.10은 배관부식이 발생한 사진이다.

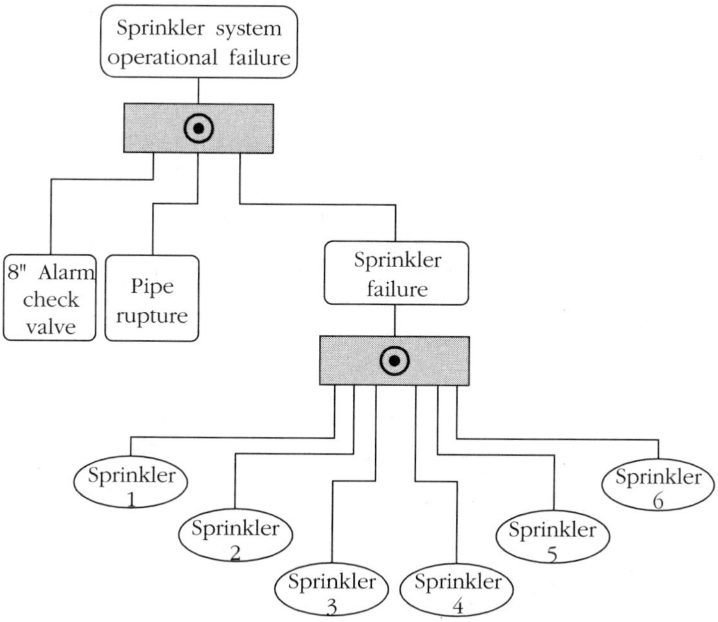

그림 6.8 스프링클러 실패분석의 단순 tree 개념

표 6.9 스프링클러의 화재진압 실패원인

항 목	세부원인	구성비(%)
스프링클러설비의 유지관리 부실	밸브 잠김 부적절한 관리 소화배관의 장애 설비의 동결	35.4 8.4 8.2 1.4
	소 계	53.4
화재위험도에 따른 완벽한 방호시스템 구축미흡	업종의 화재하중에 부적절한 성능 일부지역에만 스프링클러 설치	13.5 8.1
	소 계	21.6
스프링클러설비의 결점	부적절한 용수공급 건물구조의 하자	9.9 6.0
	소 계	15.9
스프링클러설비의 부적절한 작동	구식의 스프링클러설비 헤드의 작동지연 건식밸브의 결함	2.1 1.8 1.7
	소 계	5.6
기 타	미 상	3.6
계		100.0

* 1925년부터 1969년까지 45년간 NFPA에 보고된 스프링클러설비가 부적절하게 작동한 3,134건의 화재를 분석한 것임. 화재가 발생한 건물의 용도는 제조공장(75%), 창고(12%), 상점(5.6%), 기타(7.4%)임.
자료 : Bryan, 1970, p140

그림 6.9 Lodgment 발생, 헤드 내부 이물질 축적, 디플렉터 변형, 감열부 도색

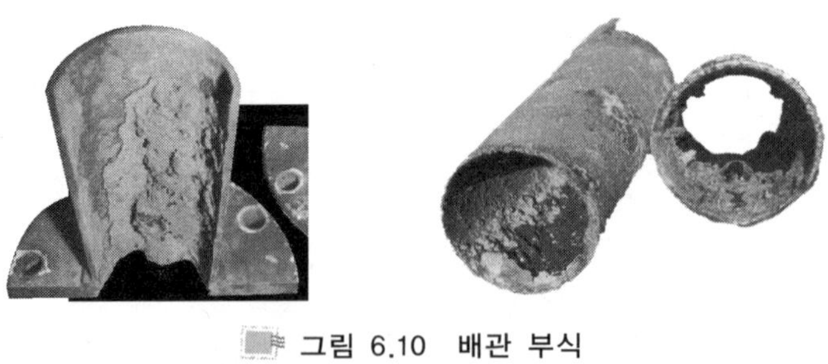

그림 6.10 배관 부식

7. 용어의 정의

1) 개방형 스프링클러헤드라 함은 감열체 없이 방수구가 항상 열려져 있는 스프링클러헤드를 말한다.
2) 폐쇄형 스프링클러헤드라 함은 정상상태에서 방수구를 막고 있는 감열체가 일정온도에서 자동적으로 파괴·용해 또는 이탈됨으로써 방수구가 개방되는 스프링클러헤드를 말한다.
3) 조기반응형 헤드라 함은 표준형 스프링클러헤드 보다 기류온도 및 기류속도에 조기에 반응하는 것을 말한다.
4) 측벽형 스프링클러헤드라 함은 가압된 물이 분사될 때 헤드의 축심을 중심으로 한 반원상에 균일하게 분산시키는 헤드를 말한다.
5) 건식스프링클러헤드라 함은 물과 오리피스가 분리되어 동파를 방지할 수 있는 스프링클러헤드를 말한다.
6) 유수검지장치라 함은 습식유수검지장치(패들형을 포함), 건식유수검지장치, 준비작동식유수검지장치를 말하며 본체 내의 유수현상을 자동적으로 검지하여 신호 또는 경보를 발하는 장치를 말한다.
7) 일제개방밸브라 함은 개방형 스프링클러헤드를 사용하는 일제살수식 스프링클러설비에 설치하는 밸브로서 화재발생 시 자동 또는 수동식 기동장치에 따라 밸브가 열려지는 것을 말한다.
8) 가지배관이라 함은 스프링클러헤드가 설치되어 있는 배관을 말한다.
9) 교차배관이라 함은 직접 또는 수직배관을 통하여 가지배관에 급수하는 배관을 말한다.
10) 주배관이라 함은 각 층을 수직으로 관통하는 수직배관을 말한다.
11) 신축배관이라 함은 가지배관과 스프링클러헤드를 연결하는 구부림이 용이하고 유연성을 가진 배관을 말한다.
12) 급수배관이라 함은 수원 및 옥외송수구로부터 스프링클러헤드에 급수하는 배관을 말한다.
13) 반사판(디플렉터)이라 함은 스프링클러헤드의 방수구에서 유출되는 물을 세분시키는 작용을 하는 것을 말한다.
14) 개폐표시형 밸브라 함은 밸브의 개폐여부를 외부에서 식별이 가능한 밸브를 말한다.

8. 설치대상

스프링클러설비를 설치하여야 하는 특정소방대상물(위험물저장 및 처리시설 중 가스시설 또는 지하구를 제외)은 다음과 같다.

1) 문화 및 집회(동·식물원은 제외) 및 종교시설(사찰·제실·사당은 제외), 운동시설(물놀이형 시설 제외)로서 다음에 해당하는 경우에는 전층
   ① 수용인원이 100인 이상인 것
   ② 영화상영관의 용도로 쓰이는 층의 바닥면적이 지하층 또는 무창층인 경우 500 m^2 이상, 그 밖의 층의 경우에는 1,000 m^2 이상인 것
   ③ 무대부가 지하층·무창층 또는 4층 이상의 층에 있는 경우에는 무대부의 면적이 300 m^2 이상인 것
   ④ 무대부가 지하층·무창층 또는 4층 이상의 층에 있는 경우에는 무대부의 면적이 300 m^2 이상인 것 외의 층에 있는 경우에는 무대부의 면적이 500 m^2 이상인 것
2) 판매시설, 운수시설 및 창고시설 중 물류터미널로서 다음에 해당하는 경우에는 전층
   ① 층수가 3층 이하인 건축물로서 바닥면적 합계가 6,000 m^2 이상인 것
   ② 층수가 4층 이상인 건축물로서 바닥면적 합계가 5,000 m^2 이상인 것
   ③ 수용인원 500인 이상인 것
3) 층수가 11층 이상인 특정소방대상물의 경우에는 전층 다만, 주택법령에 의하여 기존의 아파트를 리모델링하는 경우로서 건축물의 연면적 층고가 변경되지 아니하는 경우에는 당해 아파트의 사용검사 당시의 소방시설 적용기준을 적용한다.
4) 다음의 어느 하나에 해당하는 경우에는 전층
   ① 의료시설 중 「정신보건법」에 따른 정신의료기관 또는 노유자시설로서 연면적 600 m^2 이상인 것
   ② 숙박이 가능한 수련시설로서 연면적 600 m^2 이상
5) 천장 또는 반자(반자가 없는 경우에는 지붕의 옥내에 면하는 부분)의 높이가 10 m를 넘는 랙크식 창고(선반 또는 이와 비슷한 것을 설치하고 승강기에 의하여 수납물을 운반하는 장치를 갖춘 것)로서 연면적 1,500 m^2 이상
6) 지하가(터널을 제외)로서 연면적 1,000 m^2 이상인 것
7) 1) 내지 5)에 해당하지 않은 특정소방대상물(냉동창고는 제외)의 지하층·무창층 또는 층수가 4층 이상인 층으로서 바닥면적 1,000 m^2 이상인 층
8) 1) 내지 7)의 특정소방대상물에 부속된 보일러실 또는 연결통로 등
9) 교육연구시설, 수련시설 내에 있는 학생 수용을 위한 기숙사 또는 복합건축물로서 연면적 5,000 m^2 이상인 경우에는 전층
10) 천장 또는 반자(반자가 없는 경우에는 지붕의 옥내에 면하는 부분)의 높이가 10 m를 넘는 랙크식 창고(선반 또는 이와 비슷한 것을 설치하고 승강기에 의하여 수납물을 운반하

는 장치를 갖춘 것)로서 연면적 1,500 m^2 이상에 해당하지 아니하는 공장 또는 창고로서 다음에 해당하는 시설

① 「소방기본법 시행령」 별표 2에서 정하는 수량의 1,000배 이상의 특수가연물을 저장·취급하는 시설

별표 2 특수가연물의 종류(제6조 관련)

<table>
<tr><th colspan="2">품 명</th><th></th></tr>
<tr><td colspan="2">면 화 류</td><td>200 kg</td></tr>
<tr><td colspan="2">나무껍질 및 대팻밥</td><td>400 kg</td></tr>
<tr><td colspan="2">넝마 및 종이 부스러기</td><td>1,000 kg</td></tr>
<tr><td colspan="2">사류(絲類)</td><td>1,000 kg</td></tr>
<tr><td colspan="2">볏짚류</td><td>1,000 kg</td></tr>
<tr><td colspan="2">가연성 고체류</td><td>3,000 kg</td></tr>
<tr><td colspan="2">석탄·목탄류</td><td>10,000 kg</td></tr>
<tr><td colspan="2">가연성 액체류</td><td>2 m^3</td></tr>
<tr><td colspan="2">목재가공품 및 나무부스러기</td><td>10 m^3</td></tr>
<tr><td rowspan="2">합성수지류</td><td>발포시킨 것</td><td>20 m^3</td></tr>
<tr><td>그 밖의 것</td><td>3,000 kg</td></tr>
</table>

② 「원자력법 시행령」 제2조제1호에 따른 중·저준위방사성폐기물의 저장시설 중 소화수를 수집·처리하는 설비가 있는 저장시설

11) 교정 및 군사시설 중 다음의 어느 하나에 해당하는 경우에는 해당 장소

① 보호감호소, 교도소, 구치소 및 그 지소, 보호관찰소, 갱생보호시설, 치료감호시설, 소년원 및 소년분류심사원의 수용거실

② 「출입국관리법」 제52조제2항에 따른 보호장소(외국인보호소의 경우에는 피보호자의 생활공간으로 한정)로 사용하는 부분. 다만, 보호장소가 임차건물에 있는 경우는 제외한다.

③ 「경찰관직무집행법」에 따른 유치장

9. 헤드설치 제외 장소

다음에 해당하는 장소에는 스프링클러헤드를 설치하지 아니할 수 있다.

1) 계단실(특별피난계단의 부속실을 포함)·경사로·승강기의 승강로·비상용 승강기의 승강장·파이프덕트 및 덕트피트·목욕실·수영장(관람석 부분을 제외)·화장실·직접 외기에 개방되어 있는 복도·기타 이와 유사한 장소

2) 통신기기실·전자기기실·기타 이와 유사한 장소

3) 발전실·변전실·변압기·기타 이와 유사한 전기설비가 설치되어 있는 장소
4) 병원의 수술실·응급처치실·기타 이와 유사한 장소
5) 천장과 반자 양쪽이 불연재료로 되어 있는 경우로서 그 사이의 거리 및 구조가 다음에 해당하는 부분
   ① 천장과 반자사이의 거리가 2 m 미만인 부분
   ② 천장과 반자사이의 벽이 불연재료이고 천장과 반자사이의 거리가 2 m 이상으로서 그 사이에 가연물이 존재하지 아니하는 부분
6) 천장·반자 중 한쪽이 불연재료로 되어 있고 천장과 반자사이의 거리가 1 m 미만인 부분
7) 천장 및 반자가 불연재료 외의 것으로 되어 있고 천장과 반자사이의 거리가 0.5 m 미만인 부분
8) 물탱크실, 엘리베이터 권상기실 그 밖의 이와 비슷한 장소
9) 아파트의 세대별로 설치된 보일러실로서 환기구를 제외한 부분이 다른 부분과 방화구획되어 있는 보일러실
10) 현관 또는 로비 등으로서 바닥으로부터 높이가 20 m 이상인 장소
11) 영하의 냉장창고의 냉장실 또는 냉동창고의 냉동실
12) 고온의 노가 설치된 장소 또는 물과 격렬하게 반응하는 물품의 저장 또는 취급장소
13) 불연재료로 된 소방대상물 또는 그 부분으로서 다음에 해당하는 장소
   ① 정수장·오물처리장 그 밖의 이와 비슷한 장소
   ② 펄프공장의 작업장·음료수공장의 세정 또는 충전하는 작업장 그 밖의 이와 비슷한 장소
   ③ 불연성의 금속·석재 등의 가공공장으로서 가연성 물질을 저장 또는 취급하지 아니하는 장소
14) 실내에 설치된 테니스장·게이트볼장·정구장 또는 이와 비슷한 장소로서 실내바닥·벽·천장이 불연재료 또는 준불연재료로 구성되어 있고 가연물이 존재하지 않는 장소로서 관람석이 없는 운동시설(지하층은 제외)
15) 연소할 우려가 있는 개구부에 드렌처설비를 설치한 경우에는 당해 개구부에 스프링클러헤드 설치 제외
   ① 드렌처헤드는 개구부 위치에 2.5 m 이내마다 한 개를 설치할 것
   ② 제어밸브(일제개방밸브, 개폐표시형 밸브 및 수동조작부를 합한 것)는 소방대상물 층마다에 바닥면적으로부터 0.8～1.5 m의 위치에 설치
   ③ 수원의 수량은 드렌처헤드가 가장 많이 설치된 제어밸브의 드렌처헤드 설치개수에 1.6 m^3을 곱하여 얻은 수치 이상이 되도록 할 것

④ 드렌처설비는 드렌처헤드가 가장 많이 설치된 제어밸브에 설치된 드렌처헤드를 동시에 사용하는 경우에 각각의 헤드선단의 방수압이 1 kg/cm^2 이상, 80 l/min 이상이 되도록 할 것

⑤ 수원에 연결하는 가압송수장치는 점검이 쉽고, 화재 등의 재해로 인한 피해 우려가 없는 장소에 설치할 것

10. 시스템 구성

스프링클러소화설비의 작동순서는 시스템의 종류에 따라 일부 차이는 있으나 설치대상인 방호공간에 설치된 스프링클러헤드가 화재를 감지하는 감열부가 용융되어 이탈하고 일정

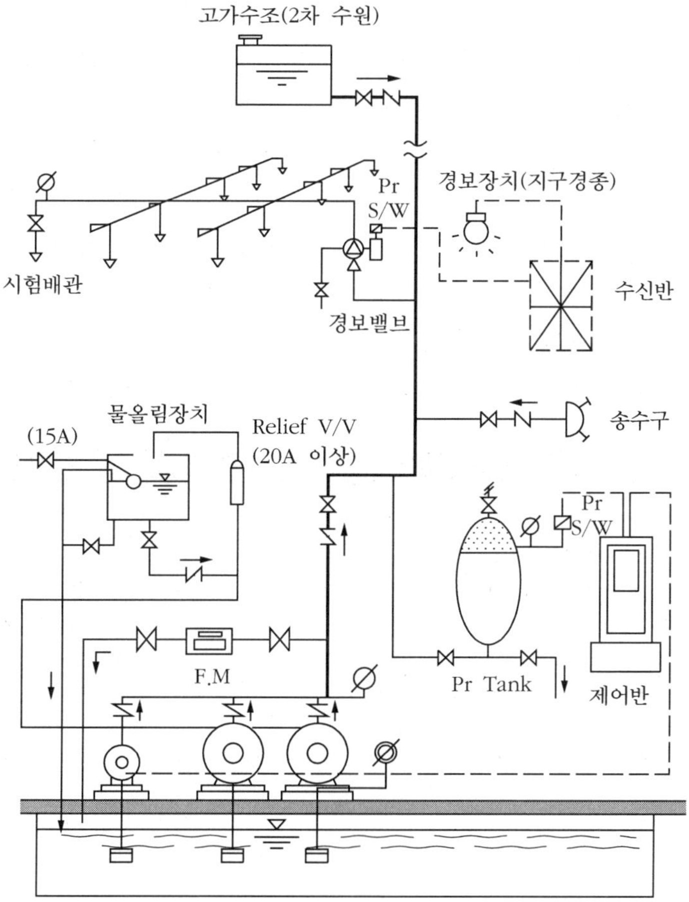

그림 6.11 스프링클러소화설비의 계통도

압력과 방수량으로 소화수를 살수하여 화재를 진압하는 작동원리는 시스템에 따라 차이가 없는 것으로 생각해도 된다. 앞에서 언급한 바와 같이 일반적으로 시스템의 주요 구성요소는 시스템의 종류에 따라 다소 차이가 있으나 수원, 가압송수장치, 자동경보밸브, 배관 및 관부속류, 음향장치, 공기압축기, 기동장치, 스프링클러헤드, 전원 및 제어반 등으로 구성되어 있으며 전형적인 스프링클러소화설비의 계통도는 그림 6.11과 같다.

11. 스프링클러소화설비의 장점 및 단점

본 소화설비는 다른 소화설비보다 가장 신뢰성(Reliability)이 높은 소화설비라는 점은 화재전문가라면 누구나 인정하고 있다. 여기서 말하는 소화설비의 신뢰성이란 화재 시 어떠한 경우라도 일체의 오차 없이 화재를 정확하게 진압할 수 있는 소화능력을 의미하는 것으로 화재발생지점의 정확한 감지와 자동방수를 통하여 방호공간의 화재를 소화하는 성능을 말한다. 아직 국내에서 본 설비의 신뢰성에 대한 정확한 통계자료가 없으며 NFPA 통계자료를 인용하면 스프링클러시스템의 불만족스러운 성능은 화재사건의 단지 4%에 지나지 않고 것으로 조사되었으며 또한 호주 및 뉴질랜드의 통계는 이보다 더 높은 신뢰성을 나타내고 있는 것으로 단지 0.2%만이 불만족한 성능을 나타낸 것으로 조사되었다. 국내의 경우는 소방시설에 대한 중요성, 평상시 유지관리 및 안전점검에 대한 인식의 부족으로 간단하게 시스템의 작동여부만을 점검하다보니 각 구성요소의 제 성능에 대한 평가가 제대로 이루어지지 않고 있어 국내에 설치된 설비의 신뢰성을 외국의 통계와 같은 수준으로 볼 수 없다. 본 설비의 장점과 단점을 요약하면 다음 표와 같다.

표 6.10 스프링클러소화설비의 장·단점

장 점	단 점
1. 초기 화재의 진압에 절대적이다.	1. 초기 시설투자 비용이 많이 든다.
2. 소화약제가 물이므로 경제적이고 소화 후 복구가 용이.	2. 타 설비보다 시공이 비교적 복잡하다.
3. 감지부 구조가 기계적이므로 오보 및 오동작이 적다.	3. 물로 인한 수손(水損) 피해가 크다.
4. 시설이 반영구적이다.	4. 유지관리에 유의해야 한다.
5. 자동으로 사람이 없는 야간에도 자동으로 화재를 방어.	5. 스프링클러소화설비의 전문기술 필요.
6. 조작이 쉽고 안전하다.	

12. 시스템별 구성요소 및 작동

1) 습식스프링클러소화설비(Wet Pipe System)

습식스프링클러설비는 가장 일반적이고 신뢰성이 가장 높은 시스템으로 설비를 구성하는 전배관 및 방호공간에 설치된 헤드까지 소화수가 가압되어 있는 구조로서 화재 시에 헤드가 화재를 감지하고 방수하여 화재를 진압하는 구조로 되어 있다. 즉, 본 설비를 구성하고 있는 배관망의 유수검지는 습식유수검지장치(일명 Alarm Valve)를 사용하며 이 유수검지장치(또는 자동경보밸브)의 1차측 및 2차측에 항상 가압수가 충수되어 화재가 발생하면 화재 열에 의해 헤드가 개방되고 가압수를 즉시 살수할 수 있는 설비이다. 본 시스템의 개략도 그림 6.12, 6.13과 같으며 주요 구성요소는 수원, 가압송수장치, 유수검지장치[자동경보밸브(Alarm Check Valve)], 리타딩챔버, 압력스위치, 각종 제어반으로 되어 있다. 작동은 방호공간의 천장 또는 측벽에 설치되어 있는 폐쇄형 헤드가 화재가 발생한 지점의 화열로 인하여 개방되어 화점에 살수하고 수신반에 전달되어 지구경종과 주경종이 경보를 울려 피난을 할 수 있도록 하고 화재표시등의 점등으로 관계인이 상황을 관리실에서 알 수 있도록 구성되어 있다.

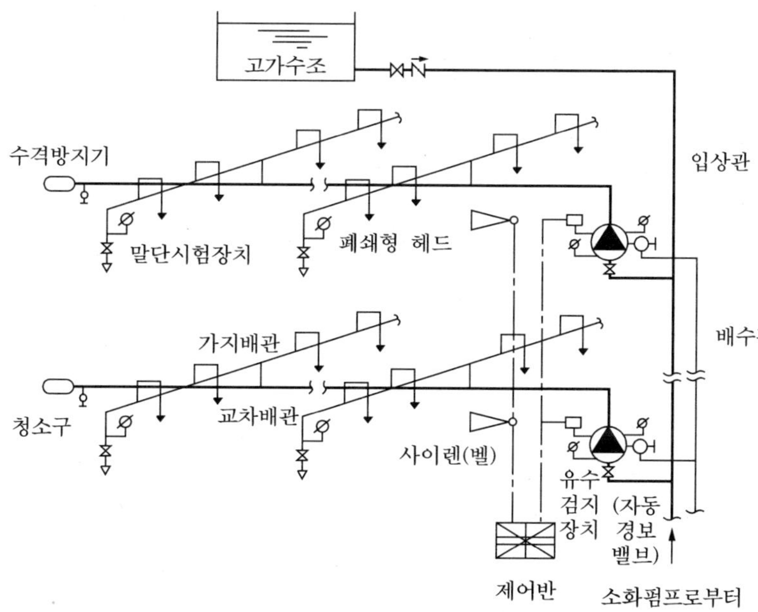

그림 6.12 습식스프링클러설비 계통도

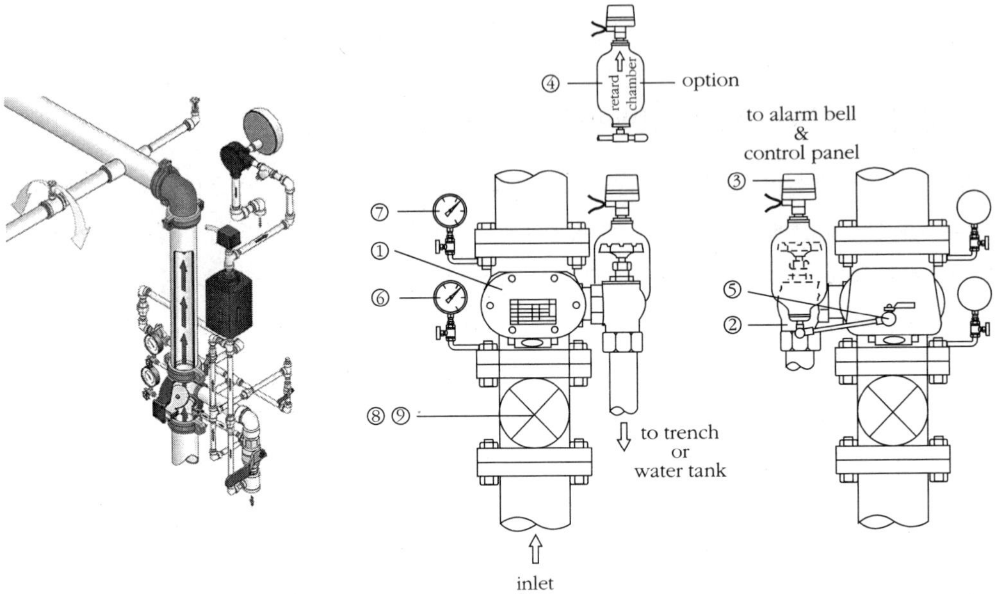

그림 6.13 습식유수검지장치의 설치 예

<table>
<tr><th colspan="5">표준유지상태(Setting Position)</th></tr>
<tr><th>No.</th><th colspan="2">품 명</th><th>유지</th><th>참고</th></tr>
<tr><td>1</td><td colspan="2">알람밸브</td><td>잠김</td><td></td></tr>
<tr><td>2</td><td colspan="2">메인드레인밸브</td><td>잠김</td><td></td></tr>
<tr><td>3</td><td colspan="2">알람스위치</td><td></td><td>DC24V</td></tr>
<tr><td>4</td><td colspan="2">리타딩챔버</td><td></td><td></td></tr>
<tr><td>5</td><td colspan="2">경보정지밸브</td><td>열림</td><td></td></tr>
<tr><td>6</td><td>1차측</td><td rowspan="2">압력게이지</td><td></td><td></td></tr>
<tr><td>7</td><td>2차측</td><td></td><td></td></tr>
<tr><td>8</td><td colspan="2">제어밸브(개폐표시형)</td><td>열림</td><td></td></tr>
<tr><td>9</td><td colspan="2">댐퍼스위치</td><td></td><td></td></tr>
</table>

① 구성요소

(가) 유수검지장치

유수검지장치로는 자동경보밸브, 패들형 유수검지기, 유수작동밸브, 오리피스형 유수검지기 등이 있으나 그림 6.14와 같은 구조의 Alarm Valve라 불리는 자동경보밸브가 가장 많이 사용된다. 유수검지장치는 하나의 방호구역마다 설치되는데 유수검지장치의 1차측에는 바로 가압송수장치가 연결되어 가압수를 계속 공급하고 있는 상태로 압력계는 알람밸브를 중심으로 1차측(가압송수장치측)과 2차측(헤드측)에 각 1개씩 부착되어 항상 같은 압력치를 지시하고

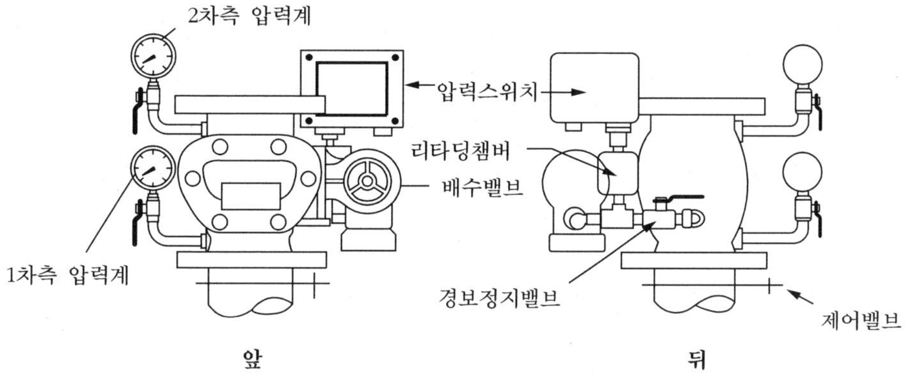

그림 6.14 자동경보밸브(경보체크밸브)

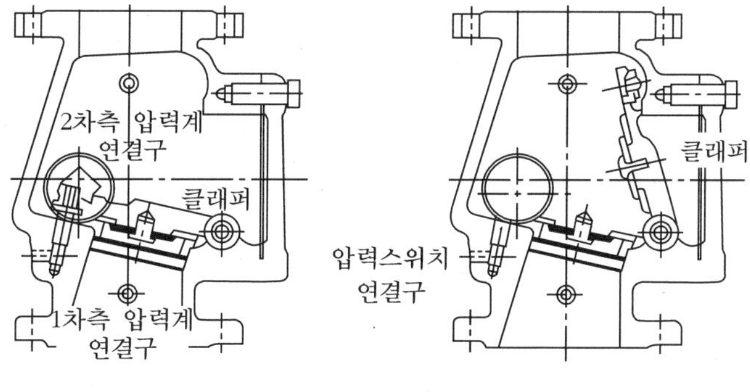

그림 6.15 자동경보밸브의 동작

있다가 헤드가 개방되면 2차측의 압력이 감소되면서 알람밸브가 개방되어 수신반에 화재표시등을 점등시킴과 동시에 경보를 발령하게 된다. 자동경보밸브(경보체크밸브)의 구조 및 동작은 그림 6.15와 같다. 평상시에는 작동 전에는 클래퍼가 닫혀져 있으며 펌프측과 헤드측의 압력이 동일하게 유지된다.

(나) 리타딩챔버(Retarding Chamber)

알람밸브에 연결된 리타딩챔버는 알람밸브의 클래퍼가 조금만 열려도 압력수가 흘러 들어가게 되는데 이때(그림 6.16)의 오리피스(Orifice)에서 소량의 물은 자동적으로 배수되며, 일시에 많은 물이 유입되어 용량 전체가 포화되게 되면 상단부의 압력스위치나 워터모터공으로 압력수가 전달된다. 리타딩챔버는 이러한 동작과정 중간에 설치되어 작동을 지연(압력스위치의 자동지연을 20초 정도)하게 오보를 방지하는 장치로서 용량은 약 1 l 정도이나 제품에 따라 다소 차이가 있다. 즉, 리타딩챔버의 주요한 기능은 누수로 인한 유수검지장치의 오동작을 방지하기 위한 안전장치로 지속적이 아닌 순간적 압력을 상부에 연결되어 있는 압력스위치에 전달되지 않게 함으로써 오보를 막아주고 또한 과도한 압력은 오리피스를 통해서 외부로 배출시켜줌으로써 안전밸브의 역할도 하여 배관 및 압력스위치의 손상을 막고 보호해주는 역할을 한다. 그러나 최근에 시공되는 설비에서는 이러한 리타딩챔버를 생략하고 압력스위치를 바로 연결시키는 경우가 많은데 이와 같은 설비에서는 압력스위치 내부에 지연타이머를 부착하여 접점이 이루어지더라도 작동을 지연시켜서 오보를 방지하도록 하고 있다.

(다) 압력스위치(Pressure Switch)

리타딩챔버 상단 또는 알람밸브와 직접 연결된 압력스위치(그림 6.17)는 가압수가 압력스위치에 도달하면 압력스위치의 벨로우즈를 가압하여 접점을 이루어서 회로를 연결시킴으로써 수신부에 화재표시 및 경보를 발령시키게 된다. 벨로우즈는 고무튜브나 알루미늄튜브형식으로 되어 있다. 압력스위치는 제어반의 펌프 및 수신반과 연결되어 펌프를 직접 가동시키는 방식과 단순히 작동에 의하여 경보와 수신반에 화재표시만 되게 하고 펌프의 기동 자체는 배관내의 감압에 따라 기동용 수압개폐장치에 의한 작동으로 하는 방식의 2가지가 있으나 주로 기동용 수압개폐장치방식의 것이 통용되고 있다.

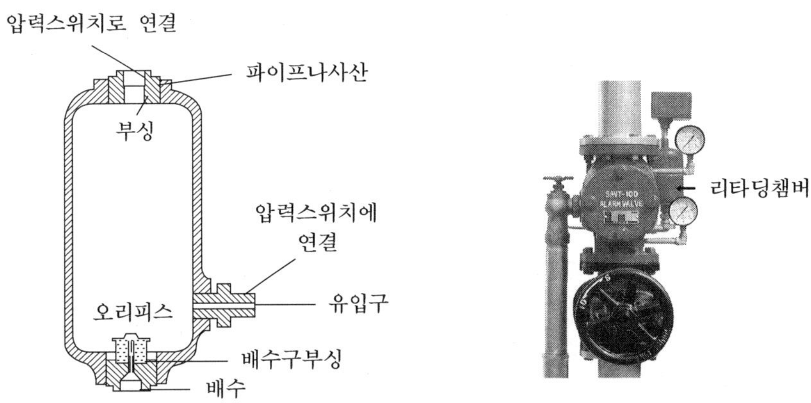

그림 6.16 리타딩챔버

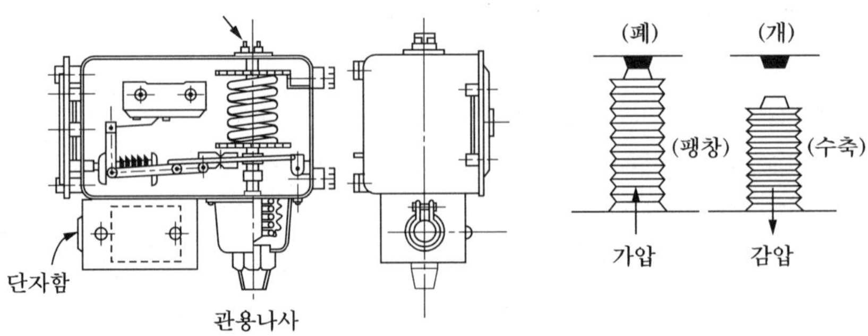

그림 6.17 압력스위치

(라) 패들(Paddle)형 유수검지장치

패들형 유수검지장치의 구조는 그림 6.18과 같으며 배관 내에 패들을 부착시켜 유수에 의하여 패들의 위치가 변동됨에 따라 접점을 이루면 전기회로에 연결되고 경보가 발령되어 유수를 신호한다.

(마) 유수작동밸브(Flow Operation Valve)

유수작동밸브의 구조는 그림 6.19와 같으며 이것은 유수 시 밸브의 작동으로 유수 신호를 발하게 되는데 이 밸브에는 마이크로스위치가 설치되어 있어 밸브가 유수에 의하여 개방될 때 마이크로스위치가 작동되면 이 신호가 수신반으로 전달되어 경보 및 화재를 표시하게 된다. 이와 같은 유수검지장치 중에서 최근에 가장 많이 통용되는 것은 자동경보밸브(알람밸브)이다.

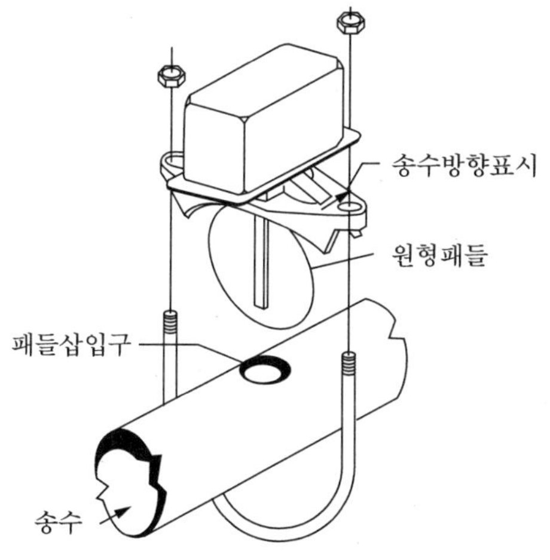

그림 6.18 패들형 유수검지장치

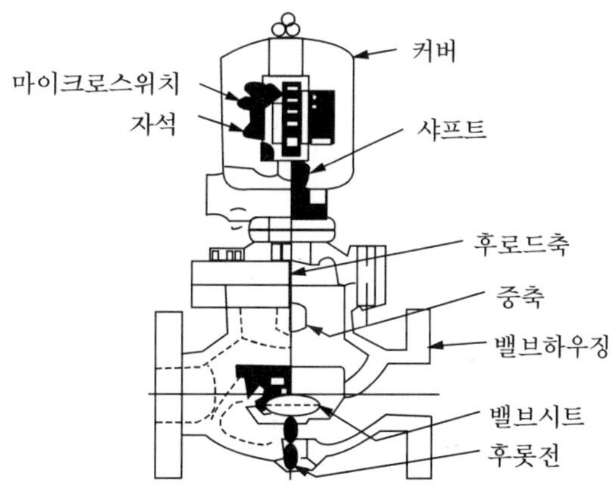

그림 6.19 유수작동밸브

(바) 스프링클러헤드(Sprinkler Head)

스프링클러헤드라 함은 화재 시의 가압된 물을 일정한 패턴으로 살수함으로써 화재를 진압할 수 있도록 매우 중요한 소화기능을 하는 것으로 일반적인 구조는 그림 6.20과 같이 나사부분과 디플렉터를 연결하는 프레임(Frame), 방수구에서 유출되는 물을 세분시키는 디플렉터(Deflector), 화재온도를 감지하는 감열체로 구성되어 있으며 종류는 다음과 같다.

㉠ 감열부의 유무에 따른 분류

- 폐쇄형(Closed Type) : 정상상태에서 방수구를 막고 있는 감열체(Fusible Link, Glass Bulb)가 일정온도에서 용융 이탈됨으로써 분사구가 열려지는 스프링클러헤드(그림

6.20)를 말한다.

- 개방형(Open Type) : 화재를 감지할 수 있는 감열체가 없이 방수구가 열려져 있는 스프링클러헤드를 말한다.

㉡ 부착방식에 의한 분류

- 상향형 : 배관 상부에 부착하는 것으로 천장이 콘크리트슬래브 등으로 마감되어 반자가 없는 곳에 설치하는데 반사판은 40 mm 이상이며 분사패턴이 가장 좋은 것으로 반사판의 형태가 니플 쪽을 향하여 구부러져 있다(그림 6.21).
- 하향형 : 배관 아래에 부착하는 것으로 천장반자가 있는 곳에 주로 사용하며 반사판은 36 mm로 분사패턴이 상향형 보다는 떨어지나 반자의 수손을 적게 하며 반구형의 패턴으로 분사되는 장점이 있다(그림 6.21).
- 측벽형 : 옥내의 한쪽 벽 상단부에 취부 사용하는 것으로 한쪽만으로 살수가 이루어지며 호텔의 침대, 기계식 주차설비의 2단 하단부에 많이 설치된다(그림 6.21).

그림 6.20 퓨즈 및 유리벌브형 헤드의 구조

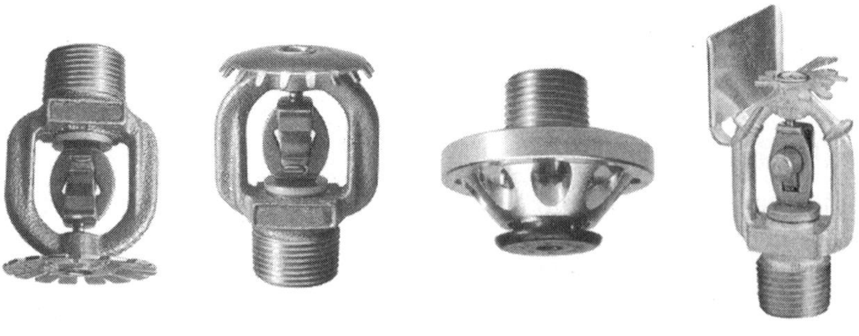

하향형 헤드 상향형 헤드 원형 헤드 측벽형 헤드

그림 6.21 부착방향에 따른 헤드의 종류

㉢ 감열부의 재질에 의한 분류

- 퓨즈블링크 헤드 : 감열체 중 이용성 저용융금속으로 융착되거나 이용성 물질에 의하여 조립된 것을 말한다(그림 6.22).
- 글래스벌브 헤드 : 감열체 중 유리구 안에 액체 등을 넣어 봉한 헤드를 말한다.

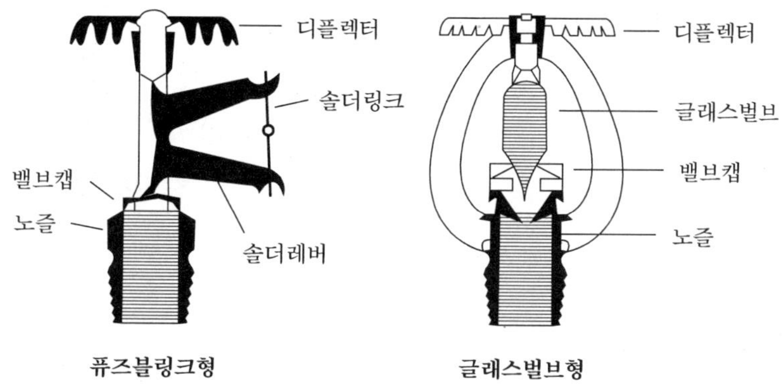

그림 6.22 감열체 재질에 따른 헤드

㉣ 화재조기진압형 스프링클러헤드(Early Suppression Fast Response)

화재를 초기에 진압할 수 있도록 정해진 면적에 충분한 물을 방사할 수 있는 빠른 작동능력의 스프링클러헤드(ESFR 헤드)이다. 본 헤드는 라지드롭 스프링클러헤드와 마찬가지로 랙크식 창고 등의 용도로 개발되었다. 현재까지 개발된 스프링클러헤드 중 유일하게 화재의 진압을 목적에 두고 개발한 스프링클러이다. 모든 스프링클러헤드가 화세를 제어 및 소화하기 위하여 개발된 반면에 ESFR 스프링클러헤드는 제어보다는 화재를 진압하는 기능에 더 유리하게 개발된 헤드이다. 예를 들면 랙크식 창고의 경우 용도의 특성상 방화구획이 곤란하기 때문에 확실한 연소 확대 방지나 화재의 진압이 요구되는 방호공간으로 구조는 층고가 높고 가연물이 수직형태로 저장되어 있기 때문에 화재 시 수직으로의 연소 확대가 매우 빠른 특성이 있다. 또한 랙크와 랙크사이의 충분한 환기공간과 저장물과 랙크사이의 공간이 화재 시 유입공기의 공급을 원활하게 하여 연소 확대를 빠르게 하는 요인으로 작용하여 일반 스프링클러헤드로는 화재진압이 불가능하다. 기존에는 랙크식 창고에 표준형 스프링클러헤드를 랙크와 천장에 2중으로 설치를 하였으나 빠르게 진행하는 수직화염을 뚫고 연소 확대와 화재를 진압하기에는 역부족이었다. 이를 해결을 위하여 개발된 것이 ESFR(그림 6.23) 스프링클러헤드로서, 속동형을 채택하고 보다 굵은 물입자로 다량의 방수를 하여 화재를 진압할 수 있도록 고안되었고, 천장에만 설치를 함으로서 기존의 랙크에 설치하였던 스프링클러

배관의 복잡한 구성까지 단순하게 설치가 가능하도록 하였다.

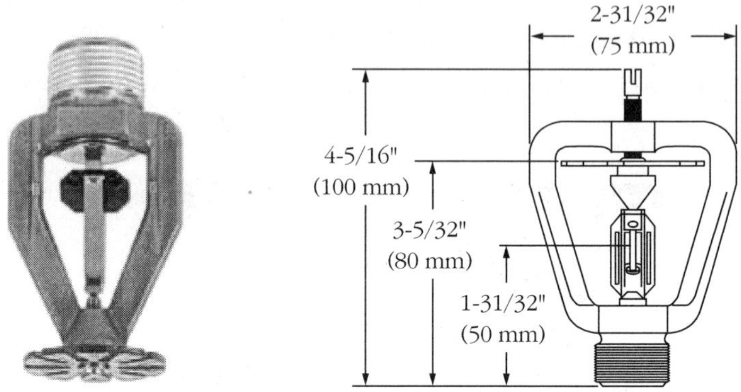

그림 6.23 ESFR 스프링클러헤드의 구조

㉤ 기타 헤드의 종류

- 건식스프링클러헤드(Dry Type Sprinkler Head)
  물과 오리피스가 배관에 의해 분리되어 동파를 방지할 수 있는 헤드.
- 플러쉬 스프링클러헤드(Flush Sprinkler Head)
  부착나사를 포함한 몸체의 일부나 전부가 천장면 안에 설치할 수 있는 헤드.
- 리세스드 스프링클러헤드(Recessed Sprinkler Head)
  부착나사 이외의 몸체 일부나 전부가 보호집안에 설치되어 있는 헤드.
- 컨실드 스프링클러헤드(Concealed Sprinkler Head)
  리세스드 스프링클러헤드에 덮개가 부착된 헤드.
- Flow Control Sprinkler Head(On/Off 스프링클러헤드)
  스프링클러헤드의 주위 온도변화에 따라 헤드의 개방을 조절할 수 있는 헤드.
- 주거용 스프링클러(Residential Sprinkler)
  주거공간은 내부가 단열이 잘되어 화재 시 열 축적이 용이하여 Flash-Over에 이르는 시간이 짧다. 화재의 경보가 초기에 발하거나, 화재초기에 작동되어 재실자가 열에 견딜 수 있는 실내 환경을 확보해 줄 수 있는 스프링클러가 요구되었다. 따라서 1970년대 중반에 주택용 스프링클러헤드의 개발프로그램이 진행되었으며, 인명의 안전을 목적에 두고 개발된 헤드로 RTI(24)가 작고 방사각도가 크고 물의 입자가 중간 크기와 작은 크기로 방사되도록 디플렉터가 설계된 주거용 스프링클러가 개발되었다. NFPA 101 인명안전코드에서는 공동주택 전층에 표준속동형 헤드나 주거용 헤드를 설치하도록 규정하고 있다.

ⓑ 스프링클러헤드의 반응지수

헤드 작동에 가장 중요한 부분이 바로 감지부로 화재온도를 얼마나 정확히 감지하여 작동하는가에 화재진압의 성패가 좌우된다. 화재온도를 감지하는 지수를 반응시간지수(RTI : Response Time Index)라 하며 이것은 스프링클러헤드의 열에 의한 민감도에 관한 것으로 NFPA13에서는 표준형(Standard Response)과 속동형(Fast Response)으로 나누고 있다. RTI에 대한 이론 및 측정에 관한 것은 영국의 Fire Research Station과 미국의 Factory Mutual Research Corporation에서 상승률실험 또는 플런지 실험에 의해 정립되었으며 다음 식으로 나타낸다.

$$\mathrm{RTI} = \tau\sqrt{U}$$

여기서, τ(시간상수 s)$=\dfrac{mc}{hA}$, U : 기류속도(m/s)

m : 감열체의 질량(kg), c : 감열체의 비열(kJ/kg·℃)

h : 대류열전달계수(W/m^2·℃), A : 감열체의 면적(m^2)

τ는 기류온도에 대한 감열체의 시간지연을 의미한다. 즉, $\tau h = mc/A$이고, 강제대류에서 $h \propto \sqrt{U}$로서 RTI인 $\tau\sqrt{U}$는 한 종류의 헤드에서는 일정한 값을 가지게 되며, 기류속도 U가 클수록 시간상수 τ가 작아지므로 반응시간이 빨라진다. 상기 식에서 감열체의 질량이 작을수록, 표면적은 넓을수록, 비열이 작을수록 값이 작아지는 것을 알 수 있으며 값이 작을수록 작동지연시간이 짧아진다는 의미이기도 하다. 스프링클러의 입자 분포는 큰 입자, 중간 입자, 작은 입자의 3가지로 분류하며, 표준형 스프링클러의 물방울 크기는 대략 1~2 mm에 속하는 것으로 알려져 있다. 방사패턴의 경우는 헤드로부터 포물선을 그리며 방사되는 각도와 측면으로만 방사하도록 하는 등의 것을 말한다. 헤드의 설치 높이가 지나치게 낮은 곳일 경우 방사각도가 좁으면 바닥에 균일한 방사밀도를 얻을 수 없으며, 반대로 천장이 너무 높은 곳일 경우 바닥에 방사밀도가 작아지게 되므로 방사패턴도 화재의 제어에 중요하게 고려되어야 한다. 스프링클러헤드의 오리피스(Orifice)는 방사량을 결정하는 요소이다. 오리피스를 통과하는 방출유량은 다음과 같이 표현할 수 있다.

$$Q = A \times V \qquad (6\text{-}1)$$

여기서, Q : 체적유량(m^3/s), A : 오리피스단면적(m^2), V : 유속(m/s)

베르누이정리에서 동압 P_v(kg/cm^2)$= V^2/20g$

$$V = \sqrt{20gP_v} = \sqrt{20 \times 9.8P_v} = \sqrt{196P_v} = 14\sqrt{P_v} \qquad (6\text{-}2)$$

따라서 식 (6-2)를 식 (6-1)에 대입하면,

$$Q\,[\mathrm{m^3/s}] = A \times 14\sqrt{P_v} = \frac{\pi d^2}{4} \times 14\sqrt{P_v} = 10.9956d^2\sqrt{P_v}$$

위식의 유량을 LPM으로 치환하고 d를 mm로 변환하면

$$Q\,[\mathrm{m^3/s}]/60{,}000 = 10.9956\left(\frac{d}{1{,}000}\right)^2\sqrt{P_v}$$

$$Q\,[\mathrm{lpm}] = 60{,}000 \times 10.9956\left(\frac{d}{1{,}000}\right)^2\sqrt{P_v} = 0.6597d^2\sqrt{P_v}$$

P_v는 노즐로 방출될 경우 방출압력이 되므로 그대로 P로 써도 무방하다. 따라서

$$Q = 0.6597d^2\sqrt{P} \tag{6-3}$$

위의 식 (6-3)에서 헤드로부터 방출되는 유량은 오리피스구경의 제곱에 비례하고 방출압력의 제곱근에 비례하는 것을 알 수 있다. 그런데 오리피스의 구조와 재질 및 내부면의 가공에 따라 실제로는 이론값에 미달하며 같은 구경의 오리피스라도 그 구조와 종류에 따라 방출률에 차이가 있기 때문에 방출계수를 도입함으로써 실제와 합치시킬 수 있다. 방출계수를 C라고 하면 식 (6-3)은 다음과 같이 된다. $(0 < C < 1)$ $Q=0.6597Cd^2\sqrt{P}$, $0.6597C = K$라고 두면

$$\therefore\ Q = K\sqrt{P}$$

K는 정해진 오리피스에 따라 결정되는 값으로서 노즐의 제조업체마다 고유의 값을 제시해 주는 것이 보통인데, 이것을 K Factor라고 부른다. 오리피스의 K값은 1999년에 다음과 같이 정의하기로 하였다.

여러 가지 K값을 가진 스프링클러로부터 300 lpm 방출 시 필요압력

종 류	K Factor	유량(lpm)	압력(kg/cm^2)
Standard	80	300	14.06
Large	114	300	6.92
Extra Large	160	300	3.52
Very Extra Large	200	300	2.25
	240	300	1.56

또한 디플렉터 분류에 따른 스프링클러헤드별 K값의 범위는 다음과 같다.

스프링클러의 분류		*K* Factor
Conventional(구형)		
Residential(주거용)		43～79
Standard Spray(표준형)	Standard Response	27～114
	Quick Response	27～114
	Extended Coverage	80～360
	Quick Response Extended Coverage	80～360
Large Drop(라지드롭)		160
Early Suppression Fast Response(E.S.F.R)		200～357
Special		

㉦ 헤드의 작동온도 및 표시

설치장소의 평상시 최고주위온도에 따라 표 6.11에 의한 표시온도의 것으로 선정하여 설치하여야 한다.

$$T_a = 0.9T_m - 27.3$$

여기서, T_a : 최고주위온도, T_m : 표시온도

단, 헤드표시온도 75℃ 미만인 경우 최고주위온도는 식에 관계없이 39℃로 한다.

표 6.11 폐쇄형 헤드의 표시온도

설치장소의 최고주위온도	표시온도
39℃ 미만	79℃
39℃ 이상 64℃ 미만	79℃ 이상 121℃ 미만
64℃ 이상 106℃ 미만	121℃ 이상 162℃ 미만
106℃ 이상	162℃ 이상

헤드는 표시온도의 구분에 따라 표 6.12의 색으로 표시된다.

표 6.12 폐쇄형 헤드의 표시온도에 따른 색상표시

퓨즈블링크형		유리벌브형	
표시온도(℃)	색(프레임에 표시)	표시온도(℃)	색(액체의 표시)
77℃ 미만	표시 없음	57℃	오렌지
78～120℃	흰 색	68℃	빨 강
121～162℃	파 랑	79℃	노 랑
163～203℃	빨 강	93℃	초 록
204～259℃	초 록	141℃	파 랑
260～319℃	오렌지	182℃	연한 자주
320℃ 이상	검 정	227℃ 이상	검 정

본 시스템의 장점은 구조가 간단하고 신뢰성이 뛰어나고 경제성이 높다. 다른 방식에 비하여 공사비가 저렴하고, 설비가 간단하기 때문에 다른 스프링클러소화설비 유지관리가 용이하다. 또한 헤드 개방과 동시에 살수가 신속하게 진행되어 소화가 빠르다. 단점으로는 동결우려가 있는 장소에는 사용에 제한된다. 즉, 완벽한 보온 조치가 없이는 사용할 수가 없다. 헤드 오동작 시 수손의 피해가 크고, 층고가 높을 경우 헤드 개방이 지연되어 초기화재에 불안하고 물로 인한 배관 부식 및 배관 하중이 많이 걸리는 단점이 있다.

2) 준비작동식 스프링클러소화설비(Pre-action System)

준비작동식 스프링클러설비라 함은 가압송수장치에서 준비작동식유수검지장치 1차측까지 배관 내에 항상 물이 가압되어 있고 2차측에서 폐쇄형 스프링클러헤드까지 대기압 또는 저압으로 있다가 화재발생 시 감지기의 작동으로 준비작동식유수검지장치가 작동하여 폐쇄형 스프링클러헤드까지 소화용수가 송수되어 폐쇄형 스프링클러헤드가 열에 따라 개방되는 방식의 스프링클러설비를 말한다. 본 설비는 1920년대에 개발되어 1950년대부터 소화설비로 설치하기 시작하였으며 배관에 물이 차 있으면 동결로 인하여 작동이 안 되는 경우를 대응하기 위해 개발된 것으로 습식스프링클러설비의 장점을 살리고, 건식스프링클러설비의 결점을 보완한 설비이다. 준비작동식 밸브의 1차측에는 가압수를, 2차측에는 저압 또는 무압

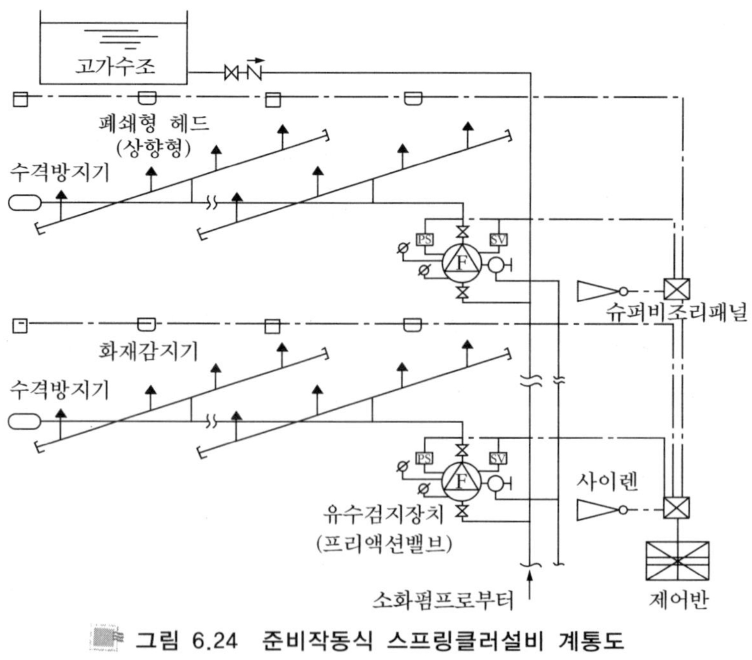

그림 6.24 준비작동식 스프링클러설비 계통도

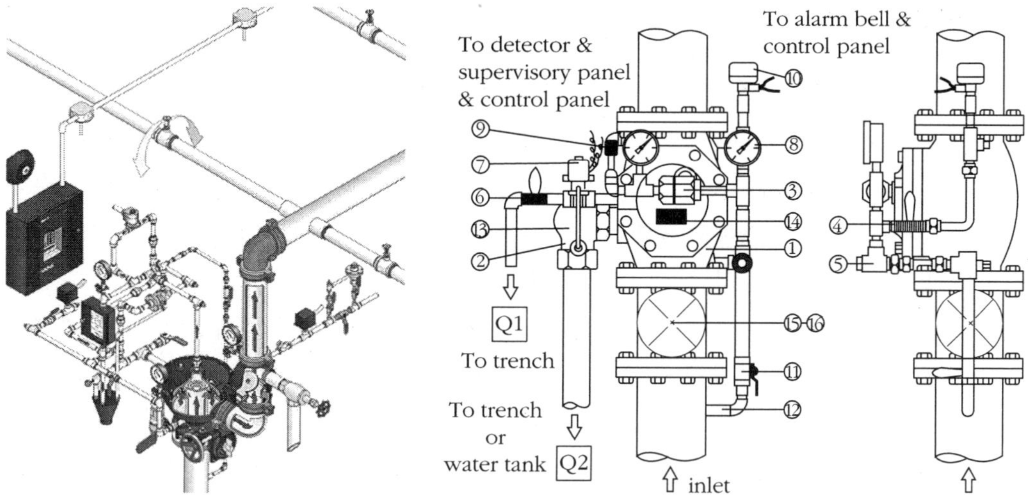

그림 6.25 준비작동식유수검지장치의 설치 예

표준유지상태(Setting Position)				
No.	품 명		유 지	참 고
1	프리액션밸브		잠김	
2	메인드레인밸브		잠김	
3	P.O.R.V			
4	알람테스크밸브		잠김	
5	크린체크밸브			
6	비상개방밸브		잠김	
7	솔레노이드밸브		잠김	DC24V
8	1차측	압력게이지		
9	2차측			
10	프렛샤스위치			DC24V
11	세팅밸브		열림	
12	1차측 입수관			
13	오토드립밸브		드레인밸브 안에 장치	
14	명 판			검정각인
15	제어밸브(개폐표시형)		열림	
16	댐퍼스위치			

상태의 공기를 채운다. 화재가 발생되면 감지기에 의해서 준비작동밸브가 개방되고 물이 각 헤드 부근까지 송수되어 있다가 계속 화재가 성장하여 열이 가해지면 헤드가 개방되면서 살수가 이루어져 소화를 하도록 되어 있다. 본 시스템의 개략도 및 준비작동식유수검지장치의 설치 예는 그림 6.24, 6.25와 같다.

① 준비작동밸브의 종류

(가) 클래퍼식 준비작동밸브(Clapper Preaction System)

그림 6.26은 클래퍼식 준비작동밸브로서 평상시 정상상태에서는 "작동전"의 그림과 같이 클래퍼를 걸쇠에 의해서 지지하고 걸쇠는 클래퍼 1차측으로부터 공급되는 바이패스관로에 의해서 1차측의 수압에 의해서 밀대를 가압하기 때문에 걸쇠를 밀고 있다. 솔레노이드가 동작하여 밀대를 밀고 있던 가압수를 배출시키면 밀대는 밀려나고 걸쇠를 해제시키기 때문에 클래퍼 1차측 수압에 의해서 클래퍼는 열리고 준비작동밸브의 2차측으로 압력수를 송수하게 된다. 이러한 클래퍼방식의 특징은 밸브가 작동되어 클래퍼가 개방되면 작동 후 그림과 같이 걸쇠가 클래퍼의 원래상태로의 복구를 방지하기 위하여 클래퍼를 받치고 있기 때문에 클래퍼가 닫히지 않는다. 소화가 완료된 후에는 ⑫번의 복구레버를 정면에서 시계 반대방향으로 돌리면 걸쇠의 클래퍼를 받친 위치에서 이탈되면서 클래퍼가 원래의 위치로 내려와 닫히게 된다. 따라서 이러한 준비작동밸브에는 P.O.R.V가 생략된다.

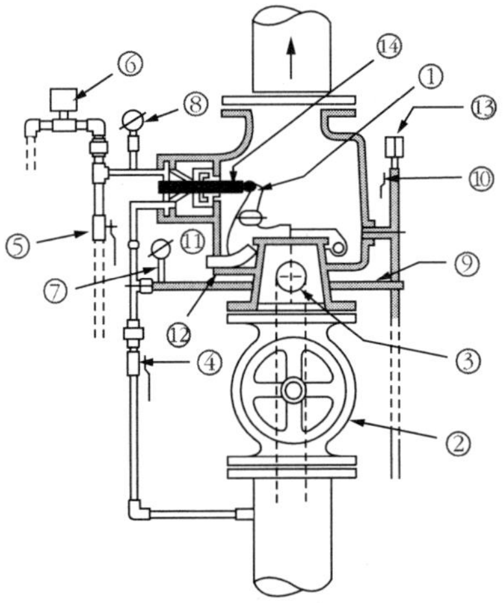

① 걸쇠
② 제어밸브
③ 배수관로
④ 바이패스밸브
⑤ 긴급해제밸브
⑥ 솔레노이드밸브
⑦ 1차측압력계
⑧ 2차측압력계
⑨ 경보시험밸브
⑩ 압력스위치용 밸브
⑪ 배수플러그
⑫ 복구레버
⑬ 압력스위치
⑭ 밀대

그림 6.26 클래퍼식 준비작동밸브

(나) 다이어프램식 준비작동밸브(Diaphragm System)

그림 6.27과 같이 다이어프램실 내의 스프링과 1차측에서 중간챔버 급수용 밸브에 의해서 공급된 가압수의 압력에 의해서 다이어프램을 가압하면 밸브디스크가 닫힌 상태를 유지하고 있는데 화재감지기의 작동에 의해서 솔레노이드가 개방되면 다이어프램실 내의 압력이 감압되면서 밸브디스크가 앞쪽(다이어프램실쪽)으로 밀려나면서 밸브를 개방시키게 되면 압력수가 송수되어 준비작동밸브의 2차측의 말단 스프링클러헤드까지 충전되며 화재에 의해서 헤

드가 개방되면 습식스프링클러설비와 같이 살수가 이루어져 소화하게 된다.

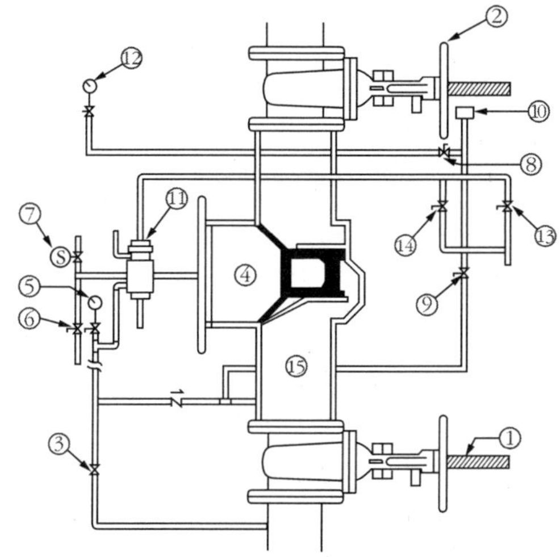

그림 6.27 다이어프램식 준비작동밸브

② 구성요소

(가) 솔레노이드밸브

솔레노이드밸브는 그림 6.28과 같은 구조이며 기능은 감지기 작동이나 수동조작함의 기동스위치 조작 또는 화재수신반의 수동 개방스위치 조작 시 자동으로 솔레노이드밸브를 개방시켜 중간챔버의 압력을 감소시켜 준비작동밸브의 디스크를 개방시켜 주는 밸브로서 평상시에는 폐쇄상태로 유지된다.

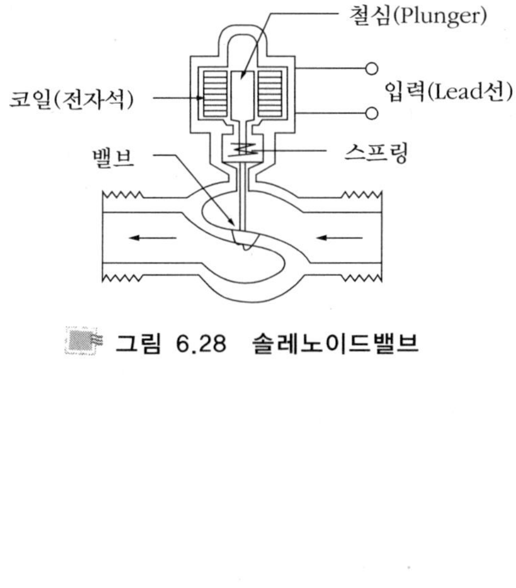

그림 6.28 솔레노이드밸브

(나) P.O.R.V(Pressure Operated Relief Valve)

전자밸브 또는 긴급해제밸브의 개방으로 작동된 준비작동밸브가 1차측 공급수의 압력으로 인해 자동으로 복구되는 것을 방지하기 위한 밸브로서 다이어프램식에만 있으며 현재 일부 소방용 기계·기구 제조회사에서는 솔레노이드밸브 상부에 복구방지 스위치를 달아 P.O.R.V 기능을 겸하는 제품도 있다(그림 6.29).

그림 6.29 P.O.R.V

(다) 긴급해제밸브(수동기동밸브)

화재발생 또는 밸브의 작동시험 시 수동으로 준비작동밸브를 개방시켜주는 밸브로서 평상시에는 폐쇄상태로 유지하여야 한다.

(라) 슈퍼비조리패널

일반적으로 슈퍼비조리패널의 외관은 그림 6.30과 같으며 준비작동밸브와 함께 설치되어 밸브와 전원의 상태를 감시하고 수동으로 직접 밸브를 개방시킬 수 있는 기능을 가지고 있다. 밸브가 정상상태일 때에는 상단부의 전원표시등만이 점등되고 밸브의 완전한 상태가 아닌 누수나 클래퍼의 정상 복구상태가 아닐 때에는 밸브주의 표시등이 점등된다. 기동스위치는 준비작동밸브를 수동으로 동작시키는 수동스위치의 역할로 기동스위치를 누르면 화재감지기가 동작된 것과 같이 솔레노이드밸브를 작동한다.

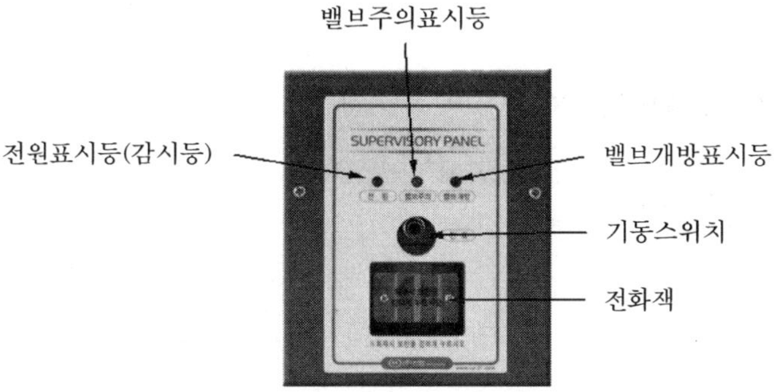

그림 6.30 슈퍼비조리패널

(마) 화재감지장치

준비작동식에는 별도로 화재감지기를 설치하여야 하며 감지기회로는 그림 6.31과 같이 교차회로(2개 이상의 감지회로로 구성)방식으로 하여 각 회로상 감지기의 동시감지에 의하여 준비작동밸브가 작동되도록 함으로써 오작동을 줄이기 위한 것으로 하나의 회로가 동작하면 경보만 울릴 뿐 준비작동밸브는 동작되지 않는다. 그러나 배관 또는 헤드에 누설경보용 물 또는 압축공기가 채워지는 경우와 복합형 감지기 또는 행정자치부장관이 정하여 고시하는 감지기(광전식 중 분리형 감지기, 불꽃감지기, 아날로그감지기, 다신호식 감지기)를 설치한 때에는 교차회로 방식으로 하지 않아도 된다.

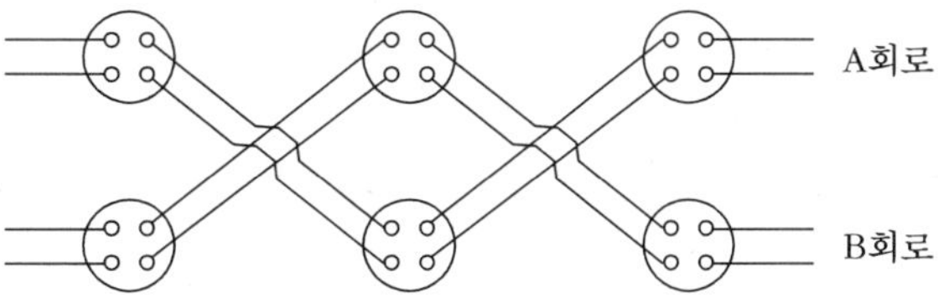

그림 6.31 교차회로

(바) 경보시험밸브

준비작동밸브를 정상적으로 작동하지 않고 화재경보를 시험하는 밸브로서 평상시에는 폐쇄상태로 유지하고 시험 시 밸브의 개·폐만으로 화재경보를 시험할 수 있다.

준비작동식 시스템의 장점은 동결우려 장소에 사용가능하며 헤드오동작(개방) 시 수손피해 우려 없다. 헤드 개방 전 조기 경보로 대처가 용이하다. 단점으로는 감지장치로 자동화재탐지설비의 감지기 별도로 설치하여 하고 구조복잡, 시공비 고가이며 2차측 배관부실시공

우려되는 단점이 있다.

3) 건식스프링클러소화설비(Dry Pipe System)

건식스프링클러설비라 함은 건식유수검지장치 2차측에 압축공기 또는 질소 등의 기체로 충전된 배관에 폐쇄형 스프링클러헤드가 부착된 스프링클러설비로서, 폐쇄형 스프링클러헤드가 개방되어 배관 내의 압축공기 등이 방출되면 건식유수검지장치 1차측의 수압에 의하여 건식유수검지장치가 작동하게 되는 스프링클러설비를 말한다. 건식스프링크러소화설비의 개략도는 습식시스템과 동일하며 건식유수검지장치부분의 구성도 및 설치 예는 그림 6.32, 6.33과 같으며 주요 구성요소는 건식밸브, 공기압축기, 급속개방장치 등이 있다. 본 시스템은 건식밸브(Dry Valve)를 중심으로 1차측에는 가압수를 2차측에는 압축공기 또는 질소가스를 채워 둔다. 헤드가 화재를 감지하여 개방되면 2차측 압축공기가 유출되어 압력저하가 생기고 1차측의 가압수가 2차측으로 유입되어 살수소화하는 설비방식이다. 즉, 가압송수장치로부터 입상관로에 건식밸브를 설치하고 밸브의 1차측에는 가압송수장치로부터 공급된 가압수를 채우며 밸브 2차측에는 공기 압축장치로부터 유입되는 압축공기나 질소가스를 충전시켜 놓고, 화재로 인한 열로 인하여 스프링클러헤드가 개방되면 압축공기나 질소가스가 배출되면서 밸브 1차측에 있던 가압수가 방수되게 된다. 배관내의 압축공기나 질소가스를 신속히 배출시켜 주기 위한 가속장치로 액셀러레이터 또는 익져스터가 부속되는 것이 주 특징이다.

보수·유지면에서 고층건물에 설치했을 경우 습식설비는 화재 시 작동될 때 화재 당해 국소부만 물이 방수되지 못하고 워터햄머링이나 압력의 누적에 의해 배관이 손상되어 타 층에도 물이 쏟아질 수 있는데 비해, 건식설비는 전 배관이 워터햄머링의 쿠션역할을 하므로

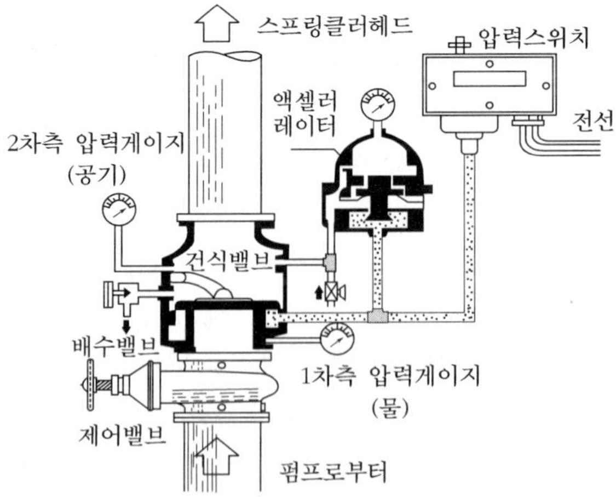

그림 6.32 건식스프링클러설비

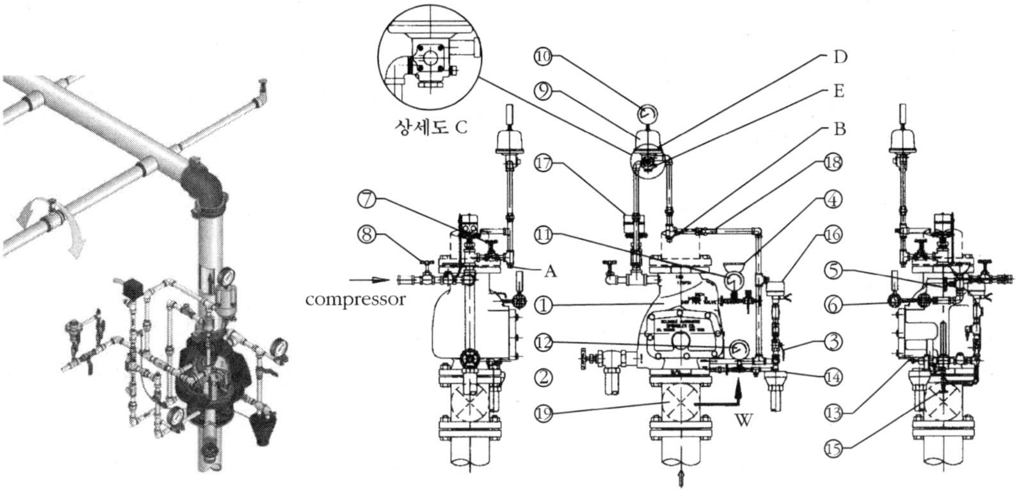

그림 6.33 건식유수검지장치 설치 예

표준유지상태(Setting Position)		
No.	품 명	유 지
1	드라이파이프밸브	폐지
2	메인드레인밸브	폐지
3	경보정지밸브	개방
4	프라이밍컵	
5	프라이밍물공급밸브	폐지
6	수위조절밸브	폐지
7	급속개방기구 공기공급밸브	개방
8	공기공급장치밸브	개방
9	급속개방밸브	
10	급속개방기구게이지	
11	2차측 공기 압력게이지	
12	1차측 물 압력게이지	
13	볼드립밸브	
14	드립 컵	
15	알람시험밸브	폐지
16	알람스위치	
17	압력스위치	
18	급속개방기구 공기출구밸브	개방
19	1차측 제어밸브(개폐표시형)	개방
20	프라이밍물공급라인	

배관의 손상이 거의 없이 소화가 가능하고 습식설비가 전체 배관 내에 과중한 압력이 걸려 배관의 리크(Leak)가 많이 생기는데 비해 건식설비의 유수검지장치 2차측 공기압은 1차측 수압의 1/5 정도이므로 배관의 안전을 최대한 유지함은 물론 유수검지장치 2차측의 배관에는 물이 들어 있지 않아 보온을 하지 않아도 되는 장점이 있다.

① 주요 구성요소

(가) 건식밸브(Dry Pipe Valve)

건식밸브의 일반적인 구조는 그림 6.34와 같으며 급수배관으로부터 공급되어진 물과 스프링클러헤드까지 채워진 공기를 서로 균형있게 유지하며 화재 시 2차측 배관에 가압수를 보내어 소화를 가능하게 하는 역할을 한다. 여기에는 급수되어진 고압의 소화수를 차단하는 Water Seat부와, 2차측 밸브 내의 공기압을 차단하는 Air Seat부, 그리고 소화수와 공기압의 경계를 막고 있는 클래퍼가 있으며 이 클래퍼에는 한번 작동하면 자동복구를 방지하는 랫치(Latch)가 설치되어 있다. 건식밸브의 클래퍼가 닫힌 상태를 유지하는 것은 클래퍼의 단면적의 크기를 이용한 것으로 공기에 의해서 눌려지는 2차측의 단면적을 물에 의해서 가압되는 1차측의 단면적보다 5~6배 크게 만들어서 저압의 공기로도 클래퍼가 닫힌 상태를 유지할 수 있는 차압형 구조로 되어 있다. 클래퍼 상부에는 클래퍼의 공기누설을 방지하고 밸브의 오(조기)작동을 막기 위하여 수위조절밸브에 의한 일정한 수면(Priming Water Level)을 유지하여야 한다. 1차측 물공급압력과 2차측 공기압력은 제조회사의 설계치에 맞추면 되나 일반적으로 2차측의 공기압력이 1차측 수압의 약 10% 정도 감소되었을 때 열리게 된다.

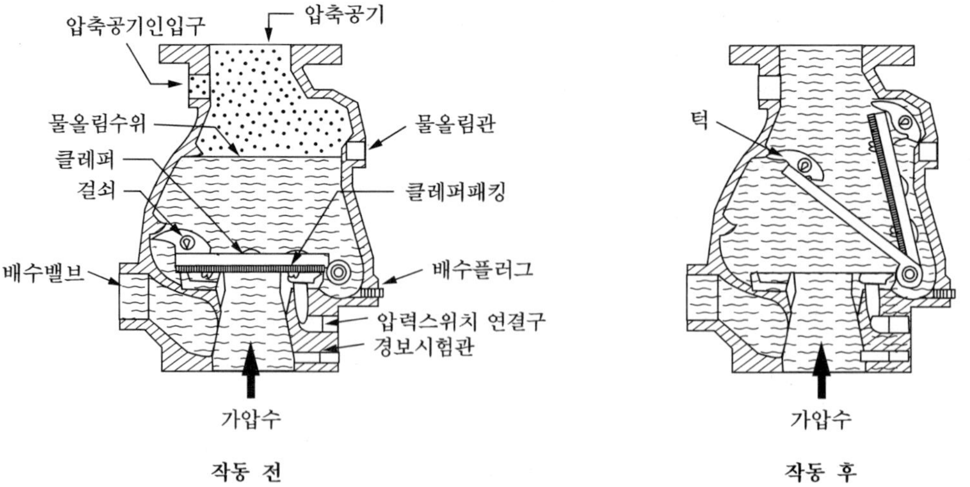

그림 6.34 건식밸브 작동관계

(나) 급속개방기구(Quick Opening Devices : Q.O.D)

건식시스템은 습식시스템에 비해 화재 초기에 소화진입시간이 늦기 때문에 이를 보완해 주기 위한 급속개방장치가 필요하다. 그러나 모든 건식밸브가 급속개방장치가 필요로 한 것은 아니며 시스템이 클수록 공기압의 감소력 둔화로 건식시스템의 작동을 늦추게 한다. 따라서 NFPA-13 기준에 의하면 500 gallon 이상의 건식시스템에서 급속개방장치(Quick Open Device)가 필요한 것으로 되어 있다. 건식밸브의 추천 공기압력은 다음 표 6.13과 같다.

즉, 건식설비에 있어서는 물이 헤드를 통해 압력을 갖고 방출되기 위해서는 2차측 관로 중의 압축기체가 모두 방출된 이후라야 한다. 이런 연유로 인해 습식설비보다 작동이 늦어져 초기 소화에 차질이 생길 수 있다. 따라서 헤드가 개방되었을 때 밸브 2차측의 압력강하를 이용하여 1차, 2차측의 균형을 신속히 파괴시킴으로써 단시간 내에 헤드를 통해 방수할 수 있도록 하기 위한 장치로서 그 기능에 따라 액셀러레이터와 익져스트가 사용되고 있다.

㉠ 액셀러레이터(Accelerator)

헤드가 개방되어 2차측의 압력이 급격히 저하할 때 배관의 공기를 빼주는 속도를 증가시켜 주기 위하여 액셀러레이터의 입구측은 건식밸브의 클래퍼 2차측 또는 설비배관의 말단부분과 연결되며 출구측은 건식밸브의 중간챔버에 연결되어 있다. 액셀러레이터 입구측인 2차측의 적은 압력강하에 의해 액셀러레이터가 작동되면 공기 배기밸브를 자동으로 개방하여 2차측 공기압력을 중간챔버로 보내면 이 압력이 클래퍼를 밀어 올려(개방되도록 하여) 신속하게 유수가 시작된다.

㉡ 익져스트(Exhauster)

익져스트의 입구측은 건식밸브 직상부 2차측에 연결되어 있으며 출구는 대기 중으로 노출되어 있어 헤드의 개방으로 건식밸브 2차측의 공기압력이 세팅압력보다 낮아졌을 때 익져스트(공기배출기)가 작동하여 2차측의 압축공기가 대기 중으로 신속히 배출되도록 한다.

표 6.13 건식밸브의 수압에 따른 공기 압력

Water pressure in supply line maximum	Air pressure to be pumped into system	
	Not less than	Not more than
20	10	20
50	15	25
75	20	30
100	25	35
125	30	40
150	35	45
175	40	50

(다) 공기압축기

건식스프링클러설비에는 밸브의 2차측에 압축공기를 채우기 위해 컴프레서를 설치하여야 하는데 이것은 주로 스프링클러설비 전용의 것으로 하나 일반 컴프레서를 사용하는 경우에는 드라이밸브와 주공기공급관사이에 반드시 공기압력조절기(Air Regulator)를 설치하여야 한다.

(라) 공기압력조절기 및 저압경보스위치

컴프레서가 스프링클러설비의 전용이 아닌 경우에 건식밸브와 공기공급관 사이에 설치되며 수동 또는 자동으로 조정되며 저압경보스위치는 건식설비의 배관 어느 부분에 공기누설이 생기거나 헤드가 작동했을 때 저압의 공기 배출을 감지해서 경보하게 장치된 것으로 건식밸브와 공기공급관 사이에 설치한다(그림 6.35).

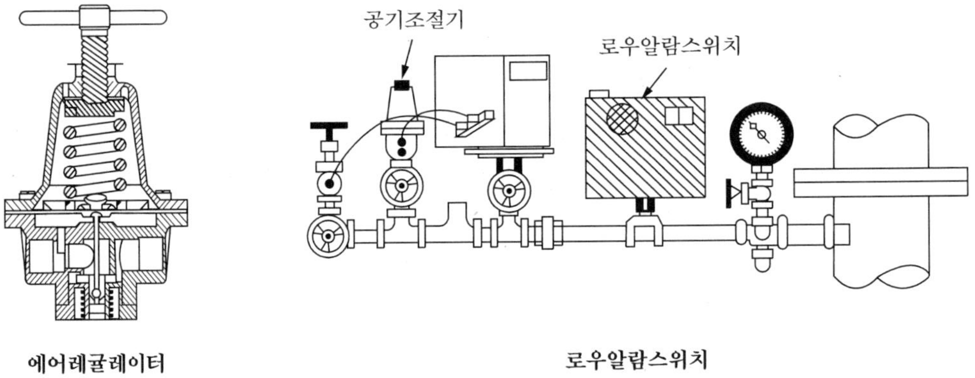

그림 6.35 공기압력조절기, 저압경보스위치

(마) 주 배수밸브

화재발생으로 인한 작동 또는 밸브시험 후, 2차측 배관 내의 물을 배수시키는 밸브로서 평상시에는 폐쇄상태로 유지되며, 클래퍼 개방 시에만 2차측의 물을 배수할 수 있도록 되어 있고, 출구는 인위적인 배수밸브의 오동작으로부터 시스템을 보호하기 위하여 Water Seat 아래쪽에 설치한다.

(바) 드라이펜던트형 헤드

건식설비는 폐쇄형 헤드를 그대로 사용할 수 있는데 되도록 상향형 헤드를 사용해야 하고 하향형 헤드를 사용해야 하는 경우는 그림 6.36과 같이 드라이펜던트형 헤드를 설치한다. 건식설비에는 배관 내에 물이 없기 때문에 하향형 헤드 설치 시 일단 작동되어 급수가 되면 하향형 헤드 내에 물이 들어가 배수를 시키더라도 물이 남아있게 되어 동파될 우려가 있기 때문에 드라이펜던트형 헤드를 설치함으로서 동파를 방지할 수 있게 되는데 작동이 된 이후에는 2차측 배관 내의 물을 완전히 배출하는 것이 바람직하다. 본 시스템의 장점으로는 동결우려 장소에 사용가능하고 옥외에서도 사용가능하다. 단점으로는 살수개시시간이 습식보다 늦고 화재 초기 압축공기에 의한 화재촉진될 수 있다. 또한 일반헤드인 경우 상향형으로 시공하여야 하며 구조가 복잡하다.

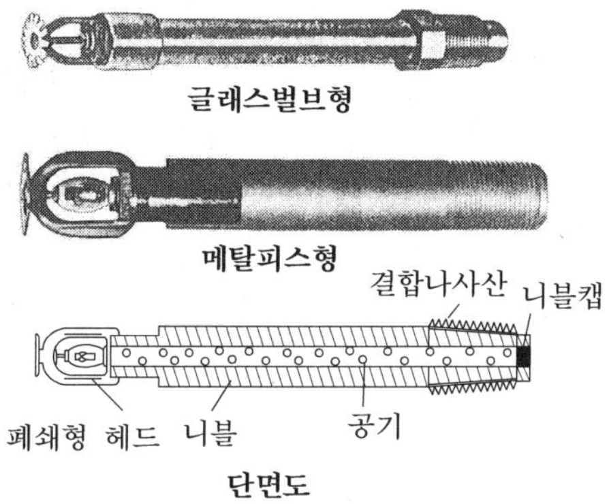

그림 6.36 드라이펜던트형 헤드

4) 일제살수식 스프링클러소화설비(Deluge System)

일제살수식 스프링클러설비라 함은 가압송수장치에서 일제개방밸브 1차측까지 배관 내에 항상 물이 가압되어 있고 2차측에서 개방형 스프링클러헤드까지 대기압으로 있다가 화재발생 시 자동감지장치 또는 수동식 기동장치의 작동으로 일제개방밸브가 개방되면 스프링클러헤드까지 소화용수가 송수되는 방식의 스프링클러설비를 말한다. 일제살수식의 개략도는 그림 6.37과 같으며 배관 말단에는 개방형 스프링클러헤드가 설치되어 있기 때문에 유수검지장치인 델류지밸브는 그 역할이 준비작동밸브와 유사하여 주로 준비작동밸브를 사용하게 된다. 즉, 일제개방밸브(Deluge Valve)를 중심으로 1차측에는 가압수가 2차측은 대기압 상태로 둔다. 화재감지기 동작으로 일제개방밸브가 개방되고 담당구역에 설치된 개방형 헤드를 통해 일제히 살수 소화하는 설비소방법상 감지기에 의해 작동되도록 되어 있으므로 전기식, 기계식, 뉴메틱식 어느 것이라도 감지기와 연동되면 설비가 가능하다. 따라서 준비작동식 스프링클러설비를 준용하게 되는데 유수검지장치의 2차측은 단지 무압상태의 공기로 되어 있고 헤드는 폐쇄형이 아닌 개방형 헤드를 설치하는 것에 약간의 차이가 있다. 설비구조원리상 물분무설비, 포소화설비, 드렌처설비도 헤드의 종류만 다를 뿐 개방형 스프링클러설비인 일제살수식과 동일하다 할 수 있겠다. 작동원리는 감지기에 의해서 화재를 감지하면 유수검지장치인 델류지밸브 또는 준비작동밸브, 일제개방밸브 등이 개방되어 헤드가 설치되어 있는 방호구역의 개방형 헤드에서 동시에 살수가 이루어지게 된다.

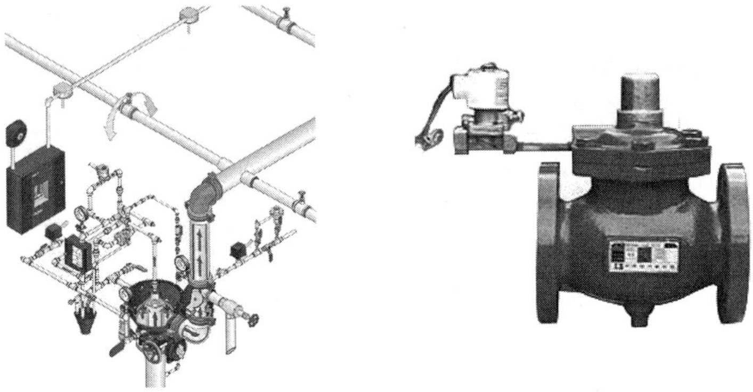

그림 6.37 일제살수식의 개략도

① 주요 구성부분

(가) 준비작동밸브를 사용한 설비

준비작동식 스프링클러설비에 설명한 내용을 참고하기 바랍니다.

(나) 일제개방밸브를 사용한 설비

일제개방밸브는 감압개방식과 가압개방식의 2가지 종류가 있으며 어느 것이든 밸브의 2차측 배관에는 개방형 헤드와 같이 항시 개방되어 있는 개방형 스프링클러헤드, 물분무헤드, 포헤드, 드렌처헤드 등을 배관상에 부착할 수 있다.

㉠ 가압개방식

가압개방식은 그림 6.38과 같은 밸브의 1차측에는 가압송수장치로부터 가압수가 충수되어 있으나 ①로 표시된 실에는 압력수가 없다. 1차측 배관의 가압수로부터 바이패스시켜서 ①실로 가압수가 도달되도록 되어 있어 이 관로 상에 그림과 같이 전자개방밸브 즉, 솔레노이드밸브를 설치하거나, 수동개방밸브를 설치하여 화재감지기가 화재를 감지해서 솔레노이드밸브를 개방하거나, 수동개방밸브를 개방하면 압력수가 밀려들어가 ①실의 밸브피스톤을 밀어올리고 일제개방밸브가 열려서 가압수가 일제히 송수되어 헤드로부터 방수되게 된다.

㉡ 감압개방식

그림 6.39와 같이 밸브의 1차측 및 ①실까지 가압수가 충수되어 있다가 ①실의 압력이 감압되어 실린더가 위로 밀려 올라가 일제개방밸브가 열리면서 밸브 2차측으로 송수되어 개방형 헤드로부터 살수가 이루어진다.

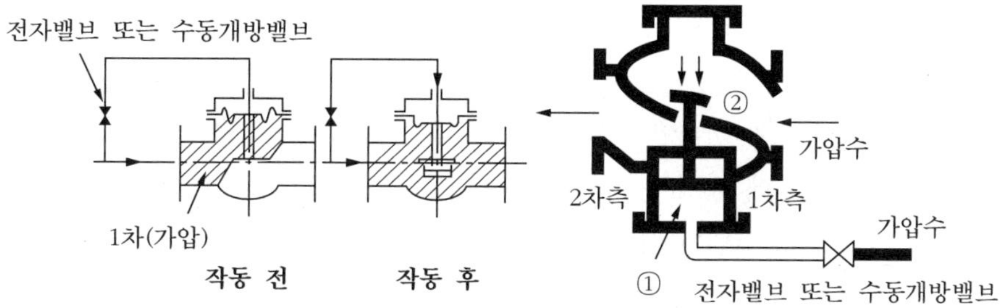

그림 6.38 가압개방식

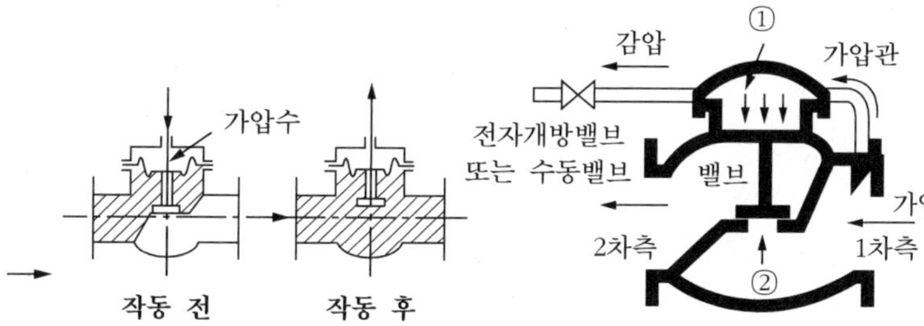

그림 6.39 감압개방식

(다) 전자개방밸브(솔레노이드밸브)

일제개방밸브에 설치하거나 준비작동밸브에 설치하는 전자개방밸브의 구조는 그림 6.40과 같으며 일제개방밸브는 가압식, 감압식 중 종류에 따라 부착위치가 다르며 감지기가 작동되면 스프링에 의해 지지되어 있던 밸브가 위로 올라가면서 통수가 된다.

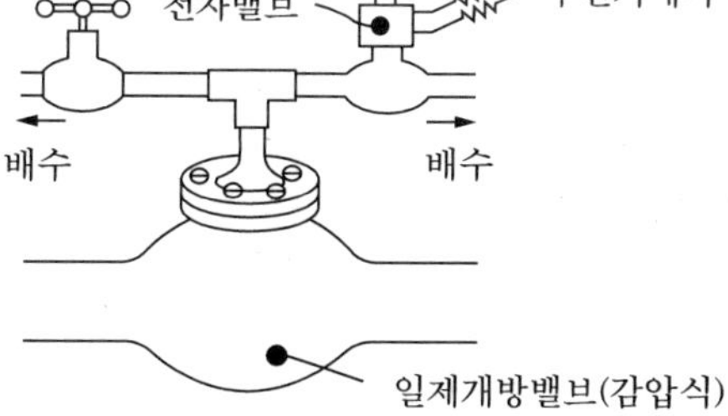

그림 6.40 전자개방밸브의 설치도

(라) 감시스위치

㉠ 주밸브 감시스위치

주밸브 감시스위치(그림 6.41)는 주관로상의 게이트밸브의 밸브핸들에 부착시켜 밸브봉을 스위치의 접촉부에 접촉시켜 놓고, 밸브를 닫게 되면 접촉부와 밸브봉이 떨어지게 되고 수신반에 이상신호를 보내어 항상 관로상의 주밸브를 감시하게 되어 있다.

㉡ 모니터스위치

주밸브 감시스위치와 마찬가지로 주관로상의 주밸브인 요크밸브의 핸들, 즉 그림상의 게이트밸브의 요크에 걸어서 부착시키는데 밸브를 완전히 열어 놓은 상태에서 부착시키면 밸브봉과 밸브스텝이 접촉되어 정상을 유지하고 있다가 밸브를 닫게 되면 밸브봉이 짧아져서 밸브스텝과 떨어지게 되고 수신반이 이상 경보를 발하여 주밸브의 개폐를 항상 감시할 수 있다. (그림 6.42)

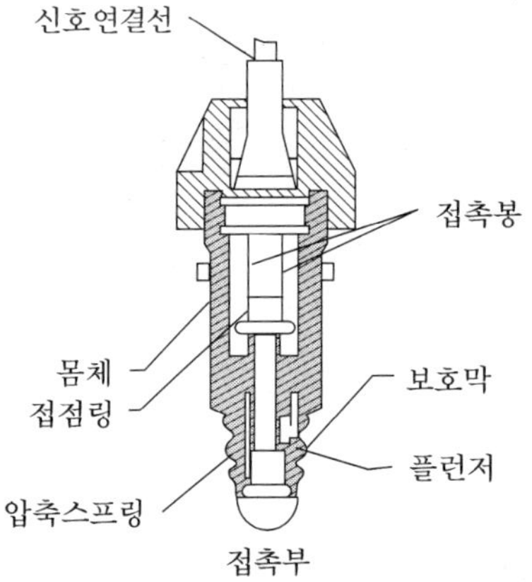

그림 6.41 주밸브 감시스위치

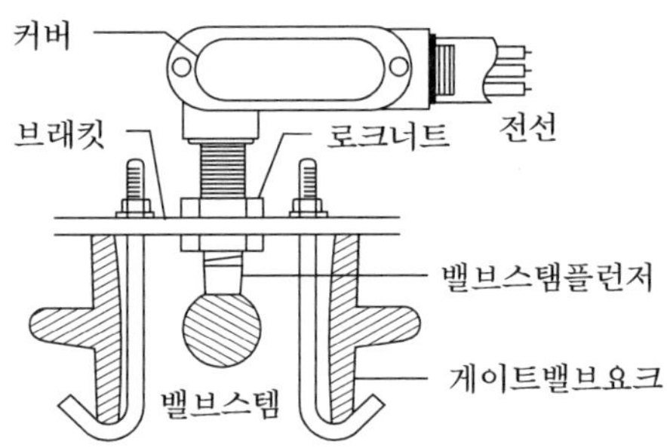

그림 6.42 모니터스위치

(마) 탬퍼스위치(Tamper Switch)

탬퍼스위치는 그림 6.43과 같이 주밸브의 요크에 걸어서 밸브의 개폐를 수신반에 전달하는 주밸브 감시기능을 할 수 있다.

(바) 수위 감시스위치

수위 감시스위치는 그림 6.44와 같으며 부판이 수위에 따라 부력에 의해 떠오른다. 부판 아래에 부착된 멈춤판에 의해 위에 설치된 멈춤판이 아래로 내려가면 접촉스위치를 접촉시켜 급수펌프를 가동시키고 아래에 부착된 멈춤판이 접촉스위치에 접촉되면 만수위를 의미하며 급수펌프의 기동을 중지시키게 된다.

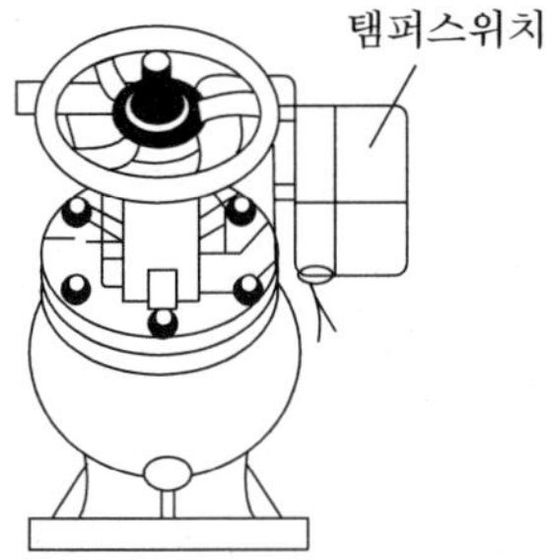

그림 6.43 탬퍼스위치

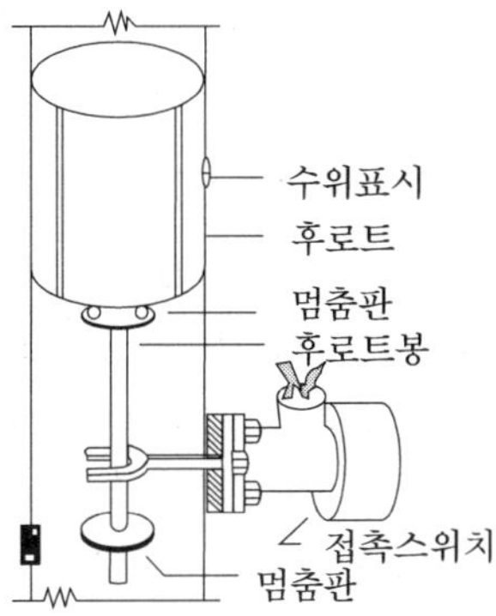

그림 6.44 수위 감시스위치

(사) 밸브 감시스위치

그림 6.45와 같으며 주배관이 지하로 통과되는 곳의 지하에 개폐밸브를 설치하였을 경우 지하밸브의 개폐를 조작하는 밸브봉의 몸체에 스위치를 부착하여 사용할 수 있으며 닫혀서는 안 되는 주배관을 항시 감시하는 기능을 한다.

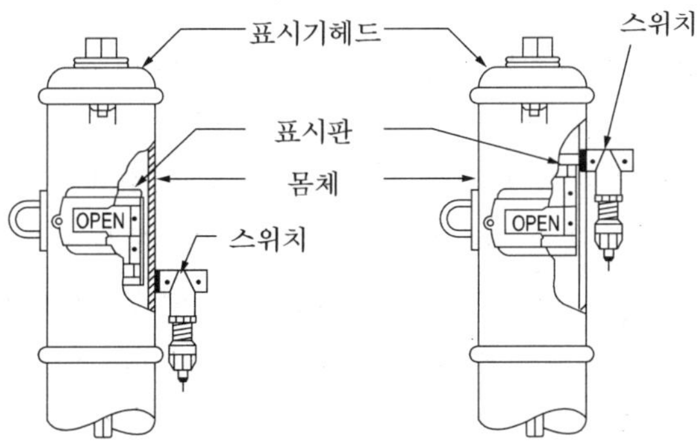

표시판이 올라가면 밸브가 잠길 때 **표시판이 내려가면 밸브가 잠길 때**

그림 6.45 밸브 감시스위치

5) 특수 스프링클러소화설비(Special Sprinkler System)

① 사이클링 스프링클러설비(Fire Cycle System)

본 설비방식은 아직까지 국내에 도입되지 않은 시스템이나 미국 등 선진국에서는 설치되어 있는 시스템이다. 화재발생 시 다른 스프링클러 시스템은 진화하는 데는 훌륭한 효과를 갖추고 있으나 진화 이후에도 계속적으로 물을 살수하여 물로 인한 피해가 상당하다는 점에

착안하여 화재가 일정한 온도 이하로 진화되면 더 이상 물의 살수를 차단하여 물로 인한 피해를 최소화하는 시스템으로 도서관과 같이 자료를 저장하는 장소에 많이 설치하고 있다. 시스템의 구성은 일반적으로 준비작동식 스프링클러시스템과 같아서, 1차측에 가압 송수되어 온 물을 클래퍼가 강제로 차단하고 있다가 화재발생 시 감지기가 먼저 감지하여 전기적으로 수신반에 알려주면 수신반에서 Solenoid Valve를 개방하고 이어서 클래퍼가 개방되어 물이 2차측의 배관으로 채워지게 되면 스프링클러헤드가 개방되어 살수하여 화재가 진화되었을 시 다른 감지기가 작동하여 수신반에 알려주어 두번째 솔레노이드밸브를 작동 클래퍼를 닫게 함으로써 더 이상의 물의 공급을 차단하는 시스템이다. Fire Cycle System 가장 중요한 구성 부품은 Fire Cycle 밸브 세트이다. Fire Cycle 밸브 세트는 Fire Cycle 밸브, Solenoid Valve 1, Solenoid Valve, P.O.R.V.(Pressure Operation Relief Valve), 화재가 발생하였음을 수신반에 알려주는 압력스위치, 주위 배관, 1, 2차측의 압력을 측정하는 압력계(2개) 등으로 구성되어 있다. 그리고 배관은 KS D3507, 3562 배관을 사용하는 것이 일반적이며, 스프링클러헤드는 폐쇄상, 하향형 헤드를 같이 사용한다. Fire Cycle System 설치는 도서관 용도의 건물과 같이 주로 대량의 자료를 저장 취급하는 장소에 설치한다.

② 증발수 스프링클러설비(Ablative Water Sprinkler System)

본 설비는 소화수에 증발약제를 주입한 것으로 고층 랙크식 창고 화재에서와 같은 강한 열기류(12 m/s)를 물방울이 뚫고 들어가 화재를 진압하는데 사용하는 설비이다. 증발약제는 헤드에서 살수되는 물방울을 크게 하며, 연소속도가 빠른 화재의 경우 이 설비가 가장 효과적이다. 증발수가 불기둥을 뚫고 들어가는 효과 이외에도 연소 중인 연료표면에 붙어 있거나 서서히 흐르는 경향이 있다. 이러한 성질은 연소 중인 연료표면의 복사와 대류를 방해하며, 증발약제의 증발로 열저항이 강해진다. 따라서 이러한 설비는 연소속도가 빠른 고층의 랙크식 창고 등에 설치하는 경우 표준형 스프링클러헤드보다 훨씬 우수한 소화성능을 나타낸다.

③ 유리벽 방호용 스프링클러설비(Glazing Protection Sprinkler System)

본 설비는 아트리움의 유리벽 등을 방호하기 위해 사용되며, 본 설비가 설치된 유리벽은 방화벽으로 사용할 수 있다. 유리벽은 망입유리 또는 복층유리 등이어야 하며, 스프링클러가 작동하기 전에 유리가 깨지지 않고 유리틀 변형 시에도 제 위치에서 유지되어야 하며 유리벽의 아트리움측에는 설치되지 않는다.

④ 라지드롭 스프링클러설비(Large Drop Sprinkler System)

본 설비는 대량 열방출, 고속의 열기류 화재를 제어하기 위한 것이다. 이 설비는 1.75 kg/cm^2 이상의 압력으로 헤드당 208 l/min의 방수량으로 설계되는데, 이것은 표준형 스프링클러헤드의 약 2배가 된다. 라지드롭 헤드를 사용하는 것을 제외하면, 일반 스프링클러설비와 그 구성면에서 동일하다.

⑤ ESER 스프링클러설비(Early Suppression Fast Response Sprinkler System)

본 설비는 소방법상의 화재조기진압용 스프링클러설비로서 설계 시 방수특성과 감도특성의 개념을 아용하는 것이다. ESER 스프링클러설비는 적절한 배관에 설치한 경우 예정온도에서 자동방수하여 화재를 초기에 소화할 수 있도록 특정 패턴과 방수량을 방출할 수 있는 헤드를 가진 설비이다. 본 설비는 ESER 헤드를 사용하는 것을 제외하면 일반 스프링클러설비와 그 구성면에서 동일하다. 또한, 현재 높이 13.7 m 이하의 랙크식 창고에만 유효하며, 일반 스프링클러설비보다 많은 수원량과 헤드방사량(203 l/min)을 가져야 한다. 소방법상의 기준을 살펴보면 높이 9.1 m 미만의 창고에서 방수압력은 5.1 kg/cm^2, 수원은 330톤이 된다. 본 설비의 설치장소 구조는 다음과 같다.

(가) 당해 층의 높이가 12.2 m 이하일 것. 다만 2층 이상일 경우에는 당해 층의 바닥을 내화구조로 하고 다른 부분과 방화구획을 할 것

(나) 천장의 기울기가 1,000분의 168을 초과하지 않아야 하고, 이를 초과하는 경우에는 반지름을 지면과 수평으로 설치할 것

(다) 천장은 평평하여야 하며 철재나 목재 트러스구조인 경우, 철재나 목재의 돌출부분이 102 mm를 초과하지 아니할 것

(라) 보로 사용되는 목재, 콘크리트 및 철재 사이의 간격이 0.9 m 이상 2.3 m 이하일 것. 다만, 보의 간격이 2.3 m 이상인 경우에는 스프링클러헤드의 동작을 원활히 하기 위하여 보로 구획 부분의 천장 및 반자의 넓이는 28 m^{2}를 초과하지 아니할 것

(마) 창고 내의 선반의 형태는 하부로 물이 침투되는 구조로 할 것

⑥ 즉동형 스프링클러설비(Quick Response Sprinkler System)

본 설비는 인명안전을 주목적으로 개발된 것으로 의료시설, 고층건물, 아파트 등에서 사용한다. 화재 초기에 작동하여 화원 및 그 주위에 살수하여 화재 확대를 방지하는 설비로서 작은 면적이나 빠르게 연소하는 화재에서 효과적으로 작동하여 연소생성물의 양을 감소시킴으로써 인명을 보호한다.

13. 설치기준

1) 수원

① 스프링클러소화설비 전용수원은 용도에 따라 다음과 같으며 이를 요약하여 정리하면 표 6.14와 같다.

(가) 폐쇄형 스프링클러헤드를 사용하는 경우에는 표 6.14에 정하는 소방대상물별 헤드의 기준개수(헤드가 가장 많은 층, 아파트의 경우 가장 많은 세대)에 1.6 m^3을 곱한 양 이상

(나) 개방형 스프링클러헤드를 사용하는 경우에는 최대방수구역에 설치된 스프링클러헤드의 개수가 30개 이하인 경우에는 설치헤드수에 1.6 m^3을 곱한 양 이상, 30개를 초과하는 경우에는 설치개수의 모든 헤드로부터 방수압력이 0.1 MPa 이상 1.2 MPa 이하의 방수압이 될 수 있는 크기로서 0.1 MPa 기준으로 80 l/min 이상을 충족시킬 수 있는 가압송수장치의 1분당 송수량에 20을 곱한 양 이상이 되도록 한다.

표 6.14 스프링클러설비 저수량

<table>
<tr><th colspan="3" rowspan="2">소방대상물</th><th colspan="2">저수량</th></tr>
<tr><th>기준개수
폐쇄형</th><th>개방형</th></tr>
<tr><td rowspan="7">지하층을 제외한 층수가 10층 이하</td><td rowspan="2">공장 또는 창고(랙크식 창고를 포함한다)</td><td>특수가연물을 저장 취급하는 것</td><td>헤드
30개×1.6 m^3</td><td rowspan="9">최대 방수구역에 설치된 헤드개수
- 30개 이하인 경우 : 헤드 수 × 1.6 m^3
- 30개 초과인 경우 : 가압송수장치의 1분당 송수량 × 20</td></tr>
<tr><td>그 밖의 것</td><td>20개×1.6 m^3</td></tr>
<tr><td rowspan="2">영 별표1의 규정에 의한 근린생활시설, 판매시설 및 영업시설 또는 복합건축물</td><td>슈퍼마켓, 도·소매시장, 백화점, 복합건축물(슈퍼마켓·도매시장·소매시장이 설치되는 복합건축물을 말한다)</td><td>30개×1.6 m^3</td></tr>
<tr><td>그 밖의 것</td><td>20개×1.6 m^3</td></tr>
<tr><td rowspan="2">그 밖의 것</td><td>헤드부착높이 8 m 이상</td><td>20개×1.6 m^3</td></tr>
<tr><td>헤드부착높이 8 m 미만</td><td>10개×1.6 m^3</td></tr>
<tr style="display:none"></tr>
<tr><td colspan="3">아파트</td><td>10개×1.6 m^3</td></tr>
<tr><td colspan="3">지하층을 제외한 층수가 11층 이상의 소방대상물(아파트 제외), 지하가 또는 지하역사</td><td>30개×1.6 m^3</td></tr>
</table>

비고 : 하나의 소방대상물이 2 이상의 "스프링클러헤드의 기준개수"란에 해당하는 때에는 기준개수가 많은 난을 기준으로 한다. 다만, 각 기준개수에 해당하는 수원을 별도로 설치하는 경우에는 그렇지 않다.

(다) 개방형 스프링클러헤드를 사용하는 스프링클러설비의 수원은 최대 방수구역에 설치된 스프링클러헤드의 개수가 30개 이하일 경우에는 설치 헤드수에 1.6 m^3를 곱한 양 이상으로 하고, 30개를 초과하는 경우에는 개방형헤드의 방수구 구경에 따라서 표 6.15의 K값을 대입하고 설계압력을 대입하여 헤드 1개의 분당 방수량이 구해지면 그 값에 30개 이상 설치된 헤드개수와 20분을 곱하여 구해지는 값이 바로 30개 이상 설치된 개방형 스프링클러설비의 필요한 저수량이 된다.

$$Q = K\sqrt{P}$$

여기서, Q : 헤드 방수량(l/min), P : 방수압력(kg/cm^2), K : 상수

표 6.15 호칭 구경별 K값

호칭경	15 mm	20 mm
K의 허용범위	80(1±5/100)	114(1±5/100)

(라) (가)에도 불구하고 층수가 30층 이상의 특정소방대상물의 수원은 (가)에 따른 스프링클러헤드의 기준개수에 층수가 30층 이상 49층 이하는 3.2 m^3를, 50층 이상은 4.8 m^3를 곱한 양 이상이 되도록 할 것

(마) 수원이 다른 소화설비와 겸용의 경우 옥내소화전설비, 스프링클러설비, 물분무소화설비, 포소화설비, 옥외소화전설비에 있어서 그 수원을 겸용하여 설치하는 경우의 저수량은 각 소화설비에 필요한 저수량을 합한 양 이상이 되도록 하여야 한다. 다만 이들 소화설비 중 고정식 소화설비가 2 이상 설치되어 있고 그 소화설비가 설치된 부분이 방화벽과 방화문으로 구획되어 있는 경우에는 각 고정식 소화설비에 필요한 저수량 중 최대의 것 이상으로 할 수 있다.

② 스프링클러설비의 수원은 규정에 따라 산출된 유효수량의 3분의 1 이상을 옥상(스프링클러설비가 설치된 건축물의 주된 옥상)에 설치하여야 한다. 다만 다음에 해당하는 경우에는 그러하지 아니하다.

(가) 옥상이 없는 건축물 또는 공작물
(나) 지하층만 있는 건축물
(다) 규정에 따라 고가수조를 가압송수장치로 설치한 스프링클러설비
(라) 수원이 건축물의 지붕보다 높은 위치에 설치된 경우
(마) 건축물의 높이가 지표면으로부터 10 m 이하인 경우
(바) 주펌프와 동등 이상의 성능이 있는 별도의 펌프로서 내연기관의 기동과 연동하여 작동되거나 비상전원을 연결하여 설치한 경우
(사) 가압수조를 가압송수장치로 설치한 스프링클러설비

③ 층수가 30층 이상의 특정소방대상물의 수원은 (가)에 따라 산출된 유효수량 외에 유효수량의 3분의 1 이상을 옥상(스프링클러설비가 설치된 건축물의 주된 옥상을 말한다)에 설치하여야 한다.

④ 옥상수조(유효수량의 3분의 1 이상을 옥상에 설치한 설비)는 이와 연결된 배관을 통하여 상시 소화수를 공급할 수 있는 구조인 소방대상물인 경우에는 둘 이상의 소방대상물이 있더라도 하나의 소방대상물에만 이를 설치할 수 있다.

⑤ 스프링클러설비의 수원을 수조로 설치하는 경우에는 소방설비의 전용수조로 하여야 한다. 다만, 다음에 해당하는 경우는 그렇지 않다.

(가) 스프링클러펌프의 후드밸브 또는 흡수배관의 흡수구(수직회전축펌프의 흡수구를 포함)를 다른 설비(소방용 설비외의 것)의 후드밸브 또는 흡수구보다 낮은 위치에 설치한 때

(나) 고가수조로부터 스프링클러설비의 수직배관에 물을 공급하는 급수구를 다른 설비의 급수구보다 낮은 위치에 설치한 때

⑥ 저수량 산정함에 있어서 다른 설비와 겸용하여 스프링클러설비용 수조를 설치하는 경우에는 스프링클러설비의 후드밸브·흡수구 또는 수직배관의 급수구와 다른 설비의 후드밸브·흡수구 또는 수직배관의 급수구와의 사이의 수량을 그 유효수량으로 한다.

⑦ 스프링클러설비용 수조는 다음의 기준에 따라 설치하여야 한다.

(가) 점검에 편리한 곳에 설치할 것

(나) 동결방지조치를 하거나 동결의 우려가 없는 장소에 설치할 것

(다) 수조의 외측에 수위계를 설치할 것. 다만, 구조상 불가피한 경우에는 수조의 맨홀 등을 통하여 수조안의 물의 양을 쉽게 확인할 수 있도록 한다.

(라) 수조의 상단이 바닥보다 높은 때에는 수조의 외측에 고정식 사다리를 설치

(마) 수조가 실내에 설치된 때에는 그 실내에 조명설비를 설치할 것

(바) 수조의 밑부분에는 청소용 배수밸브 또는 배수관을 설치할 것

(사) 수조의 외측의 보기 쉬운 곳에 "스프링클러설비용 수조"라고 표시한 표지를 할 것. 그 수조를 다른 설비와 겸용하는 때에는 겸용되는 설비의 이름을 표시한 표지를 함께 하여야 한다.

(아) 스프링클러펌프의 흡수배관 또는 스프링클러설비의 수직배관과 수조의 접속부분에는 "스프링클러설비용 배관"이라고 표시한 표지를 할 것. 다만, 수조와 가까운 장소에 스프링클러펌프가 설치되고 스프링클러펌프의 규정에 따른 표지를 설치한 때에는 그렇지 않다.

2) 가압송수장치

① 전동기 또는 내연기관에 따른 펌프를 이용하는 가압송수장치

(가) 쉽게 접근할 수 있고 점검하기에 충분한 공간이 있는 장소로서 화재 및 침수 등의 재해로 인한 피해를 받을 우려가 없는 곳에 설치할 것

(나) 동결방지조치를 하거나 동결의 우려가 없는 장소에 설치할 것

(다) 펌프는 전용으로 할 것. 다만, 다른 소화설비와 겸용하는 경우 각각의 소화설비의 성능에 지장이 없을 때에는 그러하지 아니하다.

(라) 펌프의 토출측에는 압력계를 체크밸브 이전에 펌프 토출측 플랜지에서 가까운 곳에 설치하고, 흡입측에는 연성계 또는 진공계를 설치할 것. 다만, 수원의 수위가 펌프의 위치보다 높거나 수직회전축펌프의 경우에는 연성계 또는 진공계를 설치하지 않을 수 있다.

(마) 가압송수장치에는 정격부하운전 시 펌프의 성능을 시험하기 위한 배관을 설치할 것. 다만, 충압펌프의 경우는 그렇지 않다.

(바) 가압송수장치에는 체절운전 시 수온의 상승을 방지하기 위한 순환배관을 설치할 것. 다만, 충압펌프의 경우는 그렇지 않다.

(사) 기동용수압개폐장치를 사용할 경우 그 용적은 100 l 이상의 것으로 할 것

(아) 수원의 수위가 펌프보다 낮은 위치에 있는 가압송수장치에는 다음의 기준에 따른 물올림장치를 설치할 것

㉠ 물올림장치에는 전용의 수조를 설치할 것

㉡ 수조의 유효수량은 100 l 이상으로 하되, 구경 15 mm 이상의 급수배관에 따라 당해 수조에 물이 계속 보급되도록 할 것

(자) 가압송수장치의 정격토출압력은 하나의 헤드선단에 0.1 MPa 이상 1.2 MPa 이하의 방수압력이 될 수 있게 하는 크기일 것

(차) 가압송수장치의 송수량은 0.1 MPa의 방수압력기준으로 80 l/min 이상의 방수성능을 가진 기준개수의 모든 헤드로부터의 방수량을 충족시킬 수 있는 양 이상의 것으로 할 것. 이 경우 속도수두는 계산에 포함하지 아니할 수 있다.

(카) (차)기준에 불구하고 가압송수장치 1분당 송수량은 폐쇄형 스프링클러헤드를 사용하는 경우 기준개수에 80 l를 곱한 양 이상으로도 할 수 있다.

(타) (차)의 기준에 불구하고 가압송수장치의 1분당 송수량은 개방형 스프링클러헤드수가 30개 이하의 경우에는 그 개수에 80 l를 곱한 양 이상으로 할 수 있으나 30개를 초과하는 경우에는 규정에 따른 기준에 적합하게 할 것

(파) 기동용수압개폐장치를 기동장치로 사용하는 경우에는 다음의 기준에 따른 충압펌프를 설치할 것

㉠ 펌프의 토출압력은 그 설비의 최고위 살수장치(일제 개방밸브의 경우는 그 밸브)의 자연압보다 적어도 0.2 MPa이 더 크도록 하거나 가압송수장치의 정격토출압력과 같게 할 것

㉡ 펌프의 정격토출량은 정상적인 누설량보다 적어서는 아니 되며 스프링클러설비가 자동적으로 작동할 수 있도록 충분한 토출량을 유지할 것

(하) 내연기관을 사용하는 경우에는 제어반에 따라 내연기관의 자동 및 수동기동이 가능하고 상시 충전되어 있는 축전지설비를 갖출 것

(갸) 가압송수장치에는 "스프링클러펌프"라고 표지를 할 것. 이 경우 그 가압송수장치를 다른 설비와 겸용하는 때에는 겸용되는 설비의 이름을 표시한다.

(냐) 가압송수장치가 기동되는 경우에는 자동으로 정지되지 아니하도록 하여야 한다. 다만, 충압펌프의 경우에는 그러하지 아니하다.

② 가압송수장치의 양정계산

(가) 고가수조방식

고가수조의 자연낙차수두(수조의 하단으로부터 최고층에 설치된 헤드까지의 수직거리)는 다음의 식에 따라 산출한 수치 이상이 되도록 하고 고가수조에는 수위계 · 배수관 · 급수관 · 오버플로우관 및 맨홀을 설치할 것

$$H = h_1 + 10\ \text{m}$$

여기서, H : 필요한 낙차(m), h_1 : 배관 및 밸브류의 마찰손실(m)

10 m : 헤드선단의 방수압력환산수두(1 kg/cm^2 = 10 m)

(나) 압력수조방식

압력수조에는 수위계 · 급수관 · 배수관 · 급기관 · 맨홀 · 압력계 · 안전장치 및 압력저하방지를 위한 자동식 공기압축기를 설치할 것

$$P = p_1 + p_2 + 0.1\ \ (\text{MPa})$$

여기서, P : 필요한 압력(MPa), p_1 : 낙차의 환산수두압(MPa)

p_2 : 배관 및 부속밸브류 마찰손실 환산수두압(MPa)

(다) 펌프방식

$$H = h_1 + h_2 + 10\ \text{m}$$

여기서, H : 펌프의 전 양정(m), h_1 : 낙차(m)

h_2 : 배관 및 관부속류, 밸브류 마찰손실(m)

10 m : 헤드선단의 방수압력환산수두($1\ \text{kg/cm}^2 = 10\ \text{m}$)

(라) 가압수조를 이용하는 방식

㉠ 가압수조 방식은 건축물의 층수가 29층 이하에서는 방수량 및 방수압이 20분 이상, 층수가 30층 이상 49층 이하는 40분 이상, 50층 이상은 60분 이상 유지되도록 할 것

㉡ 가압수조는 최대상용압력 1.5배의 물의 압력을 가하는 경우 물이 새지 않고 변형이 없을 것

㉢ 가압수조 및 가압원은 「건축법 시행령」 제46조에 따른 방화구획 된 장소에 설치할 것

㉣ 가압수조에는 수위계 · 급수관 · 배수관 · 급기관 · 압력계 · 안전장치 및 수조에 소화수와 압력을 보충할 수 있는 장치를 설치할 것

㉤ 가압수조를 이용한 가압송수장치는 소방용 기계기구의 승인 등에 관한 규칙에 적합한 것으로 설치할 것

③ 펌프의 토출량 산정

(가) 폐쇄형 스프링클러설비

펌프의 토출량은 $1\ \text{kg/cm}^2$의 방수압력 기준으로 80 l/min 이상의 방수 성능을 가진 기준개수의 모든 헤드로부터의 방수량을 충족시킬 수 있는 양 이상으로 한다. 이 경우 속도수두는 계산에 포함하지 아니 할 수 있다. 위의 기준에 불구하고 표 6.14의 기준개수에 80 l/min를 곱한 양 이상으로 할 수 있다.

(나) 개방형 스프링클러설비

펌프의 토출량은 최대방수구역에 설치된 헤드 개수가 30개 이하인 경우에는 그 개수에 80 l를 곱한 양으로 할 수 있으나 30개를 초과하는 경우에는 헤드선단에 $1\ \text{kg/cm}^2$ 이상, 12 kg/cm^2 이하의 방수압력으로 규정하고 있으므로 실제설비의 설계압력으로 적용하여 $K\sqrt{P}$의 식에 대입하여 산출된 방수량(l/min)에 최대 방수구역에 설치된 헤드개수를 곱한 양 이상이 당해 펌프의 분당 토출량(l/min)이다.

(다) 펌프가 다른 소화설비와 겸용인 경우의 토출량

옥내소화전설비, 스프링클러설비, 물분무소화설비 및 옥외소화전설비의 가압송수장치에 있어서 그 펌프를 겸용하여 설치하는 경우의 펌프의 토출량은 각 소화설비에 해당하는 토출량을 합한 양 이상이 되도록 하여야 한다. 다만, 이들 소화설비 중 고정식 소화설비가 2 이상 설치되어 있고 그 소화설비가 설치된 부분이 방화벽과 방화문으로 구획되어 있는 경우에는 각 고정식 소화설비에 해당하는 토출량 중 최대인 것 이상으로 할 수 있다.

3) 유수검지장치 등

① 폐쇄형 스프링클러설비의 방호구역(스프링클러설비의 소화범위에 포함된 영역)에 설치하는 유수검지장치는 다음 기준에 적합하여야 한다.

(가) 하나의 방호구역의 바닥면적은 3,000 m^2를 초과하지 아니할 것. 다만, 폐쇄형 스프링클러설비에 격자형 배관방식(2 이상의 수평주행배관 사이를 가지배관으로 연결하는 방식을 말한다)을 채택하는 때에는 3,700 m^2 범위 내에서 펌프용량, 배관의 구경 등을 수리학적으로 계산한 결과 헤드의 방수압 및 방수량이 방호구역 범위 내에서 소화목적을 달성하는 데 충분할 것

(나) 하나의 방호구역은 1개 이상의 유수검지장치를 설치하되, 화재발생시 접근이 쉽고 점검하기 편리한 장소에 설치할 것

(다) 하나의 방호구역은 2개 층에 미치지 아니하도록 하되, 1개 층에 설치되는 스프링클러헤드의 수가 10개 이하인 경우에는 3개 층 이내로 할 수 있다.

(라) 유수검지장치를 실내에 설치하거나 보호용 철망 등으로 그림 6.46과 같이 바닥으로부터 0.8 m 이상 1.5 m 이하의 위치에 설치하되 그 실 등에는 가로 0.5 m 이상 세로

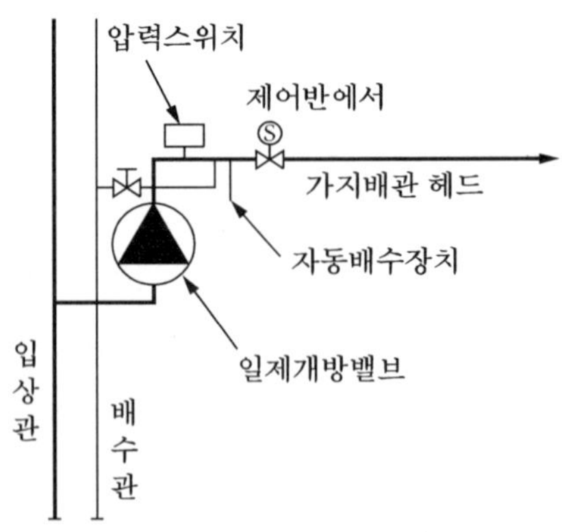

그림 6.46 유수검지장치 설치

1 m 이상의 출입문을 설치하고, 그 출입문 상단에 "유수검지장치실이라고 표시한 표지를 설치할 것. 다만, 유수검지장치를 기계실(공조용 기계실을 포함) 안에 설치하는 경우에는 별도의 실 또는 보호용 철망을 설치하지 아니하고 그 기계실 출입문 상단에 "유수검지장치실" 또는 "일제개방밸브실"이라고 표시한 표지를 설치할 수 있다.

(마) 스프링클러헤드에 공급되는 물은 유수검지장치 등을 지나도록 할 것. 다만, 송수구를 통하여 공급되는 물은 그러하지 아니하다.

(바) 자연낙차에 따른 압력수가 흐르는 배관상에 설치된 유수검지장치는 화재 시 물의 흐름을 검지할 수 있는 최소한의 압력이 얻어질 수 있도록 수조의 하단으로부터 낙차를 두어 설치할 것

(사) 조기반응형 스프링클러헤드를 설치하는 경우에는 습식유수검지장치 또는 부압식스프링클러설비를 설치할 것

② 개방형 스프링클러설비의 방수구역 및 일제개방밸브의 설치

(가) 하나의 방수구역은 2개 층에 미치지 아니할 것.

(나) 방수구역마다 일제개방밸브를 설치할 것.

(다) 하나의 방수구역을 담당하는 헤드의 개수는 50개 이하로 할 것.
다만, 2개 이상의 방수구역으로 나눌 경우에는 하나의 방수구역을 담당하는 헤드의 개수는 25개 이상으로 할 것.

(라) 일제개방밸브는 그림 6.46과 같이 바닥으로부터 0.8 m 이상 1.5 m 이하의 위치에 설치하여야 하며, 일제개방밸브를 실내에 설치하는 때에는 그 실에는 가로 0.5 m 이상 세로 1 m 이상의 출입문을 설치하고, 그 출입문 상단에 "일제개방밸브실"이라고 표시한 표지를 설치할 것. 다만, 일제개방밸브를 기계실(공조용기계실을 포함) 안에 설치하는 경우에는 별도의 실 또는 보호용 철망을 설치하지 아니하고 그 기계실 출입문 상단에 "일제개방밸브실"이라고 표시한 표지를 설치할 수 있다.

4) 스프링클러설비의 배관

① 배관은 배관용 탄소강관(KS D3507) 또는 배관내 사용압력이 1.2 MPa 이상일 경우에는 압력배관용 탄소강관(KS D3562)이나 이와 동등 이상의 강도·내식성 및 내열성을 가진 것으로 한다. 다만, 습식스프링클러설비의 배관은 이음매 없는 동 및 동합금(KS D5301)의 배관용 동관을 사용할 수 있다.

② ①의 규정에 불구하고 다음에 해당하는 장소에는 행정자치부장관이 정하여 고시하는 성능시험기술기준에 적합한 소방용 합성수지배관으로 설치.

표 6.16 CPVC Pipe와 강관 비교

구분 / 항목		CPVC Pipe	강 관
1. 성분		Chlorinated Poly Vinyl Chloride	Fe 주성분
2. 내구성	부 식	없 음	있음
	녹	없 음	파이프 내외면 용접부위 발생
	스케일	없 음	발생(Fe_2, O_3, 산화철)
	수 명	길 다	짧음(타배관보다 부식속도 빠르다)
3. 용접 부위 상태		본드접착식, 파괴·변질 없음	용접 시 조직의 파괴 및 변질 심함
4. 시공성		시공용이, 숙련공 불필요	용접, 나사이음 숙련공 필요 정밀성 요구
5. 작업시간		작업시간 짧다	작업시간 길다
6. 공구		공구 불필요	산소용접기, 밴딩기, 절단기 필요

(가) 배관을 지하에 매설하는 경우

(나) 타부분과 내화구조로 구획된 덕트 또는 피트 내부에 설치하는 경우

(다) 천장(상층이 있는 경우에는 상층바닥의 하단을 포함)과 반자를 불연재료로 설치하고 그 내부에 습식으로 배관을 설치하는 경우

③ 급수배관은 다음 기준에 따라 설치하여야 한다.

(가) 전용으로 할 것. 다만, 스프링클러설비의 기동장치의 조작과 동시에 다른 설비의 용도에 사용하는 배관의 송수를 차단할 수 있거나, 스프링클러설비의 성능에 지장이 없는 경우에는 다른 설비와 겸용할 수 있다.

(나) 급수를 차단할 수 있는 개폐밸브는 개폐표시형으로 할 것. 이 경우 펌프의 흡입측배관에는 버터플라이밸브 외의 개폐표시형 밸브를 설치하여야 한다.

(다) 배관의 구경은 방수량 및 방사량에 적합하도록 수리계산에 의하거나 별표 1의 기준에 따라 설치할 것. 다만 수리계산에 따르는 경우 가지배관의 유속은 6 m/s, 그 밖의 배관의 유속은 10 m/s를 초과할 수 없다.

④ 펌프의 흡입측배관은 다음 기준에 따라 설치하여야 한다.

(가) 공기 고임이 생기지 아니하는 구조로 하고 여과장치를 설치할 것

(나) 수조가 펌프보다 낮게 설치된 경우에는 각 펌프(충압펌프를 포함)마다 수조로부터 별도로 설치할 것

⑤ 연결송수관설비의 배관과 겸용할 경우의 주배관은 구경 100 mm 이상, 방수구로 연결되는 배관의 구경은 65 mm 이상의 것으로 하여야 한다.

⑥ 펌프의 성능은 체절운전 시 정격토출압력의 140%를 초과하지 아니하고, 정격토출량의

150%로 운전 시 정격토출압력의 65% 이상이 되어야 하며, 펌프의 성능시험배관은 다음 기준에 적합하여야 한다.

(가) 성능시험배관은 펌프의 토출측에 설치된 개폐밸브 이전에서 분기하여 설치하고, 유량측정장치를 기준으로 전단 직관부에 개폐밸브를 후단 직관부에는 유량조절밸브를 설치할 것

(나) 유량측정장치는 성능시험배관의 직관부에 설치하되, 펌프의 정격토출량의 175%까지 측정할 수 있는 성능이 있을 것

⑦ 가압송수장치의 체절운전 시 수온의 상승을 방지하기 위하여 체크밸브와 펌프사이에서 분기한 구경 20 mm 이상의 배관에 체절압력 미만에서 개방되는 릴리프밸브를 설치하여야 한다.

⑧ 동결방지조치를 하거나 동결우려가 없는 장소에 설치하여야 한다.

⑨ 가지배관의 배열은 다음의 기준에 따른다.

(가) 토너먼트(Tournament)방식이 아닐 것

(나) 교차배관에서 분기되는 지점을 기점으로 한쪽 가지배관에 설치되는 헤드의 개수(반자 아래와 반자 속의 헤드를 하나의 가지배관상에 병설하는 경우에는 반자 아래에 설치하는 헤드의 개수)는 8개 이하로 할 것. 다만, 다음에 해당하는 경우에는 그렇지 않다.

㉠ 기존의 방호구역 안에서 칸막이 등으로 구획하여 1개 헤드를 증설의 경우

㉡ 습식스프링클러에 격자형 배관방식(2 이상의 수평주행배관 사이를 가지배관으로 연결하는 방식)을 채택하는 때에는 펌프의 용량, 배관의 구경 등을 수리학적으로 계산한 결과 헤드의 방수압 및 방수량이 소화목적을 달성하는 데 충분하다고 인정되는 경우

(다) 가지배관과 스프링클러헤드 사이의 배관을 신축배관으로 하는 경우

㉠ 최고사용압력은 1.4 MPa 이상이어야 하고, 최고사용압력의 1.5배의 수압에 변형·누수되지 아니할 것

㉡ 진폭을 5 mm, 진동수를 매초당 25회로 하여 6시간 동안 작동시킨 경우 또는 매초 0.35 MPa부터 3.5 MPa까지의 압력변동을 4,000회 실시한 경우에도 변형·누수되지 아니할 것

㉢ 신축배관의 설치길이는 헤드의 설치기준에 적합하게 설치할 것

⑩ 교차배관의 위치·청소구 및 가지배관의 헤드설치

(가) 교차배관은 가지배관 밑에 수평으로 설치하고, 그 구경은 최소구경이 40 mm 이상이

되도록 할 것. 다만, 패들형 유수검지장치를 사용하는 경우에는 교차배관의 구경과 동일하게 설치할 수 있다.

(나) 청소구는 교차배관 끝에 개폐밸브를 설치하고, 호스접결이 가능한 나사식 또는 고정배수 배관식으로 할 것. 이 경우 나사식의 개폐밸브는 옥내소화전 호스접결용의 것으로 하고, 나사보호용의 캡으로 마감하여야 한다.

(다) 하향식 헤드를 설치하는 경우에 가지배관으로부터 헤드에 이르는 헤드접속배관은 가지관 상부에서 분기할 것. 다만, 소화설비용 수원의 수질이 「먹는 물 관리법」 제5조의 규정에 따라 먹는 물의 수질기준에 적합하고 덮개가 있는 저수조로부터 물을 공급받는 경우에는 가지배관의 측면 또는 하부에서 분기할 수 있다.

⑪ 준비작동식유수검지장치 또는 일제개방밸브를 사용하는 스프링클러설비에 있어서 동밸브 2차측 배관의 부대설비는 다음의 기준에 따른다.

(가) 개폐표시형 밸브를 설치할 것

(나) 다른 밸브와 준비작동식유수검지장치 또는 일제개방밸브 사이의 배관 구조

㉠ 수직배수배관과 연결하고 동 연결배관상에는 개폐밸브를 설치

㉡ 자동배수장치 및 압력스위치를 설치할 것

㉢ 압력스위치는 수신부에서 준비작동식유수검지장치 또는 일제개방밸브의 개방여부를 확인할 수 있게 설치

⑫ 습식유수검지장치 또는 건식유수검지장치를 사용하는 스프링클러설비와 부압식 스프링클러설비에는 동장치를 시험할 수 있는 시험장치를 다음의 기준에 따라 설치한다. 다만, 준비작동식 스프링클러설비 또는 개방형 헤드를 설치한 경우에는 그렇지 않다.

(가) 유수검지장치에서 가장 먼 가지배관의 끝으로부터 연결하여 설치

(나) 시험장치 배관의 구경은 유수검지장치에서 가장 먼 가지배관의 구경과 동일한 구경으로 하고, 그 끝에 개폐밸브 및 개방형 헤드를 설치할 것. 이 경우 개방형 헤드는 반사판 및 프레임을 제거한 오리피스만으로 설치할 수 있다.

(다) 시험배관의 끝에는 물받이통 및 배수관을 설치하여 시험 중 방사된 물이 바닥에 흘러내리지 아니하도록 할 것. 다만, 목욕실·화장실 또는 그 밖의 곳으로서 배수처리가 쉬운 장소에 시험배관을 설치한 경우에는 그렇지 않다.

⑬ 배관에 설치되는 행가 설치기준

배관의 고정은 그림 6.47과 같이 수격작용에 의한 진동과 기타 배관의 자체중량, 외부의 충격, 진동 등에 의해 파손되지 아니하도록 지지하여야 한다.

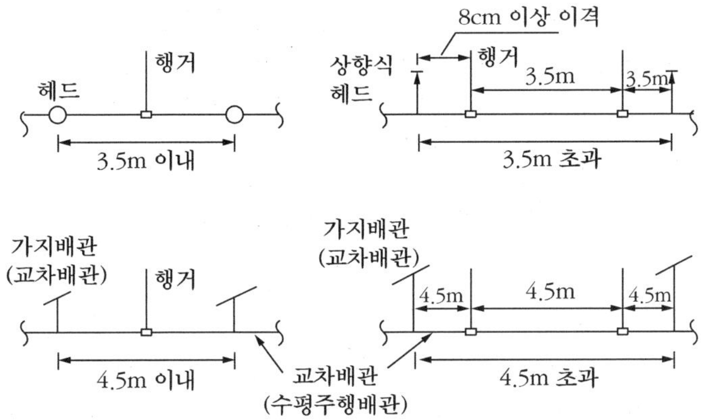

그림 6.47 가지 및 교차배관 지지관계

(가) 가지배관에는 헤드의 설치지점 사이마다 1개 이상의 행가를 설치하되, 헤드간의 거리가 3.5 m를 초과하는 경우에는 3.5 m 이내마다 1개 이상 설치할 것. 이 경우 상향식 헤드와 행가 사이에는 8 cm 이상의 간격을 두어야 한다.

(나) 교차배관에는 가지배관과 가지배관 사이마다 1개 이상의 행가를 설치하되, 가지배관 사이 거리가 4.5 m를 초과하는 경우 4.5 m 이내마다 1개 이상 설치

(다) 수평주행배관에는 4.5 m 이내마다 1개 이상 설치

⑭ 수직배수배관의 구경은 50 mm 이상으로 하여야 한다. 다만, 수직배관의 구경이 50 mm 미만인 경우에는 수직배관과 동일한 구경으로 할 수 있다.

⑮ 주차장의 스프링클러설비는 습식 외의 방식으로 하여야 한다. 다만, 주차장이 벽 등으로 차단되어 있고 출입구가 자동으로 열리고 닫히는 구조인 것으로서 다음에 해당하는 경우에는 그렇지 않다.

(가) 동절기에 상시 난방이 되는 곳이거나 그 밖에 동결의 염려가 없는 곳

(나) 스프링클러설비의 동결을 방지할 수 있는 구조 또는 장치가 된 것

⑯ 급수배관에 설치되어 급수를 차단할 수 있는 개폐밸브에는 그 밸브의 개폐상태를 감시제어반에서 확인할 수 있도록 급수개폐밸브 작동표시 위치를 설치하여야 한다.

(가) 급수개폐밸브가 잠길 경우 탬퍼스위치의 동작으로 인하여 감시제어반 또는 수신기에 표시되어야 하며 경보음을 발할 것

(나) 탬퍼스위치는 감시제어반 또는 수신기에서 동작의 유무확인과 동작시험, 도통시험을 할 수 있을 것

(다) 급수개폐밸브의 작동표시 스위치에 사용되는 전기배선은 내화전선 또는 내열전선으로 설치할 것

⑰ 스프링클러설비 배관의 배수를 위한 기울기는 다음의 기준에 따른다.

(가) 습식스프링클러설비의 배관을 수평으로 할 것. 다만, 배관의 구조상 소화수가 남아 있는 곳에는 배수밸브를 설치하여야 한다.

(나) 습식스프링클러설비외의 설비에는 헤드를 향하여 상향으로 수평주행배관의 기울기를 500분의 1 이상, 가지배관의 기울기를 250분의 1 이상으로 할 것. 다만, 배관의 구조상 기울기를 줄 수 없는 경우에는 배수를 원활하게 할 수 있도록 배수밸브를 설치하여야 한다.

⑱ 배관은 다른 설비의 배관과 쉽게 구분이 될 수 있는 위치에 설치하거나, 그 배관표면 또는 배관 보온재표면의 색상은 적색으로 소방용 설비의 배관임을 표시하여야 한다.

⑲ 분기배관을 사용할 경우에는 한국소방산업기술원 또는 법 제42조제1항의 규정에 따라 성능시험기관으로 지정받은 기관에서 그 성능을 검증받은 것으로 설치하여야 한다.

⑳ 배관에는 그림 6.48에서와 같이 입상관, 수평주행배관, 교차배관, 가지배관 등이 있는데 입상관은 가압송수장치로 부터 각층을 관통하여 층마다 물을 보급시켜 주는 배관을 말하며, 수평주행배관은 당해 층에서 유수검지장치로부터 교차배관까지 물을 보급시켜 주는 배관을 지칭하나, 층의 구조 및 배관형태에 따라서 교차배관이 수평주행배관을 대신하여 쓰이는 경우가 많다. 교차배관은 스프링클러헤드가 달린 가지배관을 분기시켜 주는 배관이다.

하향식 헤드를 설치하는 경우에 그림 6.49와 같이 가지배관으로부터 헤드에 이르는 헤드 접속 배관은 가지관 상부에서 분기하여야 한다. 이것은 배관 내에서 물이 충전되어 있어 물속에 있는 불순물에 의하여 헤드의 방수구가 막히는 것을 방지하기 위한 것이다. 다만, 소화설비용 수원의 수질이「먹는 물 관리법」제5조의 규정에 의한 먹는 물의 수질기준에 적합하고 덮개가 있는 저수조로부터 물을 공급받는 경우에는 가지배관의 측 하부에서 분기할 수 있다.

(가) 폐쇄형 스프링클러헤드를 사용하는 설비의 경우로서 1개 층에서 하나의 급수배관(밸브) 등이 담당하는 구역의 최대면적은 3,000 m^2를 초과하지 않아야 한다.

(나) 폐쇄형 스프링클러헤드를 설치하는 경우에는 표 6.17의 '가'란의 헤드수에 의하여야 한다. 다만 100개 이상의 헤드를 담당하는 급수배관(또는 밸브)의 구경은 100 mm로 할 수 있다.

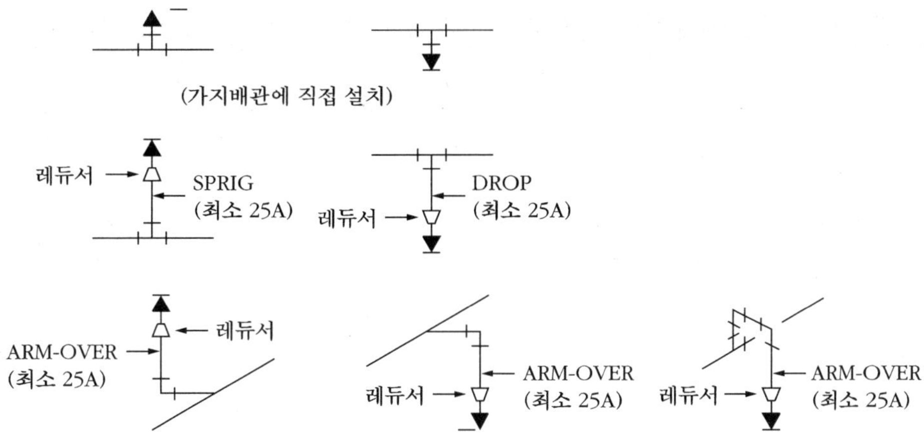

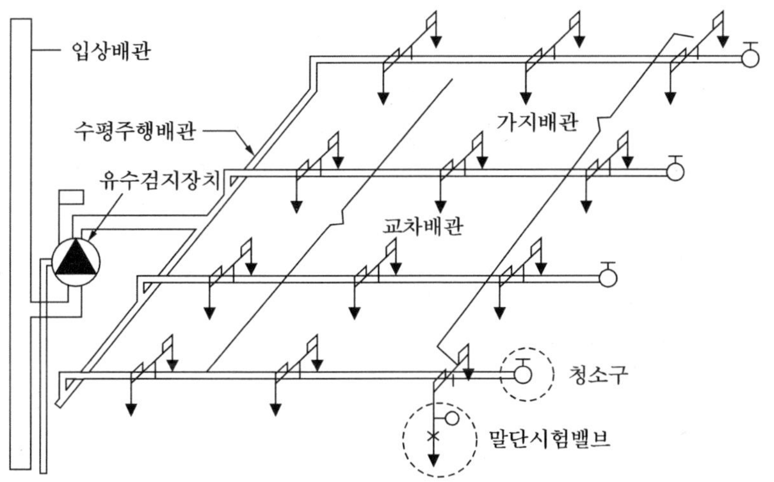

그림 6.48 배관망 구성 및 명칭

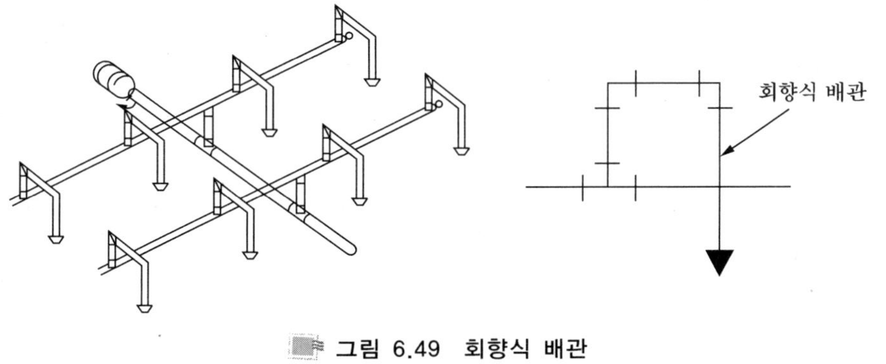

그림 6.49 회향식 배관

표 6.17 급수관의 구경

구 분 \ 급수관의 구경	25	32	40	50	65	80	90	100	125	150
가	2	3	5	10	30	60	80	100	160	275 이상
나	2	4	7	15	30	60	80	100	160	275 이상
다	1	2	5	8	15	27	55	55	90	150 이상

(다) 폐쇄형 스프링클러헤드를 설치하고 반자 아래의 헤드와 반자속의 헤드를 동일 급수관의 가지배관상에 병설하는 경우에는 '나'란의 헤드수에 의한다.

(라) 특수가연물을 저장 또는 취급하는 장소(랙크식 창고는 제외)로서 폐쇄형 스프링클러헤드를 설치하는 경우에 배관의 구경은 '다'란의 구경에 의한다.

(마) 개방형 스프링클러헤드를 설치하는 경우 하나의 방수구역이 담당 하는 헤드의 개수가 30개 이하일 때는 '다'란의 헤드수에 의하고 30개를 초과할 때에는 수리계산방법에 의하여야 한다. 다만 수리계산시 배관 내 유속은 5.5 m/s 이하를 기준으로 한다.

※ 수리계산방법(30개 초과 시)

헤드의 방수량계산 : $Q = K\sqrt{P}$ (개방형 헤드 수원산정 참고)

배관의 유량산정 : $Q(l/\text{min}) \times$ 설치개수, 유속 : $Q = A \cdot V$

5) 경보(음향)장치 및 기동장치

① 스프링클러설비의 음향장치 및 기동장치의 기준

(가) 습식유수검지장치 또는 건식유수검지장치를 사용하는 설비에 있어서는 헤드가 개방되면 유수검지장치가 화재신호를 발신하고 그에 따라 음향장치가 경보토록 할 것

(나) 준비작동식유수검지장치 또는 일제개방밸브를 사용하는 설비에는 화재감지기의 감지에 따라 음향장치가 경보 되도록 할 것. 이 경우 화재감지기회로를 교차회로방식(하나의 준비작동식유수검지장치 또는 일제개방밸브의 담당구역내에 2 이상의 화재감지기회로를 설치하고 인접한 2 이상의 화재감지기가 동시에 감지되는 때에 준비작동식유수검지장치 또는 일제개방밸브가 개방·작동되는 방식)으로 하는 때에는 하나의 화재감지기회로가 화재를 감지하는 때에도 음향장치가 경보토록 한다.

(다) 음향장치는 유수검지장치 및 일제개방밸브의 담당구역마다 설치하되 하나의 음향장치까지의 수평거리는 25 m 이하가 되도록 할 것

(라) 음향장치는 경종 또는 사이렌(전자식 사이렌을 포함)으로 하되, 주위의 소음 및 다른 용도의 경보와 구별이 가능한 음색으로 할 것. 이 경우 음향장치를 경종으로 설치하

는 경우에는 유수검지장치 등의 부근에 유수검지장치 등이 개방되어 2차측에 유수가 있는 때 경보되는 사이렌을 1개 이상 설치하여야 하며, 그 사이렌은 자동화재탐지설비·비상벨설비 또는 자동식 사이렌설비 음향장치와 겸용할 수 있다.

(마) 주음향장치는 수신기의 내부 또는 그 직근에 설치할 것.

(바) 5층(지하층을 제외)이상으로서 연면적이 3,000 m^2를 초과하는 소방대상물 또는 그 부분에 있어서는 2층 이상의 층에서 발화한 때에는 발화층 및 그 직상층에 한하여, 1층에서 발화한 때에는 발화층·그 직상층 및 지하층에 한하여, 지하층에서 발화한 때에는 발화층·그 직상층 및 기타의 지하층에 한하여 경보를 발할 수 있도록 할 것

(사) 음향장치의 구조 및 성능

㉠ 정격전압의 80% 전압에서 음향을 발할 수 있는 것으로 할 것

㉡ 음량은 부착된 음향장치의 중심으로부터 1 m 떨어진 위치에서 90 dB 이상

② 가압송수장치로서 펌프가 설치되는 경우 펌프의 작동의 기준

(가) 습식유수검지장치 또는 건식유수검지장치를 사용하는 설비에 있어서는 동 장치의 발신이나 기동용 수압개폐장치에 의하여 작동되거나 또는 이 두 가지의 혼용에 따라 작동할 것

(나) 일제개방밸브를 사용하는 설비에 있어서는 화재감지기의 화재감지나 기동용 수압개폐장치에 따라 작동되거나 또는 이 두 가지의 혼용에 따라 작동할 수 있을 것

③ 준비작동식유수검지장치 또는 일제개방밸브의 작동의 기준

(가) 담당구역내의 화재감지기의 동작에 따라 개방 및 작동될 것

(나) 폐쇄형 스프링클러헤드를 사용하는 설비의 경우에 화재감지기회로는 교차회로방식으로 할 것. 다만, 다음에 해당하는 경우에는 그렇지 않다.

㉠ 본 설비의 배관 또는 헤드에 누설경보용 물 또는 압축공기가 채워지는 경우

㉡ 화재감지기를 자동화재탐지설비의 화재안전기준(NFSC 203) 제7조제1항 단서의 각 호의 감지기로 설치한 때

(다) 준비작동식유수검지장치 또는 일제개방밸브의 인근에서 수동기동(전기식 및 배수식)에 따라서도 개방 및 작동될 수 있게 할 것

(라) 규정에 따른 화재감지기의 설치기준에 관하여는 자동화재탐지설비의 화재안전기준(NFSC 203) 제7조 및 제11조의 규정을 준용할 것. 이 경우 교차회로방식에 있어서의 화재감지기의 설치는 각 화재감지기 회로별로 설치하되, 각 화재감지기회로별 화재감지기 1개가 담당하는 바닥면적은 자동화재탐지설비의 화재안전기준(NFSC 203) 제7조제3항제5호·제8호 내지 제10호의 규정에 따른 바닥면적.

(마) 화재감지기회로에는 다음의 기준에 따른 발신기를 설치할 것. 다만, 자동화재탐지설비의 발신기가 설치된 경우에는 그러하지 아니하다.

㉠ 조작이 쉬운 장소에 설치하고, 스위치는 바닥으로부터 0.8 m 이상 1.5 m 이하의 높이에 설치할 것

㉡ 소방대상물의 층마다 설치하되, 당해 소방대상물의 각 부분으로부터 하나의 발신기까지의 수평거리가 25 m 이하가 되도록 할 것. 다만, 복도 또는 별도로 구획된 실로서 보행거리가 40 m 이상일 경우에는 추가로 설치한다.

㉢ 발신기의 위치를 표시하는 표시등은 함의 상부에 설치하되, 그 불빛은 부착면으로부터 15° 이상의 범위 안에서 부착지점으로부터 10 m 이내의 어느 곳에서도 쉽게 식별할 수 있는 적색등으로 할 것

6) 스프링클러헤드 설치

① 스프링클러헤드는 소방대상물의 천장·반자·천장과 반자사이·덕트·선반 기타 이와 유사한 부분(폭이 1.2 m를 초과)에 설치하여야 한다. 다만, 폭이 9 m 이하인 실내에 있어서는 측벽에 설치할 수 있다.

② 랙크식 창고의 경우로서 소방기본법 시행령 별표 2의 특수가연물을 저장 또는 취급하는 것에 있어서는 랙크높이 4 m 이하마다, 그 밖의 것을 취급하는 것에 있어서는 랙크높이 6 m 이하마다 스프링클러헤드를 설치하여야 한다. 다만, 랙크식 창고의 천장높이가 13.7 m 이하로서 화재조기진압용 스프링클러설비의 화재안전기준(NFSC 103B)의 규정에 따라 설치하는 경우에는 천장에만 스프링클러헤드를 설치할 수 있다(창고에 헤드를 설치한 경우에 대한 예는 그림 6.50과 같다).

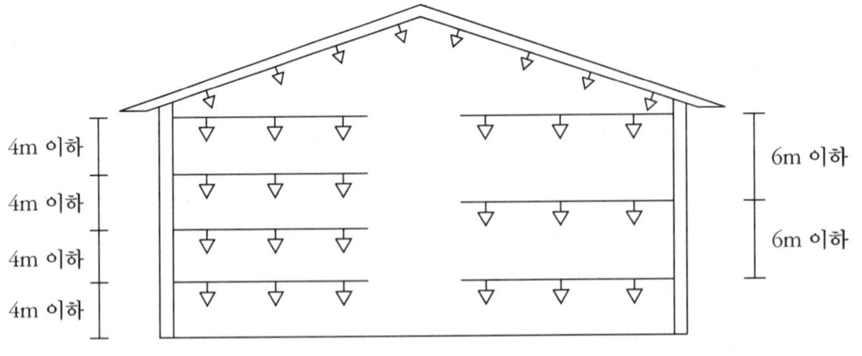

그림 6.50 랙크식 창고의 헤드 설치

③ 스프링클러헤드를 설치하는 천장·반자·천장과 반자사이·덕트·선반 등의 각 부분으로부터 하나의 스프링클러헤드까지의 수평거리는 다음과 같이 하여야 한다. 다만, 성능이 별도로 인정된 스프링클러헤드를 수리계산에 따라 설치하는 경우에는 그러하지 아니하다.

(가) 무대부·소방기본법 시행령 별표 2의 특수가연물을 저장 또는 취급하는 장소에 있어서는 1.7 m 이하

(나) 랙크식 창고에 있어서는 2.5 m 이하

(다) 공동주택(아파트) 세대 내의 거실에 있어서는 3.2 m 이하(스프링클러헤드의 형식승인 및 제품검사의 기술기준 유효반경의 것으로 한다)

(라) (가)~(다) 외의 소방대상물에 있어서는 2.1 m 이하(내화구조 : 2.3 m 이하)

④ 헤드의 배치

(가) 정사각형의 배치

그림 6.51과 같이 헤드간의 거리와 급수관 상호간의 거리가 같은 경우 정사각형 형태로 배치한다. 헤드의 간격은 수평거리와의 개념이 다르다. 수평거리는 헤드 1개당 포용하는 거리이나 헤드의 간격은 헤드와 헤드사이의 거리이다. 정사각형 배치에서 헤드 간격을 밑변으로 하는 △ABC에서 변AB는 포용거리(수평거리)이며 밑변BC는 헤드간격이다. 따라서 $\angle A = 90°$이며 $\angle B = \angle C = 45°$이므로 △ABM에서 $\frac{BM}{AB} = \cos 45°$, 헤드의 간격$(S) = 2 \times r \times \cos 45°$

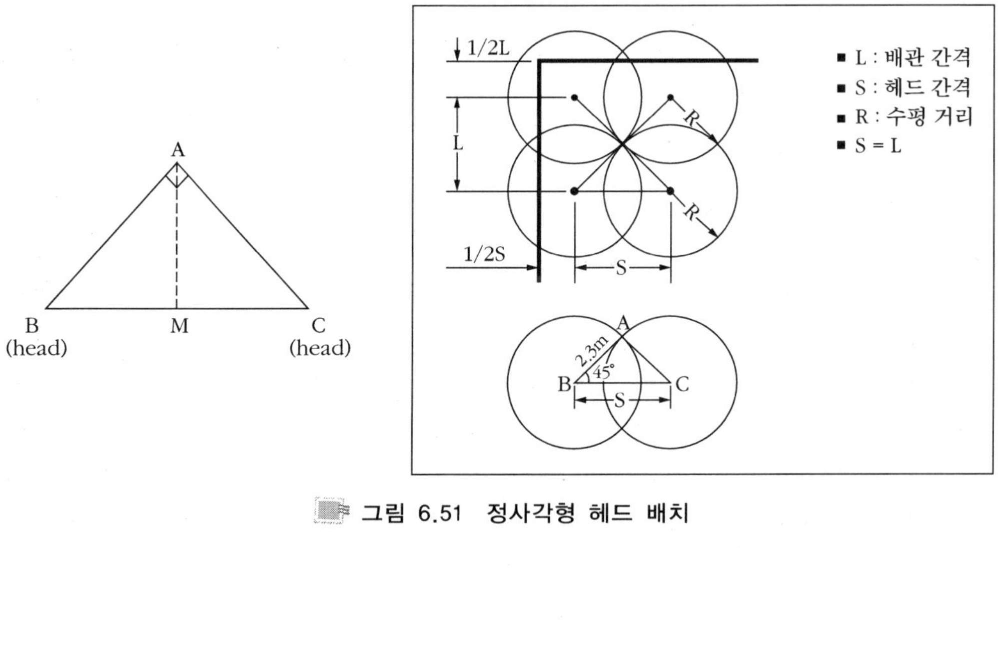

그림 6.51 정사각형 헤드 배치

(나) 직사각형의 배치

그림 6.52와 같이 헤드간의 거리와 배관간의 거리가 같지 않은 경우로 대각선의 간격 $X=2R$로 구할 수 있으나 배관간의 간격과 헤드간의 간격은 설치되는 실내의 벽면으로 근접되는 형태에 따라 변하게 된다.

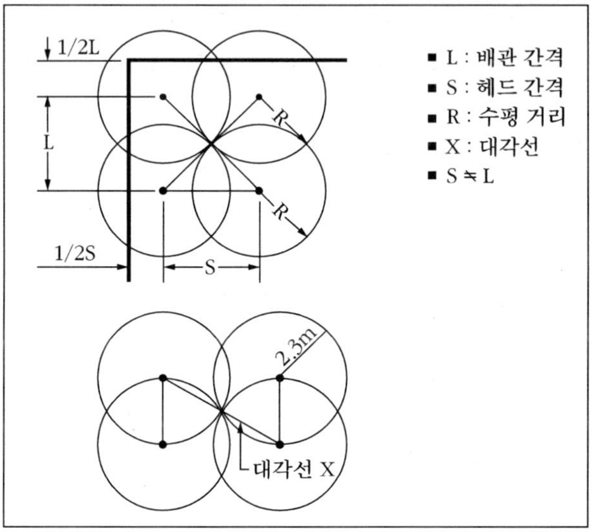

그림 6.52 직사각형 배치

(다) 나란히꼴 배치

3개의 헤드가 정삼각형을 이루고 4개의 헤드는 나란히꼴을 이루는 배치형태로 이것은 일반적인 건물의 형태인 직사각형이나 정사각형이 아닌 형태의 건물에 적용되는 배치형태이다.

⑤ 무대부 또는 연소할 우려가 있는 개구부에 있어서는 개방형 스프링클러헤드를 설치하여야 한다.

⑥ 다음 어느 하나에 해당하는 장소에는 조기반응형 스프링클러헤드를 설치하여야 한다.

(가) 공동주택·노유자시설의 거실

(나) 오피스텔·숙박시설의 침실, 병원의 입원실

⑦ 폐쇄형 스프링클러헤드는 그 설치장소의 평상시 최고 주위온도에 따라 다음 표에 따른 표시온도의 것으로 설치하여야 한다. 다만, 높이가 4 m 이상인 공장 및 창고(랙크식 창고를 포함)에 설치하는 스프링클러헤드는 그 설치장소의 평상시 최고 주위온도에 관계없이 표시온도 121℃ 이상의 것으로 할 수 있다.

설치장소의 최고 주위온도	표시온도
39℃ 미만	79℃ 미만
39℃ 이상 64℃ 미만	79℃ 이상 121℃ 미만
64℃ 이상 106℃ 미만	121℃ 이상 162℃ 미만
106℃ 이상	162℃ 이상

⑧ 스프링클러헤드는 다음 방법에 따라 설치하여야 한다.

(가) 살수가 방해되지 아니하도록 스프링클러헤드로부터 반경 60 cm 이상의 공간을 보유할 것. 다만, 벽과 스프링클러헤드간의 공간은 10 cm 이상으로 한다. 그림 6.53과 같이 헤드는 살수가 방해되지 않도록 헤드를 설치하여야 한다.

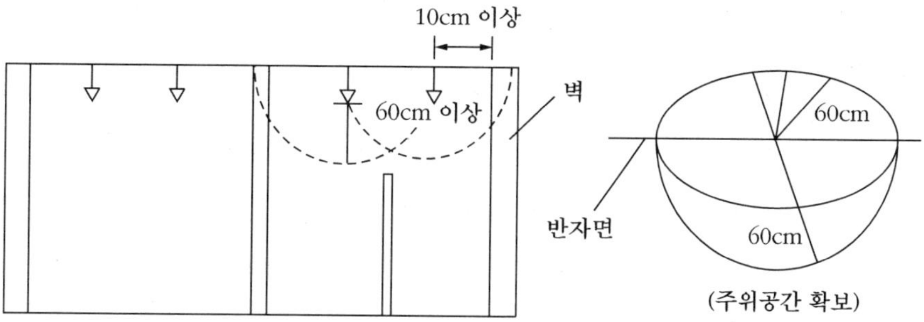

그림 6.53 헤드의 공간보유

(나) 스프링클러헤드와 그 부착면(상향식 헤드의 경우에는 그 헤드의 직상부의 천장·반자 또는 이와 비슷한 것)과의 거리는 30 cm 이하로 할 것. 그림 6.54와 헤드를 설치하여야 한다. 그러나 천장·반자 등이 불연재료로 된 경우에는 45 cm 이하로 할 수 있다. 헤드의 반사판이 그 부착면과 평행하게 설치하여야 한다.

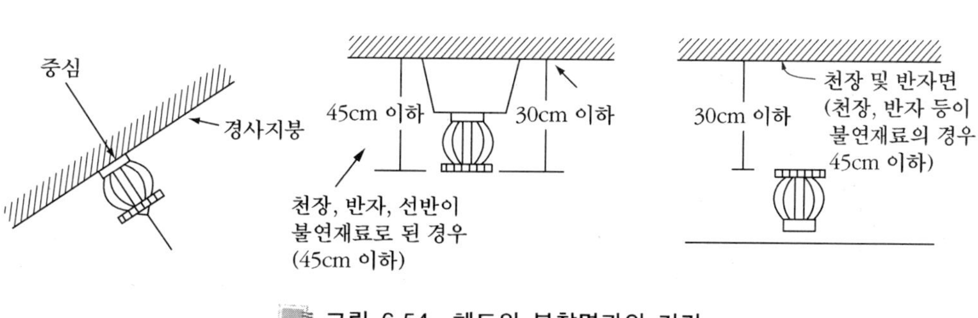

그림 6.54 헤드의 부착면과의 거리

(다) 배관·행가 및 조명기구 등 살수를 방해하는 것이 있는 경우에는 (나) 규정에도 불구하고 그림 6.55에서 나타낸 바와 같이 그로부터 밑으로 30 cm 이상의 거리를 둘 것

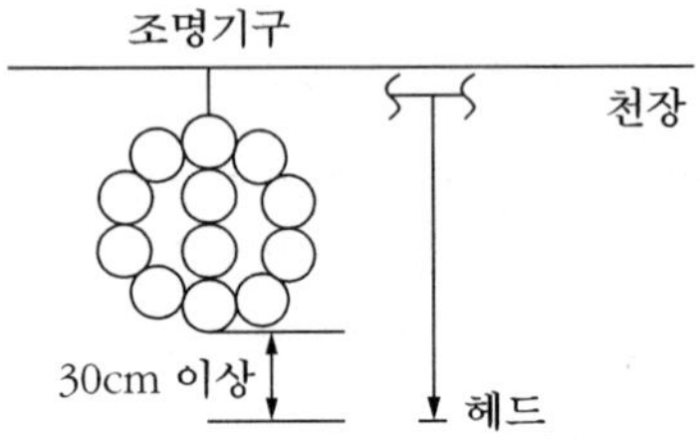

그림 6.55 살수방해시 헤드 설치

(라) 스프링클러헤드의 반사판은 그 부착면과 평행하게 설치할 것. 다만, 측벽형 헤드 또는 (바)에 따른 연소할 우려가 있는 개구부에 설치하는 스프링클러헤드의 경우에는 그러하지 아니하다.

(마) 천장의 기울기가 10분의 1을 초과하는 경우에는 가지관을 천장의 마루와 평행하게 설치하고, 헤드는 다음의 기준에 적합하게 설치할 것(그림 6.56)

㉠ 천장의 최상부에 스프링클러헤드를 설치하는 경우에는 최상부에 설치하는 스프링클러헤드의 반사판을 수평으로 설치할 것

㉡ 천장의 최상부를 중심으로 가지관을 서로 마주보게 설치하는 경우에는 최상부의 가지관 상호간의 거리가 가지관상의 스프링클러헤드 상호간의 거리의 2분의 1 이하(최소 1 m 이상)가 되게 스프링클러헤드를 설치하고, 가지관의 최상부에 설치하는 스프링클러헤드는 천장의 최상부로부터의 수직거리가 90 cm 이하가 되도록 할 것. 톱날지붕, 둥근 지붕 기타 이와 유사한 지붕의 경우에도 이에 준한다.

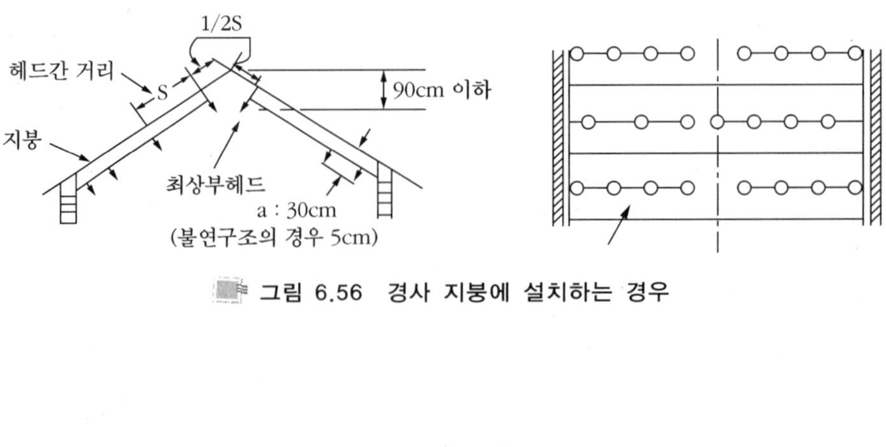

그림 6.56 경사 지붕에 설치하는 경우

(바) 연소할 우려가 있는 개구부에는 그림 6.57과 같이 그 상하좌우에 2.5 m 간격으로(개구부의 폭이 2.5 m 이하인 경우에는 그 중앙에) 스프링클러헤드를 설치하되, 스프링클러헤드와 개구부의 내측면으로부터 직선거리는 15 cm 이하가 되도록 할 것. 이 경우 사람이 상시 출입하는 개구부로서 통행에 지장이 있는 때에는 개구부의 상부 또는 측면(개구부의 폭이 9 m 이하인 경우)에 설치하되, 헤드 상호간의 간격은 1.2 m 이하로 설치하여야 한다.

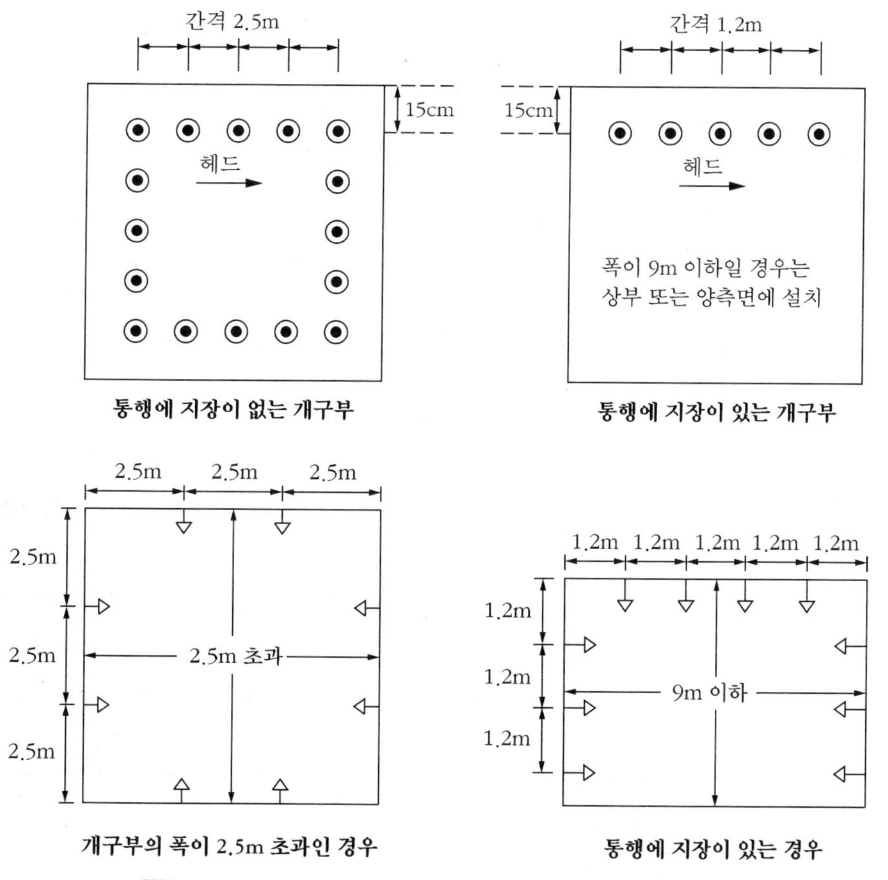

그림 6.57 연소할 우려가 있는 개구부의 헤드 설치

(사) 습식스프링클러설비외의 설비에는 상향식 스프링클러헤드를 설치할 것. 다만, 다음에 해당하는 경우에는 그러하지 아니하다.

㉠ 드라이펜던트형 스프링클러헤드를 사용하는 경우

㉡ 스프링클러헤드의 설치장소가 동파의 우려가 없는 곳인 경우

㉢ 개방형 스프링클러헤드를 사용하는 경우

(아) 측벽형 스프링클러헤드를 설치하는 경우 그림 6.58과 같이 긴 변의 한 쪽 벽에 일렬로 설치(폭이 4.5～9 m 이하인 실에 있어서는 긴 변의 양쪽에 각각 일렬로 설치하되 마주보는 스프링클러헤드가 나란히꼴로 설치)하고 3.6 m 이내마다 설치할 것

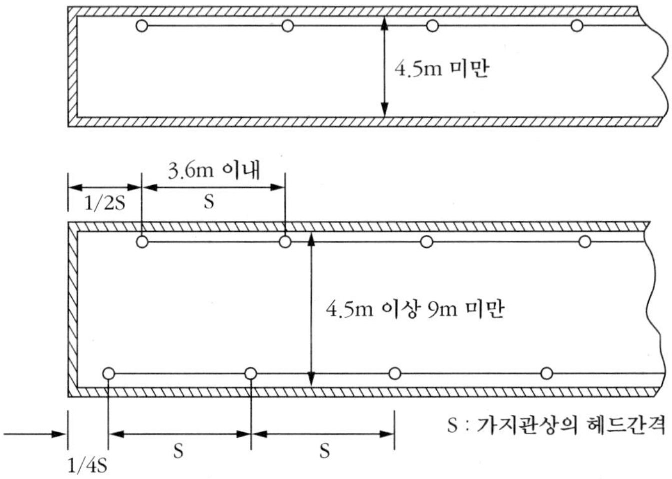

그림 6.58 측벽형 헤드의 설치방법

(자) 상부에 설치된 헤드의 방출수에 따라 감열부에 영향을 받을 우려가 있는 헤드에는 방출수를 차단할 수 있는 유효한 차폐판을 설치할 것

⑨ 소방대상물의 보와 가장 가까운 스프링클러헤드는 다음 표의 기준에 따라 설치하여야 한다. 다만, 천장면에서 보의 하단까지의 길이가 55 cm를 초과하고 보의 중심으로부터 스프링클러헤드까지의 거리가 스프링클러헤드 상호간 거리의 2분의 1 이하가 되는 경우에는 스프링클러헤드와 그 부착면과의 거리를 55 cm 이하로 할 수 있다.

스프링클러헤드의 반사판 중심과 보의 수평거리	스프링클러헤드의 반사판 높이와 보의 하단 높이의 수직거리
0.75 m 미만	보의 하단보다 낮을 것
0.75 m 이상 1 m 미만	0.1 m 미만일 것
1 m 이상 1.5 m 미만	0.15 m 미만일 것
1.5 m 이상	0.3 m 미만일 것

7) 전용 송수구

① 송수구는 화재층으로부터 지면으로 떨어지는 유리창 등이 송수 및 그 밖의 소화작업에 지장을 주지 아니하는 장소에 설치할 것

② 송수구로부터 스프링클러설비의 주배관에 이르는 연결배관에 개폐밸브를 설치한 때에는 그 개폐상태를 쉽게 확인 및 조작할 수 있는 옥외 또는 기계실 등의 장소에 설치할 것

③ 구경 65 mm의 쌍구형으로 할 것

④ 송수구는 가까운 곳의 보기 쉬운 곳에 송수압력범위를 표시한 표지를 할 것

⑤ 폐쇄형 스프링클러헤드를 사용하는 스프링클러설비의 송수구는 하나의 층의 바닥면적이 3,000 m^2를 넘을 때마다 1개 이상(5개를 넘을 경우에는 5개)을 설치할 것

⑥ 지면으로부터 높이가 0.5 m 이상 1 m 이하의 위치에 설치할 것

⑦ 송수구의 가까운 부분에 자동배수밸브(또는 직경 5 mm의 배수공) 및 체크밸브를 설치할 것. 이 경우 자동배수밸브는 배관안의 물이 잘 빠질 수 있는 위치에 설치하되, 배수로 인하여 다른 물건 또는 장소에 피해를 주지 아니하여야 한다. 스프링클러 소화설비의 송수구 설치는 다음 그림 6.59와 같다.

⑧ 송수구에는 이물질을 막기 위한 마개를 씌워야 한다.

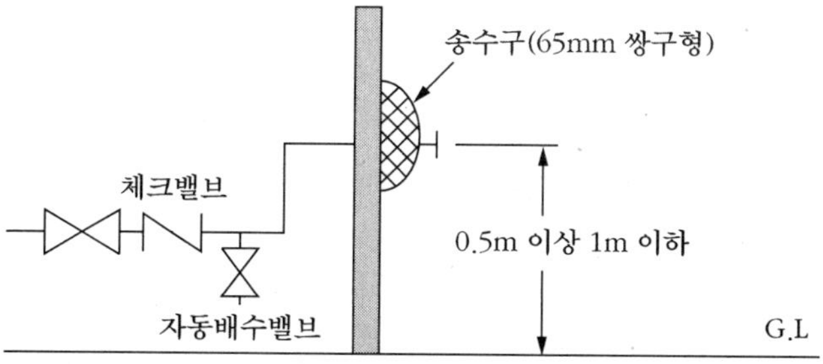

그림 6.59 송수구

8) 전원

① 스프링클러설비에는 다음 기준에 따른 상용전원회로의 배선을 설치하여야 한다. 다만, 가압수조방식으로서 모든 기능이 20분 이상, 층수가 30층 이상 49층 이하는 40분 이상, 50층 이상은 60분 이상 유효하게 지속될 수 있는 경우에는 그러하지 아니하다.

(가) 저압수전인 경우에는 인입개폐기의 직후에서 분기하여 전용배선으로 하여야 하며, 전용의 전선관에 보호되도록 할 것

(나) 특별고압수전 또는 고압수전일 경우에는 전력용 변압기 2차측의 주차단기 1차측에서 분기하여 전용배선으로 하되, 상용전원의 상시공급에 지장이 없을 경우에는 주차단기 2차측에서 분기하여 전용배선으로 할 것. 다만, 가압송수장치의 정격입력전압이 수전전압과 같은 경우에는 (가)의 기준에 따른다.

② 스프링클러설비에는 자가발전설비 또는 축전지설비에 따른 비상전원을 설치하여야 한다. 다만, 차고·주차장으로서 스프링클러설비가 설치된 부분의 바닥면적(포소화설비의 화재안전기준(NFSC 105)의 규정에 따라 차고·주차장의 바닥면적을 포함)의 합계가 1,000 m^2 미만인 경우에는 비상전원수전설비로 설치할 수 있으며, 2 이상의 변전소(「전기사업법」 제67조의 규정에 따른 변전소)에서 전력을 동시에 공급받을 수 있거나 하나의 변전소로부터 전력의 공급이 중단되는 때에는 자동으로 다른 변전소로부터 전력을 공급받을 수 있도록 상용전원을 설치한 경우와 가압수조방식에는 비상전원을 설치하지 아니할 수 있다.

③ ②의 규정에 따라 비상전원 중 자가발전설비 또는 축전지설비(내연기관에 따른 펌프를 설치한 경우에는 내연기관의 기동 및 제어용 축전지를 말함)는 다음의 기준을, 비상전원수전설비는 소방시설용 비상전원수전설비의 화재안전기준(NFSC 602)에 따라 설치하여야 한다.

(가) 점검에 편리하고 화재 및 침수 등의 재해로 인한 피해를 받을 우려가 없는 곳에 설치할 것

(나) 스프링클러설비를 유효하게 20분 이상, 층수가 30층 이상 49층 이하는 40분 이상, 50층 이상은 60분 이상 작동할 수 있어야 할 것

(다) 상용전원으로부터 전력의 공급이 중단된 때에는 자동으로 비상전원으로부터 전력을 공급받을 수 있도록 할 것

(라) 비상전원(내연기관의 기동 및 제어용 축전기를 제외한다)의 설치장소는 다른 장소와 방화구획할 것. 이 경우 그 장소에는 비상전원의 공급에 필요한 기구나 설비 외의 것(열병합발전설비에 필요한 기구나 설비는 제외)을 두어서는 아니된다.

(마) 비상전원을 실내에 설치하는 때에는 그 실내에 비상조명등을 설치

(바) 옥내에 설치하는 비상전원실에는 옥외로 직접 통하는 충분한 용량의 급배기설비를 설치할 것

(사) 비상전원의 출력용량은 다음의 기준을 충족할 것

㉠ 비상전원 설비에 설치되어 동시에 운전될 수 있는 모든 부하의 합계 입력용량을 기준으로 정격출력을 선정할 것. 다만, 소방전원 보존형발전기를 사용할 경우에는 그러하지 아니하다.

ⓛ 기동전류가 가장 큰 부하가 기동될 때에도 부하의 허용 최저입력전압이상의 출력전압을 유지할 것

ⓒ 단시간 과전류에 견디는 내력은 입력용량이 가장 큰 부하가 최종 기동할 경우에도 견딜 수 있을 것

(아) 자가발전설비는 부하의 용도와 조건에 따라 다음 중 하나를 설치할 것

㉠ 소방부하 전용 발전기

ⓛ 소방부하 이외의 부하와 겸용일 경우에는 소방전원 보존형발전기. 다만, 모든 부하의 합계입력용량을 기준으로 정격출력용량을 선정하는 경우에는 그러하지 아니하다(수용률은 하나의 건축물에 있어서 소방부하는 1로 하고, 비상부하는 1 또는 국토해양부 건축전기설비기술기준의 수용률 범위 중 최대값 이상을 적용한다).

(자) 비상전원실의 출입구 외부에는 실의 위치와 비상전원의 종류를 식별할 수 있도록 표지판을 부착할 것

9) 제어반

① 스프링클러설비에는 제어반을 설치하되, 감시제어반과 동력제어반으로 구분하여 설치하여야 한다. 다만, 다음 (가)에 해당하는 경우에는 감시제어반과 동력제어반으로 구분하여 설치하지 아니할 수 있다.

(가) 다음 ㉠에 해당하지 아니하는 소방대상물에 설치되는 스프링클러설비

㉠ 지하층을 제외한 층수가 7층 이상으로서 연면적이 2,000 m^2 이상인 것

ⓛ (가)에 해당하지 아니하는 소방대상물로서 지하층의 바닥면적의 합계가 3,000 m^2 이상인 것. 다만, 차고·주차장 또는 보일러실·기계실·전기실 등 이와 유사한 장소의 면적은 제외한다.

(나) 내연기관에 따른 가압송수장치를 사용하는 스프링클러설비

(다) 고가수조에 따른 가압송수장치를 사용하는 스프링클러설비

(라) 가압수조에 따른 가압송수장치를 사용하는 스프링클러설비

② 감시제어반의 기능은 다음의 기준에 적합하여야 한다. 다만, ①의 (가)에 해당하는 경우에는 (다)~(마)의 규정을 적용하지 아니한다.

(가) 각 펌프의 작동여부를 확인할 수 있는 표시등 및 음향경보기능이 있을 것

(나) 각 펌프를 자동 및 수동으로 작동시키거나 작동을 중단시킬 수 있어야 한다.

(다) 비상전원을 설치한 경우에는 상용전원 및 비상전원의 공급여부를 확인할 수 있어야

하고, 자동 또는 수동으로 상용전원 또는 비상전원으로의 전환이 가능할 것

(라) 수조 또는 물올림탱크가 저수위로 될 때 표시등 및 음향으로 경보할 것

(마) 예비전원이 확보되고 예비전원의 적합여부를 시험할 수 있어야 함

③ 감시제어반은 다음의 기준에 따라 설치하여야 한다.

(가) 화재 및 침수 등의 재해로 인한 피해를 받을 우려가 없는 곳에 설치할 것

(나) 감시제어반은 스프링클러설비의 전용으로 할 것. 다만, 스프링클러설비의 제어에 지장이 없는 경우에는 다른 설비와 겸용할 수 있다.

(다) 감시제어반은 다음의 기준에 따른 전용실 안에 설치할 것. 다만, ①의 (가)에 해당하는 경우와 공장, 발전소 등에서 설비를 집중 제어·운전할 목적으로 설치하는 중앙제어실 내에 감시제어반을 설치하는 경우에는 그렇지 않다.

㉠ 다른 부분과 방화구획을 할 것. 이 경우 전용실의 벽에는 기계실 또는 전기실 등의 감시를 위하여 두께 7 mm 이상의 망입유리(두께 16.3 mm 이상의 접합유리 또는 두께 28 mm 이상의 복층유리를 포함)로 된 4 m^2 미만의 붙박이창을 설치할 수 있다.

㉡ 피난층 또는 지하 1층에 설치할 것. 다만, 다음에 해당하는 경우에는 지상 2층에 설치하거나 지하 1층 외의 지하층에 설치할 수 있다.

- 「건축법 시행령」 제35조의 규정에 따라 특별피난계단이 설치되고 그 계단(부속실을 포함) 출입구로부터 보행거리 5 m 이내 전용실의 출입구가 있는 경우
- 아파트의 관리동(관리동이 없는 경우에는 경비실)에 설치하는 경우

㉢ 비상조명등 및 급·배기설비를 설치할 것

㉣ 무선통신보조설비의 화재안전기준(NFSC 505) 제6조의 규정에 따른 무선기기 접속단자(영 별표 4 소화활동설비의 소방시설 적용기준란 제5호의 규정에 따른 무선통신보조설비가 설치된 특정소방대상물)를 설치할 것

㉤ 바닥면적은 감시제어반의 설치에 필요한 면적 외에 화재 시 소방대원이 그 감시제어반의 조작에 필요한 최소면적 이상으로 할 것

(라) (다)의 규정에 따른 전용실에는 소방대상물의 기계·기구 또는 시설 등의 제어 및 감시설비 외의 것을 두지 아니할 것

(마) 각 유수검지장치 또는 일제개방밸브의 작동여부를 확인할 수 있는 표시 및 경보기능이 있도록 할 것

(바) 일제개방밸브를 개방시킬 수 있는 수동조작스위치를 설치할 것

(사) 일제개방밸브를 사용하는 설비의 화재감지는 경계회로별로 화재표시할 것

(아) 각 확인회로마다 도통시험 및 작동시험을 할 수 있도록 할 것

㉠ 기동용수압개폐장치의 압력스위치회로

㉡ 수조 또는 물올림탱크의 저수위감시회로

㉢ 유수검지장치 또는 일제개방밸브의 압력스위치회로

㉣ 일제개방밸브를 사용하는 설비의 화재감지기회로

㉤ 규정에 따른 개폐밸브의 폐쇄상태 확인회로

㉥ 그 밖의 이와 비슷한 회로

(자) 감시제어반과 자동화재탐지설비의 수신기를 별도의 장소에 설치하는 경우에는 이들 상호간에 동시 통화가 가능하도록 할 것

④ 동력제어반은 다음의 기준에 따라 설치하여야 한다.

(가) 앞면은 적색으로 "스프링클러설비용 동력제어반"이라고 표시한 표지를 설치

(나) 외함은 두께 1.5 mm 이상의 강판 또는 동등 이상 강도 및 내열성능이 있는 것

(다) 그 밖의 동력제어반의 설치에 관하여는 (다)기준을 준용할 것

10) 배선

① 스프링클러설비의 배선은 「전기사업법」 제67조의 규정에 따른 기술기준에서 정한 것 외에 다음의 기준에 따라 설치하여야 한다.

(가) 비상전원으로부터 동력제어반 및 가압송수장치에 이르는 전원회로배선은 내화배선으로 할 것. 다만, 자가발전설비와 동력제어반이 동일한 실에 설치된 경우에는 자가발전기로부터 그 제어반에 이르는 전원회로배선은 그러하지 아니하다.

(나) 상용전원으로부터 동력제어반에 이르는 배선, 그 밖의 스프링클러설비의 감시·조작 또는 표시등회로의 배선은 내화배선 또는 내열배선으로 할 것. 다만, 감시제어반 또는 동력제어반 안의 감시·조작 또는 표시등회로의 배선은 그렇지 않다.

② 규정에 따른 내화배선 및 내열배선에 사용되는 전선 및 설치방법은 옥내소화전설비의 화재안전기준(NFSC 102)의 별표 1의 기준에 따른다.

③ 스프링클러설비의 과전류차단기 및 개폐기에 "스프링클러설비용"이라고 표지

④ 스프링클러설비용 전기배선의 양단 및 접속단자에는 다음 기준에 따라 표지

(가) 단자에는 "스프링클러설비단자"라고 표시한 표지를 부착할 것

(나) 스프링클러설비용 전기배선의 양단에는 다른 배선과 식별이 용이하도록 표시

11) 수원 및 가압송수장치의 펌프 등의 겸용

① 스프링클러설비의 수원을 옥내소화전설비·간이스프링클러설비·화재조기진압용 스프링클러설비·물분무소화설비·포소화전설비 및 옥외소화전설비의 수원과 겸용하여 설치하는 경우의 저수량은 각 소화설비에 필요한 저수량을 합한 양 이상. 다만, 이들 소화설비 중 고정식 소화설비(펌프·배관과 소화수 또는 소화약제를 최종 방출하는 방출구가 고정된 설비)가 2 이상 설치되어 있고, 그 소화설비가 설치된 부분이 방화벽과 방화문으로 구획되어 있는 경우에는 각 고정식 소화설비에 필요한 저수량 중 최대의 것 이상으로 할 수 있다.

② 스프링클러설비의 가압송수장치로 사용하는 펌프를 옥내소화전설비, 간이스프링클러설비, 화재조기진압용 스프링클러설비, 물분무소화설비, 포소화설비 및 옥외소화전설비의 가압송수장치와 겸용하여 설치하는 경우의 펌프의 토출량은 각 소화설비에 해당하는 토출량을 합한 양 이상이 되도록 하여야 한다. 다만, 이들 소화설비 중 고정식 소화설비가 2 이상 설치되어 있고, 그 소화설비가 설치된 부분이 방화벽과 방화문으로 구획되어 있으며 각 소화설비에 지장이 없는 경우에는 펌프의 토출량 중 최대의 것 이상으로 할 수 있다.

③ 옥내소화전설비·스프링클러설비·간이스프링클러설비·화재조기진압용 스프링클러설비·물분무소화설비·포소화설비 및 옥외소화전설비의 가압송수장치에 있어서 각 토출측배관과 일반급수용의 가압송수장치의 토출측 배관을 상호 연결하여 화재 시 사용할 수 있다. 이 경우 연결배관에는 개폐표시형 밸브를 설치하여야 하며, 각 소화설비의 성능에 지장이 없도록 하여야 한다.

④ 스프링클러설비의 송수구를 옥내소화전설비·간이스프링클러설비·화재조기진압용 스프링클러설비·물분무소화설비·포소화설비·연결송수관설비 또는 연결살수비의 송수구와 겸용으로 설치하는 경우에는 스프링클러설비의 송수구의 설치기준에 따르되 각각의 소화설비의 기능에 지장이 없도록 하여야 한다.

14. 설치·유지기준의 특례

소방본부장 또는 소방서장은 기존건축물이 증축·개축·대수선되거나 용도 변경되는 경우에 있어서 이 기준이 정하는 기준에 따라 당해 건축물에 설치하여야 할 스프링클러설비의 배관·배선 등의 공사가 현저하게 곤란하다고 인정되는 경우에는 당해 설비의 기능 및 사용에 지장이 없는 범위 안에서 스프링클러설비의 설치·유지기준의 일부를 적용하지 아니할 수 있다.

6.1 간이스프링클러설비

소화설비의 소방시설 적용기준에 따른 간이스프링클러설비 및 「다중이용업소의 안전관리에 관한 특별법」에 따른 간이스프링클러설비는 자동식 스프링클러소화설비와 비슷한 기능을 가진 것으로서 특히, 방수량이 적고 설치대상이 소규모 방호공간에서 발생하는 화재를 진압하기 위하여 설치하는 간이식 소화설비이다. 또한 상수도직결형 간이스프링클러설비는 수조를 사용하지 아니하고 상수도에 직접 연결하여 항상 기준 압력 및 방수량 이상을 확보할 수 있는 설비를 말한다.

1) 설치대상

① 근린생활시설로 사용하는 부분의 바닥면적 합계가 1,000 m^2 이상인 것은 전층

② 교육연구시설 내에 합숙소로서 연면적 100 m^2 이상인 것

③ 의료시설 중 정신의료기관(입원실이 없는 정신과의원은 제외)로서 다음의 어느 하나에 해당하는 시설

(가) 해당 시설로 사용되는 바닥면적의 합계가 300 m^2 이상 600 m^2 미만인 시설

(나) 해당 시설로 사용하는 바닥면적의 합계가 300 m^2 미만이고, 창살(철재·플라스틱 또는 목재 등으로 사람의 탈출 등을 막기 위하여 설치한 것을 말하며, 화재 시 자동으로 열리는 구조로 되어 있는 창살은 제외)이 설치된 시설

④ 노유자시설로서 다음의 어느 하나에 해당하는 시설

(가) 노유자 생활시설

(나) (가)에 해당하지 않는 노유자시설로 해당 시설로 사용하는 바닥면적의 합계가 300 m^2 이상 600 m^2 미만인 시설

(다) (가)에 해당하지 않는 노유자시설로 해당 시설로 사용하는 바닥면적의 합계가 300 m^2 미만이고, 창살(철재 · 플라스틱 또는 목재 등으로 사람의 탈출 등을 막기 위하여 설치한 것을 말하며, 화재 시 자동으로 열리는 구조로 되어 있는 창살은 제외)이 설치된 시설

⑤ 건물을 임차하여 「출입국관리법」 제52조제2항에 따른 보호시설로 사용하는 부분

2) 수원

① 상수도설비에 직접 연결하는 경우에는 수돗물.

② 수조(캐비닛형을 포함)를 사용하고자 하는 경우에는 적어도 1개 이상의 자동급수장치를 갖추어야 하며, 2개의 간이헤드에서 최소 10분(근린생활시설의 경우에는 20분) 이상 방수할 수 있는 양 이상을 수조에 확보할 것.

③ 간이스프링클러설비의 수원을 수조로 설치하는 경우에는 소방설비의 전용수조로 하여야 한다. 다만, 다음의 경우에는 그러하지 아니하다.

(가) 간이스프링클러펌프의 후드밸브 또는 흡수배관의 흡수구(수직회전축펌프의 흡수구를 포함)를 다른 설비(소방용 설비 외의 것을 말함)의 후드밸브 또는 흡수구보다 낮은 위치에 설치한 때

(나) 고가수조로부터 간이스프링클러설비의 수직배관에 물을 공급하는 급수구를 다른 설비의 급수구보다 낮은 위치에 설치한 때

④ 규정에 따른 저수량을 산정함에 있어서 다른 설비와 겸용하여 간이스프링클러설비용 수조를 설치하는 경우에는 간이스프링클러설비의 후드밸브·흡수구 또는 수직배관의 급수구와 다른 설비의 후드밸브·흡수구 또는 수직배관의 급수구와의 사이의 수량을 그 유효수량으로 한다.

⑤ 간이스프링클러설비용 수조는 다음 기준에 따라 설치하여야 한다.

(가) 점검에 편리한 곳에 설치할 것

(나) 동결방지조치를 하거나 동결의 우려가 없는 장소에 설치할 것

(다) 수조의 외측에 수위계를 설치할 것. 다만, 구조상 불가피한 경우에는 수조의 맨홀 등을 통하여 수조 안의 물의 양을 쉽게 확인할 수 있도록 하여야 한다.

(라) 수조의 상단이 바닥보다 높은 때에는 수조의 외측에 고정식 사다리를 설치할 것

(마) 수조가 실내에 설치된 때에는 그 실내에 조명설비를 설치할 것

(바) 수조의 밑 부분에는 청소용 배수밸브 또는 배수관을 설치할 것

(사) 수조의 외측의 보기 쉬운 곳에 "간이스프링클러설비용 수조"라고 표시한 표지를 할 것. 이 경우 그 수조를 다른 설비와 겸용하는 때에는 그 겸용되는 설비의 이름을 표시한 표지를 함께 한다.

(아) 간이스프링클러펌프의 흡수배관 또는 간이스프링클러설비의 수직배관과 수조의 접속 부분에는 "간이스프링클러설비용 배관"이라고 표시한 표지를 할 것. 다만, 수조와 가까운 장소에 간이스프링클러펌프가 설치되고 "간이스프링클러설비펌프"라고 표지를 설치한 때에는 그러하지 아니하다.

3) 가압송수장치

① 방수압력(상수도직결형의 상수도압력)은 가장 먼 가지배관에서 2개의 간이헤드를 동시에 개방할 경우 각각의 간이헤드 선단의 방수압력은 0.1 MPa 이상, 방수량은 50 l/min 이상이어야 한다.

② 전동기 또는 내연기관에 따른 펌프를 이용하는 가압송수장치 기준

(가) 쉽게 접근할 수 있고 점검하기에 충분한 공간이 있는 장소로서 화재 및 침수 등의 재해로 인한 피해를 받을 우려가 없는 곳에 설치할 것

(나) 동결방지조치를 하거나 동결의 우려가 없는 장소에 설치할 것

(다) 펌프는 전용으로 할 것. 다만, 다른 소화설비와 겸용하는 경우 각각의 소화설비의 성능에 지장이 없을 때에는 그러하지 아니하다.

(라) 펌프의 토출측에는 압력계를 체크밸브 이전에 펌프 토출측 플랜지에서 가까운 곳에 설치하고, 흡입측에는 연성계 또는 진공계를 설치할 것. 다만, 수원의 수위가 펌프의 위치보다 높거나 수직회전축 펌프의 경우에는 연성계 또는 진공계를 설치하지 아니할 수 있다.

(마) 가압송수장치에는 정격부하운전 시 펌프의 성능을 시험하기 위한 배관을 설치할 것

(바) 가압송수장치에는 체절운전 시 수온의 상승을 방지하기 위한 순환배관을 설치할 것

(사) 기동장치로는 기동용수압개폐장치 또는 이와 동등 이상의 성능이 있는 것을 설치할 것

(아) 수원의 수위가 펌프보다 낮은 위치에 있는 가압송수장치에는 다음의 기준에 따른 물올림장치를 설치할 것. 다만, 캐비닛형일 경우에는 그러하지 아니하다.

㉠ 물올림장치에는 전용의 탱크를 설치할 것

㉡ 탱크의 유효수량은 100 l 이상으로 하되, 구경 15 mm 이상의 급수배관에 따라 당해탱크에 물이 계속 보급되도록 할 것

(자) 내연기관을 사용하는 경우 제어반에 따라 내연기관의 자동기동 및 수동기동이 가능하고, 상시 충전되어 있는 축전지설비를 갖출 것

(차) 가압송수장치에는 "간이스프링클러펌프"라고 표시한 표지를 할 것. 이 경우 그 가압송수장치를 다른 설비와 겸용하는 때에는 그 겸용되는 설비의 이름을 함께 표시한 표지를 하여야 한다.

③ 고가수조의 자연낙차를 이용한 가압송수장치 기준

(가) 고가수조의 자연낙차수두는 다음의 식에 따라 산출한 수치 이상이 되도록 할 것

$$H = h_1 + 10$$

H : 필요한 낙차(m), h_1 : 배관의 마찰손실수두(m)

(나) 고가수조에는 수위계 · 배수관 · 급수관 · 오버플로우관 및 맨홀을 설치할 것

④ 압력수조를 이용한 가압송수장치는 다음의 기준에 따라 설치.

(가) 압력수조의 압력은 다음의 식에 따라 산출한 수치 이상으로 할 것

$$P = p_1 + p_2 + 0.1$$

P : 필요한 압력(MPa), p_1 : 낙차 환산수두압(MPa)

p_2 : 배관의 마찰손실수두압(MPa)

(나) 압력수조에는 수위계 · 급수관 · 배수관 · 급기관 · 맨홀 · 압력계 · 안전장치 및 압력저하 방지를 위한 자동식 공기압축기를 설치

⑤ 가압수조를 이용한 가압송수장치는 다음의 기준에 따라 설치한다.

(가) 가압수조의 압력은 간이헤드 2개를 동시에 개방할 때 적정방수량 및 방수압이 10분(근린생활시설의 경우에는 20분) 이상 유지되도록 할 것

(나) 가압수조의 수조는 최대상용압력 1.5배의 물의 압력을 가하는 경우 물이 새거나 변형이 없어야 할 것

(다) 가압수조에는 수위계 · 급수관 · 배수관 · 급기관 · 압력계 및 안전장치를 설치할 것

(라) 한국소방산업기술원 또는 법 제42조제1항에 따라 성능시험기관으로 지정받은 기관에서 그 성능을 검증받은 것으로 설치할 것

⑥ 캐비닛형 간이스프링클러설비를 사용할 경우 한국소방산업기술원 또는 법 제42조제1항에 따라 성능시험기관으로 지정받은 기관에서 그 성능을 검증받은 것으로 설치하여야 한다.

4) 간이스프링클러설비의 방호구역 · 유수검지장치

폐쇄형 간이스프링클러설비의 방호구역(간이스프링클러설비의 소화범위에 포함된 영역) · 유수검지장치는 다음의 기준에 적합하여야 한다. 다만, 캐비닛형의 경우에는 ③의 기준에 적합하여야 한다.

① 하나의 방호구역의 바닥면적은 3,000 m^2를 초과하지 아니할 것

② 하나의 방호구역에는 1개 이상의 유수검지장치를 설치하되, 화재발생 시 접근이 쉽고 점검하기 편리한 장소에 설치할 것

③ 하나의 방호구역은 2개 층에 미치지 아니하도록 할 것. 다만, 1개 층에 설치되는 간이헤드의 수가 10개 이하인 경우에는 3개 층 이내로 할 수 있다.

④ 유수검지장치를 실내에 설치하거나 보호용 철망 등으로 구획하여 바닥으로부터 0.8 m 이상 1.5 m 이하의 위치에 설치하되, 그 실 등에는 가로 0.5 m 이상 세로 1 m 이상의 출입문을 설치하고 그 출입문 상단에 "유수검지장치실"이라고 표시한 표지를 설치할 것. 다만, 유수검지장치 등을 기계실(공조용 기계실을 포함) 안에 설치하는 경우에는 별도의 실 또는 보호용 철망을 설치하지 아니하고 기계실 출입문 상단에 "유수검지장치실"이라고 표시한 표지를 설치할 수 있다.

⑤ 간이헤드에 공급되는 물은 유수검지장치를 지나도록 할 것. 다만, 송수구를 통하여 공급되는 물은 그러하지 아니하다.

⑥ 자연낙차에 따른 압력수가 흐르는 배관상에 설치된 유수검지장치는 화재 시 물의 흐름을 검지할 수 있는 최소한의 압력이 얻어질 수 있도록 수조의 하단으로부터 낙차를 두어 설치할 것

5) 배관 및 밸브

① 배관은 배관용탄소강관(KS D 3507), 이음매 없는 구리 및 구리합금관(KS D 5301) 또는 일반배관용 스테인리스강관(KS D 3595)을 사용하고 배관 내 사용압력이 1.2 MPa 이상일 경우에는 압력배관용탄소강관(KS D 3562)이나 이와 동등 이상의 강도·내식성 및 내열성을 가진 것으로 하며, 상수도직결형에 사용하는 배관 및 밸브는 「수도법」 제14조(수도용 자재와 제품의 인증 등)에 적합한 제품을 사용하여야 한다.

② ①의 규정에 불구하고 다음에 해당하는 장소에는 행정자치부장관이 정하여 고시하는 성능시험기술기준에 적합한 소방용 합성수지배관으로 설치할 수 있다.

(가) 배관을 지하에 매설하는 경우

(나) 다른 부분과 내화구조로 구획된 덕트 또는 피트의 내부에 설치하는 경우

(다) 천장(상층이 있는 경우에는 상층바닥의 하단을 포함)과 반자를 불연재료로 설치하고 그 내부에 습식으로 배관을 설치하는 경우

③ 급수배관은 다음 기준에 따라 설치하여야 한다.

(가) 전용으로 할 것. 다만, 간이스프링클러설비의 기동장치의 조작과 동시에 다른 설비의 용도에 사용하는 배관의 송수를 차단할 수 있거나, 간이스프링클러설비의 성능에 지장이 없는 경우에는 다른 설비와 겸용할 수 있다.

(나) 급수를 차단할 수 있는 개폐밸브는 개폐표시형으로 할 것. 이 경우 펌프의 흡입측배관에는 버터플라이밸브외의 개폐표시형 밸브를 설치하여야 한다.

(다) 배관의 구경은 규정에 적합하도록 수리계산에 의하거나 별표 1의 기준에 따라 설치

할 것. 다만, 수리계산에 의하는 경우 가지배관의 유속은 6 m/s, 그 밖의 배관의 유속은 10 m/s를 초과할 수 없다.

④ 펌프의 흡입측배관은 다음의 기준에 따라 설치하여야 한다.

(가) 공기 고임이 생기지 아니하는 구조로 하고 여과장치를 설치할 것

(나) 수조가 펌프보다 낮게 설치된 경우 각 펌프(충압펌프를 포함)마다 수조로부터 별도로 설치할 것

⑤ 연결송수관설비의 배관과 겸용할 경우의 주배관은 구경 100 mm 이상, 방수구로 연결되는 배관의 구경은 65 mm 이상의 것으로 하여야 한다.

⑥ 펌프의 성능은 체절운전 시 정격토출압력의 140%를 초과하지 아니하고, 정격토출량의 150%로 운전 시 정격토출압력의 65% 이상이 되어야 하며, 펌프의 성능시험배관은 다음의 기준에 적합하여야 한다.

(가) 성능시험배관은 펌프의 토출측에 설치된 개폐밸브 이전에서 분기하여 설치하고, 유량측정장치를 기준으로 전단 직관부에 개폐밸브를 후단 직관부에는 유량조절밸브를 설치할 것

(나) 유량측정장치는 성능시험배관의 직관부에 설치하되, 펌프의 정격토출량의 175%까지 측정할 수 있는 성능이 있을 것

⑦ 가압송수장치의 체절운전 시 수온의 상승을 방지하기 위하여 체크밸브와 펌프사이에서 분기한 구경 20 mm 이상의 배관에 체절압력 미만에서 개방되는 릴리프밸브를 설치하여야 한다.

⑧ 동결방지조치를 하거나 동결의 우려가 없는 장소에 설치한다.

⑨ 가지배관의 배열은 다음의 기준에 따른다.

(가) 토너먼트(tournament)방식이 아닐 것

(나) 교차배관에서 분기되는 지점을 기점으로 한쪽 가지배관에 설치되는 간이헤드의 개수(반자 아래와 반자속의 헤드를 하나의 가지배관상에 병설하는 경우에는 반자 아래에 설치하는 헤드의 개수)는 8개 이하로 할 것. 다만, 다음에 해당하는 경우는 그렇지 않다.

㉠ 기존의 방호구역 안에서 칸막이 등으로 구획하여 1개의 간이헤드를 증설하는 경우

㉡ 습식간이스프링클러에 격자형 배관방식(2 이상의 수평주행배관 사이를 가지배관으로 연결하는 방식을 말한다)을 채택하는 때에는 펌프의 용량, 배관의 구경 등을 수리학적으로 계산한 결과 간이헤드의 방수압 및 방수량이 소화목적을 달성

하는 데 충분하다고 인정되는 경우. 다만, 중앙소방기술심의위원회 또는 지방소방기술심의위원회의 심의를 거친 경우에 한한다.

(다) 가지배관과 간이헤드 사이의 배관을 신축배관으로 하는 경우에는 다음의 기준에 적합할 것

㉠ 최고사용압력은 1.4 MPa 이상이어야 하고, 최고사용압력의 1.5배의 수압에 변형·누수되지 아니할 것

㉡ 진폭을 5 mm, 진동수를 매초 당 25회로 하여 6시간 동안 작동시킨 경우 또는 매초 0.35 MPa부터 3.5 MPa까지의 압력변동을 4,000회 실시한 경우에도 변형·누수되지 아니할 것

㉢ 신축배관의 설치길이는 스프링클러설비의 화재안전기준 제10조제3항의 거리를 초과하지 아니할 것

⑩ 가지배관에 하향식간이헤드를 설치하는 경우에 가지배관으로부터 간이헤드에 이르는 헤드접속배관은 가지관상부에서 분기할 것. 다만, 소화설비용 수원의 수질이 「먹는 물 관리법」 제5조에 따라 먹는 물의 수질기준에 적합하고 덮개가 있는 저수조로부터 물을 공급받는 경우에는 가지배관의 측면 또는 하부에서 분기할 수 있다.

⑪ 간이스프링클러설비에는 유수검지장치를 시험할 수 있는 시험 장치를 다음의 기준에 따라 설치하여야 한다.

(가) 유수검지장치에서 가장 먼 가지배관의 끝으로부터 연결·설치할 것

(나) 시험장치배관의 구경은 유수검지장치에서 가장 먼 가지배관의 구경과 동일한 구경으로 하고, 그 끝에 개방형간이헤드를 설치할 것. 이 경우 개방형간이헤드는 반사판 및 프레임을 제거한 오리피스만으로 설치할 수 있다.

(다) 시험배관의 끝에는 물받이통 및 배수관을 설치하여 시험 중 방사된 물이 바닥에 흘러내리지 아니하도록 하여야 한다. 다만, 목욕실·화장실 또는 그 밖의 곳으로서 배수처리가 쉬운 장소에 시험배관을 설치한 경우에는 그러하지 아니하다.

⑫ 배관에 설치되는 행가는 다음의 기준에 따라 설치하여야 한다.

(가) 가지배관에는 간이헤드의 설치지점 사이마다 1개 이상의 행가를 설치하되, 간이헤드 간의 거리가 3.5 m를 초과하는 경우에는 3.5 m 이내마다 1개 이상 설치할 것. 이 경우 상향식간이헤드와 행가 사이에는 8 cm 이상의 간격을 두어야 한다.

(나) 교차배관에는 가지배관과 가지배관 사이마다 1개 이상의 행가를 설치하되, 가지배관 사이의 거리가 4.5 m를 초과하는 경우에는 4.5 m 이내마다 1개 이상 설치할 것

(다) (가) 및 (나)의 수평주행배관에는 4.5 m 이내마다 1개 이상 설치할 것

⑬ 급수배관에 설치되어 급수를 차단할 수 있는 개폐밸브에는 그 밸브의 개폐상태를 감시제어반에서 확인할 수 있도록 급수개폐밸브 작동표시 스위치를 다음의 기준에 따라 설치하여야 한다.

(가) 급수개폐밸브가 잠길 경우 탬퍼스위치의 동작으로 인하여 감시제어반 또는 수신기에 표시되어야 하며 경보음을 발할 것

(나) 탬퍼스위치는 감시제어반 또는 수신기에서 동작의 유무확인과 동작시험, 도통시험을 할 수 있을 것

(다) 급수개폐밸브의 작동표시 스위치에 사용되는 전기배선은 내화전선 또는 내열전선으로 설치할 것

⑭ 간이스프링클러설비 배관의 배수를 위한 기울기는 다음의 기준에 따른다.

(가) 간이스프링클러설비의 배관을 수평으로 할 것. 다만, 배관의 구조상 소화수가 남아있는 곳에는 배수밸브를 설치하여야 한다.

⑮ 간이스프링클러설비의 배관 및 밸브 등의 순서는 다음의 기준에 따라 설치

(가) 상수도직결형은 다음의 기준에 따라 설치할 것

㉠ 수도용계량기, 급수차단장치, 개폐표시형밸브, 체크밸브, 압력계, 유수검지장치(압력스위치 등 유수검지장치와 동등 이상의 기능과 성능이 있는 것을 포함한다), 2개의 시험밸브의 순으로 설치할 것

㉡ 간이스프링클러설비 이외의 배관에는 화재 시 배관을 차단할 수 있는 급수차단장치를 설치할 것

(나) 펌프 등의 가압송수장치를 이용하여 배관 및 밸브 등을 설치하는 경우에는 수원, 연성계 또는 진공계(수원이 펌프보다 높은 경우를 제외한다), 펌프 또는 압력수조, 압력계, 체크밸브, 성능시험배관, 개폐표시형밸브, 유수검지장치, 시험밸브의 순으로 설치할 것

(다) 가압수조를 가압송수장치로 이용하여 배관 및 밸브 등을 설치하는 경우에는 수원, 가압수조, 압력계, 체크밸브, 성능시험배관, 개폐표시형밸브, 유수검지장치, 2개의 시험밸브의 순으로 설치할 것

(라) 캐비닛형의 가압송수장치에 배관 및 밸브 등을 설치하는 경우에는 수원, 연성계 또는 진공계(수원이 펌프보다 높은 경우를 제외), 펌프 또는 압력수조, 압력계, 체크밸브, 개폐표시형밸브, 2개의 시험밸브의 순으로 설치할 것. 다만, 소화용수의 공급은 상수도와 직결된 바이패스관 및 펌프에서 공급받아야 한다.

⑯ 배관은 다른 설비의 배관과 쉽게 구분이 될 수 있는 위치에 설치하거나 그 배관표면 또

는 배관 보온재표면의 색상을 달리하는 방법 등으로 소방용설비의 배관임을 표시하여야 한다.

⑰ 분기배관을 사용할 경우에는 한국소방산업기술원 또는 법 제42조제1항에 따라 성능시험 기관으로 지정받은 기관에서 그 성능을 검증받은 것으로 설치하여야 한다.

6) 간이헤드

간이헤드는 다음의 기준에 적합한 것을 사용하여야 한다.

① 폐쇄형 간이헤드를 사용할 것

② 간이헤드의 작동온도는 실내의 최대 주위천장온도가 0℃ 이상 38℃ 이하인 경우 공칭작동온도가 57℃에서 77℃의 것을 사용하고, 39℃ 이상 66℃ 이하인 경우에는 공칭작동온도가 79℃에서 109℃의 것을 사용할 것

③ 간이헤드를 설치하는 천장·반자·천장과 반자사이·덕트·선반 등의 각 부분으로부터 간이헤드까지의 수평거리는 2.3 m(스프링클러헤드의 형식승인 및 검정기술기준 유효반경의 것으로 한다.) 이하가 되도록 하여야 한다. 다만, 성능이 별도로 인정된 간이헤드를 수리계산에 따라 설치하는 경우에는 그러하지 아니하다.

④ 상향식 간이헤드 또는 하향식 간이헤드의 경우에는 간이헤드의 디플렉터에서 천장 또는 반자까지의 거리는 25 mm에서 102 mm 이내가 되도록 설치하여야 하며, 측벽형간이헤드의 경우에는 102 mm에서 152 mm사이에 설치할 것. 다만, 플러쉬 스프링클러헤드의 경우에는 천장 또는 반자까지의 거리를 102 mm 이하가 되도록 설치할 수 있다.

⑤ 간이헤드는 천장 또는 반자의 경사·보·조명장치 등에 따라 살수장애의 영향을 받지 아니하도록 설치할 것

⑥ ④의 규정에도 불구하고 소방대상물의 보와 가장 가까운 간이헤드는 다음 표의 기준에 따라 설치할 것. 다만, 천장면에서 보의 하단까지의 길이가 55 cm를 초과하고 보의 중심으로부터 간이헤드까지의 거리가 간이헤드 상호간 거리의 2분의 1 이하가 되는 경우에는 간이헤드와 그 부착면과의 거리를 55 cm 이하로 할 수 있다.

간이헤드의 반사판 중심과 보의 수평거리	간이헤드의 반사판 높이와 보의 하단 높이의 수직거리
0.75 m 미만	보의 하단보다 낮을 것
0.75 m 이상 1 m 미만	0.1 m 미만일 것
1 m 이상 1.5 m 미만	0.15 m 미만일 것
1.5 m 이상	0.3 m 미만일 것

⑦ 상향식 간이헤드 아래에 설치되는 하향식 간이헤드에는 상향식 헤드의 방출수를 차단할 수 있는 유효한 차폐판을 설치할 것

⑧ 간이스프링클러설비를 설치하여야 할 소방대상물에 있어서는 간이헤드 설치 제외에 관한 사항은 「스프링클러설비의 화재안전기준」 제15조제1항을 준용한다.

7) 음향장치 및 기동장치

① 간이스프링클러설비의 음향장치 및 기동장치는 다음 기준에 따라 설치하여야 한다.

(가) 습식유수검지장치를 사용하는 설비에 있어서는 간이헤드가 개방되면 유수검지장치가 화재신호를 발신하고 그에 따라 음향장치가 경보되도록 할 것

(나) 음향장치는 습식유수검지장치의 담당구역마다 설치하되 그 구역의 각 부분으로부터 하나의 음향장치까지의 수평거리는 25 m 이하가 되도록 할 것

(다) 음향장치는 경종 또는 사이렌(전자식 사이렌을 포함)으로 하되, 주위의 소음 및 다른 용도의 경보와 구별이 가능한 음색으로 할 것. 이 경우 경종 또는 사이렌은 자동화재탐지설비·비상벨설비 또는 자동식 사이렌설비의 음향장치와 겸용할 수 있다.

(라) 주음향장치는 수신기의 내부 또는 그 직근에 설치할 것.

(마) 5층(지하층을 제외한다) 이상으로서 연면적이 3,000 m^2를 초과하는 소방대상물 또는 그 부분에 있어서는 2층 이상의 층에서 발화한 때에는 발화층 및 그 직상층에 한하여, 1층에서 발화한 때에는 발화층·그 직상층 및 지하층에 한하여, 지하층에서 발화한 때에는 발화층·그 직상층 및 기타의 지하층에 한하여 경보를 발할 수 있도록 할 것

(바) 음향장치는 다음의 기준에 따른 구조 및 성능의 것으로 할 것

㉠ 정격전압의 80% 전압에서 음향을 발할 수 있는 것으로 할 것

㉡ 음량은 부착된 음향장치의 중심으로부터 1 m 떨어진 위치에서 90 dB 이상이 되는 것으로 할 것

② 간이스프링클러설비의 가압송수장치로서 펌프가 설치되는 경우에는 그 펌프의 작동은 다음의 기준에 적합하여야 한다.

(가) 습식유수검지장치를 사용하는 설비에 있어서는 동장치의 발신이나 기동용수압개폐장치에 따라 작동되거나 또는 이 두 가지의 혼용에 따라 작동될 수 있도록 할 것

③ 배선은 옥내소화전설비의 화재안전기준(KFSC 102) 별표 1에 따라 내화 또는 내열성능이 있는 배선을 사용하되, 다른 배선과 공유하는 회로방식이 되지 아니하도록 하여야 한다. 다만, 음향장치의 작동에 지장을 주지 아니하는 회로방식의 경우에는 그러하지 아니하다.

8) 송수구

간이스프링클러설비에는 소방차로부터 그 설비에 송수할 수 있는 송수구를 다음의 기준에 따라 설치하여야 한다. 다만, 상수도 직결형 또는 캐비닛형의 경우에는 송수구를 설치하지 아니할 수 있다.

① 송수구는 화재층으로부터 지면으로 떨어지는 유리창 등이 송수 및 그 밖의 소화작업에 지장을 주지 아니하는 장소에 설치할 것

② 송수구로부터 간이스프링클러설비의 주배관에 이르는 연결배관에 개폐밸브를 설치한 때에는 그 개폐상태를 쉽게 확인 및 조작할 수 있는 옥외 또는 기계실 등의 장소에 설치할 것

③ 구경 65 mm의 단구형 또는 쌍구형으로 하여야 하며, 송수배관의 안지름은 40 mm 이상으로 할 것

④ 지면으로부터 높이가 0.5 m 이상 1 m 이하의 위치에 설치할 것

⑤ 송수구의 가까운 부분에 자동배수밸브(또는 직경 5 mm의 배수공) 및 체크밸브를 설치할 것. 이 경우 자동배수밸브는 배관안의 물이 잘 빠질 수 있는 위치에 설치하되, 배수로 인하여 다른 물건 또는 장소에 피해를 주지 아니하여야 한다.

⑥ 송수구에는 이물질을 막기 위한 마개를 씌울 것

9) 비상전원

간이스프링클러설비에는 다음의 기준에 적합한 비상전원 또는 소방시설용 비상전원 수전설비의 화재안전기준(KFSC 602)의 규정에 따른 비상전원수전설비를 설치하여야 한다. 다만, 무전원으로 작동되는 간이스프링클러설비의 경우에는 모든 기능이 10분(근린생활시설의 경우에는 20분) 이상 유효하게 지속될 수 있는 구조를 갖추어야 한다.

① 간이스프링클러설비를 유효하게 10분(근린생활시설의 경우에는 20분) 이상 작동할 수 있도록 할 것

② 상용전원으로부터 전력의 공급이 중단된 때에는 자동으로 비상전원으로부터 전원을 공급받을 수 있는 구조로 할 것

10) 수원 및 가압송수장치의 펌프 등의 겸용

① 간이스프링클러설비의 수원을 옥내소화전설비 · 스프링클러설비 · 화재조기진압용 스프링클러설비 · 물분무소화설비 · 포소화전설비 및 옥외소화전설비의 수원과 겸용하여 설치하는 경우의 저수량은 각 소화설비에 필요한 저수량을 합한 양 이상이 되도록 한다. 다만,

이들 소화설비 중 고정식 소화설비(펌프·배관과 소화수 또는 소화약제를 최종 방출하는 방출구가 고정된 설비)가 2 이상 설치되어 있고, 그 소화설비가 설치된 부분이 방화벽과 방화문으로 구획되어 있는 경우에는 각 고정식 소화설비에 필요한 저수량 중 최대의 것 이상으로 할 수 있다.

② 간이스프링클러설비의 가압송수장치로 사용하는 펌프를 옥내소화전설비·스프링클러설비·화재조기진압용 스프링클러설비·물분무소화설비·포소화설비 및 옥외소화전설비의 가압송수장치와 겸용하여 설치하는 경우의 펌프의 토출량은 각 소화설비에 해당하는 토출량을 합한 양 이상이 되도록 하여야 한다. 다만, 이들 소화설비 중 고정식 소화설비가 2 이상 설치되어 있고, 그 소화설비가 설치된 부분이 방화벽과 방화문으로 구획되어 있으며 각 소화설비에 지장이 없는 경우에는 펌프의 토출량 중 최대의 것 이상으로 할 수 있다.

③ 옥내소화전설비·스프링클러설비·간이스프링클러설비·화재조기진압용 스프링클러설비·물분무소화설비·포소화설비 및 옥외소화전설비의 가압송수장치에 있어서 각 토출측 배관과 일반급수용의 가압송수장치의 토출측 배관을 상호 연결하여 화재 시 사용할 수 있다. 이 경우 연결배관에는 개·폐표시형 밸브를 설치하여야 하며, 각 소화설비의 성능에 지장이 없도록 하여야 한다.

④ 간이스프링클러설비의 송수구를 옥내소화전설비·스프링클러설비·화재조기진압용 스프링클러설비·물분무소화설비·포소화설비·연결송수관설비 또는 연결살수설비의 송수구와 겸용으로 설치하는 경우에는 스프링클러설비의 송수구의 설치기준에 따르되 각각의 소화설비의 기능에 지장이 없도록 하여야 한다.

11) 설치·유지기준의 특례

소방본부장 또는 소방서장은 기존건축물이 증축·개축·대수선되거나 용도 변경되는 경우에 있어서 이 기준이 정하는 기준에 따라 당해 건축물에 설치하여야 할 간이스프링클러설비의 배관·배선 등의 공사가 현저하게 곤란하다고 인정되는 경우에는 당해 설비의 기능 및 사용에 지장이 없는 범위 안에서 간이스프링클러설비의 설치·유지기준의 일부를 적용하지 아니할 수 있다.

6.2 화재조기진압용 스프링클러소화설비

1. 개요

랙크식 창고의 경우 일반건축물에 비하여 화재하중(Fire Load)이 매우 높은 장소로서 화세가 강하여 일반 스프링클러소화설비에서 방수하는 살수밀도 및 방수압력이나 패턴으로는 화세가 강한 불길 속으로 물방울의 침투가 쉽지가 않아 화재를 소화할 수 없다. 따라서 이러한 문제점을 보완하기 위하여 개발된 헤드로서 일반적으로 화재 초기에 작동될 수 있도록 열에 의한 감도 특성이 우수한 조기반응형 헤드를 사용하여, 강력한 화세에 침투가 용이하도록 입자가 큰 물방울(오리피스 직경 18 mm)로 방사할 수 있도록 설계된 헤드이다. 즉, 랙크식 창고에 설치하는 화재조기진압용 헤드(Early Suppression Fast Response Head)란 특정 높은 장소의 화재위험에 대하여 조기에 진화할 수 있도록 설계된 스프링클러헤드를 말한다. 예를 들면 천장 높이가 13.7 m 이하인 랙크식 창고에는 높이와 관계없이 하나의 화재조기진압용 하나의 헤드만으로도 화재를 진압할 수 있는 설비로서 설치기준은 다음과 같다.

1) 설치장소의 구조

① 랙크식 창고에 설치하는 설비로서 당해 층의 높이가 13.7 m 이하일 것. 다만, 2층 이상일 경우에는 당해 층의 바닥을 내화구조로 하고 다른 부분과 방화구획 할 것

② 천장의 기울기가 1,000분의 168을 초과하지 않아야 하고, 이를 초과하는 경우에는 반자를 지면과 수평으로 설치할 것

③ 천장은 평평하여야 하며 철재나 목재트러스 구조인 경우, 철재나 목재의 돌출부분이 102 mm를 초과하지 아니할 것

④ 보로 사용되는 목재·콘크리트 및 철재사이의 간격이 0.9 m 이상 2.3 m 이하일 것. 다만, 보의 간격이 2.3 m 이상인 경우에는 화재조기진압용 스프링클러헤드의 동작을 원활히 하기 위하여 보로 구획된 부분의 천장 및 반자의 넓이가 28 m^2를 초과하지 아니할 것

⑤ 창고 내의 선반의 형태는 하부로 물이 침투되는 구조로 할 것

2) 수원

① 화재조기진압용 스프링클러설비의 수원은 수리학적으로 가장 먼 가지배관 3개에 각각 4개의 스프링클러헤드가 동시에 개방되었을 때 헤드 선단의 압력이 천장의 높이가 9.1 m 미만인 경우에는 3.5 kg/cm^2 이상, 천장의 높이가 9.1 m 이상 13.7 m 이하인 경우에는 5.1 kg/cm^2 이상으로 60분간 방사할 수 있는 양으로 계산식은 다음과 같다.

$$Q = k\sqrt{10p} \times 12 \times 60$$

Q : 수원의 양(l), k : 상수[230 l/min/(MPa)]$^{1/2}$, p : 헤드선단의 압력(MPa)

② 화재조기진압용 스프링클러설비의 수원은 제1항의 규정에 따라 산출된 유효수량의 3분의 1 이상을 옥상(화재조기진압용 스프링클러설비가 설치된 건축물의 주된 옥상을 말함)에 설치하여야 한다. 다만, 다음에 해당하는 경우에는 그러하지 아니하다.

(가) 옥상이 없는 건축물 또는 공작물
(나) 지하층만 있는 건축물
(다) 고가수조를 가압송수장치로 설치한 조기진압용 스프링클러설비
(라) 수원이 건축물의 지붕보다 높은 위치에 설치된 경우
(마) 건축물의 높이가 지표면으로부터 10 m 이하인 경우
(바) 내연기관의 기동에 따른 펌프 또는 주 펌프와 동등 이상의 성능이 있는 별도의 펌프에 비상전원을 연결하여 설치한 경우
(사) 가압수조를 가압송수장치로 설치한 화재조기진압용 스프링클러설비

③ 옥상수조(제1항의 규정에 따라 산출된 유효수량의 3분의 1 이상을 옥상에 설치한 설비를 말한다.)는 이와 연결된 배관을 통하여 상시 소화수를 공급할 수 있는 구조인 소방대상물인 경우에는 둘 이상의 소방대상물이 있더라도 하나의 소방대상물에만 이를 설치할 수 있다.

④ 화재조기진압용 스프링클러설비의 수원을 수조로 설치하는 경우에는 소방설비의 전용수조로 하여야 한다. 다만, 다음에 해당하는 경우에는 그러하지 아니하다.

(가) 화재조기진압용 스프링클러펌프의 후드밸브 또는 흡수배관의 흡수구(수직회전축펌프의 흡수구를 포함한다)를 다른 설비(소방용 설비 외의 것을 말한다. 이하 같다)의 후드밸브 또는 흡수구보다 낮은 위치에 설치한 때
(나) 고가수조로부터 화재조기진압용 스프링클러설비의 수직배관에 물을 공급하는 급수구를 다른 설비의 급수구보다 낮은 위치에 설치한 때

⑤ 저수량을 산정함에 있어서 다른 설비와 겸용하여 화재조기진압용 스프링클러설비용 수조

를 설치하는 경우에는 화재조기진압용 스프링클러설비의 후드밸브·흡수구 또는 수직배관의 급수구와 다른 설비의 후드밸브·흡수구 또는 수직배관의 급수구와의 사이의 수량을 그 유효수량으로 한다.

⑥ 화재조기진압용 스프링클러설비용 수조는 다음 기준에 따라 설치
(가) 점검에 편리한 곳에 설치할 것
(나) 동결방지조치를 하거나 동결의 우려가 없는 장소에 설치할 것
(다) 수조의 외측에 수위계를 설치할 것. 다만, 구조상 불가피한 경우에는 수조의 맨홀 등을 통하여 수조 안의 물의 양을 쉽게 확인할 수 있도록 하여야 한다.
(라) 수조의 상단이 바닥보다 높은 때에는 수조의 외측에 고정식 사다리를 설치할 것
(마) 수조가 실내에 설치된 때에는 그 실내에 조명설비를 설치할 것
(바) 수조의 밑부분에는 청소용 배수밸브 또는 배수관을 설치할 것
(사) 수조의 외측의 보기 쉬운 곳에 "화재조기진압용 스프링클러설비용 수조"라고 표시한 표지를 할 것. 이 경우 그 수조를 다른 설비와 겸용하는 때에는 그 겸용되는 설비의 이름을 표시한 표지를 함께 하여야 한다.
(아) 화재조기진압용 스프링클러펌프의 흡수배관 또는 화재조기진압용 스프링클러설비의 수직배관과 수조의 접속 부분에는 "화재조기진압용 스프링클러설비용 배관"이라고 표시한 표지를 할 것. 다만, 수조와 가까운 장소에 화재조기진압용 스프링클러펌프가 설치되고 화재조기진압용 스프링클러펌프에 제6조제1항제12호의 규정에 따른 표지를 설치한 때에는 그러하지 아니하다.

3) 가압송수장치

① 전동기 또는 내연기관에 따라 펌프를 이용하는 가압송수장치는 다음 기준에 따라 설치하여야 한다.
(가) 쉽게 접근할 수 있고 점검하기에 충분한 공간이 있는 장소로서 화재 및 침수 등의 재해로 인한 피해를 받을 우려가 없는 곳에 설치
(나) 동결방지조치를 하거나 동결의 우려가 없는 장소에 설치할 것
(다) 펌프는 전용으로 할 것. 다만, 다른 소화설비와 겸용하는 경우 각각의 소화설비의 성능에 지장이 없을 때에는 그러하지 아니하다.
(라) 펌프의 토출측에는 압력계를 체크밸브 이전에 펌프 토출측 플랜지에서 가까운 곳에 설치하고, 흡입측에는 연성계 또는 진공계를 설치할 것. 다만, 수원의 수위가 펌프의 위치보다 높거나 수직회전축 펌프의 경우에는 연성계 또는 진공계를 설치하지 아니

할 수 있다.

(마) 가압송수장치에는 정격부하운전 시 펌프의 성능을 시험하기 위한 배관을 설치할 것. 다만, 충압펌프의 경우에는 그러하지 아니하다.

(바) 가압송수장치에는 체절운전 시 수온의 상승을 방지하기 위한 순환배관을 설치할 것. 다만, 충압펌프의 경우에는 그러하지 아니하다.

(사) 기동용 수압개폐장치(압력챔버)를 사용할 경우 그 용적은 100 l 이상의 것으로 할 것

(아) 수원의 수위가 펌프보다 낮은 위치에 있는 가압송수장치에는 다음의 기준에 따른 물올림장치를 설치할 것

㉠ 물올림장치에는 전용의 수조를 설치할 것

㉡ 수조의 유효수량은 100 l 이상으로 하되, 구경 15 mm 이상의 급수배관에 따라 당해 수조에 물이 계속 보급되도록 할 것

(자) 방사량 및 헤드선단의 압력을 충족할 것

(차) 기동용 수압개폐장치를 기동장치로 사용하는 경우에는 다음의 기준에 따른 충압펌프를 설치할 것

㉠ 펌프의 토출압력은 그 설비의 최고위 살수장치의 자연압보다 적어도 2 kg/cm^2가 더 크도록 하거나 가압송수장치의 정격토출압력과 같게 할 것

㉡ 펌프의 정격토출량은 정상적인 누설량보다 적어서는 아니되며 화재조기진압용 스프링클러설비가 자동적으로 작동할 수 있도록 충분한 토출량을 유지할 것

(카) 내연기관을 사용하는 경우에는 제어반에 따라 내연기관의 자동기동 및 수동기동이 가능하고 상시 충전되어 있는 축전지설비를 갖출 것

(타) 가압송수장치에는 "화재조기진압용 스프링클러펌프"라고 표시한 표지를 할 것. 이 경우 그 가압송수장치를 다른 설비와 겸용하는 때에는 그 겸용되는 설비의 이름을 표시한 표지를 함께 하여야 한다.

(파) 가압송수장치가 기동이 된 경우에는 자동으로 정지되도록 아니하도록 하여야 한다. 다만, 충압펌프의 경우에는 그러하지 아니하다.

② 고가수조의 자연낙차를 이용한 가압송수장치

(가) 고가수조의 자연낙차수두(수조의 하단으로부터 최고층에 설치된 헤드까지의 수직거리를 말한다)는 다음의 식에 따라 산출한 수치 이상이 되도록 할 것

$$H = h_1 + h_2$$

H : 필요한 낙차(m), h_1 : 배관의 마찰손실수두(m)

h_2 : 별표 3에 의한 최소방사압력의 환산수두(m)

(나) 고가수조에는 수위계·배수관·급수관·오버플로우관 및 맨홀을 설치

③ 압력수조를 이용한 가압송수장치

(가) 압력수조의 압력은 다음의 식에 따라 산출한 수치 이상으로 할 것

$$P = p_1 + p_2 + p_3$$

P : 필요한 압력(kg/cm^2), p_1 : 낙차의 환산수두압(MPa)

p_2 : 배관의 마찰손실수두압(MPa)

p_3 : 별표 3에 의한 최소방사압력(MPa)

(나) 압력수조에는 수위계·급수관·배수관·급기관·맨홀·압력계·안전장치 및 압력저하 방지를 위한 자동식 공기압축기를 설치할 것

④ 가압수조를 이용한 가압송수장치는 다음 기준에 따라 설치하여야 한다.

(가) 가압수조의 압력은 ① (자)의 규정에 따른 방수량 및 방수압이 20분 이상 유지되도록 할 것

(나) 가압수조는 최대상용압력 1.5배의 물의 압력을 가하는 경우 물이 새지 않고 변형이 없을 것

(다) 가압수조 및 가압원은 「건축법 시행령」 제46조에 따른 방화구획 된 장소에 설치할 것

(라) 가압수조에는 수위계·급수관·배수관·급기관·압력계·안전장치 및 수조에 소화수와 압력을 보충할 수 있는 장치를 설치할 것

(마) 가압수조를 이용한 가압송수장치는 법 제39조에 따라 제품검사에 합격한 것으로 설치할 것

4) 방호구역·유수검지장치

화재조기진압용 스프링클러설비의 방호구역(화재조기진압용 스프링클러설비의 소화범위에 포함된 영역을 말한다)·유수검지장치 기준

① 하나의 방호구역의 바닥면적은 3,000 m^{2}를 초과하지 아니할 것

② 하나의 방호구역에는 1개 이상의 유수검지장치를 설치하되, 화재발생시 접근이 쉽고 점검하기 편리한 장소에 설치할 것.

③ 하나의 방호구역은 2개 층에 미치지 아니하도록 할 것. 다만, 1개 층에 설치되는 화재조기진압용 스프링클러헤드의 수가 10개 이하인 경우에는 3개 층 이내로 할 수 있다.

④ 유수검지장치 등을 실내에 설치하거나 보호용 철망 등으로 구획하여 바닥으로부터 0.8 m 이상 1.5 m 이하의 위치에 설치하되, 그 실 등에는 가로 0.5 m 이상 세로 1 m 이상의 출입문을 설치하고 그 출입문 상단에 "유수검지장치실"이라고 표시한 표지를 설치할 것. 다만, 유수검지장치 등을 기계실(공조용기계실을 포함한다)안에 설치하는 경우에는 별도의 실 또는 보호용 철망을 설치하지 아니하고 기계실 출입문 상단에 "유수검지장치실"이라고 표시한 표지를 설치할 수 있다.

⑤ 화재조기진압용 스프링클러헤드에 공급되는 물은 유수검지장치 등을 지나도록 할 것. 다만, 송수구를 통하여 공급되는 물은 그렇지 않다.

⑥ 자연낙차에 따른 압력수가 흐르는 배관 상에 설치된 유수검지장치 등은 화재 시 물의 흐름을 검지할 수 있는 최소한의 압력이 얻어질 수 있도록 수조의 하단으로부터 낙차를 두어 설치할 것

5) 배관 기준

① 화재조기진압용 스프링클러설비의 배관은 습식으로 하여야 한다.

② 배관은 배관용 탄소강관(KS D3507) 또는 배관 내 사용압력이 1.2 MPa 이상일 경우에는 압력배관용 탄소강관(KS D3562) 또는 이음매 없는 동 및 동합금(KS D5301)의 배관용 동관이나 이와 동등 이상의 강도·내식성 및 내열성을 가진 것으로 하여야 한다.

③ ②에도 불구하고 다음의 어느 하나에 해당하는 장소에는 법 제39조에 따라 제품검사에 합격한 소방용 합성수지배관으로 설치할 수 있다.

(가) 배관을 지하에 매설하는 경우

(나) 다른 부분과 내화구조로 구획된 덕트 또는 피트의 내부에 설치

(다) 천장(상층이 있는 경우에는 상층바닥의 하단을 포함)과 반자를 불연재료로 설치하고 그 내부에 습식으로 배관을 설치하는 경우

④ 급수배관은 다음 기준에 따라 설치하여야 한다.

(가) 전용으로 할 것. 다만, 화재조기진압용 스프링클러설비의 기동장치의 조작과 동시에 다른 설비의 용도에 사용하는 배관의 송수를 차단할 수 있거나, 화재조기진압용 스프링클러의 성능에 지장이 없는 경우에는 다른 설비와 겸용할 수 있다.

(나) 급수를 차단할 수 있는 개폐밸브는 개폐표시형으로 할 것. 이 경우 펌프의 흡입측 배관에는 버터플라이밸브 외의 개폐표시형 밸브를 설치하여야 한다.

(다) 배관의 구경은 제5조제1항의 규정에 적합하도록 수리계산에 따라 설치할 것. 다만, 이 경우 가지배관의 유속은 6 m/s, 그 밖의 배관의 유속은 10 m/s를 초과할 수 없다.

⑤ 펌프의 흡입측 배관은 다음 기준에 따라 설치하여야 한다.

(가) 공기 고임이 생기지 아니하는 구조로 하고 여과장치를 설치할 것

(나) 수조가 펌프보다 낮게 설치된 경우 각 펌프(충압펌프 포함)마다 수조로부터 별도로 설치할 것

⑥ 연결송수관설비의 배관과 겸용할 경우의 주배관은 구경 100 mm 이상, 방수구로 연결되는 배관의 구경은 65 mm 이상의 것으로 하여야 한다.

⑦ 펌프의 성능은 체절운전 시 정격토출압력의 140%를 초과하지 아니하고, 정격토출량의 150%로 운전 시 정격토출압력의 65% 이상이 되어야 하며, 펌프의 성능시험배관은 다음의 기준에 적합하여야 한다.

(가) 성능시험배관은 펌프의 토출측에 설치된 개폐밸브 이전에서 분기하여 설치하고, 유량측정장치를 기준으로 전단 직관부에 개폐밸브를 후단 직관부에는 유량조절밸브를 설치할 것

(나) 유량측정장치는 성능시험배관의 직관부에 설치하되, 펌프의 정격토출량의 175%까지 측정할 수 있는 성능이 있을 것

⑧ 가압송수장치의 체절운전 시 수온의 상승을 방지하기 위하여 체크밸브와 펌프사이에서 분기한 구경 20 mm 이상의 배관에 체절압력 미만에서 개방되는 릴리프밸브를 설치하여야 한다.

⑨ 동결방지조치를 하거나 동결의 우려가 없는 장소에 설치

⑩ 가지배관의 배열은 다음 기준에 따른다.

(가) 토너먼트(Tournament)방식이 아닐 것

(나) 가지배관 사이의 거리는 2.4 m 이상 3.7 m 이하로 할 것. 다만 천장의 높이가 9.1 m 이상 13.7 m 이하인 경우에는 2.4 m 이상 3.1 m 이하

(다) 교차배관에서 분기되는 지점을 기점으로 한쪽 가지배관에 설치되는 헤드의 개수(반자 아래와 반자속의 헤드를 하나의 가지배관상에 병설하는 경우에는 반자 아래에 설치하는 헤드의 개수)는 8개 이하로 할 것. 다만, 다음의 경우에는 그러하지 아니하다.

㉠ 기존의 방호구역 안에서 칸막이 등으로 구획하여 1개의 헤드를 증설하는 경우

㉡ 격자형 배관방식(2 이상의 수평주행배관 사이를 가지배관으로 연결하는 방식을 말한다)을 채택하는 때에는 펌프의 용량, 배관의 구경 등을 수리학적으로 계산한 결과 헤드의 방수압 및 방수량이 소화목적을 달성하는 데 충분하다고 인정되는 경우. 다만, 중앙소방기술심의위원회 또는 지방소방기술심의위원회의 심의를 거친 경우에 한한다.

(라) 가지배관과 화재조기진압용 스프링클러헤드 사이의 배관을 신축배관으로 하는 경우에는 다음 기준에 적합할 것

㉠ 최고사용압력은 1.4 MPa 이상이어야 하고, 최고사용압력의 1.5배의 수압에 변형·누수되지 아니할 것

㉡ 진폭을 5 mm, 진동수를 매초당 25회로 하여 6시간 동안 작동시킨 경우 또는 매초 0.35 MPa부터 3.5 MPa까지의 압력변동을 4,000회 실시한 경우에도 변형·누수되지 아니할 것

⑪ 교차배관의 위치·청소구 및 가지배관의 헤드설치

(가) 교차배관은 가지배관 밑에 수평으로 설치하고, 그 구경은 규정에 따르되, 최소구경이 40 mm 이상이 되도록 할 것

(나) 청소구는 교차배관 끝에 40 mm 이상 크기의 개폐밸브를 설치하고, 호스접결이 가능한 나사식 또는 고정배수 배관식으로 할 것. 이 경우 나사식의 개폐밸브는 옥내소화전 호스접결용의 것으로 하고, 나사보호용의 캡으로 마감하여야 한다.

(다) 하향식 헤드를 설치하는 경우에 가지배관으로부터 헤드에 이르는 헤드접속배관은 가지관 상부에서 분기할 것. 다만, 소화설비용 수원의 수질이 「먹는 물 관리법」 제5조의 규정에 따라 먹는 물의 수질기준에 적합하고 덮개가 있는 저수조로부터 물을 공급받는 경우에는 가지배관의 측면 또는 하부에서 분기할 수 있다.

⑫ 유수검지장치를 시험할 수 있는 시험장치

(가) 유수검지장치에서 가장 먼 가지배관의 끝으로부터 연결·설치

(나) 시험장치 배관의 구경은 유수검지장치에서 가장 먼 가지배관의 구경과 동일한 구경으로 하고, 그 끝에 개방형 헤드를 설치할 것. 이 경우 개방형 헤드는 반사판 및 프레임을 제거한 오리피스만으로 설치할 수 있다.

(다) 시험배관의 끝에는 물받이통 및 배수관을 설치하여 시험 중 방사된 물이 바닥에 흘러내리지 아니하도록 할 것. 다만, 목욕실·화장실 또는 그 밖의 곳으로서 배수처리가 쉬운 장소에 시험배관을 설치한 경우에는 그러하지 아니하다.

⑬ 배관에 설치되는 행가는 다음 기준에 따라 설치하여야 한다.

(가) 가지배관에는 헤드의 설치지점 사이마다 1개 이상의 행가를 설치하되, 헤드간의 거리가 3.5 m를 초과하는 경우에는 3.5 m 이내마다 1개 이상 설치할 것. 이 경우 상향식 헤드와 행가 사이에는 8 cm 이상의 간격을 두어야 한다.

(나) 교차배관에는 가지배관과 가지배관 사이마다 1개 이상의 행가를 설치하되, 가지배관 사이의 거리가 4.5 m를 초과하는 경우에는 4.5 m 이내마다 1개 이상 설치할 것

(다) 수평주행배관에는 4.5 m 이내마다 1개 이상 설치할 것

⑭ 수직배수배관의 구경은 50 mm 이상으로 하여야 한다.

⑮ 급수배관에 설치되어 급수를 차단할 수 있는 개폐밸브에는 그 밸브의 개폐상태를 감시제어반에서 확인할 수 있도록 급수개폐밸브 작동표시 스위치를 다음 기준에 따라 설치하여야 한다.

(가) 급수개폐밸브가 잠길 경우 탬퍼스위치의 동작으로 인하여 감시제어반 또는 수신기에 표시되어야 하며 경보음을 발할 것

(나) 탬퍼스위치는 감시제어반 또는 수신기에서 동작의 유무확인과 동작시험, 도통시험을 할 수 있을 것

(다) 급수개폐밸브의 작동표시 스위치에 사용되는 전기배선은 내화전선 또는 내열전선으로 설치할 것

⑯ 화재조기진압용 스프링클러설비 배관을 수평으로 하여야 한다. 다만, 배관의 구조상 소화수가 남아 있는 곳에는 배수밸브를 설치

⑰ 배관은 다른 설비의 배관과 쉽게 구분이 될 수 있는 위치에 설치하거나 그 배관표면 또는 배관보온재표면의 색상을 달리하는 방법 등으로 소방용 설비의 배관임을 표시하여야 한다.

6) 음향장치 및 기동장치

① 화재조기진압용 스프링클러설비의 음향장치 및 기동장치

(가) 유수검지장치를 사용하는 설비에 있어서는 헤드가 개방되면 유수검지장치가 화재신호를 발신하고 그에 따라 음향장치가 경보

(나) 음향장치는 유수검지장치 등의 담당구역마다 설치하되 그 구역의 각 부분으로부터 하나의 음향장치까지의 수평거리는 25 m 이하 설치

(다) 음향장치는 경종 또는 사이렌(전자식 사이렌을 포함)으로 하되, 주위의 소음 및 다른 용도의 경보와 구별이 가능한 음색으로 할 것. 이 경우 음향장치를 경종으로 설치하는 경우에는 유수검지장치 등의 부근에 유수검지장치 등이 개방되어 2차측에 유수가 있는 때 경보되는 사이렌을 1개 이상 설치하고 그 사이렌은 자동화재탐지설비·비상벨설비 또는 자동식 사이렌설비의 음향장치와 겸용할 수 있다.

(라) 주음향장치는 수신기의 내부 또는 그 직근에 설치할 것

(마) 5층(지하층을 제외) 이상으로서 연면적이 3,000 m^2를 초과하는 소방대상물 또는 그 부분에 있어서는 2층 이상의 층에서 발화한 때에는 발화층 및 그 직상층에 한하여,

1층에서 발화한 때에는 발화층·그 직상층 및 지하층에 한하여, 지하층에서 발화한 때에는 발화층·그 직상층 및 기타의 지하층에 한하여 경보를 발할 수 있도록 할 것

(바) 음향장치는 다음의 기준에 따른 구조 및 성능의 것으로 할 것

㉠ 정격전압의 80% 전압에서 음향을 발할 수 있는 것으로 할 것

㉡ 음량은 부착된 음향장치의 중심으로부터 1 m 떨어진 위치에서 90폰 이상이 되는 것으로 할 것

② 화재조기진압용 스프링클러설비의 가압송수장치로서 펌프가 설치되는 경우에는 그 펌프의 작동은 유수검지장치의 발신이나 기동용수압개폐장치에 따라 작동되거나 또는 이 두 가지의 혼용에 따라 작동될 수 있도록 하여야 한다.

7) 헤드 설치기준

화재조기진압용 스프링클러설비의 헤드는 다음에 적합하여야 한다.

① 헤드 하나의 방호면적은 6.0 m^2 이상 9.3 m^2 이하로 할 것

② 가지배관의 헤드 사이의 거리는 천장의 높이가 9.1 m 미만인 경우에는 2.4 m 이상 3.7 m 이하로 9.1 m 이상 13.7 m 이하인 경우는 3.1 m 이하

③ 헤드의 반사판은 천장 또는 반자와 평행하게 설치하고 저장물의 최상부와 914 mm 이상 확보되도록 할 것

④ 하향식 헤드의 반사판 위치는 천장이나 반자 아래 125 mm 이상 355 mm 이하

⑤ 상향식 헤드의 감지부 중앙은 천장 또는 반자와 101 mm 이상 152 mm 이하이어야 하며, 반사판의 위치는 스프링클러배관의 윗부분에서 최소 178 mm 상부에 설치되도록 할 것

⑥ 헤드와 벽과의 거리는 헤드 상호간 거리의 2분의 1을 초과하지 않아야 하며 최소 102 mm 이상일 것

⑦ 헤드의 작동온도는 74℃ 이하일 것. 다만, 헤드 주위의 온도가 38℃ 이상의 경우에는 그 온도에서의 화재시험 등에서 헤드작동에 관하여 공인기관의 시험을 거친 것을 사용할 것

⑧ 헤드의 살수분포에 장애를 주는 장애물이 있는 경우

(가) 천장 또는 천장 근처에 있는 장애물과 반사판의 위치는 별도 1 또는 별도 2와 같이 하며, 천장 또는 천장 근처에 보·덕트·기둥·난방기구·조명기구·전선관 및 배관 등의 기타 장애물이 있는 경우에는 장애물과 헤드 사이의 수평거리에 따른 장애물의 하단과 그 보다 윗부분에 설치되는 헤드 반사판 사이의 수직거리는 별표 1 또는 별도 3에 따를 것.

(나) 헤드 아래에 덕트·전선관·난방용 배관 등이 설치되어 헤드의 살수를 방해하는 경우에는 별표 1 또는 별도 3에 따를 것. 다만, 2개 이상의 헤드의 살수를 방해하는 경우에는 별표 2를 참고로 한다.

[별도 1] 보 또는 기타 장애물 위에 헤드가 설치된 경우의 반사판 위치

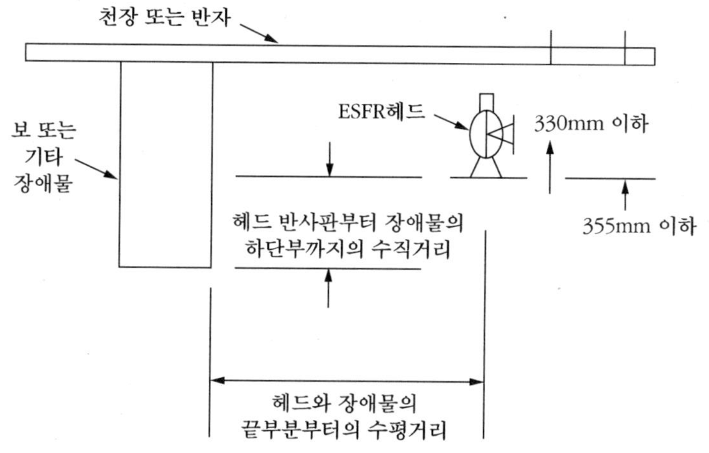

[별도 2] 장애물이 헤드 아래에 연속적으로 설치된 경우의 반사판 위치 (별도 3 또는 별표 1을 함께 사용할 것)

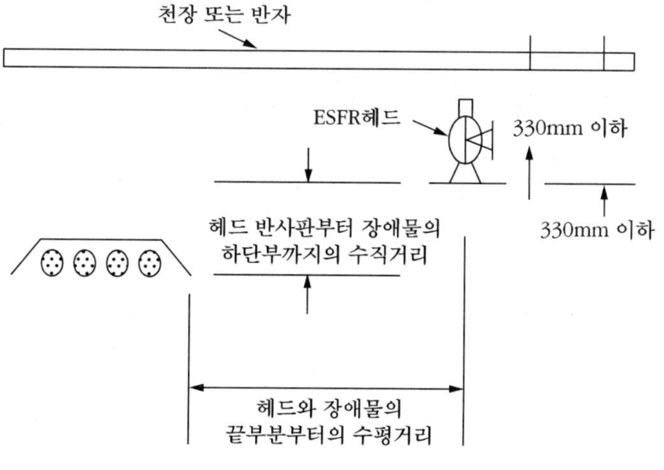

[별도 3] 장애물 아래에 설치되는 헤드 반사판의 위치

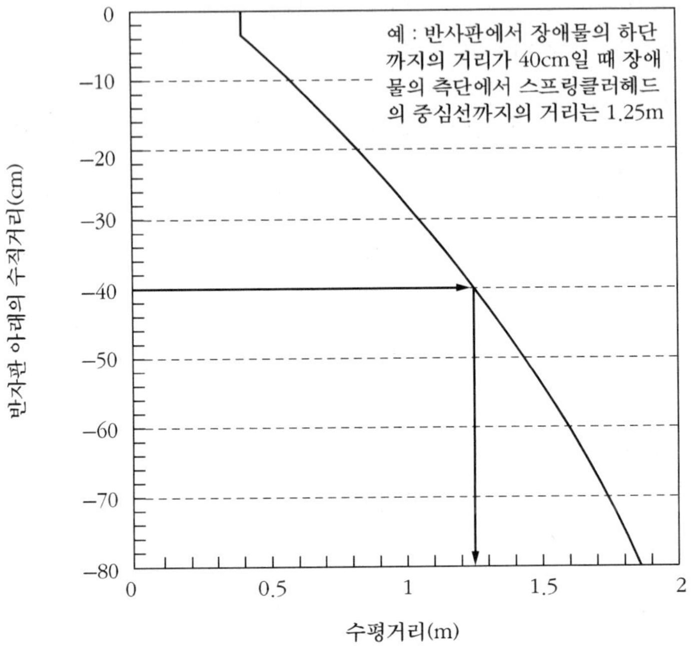

⑨ 상부에 설치된 헤드의 방출수에 따라 감열부에 영향을 받을 우려가 있는 헤드에는 방출수를 차단할 수 있는 유효한 차폐판을 설치할 것

별표 1 보 또는 기타 장애물 아래에 헤드가 설치된 경우의 반사판 위치(제10조제8호 관련)

장애물과 헤드 사이의 수평거리	장애물의 하단과 헤드의 반사판 사이의 수직거리	장애물과 헤드 사이의 수평거리	장애물의 하단과 헤드의 반사판 사이의 수직거리
0.3 m 미만	0 mm	1.1 m 이상~1.2 m 미만	300 mm
0.3 m 이상~0.5 m 미만	40 mm	1.2 m 이상~1.4 m 미만	380 mm
0.5 m 이상~0.7 m 미만	75 mm	1.4 m 이상~1.5 m 미만	460 mm
0.7 m 이상~0.8 m 미만	140 mm	1.5 m 이상~1.7 m 미만	560 mm
0.8 m 이상~0.9 m 미만	200 mm	1.7 m 이상~1.8 m 미만	660 mm
1.0 m 이상~1.1 m 미만	250 mm	1.8 m 이상	790 mm

별표 2 저장물 위에 장애물이 있는 경우의 헤드 설치기준(제10조제8호 관련)

장애물의 류(폭)		조 건
돌출장애물	0.6 m 이하	1. 별표 1 또는 별도 2에 적합하거나 2. 장애물의 끝 부근에서 헤드 반사판까지의 수평거리가 0.3 m 이하로 설치할 것
	0.6 m 초과	별표 1 또는 별도 3에 적합할 것
연속장애물	5 cm 이하	1. 별표 1 또는 별도 3에 적합하거나 2. 장애물이 헤드 반사판 아래 0.6 m 이하로 설치된 경우는 허용한다.
	5 cm 초과~0.3 m 이하	1. 별표 1 또는 별도 3에 적합하거나 2. 장애물의 끝 부근에서 헤드 반사판까지의 수평거리가 0.3 m 이하로 설치할 것
	0.3 m 초과~0.6 m 이하	1. 별표 1 또는 별도 3에 적합하거나 2. 장애물이 끝 부근에서 헤드 반사판까지의 수평거리가 0.6 m 이하로 설치할 것
	0.6 m 초과	1. 별표 1 또는 별도 3에 적합하거나 2. 장애물이 평편하고 견고하며 수평적인 경우에는 저장물의 최상단과 헤드반사판의 간격이 0.9 m 이하로 설치할 것 3. 장애물이 평편하지 않거나 비연속적인 경우에는 저장물 아래에 평편한 판을 설치한 후 헤드를 설치할 것

[별표 3] 화재조기진압용 스프링클러헤드의 최소방사압력(MPa) (제5조제1항 관련)

최대층고	최대저장높이	화재조기진압용 스프링클러헤드				
		K=360 하향식	K=320 하향식	K=240 하향식	K=240 상향식	K=200 하향식
13.7 m	12.2 m	0.28	0.28	-	-	-
13.7 m	10.7 m	0.28	0.28	-	-	-
12.2 m	10.7 m	0.17	0.28	0.36	0.36	0.52
10.7 m	9.1 m	0.14	0.24	0.36	0.36	0.52
9.1 m	7.6 m	0.10	0.17	0.24	0.24	0.34

8) 저장물의 간격

저장물품 사이의 간격은 모든 방향에서 152 mm 이상의 간격을 유지

9) 환기구의 설치기준

① 공기의 유동으로 인하여 헤드의 작동온도에 영향을 주지 않는 구조
② 화재감지기와 연동하여 동작하는 자동식 환기장치를 설치하지 아니할 것. 다만, 자동식 환기장치를 설치할 경우에는 최소작동온도가 180℃ 이상일 것

10) 송수구 설치기준

① 송수구는 화재층으로부터 지면으로 떨어지는 유리창 등이 송수 및 그 밖의 소화작업에 지장을 주지 아니하는 장소에 설치할 것
② 송수구로부터 주배관에 이르는 연결배관에 개폐밸브를 설치한 때에는 그 개폐상태를 쉽게 확인 및 조작할 수 있는 옥외 또는 기계실 등의 장소에 설치할 것
③ 구경 65 mm의 쌍구형으로 할 것
④ 송수구에는 그 가까운 곳의 보기 쉬운 곳에 송수압력범위를 표시한 표지를 할 것
⑤ 송수구는 하나의 층의 바닥면적이 3,000 m^2를 넘을 때마다 1개(5개를 넘을 경우에는 5개로 한다) 이상을 설치할 것
⑥ 지면으로부터 높이가 0.5 m 이상 1 m 이하의 위치에 설치할 것
⑦ 송수구의 가까운 부분에 자동배수밸브(또는 직경 5 mm의 배수공) 및 체크밸브를 설치할 것. 이 경우 자동배수밸브는 배관안의 물이 잘 빠질 수 있는 위치에 설치하되, 배수로 인하여 다른 물건 또는 장소에 피해를 주지 아니하여야 한다.
⑧ 송수구에는 이물질을 막기 위한 마개를 씌어야 한다.

11) 전원 설치기준

① 화재조기진압용 스프링클러설비에는 다음 기준에 따른 상용전원회로의 배선을 설치하여야 한다. 다만, 가압수조방식으로서 모든 기능이 20분 이상 유효하게 지속될 수 있는 경우에는 그러하지 아니하다.
(가) 저압수전인 경우에는 인입개폐기의 직후에서 분기하여 전용배선으로 하여야 하며, 전용의 전선관에 보호되도록 할 것
(나) 특별고압수전 또는 고압수전일 경우에는 전력용 변압기 2차측의 주차단기 1차측에서 분기하여 전용배선으로 하되, 상용전원의 상시공급에 지장이 없을 경우에는 주차

단기 2차측에서 분기하여 전용배선으로 할 것. 다만, 가압송수장치의 정격입력전압이 수전전압과 같은 경우에는 앞의 기준에 따른다.

② 화재조기진압용 스프링클러설비에는 자가발전설비 또는 축전지설비에 따른 비상전원을 설치하여야 한다. 다만, 2 이상의 변전소(「전기사업법」 제67조의 규정에 따른 변전소를 말한다)에서 전력을 동시에 공급받을 수 있거나 하나의 변전소로부터 전력의 공급이 중단되는 때에는 자동으로 다른 변전소로부터 전력을 공급받을 수 있도록 상용전원을 설치한 경우와 가압수조방식에는 비상전원을 설치하지 아니할 수 있다.

③ ②의 규정에 따라 비상전원 중 자가발전설비 또는 축전지설비(내연기관에 따른 펌프를 설치한 경우에는 내연기관의 기동 및 제어용 축전지를 말한다)는 다음의 기준을, 비상전원수전설비는 소방시설용 비상전원수전설비의 화재안전기준(NFSC 602)에 따라 설치하여야 한다.

(가) 점검에 편리하고 화재 및 침수 등의 재해로 인한 피해를 받을 우려가 없는 곳에 설치할 것

(나) 화재조기진압용 스프링클러설비를 유효하게 20분 이상 작동할 수 있어야 할 것

(다) 상용전원으로부터 전력의 공급이 중단된 때에는 자동으로 비상전원으로부터 전력을 공급받을 수 있도록 할 것

(라) 비상전원(내연기관의 기동 및 제어용 축전지를 제외)의 설치장소는 다른 장소와 방화구획 할 것. 이 경우 그 장소에는 비상전원의 공급에 필요한 기구나 설비 외의 것(열병합발전설비에 필요한 기구나 설비는 제외)을 두어서는 아니된다.

(마) 비상전원을 실내에 설치하는 때에는 그 실내에 비상조명등을 설치

12) 제어반 설치기준

① 화재조기진압용 스프링클러설비에는 제어반을 설치하되, 감시제어반과 동력제어반으로 구분하여 설치하여야 한다. 다만, 다음에 해당하는 경우 감시제어반과 동력제어반으로 구분하여 설치하지 아니할 수 있다.

(가) 다음에 해당하지 아니하는 소방대상물에 설치되는 화재조기진압용 스프링클러설비

㉠ 지하층을 제외한 층수가 7층 이상으로서 연면적이 2,000 m^2 이상인 것

㉡ ㉠에 해당하지 아니하는 소방대상물로서 지하층의 바닥면적의 합계가 3,000 m^2 이상인 것. 다만, 차고·주차장 또는 보일러실·기계실·전기실 등 이와 유사한 장소의 면적은 제외한다.

(나) 내연기관에 따른 가압송수장치를 사용하는 화재조기진압용 스프링클러 소화설비

(다) 고가수조에 따른 가압송수장치를 사용하는 화재조기진압용 스프링클러 소화설비

(라) 가압수조에 따른 가압송수장치를 사용하는 화재조기진압용 스프링클러설비

② 감시제어반의 기능은 다음의 기준에 적합하여야 한다.

(가) 각 펌프의 작동여부를 확인할 수 있는 표시등 및 음향경보기능이 있어야 할 것

(나) 각 펌프를 자동 및 수동으로 작동시키거나 중단시킬 수 있어야 할 것

(다) 비상전원을 설치한 경우에는 상용전원 및 비상전원의 공급여부를 확인할 수 있어야 하고, 자동 또는 수동으로 상용전원 또는 비상전원으로의 전환이 가능할 것

(라) 수조 또는 물올림탱크가 저수위로 될 때 표시등 및 음향 경보할 것

(마) 예비전원이 확보되고 예비전원의 적합여부를 시험할 수 있을 것

③ 감시제어반은 다음 기준에 따라 설치하여야 한다.

(가) 화재 및 침수 등 재해로 인한 피해를 받을 우려가 없는 곳에 설치

(나) 감시제어반은 스프링클러설비의 전용으로 할 것. 다만, 스프링클러설비의 제어에 지장이 없는 경우에는 다른 설비와 겸용할 수 있다.

(다) 감시제어반은 다음의 기준에 따른 전용실 안에 설치할 것. 다만 ①의 (가)에 해당하는 경우와 공장, 발전소 등에서 설비를 집중 제어·운전할 목적으로 설치하는 중앙제어실 내에 감시제어반을 설치하는 경우에는 그러하지 아니하다.

㉠ 다른 부분과 방화구획을 할 것. 이 경우 전용실의 벽에는 기계실 또는 전기실 등의 감시를 위하여 두께 7 mm 이상의 망입유리(두께 16.3 mm 이상의 접합유리 또는 두께 28 mm 이상의 복층유리를 포함한다)로 된 4 m^2 미만의 붙박이창을 설치할 수 있다.

㉡ 피난층 또는 지하 1층에 설치할 것. 다만, 「건축법 시행령」 제35조의 규정에 따라 특별피난계단이 설치되고 그 계단(부속실을 포함) 출입구로부터 보행거리 5 m 이내에 전용실의 출입구가 있는 경우에는 지상 2층에 설치하거나 지하 1층 외의 지하층에 설치할 수 있다.

㉢ 비상조명등 및 급·배기설비를 설치할 것

㉣ 무선통신보조설비의 화재안전기준(NFSC 505) 제6조의 규정에 따른 무선기기 접속단자(영 별표 4 소화활동설비의 소방시설 적용기준란 제5호의 규정에 따른 무선통신보조설비가 설치된 특정소방대상물에 한한다)를 설치할 것

㉤ 바닥면적은 감시제어반의 설치에 필요한 면적 외에 화재 시 소방대원이 감시제어반 조작에 필요한 최소면적 이상으로 할 것

(라) 전용실에는 소방대상물의 기계·기구 또는 시설 등의 제어 및 감시설비 외의 것을 두지 아니할 것

(마) 각 유수검지장치의 작동여부를 확인할 수 있는 표시 및 경보기능이 있도록 할 것

(바) 다음 각 확인회로마다 도통시험 및 작동시험을 할 수 있도록 할 것

㉠ 기동용수압개폐장치의 압력스위치회로

㉡ 수조 또는 물올림탱크의 저수위감시회로

㉢ 유수검지장치 또는 압력스위치회로

㉣ 개폐밸브의 폐쇄상태 확인회로

㉤ 그 밖의 이와 비슷한 회로

(사) 감시제어반과 자동화재탐지설비의 수신기를 별도의 장소에 설치하는 경우에는 이들 상호간에 동시 통화가 가능하도록 할 것

④ 동력제어반은 다음의 기준에 따라 설치하여야 한다.

(가) 앞면은 적색으로 하고 "화재조기진압용 스프링클러설비용 동력제어반"이라고 표시한 표지를 설치할 것

(나) 외함은 두께 1.5 mm 이상의 강판 또는 이와 동등 이상의 강도 및 내열성능이 있는 것으로 할 것

(다) 그 밖의 동력제어반의 설치에 관하여는 화재 및 침수 등의 재해로 인한 피해를 받을 우려가 없는 곳에 설치할 것, 감시제어반은 스프링클러설비의 전용으로 할 것. 다만, 스프링클러설비의 제어에 지장이 없는 경우에는 다른 설비와 겸용할 수 있다.

13) 배선 등

① 화재조기진압용 스프링클러설비 배선은 「전기사업법」 제67조의 규정에 따른 기술기준에서 정한 것 외에 다음 기준에 따라 설치하여야 한다.

(가) 비상전원으로부터 동력제어반 및 가압송수장치에 이르는 전원회로 배선은 내화배선으로 할 것. 다만, 자가발전설비와 동력제어반이 동일한 실에 설치된 경우에는 자가발전기로부터 그 제어반에 이르는 전원회로 배선은 그러하지 아니하다.

(나) 상용전원으로부터 동력제어반에 이르는 배선, 그 밖의 스프링클러설비의 감시·조작 또는 표시등회로의 배선은 내화배선 또는 내열배선으로 할 것. 다만, 감시제어반 또는 동력제어반 안의 감시·조작 또는 표시등회로의 배선은 그러하지 아니하다.

② ①의 규정에 따른 내화배선 및 내열배선에 사용되는 전선 및 설치방법은 옥내소화전설비의 화재안전기준(NFSC 102)의 별표 1의 기준에 따른다.

별표 1 배선에 사용되는 전선의 종류 및 공사방법(제10조제2항 관련)

1. 내화배선

사용전선의 종류	공사방법
1. 600V 2종 비닐 절연전선 2. 가교폴리에틸렌 절연비닐외장케이블 3. 클로로플렌외장케이블 4. 강대외장케이블 5. 버스덕트(Bus Duct) 6. 알루미늄피복 케이블 7. CD케이블(Combined Duct Cable) 8. 하이파론 절연전선 9. 4플루오르화에틸렌 절연전선 10. 실리콘 절연전선 11. 연피케이블 12. 기타 공산품 품질규정에 따라 동등 이상의 내화성능이 있다고 주무부장관이 인정하는 것	금속관·2종 금속제 가요전선관 또는 합성수지관에 수납하여 내화구조로 된 벽 또는 바닥 등에 벽 또는 바닥의 표면으로부터 25 mm 이상의 깊이로 매설하여야 한다. 다만 다음 각 목의 기준에 적합하게 설치하는 경우에는 그러하지 아니하다. 가. 내화성능을 갖는 배선전용실 또는 배선을 배선용 샤프트·피트·덕트 등에 설치하는 경우 나. 배선전용실 또는 배선용 샤프트·피트·덕트 등에 다른 설비의 배선이 있는 경우에는 이로 부터 15 cm 이상 떨어지게 하거나 소화설비의 배선과 이웃 다른 설비의 배선 사이에 배선지름(배선의 지름이 다른 경우에는 가장 큰 것을 기준으로 한다)의 1.5배 이상의 높이의 불연성 격벽을 설치하는 경우
내화전선·엠아이케이블	케이블공사의 방법에 따라 설치하여야 한다.

비고 : 내화전선의 내화성능은 버너의 노즐에서 75 mm의 거리에서 온도가 750±5℃인 불꽃으로 3시간 동안 가열한 다음 12시간 경과 후 전선간에 허용전류용량 3A의 퓨즈를 연결하여 내화시험 전압을 가한 경우 퓨즈가 단선되지 아니하는 것. 또는 행정자치부장관이 정하여 고시한 내화전선의 성능시험기준에 적합한 것

2. 내열배선

사용전선의 종류	공사방법
1. 600V 2종 비닐 절연전선 2. 가교폴리에틸렌 절연비닐외장케이블 3. 클로로플렌외장케이블 4. 강대외장케이블 5. 버스덕트(Bus Duct) 6. 알루미늄피복 케이블 7. CD케이블(Combined Duct Cable) 8. 하이파론 절연전선 9. 4플루오르화에틸렌 절연전선 10. 실리콘 절연전선 11. 연피케이블 12. 기타 공산품 품질규정에 따라 동등 이상의 내열성능이 있다고 주무부장관이 인정하는 것	금속관·금속제 가요전선관·금속덕트 또는 케이블 (불연성 덕트에 설치하는 경우에 한한다)공사방법에 따라야 한다. 다만, 다음 각 목의 기준에 적합하게 설치하는 경우에는 그러하지 아니하다. 가. 배선을 내화성능을 갖는 배선전용실 또는 배선용 샤프트·피트·덕트 등에 설치하는 경우 나. 배선전용실 또는 배선용 샤프트·피트·덕트 등에 다른 설비의 배선이 있는 경우에는 이로부터 15 cm 이상 떨어지게 하거나 소화설비의 배선과 이웃하는 다른 설비의 배선 사이에 배선지름(배선의 지름이 다른 경우에는 지름이 가장 큰 것을 기준으로 한다)의 1.5배 이상의 높이의 불연성 격벽을 설치하는 경우
내화전선·내열전선·엠아이케이블	케이블공사의 방법에 따라 설치하여야 한다.

비고 : 내열전선의 내열성능은 온도가 816±10℃인 불꽃을 20분간 가한 후 불꽃을 제거하였을 때 10초 이내에 자연소화가 되고, 전선의 연소된 길이가 180 mm 이하이거나 가열온도의 값을 한국산업규격(KS F2257)에서 정한 건축구조부분의 내화시험방법으로 15분 동안 380℃까지 가열한 후 전선의 연소된 길이가 가열로의 벽으로부터 150 mm 이하일 것. 또는 행정자치부장관이 정하여 고시한 내열전선의 성능시험기준에 적합할 것

③ 화재조기진압용 스프링클러설비의 과전류차단기 및 개폐기에는 "화재조기진압용 스프링클러설비용"이라고 표시한 표지를 하여야 한다.

④ 화재조기진압용 스프링클러설비용 전기배선의 양단 및 접속단자에는 다음 기준에 따라 표지하여야 한다.

(가) 단자에는 "화재조기진압용 스프링클러설비단자"라고 표시한 표지를 부착할 것

(나) 화재조기진압용 스프링클러설비용 전기배선의 양단에는 다른 배선과 식별이 용이하도록 표시할 것

14) 설치 제외

다음 해당하는 물품의 경우에는 화재조기진압용 스프링클러를 설치하여서는 아니 된다. 다만, 물품에 대한 화재시험 등 공인기관의 시험을 받은 것은 제외한다.

① 제4류 위험물

② 타이어, 두루마리 종이 및 섬유류, 섬유제품 등 연소 시 화염의 속도가 빠르고 방사된 물이 하부까지에 도달하지 못하는 것

15) 수원 및 가압송수장치의 펌프 등의 겸용

① 화재조기진압용 스프링클러설비의 수원을 옥내소화전설비·스프링클러설비·간이스프링클러설비·물분무소화설비·포소화전설비 및 옥외소화전설비의 수원과 겸용하여 설치하는 경우의 저수량은 각 소화설비에 필요한 저수량을 합한 양 이상이 되도록 하여야 한다. 다만, 이들 소화설비 중 고정식 소화설비(펌프·배관과 소화수 또는 소화약제를 최종 방출하는 방출구가 고정된 설비를 말한다)가 2 이상 설치되어 있고, 그 소화설비가 설치된 부분이 방화벽과 방화문으로 구획되어 있는 경우에는 각 고정식 소화설비에 필요한 저수량 중 최대의 것 이상으로 할 수 있다.

② 화재조기진압용 스프링클러설비의 가압송수장치로 사용하는 펌프를 옥내소화전설비·스프링클러설비·간이스프링클러설비·물분무소화설비·포소화설비 및 옥외소화전설비의 가압송수장치와 겸용하여 설치하는 경우의 펌프의 토출량은 각 소화설비에 해당하는 토출량을 합한 양 이상이 되도록 하여야 한다. 다만, 이들 소화설비 중 고정식 소화설비가 2 이상 설치되어 있고, 그 소화설비가 설치된 부분이 방화벽과 방화문으로 구획되어 있으며 각 소화설비에 지장이 없는 경우에는 펌프의 토출량 중 최대의 것 이상으로 할 수 있다.

③ 옥내소화전설비 · 스프링클러설비 · 간이스프링클러설비 · 화재조기진압용 스프링클러설비 · 물분무소화설비 · 포소화설비 및 옥외소화전설비의 가압송수장치에 있어서 각 토출측 배관과 일반급수용의 가압송수장치의 토출측 배관을 상호 연결하여 화재 시 사용할 수 있다. 이 경우 연결배관에는 개폐표시형 밸브를 설치하여야 하며, 각 소화설비의 성능에 지장이 없도록 하여야 한다.

④ 화재조기진압용 스프링클러설비의 송수구를 옥내소화전설비 · 스프링클러설비 · 간이스프링클러설비 · 물분무소화설비 · 포소화설비 · 연결송수관설비 또는 연결살수설비의 송수구와 겸용으로 설치하는 경우에는 스프링클러설비의 송수구의 설치기준에 따르되 각각의 소화설비의 기능에 지장이 없도록 하여야 한다.

16) 설치 · 유지기준의 특례

소방본부장 또는 소방서장은 기존건축물이 증축 · 개축 · 수선되거나 용도 변경되는 경우에 있어서 이 기준이 정하는 기준에 따라 당해 건축물에 설치하여야 할 화재조기진압용 스프링클러설비의 배관 · 배선 등의 공사가 현저하게 곤란하다고 인정되는 경우에는 당해 설비의 기능 및 사용에 지장이 없는 범위 안에서 화재조기진압용 스프링클러설비의 설치 · 유지기준의 일부를 적용하지 아니할 수 있다.

6.3 드렌처소화설비(Drencher System)

화재확산으로 인하여 인접한 소방대상물로 화재가 전파되어 피해가 커지는 경우 그 동안 발생한 많은 화재사례에서 쉽게 알 수 있다. 화재의 확산되는 현상은 여러 가지 조건이 있을 수 있으나 대부분의 경우는 화재로 인하여 발생한 강력한 열 기류, 바람 등 외부조건이 복합적으로 작용하여 복사, 대류, 전도 형태로 화재가 성장하여 확산하게 된다. 물론 화재확산이 완전히 구획된 밀폐 공간 내에서만 이루어진다면 화재를 진압하는데 큰 문제는 없겠으나 건축물의 내부와 외부의 압력차에서 발생하는 연돌효과나 개구부를 통하여 확대되기 때문에 사람에 의한 소화는 매우 어렵게 된다. 따라서 방회구획이 어려워 연소할 우려가 있는 개구부나 인접 건축물로의 화재확산이 우려되는 장소에 화재확산을 방지하기 위하여 외벽이나, 처마 등에 드렌처헤드를 설치하여 일정한 압력으로 물을 방수함으로써 화재가 확산되지 못하도록 설치하는 설비이다. 즉, 본 소화설비는 소방대상물의 내부 화재로부터 인접건축물 또는 인접지역으로 연소하기 쉬운 개구부, 환기구, 외벽 처마, 지붕, 유리창 등 열의 확산경로가 될 수 있는 부분에 드렌처헤드를 설치, 물을 연속적으로 살수하여 수막을 형성함으로서 화재확산을 억제하는 설비인 것이다. 또한 드렌처설비는 일반적으로 옥외에서 화재가 발생하였을 경우 인접한 건축물의 옥내로 연소하는 것을 방지하는 것이 주목적이므로 화재면의 광범위한 부분에 물을 살수해야 하므로 이러한 설비를 하려면 많은 비용이 소요되기 때문에 현재 우리나라에서는 건축물에 본 설비를 설치한 사례는 없으며 연소할 우려가 있는 방호공간에 설치된 경우가 있다. 여기서 뜻하는 연소할 우려가 있는 개구부라 함은 각 방화구획을 관통하는 컨베이어, 에스컬레이터 또는 이와 유사한 시설의 주위로서 방화구획이 되어 있지 아니한 부분을 말한다. 본설의 구성요소 및 계통도는 스프링클러 소화설비와 유사하다.

1) 드렌처설비는 스프링클러설비에서 분기하여 설치하거나 전용의 드렌처설비를 별도로 설치할 수 있다. 본 설비에 쓰이는 일제개방밸브는 구조는 준비작동밸브나 델류지밸브를 대용으로 사용할 수 있으나 설치비용 상의 문제 등으로 일제개방밸브를 일반적으로 사용하고 있다.
2) 일제개방밸브를 작동시키는 원리는 감지기에 의한 방법과 감지용 헤드에 의한 방법이 있는데 일제개방밸브의 2차측에 압력스위치를 설치하여 경보장치 및 수신부와 연동되도록 설치하고, 수동기동장치는 감지기에 의한 방법을 택한 일제개방밸브는 전기적으로 솔레노이드를 작동시키는 수동조작 버튼을 설치하게 되며, 감지용 헤드를 사용하는 일제개방밸브는 감지용 스프링클러헤드가 부설된 배관의 말단부에 수동개폐밸브를 설치하여 화재의 조기발견 시 수동개폐밸브를 개방하면 화재감지용 스프링클러헤드가 개방된 것과 똑

같은 작용으로 작동된다. 또한 수동조작 밸브는 그 실내의 출구에 가깝게 설치하는 것이 바람직하다.

3) 드렌처헤드는 그림 6.60과 같은 구조로 되어 있으며, 개구부 위측에 2.5 m 이내마다 1개를 설치한다.

그림 6.60 드렌처헤드

4) 제어밸브(일제개방밸브, 개폐표시형 밸브 및 수동조작부를 통칭한 것)는 드렌처헤드가 설치된 층마다 바닥면으로부터 0.8 m 이상 1.5 m 이하의 위치에 설치한다.
5) 수원의 수량은 드렌처헤드가 가장 많이 설치된 제어밸브의 드렌처헤드의 설치개수에 1.6 m^3을 곱하여 얻은 수치이상이 되도록 할 것.
6) 드렌처설비는 드렌처헤드가 가장 많이 설치된 제어밸브에 설치된 드렌처헤드를 동시에 사용하는 경우에 각각의 헤드선단에서 방수압력이 1 kg/cm^2 이상 방수량이 80 l/min 이상이 되어야 한다.
7) 수원에 연결하는 가압송수장치는 점검이 쉽고 화재 등의 재해로 인한 피해 우려가 없는 장소에 설치할 것.

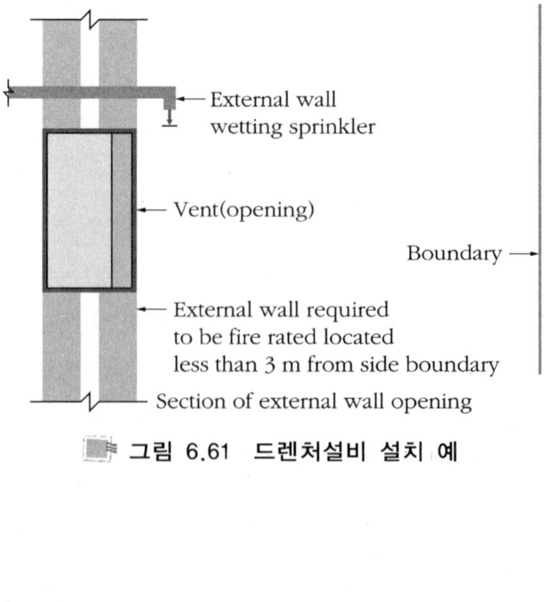

그림 6.61 드렌처설비 설치 예

연습문제

01. 유리벌브형 스프링클러헤드의 액체의 색깔에 따라 표시온도가 다르다. 만일, 액체의 색이 오렌지색, 노랑색, 연한 자주색인 경우 표시온도는 각각 얼마인가?

02. 스프링클러용 소화펌프의 흡입측 배관에 공기 고임을 막기 위해서 설치하는 부품과 여과장치를 기입하시오.

03. 스프링클러 설비의 교차배관과 가지관에 대한 Isometric Diagram을 작성하시오(단, 헤드는 반자 내부와 반자 하부에 모두 설치하기 위하여 상향식, 하향식으로 부착된다).

04. 어떤 소방대상물의 11층 및 12층에 폐쇄형 스프링클러를 70개씩을 설치하였다.

(1) 수원의 최소 유효저수량은 얼마인가?

(2) 가압송수장치의 최소 송수량은 얼마인가?

05. 건식스프링클러설비의 펜던트형 헤드의 사용목적을 설명하시오.

06. Glass Bulb의 검정시험 순서로서 정수압력 시험을 실시하기 전에 꼭 해야 할 사항 중 5가지를 기술하시오.

07. 습식스프링클러 설비의 배관 말단에 이 설비를 시험할 수 있는 시험장치를 설치한다. 이 시험장치의 구성되는 부속품 2개와 시험장치의 설치목적 3가지를 기술하시오.

08. Quick Opening Devices의 종류(2가지)와 이에 대하여 설명하시오.

09. 리타딩챔버(Retarding Chamber)에 대하여 설명하시오.

10. 습식스프링클러설비와 준비작동식 설비의 공통점과 상이점을 각 1가지씩 설명하시오.

11. 어느 스프링클러 습식설비에서 임의의 헤드를 개방시켜 보았더니 처음에는 약간의 물이 새어 나오다가 그것마저 중지되었다. 그 원인으로 우선 다음 두 가지의 가능성을 조사해 보았으나 아무런 이상이 없다.

(1) 전동기의 고장유무

(2) 전동기에 동력을 공급하는 설비의 고장유무를 확인한 결과 이상이 없었다면 그 밖의 원인 중에서 3가지만을 열거하고 그 이유를 설명하시오(단, 이 설비는 고가수조와는 연결되어 있지 않고 전동기식 송수펌프에 의해 물이 공급되는 구조이며 모든 배관의 연결부분이 끊어지거나 외부로 물이 새는 곳은 없다).

12. 표준 스프링클러헤드의 상향식과 하향식 헤드를 비교 설명하시오(단, 최소한 두 가지 이상 설명하지 말 것).

13. 자동경보밸브의 압력스위치와 압력탱크의 압력스위치의 설치목적과 작동방법을 설명하시오.

14. 유수검지장치는 습식, 건식, 준비작동식으로 분류할 때 각각의 유수검지장치에 대해 간략하게 설명하시오.

15. 습식스프링클러설비를 구성하는 기본 요소를 5가지만 기술하시오.

16. 다음 용어를 설명하시오.

(1) 슈퍼비조리패널

(2) 압력스위치

(3) 탬퍼스위치(Tamper Switch)

17. 스프링클러설비에서 헤드 선단의 허용 방수압의 범위는 얼마인가?

18. 습식스프링클러설비에서 충압펌프를 설치할 때, 정격토출압력이 최고위헤드의 자연압보다 큰 압력을 줄 수 있는 충압펌프를 선정하는 이유는 무엇인가?

19. 스프링클러헤드의 성능시험에 대한 종류를 4가지만 쓰시오.

20. 방수량 및 방수압의 단위가 각각 gpm, psi일 때 스프링클러헤드의 방출계수(K Factor)가 5.6이라면, 방수량, 방수압의 단위를 각각 l/m, kg/cm^{2}이라 할 때의 방출계수는 얼마가 되는가?

21. 방출계수(K)가 80인 스프링클러헤드의 최소유량과 최대유량은 얼마인가?

Memo

CHAPTER

7

물분무소화설비

(Water Spray Fire Fighting System)

1. 개요

국내의 물분무소화설비는 미국 NFPA 15(the standard for Water Spray Fixed Systems for Fire Protection) 기준을 활용한 것으로 생각해도 과언이 아니다. A water spray system is an automatic or manual actuated fixed pipe system connected to a water supply and equipped with water spray nozzles designed to provide a specific water discharge and distribution over the protected surfaces or area. 즉, 물분무소화설비는 소화대상물의 방호공간에 고정 또는 수동식으로 설치하여 화재 시 분무노즐에서 물을 무상으로 방사하여 냉각작용, 질식작용, 희석작용 등의 소화작용으로 화재를 진압하는 소화설비이다. 본 설비는 1820년 영국의 과학자 S.H 페이구루이 박사에 의하여 개발되어 1933년 미국에 소개되면서부터 실용화 되었다. 물분무소화설비의 주요 구성요소는 스프링클러소화설비와 유사하다. 방수되는 물 입자의 크기가 다른 점이다. 즉, 본 소화설비에는 특별한 노즐에 의하여 물을 무상의 미립자로 변형하여 분사하게 된다. 물분무소화설비는 선박 등의 화재진압에 이용하는 미분무소화설비와는 차이가 있다. 최근에 개발이 되고 있는 미분무소화설비는 물로 인한 피해를 기존의 설비보다 더 줄고 또한 친환경적으로 개선된 설비라 할 수 있다. 현재 국내 화재안전기준에 없는 소화설비로 시스템의 구성은 물분무소화설비와 거의 동일하나 헤드가 다르기 때문에 물입자의 크기가 다르기 때문에 헤드를 설치하는 공간의 특성을 고려하여야 한다. 미분무소화설비는 가스계 및 수계소화설비의 단점을 보완할 수 있는 설비로 최근 소방방재선진국에서는 이미 본 설비에 대한 다양한 연구와 설비의 응용에 대한 연구가 진행되고 있다. CFC 계열의 할론 1301 및 1211이 1960년대 말에 소개되면서 화재진압에서 미분무수의 사용이 실질적으로 계속되지 못하다가 1987년 몬트리올 의정서 발표에 따른 환경보호차원에서 할론 소화약제의 사용억제 및 제한된 공간(선박, 비행기 등)에서의 물의 저장이 용이하고, 스프링클러소화설비에 비해 월등히 작은 구경의 배관(최대지름 약 40 mm)을 사용함으로 설비의 무게를 줄일 수 있는 점과 설비의 방수 잠재력이 양호하고 인화성액체저장시설 및 전기장치시설에 대한 효과성에 대한 연구결과가 고무적으로 나타나고 있어 화재안전설비로서 새롭게 평가되고 있기 때문에 다시 활성화되기 시작하였다. 국내에서는 선박에서의 대형 화재사고 예방을 위한 국제해사기구(IMO : International Maritime Organization)의 해상인명안전국제협약(SOLAS : Safety Of Life At See) 제Ⅱ-2장 규칙7 『기관구역의 소화장치』에 의하여 2002년 7월 1일 이후에 건조되는 총톤수 500톤 이상의 여객선 및 총톤수 2,000톤 이상 화물선의 A류 기관구역의 소화를 위하여 소화설비를 설치하도록 규제(기존 선박은 2005년까지)하기 시작하면서 미분무수소화설비의 설치에 필요한 실험을 일부 진행 중에 있다. 이상은 본 설비와 관련된 미분무소화설비에 대하여 간단하게 알아보았다. 물분무소화설비의 구성요소는 그림 7.1에서와 같이 주요 구성요소는 수원, 가압송수장치, 배관, 헤드, 자동화재탐지설비, 유수검지장치로 구성되며, 펌프의 작동방법도 개방형 스프링클러소화설비와 거의 유사하다. 스프링클러소화설비와 크게 다른 점은 물을 분무시키는 전용헤드와 물을 분시키기 위하여 스프링클러설비보다 높은 방수압력이 필요하다. 즉, 고압으로 방사하여 물의 입자를 미세하게 분무시켜 물방울의 표면적을 넓게 함으로써 유류화재, 전기화재 등에도 적응성이 있는 소화설비이다. 물분무는 Spray, Fog, Mist, Vapor 등으로 형상으로 전용 분무헤드로부터 방사함으로서 형성되는 결과이다. 앞에서 언급한 바와 같이 물분무소화설비의 소화효과는 방사되는 물에 의한 냉각작용과 고온의 연소열에 의해 생성되는 수증기에 의하여 산소의 차단효과(질식작용), 유류화재 시 가연물질의 표면에 엷은 층의 수막을 형성하여 화재를 진압하는 유화효과가 있다. 또한 알코올, 에테르 등의 수용성 가연물질의 화재 시 연소물질의 농도를 희석하여 소화하는 효과가 있다. 즉, 물의 소화력은 증발잠열과 현열을 이용한 냉각작용에 의한 소화효과가 뛰어난 소화약제이기 때문에 각종 소화설비의 소화약제로서 가장 널리 사용되고 있으며 이러한 물의 소화특성을 최대한 활용할 수 있는 방법으로 다양한 종류의 소화시설이 개발되기 시작하였다. 본 설비는 할론 소화약제에 비하여 불꽃으로 침투하는 성능이 크게 떨어지기 때문에 이를 보완하기 위해서 개발된 소화시스템이 물분무소화설비이다. 물의 입자를 0.02～2.5 mm 이하의 미세한 미립자 상태로 방호공간에 분무함으로써 침투성과 냉각효율을 높을 수 있다. 물분무소화설비는 앞에서 언급한 바와 같이 스프링클러소화설비와 마찬가지로 소화약제로 물을 사용하기 때문에 설비의 구성도 비슷하며 다른 점으로는 스프링클러설비는 물을 큰 비 상태의 물방울로 살수하는 것인데 비해, 물분무소화설비는 특수한 분무헤드로부터 0.02～2.5 mm의 미립자의 안개비 상태로 방호대상물을 전체적으로 포용하도록 스프레이식으로 방사하는 것이 다르다. 물 입자가 안개상태로 되면 물리적으로 소화효과가 변하게 되는데 그 소화효과를 정리해 보면 다음과 같다.

1) 안개상의 물은 표면적이 현저히 커지므로 열을 흡수하기 쉬워지고, 물이 증발할 때의 증발잠열이 커져 냉각효과가 상승한다.
2) 안개상의 물은 표면적이 매우 크기 때문에 열을 흡수하면 액체가 기체(수증기)로 상변화(Phase Change)하면서 그 체적이 약 1,650배로 급팽창하기 때문에 연소 면을 수증기로 덮어버리는 결과가 되어 산소의 공급을 차단함으로써 질식효과를 상승시키는 역할을 한다.
3) 안개상의 물은 전기적 절연성이 높아 감전, 접지의 염려가 없어지며 전압에 따라 0.7 m 이상의 일정한 간격만 이격시키면 전기화재에도 이용이 가능하다.
4) 안개상의 물은 기름표면에 불연성 유화층(乳化層), 즉 에멀션(Emulsion)을 형성함으로써 기름화재에도 소화효과가 있다. 다시 이를 요약하면

   ① Extinguishant of Fire　　② Control of Burning
   ③ Exposure Protection　　④ Prevention of Fire

이처럼 물분무소화설비는 물이면서 분무특성에 의하여 소화효과를 상승시킬 수 있으므로, 화재의 예방과 연소 확대를 방지하는 데 뛰어난 소화력을 발휘한다. 따라서 화재 시의 소화는 물론 피난로의 확보나 안전구획의 유지에도 도움을 준다. 그러나 위험물 시설을 제외하고는 법적으로 물분무소화설비의 설치가 필요시 되는 것은 특수가연물의 저장취급소, 주차장 등의 옥내소화전설비나 스프링클러설비 등으로는 소화가 불가능한 소방대상물에 설치할 수 있도록 되어 있다. 본 소화설비의 시스템구성은 그림 7.1과 같다. 본 설비의 작동은 화재가 발생하면 우선 감지기가 화재를 감지하여 수신반에 화재신호를 보내면 자동으로 일제개방밸브를 개방함으로써 해당 구역에 설치된 분무헤드를 통하여 소화수를 방사하여 화재를 진압하게 된다. 분무헤드는 화재를 자동으로 감지하는 감열부가 없기 때문에 자동식의 경우에는 반드시 별도로 화재감지장치를 설치하여야 하고 물을 분무상태로 분사시키기 위해서는 일반적으로 고압으로 공급하여야 한다. 최근에는 지구환경문제로 이산화탄산가스, 할론가스소화약제의 사용으로 발생하는 환경문제를 해결하기 위하여 선진국에서는 본 소화시스템에 대한 많은 연구가 진행되고 있는 실정이다. 미국의 경우는 1947년 NFPA에서는 보통의 주수방사에 비하여 전기절연성이 입증됨에 따라 고압전기설비에도 사용할 수 있게 되었다.

현재 개발되고 있는 본 소화시스템에 대하여 간단히 소개하면 방출방식에 따라 크게 질소와 물을 동시에 이용하는 이중 유체방식(Dual Fluid Type)과 고압 단일 유체방식(High Pressure Single Fluid Type), 저압 단일 유체방식(Low Pressure Single Fluid Type)의 세 가지로 구분하여 많은 연구가 진행되고 있다. 특히 소화성능을 높이기 위하여 물에 첨가제를 넣는 방식도 함께 연구·개발되고 있는 실정이다. 본 소화시스템의 개발에서 가장 중요한 점은 분무되는 물입자의 크기를 가능한 한 작게 하는 방법과 이 입자를 공간 전역에 소화농도 이상으로 균일하게 분포시키는 방법에 역점을 두고 있다. 이를 위해서는 물입자 크기, 방출속도, 배출구조와 방식, Spray Jet의 Moment와 혼합특성, 실제공간의 구조와 특성 등과 관련되는 사항이다. 미국에서는 NFPA의 "Water Mist Fire Suppression Committee"라는 위원회가 결성되어 성능기준 뿐만 아니라 적용대상 범위에 대한 확정작업이 진행 중에 있다. 따라서 본 소화설비는 연구·개발의 여지가 큰 분야로서 우리나라에서도 많은 연구와 개발이 필요하다. 스프링클러설비의 물입자 대부분은 지름의 크기가 약 1 mm(1,000 μm) 이상으로 이루어져 있으나 미분무수의 물입자 지름의 크기는 99%가 1,000 μm(1 mm) 이하로 이루어진다. 이렇게 작은 크기로 미세화된 액체의 물방울 입자는 표면적의 증가를 가져오고, 화염으로부터 물방울로의 열전달을 급격히 증가시켜 화재주변을 냉각시키고, 연료를 냉각시킴으로써 연료로부터 가스의 발생을 억제하며, 미세화된 물방울이 증기로 변하면서 부피가 약 1,700배로 증가하게 된다. 이렇게 증기로 변화된 물방울 입자는 연소반응을 억제시키고 산소농도를 희석시키는 역할을 하게 된다.

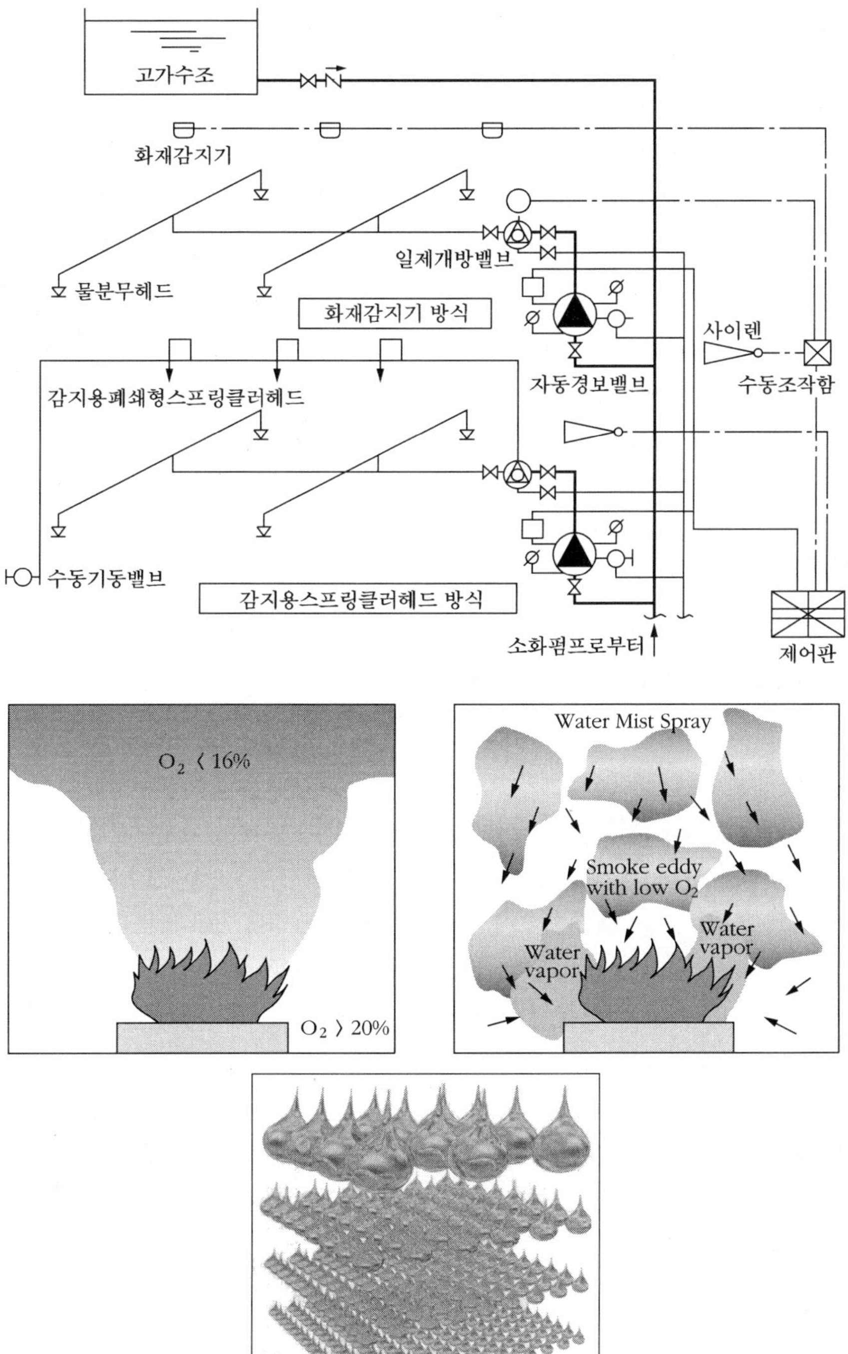

그림 7.1 물분무소화설비의 계통도 및 물방울 크기에 따른 표면적 변화

2. 소화특성

물방울을 작은 크기로 미립자로 하여 분무함으로 표면적이 현격하게 증가되고 화열의 수열이 용이해져 결국 소화가 용이해진다. 물방울의 크기가 작아 가벼우므로 공중에 부유하는 상태로 화열에 의해 쉽게 수증기로 변화되어 소화효과가 높다. 분무 시에도 많은 양의 물이 액체 상태로 가연물에 끼얹어지는 상황이 아니므로 가연성 액체 화재의 소화에서 볼 수 있는 것과 같은 현상, 즉 소화수에 의해 저장탱크가 넘치는 것과 같은 상황으로 쉽게 악화되지는 않는다. 화열이 저장탱크를 가열하여 온도가 상승하면, 탱크의 내부 압력이 높아져 결국 대규모 폭발 등의 큰 위해를 입을 수 있는데 이러한 온도상승을 막는 방법으로도 물분무소화설비가 이용될 수 있다. 탱크에 살수하여 물의 증발열 등으로 온도상승을 억제하게 하거나 혹은 무상의 수막으로 화열을 차폐하여 전열을 억제시킬 수도 있다.

1) 냉각작용

무상으로 방사된 미립자가 화열에 의해 신속하게 수증기로 되므로 다량의 증발잠열을 흡수하게 되어 강력한 냉각작용으로 소화한다.

2) 질식작용

화열을 흡수하여 발생한 다량의 수증기가 연소에 필요한 산소의 보급을 차단하여 소화한다.

3) 유화작용

물을 기름 표면에 방사시킴으로써 불연성의 유화층을 형성하게 되므로 유면을 덮는 유화작용을 하게 된다. 예를 들면, 석유, 그리스 등 부용성의 가연성 액체의 표면에 분무함으로써 불연성의 증기층을 형성한다.

4) 희석작용

알코올 등의 수용성 액체는 방수에 의해 열기류을 냉각하면서 수용성 액체를 희석하여 연소한계 이하 농도의 수용액으로 하여 소화한다.

3. 본 설비의 장점 및 단점

물분무소화설비는 분무헤드에서 방사하는 압력의 규모에 따라 소화적응성에 따르기 때문에 일반적인 장점 및 단점에 대하여 유사소화설비와 비교하여 정리한 것이 표 7.2와 같다.

표 7.1 물분무소화설비의 장·단점

구분	내 용
장점	① 스프링클러 등의 설비와 비교하여 소량의 물로서 소화함으로써 물의 저장, 방사량을 줄일 수 있으며, 따라서 시설비 및 소화 작업에 의한 물 피해 등을 경감할 수 있다. ② 무상으로 분무되므로 가벼워 가연성 액체의 풀 화재(Pool Fire), 수용성의 알코올 화재 등에도 유효하게 사용할 수 있다. ③ 전기 절연성이 높아 고압통전기기의 화재에도 안전하게 사용할 수 있다. ④ 물을 소화제로 사용하므로 경제적이다. ⑤ 화재의 확대방지, 열기차폐 등에 유효하게 사용할 수 있다. ⑥ 통상의 소화방법으로는 소화가 곤란한 가스화재, 폭발억제 설비로 사용이 가능하다. ⑦ 자동 및 수동 기동이 가능하다.
단점	① 분사 시 도달거리가 짧다. (방사압력이 7 kg/cm^{2}일 때 5～8 m, 10 kg/cm^{2}일 때 6～11 m 정도) ② 입경이 작아 가벼우므로 열기류, 외풍 등의 영향을 받게 된다. ③ 무화 분사되므로 운동에너지가 적어 파괴주수를 할 수 없다. ④ 무화에 비교적 높은 압력이 필요하다.

표 7.2 기타 유사소화설비와 비교 분석

구분	Sprinkler 소화시스템	미분무수 소화시스템	Halon 소화시스템	CO_2 소화시스템
약제	물	물	Halon 1301 및 1211	CO_2
소화 원리	• 냉각효과	• 냉각효과 • 산소희박효과 • 복사차단효과	• 연쇄반응 차단효과 (부촉매 효과)	• 산소희박/질식효과 • 냉각효과 • 연쇄반응 차단효과
장점	• 초기소화성능이 우수 • 약제가격 저렴, 공급안정 • 재발화위험성이 적다. • 인체에 무해하고 환경오염 우려가 없다.	• 초기소화성능이 우수 • 가격 저렴, 공급안정 • 재발화위험성이 적다. • 인체에 무해하고 환경오염 우려가 없다. • 소화수사용량 적다. • 매연제거효과 있다.	• 저소화농도(5%)로 소화가능 • 전기화재에 효과적 • 독성이나 부식성이 매우 낮다.	• 소화 후 잔존물 없다. • 심부화재에 효과적 • 약제수명이 반영구적, 가격이 저렴

표 7.2 계속

구분	Sprinkler 소화시스템	미분무수 소화시스템	Halon 소화시스템	CO_2 소화시스템
단점	• 선박기관실에는 적용이 불가능 • 물에 의한 수손 피해 • 전기기기, 고온장비 등에 사용불가 • 물과 반응하는 화재에 적용 불가	• Sprinkler에 비해 초기 설치비가 많이 소요	• 오존층 파괴물질 • 시스템작동 전에 피난을 위한 시간 확보가 필수적이기 때문에 초기화재 진압이 불가능 • 밀폐 및 반밀폐 공간에서만 사용이 가능(환기 및 주엔진 가동 중지)	• 질식피해(인명 등) • 피난을 위한 시간 확보가 필수적이기 때문에 초기진압불가능 • 오존층 파괴물질 • 냉해로 인한 정밀기기 손상 • 밀폐 및 반밀폐 공간에서만 사용이 불가
적용화재	• A급 - 목재화재	• A급 - 목재화재 • B급 - 유류화재 • C급 - 전기화재	• A급 - 목재화재 • B급 - 유류화재 • C급 - 전기화재	• A급 - 목재화재 • B급 - 유류화재 • C급 - 전기화재

4. 설치대상

위험물저장 및 처리시설 중 가스시설 또는 지하구를 제외한 다음의 장소에 설치한다.

1) 항공기 및 자동차 관련시설 중 항공기격납고
2) 주차용 건축물(주차장법 제2조제1호의3의 규정에 따른 기계식 주차장을 포함)로서 연면적 800 m^2 이상인 것
3) 건축물내부에 설치된 차고 또는 주차장으로서 차고 또는 주차의 용도로 사용되는 부분(「건축법 시행령」의 피로티를 주차용도로 사용하는 경우를 포함)의 바닥면적의 합계가 200 m^2 이상인 것
4) 주차장법에 의한 기계식 주차장으로서 20대 이상의 차량을 주차할 수 있는 것
5) 전기실·발전실·변전실(가연성 절연유를 사용하지 아니하는 변압기·전류차단기 등의 전기기기와 가연성 피복을 사용하지 아니한 전선 및 케이블만을 설치한 전기실·발전실 및 변전실을 제외)·축전지실·통신기기실 또는 전산실로서 바닥면적이 300 m^2 이상인 것(동일한 방화구획 내에 2 이상의 실이 설치되어 있는 경우에는 이를 1개의 실로 보아 바닥면적을 산정). 다만, 내화구조로 된 공정제어실내에 설치된 주조정실로서 양압시설이 설치되고 전기기기에 220 V 이상인 저전압이 사용되며 종업원이 24시간 상주하는 것을 제외한다. 물분무등소화설비를 설치하여야 하는 차고·주차장에 스프링클러설비를 화재안전기준에 적합하게 설치한 경우에는 그 설비의 유효범위안의 부분에서 설치가 면제된다.

6) 지하가 중 길이가 3,000 m 이상으로서 교통량, 경사도 등 터널의 특성을 고려하여 행정안전부령으로 정하는 위험등급 이상에 해당하는 터널
7) 「문화재보호법」에 따른 지정문화재 중 소방방재청장이 문화재청장과 협의하여 정하는 것

5. 분무헤드의 설치 제외

1) 물에 심하게 반응하는 물질 또는 물과 반응하여 위험한 물질을 생성하는 물질을 저장 또는 취급하는 장소
2) 고온의 물질 및 증류 범위가 넓어 끓어 넘칠 위험이 있는 물질을 저장 또는 취급하는 장소
3) 운전 시에 표면의 온도가 섭씨 260℃ 이상으로 되는 등 직접분무를 하는 경우 그 부분에 손상을 입힐 우려가 있는 기계장치 등이 있는 장소

6. 설비의 종류

물분무소화설비의 주요 구성은 수원, 가압송수장치, 배관, 헤드, 화재감지장치, 유수검지장치 등으로 구성되며 가압송수장치를 기동하는 방식에 따라 자동식과 수동식이 있다.

1) 자동식 물분무소화설비

화재의 발생을 자동으로 감지할 수 있도록 자동화재탐지설비의 감지기 또는 감지용 폐쇄형 스프링클러헤드를 설치하여 자동으로 가압송수장치 및 자동밸브를 기동할 수 있도록 구성되어 있는 설비 방식이다.

2) 수동식 물분무소화설비

방호구역에 설치되어 있는 물분무헤드의 물을 자동으로 분사시킬 수 있도록 되어 있는 것이 아니고 수동조작에 의한 방식으로 각 구역을 담당하는 제어밸브를 수동으로 제어함으로써 가압송수장치가 기동할 수 있도록 되어 있다. 직접조작 또는 원격조작에 의하여 가압송수장치의 기동 또는 제어밸브를 개방할 수 있도록 설치되어 있는 설비이다.

3) 고압식/저압식 물분무소화설비

앞에서 설명한 바와 같이 본 설비의 방사 압력의 규모에 따라 고압식과 저압식으로 구분하며 주요 내용에 대한 비교는 다음과 같다.

표 7.3 저압식, 고압식 비교

Item	Low Pressure	High Pressure	CF
Pressure	<34.5 bar	>34.5 bar	NFPA 750
Droplet D	Large	Small	
Surface Quenching	High	Low	
Flame Quenching	Low	High	
Momentum	Low	High	
Water Flow Rate	High	Low	
Price	Low	High	

7. 주요 구성요소

본 소화설비의 주요 구성요소는 스프링클러소화설비와 거의 유사하면 단지 말단에 설치하는 헤드만이 차이가 있다. 따라서 유수검지장치, 가압장치, 배관 등에 관한 내용은 제6장의 자동식 스프링클러소화설비의 내용을 참고하기 바랍니다.

1) 물분무헤드의 구조

물분무헤드(Water Spray Head)는 그림 7.2에서와 같이 종류는 다양하며 직류로 흘러오는 물을 나선형의 유도에 의해서 회전시키든가, 방향을 바꾸는 것에 의해서 회전시켜 오리피스로부터 분출 확산하는 방식, 디플렉터의 형상이 다르지만 스프링클러헤드와 꼭 같으며 오리피스로부터 분출한 물이 디플렉터에 의해서 확산하는 방식, 흘러 온 물을 오리피스의 앞의 챔버에 축압시켜 오리피스에 의해 분출, 확산하는 방식 등이 있다. 이것은 대상물, 소화, 화세의 진압, 연소방지, 냉각 등의 사용목적에 의해서 각각 적합한 헤드가 사용되어야 한다.

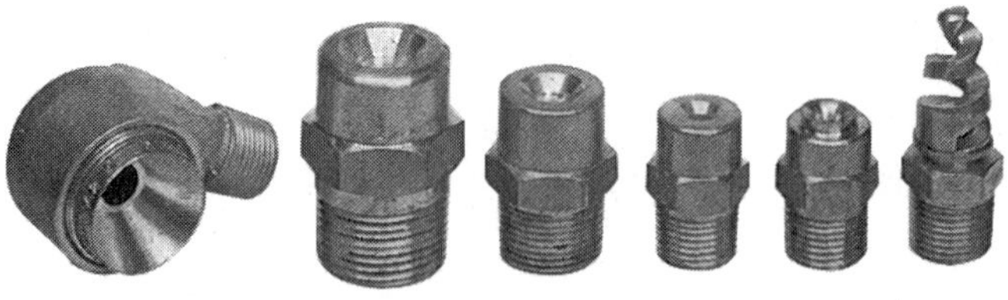

그림 7.2 물분무헤드

현재 사용되고 있는 헤드살수성능은 표 7.4에 표시된 수치 이상의 성능이어야 한다.

표 7.4 분무헤드의 살수성능

방사압력(kg/cm²)	분사각도(°)	방수량(l/분)	유효사정거리(m)
3.5	30 이상 60 미만	30	4
		40	4
		50	4
	60 이상 90 미만	30	2
		40	3
		50	4
		60	4
		75	4
	90 이상 110 미만	30	2
		40	2
		50	3
		60	3
		70	4
	110 이상 140 이하	30	2
		60	2

일반적으로 사용하는 물분무헤드의 규격 예로는

① 방사압력 : 소화용 2.5～10.0 kg/cm^2, 방화용 1.5～7.0 kg/cm^2

② 방사량 : 20～200 l/min

③ 방사각도 : 소화용 15～120°, 방화용 50～180°

④ 유효사정거리 : 0.3～6 m, 입자의 크기는 약 0.01～3.0 mm

⑤ 설치나사의 규격 : 15 mm, 20 mm, 25 mm

단, 대량판매의 목적이 아닌 실수요자의 필요에 의하여 설치하는 헤드는 상기의 기준에도 불구하고 별도의 규격이나 사양에 의할 수 있다.

2) 일제개방밸브

스프링클러설비의 준비작동식 및 일제개방식 시스템에 사용하는 것과 동일한 기능을 요구한다. 따라서 스프링클러설비에서 설명한 내용을 참고하기 바란다. 한 개의 일제개방밸브가 담당하는 유량은 8,300 l/min 이하로 하여야 한다.

3) 원거리 조작장치

전기 및 전자식 일제개방밸브의 기동용 원거리 조작장치는 전기접점방식을 채용하고 기계적인 방법에 의한 일제개방밸브의 원거리 조작장치는 코르크나 볼밸브를 이용한다.

8. 설치기준

1) 물분무헤드의 설치기준

① 물분무헤드는 표준방사량으로 당해 방호대상물의 화재를 유효하게 소화하는데 필요한 수를 적정한 위치에 설치하여야 한다.

② 고압의 전기기기가 있는 장소에 있어서는 전기의 절연을 위하여 전기기기와 물분무헤드 사이는 다음 표 7.5에서 정한 거리 이상을 이격시켜야 한다.

③ 연소방지용이나 설비방호(냉각)용으로 사용되는 설비의 헤드는 설치목적에 합당한 효과를 얻을 수 있도록 설치한다.

표 7.5 전기기기와 물분무헤드의 거리

전압(kV)	거리(cm)	전압(kV)	거리(cm)
66 이하	70 이상	154 초과 181 이하	180 이상
66 초과 77 이하	80 이상	181 초과 220 이하	210 이상
77 초과 110 이하	110 이상	220 초과 275 이하	260 이상
110 초과 154 이하	150 이상		

2) 헤드의 고정 등

① 헤드를 배관에 부착하는 경우 그 기능에 영향을 미치는 변형 · 손상 · 오차 등이 생기지 아니하여야 한다.

② 헤드의 나사는 KS B0222(관용 테이퍼나사) 중 다음 표 7.6의 헤드 구분에 따른 부착나사 또는 이에 상당하는 호칭의 관용 테이퍼나사이어야 하며, 보관·운반 등의 경우 손상되지 않도록 적합한 보호장치를 하여야 한다.

표 7.6 헤드의 구경에 따른 부착나사

헤드의 호칭(mm)	부착나사의 호칭
15	PT 1 / 2"
20	PT 1 / 2" 또는 PT 3 / 4"
25	PT 1"

3) 수원의 확보

가. 저수량

① 「소방기본법 시행령」 별표 2의 특수가연물을 저장 또는 취급하는 특정소방대상물 또는 그 부분에 있어서 그 바닥면적(최대 방수구역의 바닥면적을 기준으로 하며, 50 m^2 이하인 경우에는 50 m^2) 1 m^2에 대하여 10 l/min로 20분간 방수할 수 있는 양 이상으로 할 것

② 차고 또는 주차장에 있어서 그 바닥면적(최대 방수구역의 바닥면적을 기준으로 하며, 50 m^2 이하인 경우에는 50 m^2) 1 m^2당 20 l/min로 20분간 방수할 수 있는 양 이상으로 할 것

③ 절연유 봉입변압기는 바닥을 제외한 표면적을 합한 면적 1 m^2당 10 l/min로 20분간 방수할 수 있는 양 이상

④ 케이블트레이, 덕트 등은 투영된 바닥면적 1 m^2당 12 l/min로 20분간 방수할 수 있는 양 이상

⑤ 컨베이어벨트 등은 벨트부분의 바닥면적 1 m^2당 10 l/min로 20분간 방수할 수 있는 양 이상

나. 수조의 성능기준

수원은 소방설비의 전용수조로 하여야 한다. 다만, 다음에 해당하는 경우에는 그러하지 아니하다.

① 물분무소화설비 펌프의 후드밸브 또는 흡수배관의 흡수구(수직회전축펌프의 흡수구를 포함한다)를 다른 설비(소방용 설비 외의 것)의 후드밸브 또는 흡수구보다 낮은 위치에 설치한 때

② 고가수조로부터 물분무소화설비의 수직배관에 물을 공급하는 급수구를 다른 설비의 급수구보다 낮은 위치에 설치한 때

③ 저수량을 산정함에 있어서 다른 설비와 겸용하여 물분무소화설비용 수조를 설치하는 경우에는 물분무소화설비의 후드밸브·흡수구 또는 수직배관의 급수구와 다른 설비의 후드밸브·흡수구 또는 수직배관의 급수구와의 사이의 수량을 그 유효수량으로 한다.

다. 수조 설치기준

① 점검에 편리한 곳에 설치할 것

② 동결방지조치를 하거나 동결의 우려가 없는 장소에 설치할 것

③ 수조의 외측에 수위계를 설치할 것. 다만, 구조상 불가피한 경우에는 수조의 맨홀 등을 통하여 수조 안의 물의 양을 쉽게 확인할 수 있도록 하여야 한다.

④ 수조의 상단이 바닥보다 높은 때에는 수조의 외측에 고정식 사다리를 설치할 것
⑤ 수조가 실내에 설치된 때에는 그 실내에 조명설비를 설치할 것
⑥ 수조의 밑부분에는 청소용 배수밸브 또는 배수관을 설치할 것
⑦ 수조의 외측의 보기 쉬운 곳에 "물분무소화설비용 수조"라고 표시한 표지를 할 것. 이 경우 그 수조를 다른 설비와 겸용하는 때에는 그 겸용되는 설비의 이름을 표시한 표지를 함께 하여야 한다.
⑧ 물분무소화설비의 흡수배관 또는 물분무소화설비의 수직배관과 수조의 접속 부분에는 "물분무소화설비용 배관"이라고 표시한 표지를 할 것. 다만, 수조와 가까운 장소에 물분무소화설비펌프가 설치되고 물분무소화설비에 제5조제1항제13호의 규정에 따른 표지를 설치한 때에는 그러하지 아니하다.

4) 가압송수장치

① 전동기 또는 내연기관에 의한 펌프를 이용하는 가압송수장치
(가) 점검에 편리하고 화재 등의 재해로 인한 피해를 받을 우려가 없는 곳
(나) 펌프의 1분당 토출량은 다음의 기준에 따라 설치할 것
㉠ 소방기본법 시행령 별표 2의 특수가연물을 저장·취급하는 소방대상물 또는 그 부분에 있어서는 그 바닥면적(최대 방수구역의 바닥면적을 기준으로 하며, 50 m^2 이하인 경우에는 50 m^2) 1 m^2에 대하여 10 l를 곱한 양 이상이 되도록 할 것
㉡ 차고 또는 주차장에 있어서는 그 바닥면적(최대 방수구역의 바닥면적을 기준으로 하며, 50 m^2 이하인 경우에는 50 m^2) 1 m^2에 대하여 20 l를 곱한 양 이상이 되도록 할 것
㉢ 절연유 봉입 변압기에 있어서는 바닥면적을 제외한 표면적을 합한 면적 1 m^2당 10 l를 곱한 양 이상이 되도록 할 것
㉣ 케이블트레이, 케이블덕트 등에 있어서는 투영된 바닥면적 1 m^2당 12 l를 곱한 양 이상이 되도록 할 것
㉤ 컨베이어벨트 등에 있어서는 벨트부분의 바닥면적 1 m^2당 10 l를 곱한 양 이상이 되도록 할 것
(다) 펌프의 양정은 다음의 식에 따라 산출한 수치 이상이 되도록 할 것

$$H = h_1 + h_2$$

여기서, H : 펌프의 양정(m), h_1 : 물분무헤드의 설계압력 환산수두(m)
h_2 : 배관의 마찰손실수두(m)

(라) 동결방지조치를 하거나 동결의 우려가 없는 장소에 설치할 것

(마) 펌프는 전용으로 할 것. 다만, 다른 소화설비와 겸용하는 경우 각각의 소화설비의 성능에 지장이 없을 때에는 그러하지 아니하다.

(바) 펌프의 토출측에는 압력계를 체크밸브 이전에 펌프 토출측 플랜지에서 가까운 곳에 설치하고, 흡입측에는 연성계 또는 진공계를 설치할 것. 다만, 수원의 수위가 펌프의 위치보다 높거나 수직회전축 펌프의 경우에는 연성계 또는 진공계를 설치하지 아니할 수 있다.

(사) 가압송수장치에는 정격부하운전 시 펌프의 성능을 시험하기 위한 배관을 설치할 것. 다만, 충압펌프의 경우에는 그러하지 아니하다.

(아) 가압송수장치에는 체절운전 시 수온의 상승을 방지하기 위한 순환배관을 설치할 것. 다만, 충압펌프의 경우에는 그러하지 아니하다.

(자) 기동용수압개폐장치(압력챔버)를 사용할 경우 그 용적은 100 l 이상의 것으로 할 것

(차) 수원의 수위가 펌프보다 낮은 위치에 있는 가압송수장치에는 다음의 기준에 따른 물올림장치를 설치할 것

㉠ 물올림장치에는 전용의 수조를 설치할 것

㉡ 수조의 유효수량은 100 l 이상으로 하되, 구경 15 mm 이상의 급수배관에 따라 당해 수조에 물이 계속 보급되도록 할 것

(카) 기동용수압개폐장치(압력챔버)를 기동장치로 할 경우에는 다음 기준에 따른 충압펌프를 설치할 것

㉠ 펌프의 토출압력은 그 설비의 최고위 물분무헤드의 자연압보다 적어도 0.2 MPa가 더 크도록 하거나 가압송수장치의 정격토출압력과 같게 할 것

㉡ 펌프의 정격토출량은 정상적인 누설량보다 적어서는 아니되며, 물분무소화설비가 자동적으로 작동할 수 있도록 충분한 토출량을 유지할 것

(파) 내연기관을 사용하는 경우에는 제어반에 따라 내연기관의 자동기동 및 수동기동이 가능하고, 상시 충전되어 있는 축전지설비를 갖출 것

(타) 가압송수장치에는 "물분무소화설비펌프"라고 표시한 표지를 할 것. 이 경우 그 가압송수장치를 다른 설비와 겸용하는 때에는 그 겸용되는 설비의 이름을 표시한 표지를 함께 하여야 한다.

(하) 가압송수장치가 기동이 된 경우에는 자동으로 정지되지 아니하도록 하여야 한다. 다만, 충압펌프의 경우에는 그러하지 아니하다.

② 고가수조의 자연낙차압력을 이용한 가압송수장치

고가수조의 자연낙차압력(수조의 하단으로부터 최고층에 설치된 물분무헤드까지의 수직 거리)을 이용하는 방법으로 에너지가 필요 없는 가장 확실한 방법이라 할 수 있으나 고층건축물의 저층에 일부 상용할 수 있다.

$$H = h_1 + h_2$$

여기서, H : 필요한 낙차(m), h_1 : 물분무헤드의 설계압력 환산수두(m)

h_2 : 배관의 마찰손실수두(m)

고가수조에는 수위계, 배수관, 급수관, 오버플로우관 및 맨홀을 설치하여야 한다.

③ 압력수조를 이용한 가압송수장치

현재 일반 건축물에는 거의 이용되지 않은 방식으로 우리나라에서는 설치된 소방대상물을 찾아보기 힘든 방식이다. 압력수조의 압력은 다음 식에 의하여 산출한 수치 이상이 되도록 하여야 한다.

$$P = P_1 + P_2 + P_3$$

여기서, P : 필요한 압력(MPa), P_1 : 물분무헤드의 설계압력(MPa)

P_2 : 배관의 마찰손실수두압(MPa), P_3 : 낙차에 의한 환산수두압(MPa)

압력수조에는 수위계 - 급수관, 배수관, 급기관, 맨홀, 압력계, 안전장치 및 압력저하 방지를 위한 자동식 에어 컴프레서를 설치할 것

④ 가압수조를 이용한 가압송수장치는 다음의 기준에 따라 설치

(가) 가압수조의 압력은 방수량 및 방수압이 20분 이상 유지되도록 할 것

(나) 가압수조는 최대상용압력 1.5배의 물의 압력을 가하는 경우 물이 새지 않고 변형이 없을 것

(다) 가압수조 및 가압원은 방화구획 된 장소에 설치할 것

(라) 가압수조에는 수위계·급수관·배수관·급기관·압력계·안전장치 및 수조에 소화수와 압력을 보충할 수 있는 장치를 설치할 것

(마) 가압수조를 이용한 가압송수장치는 소방용 기계기구의 승인 등에 관한 제품검사에 합격한 것으로 설치할 것

5) 기동장치

① 물분무소화설비의 수동식 기동장치는 다음 기준에 따라 설치한다.

(가) 직접 조작 또는 원격조작에 따라 각각의 가압송수장치 및 수동식 개방밸브 또는 가압송수장치 및 자동개방밸브를 개방할 수 있도록 설치할 것

(나) 기동장치의 가까운 곳의 보기 쉬운 곳에 "기동장치"라고 표시한 표지를 할 것

② 자동식 기동장치는 자동화재탐지설비의 감지기의 작동 또는 폐쇄형 스프링클러헤드의 개방과 연동하여 경보를 발하고, 가압송수장치 및 자동개방밸브를 기동할 수 있는 것으로 하여야 한다. 다만, 자동화재탐지설비의 수신기가 설치되어 있는 장소에 상시 사람이 근무하고 있고, 화재 시 물분무소화설비를 즉시 작동시킬 수 있는 경우에는 그러하지 아니하다.

6) 제어밸브, 기타 밸브 등

① 제어밸브는 바닥으로부터 0.8 m 이상 1.5 m 이하의 위치에 설치할 것

② 제어밸브의 가까운 곳의 보기 쉬운 곳에 "제어밸브"라고 표지를 할 것

③ 자동개방밸브 및 수동식 개방밸브는 다음의 기준에 의하여 설치한다.

(가) 자동개방밸브의 기동조작부 및 수동식 개방밸브는 화재 시 용이하게 접근할 수 있는 곳의 바닥으로부터 0.8 m 이상 1.5 m 이하의 위치에 설치할 것

(나) 자동개방밸브 및 수동식 개방밸브의 2차측 배관부분에는 해당 방수구역 외에 밸브의 작동을 시험할 수 있는 장치를 설치할 것. 다만, 방수구역에서 직접 방사시험을 할 수 있는 경우에는 그러하지 아니하다.

7) 배관

① 배관은 배관용 탄소강관(KS D3507) 또는 배관내 사용압력이 1.2 MPa 이상일 경우에는 압력배관용 탄소강관(KS D3562) 또는 이음매 없는 동 및 동합금(KS D5301)의 배관용 동관이나 이와 동등 이상의 강도·내식성 및 내열성을 가진 것으로 하여야 한다. 다만, 다음에 해당하는 장소에는 법 제39조에 따라 제품검사에 합격한 소방용 합성수지배관으로 설치할 수 있다.

(가) 배관을 지하에 매설하는 경우

(나) 다른 부분과 내화구조로 구획된 덕트 또는 피트의 내부에 설치하는 경우

(다) 천장(상층이 있는 경우에는 상층바닥의 하단을 포함)과 반자를 불연재료로 설치하고 그 내부에 습식으로 배관을 설치하는 경우

② 급수배관은 전용으로 하여야 한다. 다만, 물분무소화설비의 기동장치의 조작과 동시에 다른 설비의 용도에 사용하는 배관의 송수를 차단할 수 있거나, 물분무소화설비의 성능에 지장이 없는 경우에는 다른 설비와 겸용할 수 있다.

③ 펌프의 흡입측 배관은 다음 기준에 따라 설치하여야 한다.

(가) 공기 고임이 생기지 아니하는 구조로 하고 여과장치를 설치할 것

(나) 수조가 펌프보다 낮게 설치된 경우에는 각 펌프(충압펌프를 포함)마다 수조로부터 별도로 설치할 것

④ 연결송수관설비의 배관과 겸용할 경우의 주배관은 구경 100 mm 이상, 방수구로 연결되는 배관의 구경은 65 mm 이상의 것으로 하여야 한다.

⑤ 펌프의 성능은 체절운전 시 정격토출압력의 140%를 초과하지 아니하고, 정격토출량의 150%로 운전 시 정격토출압력의 65% 이상이 되어야 하며, 펌프의 성능시험배관은 다음 기준에 적합하여야 한다.

(가) 성능시험배관은 펌프의 토출측에 설치된 개폐밸브 이전에서 분기하여 설치하고, 유량측정장치를 기준으로 전단 직관부에 개폐밸브를 후단 직관부에는 유량조절밸브를 설치할 것

(나) 유량측정장치는 성능시험배관의 직관부에 설치하되, 펌프의 정격토출량의 175%까지 측정할 수 있는 성능이 있을 것

⑥ 가압송수장치의 체절운전 시 수온의 상승을 방지하기 위하여 체크밸브와 펌프 사이에서 분기한 구경 20 mm 이상의 배관에 체절압력 미만에서 개방되는 릴리프밸브를 설치하여야 한다.

⑦ 동결방지조치를 하거나 동결의 우려가 없는 장소에 설치하여야 한다.

⑧ 급수배관에 설치되어 급수를 차단할 수 있는 개폐밸브는 개폐표시형으로 하여야 한다. 이 경우 펌프의 흡입측 배관에는 버터플라이밸브 외의 개폐표시형 밸브를 설치하여야 한다.

⑨ 급수배관에 설치되어 급수를 차단할 수 있는 개폐밸브에는 그 밸브의 개폐상태를 감시제어반에서 확인할 수 있도록 급수개폐밸브 작동표시 스위치를 다음의 기준에 따라 설치하여야 한다.

(가) 급수개폐밸브가 잠길 경우 탬퍼스위치의 동작으로 인하여 감시제어반 또는 수신기에 표시되어야 하며 경보음을 발할 것

(나) 탬퍼스위치는 감시제어반에서 동작의 유무확인과 동작시험, 도통시험을 할 수 있을 것

(다) 급수개폐밸브의 작동표시 스위치에 사용되는 전기배선은 내화전선 또는 내열전선으로 설치할 것

⑩ 배관은 다른 설비의 배관과 쉽게 구분이 될 수 있는 위치에 설치하거나 그 배관표면 또는 배관보온재표면의 색상을 달리하는 방법 등으로 소방용 설비의 배관임을 표시하여야 한다.

⑪ 분기배관을 사용할 경우에는 법 제39조에 따라 제품검사에 합격한 것으로 설치하여야 한다.

8) 송수구 설치기준

물분무소화설비에는 소방펌프자동차로부터 그 설비에 송수할 수 있는 송수구를 다음의 기준에 의하여 설치하여야 한다.

① 송수구는 화재층으로부터 지면으로 떨어지는 유리창 등이 송수 및 그 밖의 소화작업에 지장을 주지 아니하는 장소에 설치할 것
② 송수구로부터 물분무소화설비의 주배관에 이르는 연결배관에 개폐밸브를 설치한 때에는 그 개폐상태를 쉽게 확인 및 조작할 수 있는 옥외 또는 기계실 등의 장소에 설치할 것
③ 구경 65 mm의 쌍구형으로 할 것
④ 송수구에는 그 가까운 곳의 보기 쉬운 곳에 송수압력범위를 표시한 표지를 할 것
⑤ 송수구는 하나의 층의 바닥면적이 3,000 m^2를 넘을 때마다 1개(5개를 넘을 경우에는 5개로 한다) 이상을 설치할 것
⑥ 지면으로부터 높이가 0.5 m 이상 1 m 이하의 위치에 설치할 것
⑦ 송수구의 가까운 부분에 자동배수밸브(또는 직경 5 mm의 배수공) 및 체크밸브를 설치할 것. 이 경우 자동배수밸브는 배관 안의 물이 잘 빠질 수 있는 위치에 설치하되, 배수로 인하여 다른 물건 또는 장소에 피해를 주지 아니하여야 한다.
⑧ 송수구에는 이물질을 막기 위한 마개를 씌울 것

9) 배수설비

차고 또는 주차장에는 다음의 기준에 의하여 배수설비를 하여야 한다.

① 차량이 주차하는 장소의 적당한 곳에 높이 10 cm 이상의 경계턱으로 배수구를 설치할 것
② 배수구에는 새어나온 기름을 모아 소화할 수 있도록 길이 40 m 이하마다 집수관, 소화피트 등 기름분리장치를 설치할 것
③ 차량을 주차하는 바닥은 배수구를 향하여 2/100 이상의 기울기를 유지할 것
④ 배수설비는 가압송수장치의 최대송수능력의 수량을 유효하게 배수할 수 있는 크기 및 기울기로 할 것

9. 전원설비

1) 상용전원회로의 배선

물분무소화설비에는 그 소방대상물의 수전방식에 따라 다음 기준에 따른 상용전원회로의 배선을 설치하여야 한다. 다만, 가압수조방식으로서 모든 기능이 20분 이상 유효하게 지속될 수 있는 경우에는 그러하지 아니하다.

① 저압수전인 경우는 인입개폐기의 직후에서 분기하여 전용배선으로 한다.

② 특별고압수전 또는 고압수전일 경우에는 전력용 변압기 2차측의 주차단기 2차측에서 분기하여 전용배선으로 하여야 한다. 다만, 가압송수장치의 정격입력전압이 수전전압과 같은 경우에는 ①의 기준에 의한다.

[저압수전의 경우]

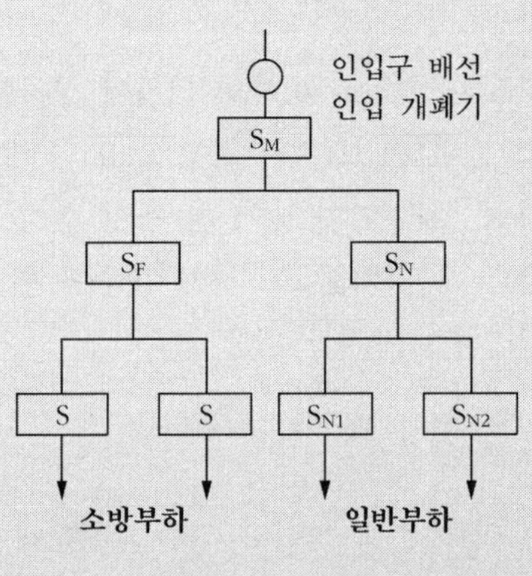

주 1. 일반회로의 과부하 또는 단락사고시 S_M이 S_N, S_{N1} 및 S_{N2}보다 먼저 차단되어서는 아니된다.
2. S_F는 S_N과 동등 이상의 차단용량일 것.

약 호	명 칭
<삭제>	<삭제>
<삭제>	<삭제>
<삭제>	<삭제>
<삭제>	<삭제>
S	저압용 개폐기 및 과전류차단기

[고압 또는 특별고압수전의 경우]

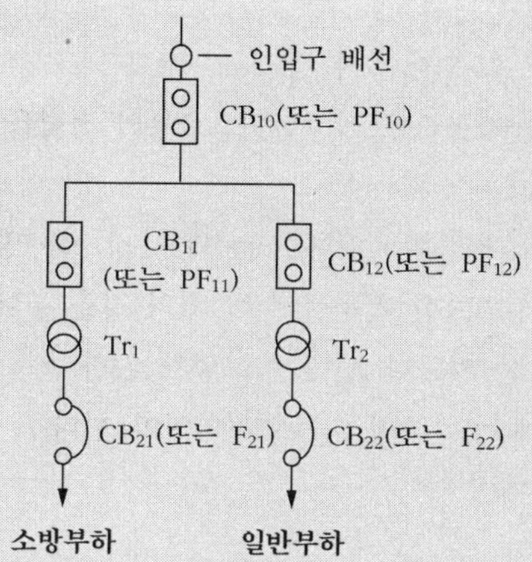

(가) 전용의 전력용 변압기에서 소방부하에 전원을 공급하는 경우

주 1. 일반회로의 과부하 또는 단락사고 시에 CB_{10}(또는 PF_{10})이 CB_{12}(또는 PF_{12}) 및 CB_{22}(또는 F_{22})보다 먼저 차단되어서는 아니된다.

2. CB_{11}(또는 PF_{11})은 CB_{12}(또는 PF_{12})와 동등 이상의 차단용량일 것.

약 호	명 칭
CB	전력차단기
PF	전력퓨즈(고압 또는 특별고압용)
F	퓨즈(저압용)
Tr	전력용 변압기

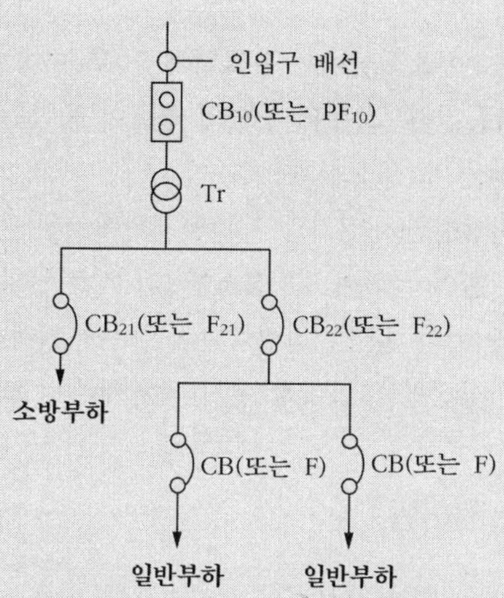

(나) 공용의 전력용 변압기에서 소방부하에 전원을 공급하는 경우

주 1. 일반회로의 과부하 또는 단락사고 시에 CB_{10}(또는 PF_{10})이 CB_{22}(또는 F_{22}) 및 CB(또는 F)보다 먼저 차단되어서는 아니된다.

2. CB_{21}(또는 F_{21})은 CB_{22}(또는 F_{22})와 동등 이상의 차단용량일 것.

약 호	명 칭
CB	전력차단기
PF	전력퓨즈(고압 또는 특별고압용)
F	퓨즈(저압용)
Tr	전력용 변압기

2) 비상전원

비상전원은 자가발전설비 또는 축전지설비(내연기관에 의한 펌프를 사용하는 경우는 내연기관의 기동 및 제어용 축전지)로서 다음의 기준에 의해 설치한다. 다만, 2 이상의 변전소(「전기사업법」 제67조의 규정에 따른 변전소)에서 전력을 동시에 공급받을 수 있거나 하나의 변전소로부터 전력의 공급이 중단되는 때에는 자동으로 다른 변전소로부터 전원을 공급받을 수 있도록 상용전원을 설치한 경우와 가압수조방식에는 비상전원을 설치하지 아니할 수 있다.

① 점검에 편리하고 화재 및 침수 등의 재해로 인한 피해를 받을 우려가 없는 곳에 설치하여야 한다.
② 물분무소화설비를 유효하게 20분 이상 작동할 수 있어야 한다.
③ 상용전원으로부터 전력의 공급이 중단된 때에는 자동으로 비상전원으로부터 전력을 공급받을 수 있도록 하여야 한다.
④ 비상전원(내연기관의 기동 및 제어용 축전기를 제외)의 설치장소는 다른 장소와 방화구획하여야 하며, 그 장소에는 비상전원의 공급에 필요한 기구나 설비 외의 것을 두어서는 안 된다. 다만, 열병합발전설비에 있어서 필요한 기구나 설비는 그렇지 않다.
⑤ 비상전원을 실내에 설치하는 때에는 그 실내에 비상조명등을 설치하여야 한다.

10. 제어반

① 물분무소화설비에는 제어반을 설치하되, 감시제어반과 동력제어반으로 구분하여 설치하여야 한다. 다만, 다음 해당하는 경우에는 감시제어반과 동력제어반으로 구분하여 설치하지 아니할 수 있다.
(가) 다음에 해당하지 아니하는 소방대상물에 설치되는 물분무소화설비
㉠ 지하층을 제외한 층수가 7층 이상으로서 연면적 2,000 m^2 이상인 것
㉡ ㉠에 해당하지 아니하는 소방대상물로서 지하층의 바닥면적의 합계가 3,000 m^2 이상인 것. 다만, 차고·주차장 또는 보일러실·기계실·전기실 등 이와 유사한 장소의 면적은 제외한다.
(나) 내연기관에 따른 가압송수장치를 사용하는 물분무소화설비
(다) 고가수조에 따른 가압송수장치를 사용하는 물분무소화설비
(라) 가압수조에 따른 가압송수장치를 사용하는 물분무소화설비
② 감시제어반의 기능은 다음 기준에 적합하여야 한다. 다만, ①의 (가)에 해당하는 경우에는 (다) 및 (바)의 규정을 적용하지 아니한다.
(가) 각 펌프의 작동여부를 확인할 수 있는 표시등 및 음향경보기능이 있어야 할 것
(나) 각 펌프를 자동 및 수동으로 작동시키거나 작동을 중단시킬 수 있어야 할 것
(다) 비상전원을 설치한 경우에는 상용전원 및 비상전원의 공급여부를 확인할 수 있어야 하고, 자동 또는 수동으로 상용전원 또는 비상전원으로의 전환이 가능할 것
(라) 수조 또는 물올림탱크가 저수위로 될 때 표시등 및 음향으로 경보할 것
(마) 각 확인회로(기동용수압개폐장치의 압력스위치회로·수조 또는 물올림탱크의 감시회로를 말한다)마다 도통시험 및 작동시험을 할 수 있어야 할 것

(바) 예비전원이 확보되고 예비전원의 적합여부를 시험할 수 있을 것

③ 감시제어반은 다음 기준에 따라 설치하여야 한다.

(가) 화재 및 침수 등의 재해로 인한 피해를 받을 우려가 없는 곳에 설치할 것

(나) 감시제어반은 물분무소화설비의 전용으로 할 것. 다만, 물분무소화설비의 제어에 지장이 없는 경우는 타 설비와 겸용할 수 있다.

(다) 감시제어반은 다음 기준에 따른 전용실 안에 설치할 것. 다만 ①의 (가)에 해당하는 경우와 공장, 발전소 등에서 설비를 집중제어·운전할 목적으로 설치하는 중앙제어실내에 감시제어반을 설치하는 경우에는 그러하지 아니하다.

㉠ 다른 부분과 방화구획을 할 것. 이 경우 전용실의 벽에는 기계실 또는 전기실 등의 감시를 위하여 두께 7 mm 이상의 망입유리(두께 16.3 mm 이상의 접합유리 또는 두께 28 mm 이상의 복층유리를 포함)로 된 4 m^2 미만의 붙박이창을 설치할 수 있다.

㉡ 피난층 또는 지하 1층에 설치할 것. 다만, 다음에 해당하는 경우에는 지상 2층에 설치하거나 지하 1층 외의 지하층에 설치할 수 있다.

- 「건축법 시행령」 제35조의 규정에 따라 특별피난계단이 설치되고 그 계단(부속실을 포함) 출입구로부터 보행거리 5 m 이내에 전용실의 출입구가 있는 경우
- 아파트의 관리동(관리동이 없는 경우는 경비실)에 설치하는 경우

㉢ 비상조명등 및 급·배기설비를 설치할 것

㉣ 무선통신보조설비의 화재안전기준(NFSC 505) 제6조의 규정에 따른 무선기기 접속단자(영 별표 4 소화활동설비의 소방시설 적용기준란 제5호의 규정에 따른 무선통신보조설비가 설치된 특정소방대상물에 한한다)를 설치할 것

㉤ 바닥면적은 감시제어반의 설치에 필요한 면적 외에 화재 시 소방대원이 그 감시제어반의 조작에 필요한 최소면적 이상으로 할 것

(라) 전용실에는 소방대상물의 기계·기구 또는 시설 등의 제어 및 감시설비 외의 것을 두지 아니할 것

④ 동력제어반은 다음 기준에 따라 설치하여야 한다.

(가) 앞면은 적색으로 하고 "물분무소화설비용 동력제어반"이라고 표시한 표지를 설치할 것

(나) 외함은 두께 1.5 mm 이상의 강판 또는 이와 동등 이상의 강도 및 내열성능이 있는 것으로 할 것

(다) 그 밖의 동력제어반의 설치에 관하여는 제3항제1호 및 제2호의 기준을 준용할 것

11. 배선 등

① 배선은 「전기사업법」 제67조의 규정에 따른 기술기준에서 정한 것 외에 다음 기준에 따라 설치하여야 한다.

(가) 비상전원으로부터 동력제어반 및 가압송수장치에 이르는 전원회로배선은 내화배선으로 할 것. 다만, 자가발전설비와 동력제어반이 동일한 실에 설치된 경우에는 자가발전기로부터 그 제어반에 이르는 전원회로배선은 그러하지 아니하다.

(나) 상용전원으로부터 동력제어반에 이르는 배선, 그 밖의 물분무소화설비의 감시·조작 또는 표시 등 회로의 배선은 내화배선 또는 내열배선으로 할 것. 다만, 감시제어반 또는 동력제어반 안의 감시·조작 또는 표시 등 회로의 배선은 그러하지 아니하다.

② ①의 규정에 따른 내화배선 및 내열배선에 사용되는 전선 및 설치방법은 옥내소화전 화재안전기준(NFSC102) 별표 1의 기준에 따른다.

③ 물분무소화설비의 과전류차단기 및 개폐기에는 "물분무소화설비용"이라고 표시한 표지를 하여야 한다.

④ 물분무소화설비용 전기배선의 양단 및 접속단자에는 다음 기준에 따라 표지하여야 한다.

(가) 단자에는 "물분무소화설비단자"라고 표시한 표지를 부착할 것

(나) 물분무소화설비용 전기배선의 양단에는 다른 배선과 식별이 용이하도록 표시할 것

12. 수원 및 가압송수장치의 펌프 등의 겸용

① 물분무소화설비의 수원을 옥내소화전설비·스프링클러설비·간이스프링클러설비·화재조기진압용 스프링클러설비·포소화전설비 및 옥외소화전설비의 수원과 겸용하여 설치하는 경우의 저수량은 각 소화설비에 필요한 저수량을 합한 양 이상이 되도록 한다. 다만, 이들 소화설비 중 고정식 소화설비(펌프·배관과 소화수 또는 소화약제를 최종방출하는 방출구가 고정된 설비를 말한다)가 2 이상 설치되어 있고, 그 소화설비가 설치된 부분이 방화벽과 방화문으로 구획되어 있는 경우는 각 고정식 소화설비에 필요한 저수량 중 최대의 것 이상으로 할 수 있다.

② 물분무소화설비의 가압송수장치로 사용하는 펌프를 옥내소화전설비·스프링클러설비·간이스프링클러설비·화재조기진압용 스프링클러설비·포소화설비 및 옥외소화전설비의 가압송수장치와 겸용하여 설치하는 경우의 펌프의 토출량은 각 소화설비에 해당하는 토출량을 합한 양 이상이 되도록 하여야 한다. 다만, 이들 소화설비 중 고정식 소화설비가 2 이상 설치되어 있고, 그 소화설비가 설치된 부분이 방화벽과 방화문으로 구획되어 있으며

각 소화설비에 지장이 없는 경우에는 펌프의 토출량 중 최대의 것 이상으로 할 수 있다.

③ 옥내소화전설비·스프링클러설비·간이스프링클러설비·화재조기진압용 스프링클러설비·물분무소화설비·포소화설비 및 옥외소화전설비의 가압송수장치에 있어서 각 토출측배관과 일반급수용의 가압송수장치의 토출측배관을 상호 연결하여 화재 시 사용할 수 있다. 이 경우 연결배관에는 개·폐표시형 밸브를 설치하여야 하며, 각 소화설비의 성능에 지장이 없도록 하여야 한다.

④ 물분무소화설비의 송수구를 옥내소화전설비·스프링클러설비·간이스프링클러설비·화재조기진압용 스프링클러설비·포소화설비·연결송수관설비 또는 연결살수설비의 송수구와 겸용으로 설치하는 경우에는 스프링클러설비의 송수구의 설치기준에 따르되 각각의 소화설비의 기능에 지장이 없도록 하여야 한다.

13. 설치·유지기준의 특례

소방본부장 또는 소방서장은 기존 건축물이 증축·개축·대수선되거나 용도 변경되는 경우에 있어서 이 기준이 정하는 기준에 따라 당해 건축물에 설치하여야 할 물분무소화설비의 배관·배선 등의 공사가 현저하게 곤란하다고 인정되는 경우에는 당해 설비의 기능 및 사용에 지장이 없는 범위 안에서 물분무소화설비의 설치·유지기준의 일부를 적용하지 아니할 수 있다.

연습문제

01. 물분무소화설비와 스프링클러의 차이점에 대하여 기술하시오.

02. 물분무소화설비에 사용하는 일제개방밸브의 유량은 분당 몇 l 이하인가?

03. 고압의 전기기기가 있는 장소에 있어서는 전기의 절연을 위하여 전기기기와 물분무헤드 사이에는 다음 표에 의한 거리를 두어야 한다. 표의 공란을 채우시오.

전압(kV)	거리(cm)	전압(kV)	거리(cm)
66 이하	70 이상	154 초과 181 이상	(3)
66 초과 77 이하	(1)	181 초과 220 이하	(4)
77 초과 110 이하	110 이상	220 초과 275 이하	(5)
110 초과 154 이하	(2)		

04. 물분무소화설비의 소화효과 4가지만 기술하시오.

05. 물분무소화설비는 다수의 가연성 액체연소에도 소화효과가 있는데 그것은 물분무의 어떤 작용에 기인하는 것인지 3가지만 열거하시오.

06. 일반적으로 기름화재에 대해서는 물로서의 소화가 어려우나 물분무는 좋은 소화효과를 취하는 경우가 많은데 그 이유를 두 가지만 설명하시오.

07. 바닥면적이100 m^2인 주차장에 물분무소화설비를 하였다. 다음 질문에 답하시오.

(1) 수원의 최소 유효저수량은 얼마인가?

(2) 가압송수장치의 최소 토출량은 얼마인가?

08. 옥내 주차장 부분에 설치할 수 있는 고정식 소화설비 중 5가지만 기술하시오(단, 주차장은 상시 난방이 되지 않는다).

09. 물분무소화설비 제어밸브의 설치위치에 대하여 설명하시오.

10. 특수가연물을 저장·취급하는 장소의 물분무소화설비를 설치할 경우 필요한 수원량은 얼마인가?

11. 위험물 저장탱크의 원주둘레가 18 m인 저장시설에 물분무소화설비를 설치할 경우 필요한 수원의 양은 얼마인가?

12. 물을 무상으로 방사할 때 물리적인 소화효과에 대하여 설명하시오.

13. 물분무소화설비의 기동장치에 대하여 간단하게 설명하시오.

14. 물분무소화설비의 설치가 배제되는 경우에 대하여 설명하시오.

15. 물분무소화설비의 배수설비 기준에 대하여 기술하시오.

16. 한 개의 일제개방밸브가 담당하는 1분당 유량은 얼마 이하로 하여야 하는가?

17. 특수가연물을 저장·취급하는 소방대상물에 물분무소화설비 중 설치하려고 한다. 단, 저장·취급소의 바닥면적이 70 m^2일 때 펌프의 1분당 토출량은 얼마 이상으로 설치해야 하는가?

Memo

CHAPTER

8

미분무소화설비

(Water Mist Fire Protection System)

1. 개요

Compared to sprinklers and spray suppression systems, water droplets generated by the water mist systems are smaller and they have advantages in fire suppression through using less water and quickly cooling the air temperature. 현재 화재방학공학 분야에서 취급하고 있는 미분무수(Water Mist)의 크기는 1.0 mm(1,000 μm)를 초과하는 액적이 포함되어 있지 않은 미세한 분무수를 말한다(Water mist refers to fine water droplets in which 99% of the volume of the spray is in drops with diameters less than 1,000 microns). 과학적인 의미의 미스트는 에어로졸(직경이 5 μm 정도인 입자)과 안개(직경이 10 ~ 100 μm인 액적)의 연속선상에 있는 액적으로 구성되어 있는 것을 의미한다. 그러나 방화(防火)용도로 사용되는 미분무수는 특정 범위의 크기를 갖는 액적으로 구성된 미세한 분무수이며, 미분무수범위에서 매우 미세한 액적의 비율이 전형적인 표준형스프링클러헤드나 분무수 노즐보다 더 높은 분무수를 말한다. 예를 들면 평균직경이 0.3 mm(300 μm) 미만인 미분무수를 이용해 확산화염을 냉각 및 소화시키는데 있어서 괄목할 만한 성공을 거둔 바 있다. 1950년대 학자들은 분무액이 보다 작은 크기로 분할되면서 열전달에 사용되는 표면적 증가로 인해 열흡수 효율이 향상된다는 사실을 확인한 바 있다. 미분무수(Water Mist)라는 용어는 화재진압설비에서 효율적인물의 사용에 대한 관심이 증대됨에 따라, 1990년대 초에 NFPA 산하 위원회인 NFPA 750에 의해 도입되었다(Standard for Water Mist Fire Protection Systems). 그러나 화재진압을 위해 미분무수를 사용하는 것이 이점을 인지하고도, 기술적/경제적 이유로 인해 미세분무방식이 방화(防火)분야에 즉각적으로 적용되지는 않았다. 기술적 문제점으로는 분무 특성을 향상시키기 위한 작동압력 상승의부작용, 부식 생성물로 인한 소형 오리피스의 막힘 가능성, 장치의 장기 유지에 대한 의구심 등을 들 수 있다. 또한 경제적 문제점은 표준형 스프링클러헤드나 할로겐화탄화수소(할론 1301과 같은 기체상태의 소화약제)와 같이 보다 저렴한 대안이 존재한다는 것이었다. 1980년대에 고정식 화재진압설비에 미분무수를 사용하는 방식에 대한 관심을 다시금 불러일으켰다.

1) 1984년 맨체스터 항공기 충돌에 대한 항공업계의 대응
2) 오존층 파괴물질(할론)의 사용 및 생산 중단에 합의한1987년 몬트리올 의정서의 서명
3) 승선 인원이 35명을 초과하는 모든 기존 여객선 및 신규여객선에 대해 스프링클러설비의 설치를 의무화한 IMO(International Maritime Organization, 국제해사기구)의 규정발효

즉, 미분무수화재진압설비에 대한 관심을 불러일으킨 것은 1987년에 있었던 몬트리올 의정서의 조인이었고, 여객선에 대해 스프링클러설비를 의무화한 IMO의 움직임이었다. 이에

대한 대응으로 IMO는 승선 인원이 35명을 초과하는 모든 선박에 대해 스프링클러설비의 설치를 의무화 했으며, 해당 규정은 1995년을 기점으로 발효되었다. 선박상부 하중이 증가로 인한 안정성 문제, 하중을 지지하도록 설계되지 않은 기존선박에 스프링클러설비를 설치 등이 심각한 문제로 대두되었다. IMO의 규제 의도를 충족시키면서도 물 사용량을 줄이고, 전통적인 선박용 스프링클러설비보다 중량이 가벼운 스프링클러설비에 해당하는 설비를 개발하도록 하는 강력한 경제적/기술적 동기가 형성된 것이다. 바로 이러한 요구를 충족시키는 대안이 미분무수화재진압설비이다.

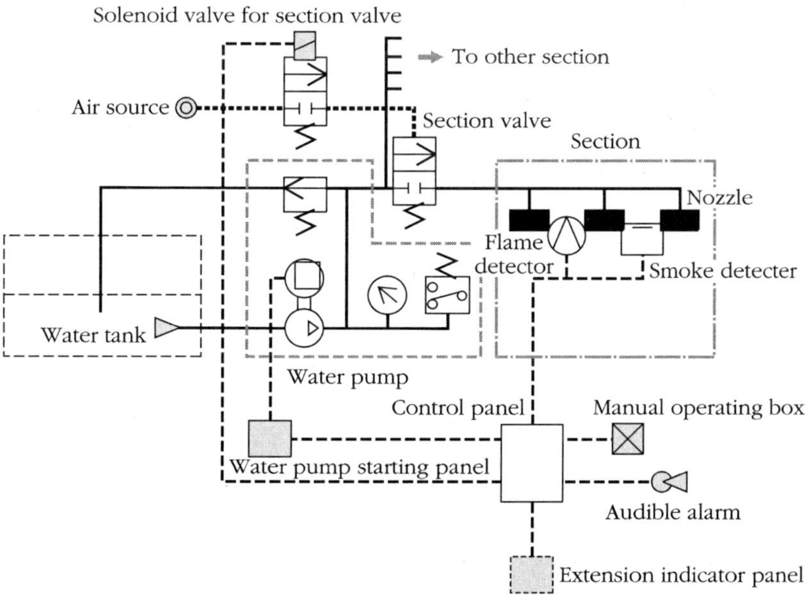

그림 8.1 미분무소화설비의 계통도

2. Applications

1) Gas Turbines, Engine Test Cells, Generator Rooms.
2) Machinery Spaces and Oil Pumps.
3) Lubrication Skids. Drive Shafts.
4) Chemical Processes. Hydraulic Pumps. Oil Reservoirs.
5) Diesel Emergency Rooms and Gear Boxes.
6) Transformer Vaults.
7) Gas Compressors.
8) Crude Oil Pumps, Process Areas.

3. 용어의 정의

1) **미소화설비**란 가압된 물이 헤드 통과 후 미세한 입자로 분무됨으로써 소화성능을 가지는 설비를 말하며 소화력을 증가시키기 위해 강화액 등을 첨가할 수 있다.
2) **미분무**란 물만을 사용하여 소화하는 방식으로 최소설계압력에서 헤드로부터 방출되는 물입자 중 99%의 누적체적분포가 400 μm 이하로 분무되고 A, B, C급 화재에 적응성을 갖는 것을 말한다.
3) **개방형 미분무헤드**란 감열체 없이 방수구가 항상 열려져 있는 헤드를 말한다.
4) **폐쇄형 미분무헤드**란 정상상태에서 방수구를 막고 있는 감열체가 일정온도에서 자동적으로 파괴·용융 또는 이탈됨으로써 방수구가 개방되는 헤드를 말한다.
5) **저압 미분무소화설비**란 최고사용압력이 1.2 MPa 이하인 미분무소화설비를 말한다.
6) **중압 미분무소화설비**란 사용압력이 1.2 MPa을 초과하고 3.5 MPa 이하인 미분무소화설비를 말한다.
7) **고압 미분무소화설비**란 최저사용압력이 3.5 MPa을 초과하는 미분무소화설비를 말한다.
8) **폐쇄형 미분무소화설비**란 배관 내에 항상 물 또는 공기 등이 가압되어 있다가 화재로 인한 열로 폐쇄형 미분무헤드가 개방되면서 소화수를 방출하는 방식의 미분무소화설비를 말한다. **개방형 미분무소화설비**란 화재감지기의 신호를 받아 가압송수장치를 동작시켜 미분무수를 방출하는 방식의 미분무소화설비를 말한다.
9) **전역방출방식**이란 고정식 미분무소화설비에 배관 및 헤드를 고정 설치하여 구획된 방호구역 전체에 소화수를 방출하는 설비를 말한다. **국소방출방식**이란 고정식 미분무소화설비에 배관 및 헤드를 설치하여 직접 화점에 소화수를 방출하는 설비로서 화재발생 부분

에 집중적으로 소화수를 방출하도록 설치하는 방식을 말한다. **호스릴방식**이란 미분무건을 소화수 저장용기 등에 연결하여 사람이 직접 화점에 소화수를 방출하는 소화설비를 말한다.

4. 소화 및 화재진압 메커니즘

미분무수의 소화 메커니즘에 대한 해석은 약 50년 전에 확립되었으며, 그 이후로 미분무수를 '미세하게 분할된 분무수'로 부르게 되었다. Braidech 및 Rasbash이 내린 결론에 따르면, 화염영역 내에서 물방울이 증발하면서 발생한 수증기에 의한 공기(산소)의 희석으로 인해 화재가 소화되고 아울러 그들은 물의 냉각효과가 화염의 소멸에 기여한다고 결론 내렸다. Mawhinney 연구팀은 탄화수소 화재의 소화와 관련해 3가지 주요 소화메커니즘으로 기상(氣相) 냉각, 산소 고갈 및 인화성 증기 회석, 가연물 표면의 적심 및 냉각과 복사 감쇄, 운동효과의 2가지 부차적 소화메커니즘이 있는 것으로 기술하고 있다. 이상에서 언급한 소화메커니즘에 대하여 요약하면 다음과 같다.

1) 기상(氣相) 냉각

물의 증발로 인해 화염 및 고온 가스로부터 열을 제거하는 메커니즘을 의미한다. 미분무수가 냉각 효과를 보이는 이유는 물이 증발률이 향상되는 여러 개의 미세한 물방울로 분할되기 때문이다. 증발하는 물이 많을수록 화염으로부터 제거되는 열량이증가하고 화염온도 감소 폭이 커진다. 화염온도가 연소유지에 필요한 임계 수치(단열화염온도한계) 이하로 떨어지면, 화염은 소멸된다. 확산화염에 대한 단열화염온도한계는 1,600 K(1,326℃) 정도이다. 화염 냉각은 가연물표면에 대한 복사량(열 피드백)을 감소시켜, 가연물의 열분해를 감소시키는 역할도 한다. 메탄/공기 역류 화염소화에 대한 과학적 연구를 통해, 100%에 가까운 효율로 전달될 경우 질량을 기준으로 미분무수/수증기가 할론 1301보다 더 효과적이라는 사실이 입증된 바 있으나 실제로는 실물규모 구획실 화재진압 사례에서 물 방출효율은 100%에 크게 못 미친다.

2) 산소 및 인화성 증기 회석

구획실에서 발생할 수 있는 것으로 물방울이 증기상태로 전환됨에 따라 물이 차지하는 체적이 수천 배에 걸쳐 증가하게 된다. 화염 내에서 물의증발이 일어나면, 화염으로 혼입되는 공기(산소)를 방해 할 수도 있다. 구획실에서 미스트와 화염, 고온 가스, 고온 표면 간의 상호

작용으로 인해 발생하는 증기 발생은 해당 공간 내의 산소농도를 현저히 떨어뜨릴 수 있다. 연소에 활용될 수 있는 산소는 화재 크기, 구획실의 체적, 그리고 해당 구획실의 환기조건에 따라 결정된다. 화재의 크기가 증가함에 따라, 해당 공간 내의 평균온도가 상승하게 되고, 화재에 의한 산소 소모와 수증기에 의한 산소희석으로 인해 산소농도가 감소하게 된다. 화재로 인한 산소 고갈과 수증기에 의한 희석의 복합효과로 인해 산소농도가 연소를 지속시키는데 필요한 임계 수치[LOC(Limiting Oxygen Concentration: 한계산소농도)] 이하로 떨어질 경우, 해당 화재는 소멸된다. 대부분의 탄화수소가연물에 대한 LOC 값은 13% 정도이다.

3) 가연물 표면의 적심 및 냉각

가연물 표면의 적심 및 냉각은 가연물 표면상에 가연성 증기 혼합물을 발생시키지 않는 가연물의 경우(즉, 고체 가연물 및 표준 상온 보다 높은 인화점을 갖는 액체 가연물)에 지배적인 소화 메커니즘으로 작용하게 된다. 가연물 표면이 젖거나 냉각될 경우, 해당 가연물의 열분해 속도가 감소하게 된다. 가연물표면 상의 증기/공기 혼합기체의 온도가 LFL(Lower Flammability Limit, 연소하한계) 밑으로 떨어지면 해당화염은 소멸된다.

4) 복사 감쇄 및 운동 효과

미분무수 및 수증기는 화재부근의 여러 사물에 대한 복사열선 속을 상당히 감소시키며, 이러한 현상은 미연소 가연물로 화재가 확산되는 것을 방지하는 효과가 있다. 연소구역 내에서 복사 감쇄가 발생하는 이유는 기상(氣相) 냉각 및 가연물과 화염 간의수증기농도 증가 때문이다. 화염온도는 가연물 표면에 대한복사 피드백을 감소시킨다. 아울러 가연물 표면 상부에 형성된 공기 중의 수증기는 복사 에너지를 흡수하고, 상대적으로 낮은 강도로 가연물 표면에 해당 에너지를 재복사하는 회색 복사체 역할을 하게 된다 운동 효과는 화염 강화 혹은 소멸에 기여할 수 있다. 화염강화는 최초의 미스트 접촉과 함께 일어나는 격렬한 화염확장으로 측정되고 있다. 화염 표면에서 일어나는 급격한 증발과 관련된 난류 및 혼입은 연소율을 가속시킨다. 운동효과는 기상(氣相) 냉각 및 산소 고갈/희석으로 인한 화염진압과도 관련될 수 있다. 화염 냉각이 일어남과 동시에 연소반응에 희석제(이 경우, 수증기와 재순환 무효화 연소가스)가 가해지면, 분자 수준의 반응속도가 변화할 것으로 예상된다. 화염속도가 감소하면서 상대적으로 속도가 빠른 기체 흐름으로 인해 연소반응이 영향을 받아 화염이 꺼질 수도 있다.

5) 방호구역 효과, 난류 혼합, 순환

방호구역 효과는 산소 고갈 및 희석의 이점을 극대화할 수 있다. 방호구역 상부 층에 축적되는 고온의 무효화 가스는 미스트와 처음 접촉하면서 급격히 냉각된다. 고온층의 온도 및 두께에 따라 급격한 냉각은 즉각적인 체적 감소로 이어지면서, 기밀한 방호구역의 창문이나 벽을 빨아들이는 부압(−)을 형성하게 된다. 미분무수설비가 작동하기 전에 방호구역이 인화점에 도달할 경우(배관으로 물이 통과할 수 있고, 미스트를 가할 수 있다고 가정), 증기 발생으로 인한 팽창과 냉각 때문에 수축 중 어떤 현상이 지배적인 역할을 하게 될지 말하기가 쉽지 않다.

6) 미분무수를 이용한 폭발위험 완화

미분무수를 활용해 폭발 위험을 완화시키는 가능성에 대한 여러 가지 실무적인 차원에서 알래스카의 북극 유전에 설치된 가스 컴프레서 모델에 사용되는 할론 1301을 대체하도록 미분무수설비가 설치된 바 있다. 미분무수설비는 가스 컴프레서를 구동시키는 터빈과 관련된 액체가연물이나 윤활유 분무 혹은 풀 파이어의 제어를 위한개발 및 시험과정을 거쳤다. 지난 30년 간 수행된 실험적 연구에 대한 검토를 통해 밝혀진 바에 따르면, “미분무수 방출이 폭발을 억제하는지 아니면 활성화하는지” 여부에 대해 여러 가지 의견이 제시되고 있다. 해당 산업 보고서의 편집자가 내린 결론에 따르면, 액적 크기 분포가 더 미세한 분무수를 이용한 연구에 초점을 맞춘 연구를 더 시행할 필요가 있다.

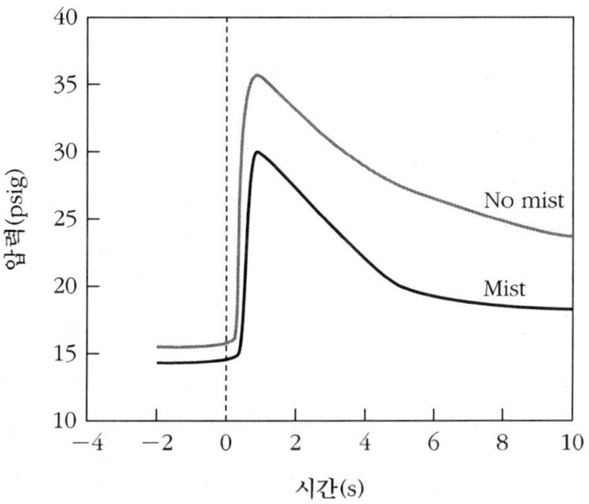

그림 8.2 미분무수로 인한 폭발실 초과압력의 감소

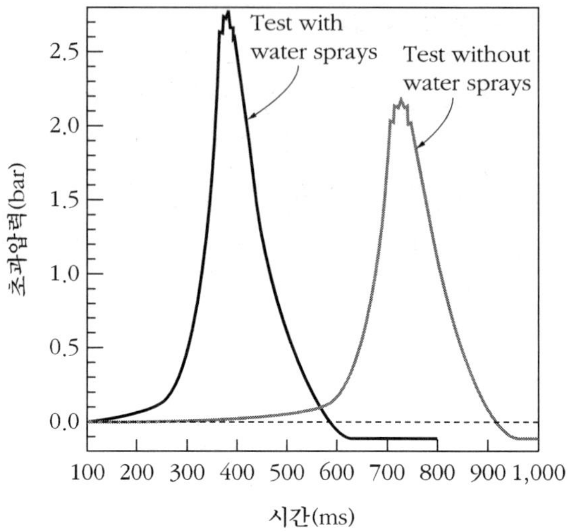

그림 8.3 미분무수를 사용한 경우 및 사용하지 않은 경우 밀폐 방호구역에서 측정한 폭발 초과압력 (자료출처: Selby 및 Burgan33)

5. 분무 특성

다양한 노즐에 의해 만들어지는 분무액의 특성에 대한 측정 및 이해는 성능 차이의 이해를 위한 전제 조건이다. 분무액의 특성을 완전히 기술하기 위해서는 다음과 같은 요소에 대한 정보가 필요하다.

- DSD(Drop Size Distribution : 액적 크기 분포)
- 분무 각도
- 분출 속도
- 질량유량
- 분무 운동량(속도 및 질량의 곱)

액적크기 분포라는 용어는 분무수 대표 표본에 포함된 액적 크기의 범위를 의미한다. 해당 표본에는 크고 작은 액적이 분포되어 있어서 분무액 내부의 위치뿐 아니라 시간에 따라 변화한다. 연속 방출의 경우에는 액적이 충돌, 증발하거나 표면을 가격한 뒤 밑으로 떨어지므로 발원지로부터 거리에 따라 액적 크기 분포가 변화한다. 짧은 시간 내의 방출인 경우에 상대적으로 큰 액적은 통과속도가 빠르고, 따라서 자리를 잡는데 더 많은 시간이 걸리는 더미세한 액적의 잔류량이 증가하므로, 특정지점에서 측정한 분포는 시간에 따라 변화하게 된다. 분무액의 액적 크기 분포에 대한 데이터를 제시하는 방법은 여러 가지가 있다. 분야에 따라서는 SMD(Sauter Mean Diameter)나 VMD(Volumetric Median Diameter)와 같은 단일액적 크기 변수로 분무액 내의 입자크기를 표현할 수 도 있다. NFPA 750은 누적체적비율 대비

직경의 곡선을 통해 미분무수의 액적 크기 분포를 표현한 바 있다. $D_{vO.90}$란 분무액 표본의 체적을 기준으로 90%가 해당 직경 이하의 크기를 갖는 액적 직경을 의미한다. 반면, $D_{oO.50}$는 체적 평균 액적 직경으로, 분무액 체적의 50%가 해당 직경보다 작은 크기를 갖고 있음을 의미한다. 분무각도는 시중에서 구할 수 있는 노즐의 분무각도는 보통 90° 또는 120°이다. 다른 분무각도 적용할 수 있으나 인증을 거친 노즐의 분무각도는 모두 90° 또는 120°이다. 일반적으로 분무형태는 중공 원추형이 아니라 속이 찬 원추형이다. 물방울의 질량과 혼입공기 질량의 합에 미분무수 입자 및 혼입공기의 속도를 곱하면 분무수의 운동량이 된다. 일반적으로 질량방출량이 일정할 경우, 분무속도가 증가하면 공기 혼입률도 증가하게 되면서 분무액 운동량을 상승시킨다. 그림 8.4에는 노즐로부터 거리가 1 m인 평면상의 분무범위 내에 있는 24개 지점에서 측정결과를 읽어 들이는 설정사례가 제시되어 있다.

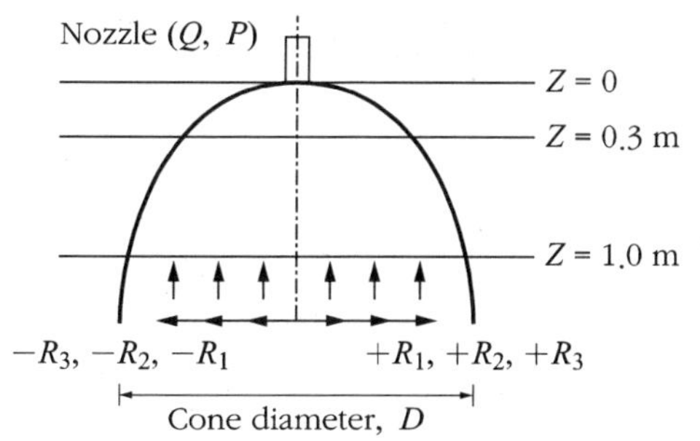

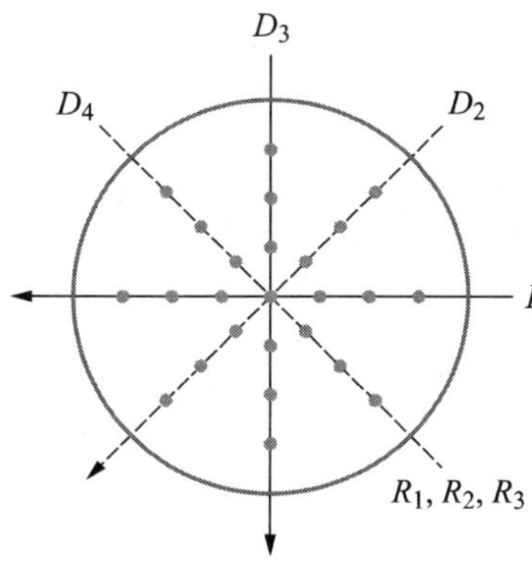

Drop size measurement

$\pm R_1 = 0.204 \cdot D$
$\pm R_2 = 0.354 \cdot D$
$\pm R_3 = 0.456 \cdot D$

그림 8.4 선속 밀도 및 액적 크기 분포를 측정하는 분무원추 내의 여러 위치 (표시 위치는 면적이 동일한 구획의 면적 중심)

$$R_k = \frac{\sum_i (R_{ji} \times A_i \times V_i)}{\sum_i (A_i \times V_i)} \tag{8-1}$$

여기서, R_k : 크기가 d_{upper} 이하인 경우에 대해 가중치를 적용한 누적체적비율 측정 결과

R_{ji} : i지점에서 크기가 d_{upper} 이하인 경우에 대한 누적체적비율 측정 결과

A_i : i지점에 중심을 두고 있고, 크기 분포가 R_k로 표현되는 면적

V_i : i지점에서 측정한 물의 선속 밀도

6. 첨가제 문제

저농도의 첨가제(예를 들면, AFFF 수용액의 계면활성제 및 알칼리염류)는 미분무수의 소화성능을 향상시킨다. B급 화재에서 계면활성제는 액체 풀 표면상에 전파되어 가연물증기의 발생을 차단하고 숨겨진 구석의 작은 화염까지 소멸시킬 수 있도록 한다. 작은 화염을 소화하면, 장애물로 가려진 풀 파이어의 소화기간을 연장시키는 소화 - 재발화 순환과정을 종식시킬 수 있다. 밀폐계의 경우에는 불활성가스(예를 들면, 질소, 이산화탄소)와 같은 기상(氣相) 첨가제를 미스트에 가함으로써 산소 고갈을 도와 소화를 촉진시키는 것으로 밝혀진 바 있다. 부동액 및 (녹)조류 성장을 막기 위한 살생물제(Biocides)도 미분무수 첨가제로 사용될 수 있다. 첨가제를 사용하면 보건상의 부작용이 발생할 우려가 있다. EPA(U.S. Environmental Protection Agency, 미국환경청)는 음용수나 일반 해수를 사용할 경우, 사람들이 있는 공간에 대해 할론 대체물질로 미분무수의 사용을 허용하고 있다. 이러한 허용조치는 미분무수가 나타낼 수 있는 보건상의 부작용에 대한 의문사항을 다루기 위해 HARC(Halon Alternatives Research Corporation, 할론대체물질연구협회)주재로 소집된 독성 전문가 패널의 대응조치를 바탕으로 하고 있다. 해당 보고서에 제시된 결론에 따르면, 미분무수의 가장 크기가 작은 액적마저도 흡입을 통해 인간의 건강을 위협할 만큼 그 양이 충분하지 않다. 다만, 첨가제는 잠재적인 위협요소로 작용할 수 있으므로, 첨가제를 사용할 경우 해당 물질이 건강상의 리스크를 갖고 있지 않다는 사실을 EPA에 입증하는 책임은 첨가제 사용을 주장하는 당사자에게 있다. “Water Mist Fire Suppression System Health Hazard Evaluation(1995)”라는 제목의 해당 보고서는 HARC에 의해 작성되었다. NFPA 750 위원회의 회원들은 보건전문가로 구성된 패널에 기술적 입력 정보를 제공했다. 해당보고서는 미분무수 및 관련 첨가제와 관련된 우려에 대한 논의를 위한 훌륭한 배경자료를 제공했다. 해당 보고서에는 “Toxicity Profile - Water Mist Spray with Additives”라는 제목의 내용이 제시되어 있다. 소화에 필요한 조건을

정확히 예측하기 위해서는, 연소화학과 함께 열역학 및 유체 역학에 대한 세부적인 이해가 필요하다. 이처럼 복잡한 관계를 가장 효과적으로 분석할 수 있는 방법은 컴퓨터 모델을 이용하는 것이다. 시험을 통해 입증된 바에 따르면, 미분무수설비의 성능은 특정 제작업체의 장치(특히, 노즐 설계방식)에 따라 달라진다. 어떤 업체는 특정 유량 및 노즐 간격에서 화재시험을 통과할 수도 있는 반면, 또 어떤 업체는 작동 압력이 상대적으로 낮은 대신 유량이 높고 노즐간격을 좁게 해야 해당 시험을 통과하는 경우도 있다. 2가지 설비에 대한 평균 선속밀도 차이는 3배에 이르기도 한다. 이로 인해, 제작업체별 장치 종류에 구애받지 않는 일반적인 설계 판정기준(예를 들면, 특정 화재 시나리오에 대한 공칭 선속밀도)을 설정하기가 아직 불가능한 실정이다. 분무, 분무각도, 그리고 속도 등의 차이는 분무수가 고온 가스를 혼합 및 냉각시켜 화재를 진압하는 기능에 영향을 미치는 것으로 판단된다. 특정 제작업체의 미분무수설비가 특정 응용사례에서 제대로 작동할 지 여부를 확인하는 유일한 방법은 화재시험을 수행하는 것이다.

7. 미분무수설비의 종류

미분무수설비를 구분하는 공학적 판정기준은 여러 가지가 있으며 NFPA 750은 구획실방출방식, 국소방출방식, 그리고 구역방출방식 등 3가지 적용사례를 기준으로 하고 있다. 설비유형은 단일유체 노즐 및 이중유체노즐 등 분무액 생성 방식에 따라 구분되기도 한다. 세번째 구분방식은 저압설비, 중압설비, 그리고 고압설비 등압력영역에 의한 분류 방식이다. 이 경우에는 펌프를 이용한 일정한 압력 설비와 압축가스에 의해 구동되는 압력강하 설비도 다뤄진다. 미분무수설비가 가장 큰 효과를 발휘하는 장소는 밀폐형 구획실로, 이 경우 화재로 인한 정상적인 산소 고갈 및 수증기 격리를 통해 장애물로 인해 가려진 화재까지 소화된다. 구획실이 화재규모에 비해 매우 클 경우, 이러한 방호구역 효과는 감소하게 되므로 화재 저부에 미분무수를 방출하는데 더 많은 주의가 필요하게 된다. 즉, 설계기준을 설정하는 방식은 해당 구획실의 특성에 따라 달라지게 된다. 구획실 방출(Total Compartment Application, TCA)방식은 제작업체의 간격 규정에 따라 구획실 전체적으로 분산되어 있는 개방형 노즐로 구성되어 있다. 극소방출(Local Application, LA)방식 설비는 완전 밀폐, 부분 밀폐, 혹은 개방형 옥외지역에 있는 사물이나 위험에 직접 방출하도록 배치한다. 열, 수증기, 혹은 무효화 가스가 거의 격리되지 않을 수도 있으므로, 소화작용은 거의 기상(氣相) 냉각이나 가연물 적심현상에만 의존하게 된다. 화재를 소화하기 위해서는 화재가 지속될 수 있는 전체 영역에 미스트를 직접 분사해야 한다. 프리엔지니어드 미분무수설비란 해당 구획실에 해당하는 제한된 크기의 위험요소와 일관성 있는 특성에 맞도록 개발된 설비를 말한다. 예를 들어, 터빈이나 디젤 엔진 설치구역(천장 높이, 장애물, 환기용 개구부, 그리고 화재 시나리오가 구체적으로 규정되어 있을 것)의 모형에서 미분무수설비를 시험할 수 있다. 노즐의 수와 위치, 정해진 시간 동안 유동상태를 지속시키기 위해 저장해 두어야 하는 물의 양, 그리고 배관의 직경 및 최대길이 등이 모두 사전에 공학적으로 처리된다. 설치 담당자는 규정된 배관 직경 및 길이 요구사항을 준수해야 해당 설비를 올바르게 설치할 수 있다. 해당 위험요소에 대해 노즐 압력을 적절히 유지하고 유량 및 충분한 용수를 저장하기 위해 공학적 계산을 수행할 필요는 없다. 구획실 조건은 시험규약에 잘 규정되어 있으므로, 프리엔지니어드설비에 대해 감지 시의 감지시간 및 화재 크기는 예측할 수 있다. 반면, 엔지니어드설비는 다양한 구획실 및 화재위험에 대해 기본 노즐 간격 규정을 조정한 뒤, 수력 계산을 수행해 최소 노즐 압력 및 설비유량을 충족시키는지 확인해야 한다. 수력학적 성능을 계산해야 할 뿐 아니라, 감지/작동 시간 증가의 영향도 평가해야 한다. 현장 적용조건이 해당 미분무수설비의 검증기준으로 사용된 시험규약의 경우와 유사할 경우에는 프리엔지니어드설비를 설치하는 것이 적절하다. 그러나 상당수의 경우 현장 환경은 동일한 일반 화재 위험을 의미하지만, 해당 구획실은 예상되는 시험규약보다 크기가 훨씬 더 크거나 복잡성이 더 심하다. NFPA 750은 인증 범위를 벗어난 확대해석을 삼가 하도록 하고 있으나, 현실적으로 설계 담당자는 프리엔지니어드설비로부터 외삽법을 통해 보다 큰 적용사례에 맞는 결과를 도출해내야 하는 압력을 받고 있는 실정이다. 외삽법을 적용한 모든 설비는 엔지니어드설비가 된다. 중요한 점은 설계 담당자가 관련 화재역학과 방화(防火)공학적 문제에 대한 광범위한 이해를 갖고 있어야 한다는 사실이다. 노즐 종류로는 다중 - 오리피스 압력분출노즐, 충돌노즐, 그리고 이중 - 유체 노즐 등이 있다. 질량유량은 일반적으로 5～80 *l*/min 범위에서 측정한다. 대기 중에 방출된 물의 일부는 갑작스러운 증발을 통해 기체상태가 된 뒤, 증운이 냉각됨에 따라 분무 크기(＜20 μm)의 입자로 응결된다. 압력구역(Pressure Regimes) NFPA 750은 저압설비, 중압설비, 그리고 고압설비를 구분하고 있다. 저압설비는 12 bar(약 175 psig) 미만의 압력에서 작동한다. 해당 범위에서는 표준형 스프링클러설비의 설치 방식을 따를 수 있으며, 중압설비의 작동압력은 12～34 bar(175～500 psig)이고 고압설비의 작동압력은 34 bar(500 psig) 이상이다. NFPA 750은 고압 미분무수설비를 작동압력이 34 bar 이상인 설비로 규정하고 있으며 고압설비는 스프링클러설비의 대안으로 여객선에 널리 설치되었으며, 선박 및 산업용 기계실에도 광범위하게 사용되고 있다. 그림 8.5와 같이 각 모터는 저압(75 bar)에서 2개의 펌프로부터 배출량을 공급하거나 그 2배의 압력(150 bar)에서 하나의 펌프로부터 배출량을 공급할 수 있는 출력을 갖고 있다. 특정 유량 및 압력에 도달하기 위한 모터의 출력 요구사항은 방정식 3에 따라 계산한다.

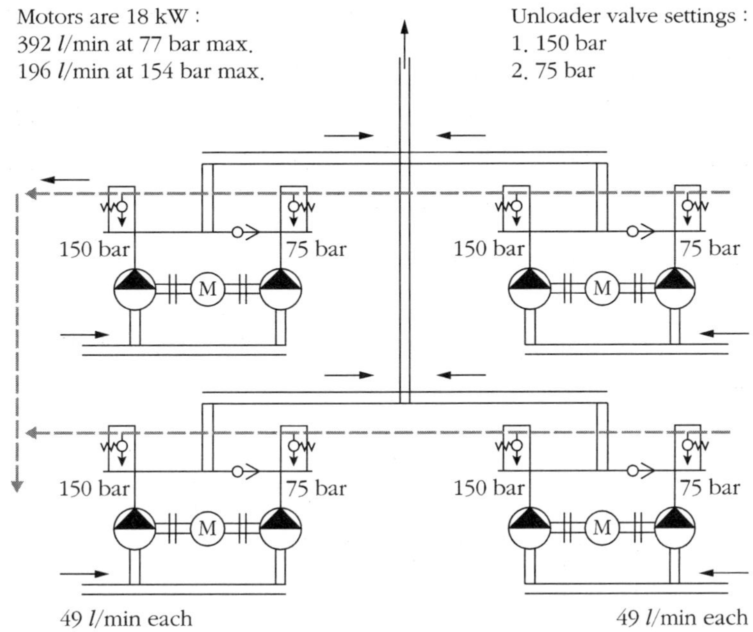

그림 8.5 4개의 전기모터로 작동되는 8개 용적형 점프의 구성도

$$P = Q \times H / 600 \times E \quad (8\text{-}2)$$

$$H = (P \times 600 \times E) / Q \quad (8\text{-}3)$$

여기서, P : 출력(kW) Q : 펌프 토출량(l/min)
H : 펌프 토출 수두(bar) E : 모터 및 펌프의 통합 효율(ep×em)

그림 8.6에는 펌프에 의해 공급되는 양과 이론적인 설비수요(가설에 따른 설치에 대한 수력학적 계산을 통해 구한 결과) 간의 관계가 제시되어 있다. 그러나 최소수요 계산결과는 주어진 공급량에 대한 작동지점이 아니다. 작동지점에 대한 추정결과는 설비 계산결과에 대해 펌프공급곡선(이 경우에는 수직선)과 교차할 때까지 상수 K의 곡선을 연장시킴으로써 구한다. 해당 배관설비에 대한 계수 K는 펌프 설비에 대한 작동지점을 결정하는 역할을 하게 된다.

할론대체물질을 확보하고 효과적이고 중량이 가벼운 선박용 설비를 개발해야 하는 필요성에 힘입어, 1990년대에는 화재진압설비의 설계에 새로운 지평이 마련되었다. 미분무수는 수많은 할론 적용사례에 적용할 수 있는 대체방식으로 떠오르게 되었고, 물의 사용 효율향상은 설비 하드웨어의 중량 및 체적 감소로 이어졌다. 미분무수설비를 설계하기 위해서는 실물규모 화재진압시험을 수행해 다양한 화재 시나리오에 대한 설계 변수를 결정해야 한다. 전통적인 스프링클러설비의 설계방식을 바탕으로 볼 때, 시험을 시행하면 모든 미분무수설비에 적용할 수 있는 최적의 방출량 범위를 밝힐 수 있을 것이라고 예상되었다. 그러나 흥미롭게도 표준시험의 성능은 제작업체의 장치마다 차이를 보이는 것으로 나타났다. 어떤 미분무수설비는 특정선속밀도(방출량)에서 화재진압목표를 충족시키는 반면, 또 다른 제작업체는 다른 유형의 노즐을 이용해 보다 낮은 밀도에서 요구사항을 충족시켰다. 서로 다른 노즐 혹은 분무액 생성 방법의 분무특성이 성능에 영향을 미쳤다. 불행하게도, (아직까지는) 특정 분무 특성 변화가 화재진압 결과에 있어서 어떤 차이로 이어지는지 정확히 예측할 수 없다. 이러한 상황을 고려할 때, 해결해야 할 과학적 과제는 미지의 관계를 이해할 수 있는 실마리를 잡기 위한 최소한의 조건으로 분무특성 변화를 측정하는 것이다.

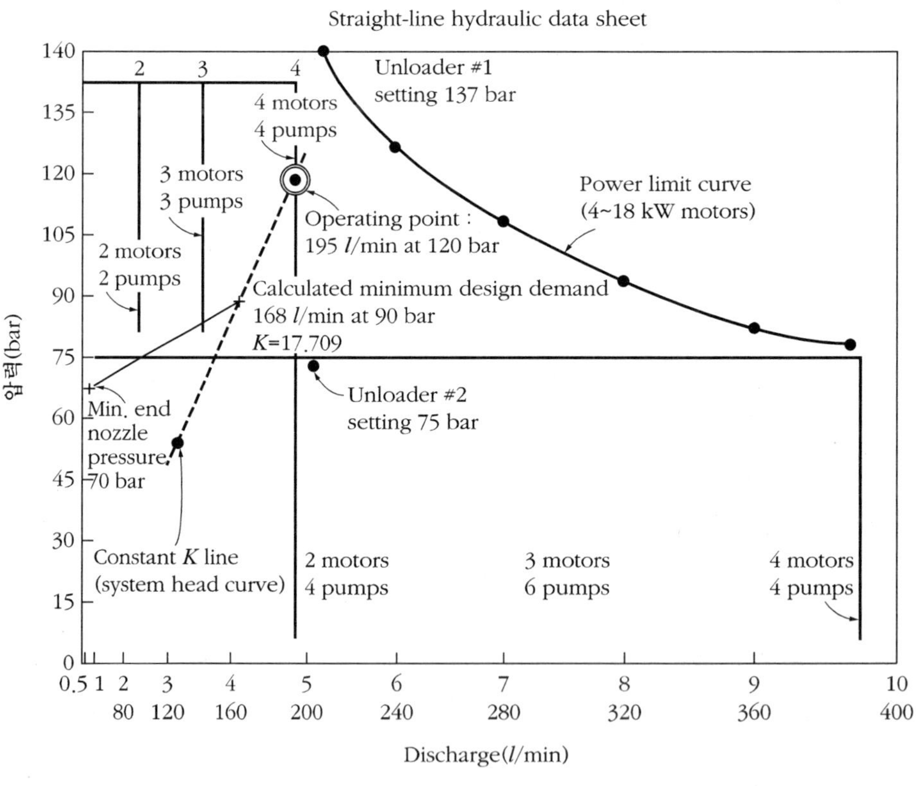

그림 8.6 여러 개의 용적형 펌프를 사용하는 고압 미분무수설비의 작동지점 예측도

8. 미분무소화설비의 기준

1) 설계도 작성

① 미분무소화설비의 성능을 확인하기 위하여 하나의 발화원을 가정한 설계도서는 다음 (가)~(바) 및 별표 1을 고려하여 작성되어야 하며, 설계도서는 일반설계도서와 특별설계도서로 구분한다.

(가) 점화원의 형태

(나) 초기 점화되는 연료 유형

(다) 화재 위치

(라) 문과 창문의 초기상태(열림, 닫힘) 및 시간에 따른 변화상태

(마) 공기조화설비, 자연형(문, 창문) 및 기계형 여부

(바) 시공 유형과 내장재 유형

② 일반설계도서는 유사한 특정소방대상물의 화재사례 등을 이용하여 작성하고, 특별설계도서는 일반설계도서에서 발화 장소 등을 변경하여 위험도를 높게 만들어 작성하여야 한다.

③ ① 및 ②에도 불구하고 검증된 기준에서 정하고 있는 것을 사용할 경우에는 적합한 도서로 인정할 수 있다.

[별표 1] 설계도서 작성기준

1. 공통사항

설계도서는 건축물에서 발생 가능한 상황을 선정하되, 건축물의 특성에 따라 제2호의 설계도서 유형 중 가목의 일반설계도서와 나목부터 사목까지의 특별설계도서 중 1개 이상을 작성한다.

2. 설계도서 유형

가. 일반설계도서

1) 건물용도, 사용자 중심의 일반적인 화재를 가상한다.

2) 설계도서에는 다음 사항이 필수적으로 명확히 설명되어야 한다.

가) 건물사용자 특성

나) 사용자의 수와 장소

다) 실 크기

라) 가구와 실내 내용물

마) 연소 가능한 물질들과 그 특성 및 발화원

바) 환기조건

사) 최초 발화물과 발화물의 위치

3) 설계자가 필요한 경우 기타 설계도서에 필요한 사항을 추가할 수 있다.

나. 특별설계도서 1
   1) 내부 문들이 개방되어 있는 상황에서 피난로에 화재가 발생하여 급격한 화재연소가 이루어지는 상황을 가상한다.
   2) 화재 시 가능한 피난방법의 수에 중심을 두고 작성한다.
다. 특별설계도서 2
   1) 사람이 상주하지 않는 실에서 화재가 발생하지만, 잠재적으로 많은 재실자에게 위험이 되는 상황을 가상한다.
   2) 건축물 내의 재실자가 없는 곳에서 화재가 발생하여 많은 재실자가 있는 공간으로 연소 확대되는 상황에 중심을 두고 작성한다.
라. 특별설계도서 3
   1) 많은 사람들이 있는 실에 인접한 벽이나 덕트 공간 등에서 화재가 발생한 상황을 가상한다.
   2) 화재감지기가 없는 곳이나 자동으로 작동하는 소화설비가 없는 장소에서 화재가 발생하여 많은 재실자가 있는 곳으로의 연소 확대가 가능한 상황에 중심을 두고 작성한다.
마. 특별설계도서 4
   1) 많은 거주자가 있는 아주 인접한 장소 중 소방시설의 작동범위에 들어가지 않는 장소에서 아주 천천히 성장하는 화재를 가상한다.
   2) 작은 화재에서 시작하지만 큰 대형화재를 일으킬 수 있는 화재에 중심을 두고 작성한다.
바. 특별설계도서 5
   1) 건축물의 일반적인 사용 특성과 관련, 화재하중이 가장 큰 장소에서 발생한 아주 심각한 화재를 가상한다.
   2) 재실자가 있는 공간에서 급격하게 연소 확대되는 화재를 중심으로 작성한다.
사. 특별설계도서 6
   1) 외부에서 발생하여 본 건물로 화재가 확대되는 경우를 가상한다.
   2) 본 건물에서 떨어진 장소에서 화재가 발생하여 본 건물로 화재가 확대되거나 피난로를 막거나 거주가 불가능한 조건을 만드는 화재에 중심을 두고 작성한다.

2) 설계도서의 검증

① 소방관서에 허가동의를 받기 전에 성능시험기관으로 지정받은 기관에서 그 성능을 검증받아야 한다.

② 설계도서의 변경이 필요한 경우 설계도서에 대한 재검증을 받아야 한다.

3) 수원

① 미분무수 소화설비에 사용되는 용수는 「먹는 물 관리법」에 적합하고, 저수조 등에 충수할 경우 필터 또는 스트레이너를 통하여야 하며, 사용되는 물에는 입자·용해고체 또는 염분이 없어야 한다.

② 배관의 연결부(용접부 제외) 또는 주배관의 유입측에는 필터 또는 스트레이너를 설치하

여야 하고, 사용되는 스트레이너에는 청소구가 있어야 하며, 검사·유지관리 및 보수 시에 배치위치를 변경하지 아니하여야 한다. 다만, 노즐이 막힐 우려가 없는 경우에는 설치하지 아니할 수 있다.

③ 사용되는 필터 또는 스트레이너의 메쉬는 헤드 오리피스 지름의 80% 이하가 되어야 한다.

④ 수원의 양 : $Q = N \times D \times T \times S + V$

Q : 수원의 양(m^3) N : 방호구역(방수구역)내 헤드의 개수

D : 설계유량(m^3/min) T : 설계방수시간(min)

S : 안전율(1.2 이상) V : 배관의 총체적(m^3)

⑤ 첨가제의 양은 설계방수시간 내에 충분히 사용될 수 있는 양 이상으로 산정한다. 이 경우 첨가제가 소화약제인 경우 「소화약제의 검정기술기준」 또는 「포소화약제의 검정기술기준」에 적합한 것으로 사용하여야 한다.

4) 수조

① 수조의 재료는 냉간 압연 스테인리스 강판 및 강대(KS D3698)의 STS 304 또는 이와 동등 이상의 강도·내식성·내열성이 있는 것으로 하여야 한다.

② 수조를 용접할 경우 용접찌꺼기 등이 남아 있지 아니하여야 하며, 부식의 우려가 없는 용접방식으로 하여야 한다.

③ 미분무소화설비용 수조는 다음의 기준에 따라 설치하여야 한다.

(가) 전용으로 하며 점검에 편리한 곳에 설치할 것

(나) 동결방지조치를 하거나 동결의 우려가 없는 장소에 설치할 것

(다) 수조의 외측에 수위계를 설치할 것. 다만, 구조상 불가피한 경우에는 수조의 맨홀 등을 통하여 수조 내 물의 양을 쉽게 확인할 수 있도록 하여야 한다.

(라) 수조의 상단이 바닥보다 높은 때에는 수조의 외측에 고정식 사다리를 설치할 것

(마) 수조가 실내에 설치된 때에는 그 실내에 조명 설비를 설치할 것

(바) 수조의 밑 부분에는 청소용 배수밸브 또는 배수관을 설치할 것

(사) 수조 외측의 보기 쉬운 곳에 "미분무설비용 수조"라고 표시한 표지를 할 것

(아) 미분무펌프의 흡수배관 또는 수직배관과 수조의 접속부분에는 "미분무설비용 배관"이라고 표시한 표지를 할 것. 다만, 수조와 가까운 장소에 미분무펌프가 설치되고 미분무펌프에 표지를 설치한 때에는 그러하지 아니하다.

5) 가압송수장치

① 전동기 또는 내연기관에 따른 펌프를 이용하는 가압송수장치

(가) 쉽게 접근할 수 있고 점검하기에 충분한 공간이 있는 장소로서 화재 및 침수 등의 재해로 인한 피해를 받을 우려가 없는 곳에 설치할 것

(나) 동결방지조치를 하거나 동결의 우려가 없는 장소에 설치할 것

(다) 펌프는 전용으로 할 것

(라) 펌프의 토출측에는 압력계를 체크밸브 이전에 펌프 토출측 가까운 곳에 설치

(마) 가압송수장치에는 정격부하운전 시 펌프의 성능을 시험하기 위한 배관을 설치

(바) 가압송수장치의 송수량은 최저설계압력에서 설계유량(l/min) 이상의 방수성능을 가진 기준개수의 모든 헤드로부터의 방수량을 충족시킬 수 있는 양 이상의 것으로 할 것

(사) 내연기관을 사용하는 경우에는 제어반에 따라 내연기관의 자동기동 및 수동기동이 가능하고, 상시 충전되어 있는 축전지설비를 갖출 것

(아) 가압송수장치에는 "미분무펌프"라고 표시한 표지를 할 것. 다만, 호스릴방식의 경우 "호스릴방식 미분무펌프"라고 표시한 표지를 할 것

(자) 가압송수장치가 기동되는 경우에는 자동으로 정지되지 아니하도록 할 것

② 압력수조를 이용하는 가압송수장치

(가) 압력수조는 배관용 스테인리스 강관(KS D 3676) 또는 이와 동등이상의 강도·내식성, 내열성을 갖는 재료를 사용할 것

(나) 용접한 압력수조를 사용할 경우 용접찌꺼기 등이 남아 있지 아니하여야 하며, 부식의 우려가 없는 용접방식으로 하여야 한다.

(다) 쉽게 접근할 수 있고 점검하기에 충분한 공간이 있는 장소로서 화재 및 침수 등의 재해로 인한 피해를 받을 우려가 없는 곳에 설치할 것

(라) 동결방지조치를 하거나 동결의 우려가 없는 장소에 설치할 것

(마) 압력수조는 전용으로 할 것

(바) 압력수조에는 수위계·급수관·배수관·급기관·맨홀·압력계·안전장치 및 압력저하방지를 위한 자동식 공기압축기를 설치할 것

(사) 압력수조의 토출측에는 사용압력의 1.5배 범위를 초과하는 압력계를 설치하여야 한다.

(아) 작동장치의 구조 및 기능은 다음의 기준에 적합하여야 한다.

㉠ 화재감지기의 신호에 의하여 자동적으로 밸브를 개방하고 소화수를 배관으로 송

출할 것

㉡ 수동으로 작동할 수 있게 하는 장치를 설치할 경우에는 부주의로 인한 작동을 방지하기 위한 보호 장치를 강구할 것

③ 가압수조를 이용하는 가압송수장치

(가) 가압수조의 압력은 설계 방수량 및 방수압이 설계방수시간 이상 유지되도록 할 것

(나) 가압수조의 수조는 최대상용압력 1.5배의 수압을 가하는 경우 물이 새지 않고 변형이 없을 것

(다) 가압수조 및 가압원은 「건축법 시행령」 제46조에 따른 방화구획 된 장소에 설치할 것

(라) 가압수조에는 수위계·급수관·배수관·급기관·압력계·안전장치 및 수조에 소화수와 압력을 보충할 수 있는 장치를 설치할 것

(마) 가압수조를 이용한 가압송수장치는 한국소방산업기술원 또는 법 제42조제1항에 따라 지정된 성능시험기관에서 그 성능을 인정받은 것으로 설치할 것

(바) 가압수조는 전용으로 설치할 것

6) 미분무소화설비의 방호구역

① 폐쇄형 미분무헤드를 사용하는 설비의 방호구역(미분무소화설비의 소화범위에 포함된 영역을 말함)

(가) 하나의 방호구역의 바닥면적은 펌프용량, 배관의 구경 등을 수리학적으로 계산한 결과 헤드의 방수압 및 방수량이 방호구역 범위 내에서 소화목적을 달성할 수 있도록 산정하여야 한다.

(나) 하나의 방호구역은 2개 층에 미치지 아니하도록 할 것

② 개방형 미분무소화설비의 방수구역은 다음의 기준에 적합하여야 한다.

(가) 하나의 방수구역은 2개 층에 미치지 아니할 것

(나) 하나의 방수구역을 담당하는 헤드의 개수는 최대 설계개수 이하로 할 것. 다만, 2개 이상의 방수구역으로 나눌 경우에는 하나의 방수구역을 담당하는 헤드의 개수는 최대설계개수의 1/2 이상으로 할 것

(다) 터널, 지하구, 지하가 등에 설치할 경우 동시에 방수되어야 하는 방수구역은 화재가 발생된 방수구역 및 접한 방수구역으로 할 것

7) 배관 등

① 설비에 사용되는 구성요소는 STS 304 이상의 재료를 사용하여야 한다.

② 배관은 배관용 스테인리스 강관(KS D3576)이나 이와 동등 이상의 강도·내식성 및 내열성을 가진 것으로 하여야 하고, 용접할 경우 용접찌꺼기 등이 남아 있지 아니하여야 하며, 부식의 우려가 없는 용접방식으로 하여야 한다.

③ 급수배관은 다음의 기준에 따라 설치하여야 한다.

(가) 전용으로 할 것.

(나) 급수를 차단할 수 있는 개폐밸브는 개폐표시형으로 할 것.

④ 펌프를 이용하는 가압송수장치에는 펌프의 성능이 체절운전 시 정격토출압력의 140%를 초과하지 아니하고, 정격토출량의 150%로 운전 시 정격토출압력의 65% 이상이 되어야 하며 다음의 기준에 적합하도록 설치하여야 한다. 다만, 공인된 방법에 의한 별도의 성능을 제시할 경우에는 그러하지 아니하며 그 성능을 별도의 기준에 따라 확인하여야 한다.

(가) 성능시험배관은 펌프의 토출측에 설치된 개폐밸브 이전에서 분기하여 직선으로 설치하고, 유량측정장치를 기준으로 전단 직관부에는 개폐밸브를 후단 직관부에는 유량조절밸브를 설치할 것

(나) 유입구에는 개폐밸브를 둘 것

(다) 개폐밸브와 유량측정장치 사이에는 호칭지름의 5배 이상의 직선거리를 둘 것. 다만, 해당 유량계에서 별도로 직선거리를 제시할 경우에는 그러하지 아니한다.

(라) 유량측정장치는 펌프의 정격토출량의 175% 이상까지 측정할 수 있는 성능이 있을 것

(마) 유량측정장치와 유량조절밸브 사이에는 호칭지름의 8배 이상의 직선거리를 둘 것. 다만, 해당 유량계에서 별도로 직선거리를 제시할 경우에는 그러하지 아니한다.

(바) 성능시험배관의 호칭은 유량계 호칭에 따를 것

⑤ 동결방지조치를 하거나 동결의 우려가 없는 장소에 설치하여야 한다.

⑥ 교차배관의 위치·청소구 및 가지배관의 헤드설치는 다음의 기준에 따른다.

(가) 교차배관은 가지배관과 수평으로 설치하거나 또는 가지배관 밑에 설치할 것

(나) 청소구는 교차배관 끝에 개폐밸브를 설치하고, 호스접결이 가능한 나사식 또는 고정배수 배관식으로 할 것. 이 경우 나사식의 개폐밸브는 나사보호용의 캡으로 마감할 것

⑦ 미분무설비에는 그 성능을 확인하기 위한 시험장치를 다음의 기준에 따라 설치하여야 한다. 다만, 개방형헤드를 설치한 경우에는 그러하지 아니하다.

(가) 가압장치에서 가장 먼 가지배관의 끝으로부터 연결하여 설치할 것

(나) 시험장치 배관의 구경은 가압장치에서 가장 먼 가지배관의 구경과 동일한 구경으로 하고, 그 끝에 개방형헤드를 설치할 것. 이 경우 개방형헤드는 동일 형태의 오리피스만으로 설치할 수 있다.

(다) 시험배관의 끝에는 물받이 통 및 배수관을 설치하여 시험 중 방사된 물이 바닥에 흘러내리지 아니하도록 할 것. 다만, 목욕실·화장실 또는 그 밖의 곳으로서 배수처리가 쉬운 장소에 시험배관을 설치한 경우에는 그러하지 아니하다.

⑧ 배관에 설치되는 행가의 설치기준

(가) 가지배관에는 헤드의 설치지점 사이마다, 교차배관에는 가지배관과 가지배관 사이마다 1개 이상의 행가를 설치할 것

(나) (가)의 수평주행배관에는 4.5 m 이내마다 1개 이상 설치할 것

⑨ 수직배수배관의 구경은 50 mm 이상으로 하여야 한다. 다만, 수직배관의 구경이 50 mm 미만인 경우에는 수직배관과 동일한 구경으로 할 수 있다.

⑩ 주차장의 미분무소화설비는 습식외의 방식으로 하여야 한다. 다만, 주차장이 벽 등으로 차단되어 있고 출입구가 자동으로 열리고 닫히는 구조인 것으로서 다음의 어느 하나에 해당하는 경우에는 그러하지 아니하다.

(가) 동절기에 상시 난방이 되는 곳이거나 그 밖에 동결의 염려가 없는 곳

(나) 미분무소화설비의 동결을 방지할 수 있는 구조 또는 장치가 된 것

⑪ 급수배관에 설치되어 급수를 차단할 수 있는 개폐밸브에는 그 밸브의 개폐상태를 감시제어반에서 확인할 수 있도록 급수개폐밸브 작동표시 스위치를 다음의 기준에 따라 설치하여야 한다.

(가) 급수개폐밸브가 잠길 경우 탬퍼스위치의 동작으로 인하여 감시제어반 또는 수신기에 표시되어야 하며 경보음을 발할 것

(나) 탬퍼스위치는 감시제어반 또는 수신기에서 동작의 유무확인과 동작시험, 도통시험을 할 수 있을 것

(다) 급수개폐밸브의 작동표시 스위치에 사용되는 전기배선은 내화전선 및 내열전선으로 설치할 것

⑫ 미분무설비 배관의 배수를 위한 기울기

(가) 폐쇄형 미분무소화설비의 배관을 수평으로 할 것. 다만, 배관의 구조상 소화수가 남아 있는 곳에는 배수밸브를 설치하여야 한다.

(나) 개방형 미분무소화설비에는 헤드를 향하여 상향으로 수평주행배관의 기울기를 500

분의 1 이상, 가지배관의 기울기를 250분의 1 이상으로 할 것. 다만, 배관의 구조상 기울기를 줄 수 없는 경우에는 배수를 원활하게 할 수 있도록 배수밸브를 설치하여야 한다.

⑬ 기계실·공동구 또는 덕트에 설치되는 배관은 다른 설비의 배관과 쉽게 구분이 될 수 있는 위치에 설치하거나, 그 배관표면 또는 배관 보온재표면의 색상은 적색으로 소방용설비의 배관임을 표시하여야 한다.

⑭ 호스릴방식의 설치는 다음에 따라 설치하여야 한다.

(가) 방호대상물의 각 부분으로부터 하나의 호스접결구까지의 수평거리가 25 m 이하가 되도록 할 것

(나) 소화약제 저장용기의 개방밸브는 호스의 설치 장소에서 수동으로 개폐할 수 있는 것으로 할 것

(다) 소화약제 저장용기의 가장 가까운 곳의 보기 쉬운 곳에 표시등을 설치하고 호스릴 미분무소화설비가 있다는 뜻을 표시한 표지를 할 것

(라) 그 밖의 사항은 「옥내소화전설비의 화재안전기준」 제7조(함 및 방수구 등)에 적합할 것

8) 음향장치 및 기동장치

① 미분무소화설비의 음향장치 및 기동장치

(가) 폐쇄형 미분무헤드가 개방되면 화재신호를 발신하고 그에 따라 음향장치가 경보되도록 할 것

(나) 개방형 미분무설비는 화재감지기의 감지에 따라 음향장치가 경보되도록 할 것. 이 경우 화재감지기 회로를 교차회로방식으로 하는 때에는 하나의 화재감지기 회로가 화재를 감지하는 때에도 음향장치가 경보되도록 하여야 한다.

(다) 음향장치는 방호구역 또는 방수구역마다 설치하되 그 구역의 각 부분으로부터 하나의 음향장치까지의 수평거리는 25 m 이하가 되도록 할 것

(라) 음향장치는 경종 또는 사이렌(전자식 사이렌을 포함)으로 하되, 주위의 소음 및 다른 용도의 경보와 구별이 가능한 음색으로 할 것. 이 경우 경종 또는 사이렌은 자동화재탐지설비·비상벨설비 또는 자동식사이렌설비의 음향장치와 겸용가능.

(마) 주음향장치는 수신기의 내부 또는 그 직근에 설치할 것

(바) 5층(지하층을 제외한다) 이상의 소방대상물 또는 그 부분에 있어서는 2층 이상의 층에서 발화한 때에는 발화층 및 그 직상층에 한하여, 1층에서 발화한 때에는 발화층

과 그 직상층 및 지하층에 한하여, 지하층에서 발화한 때에는 발화층·그 직상층 및 기타의 지하층에 한하여 경보를 발할 수 있도록 할 것

(사) 음향장치는 다음의 기준에 따른 구조 및 성능의 것으로 할 것

㉠ 정격전압의 80% 전압에서 음향을 발할 수 있는 것으로 할 것

㉡ 음량은 부착된 음향장치의 중심으로부터 1 m 떨어진 위치에서 90 dB 이상이 되는 것으로 할 것

(아) 화재감지기 회로에는 다음의 기준에 따른 발신기를 설치할 것. 다만, 자동화재탐지설비의 발신기가 설치된 경우에는 그러하지 아니하다.

㉠ 조작이 쉬운 장소에 설치하고, 스위치는 바닥으로부터 0.8 m 이상 1.5 m 이하의 높이에 설치할 것

㉡ 소방대상물의 층마다 설치하되, 당해 소방대상물의 각 부분으로부터 하나의 발신기까지의 수평거리가 25 m 이하가 되도록 할 것. 다만, 복도 또는 별도로 구획된 실로서 보행거리가 40 m 이상일 경우에는 추가로 설치하여야 한다.

㉢ 발신기의 위치를 표시하는 표시등은 함의 상부에 설치하되, 그 불빛은 부착면으로부터 15° 이상의 범위 안에서 부착지점으로부터 10 m 이내의 어느 곳에서도 쉽게 식별할 수 있는 적색등으로 할 것

9) 헤드

① 미분무헤드는 소방대상물의 천장·반자·천장과 반자사이·덕트·선반 기타 이와 유사한 부분에 설계자의 의도에 적합하도록 설치하여야 한다.

② 하나의 헤드까지의 수평거리 산정은 설계자가 제시하여야 한다.

③ 미분무설비에 사용되는 헤드는 조기반응형 헤드를 설치하여야 한다.

④ 폐쇄형 미분무헤드는 그 설치장소의 평상시 최고주위온도에 따라 다음 식에 따른 표시온도의 것으로 설치하여야 한다.

$$T_a = 0.9\,T_m - 27.3℃$$

여기서, T_a : 최고주위온도, T_m : 헤드의 표시온도

⑤ 미분무헤드는 배관, 행거 등으로부터 살수가 방해되지 아니하도록 설치.

⑥ 미분무헤드는 설계도면과 동일하게 설치하여야 한다.

⑦ 미분무헤드는 '한국소방산업기술원' 또는 규정에 따라 성능시험기관으로 지정받은 기관에서 검증받아야 한다.

10) 전원

미분무소화설비의 전원은 「스프링클러설비의 화재안전기준」 제12조를 준용한다.

11) 제어반

① 미분무소화설비에는 제어반을 설치하되, 감시제어반과 동력제어반으로 구분하여 설치하여야 한다. 다만, 가압수조에 따른 가압송수장치를 사용하는 미분무소화설비의 경우와 별도의 시방서를 제시할 경우에는 그러하지 아니할 수 있다.

② 감시제어반의 기능은 다음의 기준에 적합하여야 한다.

(가) 각 펌프의 작동여부를 확인할 수 있는 표시등 및 음향경보기능이 있어야 할 것

(나) 각 펌프를 자동 및 수동으로 작동시키거나 작동을 중단시킬 수 있어야 할 것

(다) 비상전원을 설치한 경우에는 상용전원 및 비상전원의 공급여부를 확인할 수 있어야 할 것

(라) 수조가 저수위로 될 때 표시등 및 음향으로 경보할 것

(마) 예비전원이 확보되고 예비전원의 적합여부를 시험할 수 있어야 할 것

③ 감시제어반의 기준

(가) 화재 및 침수 등의 재해로 인한 피해를 받을 우려가 없는 곳에 설치할 것

(나) 감시제어반은 미분무소화설비의 전용으로 할 것

(다) 감시제어반은 다음의 기준에 따른 전용실 안에 설치할 것

㉠ 다른 부분과 방화구획을 할 것. 이 경우 전용실의 벽에는 기계실 또는 전기실 등의 감시를 위하여 두께 7 mm 이상의 망입유리(두께 16.3 mm 이상의 접합유리 또는 두께 28 mm 이상의 복층유리를 포함한다)로 된 4 m^2 미만의 붙박이창을 설치할 수 있다.

㉡ 피난층 또는 지하 1층에 설치할 것

㉢ 무선통신보조설비의 화재안전기준(NFSC 505) 제6조의 규정에 따른 무선기기 접속단자(영 별표 4 소화활동설비의 소방시설 적용 기준란 제5호의 규정에 따른 무선통신보조설비가 설치된 특정소방대상물에 한한다)를 설치할 것

㉣ 바닥면적은 감시제어반의 설치에 필요한 면적 외에 화재 시 소방대원이 그 감시제어반의 조작에 필요한 최소면적 이상으로 할 것

(라) 전용실에는 소방대상물의 기계·기구 또는 시설 등의 제어 및 감시설비 외의 것을 두지 아니할 것

(마) 다음의 각 확인회로마다 도통시험 및 작동시험을 할 수 있도록 할 것

㉠ 수조의 저수위감시회로

㉡ 개방식 미분무소화설비의 화재감지기회로

㉢ 개폐밸브의 폐쇄상태 확인회로

㉣ 그 밖의 이와 비슷한 회로

(바) 감시제어반과 자동화재탐지설비의 수신기를 별도의 장소에 설치하는 경우에는 이들 상호간에 동시 통화가 가능하도록 할 것

④ 동력제어반은 다음의 기준에 따라 설치하여야 한다.

(가) 앞면은 적색으로 하고 "미분무소화설비용 동력제어반"이라고 표시한 표지를 설치할 것

(나) 외함은 두께 1.5 mm 이상의 강판 또는 이와 동등 이상의 강도 및 내열성능이 있는 것으로 할 것

(다) 그 밖의 동력제어반의 설치에 관하여는 ③ (가) 및 (나)의 기준을 준용할 것

⑤ 발전기 제어반은 「스프링클러설비의 화재안전기준」 제13조를 준용한다.

12) 배선 등

① 미분무소화설비의 배선은 「전기사업법」 제67조에 따른 기술기준에서 정한 것 외에 다음의 기준에 따라 설치하여야 한다.

(가) 비상전원으로부터 동력제어반 및 가압송수장치에 이르는 전원회로배선은 내화배선으로 할 것. 다만, 자가발전설비와 동력제어반이 동일한 실에 설치된 경우에는 자가발전기로부터 그 제어반에 이르는 전원회로배선은 그러하지 아니하다.

(나) 상용전원으로부터 동력제어반에 이르는 배선, 그 밖의 미분무소화설비의 감시·조작 또는 표시등회로의 배선은 내화배선 또는 내열배선으로 할 것. 다만, 감시제어반 또는 동력제어반 안의 감시·조작 또는 표시등회로의 배선은 그러하지 아니하다.

② 내화배선 및 내열배선에 사용되는 전선 및 설치방법은 「옥내소화전설비의 화재안전기준」의 별표 1의 기준에 따른다.

③ 미분무소화설비의 과전류차단기 및 개폐기에는 "미분무소화설비용"이라고 표시한다.

④ 미분무소화설비용 전기배선의 양단 및 접속단자에는 다음의 기준에 따라 표시하여야 한다.

(가) 단자에는 "미분무소화설비단자"라고 표시한 표지를 부착할 것

(나) 미분무소화설비용 전기배선의 양단에는 다른 배선과 식별이 용이하도록 표시할 것

13) 청소·시험·유지 및 관리 등

① 미분무소화설비의 청소·유지 및 관리 등은 건축물의 모든 부분(건축설비를 포함)을 완성한 시점부터 최소 연 1회 이상 실시하여 그 성능 등을 확인하여야 한다.

② 미분무소화설비의 배관 등의 청소는 배관의 수리계산 시 설계된 최대방출량으로 방출하여 배관 내 이물질이 제거될 수 있는 충분한 시간동안 실시하여야 한다.

③ 미분무소화설비의 성능시험은 제8조에서 정한 기준에 따라 실시한다.

연 습 문 제

01. 미분무소화설비의 시스템의 종류와 각 설비방식에 대하여 기술하시오.

02. 미분무소화설비를 설치할 수 장소 및 장치의 종류에 대하여 기술하시오.

03. 미분무소화설비의 소화효과에 기술하시오.

04. 미분무소화설비의 감시제어반 및 동력제어반에 대하여 기술하시오.

05. 바닥면적이 300 m^2인 방호공간에 미분무소화설비를 다음 조건에 따라 설치하였다. 질문에 답하시오.

[조 건]

① 방호구역(방수구역) 내 헤드의 개수 : 12개
② 설계유량 : 10 m^3/min
③ 설계방수시간 : 20 min
④ 안전율 : 1.2
⑤ 배관의 총체적 : 300 m^3

(1) 수원의 최소 유효저수량은 얼마인가?
(2) 가압송수장치의 최소 토출량은 얼마인가?

06. 미분무소화설비의 전용수조의 설치기준에 대하여 기술하시오.

07. 미분부소화설비의 장점 및 단점에 대하여 설명하시오.

08. 미분무소화설비의 폐쇄형 및 개방형 방호구역에 대하여 구분하여 설명하시오.

09. 미분무소화설비의 배관성능에 대하여 설명하시오.

10. 미분무소화설비의 가압송수장치의 성능기준 및 시험방법에 대하여 기술하시오.

11. 미분무소화설비의 기동장치에 대하여 간단하게 설명하시오.

12. 미분무소화설비의 배관 기울기에 대하여 설명하시오.

13. 미분무소화설비의 음향 및 기종장치의 기준에 대하여 기술하시오.

14. 미분무소화설비에 사용하는 유수검지장치에 사용하는 종류 및 성능에 대하여 설명하시오.

CHAPTER

9

피난설비

(Fire Escaping Equipment/System)

1. 피난설비의 종류
2. 설치대상
3. 소방대상물별 적응 피난기구
4. 피난기구의 적응 및 설치기준 등
5. 설치 제외
6. 피난기구설치의 감소
7. 피난기구의 종류 및 구조

소방 활동 중의 가장 중요한 것은 소방대상물의 방호공간내부에서 화재가 발생하였을 때 거주자 또는 불특정다수인을 어떻게 안전하게 대피시키느냐 하는 문제이다. 안전의 기본적인 대처방안으로 첫째는 연기, 화염, 연소가스 등 다양한 연소생성물의 발생을 최소화 할 수 있는 불연재료를 사용하여 가연성 및 유독성이 내장재료의 사용을 최대한 억제하는 것이 우선되어야 한다. 둘째로는 발생한 연소생성물이 다른 방호공간으로 확산되지 않도록 구획을 함으로서 다른 공간으로의 확산을 방지하고 발생된 연기 등 유해가스를 외부로 배출 및 제어하는 것이다. 이와 같이 공간적 대응 및 설비적인 대응으로 소방안전시설을 설치한다하더라도 화재 시에 피난경로가 어떠한 구조로 안전하게 형성되어 있는가에 따라서 제한을 받기 때문에 거주자의 안전한 피난을 지원하기 위해서는 반드시 피난기구, 인명구조기구, 장비 등 피난설비를 설치하여야 한다. 즉, 거주자 및 불특정다수인이 안전한 피난을 위하여 피난계단(특별피난계단 포함)을 설치하는 것 이외에 화재구역으로부터 신속하게 외부로 탈출하기 위하여 설치하는 것이 피난기구이다. 최근에 발생한 많은 화재사례에서 알 수 있듯이 화재가 발생한 층이나 구역보다는 상층부 또는 상부에 있는 거주자가 연기나 유독가스 등 화재가스에 의한 호흡으로 질식하여 사망하는 경우가 많다. 따라서 거주자나 불특정 다수인을 안전한 장소로 피난 및 대피시키기 위하여 소방대상물의 방호공간의 내부에 적당한 위치에 안전하게 미리 적응 피난기구를 설치하여 피난안전성능을 확보하는 것이 매우 중요하다. 이와 같이 피난설비는 화재가 발생한 공간으로부터 안전한 장소로 안전하게 피난을 지원하기 위하여 사용하는 기계·기구 또는 설비이기 때문에 화재를 진압하는 설비나 경보시설 못지않게 중요한 소방시설이라 할 수 있다. 예를 들면, 피난기구는 화재 시 옥내 피난계단 등 일상적인 수단으로는 대피를 할 수 없거나 원활하게 피난을 하지 못하는 경우에 사용하는 것으로 어디까지나 피난의 보조 수단의 기능을 가지고 있다. 특히, 본 시설은 화재 등 비상시에 누구나 간편하게 사용할 수 있게 하는 것이 기본조건이므로 흥분상태 또는 패닉상태에 있는 대피자들도 안전하게 이용할 수 있는 구조와 설치가 대단히 중요하다. 이상에서 설명한 피난설비의 종류는 피난기구, 인명구조기구[방열복·공기호흡기(보조마스크를 포함) 및 인공소생], 피난구유도등·통로유도등 및 유도표지, 객석유도등, 비상조명등, 휴대용 비상조명등이 있으며 본 교재에서는 건축 및 전기분야에 대한 내용을 다루지 않는다.

1. 피난설비의 종류

1) 피난기구

① **피난사다리** : 화재 시 긴급대피를 위해 사용하는 사다리

② **완강기** : 사용자의 몸무게에 따라 자동적으로 내려올 수 있는 기구 중 사용자가 교대하여 연속적으로 사용할 수 있는 것을 말한다.

③ **간이완강기** : 사용자의 몸무게에 따라 자동적으로 내려올 수 있는 기구 중 사용자가 연속적으로 사용할 수 없는 것을 말한다.

④ **구조대** : 포지 등을 사용하여 자루형태로 만든 것으로서 화재 시 사용자가 그 내부에 들어가서 내려옴으로써 대피할 수 있는 것을 말한다.

⑤ **공기안전매트** : 화재 발생 시 사람이 건축물 내에서 외부로 긴급히 뛰어 내릴 때 충격을 흡수하여 안전하게 지상에 도달할 수 있도록 포지에 공기 등을 주입하는 구조로 되어 있는 것을 말한다.

⑥ **피난밧줄** : 급격한 하강을 방지하기 위한 매듭 등을 만들어 놓은 밧줄을 말한다.

⑦ **다수인피난장비** : 화재 시 2인 이상의 피난자가 동시에 해당 층에서 지상 또는 피난층으로 하강하는 피난기구를 말한다.

⑧ **승강식 피난기** : 사용자의 몸무게에 의하여 자동으로 하강하고 내려서면 스스로 상승하여 연속적으로 사용할 수 있는 무동력 승강식피난기를 말한다.

⑨ **하향식 피난구용 내림식사다리** : 하향식 피난구 해치에 격납하여 보관하고 사용 시에는 사다리 등이 소방대상물과 접촉되지 아니하는 내림식 사다리를 말한다.

2) 인명구조기구

① **방열복** : 고온의 복사열에 가까이 접근하여 소방활동을 수행할 수 있는 내열피복을 말한다.

② **공기호흡기** : 소화활동 시에 화재로 인하여 발생하는 각종 유독가스 중에서 일정시간 사용할 수 있도록 제조된 압축공기식 개인호흡장비를 말한다.

③ **인공소생기** : 호흡 부전 상태인 사람에게 인공호흡을 시켜 환자를 보호하거나 구급하는 기구를 말한다.

3) 기타 피난기구

기타 피난에 도움을 주는 기구로서 보조마스크가 장착된 인명구조용 공기호흡기(충전기는 제외), 피난구유도등, 통로유도등 및 유도표지, 객석유도등, 비상조명등, 휴대용 비상조명등이 있다.

2. 설치대상

1) 피난기구

특정소방대상물에 본 설비가 대상이 되는 경우는 모든 층에 화재안전기준에 적합한 피난기구(9종류)를 설치한다. 다만, 피난층·지상 1층·지상 2층 및 층수가 11층 이상의 층과 가스시설·지하구 또는 지하가 중 터널의 경우에는 그렇지 않다. 11층 이상의 층은 고층으로 피난기구를 사용하기에는 부적합하므로 설치대상에서 제외한다.

2) 인명구조기구

① 지하층을 포함하는 층수가 7층 이상인 관광호텔에 2대를 설치한다.
② 5층 이상인 병원에 2대를 설치한다.
(병원의 경우는 인공소생기를 설치하지 아니할 수 있다.)

3) 보조마스크가 정착된 인명구조용 공기호흡기(충전기는 제외)

① 수용인원 100인 이상의 지하역사·백화점·전문점·할인점·쇼핑센터·지하상가·영화상영관에는 인명구조용 공기호흡기(충전기 및 보조마스크를 제외)를 층마다 2대 이상 비치하여야 한다.
② 물분무등소화설비를 설치하여야 하는 특정소방대상물 중 이산화탄소소화설비를 설치한 경우 해당 특정소방대상물의 출입구 외부 인근에 1대 이상 비치한다.

4) 피난구유도등·통로유도등 및 유도표지

「소방시설의 설치·유지 및 안전관리에 관한 법률 시행령」의 특정소방대상물(지하구 및 지하가 중 터널을 제외)에 설치한다. 특정소방대상물은 대분류로 25개의 용도로 대분류되어 있다.

① 피난구유도등

(가) 바닥면적이 1,000 m^2 미만인 층으로서 옥내로부터 직접 지상으로 통하는 출입구
(나) 거실 각 부분으로부터 쉽게 도달할 수 있는 출입구
(다) 거실 각 부분으로부터 하나의 출입구에 이르는 보행거리는 20 m 이하이고 비상조명등과 유도표지가 설치된 거실
(라) 출입구가 3 이상 있는 거실로서 그 거실 각 부분으로부터 하나의 출입구에 이르는

보행거리가 30 m 이하인 경우에는 주된 출입구 2개소 외의 출입구(다만, 공연장, 집회장, 관람장, 전시장, 판매시설 및 영업시걸, 숙박시설, 노유자시설, 의료시설의 경우는 제외)

② 통로유도등

(가) 구부러지지 아니한 복도 또는 통로로서 30 m 미만인 복도 또는 통로
(나) 구부러지지 아니한 복도 또는 통로로서 30 m 미만인 복도 또는 통로에 해당하지 않은 복도 또는 통로로서 보행거리 20 m 미만이고 그 복도 또는 통로와 연결된 출입구 또는 그 부속실의 출입구에 피난구유도등이 설치된 복도 또는 통로

5) 객석유도등

① 유흥주점영업(「식품위생법 시행령」 제7조제8호라목의 유흥주점영업 중 손님이 춤을 출 수 있는 무대가 설치된 카바레·나이트클럽 또는 그 밖에 이와 비슷한 영업에 한함)
② 문화집회 및 운동시설에 설치하여야 한다.
③ 주간에만 사용하는 장소로서 채광이 충분한 객석·거실 등의 각 부분으로부터 하나의 것이 출입구에 이르는 보행거리가 20 m 이하인 객석의 통로로서 그 통로에 통로유도등이 설치된 객석

6) 비상조명등을 설치하여야 하는 특정소방대상물 (가스시설 또는 창고와 이와 비슷한 것은 제외)

① 지하층을 포함하는 층수가 5층 이상인 건축물로서 연면적 3,000 m^2 이상인 것
② ①에 해당하지 아니하는 특정소방대상물로서 그 지하층 또는 무창층의 바닥면적이 450 m^2 이상인 경우에는 그 지하층 또는 무창층
③ 지하가 중 터널로서 그 길이가 500 m 이상인 것

7) 휴대용 비상조명등을 설치하여야 하는 특정소방대상물

① 숙방시설
② 수용인원 100인 이상의 지하역사·백화점·전문점·할인점·쇼핑센터·지하상가·영화상영관
③ 다중이용업소
영업장 안의 구획된 실 마다 설치

3. 소방대상물별 적응 피난기구

특정소방대상물의 용도에 따라 다음의 기준에 적합한 피난기구를 설치하여야 한다.

표 9.1 소방대상물별 설치장소에 따른 적응 피난기구

설치장소별 구분 \ 층별	지하층	2층	3층	4~10층
의료시설(장례식장 제외)·노유자시설·근린생활시설 중 입원실이 있는 의원·산후조리원·접골원·조산소	피난용 트랩	미끄럼대 구조대·피난교 피난용 트랩	미끄럼대 구조대·피난교 피난용 트랩	구조대· 피난교 피난용 트랩
근린생활시설(입원실이 있는 의원·산후조리원·접골원·조산소는 제외)·위락시설·문화집회 및 운동시설·판매시설 및 영업시설·숙박시설·공동주택·업무시설·통신촬영시설·교육연구시설·공장·운수자동차관련시설(주차용 건축물 및 차고, 세차장, 폐차장 및 주차장을 제외)·관광휴게시설(야외음악당. 야외극장 제외)·의료시설 중 장례식장	피난 사다리 피난용 트랩	미끄럼대 피난사다리 구조대· 완강기 피난교 피난용 트랩· 공기안전매트	미끄럼대 피난사다리 구조대·완강기 피난교 피난용 트랩 간이완강기 피난밧줄· 공기안전매트	피난사다리 구조대· 완강기 피난교 간이완강기 공기안전매트

주) 간이완강기의 적응성은 숙박시설의 3층 이상에 있는 객실에, 공기안전매트의 적응성은 아파트(「주택법 시행령」 제48조의 규정에 해당하는 공동주택)에 한한다.

4. 피난기구의 적응 및 설치기준 등

1) 피난기구는 표 9.1에 따라 소방대상물의 설치장소별로 설치하여야 한다.

2) 피난기구는 다음의 기준에 따른 개수 이상을 설치하여야 한다.

① 층마다 설치하되, 숙박시설, 노유자시설 및 의료시설로 사용되는 층에 있어서는 그 층의 바닥면적 500 m^2마다 위락시설·문화집회 및 운동시설·판매시설로 사용되는 층 또는 복합용도의 층(하나의 층이 「소방시설 설치·유지 및 안전관리에 관한 법률 시행령」 별표 2 제1호 내지 제4호 또는 제8호 내지 제18호 중 2 이상의 용도로 사용되는 층을 말한다)에 있어서는 그 층의 바닥면적 800 m^2마다, 계단실형 아파트에 있어서는 각 세대마다, 그 밖의 용도의 층에 있어서는 그 층의 바닥면적 1,000 m^2마다 1개 이상 설치할 것

② ①의 규정에 따라 설치한 피난기구 외에 숙박시설(휴양콘도미니엄을 제외)의 경우에는 추가로 객실마다 간이완강기 또는 피난밧줄을 설치할 것

③ ①의 규정에 따라 설치한 피난기구 외에 아파트(「주택법 시행령」 제48조의 규정에 따른

아파트)의 경우에는 하나의 관리주체가 관리하는 아파트 구역마다 공기안전매트 1개 이상을 추가 설치할 것. 다만, 옥상으로 피난이 가능하거나 인접세대로 피난할 수 있는 구조인 경우에는 추가로 설치하지 않을 수 있다.

■ 공동주택의 경우
- 300세대 이상의 공동주택
- 세대수가 150세대 이상으로서 승강기가 설치된 공동주택
- 세대수가 150세대 이상으로서 중앙집중식 난방방식(지역난방식 포함)의 공동주택

이상의 피난기구 특정소방대상물별 설치기준을 요약하면 다음 표와 같다.

표 9.2 피난기구 기본설치기준

소방대상물	설치수량
① 숙박시설, 노유자시설 및 의료시설로 사용되는 층	1개 이상 / 그 층의 바닥면적 500 m^2마다
② 위락시설, 문화집회시설 및 운동시설, 판매시설로 사용되는 층 또는 복합용도의 층	1개 이상 / 그 층의 바닥면적 800 m^2마다
③ 계단실형 아파트	1개 이상 / 각 세대마다
④ 그 밖의 용도의 층	1개 이상 / 그 층의 바닥면적 1,000 m^2마다

표 9.3 추가 설치기준

소방대상물	피난기구	적 용
① 숙박시설(휴양 및 콘도미니엄 제외)	간이완강기 또는 피난밧줄을 설치할 것	객실마다
② 아파트	공기매트 1개 이상 추가설치	하나의 관리주체가 관리하는 아파트구역마다 설치(다만, 인접세대로 피난할 수 있는 구조인 경우에는 추가로 설치하지 않는다.)

3) 피난기구는 설치기준

① 피난기구는 계단·피난구 기타 피난시설로부터 적당한 거리에 있는 안전한 구조로 된 피난 또는 소화활동상 유효한 개구부에 고정하여 설치하거나 필요한 때에 신속하고 유효하게 설치할 수 있는 상태에 둘 것.

② 피난기구를 설치하는 개구부는 서로 동일직선상이 아닌 위치에 있을 것. 다만, 미끄럼봉, 피난교, 피난용 트랩, 피난밧줄 또는 간이완강기, 아파트에 설치되는 피난기구 기타 피난

상 지장이 없는 것에 있어서는 그렇지 않다.

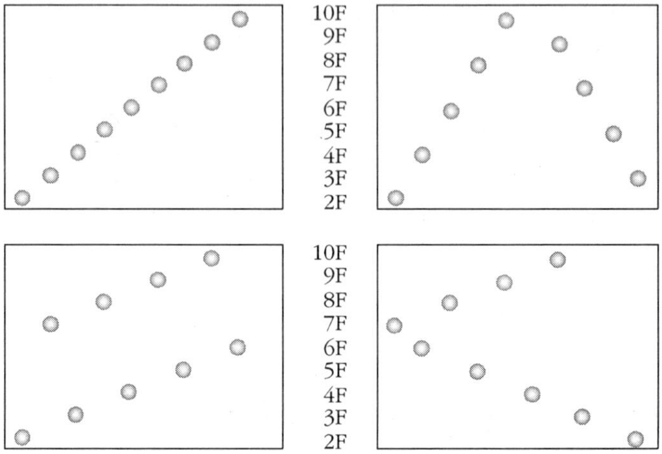

그림 9.1 동일 직선상이 아닌 위치의 예

③ 피난기구는 소방대상물의 기둥·바닥·보·기타 구조상 견고한 부분에 볼트 조임·매입·용접 기타의 방법으로 견고하게 부착할 것

④ 4층 이상 층에 피난사다리를 설치하는 경우에는 금속성 고정사다리를 설치하고, 당해 고정사다리에는 쉽게 피난할 수 있는 구조의 노대를 설치할 것

⑤ 완강기는 강하 시 로프가 소방대상물과 접촉하여 손상되지 아니하도록 할 것

⑥ 완강기, 미끄럼봉 및 피난로프의 길이는 부착위치에서 지면 기타 피난상 유효한 착지면까지의 길이로 할 것

⑦ 미끄럼대는 안전한 강하속도를 유지하도록 하고, 전락 방지를 위한 안전조치를 할 것

⑧ 구조대의 길이는 피난상 지장이 없고 안정한 강하속도를 유지할 수 있는 길이로 할 것

⑨ 다수인 피난장비의 설치기준

(가) 피난에 용이하고 안전하게 하강할 수 있는 장소에 적재 하중을 충분히 견딜 수 있도록 「건축물의 구조기준 등에 관한 규칙」 제3조에서 정하는 구조안전의 확인을 받아 견고하게 설치할 것

(나) 다수인피난장비 보관실은 건물 외측보다 돌출되지 아니하고, 빗물·먼지 등으로부터 장비를 보호할 수 있는 구조일 것

(다) 사용 시에 보관실 외측 문이 먼저 열리고 탑승기가 외측으로 자동으로 전개될 것

(라) 하강 시에 탑승기가 건물 외벽이나 돌출물에 충돌하지 않도록 설치할 것

(마) 상·하층에 설치할 경우에는 탑승기의 하강경로가 중첩되지 않도록 할 것

(바) 하강 시에는 안전하고 일정한 속도를 유지하도록 하고 전복, 흔들림, 경로이탈 방지를 위한 안전조치를 할 것

(사) 보관실의 문에는 오작동 방지조치를 하고, 문 개방 시에는 당해 소방대상물에 설치된 경보설비와 연동하여 유효한 경보음을 발하도록 할 것

(아) 피난층에는 해당 층에 설치된 피난기구가 착지에 지장이 없도록 충분한 공간을 확보할 것

(자) 한국소방산업기술원 또는 법 제42조제1항에 따라 성능시험기관으로 지정받은 기관에서 그 성능을 검증받은 것으로 설치할 것

⑩ 승강식피난기 및 하향식 피난구용 내림식사다리의 설치지준

(가) 승강식피난기 및 하향식 피난구용 내림식사다리는 설치경로가 설치층에서 피난층까지 연계될 수 있는 구조로 설치할 것. 단, 건축물 규모가 지상 5층 이하로서 구조 및 설치 여건상 불가피한 경우는 그러하지 아니한다.

(나) 대피실의 면적은 2 m^2(2세대 이상일 경우에는 3 m^2) 이상으로 하고, 「건축법 시행령」 제46조제4항의 규정에 적합하여야 하며 하강구(개구부) 규격은 직경 60 cm 이상일 것. 단, 외기와 개방된 장소에는 그러하지 아니한다.

(다) 하강구 내측에는 기구의 연결금속구 등이 없어야 하며 전개된 피난기구는 하강구 수평투영면적 공간 내의 범위를 침범하지 않는 구조이어야 할 것. 단, 직경 60 cm 크기의 범위를 벗어난 경우이거나, 직하층의 바닥면으로부터 높이 50 cm 이하의 범위는 제외한다.

(라) 대피실의 출입문은 갑종방화문으로 설치하고, 피난방향에서 식별할 수 있는 위치에 "대피실" 표지판을 부착할 것. 단, 외기와 개방된 장소에는 그러하지 아니한다.

(마) 착지점과 하강구는 상호 수평거리 15 cm 이상의 간격을 둘 것

(바) 대피실 내에는 비상조명등을 설치할 것

(사) 대피실에는 층의 위치표시와 피난기구 사용설명서 및 주의사항 표지판을 부착할 것

(아) 대피실 출입문이 개방되거나, 피난기구 작동 시 해당층 및 직하층 거실에 설치된 표시등 및 경보장치가 작동되고, 감시제어반에서는 피난기구의 작동을 확인할 수 있어야 할 것

(자) 사용 시 기울거나 흔들리지 않도록 설치할 것

(차) 승강식 피난기는 한국소방산업기술원 또는 법 제42조제1항에 따라 성능시험기관으로 지정받은 기관에서 그 성능을 검증받은 것으로 설치할 것

4) 피난기구를 설치한 장소에는 가까운 곳의 보기 쉬운 곳에 피난기구의 위치를 표시하는 발

광식 또는 축광식 표지와 그 사용방법을 표시한 표지를 부착하되, 축광식 표지는 다음 기준에 적합한 것이어야 한다.

① 방사성 물질을 사용하는 위치표지는 쉽게 파괴되지 않은 재질로 처리할 것
② 위치표지는 주위조도 0 lx에서 20분간 발광 후 직선거리 20 m 떨어진 위치에서 보통 시력으로 표시면의 문자 또는 화살표 등을 쉽게 식별할 수 있는 것으로 할 것
③ 위치표지의 표시면은 쉽게 변형·변질 또는 변색되지 아니할 것
④ 위치표지 표지면 휘도는 주위조도 0 lx에서 20분간 발광 후 24 mcd/m^2로 할 것

5. 설치 제외

피난설비의 설치면제 요건의 규정에 따라 다음에 해당하는 소방대상물 또는 그 부분에는 피난기구를 설치하지 않을 수 있다. 다만, 숙박시설(휴양콘도미니엄을 제외)에 설치되는 피난밧줄 및 간이완강기의 경우에는 그렇지 않다.

1) 다음의 기준에 적합한 층
① 주요 구조부가 내화구조로 되어 있어야 할 것
② 실내의 면하는 부분의 마감이 불연재료·준불연재료 또는 난연재료로 되어 있고 방화구획이 「건축법 시행령」 제46조의 규정에 적합하게 구획되어 있어야 할 것
③ 거실의 각 부분으로부터 직접 복도로 쉽게 통할 수 있어야 할 것
④ 복도에 2 이상의 특별피난계단 또는 피난계단이 「건축법 시행령」 제35조의 규정에 적합하게 설치되어 있어야 할 것
⑤ 복도의 어느 부분에서도 2 이상의 방향으로 각각 다른 계단에 도달할 수 있어야 할 것

2) 다음에 적합한 소방대상물 중 그 옥상의 직하층 또는 최상층(관람집회 및 운동시설 또는 판매시설을 제외)의 경우에는 피난기구를 제외할 수 있다.
① 주요 구조부가 내화구조로 되어 있어야 할 것
② 옥상의 면적이 1,500 m^2 이상이어야 할 것
③ 옥상으로 쉽게 통할 수 있는 창 또는 출입구가 설치되어 있어야 할 것
④ 옥상이 소방사다리차가 쉽게 통행할 수 있는 도로(폭 6 m 이상) 또는 공지(공원 또는 광장)에 면하여 설치되어 있거나 옥상으로부터 피난층 또는 지상으로 통하는 2 이상의 피난계단 또는 특별피난계단이 「건축법 시행령」 제35조의 규정에 적합하게 설치되어 있어야 할 것

3) 주요 구조부가 내화구조이고 지하층을 제외한 층수가 4층 이하이며 소방사다리차가 쉽게 통행할 수 있는 도로 또는 공지에 면하는 부분에 개구부가 2 이상 설치되어 있는 층. 단, 문화집회 및 운동시설·판매시설 및 영업시설 또는 노유자시설의 용도로 사용되는 층으로서 그 층의 바닥면적이 1,000 m^2 이상인 것을 제외한다.

■ 개구부란

- 개구부의 크기가 지름 50 cm 이상의 원이 내접할 수 있는 것
- 그 층의 바닥면으로부터 개구부 밑 부분까지의 높이가 1.2 m 이내일 것
- 도로 또는 차량의 진입이 가능한 공지에 면할 것
- 화재 시 건물로부터 쉽게 피난할 수 있도록 창살, 그 밖의 장애물이 없을 때
- 내부 또는 외부에서 쉽게 파괴 또는 개방이 가능이 가능할 것

4) 편복도형 아파트 또는 발코니 등을 통하여 인접세대로 피난할 수 있는 구조로 되어 있는 계단실형 아파트

5) 주요 구조부가 내화구조로서 거실의 각 부분으로 직접 복도로 피난할 수 있는 학교(강의실 용도로 사용되는 층)

6) 무인공장 또는 자동창고로서 사람의 출입이 금지된 장소(관리를 위하여 일시적으로 출입하는 장소)

6. 피난기구설치의 감소

1) 피난기구를 설치하여야 할 소방대상물 중 다음의 기준에 적합한 층에는 피난기구의 2분의 1을 감소할 수 있다. 이 경우 설치하여야 할 피난기구의 수에 있어서 소수점 이하의 수는 1로 한다.

① 주요 구조부가 내화구조로 되어 있을 것

② 직통계단인 피난계단 또는 특별피난계단이 2 이상 설치되어 있을 것

2) 피난기구를 설치하여야 할 소방대상물 중 주요 구조부가 내화구조이고 다음의 기준에 적합한 건널 복도가 설치되어 있는 층에는 피난기구의 수에서 당해 건널복도의 수의 2배의 수를 뺀 수로 한다.

① 내화구조 또는 철골조로 되어 있을 것

② 건널복도 양단의 출입구에 자동폐쇄장치를 한 갑종방화문(방화셔터를 제외)이 설치되어

있을 것

③ 피난·통행 또는 운반의 전용 용도일 것

3) 피난기구를 설치하여야 할 소방대상물 중 다음 기준에 적합한 노대가 설치된 거실의 바닥면적은 피난기구의 설치개수 산정에서 바닥면적을 제외한다.

① 노대를 포함한 소방대상물의 주요 구조부가 내화구조일 것

② 노대가 거실 외기에 면하는 부분에 피난상 유효하게 설치된 경우

③ 노대가 소방사다리차가 쉽게 통행할 수 있는 도로 또는 공지에 면하여 설치되어 있거나, 또는 거실부분과 방화구획되어 있거나 또는 노대에 지상으로 통하는 계단 그 밖의 피난기구가 설치되어 있어야 할 것

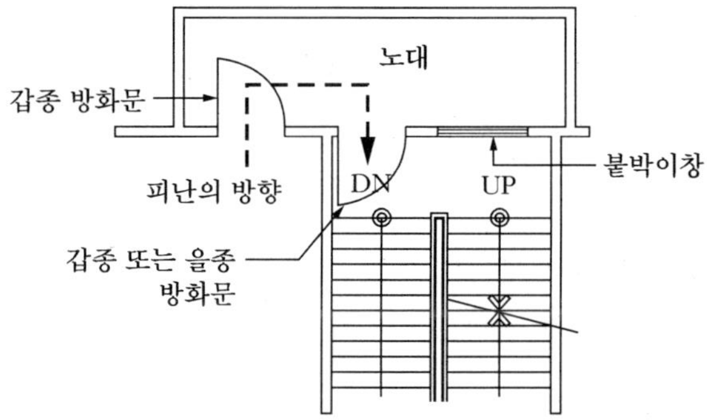

7. 피난기구의 종류 및 구조

1) 피난사다리

화재 시 긴급대피에 사용하는 금속제의 사다리로 소방대상물에 고정으로 설치시키거나 매달아 놓았다가 거주자가 피난용으로 사용할 수 있는 금속제로 된 사다리를 말한다. 피난사다리의 종류는 고정식, 올림식, 내림식이 있으며 고정식(그림 9.2 참조)은 소방대상물의 벽면 등에 고정시켜 상시 사용할 수 있도록 설치되어 있는 사다리로서 수납식, 접는식, 신축식이 있다. 또한 피난사다리의 중량은 올림식 사다리인 경우 35 kg 이하, 내림식 사다리인 경우 20 kg 이하이어야 한다.

가. 사다리의 일반 구조

① 안전하고 확실하며 쉽게 사용할 수 있는 구조이어야 한다.

② 피난사다리는 2개 이상의 종봉(내림식사다리에 있어서는 이에 상당하는 와이어로프·체인 그 밖의 금속제의 봉 또는 관을 말함) 및 횡봉으로 구성되어야 한다. 다만, 고정식사다리인 경우에는 종봉의 수를 1개로 할 수 있다.

③ 피난사다리(종봉이 1개인 고정식사다리는 제외)의 종봉의 간격은 안치수가 30 cm 이상 50 cm 이하이어야 한다.

④ 피난사다리의 횡봉은 지름 14 mm 이상 35 mm 이하의 원형인 단면이거나 또는 이와 비

숫한 손으로 잡을 수 있는 형태의 단면이 있는 것이어야 한다.

⑤ 피난사다리의 횡봉은 종봉에 동일한 간격으로 부착한 것이어야 하며, 그 간격은 25 cm 이상 35 cm 이하이어야 한다.

⑥ 피난사다리 횡봉의 디딤면은 미끄러지지 아니하는 구조이어야 한다.

나. 피난사다리의 종류

(1) 고정식 사다리

① 고정식 사다리로 종봉이 2개 이상인 것

(가) 수납식 : 가로봉을 상시 세로봉 안에 수납해 두었다가 사용할 때 가로봉을 꺼내어 펴서 사용할 수 있는 사다리

(나) 접는식 : 사다리의 하부를 접어서 보관할 수 있는 것으로 사용할 때는 사다리 하부를 내리는 구조의 고정식 사다리

(다) 신축식 : 평소에는 사다리 하부를 줄여 두었다가 사용할 때는 펼칠 수 있는 구조의 고정식 사다리

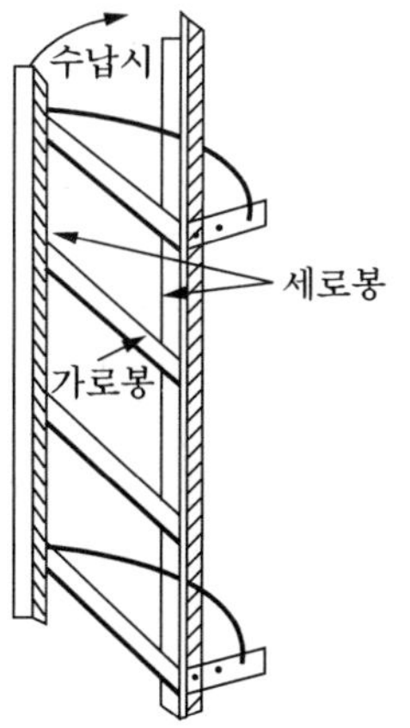

고정식 사다리(수납식)

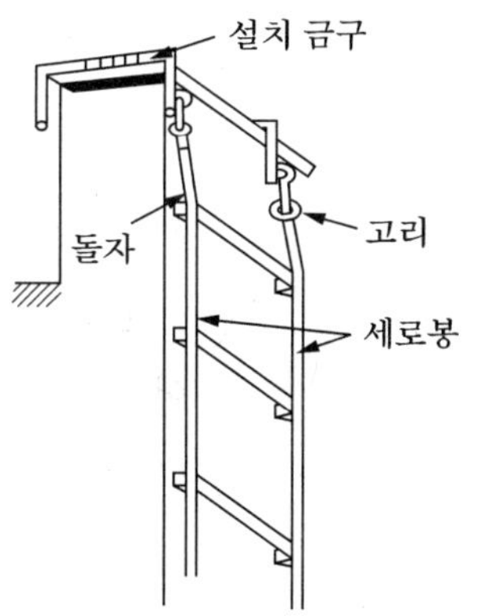

내림식 사다리(접는식)

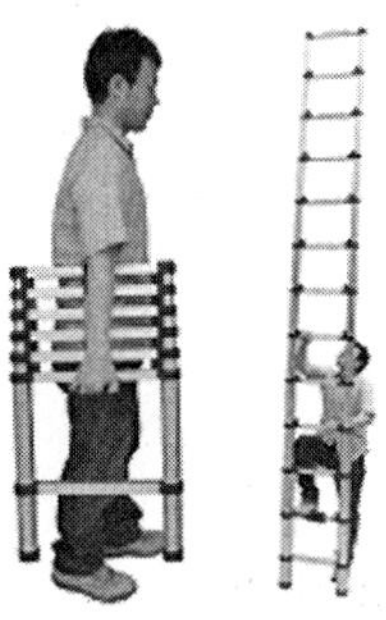

신축식

② 종봉의 수가 1개인 것.

(가) 종봉이 그 사다리의 중심축이 되도록 횡봉을 부착하고 횡봉의 끝 부분에 종봉의 축과 평행으로 길이 5 cm 이상의 옆으로 미끄러지는 것을 방지하기 위한 돌자를 설치하여야 한다.

(나) 횡봉의 길이는 종봉에서 횡봉의 끝까지 길이가 안치수로 15 cm 이상 25 cm 이하이

어야 하며 종봉의 폭은 횡봉의 축방향에 대하여 10 cm 이하이어야 한다.

(2) 올림식 사다리

소방대상물 등에 기대어 세워서 사용하는 사다리를 말한다. 소방대상물의 상부 지지점을 걸고 올려 받쳐서 사용하는 것으로 형태는 2단 이상으로 되어 있으며 상부 지점에는 안전장치를, 하부 지점에는 미끄럼 방지를 위해 미끄럼 방지장치를 하여야 한다. 상부 지지점(끝 부분으로부터 60 cm 이내의 임의의 부분으로 한다)에 미끄러지거나 넘어지지 아니하도록 하기 위하여 안전장치를 설치하여야 한다.

① 접는식 : 2단 이상으로 접어 보관하다가 사용할 때 여는 것으로 자동적으로 작동하는 접힘 방지장치를 설치하여야 한다.

② 신축식 : 2단 이상으로 줄여서 보관하다가 사용할 때는 펼치는 것으로 사용할 때 자동적으로 작동하는 축제 방지장치를 설치하여야 한다.

■ 축제(縮梯) 방지장치
- 사다리를 펼치는 경우 2단 이상으로 접속되는 부분이 줄어지지 않도록 하는 바동 잠금장치

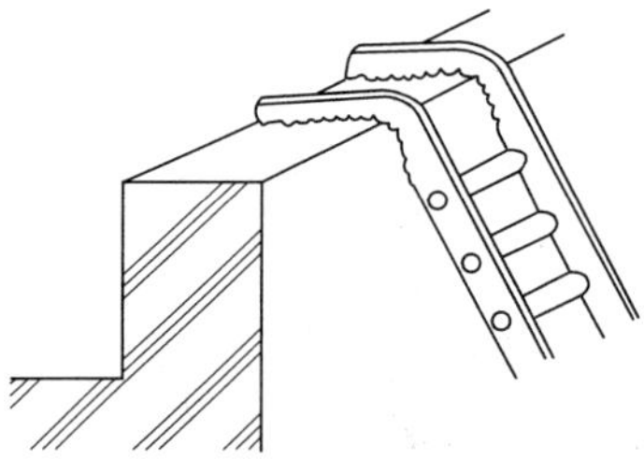

올림식 사다리(상부 미끄럼 방지)

(3) 내림식 사다리

내림식 사다리란 평상시에는 접어 둔 상태로 두었다가 사용 시에는 견고한 부분에 걸어 내린 후 사용하는 것으로서 검정기준상 중량은 20 kg 이하여야 하며 세로봉의 재질에 따라 와이어(Wire Loop)식, 체인(Chain)식, 기타 급제 등으로 분류할 수 있다. 특히, 내림식 사다리에 한하여 사용할 때 방화대상물로부터 일정한 간격을 유지하고 사용자의 딛는 발이 충분히 가로봉에 걸치도록 하기 위하여 소방대상물에서 10 cm 이상의 간격을 갖는 돌자(突子)를 가로봉마다 설치하여야 한다. 가로봉의 끝부분에는 가변식 걸고리 또는 걸림장치가 부착되어 있어야 하며 걸림장치는 쉽게 이탈하지 않는 구조이어야 한다.

① 구조

종봉간의 간격은 30 cm 이상 50 cm 이하로 하고, 횡봉간의 간격은 25 cm 이상 35 cm 이하로 하며, 횡봉 굵기는 14～35 mm의 원형으로 한다. 종봉의 끝 부분에는 가변식 걸고리 또는 걸림장치(하향식 피난구용 내림식 사다리는 해치 등에 고정할 수 있는 장치를 말함)가 부착되어 있어야 한다.

② 설치

(가) 먼저 설치위치를 결정한다.

(나) 사다리의 길이를 결정한다.

(다) 건물의 기둥, 벽 등의 위치를 확인한다.

(라) 피난사다리를 부착하는 금구를 설치한다.

(마) 부착구는 전면 측면에서 모두 완전히 수직이 되도록 한다.

(바) 하단은 자연상태로 수평이 되도록 한다. 이 때 사다리가 경사지게 되면 무리한 힘을 받게 되므로 주의하여야 한다.

(사) 피난사다리의 횡봉과 벽 사이는 10 cm 이상 떨어지도록 한다.

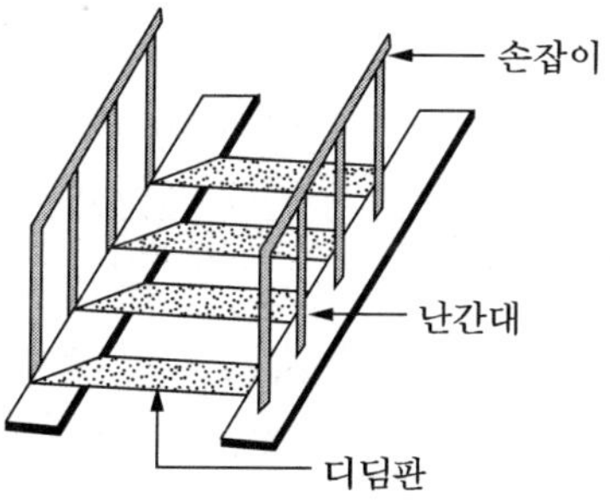

그림 9.2 고정식 피난사다리

다. 피난사다리의 부품 재료

피난사다리의 부품의 재료는 다음 표 9.4에 기재한 것 또는 이와 동등 이상의 강도 및 내구성이 있어야 하며, 내식성이 없는 재료인 것은 내식 가공을 하여야 한다.

표 9.4 부품별 재료의 종류

구 분	부품명	재 료	
고정식 사다리 및 올림식 사다리	종봉·횡봉·보강재 및 지지재	일반구조용 압연강재	KS D 3503
		일반구조용 탄소강관	KS D 3566
		내식알루미늄합금압출형재	KS D 6759
	축제방지장치 및 접힘방지장치	리벳용원형강	KS D 3557
		탄소강단강품	KS D 3710
		흑심가단주철품	KS D 4303
	활 차	탄소강주강품	KS D 4101
		황동주물	KS D 6024
	후 크	일반구조용압연강재	KS D 3503
	볼트류	마봉강	KS D 3561
	핀 류	리벳용원형강	KS D 3557
		내식알루미늄합금리벳재	KS D 6757
내림식 사다리	종봉 및 돌자	플레시버트용접앵커체인	KS V 3313
		일반구조용압연강재	KS D 3503
		항공기용와이어로프	KS D 7010
		내식알루미늄합금압출형재	KS D 6759
	횡 봉	일반구조용압연강재	KS D 3503
		마봉강	KS D 3561
		냉간압연강재 일반구조용탄소강관	KS D 3566
		내식알루미늄합금판	KS D 6701
	결합금구(내림식)	일반구조용압연강재	KS D 3503
	볼트류	마봉강	KS D 3561
	핀 류	리벳용원형강	KS D 3557
		내식알루미늄합금리벳재	KS D 6757

라. 피난사다리의 강도

① 피난사다리의 종봉 및 횡봉은 종봉의 방향으로 다음 표에 기재된 정하중을 가하는 시험에서 영구변형이 생기지 아니하여야 한다.

부품명	정하중
종봉	최상부 횡봉으로부터 최하부 횡봉까지의 부분에 대하여 2 m의 간격으로 또는 단수마다 종봉 1개에 대하여 500 N(50 kg)의 압축하중(내림식 사다리는 인장하중)을 가한다. 다만, 종봉에 와이어로프 또는 체인을 사용하는 것은 그 와이어로프 또는 체인에 750 N(75 kg)의 인장하중을 가하고, 종봉이 3개 이상인 것은 그 내측에 설치된 종봉 하나에 대하여 종봉이 하나인 것은 그 종봉에 대하여 각각 1,000 N(100 kg)의 압축하중을 가한다.
횡봉	횡봉 하나에 대하여 중앙 7 cm의 부분에 1,000 N(100 kg)의 등분포하중을 가한다.

② 피난사다리의 종봉 및 횡봉은 종봉방향으로 ①의 표에 기재된 정하중의 2배인 정하중을 가하는 시험에서 균열·파손 등이 생기지 아니하여야 한다.

③ 고정식 사다리로서 수납식인 것은 한편의 종봉을 고정하고 횡봉을 수평으로 놓은 상태에서 종봉 및 횡봉의 어느 것에나 직각이 되는 방향으로 220 N(22 kg)의 정하중을, 고정하지 아니한 종봉의 상단부·중앙부 및 하단부에 각각 가하는 시험에서 당해 사다리에 영구변형·균열·파손 등의 장해가 생기지 아니하여야 한다.

④ 올림식 사다리는 수평으로 하여 양단부를 적당한 가대로 지지하고 동시에 종봉의 방향에 대하여 그 중앙부 및 그 좌우 2 m 위치에 각각 650 N(65 kg)의 정하중을 수직으로 가하는 시험에서 영구변형·균열·파손 등의 장해가 생기지 아니하여야 한다.

⑤ 종봉 및 횡봉의 결합부분은 ① 내지 ④의 규정에 의한 시험을 실시한 때 영구변형·균열·파손 등의 장해가 생기지 아니하여야 한다.

⑥ 내림식 사다리를 걸치기 위한 결합장치는 그 1개에 대하여 사다리를 늘어뜨릴 종봉방향으로 사다리의 길이(최상부 횡봉으로부터 최하부 횡봉까지의 길이를 말한다)를 2로 나누어 얻은 수(단수는 1로 본다)에 1,500 N(150 kg)을 곱하여 얻은 인장하중을 가하는 시험에서 현저한 변형·균열 또는 파손이 생기지 아니하여야 한다.

⑦ 내림식 사다리의 돌자는 1개의 돌자에 대하여 종봉 및 횡봉과 동시에 직각이 되는 방향으로 150 N(15 kg)의 압축하중을 가하는 시험에서 현저한 변형·균열 또는 파손이 생기지 아니하여야 한다.

⑧ 피난사다리의 횡봉은 23 N·m(2.3 kg·m)의 토오크를 가하는 시험에서 회전하거나 현저한 변형·균열 또는 파손이 생기지 아니하여야 한다.

⑨ 하향식 피난구용 내림식 사다리는 별도 1의 시험기구의 하중부가 위치에 1,000 N의 정하중을 가하는 경우, 상부 횡봉과 하부 횡봉 부착부사이의 수평거리가 0.4 m 이하이어야 한다.

⑩ 피난사다리는 수납상태에서 사용상태로 작동조작을 하는 시험을 100회 실시하는 경우 현저한 변형·균열 또는 파손이 생기지 아니하여야 한다. 내식성은 피난사다리의 비내식성 재료는 KS D 9502(염수분무시험)규격에 따라 5사이클(1사이클이란 시험기의 운전가동시간 8시간, 정지방치시간 16시간을 가하는 것을 말함)을 시험하는 때에 도장 등이 벗겨지거나 부식되지 아니하여야 한다. 또한 내열시험은 부품으로 합성수지 등을 사용한 부품은 (180 ± 5)℃로 유지되는 항온조에 넣어 5분간 두는 때에 변형되거나 균열 또는 기능에 이상이 생기지 아니하여야 한다.

2) 완강기(緩降機)

완강기는 지지대에 걸어서 사용자의 몸무게에 의하여 자동으로 내려올 수 있는 기구 중 사용자가 교대하여 연속적으로 사용할 수 있는 것을 말한다. 완강기는 로프에 의하여 강하속도를 속도조절기가 자동적으로 조정하여 완만하게 강하할 수 있는 피난기구로서 기능상으로는 조절기가 가장 중요한 부분이며 이물질, 모래가 들어가지 못하게 커버가 되어 있어야 하고 로프(3 mm 이상) 선단에 미치는 하중에 의한 자중으로 낙하속도를 일정한 안전 하강속도 0.16～1.5 m/s로 자동 조절능력이 있어야 하며, 또 분해를 하지 못하도록 봉인조치가 되어 있다. 완강기의 구조는 그림 9.3과 같다.

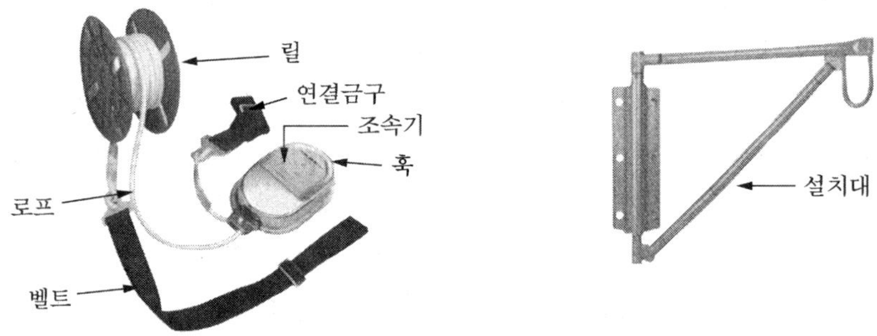

그림 9.3 완강기

① 구조 및 기능

완강기의 재료는 다음 표와 같다.

부품명	재 료
와이어로프	KS D3514(와이어로프), KS D7010(항공기용 와이어로프)에 적합한 것으로 내식가공한 것
로프의 외장, 벨트	면사 A급품 또는 나일론사
연결금속구, 속도조절기의 연결부	KS D3503(일반구조용 압연강재)에 적합한 것으로 내식가공한 것
리벳트	KS D3557(리벳용 원형강)에 적합한 것으로 내식가공한 것

(가) **속도조절기** : 피난자의 강하속도를 조정하는 것으로 피난자의 체중에 의하여 V형 홈에 설치한 활차의 회전이 기어기구에 의하여 원심브레이크를 작동시켜 강하속도를 일정범위로 제어하는 장치로서 견고하고 내구성이 있어야 하고 회전에 의해 가열되지 아니하도록 하여야 하며, 모래 등의 이물질이 내부에 들어가지 않도록 해야 한다. 조속기의 내부구조는 그림 9.4와 같다.

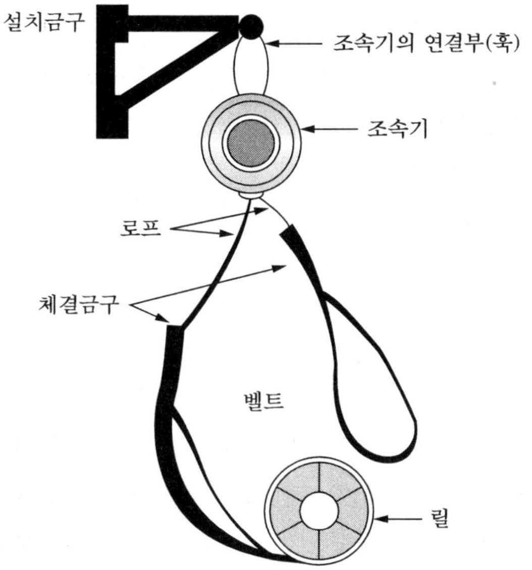

완강기의 구조

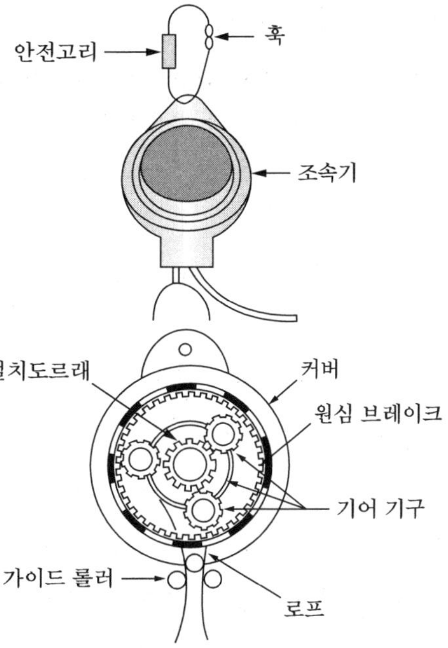

조속기의 구조

그림 9.4 완강기 및 조속기의 내부구조

(나) **로프** : 와이어로프이어야 하며 전체 길이에 걸쳐 균일하게 하고 하중이 걸려도 비틀어지지 않아야 하며, 로프 양단의 벨트 금구는 구멍을 통하여 연결되고 이탈되지 않도록 하여야 한다. 또한, 로프의 지름 3 mm 이상의 와이어로프를 심으로 하여 면사의 외장을 이룬 것으로 한다. 로프의 양단은 벨트의 연결금구 구멍을 통과해서 매듭을 지어서 이탈하지 않도록 하고 봉인한다.

(다) **벨트** : 벨트의 너비는 45 mm 이상이어야 하고 벨트의 최소원주길이는 55 cm 이상 65 cm 이하이어야 하며, 최대원주길이는 160 cm 이상 180 cm 이하이어야 하고 최소원주길이 부분에는 너비 100 mm 두께 10 mm 이상의 충격보호재를 덧씌워야 한다.

(라) **훅(hook)** : 훅은 건축물에 설치한 부착금구에 쉽게 결합되고, 또한 사용 중 꼬이거나 분해 또는 이탈되지 않아야 한다. 완강기 본체와 사용자의 체중을 지지하는 것으로서 건축물에 설치한 부착금구에 용이하게 결합할 수 있으며, 사용 중 결손, 분해, 이탈하지 않는 구조의 것이어야 한다.

② 완강기의 최대 사용자수

(가) 최대 사용하중은 1,500 N(150 kgf) 이상의 하중이어야 한다.

(나) 완강기의 최대 사용자수(1회 강하할 수 있는 사용자의 최대수)는 완강기의 최대 사용하중을 1,500 N(150 kgf)으로 나눠서 얻는 값(1미만의 수는 삭제)으로 한다.

(다) 완강기는 최대 사용자수에 상당하는 수의 벨트가 있어야 한다.

참고 최대하중은 150 kg 이상이고 완강기의 최대 사용자수에 맞게 벨트 확보

$$\text{최대 사용자수} = \frac{\text{최대 사용자수(1회 강하할 수 있는 사용자의 최대수)}}{150\ \text{kgf}}$$

(1미만 수는 버린다)

③ 설치위치

설치위치의 선정에 있어서는 원칙적으로 피난사다리 및 구조대의 경우와 동일하지만 완강기를 사용하는 개구부의 크기는 일반 성인이 약간 허리를 구부린 상태에서 사용할 필요가 있어 세로 80 cm, 가로 50 cm 이상의 것이 좋다. 또한 개구부창의 개폐구조로는 일반적으로 돌출창, 미닫이창 및 위·아래로 올리는 창은 피하는 것이 좋으며, 부착구의 설치위치는 부착장소의 바닥으로부터 높이가 대개 150 cm 이상 180 cm 이하의 경우가 가장 좋다. 소방대상물의 하강 벽면과 완강기의 부착구의 선단은 30～40 cm 정도의 간격을 유지하여야 한다.

④ 부착구의 설치공사

부착구는 최대 사용자수에 390 kg을 곱한 수치에 완강기 자체의 무게를 더한 하중을 충분히 받칠 수 있어야 한다. 콘크리트 구조체에 설치하는 경우는 지름 9 mm 이상의 앵커볼트를 철근에 용접하도록 한다.

■ 일반완강기와 간이완강기의 차이점

- 간이완강기는 숙박시설(휴양콘도미니엄 제외)의 객실에 한하여 추가로 적용하는 피난기구로서 기타 용도에 적용할 수 없다. 또한 간이완강기는 피난기구 설치가 제외될 수 있는 경우에도 이를 면제할 수 없다.
- 또한 간이완강기는 일반완강기와 달리 1회용의 것으로 일반완강기와 같이 사용자가 교대로 연속하여 사용할 수 없으며 일반완강기는 완강기 지지대를 사용하여야 하나 간이완강기는 지지대 또는 단단한 물체에 걸어서 사용할 수 있다.
- 간이완강기는 안전하고 쉽게 사용할 수 있어야 하며, 사용자가 타인의 도움 없이 자기의 몸무게에 의하여 자동적으로 강하할 수 있어야 한다.
- 벨트는 몸체 등에 고정되어 있거나 분리식일 경우 본체 등에 쉽고 견고하게 연결할 수 있는 구조이어야 한다.

3) 구조대

구조대라 함은 포지 등을 사용하여 자루형태로 만든 것으로서 화재 시 사용자가 그 내부에 들어가서 내려옴으로서 대피할 수 있는 것을 말한다. 구조대는 평상시 건축물의 창이나 발코니, 벽 등에 고정으로 설치해 두고 피난 시에 지상까지 포대를 내려서 설치하고 그 포대 속을 활강하는 피난기구로서 3층 이상의 층에 설치한다. 구조대의 재료로 입구틀, 취부틀 및 지지틀의 재료는 KS D3503(일반구조용 압연강재), KS D3507(배관용 탄소강관), KS D3566(일반구조용 탄소강관), KS D6008(알루미늄 합금주물), KS D6759(알루미늄 및 알루미늄 합금 압출형재)에 적합하거나 이와 동등 이상의 강도 및 내식성이 있는 것이어야 하며 내식성이 없는 재료는 내식가공이 된 것이어야 한다. 구조대의 구조는 그림 9.5와 같다.

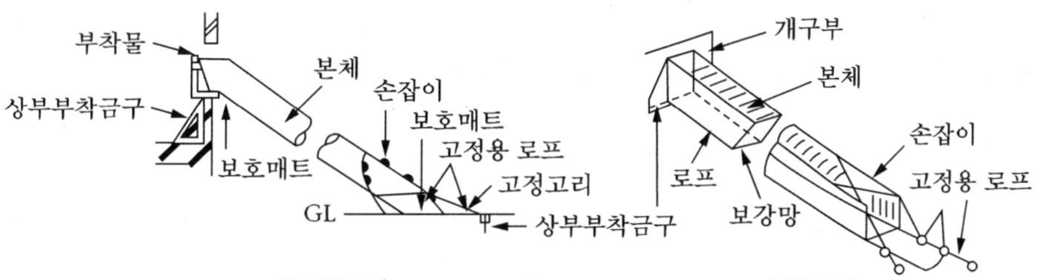

둥근구조대 각구조대

구조대의 구조

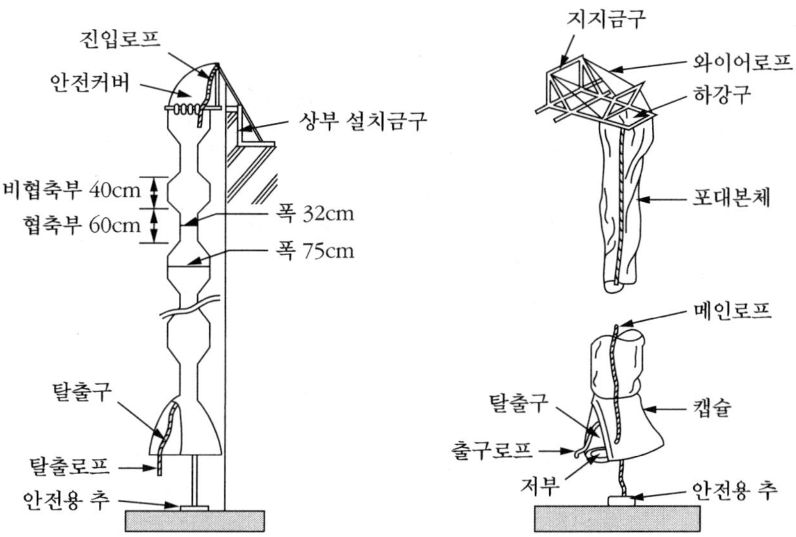

(a) (b)

수직하강식 구조대

그림 9.5 구조대

① 구조대의 종류

(가) 경사강하식 구조대

상부지지장치, 하부지지장치, 보호장치, 유도로프, 수납함, 포대 본체로 구성되어 있다. 건축물의 개구부에서 지상으로 약 45°의 각도로 설치하여 그 각도에 의한 마찰로 하강속도를 감속시킨다. 일명 사강식 구조대라고도 하며 소방대상물에 비스듬하게 고정시키거나 설치하여 사용자가 미끄럼식으로 내려올 수 있는 구조대를 말한다.

(나) 수직강하식 구조대

수직강하식 구조대는 소방대상물 또는 기타 장비 등에 수직으로 설치하여 사용하는 구조대이다. 수직으로 내려진 둥근형의 포대 내부를 미끄러져 내려오는 것으로 통의 내부 크기는 적어도 50 cm 이상의 구체가 통과할 수 있는 크기이어야 하며 평균 강하속도는 초당 4 m 이하, 순간 최대 하강속도는 6 m/s 이하이어야 한다.

② 구성요소

(가) **상부지지장치** : 내식 처리를 한 강재로 되어, 건축구조물에 고정하는 틀과 구조대 상단을 연결하는 틀을 회전시킬 수 있도록 평상시는 틀을 개구부의 내측에 수납하여 놓았다가 사용할 때에는 일으켜 구조대를 내리도록 되어 있다.

(나) **하부지지장치** : 강하 지면에 매설한 부착금구 또는 건축구조물 등의 적당한 지지물에 연결하기 위하여 로프, 훅 및 구조대의 길이 조절을 위한 활차가 있다.

(다) **보호장치** : 본체의 상부 입구와 하부 출구의 창틀, 지지틀, 지반 등에 사용자가 심한 접촉으로 부상당하지 않도록 보호천과 같은 완충물을 부착하여 놓았다. 그리고 바닥 부분의 범포가 찢어져 빠지거나 떨어지지 않도록 보호망, 보호범포(이중포), 보호대 등이 설치되어 있다. 즉, 하강자의 부상을 방지하는 장치를 말한다.

(라) **유도로프** : 구조대를 내리는 경우 전선, 수목 등의 장애물을 넘겨 잡아당기기 위하여 강하 위치에 미리 투여하여 이 로프에 의하여 구조대를 소정의 지점에 강하시키는 것으로 로프의 길이는 4 m 이상, 지름은 4 mm 이상으로 하고 끝에는 300 g 이상의 모래주머니 등을 매달아 놓아 것이 좋다.

(마) **수납함** : 수납함은 구조대를 접어 수납하여 두는 철판제의 함이다.

(바) **본체** : 본체에 걸리는 하중을 범포에 의지한 둥근 구조대와 로프를 삽입한 각 구조대가 있다. 강하속도의 조절은 부착한 장소와 지상 사이에 확보한 각도(통상 45°)에 의하여 적당한 속도로 감속할 수 있는 방식이다.

(사) **재료** : 본체의 재료는 일반적으로 면 범포가 사용되고 있으며 연사된 능직 또는 평

직으로 직조한 것으로 하고 중량은 KS K0514의 직물의 무게 측정방법에 의하여 시험하였을 때 600 kg /cm^2 이상이어야 하고, 밀도는 KS K0511의 직물의 밀도 측정방법에 의하여 시험하였을 때 5 cm당 경사 61±4, 위사 39±4 이내이어야 한다. 그리고 범포지에는 종별로 식별할 수 있는 고유 종선 너비 5～10 cm를 유색으로 직조하여야 한다. 인장강도 및 신장률은 KS K0522의 직물의 인장강도 및 신장률 시험방법에 의하여 시험하였을 때 인장강도는 경사 140 kg, 위사 100 kg 이상이어야 하며, 신장률은 경사 43% 이상, 위사 16% 이상이어야 한다.

③ 설치위치 및 설치방법

설치위치의 선정은 피난사다리에 준하나 구조대의 조작에 있어서 충분한 넓이의 조작공간이 있는 위치여야 한다. 또한, 구조대를 설치하는 부분의 창문 구조는 일반적으로 돌출창은 피해야 하며, 개구부 면적은 예를 들어 구조대의 크기가 45 cm × 45 cm의 경우 창의 너비, 높이는 60 cm 이상으로 하는 것이 좋다. 그리고 설치된 창문은 지상과 연락이 될 수 있도록 여유 있는 너비의 창이어야 하며, 따로 지상과 연락할 수 있는 개방된 창문이 근처에 있으면 더욱 좋다. 그것은 조작 시 구조대를 손상시키거나 또는 끌어올릴 때 돌출물 등의 장애를 막기 위한 것이다.

(가) 상부 부착구의 설치방법

구조대의 상부 부착구는 사용할 때 받는 하중을 받치는 것이기 때문에 가장 중요한 부분이다.

㉠ 부착구는 내식조치로 충분히 시공하여 영구적으로 사용하도록 하여야 한다.

㉡ 볼트는 콘크리트 내의 철근 또는 철골에 등 견고하게 고정한다.

(나) 하부 고정고리의 설치방법

고정고리는 구조대 및 이것에 받은 인장하중을 상부 부착구와 같이 받치는 것으로 구조대가 사용될 때 가해지는 하중을 안전하게 받칠 수 있는 것이어야 하며 지상에 통행 등의 지장을 고려하여 지하에 매설하는 것이 보통이다. 지하에 매설하는 형식의 것은 통행에 지장이 없도록 하며 뚜껑을 설치하여 물을 유효하게 배수하는 구조로 하여야 한다.

④ 구조대의 선정

구조대는 설치하는 개구부로부터 지상까지의 높이 및 이것을 사용하는 개구부의 면적에 따라 적당한 것을 선정하여야 한다. 부대의 길이는 경사형의 것은 창문으로부터 강하 지반까지의 수직거리의 약 1.4배의 길이, 수직형의 것은 수직거리로부터 1.3～1.5 m를 뺀 길이로 한다. 그리고 포대 둘레의 길이는 경사형의 것은 1.5～2.5 m, 수직형의 것은 좁은 부분이 1 m, 넓은 부분이 2 m 정도가 표준이다.

4) 미끄럼대

일반적으로 병원, 유치원, 장애자 수용시설 등에 적합한 피난기구로서 구조는 그림 9.6과 같으며 소방대상물의 2 또는 3층에 설치한다. 피난기구로서 피난자가 앉은 채로 활강하여 피난하는 설비이다. 종류는 고정식, 반고정식, 수납식의 3종류가 있으며, 고정식의 것은 철골 철판제, 철근 콘크리트가 많고, 반고정식은 평상시에는 하단을 위로 매달아 놓기 때문에 철골 철판제로 되어 있다. 수납식은 구조대형의 범포제로 평상시에는 수납하여 놓아두는 것이다. 어느 것이나 미끄럼대의 바닥판의 유효폭은 40 cm 이상, 측판의 높이는 40 cm 이상, 난간의 높이는 60 cm 이상이어야 한다. 안전한 강하속도를 유지하기 위한 경사는 수평면을 기준으로 25～35° 이하여야 한다. 적재하중은 미끄럼면의 1 m당 130 kgf 이상이어야 한다.

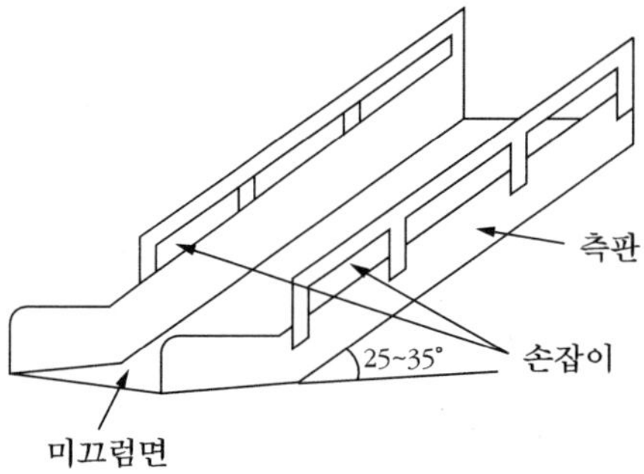

그림 9.6 미끄럼대

5) 미끄럼봉

미끄럼봉은 소방대상물의 2층에 설치하는 피난기구로서 피난자가 봉을 얼싸안아 몸의 마찰저항에 의하여 강하속도를 조절하며 수직강하하는 것이다. 미끄럼봉은 상부 부착금구, 봉, 하부 고정부 및 바닥 완충재료로 구성되어 있다. 재료로 상부 부착금구는 강재를 사용하며, 봉은 지름 5～8 cm로 손으로 쥐기 쉬우며 이음쇠가 없고, 마찰이 적은 강관을 사용하고 봉 본체는 390 kg의 압축하중시험에 변형이 없어야 한다. 하부 고정부는 콘크리트로 고정하고 바닥 완충재료는 모래 또는 스펀지를 이용한다. 미끄럼봉의 설치 예는 그림 9.7과 같다.

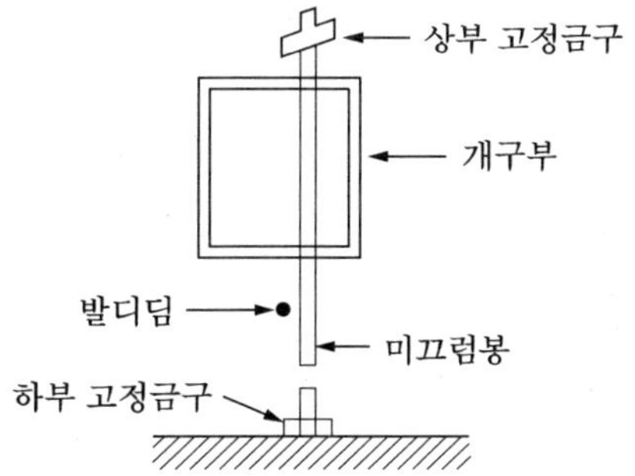

그림 9.7 미끄럼봉

6) 피난로프(피난밧줄)

피난로프는 소방대상물의 2층 이상에 설치하는 피난기구로서 피난자가 로프를 쥐고 손 또는 발의 마찰저항에 의하여 강하속도를 조절하여 수직강하 하는 것이다. 피난로프, 훅, 상부 부착금구로 구성되며, 로프에는 한 번에 미끄러지지 않게 하기 위하여 일정 간격으로 마디를 묶은 경우가 많다. 로프는 일반적으로 나일론 등의 화학섬유 또는 마닐라 로프기를 사용하며, 지름은 12 mm 이상이고 최대 사용하중은 1,400 N 이상이어야 한다. 훅은 철강제로 부착금구에 확실히 부착되어 벗겨지지 않기 위한 장치를 말한다.

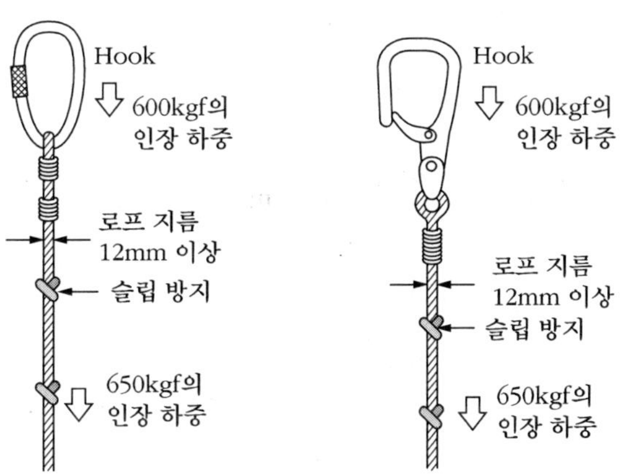

그림 9.8 피난밧줄

7) 피난용 트랩(Trap)

피난용 트랩은 소방대상물의 지하층 또는 2, 3층에 설치하는 피난기구(의료시설 등의 일부 용도는 10층까지)로서 소방대상물의 외벽 또는 지하층의 내벽에 설치하는 것으로 계단형태로서 고정식과 반고정식(평상시에는 트랩의 하단을 들어 올려놓은 것)이 있다.

① 발판(디딤판)

(가) 발판은 미끄럼 방지 조치가 유효하게 되어야 한다.
(나) 재질은 알루미늄 등의 내구성이 있어야 한다.
(다) 한단의 높이는 30 cm 이하로 한다.
(라) 발판의 치수는 20 cm 이상으로 한다.
(마) 트랩의 높이가 가로 길이(난간 사이 폭)는 50 cm 이상 60 cm 이하여야 한다.
(바) 트랩의 높이가 4 m를 초과하는 경우는 높이 4 m 이내마다 계단참을 설치하고 계단참의 디딤폭은 1.2 m 이상으로 한다.
(사) 적재하중은 난간 사이의 각각의 발판은 65 kgf로 하며, 계단참의 경우 1 m^2당 330 kgf로 한다.

② 난간

(가) 강재 및 알루미늄재 등의 내구성을 지닌 재료로 한다.
(나) 난간 및 난간대는 발판의 양쪽에 설치하며 난간의 높이는 70 cm 이상, 난간대의 간격은 18 cm 이하로 한다.

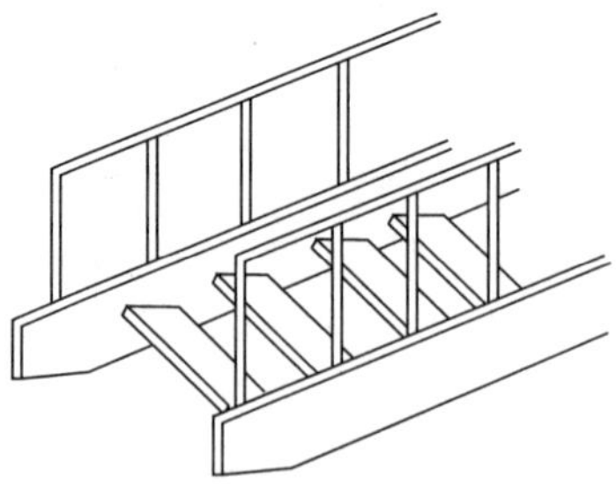

그림 9.9 피난용 트랩 설치 예

8) 피난교

피난교는 소방대상물의 옥상 또는 중간층으로부터 인접한 다른 건축물 등에 가교를 설치하여 상호 피난할 수 있는 것으로서 교각, 바닥판, 난간 등으로 구성되어 있다. 즉, 2개 동의 소방대상물 각각의 옥상부분 또는 외벽에 설치된 개구부를 연결하여 양쪽에서 상호간에 피난할 수 있는 구조로서 이동식과 고정식이 있다. 피난교의 주요부분은 불연재료로 하여야 하고, 구조내력상 주요부분은 강재, 알루미늄, 철골 콘크리트 등 내화재료로 되어 있다. 피난교는 구조내력상 주요 구조부에 작용하는 하중, 적재하중 기타 충격 등에 대하여 충분히 안전을 고려한 설계가 필요하다. 피난교의 폭은 60 cm 이상으로 하고 적재하중은 바닥면적 1 m^2 당 330 kg 이상이어야 한다. 경사는 1/5 미만으로 하고 기울기를 가진 바닥면은 미끄럼 방지 조치를 하여야 한다. 부득이한 경우에 1/5 이상의 경사가 필요하면 계단식으로 하여 바닥면 미끄럼 방지를 하여야 한다. 난간 및 걸레받이는 추락 방지를 위하여 바닥판의 양쪽에 난간의 높이 1.1 m 이상, 난간의 간격은 18 cm 이하, 걸레받이는 높이 10 cm 이상으로 한다. 난간, 난간대, 걸레받이는 양쪽에 설치한다.

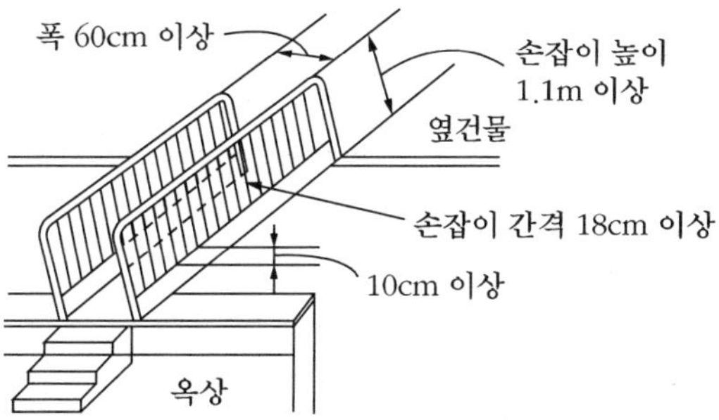

그림 9.10 피난교 설치 예

9) 인명구조기구

인명구조기구는 소방대상물의 화재 발생뿐만 아니라 유독성, 유해성 가스, 위험물질 등으로부터 인명을 보호하거나 구조하는데 사용되는 기구로서 당해 기구로 인하여 인명에 피해를 주거나 취급 및 조작기술 부족으로 인하여 위해가 발생되지 않도록 평상시 충분한 조작 및 사용, 취급에 대한 안전관리가 요구되는 기구이다.

① 적용소방대상물

인명구조기구는 층수가 7층 이상인 관광호텔 및 5층 이상인 병원에 설치하여야 한다. 그러나 병원의 경우에는 인공소생기의 설치를 제외한다.

② 종류

(가) 방열복

방열복이란 고온의 복사열에 가까이 접근하여 소방활동을 수행할 수 있는 내열피복을 말한다. 인명구조기구 중 가장 많이 이용되는 것으로서 고온의 복사열에 가까이 접근할 수 있는 내열 피복이다. 또한, 방열복은 방열상의, 방열하의, 방열장갑 및 속복형 방열복으로 구분된다.

(나) 공기호흡기

공기호흡기란 소화활동 시에 화재로 인하여 발생하는 각종 유독가스 중에서 일정시간 사용할 수 있도록 제조된 압축공기식 개인호흡장비를 말한다. 소방대상물의 화재로 인한 소화활동 시 내장재, 유독성 가연물질 등에 의해서 발생되는 유해성 가스 중에서 일정한 시간 동안 사용이 가능하도록 제조된 공기압축식의 공기호흡장비이다. 또한 공기호흡기는 유독성 가스 중에서도 순수한 공기만을 공급하여 소화활동을 하는 사람이 유독성 가스에 질식하거나 실명, 중독 등의 방지를 위해 고압의 공기압축용기, 공기공급밸브, 배기밸브, 감압밸브, 급기호스, 압력계, 면체, 경보장치 등으로 구성되어 있으며, 양압형 공기호흡기와 음압형 공기호흡기로 구분된다.

㉠ 양압식 공기호흡기(Positive Air Respirator)
면체내부(사람의 얼굴면)에 작용하는 압력이 면체외부에 작용하는 압력보다 상시 일정한 압력만큼 높은 공기호흡기로서 면체 내부의 압력이 일정 압력 이하로 되면 작동하는 압력 디멘드밸브가 부착되어 있다.

㉡ 음압식 공기호흡기(Negative Air Respirator)
공기를 흡입할 때 개방되고, 공기를 배기하거나 정지할 때에 폐지되는 디멘드밸브가 부착된 공기호흡기이다.

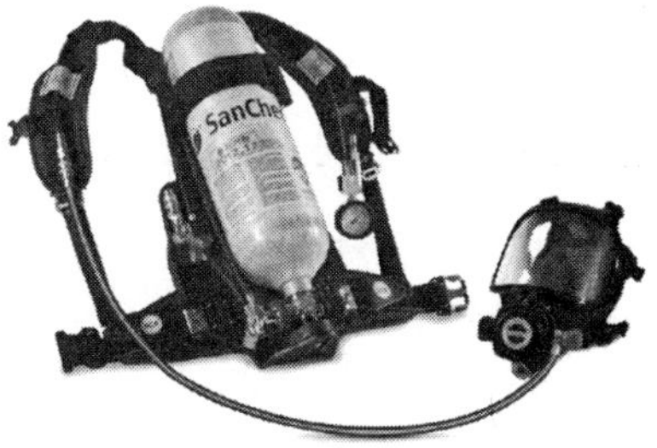
공기호흡기

피난용 간이 호흡기

(다) 인공소생기

인공소생기란 호흡 부전 상태인 사람에게 인공호흡을 시켜 환자를 보호하거나 구급하는 기구를 말한다. 화재의 발생으로 인하여 유독성 가스에 질식되었거나 중독 등에 의해서 심폐기능이 악화되어 정상적으로 호흡할 수 없는 사람에게 인공호흡 시켜 소생하도록 하는 구급용 기구로서 소방용으로 사용되는 것을 말한다. 또한, 인공소생기에 있어서는 호기, 흡기 및 송기로 구분되며 그 기능을 살펴보면 다음과 같다.

㉠ 흡인기능

인공호흡 전에 기관지에 남아 있는 점액, 혈액, 오물 등을 흡인시켜 기관지를 정상적으로 유지시켜 주는 기능이다.

㉡ 자동인공호흡기능

사람의 호흡이 정지된 직후 또는 자발적인 호흡이 곤란한 환자발생 시 자동전환기에 의해 인공호흡을 시켜 소생하도록 하는 기능이다.

㉢ 산소흡인기능

자발적인 호흡이 가능한 환자 및 산소결핍에 의한 청색증 환자에게 투명마스크를 연결하여 가습병을 통한 습윤 산소를 공급하는 기능이다.

10) 설치기준

인명구조기구는 다음의 기준에 적합하게 설치하여야 한다.

① 방열복, 공기호흡기(보조마스크 포함) 및 인공소생기를 각각 2개 이상 비치하여야 한다.

② 화재 시 쉽게 반출 사용할 수 있는 장소에 비치하여야 한다.

③ 인명구조기구가 설치된 가까운 장소의 보기 쉬운 곳에 "인명구조기구"라는 표지판 등을 설치하여야 한다.

공기호흡기 내장형 방열복

공기호흡기 외장형 방열복

연습문제

01. 피난기구 중 사강식 구조대의 점검 및 관리에 필요한 사항을 7가지 기술하시오.

02. 구조대의 고정고리를 점검하는 경우의 착안점에 대해서 4가지만 쓰시오.

03. 완강기의 구성요소 5가지는 무엇인가?

04. 금속제 피난사다리의 종류를 3가지 쓰시오.

05. 지상 30 m의 창문으로부터 구조대용 유도로프의 모래주머니를 자연 낙하시켰을 때 지상에 도착할 때의 속도는 몇 m/s인가?

06. 최대 하중이 5,085 kg에서 견딜 수 있는 연강봉을 피난설비설치에 사용하려고 한다. 연강봉의 인장강도가 45 kg/mm^2이라면 선정하려고 하는 연강봉의 지름은 몇 mm로 해야 하는가?

07. 피난기구의 설치기준에 대하여 기술하시오.

08. 인명구조기구를 설치하여야 할 소방대상물건에 대하여 기술하시오.

09. 구조대에 대하여 기술하시오.

10. 완강기에 사용되는 속도조절기에 대하여 설명하시오.

11. 피난교와 피난용 트랩의 설치기준에 대하여 기술하시오.

12. 구조대의 하부 지지장치에 대하여 기술하시오.

13. 소방검정규칙에서 인정하고 있는 피난기구의 종류를 기술하시오.

14. 완강기와 간이완강기의 차이점에 대하여 기술하시오.

15. 전층을 사무실 용도로 사용하는 15층 건물에 피난기구로 완강기를 설치할 경우 다음 조건에 따른 완강기의 소요대수를 각 층별로 계산하시오.

[조건]
(1) 각 층의 바닥면적은 5,000 m^2이다.
(2) 주요 구조부는 내화구조이고, 직통계단 및 특별피난계단이 두 곳에 설치
(3) 각 사무실은 별도의 칸막이로 구획된 내부실이 있는 구조

CHAPTER

10 도로터널의 소방 · 방재시설

1. 개요

소방방재청에서 제정한 도로터널[화재안전기준(NFSC 603)]과 국토해양부에서 제정한 도로터널 방재시설 및 관리지침(2004년 제정)을 기본으로 하여 본 장에서는 도로터널의 화재 등 소방 및 방재안전에 대한 전반적인 공학적인 이론과 상세설계기술을 다루었다. 소방방재청에서 소방시설 등의 설치기준과 유지 및 안전관리에 필요한 사항을 제정한 「소방시설 설치·유지 및 안전관리에 관한 법률」 제9조제1항 및 동법률 시행령 제15조의 규정에 의한 도로터널에 설치하는 소방시설과 국토해양부에서 도로터널 방재시설 및 지침에서 제정한 기준과는 많은 차이가 있으나 소방안전을 위한 목표는 동일한 목적을 가지고 있다. 우리나라는 국토가 작고 외국에 비하여 산지가 많은 지형특성 및 교통의 원활한 이용을 위하여 불가피하게 도로터널의 건설이 필요하다. 따라서 터널을 건설하기 위해서는 무엇보다도 국민의 안전과 친환경적인 도로터널의 건설이 전제되어야 한다. 도로터널은 국가의 동맥인 동시에 주요 기간시설로서 충분한 안전성능이 확보되지 않을 경우 국가 경제에 미치는 영향은 매우 높다. 예를 들면 도로를 건설할 때 평야지대인 경우에는 큰 문제가 없겠지만 산악지내나 강이 있는 경우에는 어쩔 수 없이 터널을 고려할 수밖에 없다. 앞에서 언급한 바와 같이 우리나라는 지형적인 조건 때문에 도로터널로 대처할 수밖에 없는 환경적 특성을 가지고 있다. 따라서 중요한 것은 화재 등 사고가 발생 하였을 때 안전성을 확보하기 위한 대책이 잘 갖추고 있는가가 중요하다. 물론 과거보다는 많이 관련 및 기술적인 개선이 되었지만 아직도 외국에 비하여 관련시설의 첨단화 및 관리체계는 매우 낮은 단계에 있다고 할 수 있다. 이와 같은 현실은 그 동안 발생한 도로터널 사고사례에서 잘 알고 있는 사실로 현재도 화재 등 사고가 많이 발생하고 있는 추세이다. 특히, 도로터널의 화재위험성은 일반 소방대상물보다 높은 화재하중으로 인한 재산 및 인명피해가 엄청나게 발생할 가능성이 매우 높다. 최근 국토해양부에서 발표한 토로통계자료에 의하면 국토해양부에서 관리중인 터널은 고속국도에 496개(46.6%), 일반국도에 298개(28.0%)가 건설되어 전 터널의 74% 이상이 주요 간선도로에 위치하는 것으로 조사되었다. 따라서 앞으로도 도로터널의 건설은 계속하여 증가할 것이며 또한 터널연장이 길어질 것으로 예상되고 터널 내의 화재위험성은 더욱 증가할 것으로 예상됨에 이에 대한 종합적이고 과학적인 안전대책이 필요하다.

2. 도로터널 사고 현황 및 위험성

1) 도로터널 화재발생 현황

최근 한국도로공사에서 국정감사 자료를 제출한 자료에 의하면 도로터널 방재시설 설치 및 관리 지침에 따른 대인용과 차량용 대피시설인 피난연결통로를 제대로 갖춘 곳은 전국 153곳의 터널 중에서 6%인 9곳에 불과한 것으로 나타났다. 2004년에 도로터널 방재시설 및 관리지침이 제정되었으나 터널 화재 시 안전을 확보할 수 있는 종합적인 대책은 매우 미흡한 실정으로 평가되었다. 표 10.1에서 보여준 바와 같이 최근 발생한 총 15건의 사고 중 9건이 화재이다. 예를 들면, 달성 2터널의 사례에서 알 수 있듯이 위험물 탑재차량 사고 시에는 대규모 피해가 발생할 확률이 매우 높다는 것을 알 수 있다. 국외에서도 터널 내 대형화재가 발생하여 막대한 재산 및 인명 피해를 남긴 사실이 있다(그림 10.1). 프랑스 몽블랑터널 화재는 1999년에 발생한 사고로 39명 사망하였고 복구비용 3억＄이 소요되었다. 또한 스위스의 고타드터널 화재는 2002년에 발생한 사로고 사망이 11명, 복구비용 2천5백만＄이 소요되었다.

몽블랑터널 화재

고타드터널 화재

그림 10.1 국외 터널사고사례

표 10.1 국내 주요 도로터널 사고 현황

연도	터널명	연장 (m)	사 고 원 인	사 고 피 해
1999	마성터널	1,450	대형화물차의 파손 타이어 과열 화재발생	교통제한 시간 30분
1999	남산3호터널	1,260	빗길 과속으로 승용차가 매표소에 충돌	1명 사망
2000	수리터널	1,882	소형화물차 우측터널 내벽에 충격 후 전소	교통제한 시간 30분
2000	둔내터널	3,300	둔내터널 상행선 출구부 소형차 화재	3시간 이상 차량 정체

2001	장지터널	587	과속으로 승용차가 터널입구 옹벽에 충돌	1명 사망, 4명 중상
2001	다부터널	1,041	엔진부분의 합선으로 인해 승용화 화재	1시간만에 화재 진화
2001	마성터널	1,461	터널 내 11중 연쇄 충돌사고 발생	1명 사망, 100여명 부상
2002	무안3터널	280	승용차가 터널 입구 측벽과 충돌	2명 사망
2002	남산1호터널	1,530	좌석버스의 자연발화	차량화재 20분간 지속
2003	옥천4터널	874	화물트럭 화재연기에 후속차량 10대 추돌	약 3시간 교통 통제
2003	홍지문터널	1,890	25인승 미니버스가 승용차 추돌화재	2시간 40분간 교통 통제
2003	옥천3터널	1,613	승용차가 터널 측벽 추돌, 6대 연쇄 추돌	10여명 부상
2003	안영2터널	600	1톤 화물차가 승용차, 관광버스와 추돌	5명 부상
2005	달성2터널	993	나이키 미사일 추진체를 운반하던 차량 발화로 인한 화재	터널의 화상구간이 약 470 m로서 47%에 해당
2007	다부터널	1,041	안동방향으로 달리던 고속관광버스에서 엔진과 열로 화재발생 ('07.1.20, 07:40)	30분만에 진화

2) 터널화재의 위험성

최근 건설되었거나 건설 중에 있는 터널의 규모가 대형화로 건설하게 때문에 사용하는 기계 등 장비의 대형화는 물론 기름 등 연료의 다량사용과 가스용단 등의 작업환경의 변화로 인하여 건설단계에서도 화재 위험성은 더욱 증가하고 있다. 터널화재는 반 밀폐공간으로 연기 등 연소가스의 확산 및 화열의 축적이 신속하고 열 기류의 유동현상이 일반 소방대상물의 방호공간에 비하여 빠르게 진행되기 때문에 화재진압활동 및 구조 활동이 더욱 어려워질 수밖에 없는 소방 활동의 한계성을 가지고 있다. 또한 터널 내부에서 발생한 화재성장 및 확산현상을 외부에서 정확하게 파악하기가 어렵고 시야확보가 더욱 어렵기 때문에 소화활동 및 각종 대응활동이 어렵다는 점을 고려한 안전대책이 중요하다. 즉, 터널 내부 화재 시 발생하는 각종 화재가스 및 열의 축적 및 유동 확산현상이 재난 및 소방안전 대응에 큰 영향을 미치기 되어 터널내로 진입경로를 확보하는 것이 매우 어렵게 한다. 특히, 대형 위험물탱크차량이나 열차, 버스 등에서 화재사고 발생할 경우 강력한 자연부력의 형성으로 화염 및 연소가스가 아주 빠른 속도로 확산되어 터널 공간을 오염시키게 된다. 따라서 터널화재에 대한 과학적이고 종합안전대책을 수립하지 않을 경우 많은 인명피해 및 재산피해가 발생할 수 있다는 것으로 인식하여야 한다. 예를 들면 2007.6.2(토)에 발생한 호남터널 화재, 2007.6.5(화)에 발생한 통영2터널 화재처럼 터널 내 화재는 주로 과속, 차선변경, 운전자 부주의 혹은 차량결함 등에 의한 교통사고에 의해 화재가 발생하였다. 일반 도로에서 발생한 교통사고에 비해 터널 내에서의 교통사고는 차량이 터널벽면에 충돌하는 횟수가 증가하므로 터널 내 교통사고는 대부분 화재로 이어진다고 전문가들은 주장하고 있다. 터널화재는 터널의 구조가 일부 밀폐된 공간 특성으로 일반적으로 약 5분 이내에 1,000℃ 이상으로 온도가 급상승하고 차량연소로 유독가스 및 검은 연기가 다량 발생하여 화재장소로의 접근이 극히 제한된다는 특성이 있다.

3. 용어 정리

화재안전기준에서 정의한 용어와 도로터널 방재시설 및 관리지침에서 정의한 용어가 다르게 된다. 따라서 본 교재에서 2가지의 기준에서 정의한 내용을 정리하였다.

1) 화재안전기준

① **도로터널**이라 함은 「도로법」 제11조에서 규정한 도로의 일부로서 자동차의 통행을 위해 지붕이 있는 지하 구조물을 말한다.

② **설계화재강도**라 함은 터널화재 시 소화설비 및 제연설비 등의 용량산정을 위해 적용하는 차종별 최대열방출률(MW)을 말한다.

③ **종류환기방식**이라 함은 터널 안의 배기가스와 연기 등을 배출하는 환기설비로서 기류를 종방향(출입구 방향)으로 흐르게 하여 환기하는 방식을 말한다.

④ **횡류환기방식**이라 함은 터널 안의 배기가스와 연기 등을 배출하는 환기설비로서 기류를 횡방향(바닥에서 천장)으로 흐르게 하여 환기하는 방식을 말한다.

⑤ **반횡류환기방식**이라 함은 터널 안의 배기가스와 연기 등을 배출하는 환기설비로서 터널에 수직배기구를 설치해서 횡방향과 종방향으로 기류를 흐르게 하여 환기하는 방식을 말한다.

⑥ **양방향터널**이라 함은 하나의 터널 안에서 차량의 흐름이 서로 마주보게 되는 터널을 말한다.

⑦ **일방향터널**이라 함은 하나의 터널 안에서 차량의 흐름이 하나의 방향으로만 진행되는 터널을 말한다.

⑧ **연기발생률**이라 함은 일정한 설계화재강도의 차량에서 단위시간당 발생하는 연기량을 말한다.

⑨ **피난연결통로**라 함은 본선터널과 병설된 상대터널이나 본선터널과 평행한 피난통로를 연결하기 위한 연결통로를 말한다.

⑩ **배기구**라 함은 터널 안의 오염공기를 배출하거나 화재발생 시 연기를 배출하기 위한 개구부를 말한다.

2) 도로터널 방재시설 및 관리지침

본 지침에서 사용하는 용어는 다양하나 일반적으로 뜻을 알 수 있는 용어를 제외하고 정리하였다.

① **가압운전모드** : 쌍굴터널에서 화재터널보다 대피(상대)터널의 압력을 상승시켜, 화재터널에서 발생한 연기가 대피(상대)터널로 침입하는 것을 방지하기 위한 환기기 운전모드를 말한다.

② **갱구부** : 터널의 갱구부는 터널의 종단의 시점부와 종점부를 말한다.

③ **개방형 프로토콜**(open protocol) : 서로 다른 특성을 갖는 설비나 정보통신기기들 상호간의 통신을 위한 인터페이스 방식을 말하며, 개방형이란 특정설비만 적용되는 방식이 아닌 범용으로 사용되는 방식을 말한다.

④ **고속도로** : 「도로법」 규정에 의한 도로로써 중앙분리대에 의하여 양방향이 분리되고 입체교차를 원칙으로 하며, 설계속도가 80 km/hr 이상으로 출입이 제한된 도로를 말한다.

⑤ **공중선** : 무선통신 목적을 달성하기 위하여 공간에 전파를 방사하거나, 또는 전파에 의해 기전력을 유기(誘起)시키기 위하여 공중에 가설한 도선(導線)을 말하며, 안테나로도 불리운다.

⑥ **교통환기력** : 터널을 운행하는 차량의 항력에 의한 피스톤효과에 의해서 발생하는 환기력을 말한다.

⑦ **구간제연** : 터널연장이 긴 경우에 터널을 다수의 구간으로 나누어 제연하는 방식을 말한다.

⑧ **균일배기방식** : 천장에 덕트를 시설하고 일정간격으로 배기구를 설치하여 배연을 수행하는 횡류환기방식의 일종으로 단위길이당 배기풍량이 균일하도록 배기하는 방식을 말한다.

⑨ **기계환기** : 터널환기를 위해 필요로 하는 소정의 환기량을 교통환기력으로 충족할 수 없는 경우, 환기설비를 시설하여 강제적으로 환기를 수행하는 것을 말한다.

⑩ **내조식 조명** : 표지판 내부에 조명을 설치하여 표지의 내용을 인식할 수 있도록 하는 조명방식을 말한다.

⑪ **내진동형** : 구조물에서 전달되는 기계적 진동에 저항할 수 있는 형태의 구조를 말한다.

⑫ **대단면 터널** : 3차로 이상의 차로수를 갖는 터널로 시설한계와 유지점검용 통로, 조명, 방재설비, 배수설비 등의 터널부속 설비나 환기를 위한 덕트 설치공간 등 여유단면을 포함한 터널로 단면적이 일반터널 보다 큰 터널을 말한다.

⑬ **대배기구방식** : 횡류환기방식의 일종으로 배기구에 개방/폐쇄가 가능한 전동댐퍼를 설치하여 화재 시 화재지점 부근의 배기구를 개방하여 집중적으로 배연할 수 있는 제연방식을 말한다.

⑭ **대피 소요시간** : 터널 화재 시 화재를 감지하고 안전지역까지 대피하는 데 필요한 시간으로 화재 감지시간, 반응/결정시간과 이동시간을 포함한다.

⑮ **대형차혼입률** : 설계연도의 연평균일교통량의 차종별 구성비 중대형버스, 중형트럭, 대형트럭 및 특수트럭에 대한 구성비의 합을 말함

⑯ **데이터 수집장치** : TC계(차종별 교통량 계측장치), VI(매연투과율)측정계, CO/NO_x측정계 및 풍향풍속계 등 터널 내 교통량 및 환경정보를 획득하기 위한 계측장비와 데이터 저장장치 등을 말한다.

⑰ **배연** : 화재 시 발생하는 연기 및 열기류를 화재지점으로 부터 외부로 배기하는 것을 말한다.

⑱ **배연구역** : 터널 천장부에 설치된 덕트를 통해 화재에서 발생하는 연기를 배연하기 위해서 배기구를 개방하는 등의 방법을 적용하는 일정한 범위의 지역을 말한다.

⑲ **반횡류방식** : 터널에 급기 또는 배기덕트를 시설하여 급기 또는 배기만을 행하는 환기방식을 말한다.

⑳ **방호시설** : 낙석, 붕괴, 파랑 등으로 인하여 교통에 지장을 주거나 도로구조에 손상을 줄 우려가 있는 부분에 설치하는 울타리, 옹벽, 기타 설치물을 말한다.

㉑ **부압** : 기준압력인 대기압 보다 낮은 압력을 말한다.

㉒ **사각지대** : 화재 및 재해 발생 시 각종 감시장치 및 비상설비의 영향력이 미치지 못하여 상황의 감시가 불가능한 지역을 말한다.

㉓ **사갱** : 터널 굴착 시 버력이나 재료의 운반을 위하여 굴착하는 것으로 일정한 경사를 가진 갱을 말하며, 환기용 갱으로 활용되기도 한다.

㉔ **상대터널** : 쌍굴터널에서 화재가 발생하지 않은 인접터널을 말한다.

㉕ **설계속도** : 차량의 주행에 영향을 미치는 도로의 기하구조를 설계하기 위하여 정하는 속도로써, 도로설계 요소의 기능이 충분히 발휘될 수 있는 조건에서 보통의 운전 기술을 가진 운전자가 도로의 어느 구간에서도 쾌적성을 잃지 않고 안전하게 주행할 수 있는 속도(km/hr).

㉖ **설계화재강도** : 방재시설 설계 시 시설의 용량산정을 위해 적용하는 차량화재에 따른 발생열량(MW)을 말한다.

㉗ **선형** : 도로 중심선이 입체적으로 묘사되는 형상을 말하며, 이중에서 횡단면으로 본 도로

중심선의 형상을 평면선형이라고 하고, 종단면으로 본 도로 중심선의 형상을 종단선형이라고 한다.

㉘ **수직갱** : 터널공사 및 환기나 방재를 위하여 수직으로 굴착된 갱도

㉙ **신호발신구역** : 터널 내 설치된 비상신호(자동화재탐지설비, 비상경보, 긴급전화, 소화기, 소화전) 경보장치에서 신호가 발생한 지역.

㉚ **쌍굴터널** : 상하행선을 분리하기 위해 인접하여 평행하게 건설한 2개의 튜브(갱)로 구성된 터널을 말한다.

㉛ **안전지역** : 터널 내 화재 및 재해발생 시 터널 이용자의 대피나 소방대원의 소화활동을 위한 공간으로, 화재로 인한 열과 연기로부터 보호되는 안전한 지역을 말한다.

㉜ **야간점등회로** : 수광부에 광도전셀(Cds소자)을 이용하여 자연광의 밝기에 따라 회로를 열고 닫아 터널조명등을 점등하거나 또는 조명제어반의 제어장치에 타이머를 내장하여 야간에 점등할 수 있는 설비

㉝ **역류** : 열기류가 부력에 의해서 차량흐름의 반대방향이나 화재 직전에 형성된 주기류의 반대방향으로 흐르는 현상을 말한다.

㉞ **연속터널 구간** : 터널이 비교적 짧은 간격으로 연속하여 존재하는 구간을 말한다.

㉟ **연평균일교통량** : 연평균일교통량(AADT : Average Annual Daily Traffic)은 1년 동안 도로의 한 지점 또는 일정 도로 구간을 지나는 양방향 교통량을 365일로 나눈 교통량을 말한다.

㊱ **유고상황** : 터널내부 및 입·출구부 인근에서 교통사고, 위험물누출, 화재 등의 사고가 발생되어 교통흐름의 제어가 필요하거나, 안전을 위한 조치가 요구되는 상황을 말한다.

㊲ **원격관리** : 통합관리센터나 인근의 터널관리소에 근접한 터널의 관리·계측 및 감시장치를 원거리에서 조작하는 관리방식을 말한다.

㊳ **임계풍속** : 화재 시 성층화를 유지하면서 열(연)기류의 역류현상을 억제하기 위한 최소한의 풍속을 말한다.

㊴ **자기구조단계** : 터널화재 초기에 관리자나 소방대가 터널에 도착하기 전 단계로, 대피자가 스스로 판단하여 대피 등 안전조치를 강구하여야 하는 단계를 말한다.

㊵ **자동절체방식** : ATS(Automatic Transfer Switch) 방식으로 하나 이상의 부하를 한 전원에서 다른 전원으로 자동절환할 수 있는 장치

㊶ **전광식** : 표지판의 한 방식으로 램프나 LED를 배열하고 각 램프나 LED를 점등하여 소정의 문자를 표시하는 방식을 말한다.

㊷ **정보표지판** : 터널 내부에서 비상사태가 발생하는 경우, 터널로 진입하려는 주행차량에게

터널 안의 이상 상황을 신속하게 통보하여 진입을 정지시켜 사고의 확대를 방지하는 설비로 전광식, 자막식, 신호식 등이 있다.

㊸ **접지판** : 접지극의 하나로 두께가 1.4 mm 이상이고, 면적이 0.35 m^2 이상인 구리판을 말한다.

㊹ **종류환기방식** : 터널입구 또는 수직갱, 사갱 등으로부터 신선공기를 유입하여 종방향 기류를 형성하여 터널 출구 또는 수직갱, 사갱 등으로 오염된 공기 또는 화재 연기를 배출하는 방식을 말한다.

㊺ **침매터널** : 하저 또는 해저에 미리 터널에 맞게 지반을 형성한 후에 육상에서 이미 만들어진 터널을 수중에서 침설하여 터널을 구축하는 공법으로 건설된 터널을 말한다.

㊻ **터널방재등급** : 터널에 방재시설 설치를 위한 터널 분류 등급으로 소방관련법에 따른 연장기준등급과 위험도지수평가에 의한 위험도지수기준등급으로 구분한다.

㊼ **프로토콜** : 시스템끼리의 원활한 상호작용을 위해 기종간의 인터페이스 방법을 말한다.

㊽ **피스톤효과** : 터널을 운행하는 차량의 공기저항에 의해서 기류가 형성되는 효과로 교통환기력을 발생시키는 역할을 한다.

㊾ **화재확산시간** : 터널화재 시 화재지점에서 화재연기가 터널 종방향으로 확산되어 화재지점에서부터 피난연결통로, 피난대피터널, 피난대피소 등의 안전한 대피공간으로 탈출 가능한 위치까지 화재연기가 도달되는 시간을 말한다.

㊿ **할입방송** : 긴급상황 시 도로 이용자에게 공용주파수를 이용하여 라디오로 비상상황에 대한 정보를 제공하는 것을 말한다.

51 **횡류환기방식** : 터널에 설치된 급·배기 덕트를 통해서 급기와 배기를 동시에 수행하는 방식으로 평상시에는 신선공기를 급기하고 차량에서 배출되는 오염된 공기를 배기하며, 화재 시에는 화재로 인해 발생하는 연기를 배기하는 방식을 말한다.

52 **휘도** : 발광면상의 어느 한 점에서 주어진 방향으로의 휘도는 그 점을 포함하는 미소면적의 주어진 방향의 광도를 미소면적의 그 방향에서 본 겉보기 면적으로 나눈 값을 말한다.

53 IGBT(Insulated Gate Bipolar Transistor) : 입력부(gate)의 임피던스는 무한대에 가깝고 출력 C-E 간은 트랜지스터의 특성을 갖는 전력용 반도체 소자를 말한다.

54 RTU(Remote Terminal Unit) : 원격제어반이라 하며 환기 및 방재설비의 데이터를 수집하여 주 컴퓨터로 송출함과 동시에 주 컴퓨터로부터의 제어명령을 수신하여 해당 기기를 제어하는 장치를 말한다. 각종 설비의 데이터를 수집하여 중앙감시 제어장치로 통신망을 통하여 송신하며, 중앙감시 제어장치로부터 각종 제어명령을 수신할 수 있어야 하고, 각각의 원격제어반에 설치된 중앙처리장치에 내장된 프로그램에 의하여 제어가 이루어진다.

4. 도로터널의 방재시설 설치 및 관리지침

사고예방, 초기대응, 피난대피, 소화 및 구조활동, 사고확대방지를 기본 목적이며 사고에 대한 예방적인 조치 및 사후조치 전반에 걸쳐서 방재시설의 역할을 정확하게 인식하고, 시설간 연계성과 설치목적을 고려하여 관리·운영을 명확하게 계획하여야 한다. 터널방재시설은 관리체계에 영향을 주게 되므로 관리체계와의 관계를 고려하여 계획하여야 한다. 따라서 방재시설을 계획·설치하거나 운영계획을 수립할 때에는 이와 같은 단계를 고려하여 화재의 시간적 경과에 따른 대응책을 마련하여야 한다.

1) 사고예방 계획

① 사고예방은 터널방재시설에 있어서 중요한 요소로 터널의 구조적인 측면과 교통시스템 등 예방을 위한 시설의 확보뿐만 아니라 이들의 운영 및 법적인 규제와 대책 등을 계획하여야 한다.

② 터널의 구조적인 측면에서의 사고예방 대책은 도로의 적정 설계속도의 산정 및 이에 따른 도로의 선형 및 구조, 비상주차대, 비상차로 등이 있다.

③ 교통통제시스템은 각종 법적규제에 대한 준수조치 등 사고예방을 위한 각종 교통표지판과 터널입구의 정보표시판, 차로이용규제신호등 등 안전운전을 위한 시설 등이 있다.

④ 이외에 터널 내 차량사고의 대부분이 운전자의 과실에 의해서 비롯되며, 시설의 부적절한 운영이 사고확대의 큰 원인이 된다는 점을 고려하여, 시설 관리자의 배치 및 운영기술에 대한 교육훈련과 이용자의 안전의식 및 터널의 잠재적인 위험성을 인식시키기 위한 홍보계획을 수립하여야 한다.

2) 초기대응 계획

① 초기대응 수단으로 비상경보설비 및 감시체계, 대피유도 및 피난대피시설, 초기소화설비, 제연설비 등이 있다.

② 초기대응 수단은 화재 초기 자기구조단계에서 위험상황에 처한 인명의 손상을 최소화하기 위한 수단이란 측면에서 신속한 대피 및 대피유도에 중요성을 두어 계획하여야 한다.

③ 자기구조단계에서는 터널 이용자의 판단 및 대피를 도울 수 있는 경보설비 및 피난유도설비의 효율적인 운영이 인명피해에 가장 큰 영향을 미치게 되므로 초기대응 시설 및 운영에 기하여 계획하여야 한다.

④ 차량화재 시 최대화재강도에 도달하는 시간은 일반적으로 10분 정도로 비교적 짧으므로

통보, 경보, 초기소화 등의 초기대응은 한정된 시간 내에 주로 사고 당사자 또는 현장을 통행 중인 도로 이용자 등에 의하여 수행될 가능성이 높다. 따라서 터널 이용자가 연기에 노출되지 않도록 하기 위한 적정 용량의 제연설비의 설치·운영의 중요성을 강조하여 계획하여야 한다.

⑤ 화재의 초기진화에 가장 효과적인 것으로 알려진 소화기 등은 일반도로 이용자가 시설에 쉽게 접근할 수 있도록 접근성 및 시인성을 고려하여 계획하여야 한다.

⑥ 또한 화재초기단계에 터널 내로 차량 진입을 금지하여 피난대상을 최소한으로 억제하여야 하고 피난 시 혼란을 피하기 위한 통보 및 경보설비는 도로 이용자 등이 쉽게 인지할 수 있도록 계획하여야 한다.

3) 소화 및 구조활동 계획

① 소화 및 구조활동 시설은 사고의 확대방지를 위해서 소방대의 접근성을 우선적으로 고려하여 계획하여야 하며, 소화활동을 원활하게 수행할 수 있도록 소화활동설비의 적절한 배치 및 운영계획이 수립한다.

② 화재의 확대로 인한 구조물의 손상으로 터널이 장시간 폐쇄되는 경우, 막대한 경제적 손실을 초래하게 되므로 특히, 차량의 통행량이 많은 터널의 경우에는 적극적인 소화 및 소화활동을 위한 방재시설의 설치 및 운영계획을 수립하여야 한다.

③ 터널방재 대책은 제반시설과 이를 운영하는 능력과 시스템의 유기적인 연계성이 중요하므로 전체적으로 총합이 이루어질 수 있도록 한다.

④ 터널방재 대책 수립 시 시설 관리자뿐만 아니라 소방서, 경찰서, 구조대 등 관계기관과의 유기적인 협력체계를 구축하고, 관계기관 사이의 충분한 조정과 정기적인 종합훈련을 의무화하며 이에 대한 계획을 수립하여야 한다.

4) 피난대피시설의 계획

① 피난대피는 화재 및 기타 재해 등의 비상시 생명을 보존하기 위해 안전지역으로 이동하는 행위이며, 터널의 경우에는 기본적으로 도로 이용자가 현장상황을 스스로 판단하여 대피 여부를 결정해야 하는 경우가 많다는 점을 인식하여 피난유도설비 및 피난대피시설을 적절히 계획하여야 한다.

② 피난대피환경은 화재의 종류, 화재성장속도 등에 따라 큰 차이가 있으므로 방재시설의 주된 목적인 피난대피환경을 확보하기 위해서는 일정시간 동안 대피가 가능한 환경을 유지할 필요가 있다. 이를 위해 터널의 특성을 고려하여 제연설비를 계획하여야 한다.

③ 피난대피시설은 대피자가 쉽게 인지할 수 있어야 하며, 대피방향 등 혼란을 야기하지 않도록 명확하게 하여야 한다.

④ 피난대피시설로 피난연결통로 및 피난대피터널이 효과적이며, 이에 대한 시설계획은 대피인원의 산정, 대피소요시간, 화재확산시간 등을 면밀히 검토하여 설치한다.

5) 방재시설 운영계획

① 방재시설의 운영은 방재시설의 규모 및 종류에 따라 상시감시체제를 요구하는 시설과 그렇지 않은 시설로 구분하여 계획하여야 한다.

② 제연설비의 경우에는 자동운전이 가능하나 관리자가 상황을 파악한 후에 수동운전을 하는 것을 기본으로 한다. 대피환경을 유지하기 위해서 필요로 하는 정보를 적절하게 수집하지 못하면, 설치목적에 따른 효과를 발휘하기가 어려울 뿐만 아니라 역효과가 발생할 가능성도 있다. 따라서 이와 같은 방재시설에 대한 계획 시 운영에 필요한 터널 내 환경정보를 얻기 위한 데이터 수집장치 및 감시장치를 고려하여 계획하여야 한다.

③ 물분무설비는 대피자가 완전히 대피한 후에 작동하는 것을 원칙으로 관리자가 대피환경을 확인한 후에 조작하여야 하는 방재시설이 설치되는 터널 상시관리체계의 구축을 계획하여야 한다.

④ 방재시설은 시설간의 연동관계나 관리체계 및 운영체계 등을 충분히 고려하는 동시에 각 방재시설의 기능한도에 유의하여 운영시설의 규모 및 효율적인 관리체계가 구축될 수 있도록 계획하여야 한다.

6) 화재 시 대응계획

터널화재 시 초기대응 대책이 인명의 보호 및 사후 피해 정도에 미치는 영향이 가장 크기 때문에 본 지침에서 화재 시 적정한 대응을 위해서 다음과 같은 기본사항을 제시한다.

① 화재감지는 자동화재탐지설비에 의해서 수행되는 것을 기본으로 하지만, 초기감시능력의 강화를 위해 소화전함문의 개방감지, CCTV, 영상유고감지설비 및 주행속도감지기 등에 의해서도 이상 상황을 감지할 수 있도록 한다.

② 자동화재탐지설비 등의 이상신호가 수신반에 수신되면, 비상경보설비에 의해서 자동으로 경보를 발하고, 신호발신구역의 CCTV가 연동하여 집중감시가 될 수 있도록 구성한다.

③ 비상경보는 관리자가 상주하는 터널에서는 관리자에 의해서 확인할 수 있도록 하며, 원격관리를 수행하는 경우에는 해당 관리기관에 자동으로 통보될 수 있도록 한다.

④ 관리자는 터널 내 비상상황이 인지되면 터널진입차단설비나 입구정보표지판에 의해서 차

량의 진입을 차단하고 라디오재방송설비, 비상방송설비, 차로이용규제신호등의 통보수단을 이용하여 터널 내 이상 상황을 통보하며, 전원이 정상적으로 공급되고 있는 상황에서는 터널 내 조명을 모두 점등하여 최대한의 조도를 확보할 수 있도록 한다.

⑤ 관리자가 상주하는 터널의 경우에는 관리자가 제연설비를 화재 발생 시나리오에 의해서 수동조작하며, 관리자가 상주하지 않는 터널의 경우에는 제연운전모드에 의해서 우선적으로 자동운전 되도록 제어로직을 구성하고, 관리자에 의해서 후 조치하도록 한다.

7) 터널등급 구분

① 방재시설설치를 위한 터널등급은 터널연장을 기준으로 하는 연장기준등급과 교통량 등 터널의 제반 위험인자를 고려한 위험도지수기준등급으로 구분하며, 등급별 범위는 표 10.2와 같이 정한다.

표 10.2 터널연장기준 방재등급의 범위

등 급	터널연장(L)기준등급	위험도지수(X)기준등급
1	3,000 m 이상 ($L \geqq 3,000$ m)	$X > 29$
2	1,000 m 이상 3,000 m 미만 ($1,000 \leqq L < 3,000$ m)	$19 < X \leqq 29$
3	500 m 이상 1,000 m 미만 ($500 \leqq L < 1,000$ m)	$14 < X \leqq 19$
4	연장 500 m 미만 ($L < 500$)	$X \leqq 14$

② 터널의 방재등급은 개통 후, 최초 10년, 향후 매 5년 단위로 실측교통량을 조사하여 재평가하며, 이에 따라 방재시설의 조정을 검토할 수 있다.

8) 터널 위험도지수 산정 기준

① 터널 위험도지수는 주행거리계(터널연장×교통량), 터널제원(종단경사, 터널높이, 곡선반경), 대형차혼입률, 위험물의 수송에 대한 법적규제(대형차통과대수, 위험물수송차량에 대한 감시시스템, 위험물수송차량에 대한 유도시스템), 정체정도(터널 내 합류/분류, 터널 전방 교차로/신호등/TG), 통행방식(대면통행, 일방통행)을 잠재적인 위험인자로 하여 산정한다.

② 각 위험인자별 위험도 산정 세부기준은 표 10.3과 같이 정하며, 산정방법은 다음과 같다.

(가) 위험도지수기준등급은 일방통행의 경우, 터널튜브별로 산정하여 상하행 중 등급이 높은 것으로 터널등급을 정한다.

(나) 주행거리계는 교통량과 터널연장을 곱한 값이며, 교통량은 목표 연도(터널 준공 후 20년 후)에 예상되는 연평균일교통량을 기준으로 하며 튜브당 교통량을 적용한다. 단, 중방향계수는 고려하지 않는다.

표 10.3 터널 위험도 평가기준

<table>
<tr><th colspan="3">세부평가항목</th><th colspan="2">범 위</th><th>위험도지수</th></tr>
<tr><td rowspan="5">사고
확률</td><td colspan="2" rowspan="5">주행거리계
(교통량×연장)
(Veh · km/tube · day)</td><td colspan="2">8,000 미만</td><td>1.5</td></tr>
<tr><td colspan="2">8,000 이상~16,000 미만</td><td>2.5</td></tr>
<tr><td colspan="2">16,000 이상~32,000 미만</td><td>5.0</td></tr>
<tr><td colspan="2">32,000 이상~64,000 미만</td><td>7.5</td></tr>
<tr><td colspan="2">64,000 이상</td><td>10.0</td></tr>
<tr><td rowspan="11">터널
특성</td><td rowspan="6">표고차
및
경사도</td><td rowspan="4">입출구
표고차(m)</td><td colspan="2">10 미만</td><td>0.5</td></tr>
<tr><td colspan="2">10 이상~20 미만</td><td>1.0</td></tr>
<tr><td colspan="2">20 이상~30 미만</td><td>1.5</td></tr>
<tr><td colspan="2">30 이상</td><td>2.0</td></tr>
<tr><td rowspan="2">진입부
경사도(%)</td><td colspan="2">3.0 미만</td><td>0.5</td></tr>
<tr><td colspan="2">3.0 이상</td><td>1.0</td></tr>
<tr><td colspan="2" rowspan="3">터널높이(m)</td><td colspan="2">7.5 이상</td><td>1.0</td></tr>
<tr><td colspan="2">5.0 이상~7.5 미만</td><td>2.0</td></tr>
<tr><td colspan="2">5.0 미만</td><td>3.0</td></tr>
<tr><td colspan="2" rowspan="2">터널곡선반경(m)</td><td colspan="2">1,800 m 이상</td><td>0.5</td></tr>
<tr><td colspan="2">1,800 m 미만</td><td>1.0</td></tr>
<tr><td rowspan="13">대형
차량</td><td rowspan="13">위험물
수송
관련</td><td rowspan="4">대형차
혼입률
(%)</td><td colspan="2">10 미만</td><td>0.5</td></tr>
<tr><td colspan="2">10 이상~17.5 미만</td><td>1.0</td></tr>
<tr><td colspan="2">17.5 이상~25 미만</td><td>1.5</td></tr>
<tr><td colspan="2">25 이상</td><td>2.0</td></tr>
<tr><td rowspan="5">대형차 주행거리계
(대 · km/tube · day)</td><td colspan="2">500 미만</td><td>0.5</td></tr>
<tr><td colspan="2">500 이상~1,000 미만</td><td>1</td></tr>
<tr><td colspan="2">1,000 이상~2,500 미만</td><td>2</td></tr>
<tr><td colspan="2">2,500 이상~5,000 미만</td><td>4</td></tr>
<tr><td colspan="2">5,000 이상</td><td>6</td></tr>
<tr><td rowspan="2">감시시스템</td><td colspan="2">있음</td><td>0</td></tr>
<tr><td colspan="2">없음</td><td>1</td></tr>
<tr><td rowspan="2">유도시스템</td><td colspan="2">있음</td><td>0</td></tr>
<tr><td colspan="2">없음</td><td>1</td></tr>
<tr><td rowspan="8">정체
정도</td><td colspan="2" rowspan="4">서비스 수준</td><td colspan="2">LOS A~LOS C</td><td>1</td></tr>
<tr><td colspan="2">LOS D</td><td>2</td></tr>
<tr><td colspan="2">LOS E~LOS F</td><td>3</td></tr>
<tr><td colspan="2">대면통행</td><td>3</td></tr>
<tr><td colspan="2" rowspan="2">터널 내 합류/분류</td><td colspan="2">없음</td><td>0</td></tr>
<tr><td colspan="2">있음</td><td>2</td></tr>
<tr><td colspan="2" rowspan="2">교차로/신호등/TG 등</td><td colspan="2">없음</td><td>0</td></tr>
<tr><td colspan="2">있음</td><td>2</td></tr>
<tr><td rowspan="8">통행
방식</td><td colspan="2" rowspan="2">구 분</td><td colspan="2">시설</td><td rowspan="2">-</td></tr>
<tr><td>길어깨</td><td>중분대</td></tr>
<tr><td colspan="2" rowspan="2">일방통행</td><td>○</td><td>-</td><td>1</td></tr>
<tr><td>×</td><td>-</td><td>2</td></tr>
<tr><td colspan="2" rowspan="4">대면통행</td><td>○</td><td>○</td><td>3</td></tr>
<tr><td>×</td><td>○</td><td>4</td></tr>
<tr><td>○</td><td>×</td><td>5</td></tr>
<tr><td>×</td><td>×</td><td>6</td></tr>
</table>

(다) 표고차는 입출구 표고와 터널의 최저지점과의 높이차로 터널의 구간별 경사도와 연장을 곱하여 이의 총합으로 구한다. 단, V자형 경사터널의 경우에는 위험도지수를 2로 한다.

(라) 진입부 경사도는 터널 전방 1,000 m 구간에 대해서 거리가중평균

(마) 터널높이는 도상에서부터 터널 천장의 최대높이로 하며, 횡류환기방식을 적용하는 터널과 같이 터널 천장부에 배연을 위한 유로를 설치하는 경우에는 유로의 높이까지를 터널부 높이로 한다.

(바) 대형차혼입률은 도로설계 시 적용하는 대형차혼입률을 적용한다.

(사) 대형차 주행거리계 산정을 위한 대형차의 기준은 중형트럭, 대형트럭, 특수트럭을 말하며, 연평균일교통량을 기준으로 하여 튜브당 대형차통과 대수를 산정하고 여기에 터널연장을 곱하여 주행거리계로 구한다.

(아) 위험물수송차량에 대한 감시시스템 및 유도시스템은 위험물 통과를 규제하거나 선도차량의 유도에 의해서 통과하는 시스템을 말한다.

(자) 터널진출부의 교차로/신호등 여부는 터널진출부에서 1,000 m 이내의 거리를 기준으로 한다.

(차) 길어깨는 최소폭원이 2.0 m 이상인 경우에 길어깨가 있는 것으로 한다.

(카) 중분대는 폭원 1 m 이상으로 이중가드레일 형식 이상의 안전성을 확보할 수 있는 경우에 한한다.

③ 위험도지수기준등급은 연장기준등급은 상향 또는 하향하여 적용

(가) 위험도지수기준등급은 연장기준등급 대비 1단계를 상향 또는 하향할 수 있다.

(나) 연장기준등급 대비 위험도지수기준등급의 상향 및 하향은 500 m 이상(연장기준 3등급 이상)의 터널에만 적용한다.

(다) 연장기준등급이 2등급 이상인 터널 중 위험도지수기준등급이 3등급 이하로 평가되는 경우에는 정량적 위험도 평가를 실시하여 터널의 안전성이 확보가 되는 경우에 등급을 하향할 수 있다.

9) 방재등급별 설치계획

① 터널방재시설은 연장기준등급에 의해서 설치하는 시설과 위험도지수기준 등급에 의해서 설치하는 시설로 구분하며, 방재시설의 설치기준은 표 10.4와 같이 정하며, 다음과 같이 설치한다.

(가) 소방관련법에 의한 설치대상 방재시설 및 피난연결통로(●로 표시)는 연장기준등급

에 의해서 설치한다.

(나) 소방관련법에 의한 설치대상 시설이 아닌 방재시설(○로 표시)은 위험도지수기준등급에 의해서 설치한다.

② 각 방재시설의 터널 내 설치위치 및 설치간격은 표 10.5를 적용한다.

표 10.4 등급별 방재시설 설치기준

방재시설 \ 터널등급			1등급	2등급	3등급	4등급	비 고
소화설비	소화기구		●	●	●	●	
	옥내소화전설비		●	●			
	물분무설비		○				
경보설비	비상경보설비		●	●	●		
	자동화재탐지설비		●	●			
	비상방송설비		○	○	○		
	긴급전화		○	○	○		
	CCTV		○	○	△		
	영상유고감지설비		△	△	△		
	라디오재방송설비		○	○	○	△	△: 200 m 이상 4등급터널
	정보표시판		○	○			
	진입차단설비		○	○			
피난대피설비 및 시설	비상조명등		●	●	●	△	△: 200 m 이상 4등급터널
	유도표지등		○	○	○		
	피난대피시설	피난연결통로	●	●	●		
		피난대피터널(1)	○	△			
		피난대피소(1)	○	△			
		비상주차대	○	○			
소화활동설비	제연설비		○	○			
	무선통신보조설비		●	●	●	△(2)	
	연결송수관설비		●	●			
	비상콘센트설비		●	●	●		
비상전원설비	무정전전원설비		●	●	●	△(3)	
	비상발전설비		●	●			

● 기본시설 : 연장기준등급에 의함
○ 기본시설 : 위험도지수기준등급에 의함
△ 권장시설 : 설치의 필요성 검토에 의함
(1) 피난연결통로의 설치가 불가능한 터널에 설치
(2) 4등급 터널의 경우, 라디오재방송설비가 설치되는 경우에 병용하여 설치함
(3) 4등급 터널은 방재시설이 설치되는 경우에 시설별로 설치함

표 10.5 방재시설 설치위치 및 설치간격

방재시설			설치위치와 설치방법	설치간격
소화설비	수동식 소화기		일방통행터널 : 4차로 미만의 일방통행터널은 주행차로 우측 측벽, 4차로 이상의 터널은 양쪽 측벽에 설치 대면통행터널 : 양쪽 측벽에 교차하여 설치, 격납상자를 설치하여 내부에 2개 1조로 비치	50 m 이내
	옥내소화전설비		4차로 미만의 일방통행터널은 주행차로 우측 측벽 편도 2차로 미만의 대면통행터널은 한쪽 측벽 4차로 이상 일방통행터널 및 편도 2차로 이상의 대면통행터널은 양쪽 측벽	50 m 이내
	물분무설비		측벽 설치(도로면 전체에 균일하게 방수되도록 한다)	방수구역 : 25 m 이상, 3구역 동시 방수
경보설비	비상경보설비		수동식 소화기 또는 옥내소화전함에 병설	50 m이내
	자동화재탐지설비		최적성능을 확보할 수 있는 위치	환기방식별 필요 인식 범위
	비상방송설비		터널 측벽과 피난대피시설(피난대피터널, 피난대피소, 비상주차대)에 설치	50 m 이내
	긴급전화		터널입구와 출구부, 터널 측벽과 피난대피시설(피난대피소, 피난대피터널, 비상주차대)에 설치	250 m 이내
	CCTV		터널 측벽 설치(피난대피시설 및 터널 전구간 감시가 가능하도록 설치함)	터널 내 : 200~400 m 간격 터널외부 : 500 m 이내
	영상유고감지설비		터널 전구간 감시가 가능하도록 설치간격을 정함	100 m 간격
	라디오재방송설비		터널 전구간에서 청취 가능하도록 설치	
	정보표시판	터널입구정보표지판	터널 전방 500 m 이내	
		터널진입차단설비	터널 전방 500 m 이내	
		차로이용규제신호등		400~500 m 간격
피난대피설비 및 시설	비상조명등		야간점등회로를 병용하여 설치	
	유도표지등	A	대피시설 부근	
		B	대피시설이 설치된 측벽설치	약 50 m 간격
	피난대피시설	피난연결통로	쌍굴터널(차단문 설치)	250~300 m 이내
		피난대피터널	본선터널과 평행하게 설치하는 것을 원칙으로 함.	
		피난대피소	본선터널의 측벽이나 하부에 안전공간을 확보하여 설치	250~300 m 이내
		비상주차대	주행차선 길어깨, 대면통행 터널은 양쪽 측벽	750 m 이내
소화활동설비	제연설비		환기설비와 병용	
	무선통신보조설비		라디오재방송설비와 병용	
	연결송수관설비		송수구 터널 입·출구부 방수구 옥내소화전설비와 병설	50 m 이내
	비상콘센트설비		소화전함에 병설	50 m 이내
비상전원설비	무정전전원설비		시설별 설치	시설별
	비상발전설비		별도로 구획된 실내에 설치	

이상에서 알 수 있는 바와 같이 관련법(소방시설 설치·유지 및 관리에 관한 법률 등) 및 도로터널방재시설 및 관리지침에서 다르게 기준을 정하고 있다. 따라서 두 법에서 규정하는 수준의 소방방재안전시설을 설치하여야 한다.

10) 소방시설의 설치기준

도로터널의 화재안전기준(NFSC 603)과 도로터널 방재시설 설치 및 관리지침에서 규정하고 있는 내용을 비교하여 정리하였다.

가. 소화설비

도로터널의 화재안전기준 및 도로터널 방재시설 설치 및 관리지침

(1) 수동식소화기

① 화재안전기준

(가) 수동식소화기의 능력단위는 A급 화재에 3단위 이상, B급 화재에 5단위 이상 및 C급 화재에 적응성이 있는 것으로 할 것

(나) 수동식소화기의 총중량은 사용 및 운반이 편리성을 고려하여 7 kg 이하로 할 것

(다) 수동식소화기는 주행차로의 우측 측벽에 50 m 이내의 간격으로 2개 이상을 설치하며, 편도2차선 이상의 양방향 터널과 4차로 이상의 일방향 터널의 경우에는 양쪽 측벽에 각각 50 m 이내의 간격으로 엇갈리게 2개 이상을 설치할 것

(라) 바닥면(차로 또는 보행로를 말함)으로부터 1.5 m 이하의 높이에 설치할 것

(마) 소화기구함의 상부에 "소화기"라고 조명식 또는 반사식의 표지판을 부착하여 사용자가 쉽게 인지할 수 있도록 할 것

② 도로터널 방재시설 지침의 소화기구

(가) 터널 내 소화기는 소화기구의 화재안전기준에서 정한 분말소화기로 소화능력이 A급 3단위, B급 5단위 이상, C급 화재에 적응성이 있는 것으로 한다.

(나) 격납, 운반, 소화조작이 용이한 것으로 한다.

(다) 온도, 습도의 변화에 의해 소화약제가 변질되지 않고 장기간 보존되며, 유지·관리가 쉬운 것으로 한다.

(라) 소화기구는 50 m 이상의 터널에 설치한다.

(마) 소화기구의 설치간격은 50 m 이하로 하고, 주행차로의 측벽(우측 측벽)에 설치하는 것을 원칙으로 하나, 구조적인 특성 등 현장조건에 따라 변경할 수 있다.

(바) 대면통행터널 및 4차로 이상의 일방통행터널은 양쪽 측벽에 지그재그(교차)로 설치

한다.

(사) 2개 1조로 소화기구함에 설치하며, 소화기구함은 '소화기'라고 조명식 표지판을 부착하여 사용자가 쉽게 인지할 수 있도록 한다.

(아) 소화기구함

㉠ 소화기구함의 설치는 벽체에 매립하여 설치함을 표준으로 한다. 단, 기존터널에 설치하는 경우에는 노출하여 설치할 수 있다.

㉡ 비상경보설비 및 비상콘센트, 옥내소화전과 함께 설치되는 경우에는 일체형으로 설치한다.

㉢ 화재 사실의 통보, 분실방지 및 유지·관리를 목적으로 소화기함문의 개방 시 또는 소화기 탈착 시 자동으로 이상신호가 통보되도록 설치할 것을 권장한다. 단, 500 m 이하로 경보설비가 설치되지 않는 터널에서는 제외할 수 있다.

㉣ CCTV나 영상유고감지설비가 설치되는 터널에서는 이들 설비와 연동하여 경보발생구역에 대한 집중감시가 이루어지도록 한다.

(2) 옥내소화전설비

① 화재안전기준

(가) 소화전함과 방수구는 주행차로 우측 측벽을 따라 50 m 이내의 간격으로 설치하며, 편도 2차선 이상의 양방향 터널이나 4차로 이상의 일방향 터널의 경우에는 양쪽 측벽에 각각 50 m 이내의 간격으로 엇갈리게 설치할 것

(나) 수원은 그 저수량이 옥내소화전의 설치개수 2개(4차로 이상의 터널의 경우 3개)를 동시에 40분 이상 사용할 수 있는 충분한 양 이상을 확보할 것

(다) 가압송수장치는 옥내소화전 2개(4차로 이상의 터널인 경우 3개)를 동시에 사용할 경우 각 옥내소화전의 노즐선단에서의 방수압력은 0.35 MPa 이상이고 방수량은 190 l/min 이상이 되는 성능의 것으로 할 것. 다만, 하나의 옥내소화전을 사용하는 노즐선단에서의 방수압력이 0.7 MPa을 초과할 경우에는 호스접결구의 인입측에 감압장치를 설치하여야 한다.

(라) 압력수조나 고가수조가 아닌 전동기 및 내연기관에 의한 펌프를 이용하는 가압송수장치는 주펌프와 동등 이상인 별도의 예비펌프를 설치할 것

(마) 방수구는 40 mm 구경의 단구형을 옥내소화전이 설치된 벽면의 바닥면으로부터 1.5 m 이하의 높이에 설치할 것

(바) 소화전함에는 옥내소화전 방수구 1개, 15 m 이상의 소방호스 3본 이상 및 방수노즐을 비치할 것

(사) 옥내소화전설비의 비상전원은 40분 이상 작동할 수 있을 것

② 도로터널 방재시설 지침의 옥내소화전

(가) 방수구는 구경 40 mm의 단구형으로 한다.

(나) 노즐선단의 방수압력은 0.35 MPa 이상으로 하며, 방수량은 190 l/min 이상으로 한다.

(다) 비상전원은 가압송수장치를 40분 이상 작동할 수 있어야 한다.

(라) 옥내소화전의 수원은 소화전용으로 설치한다.

(마) 옥내소화전의 배치

㉠ 연장기준등급이 2등급 이상인 터널에 설치한다.

㉡ 통행방식에 관계없이 터널 내 차로수가 3차로 이하 터널은 한쪽 측벽에 설치하되, 일방통행터널은 주행차로 우측 측벽에 설치하는 것을 원칙으로 한다. 단, 터널 구조상 우측 측벽 설치가 곤란한 경우에는 좌측 측벽에 설치할 수 있다.

㉢ 통행방식에 관계없이 터널 내 차로수가 4차로 이상인 터널은 양쪽 측벽에 지그재그로 설치함을 원칙으로 한다.

㉣ 설치간격은 50 m 이내로 한다.

㉤ 방수구, 소방호스 및 노즐은 소화전함에 비치하며, 소방호스의 총연장은 45 m 이상으로 한다.

(바) 옥내소화전의 가압송수장치와 수원

㉠ 동시사용 소화전의 개소는 2개소. 단, 4차로 이상의 터널은 3개소

㉡ 방수지속시간은 터널의 지역적인 특성상 소방차의 출동시간을 고려하여 산정하며, 최소 40분 이상으로 한다.

(사) 소화전함

㉠ 소화전함은 스테인리스 강판으로 제작하며, 밸브의 조작, 호스의 수납 등에 충분한 여유 공간을 확보할 수 있도록 제작한다. 소화전함에는 '소화전'이라는 표시를 하여 인지할 수 있도록 한다.

㉡ 소화전함의 설치는 터널 라이닝 벽체에 매립하여 설치함을 표준으로 하며, 기존 터널에 설치하는 경우에는 노출하여 설치할 수 있다.

㉢ 수동식 소화기, 비상경보설비 및 비상콘센트와 함께 설치되는 경우에는 일체형으로 설치한다.

㉣ 소화전함문의 개폐 시 자동으로 경보를 발생할 수 있도록 하며, 수신반과 연동되도록 구성한다.

㉤ 또한 CCTV가 설치되는 터널에서는 CCTV와 연동하여 경보발생구역에 대한 집중감시가 이루어질 수 있도록 한다. 이 경우, CCTV는 수동으로 연동을 해제할 수 있도록 한다.

(3) 물분무설비

① 화재안전기준

(가) 물분무헤드는 도로면에 1 m^2당 6 l/min 이상의 수량을 균일하게 방수할 수 있도록 할 것

(나) 물분무설비의 하나의 방수구역은 25 m 이상으로 하며, 3개 방수구역을 동시에 40분 이상 방수할 수 있는 수량을 확보할 것

(다) 물분무설비의 비상전원은 40분 이상 기능을 유지할 수 있도록 할 것

② 도로터널 방재시설 지침의 옥내소화전

화재 시 직선류 또는 나선류의 물을 물분무헤드에 충돌·확산시켜 미립상태로 분무하여 화재를 진압함과 동시에 화재 시 발생하는 열에 의해서 터널시설이 손상되지 않도록 냉각 보호하고 복사열을 차단하여 화재의 확산을 방지하는 적극적인 화재진압 수단이다.

(가) 물분무설비는 위험도지수기준등급이 1등급 이상인 터널에 설치한다.

(나) 물분무헤드는 도로면에 1 m^2당 6 l/min 이상의 수량을 균일하게 방수할 수 있도록 제원 및 설치간격을 선정한다.

(다) 물분무설비의 작동은 관리자가 CCTV에 의해서 방수대상구역에 대피자가 없는 것을 확인하고 방수함을 원칙으로 한다.

(라) 물분무설비의 방수구역은 25～50 m 정도로 하며, 2～3구역(75 m 이상)을 동시에 40분 이상 방수할 수 있도록 한다.

(마) 물분무설비의 비상전원은 40분 이상 기능을 유지할 수 있도록 한다.

나. 경보설비

(1) 비상경보설비

① 화재안전기준

(가) 발신기는 주행차로 한쪽 측벽에 50 m 이내의 간격으로 설치하며, 편도 2차선 이상의 양방향 터널이나 4차로 이상의 일방향 터널의 경우에는 양쪽의 측벽에 각각 50 m 이내의 간격으로 엇갈리게 설치할 것.

(나) 발신기는 바닥면으로부터 0.8 m 이상 1.5 m 이하의 높이에 설치할 것

(다) 음향장치는 발신기 설치위치와 동일하게 설치할 것. 다만, 비상방송설비의 화재안전

기준에 적합하게 설치된 방송설비를 비상경보설비와 연동하여 작동하도록 설치한 경우에는 비상경보설비의 지구음향장치를 설치하지 아니할 수 있다.

(라) 음량장치의 음량은 부착된 음향장치의 중심으로부터 1 m 떨어진 위치에서 90 dB 이상이 되도록 할 것

(마) 음향장치는 터널내부 전체에 동시에 경보를 발하도록 설치할 것

(바) 시각경보기는 주행차로 한쪽 측벽에 50 m 이내의 간격으로 비상경보설비 상부 직근에 설치하고, 전체 시각경보기는 동기방식에 의해 작동될 수 있도록 할 것. 비상경보설비는 화재 발생 시 화재장소 또는 중앙감시실에 경보를 발령하여 화재를 통보할 수 있는 설비로써 비상벨, 발신기, 중계기 및 수신기 등으로 구성된다.

② 도로터널 방재시설 지침

비상경보설비는 화재 발생 시 화재장소 또는 중앙감시실에 경보를 발령하여 화재를 통보할 수 있는 설비로써 비상벨, 발신기, 중계기 및 수신기 등으로 구성된다. 비상벨설비라 함은 터널 내의 화재 발생상황을 경종으로 경보하는 설비를 말한다. '발신기'는 화재 발생신호를 수신기에 수동으로 발신하는 장치이며 '수신기'는 발신기에서 발하는 화재신호를 직접 수신하는 장치를 말한다. 본 지침에 언급되지 않은 사항은 비상경보설비의 화재안전기준(NFSC 201) 및 도로터널화재안전기준(NFSC 603)을 준용한다.

(가) 발신기

㉠ 발신기는 일반적으로 지구경종, 위치표시등과 일체형으로 하며, 패널형태의 단독형 또는 소화전함과 일체형으로 설치한다.

㉡ 발신기의 위치를 표시하는 표시등은 부착면으로부터 15° 이상의 범위 안에서 부착지점으로부터 10 m 이내의 지점에서 식별이 가능하여야 한다.

(나) 음향장치

㉠ 지구음향장치는 모터 구동형으로 하며, 음향장치의 음량은 음향장치의 중심으로부터 1 m 떨어진 위치에서 90 dB 이상이 되어야 한다.

㉡ 음향장치는 정격전압의 80% 전압에서 음향을 발생할 수 있어야 한다.

(다) 수신기

㉠ 발신기의 발신위치를 인식할 수 있는 것으로 한다.

㉡ 발신기와 통화가 가능한 구조로 한다.

㉢ 수신기는 감지기, 중계기 또는 발신기가 작동하는 경계구역을 표시할 수 있는 기능을 갖도록 한다.

(라) 설치지침

연장기준등급이 3등급 이상인 터널에 설치한다. 통행방식에 관계없이 터널 내 차로수가 3차로 이하의 터널은 한쪽 측벽에 설치하되, 일방통행터널은 주행차로 우측 측벽에 설치하는 것을 원칙으로 한다. 단, 터널 구조상 우측 측벽 설치가 곤란한 경우에는 좌측 측벽에 설치할 수 있다. 통행방식에 관계없이 터널 내 차로수가 4차로 이상인 터널은 양쪽 측벽에 지그재그로 설치함을 원칙으로 한다.

㉠ 설치간격은 50 m 이내로 한다.

㉡ 비상경보설비에는 감시상태를 60분간 지속한 후 유효하게 10분 이상 경보할 수 있도록 비상전원설비를 갖추어야 한다.

㉢ 전원회로의 배선은 옥내소화전설비의 화재안전기준(NFSC 102)에 준하여 내화배선으로 한다.

㉣ 발신기는 소화기함이나 소화전함 상부에 수평으로 설치하며, 발신기, 음향장치(경종), 음향공(158 mm Bell), 위치표시등과 병설하여 설치한다.

㉤ 발신기의 조작스위치는 점검로 바닥으로부터 0.8∼1.5 m 이하의 높이에 설치

㉥ 수신기는 관리자가 화재경보를 인지하기에 용이한 장소에 설치하여야 한다.

㉦ 긴급전화에 의해서 비상상황이나 화재상황이 통보되는 경우 관리자가 수동으로 비상벨을 경보할 수 있도록 한다.

㉧ 2개소 이상에서 수신기를 운영하는 경우에는 반드시 상호통신이 가능한 시설을 갖춘다.

㉨ 수신기를 옥외에 설치할 경우에는 온도 및 습도에 대한 보호대책을 강구하여야 한다.

(2) 자동화재탐지설비

① 화재안전기준

(가) 터널에 설치할 수 있는 감지기의 종류는 다음의 ㉠과 같다.

㉠ 차동식분포형감지기

㉡ 정온식감지선형감지기(아날로그식에 한함)

㉢ 중앙기술심의위원회의 심의를 거쳐 터널화재에 적응성이 있다고 인정된 감지기

(나) 하나의 경계구역의 길이는 100 m 이하로 하여야 한다.

(다) 감지기의 설치기준. 다만, 중앙기술심의위원회의 심의를 거쳐 제조사 시방서에 따른 설치방법이 터널화재에 적합하다고 인정되는 경우에는 다음의 기준에 의하지 아니하고 심의결과에 의한 제조사 시방서에 따라 설치할 수 있다.

㉠ 감지기의 감열부(열을 감지하는 기능을 갖는 부분을 말한다. 이하 같다)와 감열

부 사이의 이격거리는 10 m 이하로, 감지기와 터널 좌·우측 벽면과의 이격거리는 6.5 m 이하로 설치할 것

㉡ ㉠의 규정에도 불구하고 터널 천장의 구조가 아치형의 터널에 감지기를 터널 진행방향으로 설치하고자 하는 경우에는 감열부와 감열부 사이의 이격거리를 10 m 이하로 하여 아치형 천장의 중앙 최상부에 1열로 감지기를 설치하여야 하며, 감지기를 2열 이상으로 설치하고자 하는 경우에는 감열부와 감열부 사이의 이격거리는 10 m 이하로 감지기 간의 이격거리는 6.5 m 이하로 설치할 것

㉢ 감지기를 천장면(터널 안 도로 등에 면한 부분 또는 상층의 바닥 하부면을 말한다)에 설치하는 경우에는 감기기가 천장면에 밀착되지 않도록 고정금구 등을 사용하여 설치할 것

㉣ 형식승인 내용에 설치방법이 규정된 경우에는 형식승인 내용에 따라 설치할 것. 다만, 감지기와 천장면과의 이격거리에 대해 제조사의 시방서에 규정되어 있는 경우에는 시방서의 규정에 따라 설치할 수 있다.

(라) 감지기의 작동에 의하여 다른 소방시설 등이 연동되는 경우로서 해당 소방시설 등의 작동을 위한 정확한 발화위치를 확인할 필요가 있는 경우에는 경계구역의 길이가 해당 설비의 방호구역 등에 포함되도록 설치하여야 한다.

(마) 발신기 및 지구음향장치는 제6조의 규정을 준용하여 설치하여야 한다.

② 도로터널 방재시설 자동화재탐지설비 지침

화재 시 발생하는 열, 연기, 불꽃 또는 연소생성물을 화재 발생 초기에 자동적으로 감지하여 화재사실을 관리자에게 자동 통보하는 설비이다. 화재 발생장소를 알리는 수신기, 열 또는 연기, 화염 등을 감지하기 위한 탐지기, 화재신호를 발신하는 발신기, 중계기, 비상벨, 사이렌 등의 음향장치 등으로 구성한다. 자동화재탐지설비의 수신기, 발신기, 음향장치 등은 비상경보설비 항목을 준용한다. 본 설치지침에 언급되지 않은 사항은 자동화재탐지설비의 화재안전기준(NFSC 203) 및 도로터널 화재안전기준(NFSC 603)을 준용한다.

(가) 자동화재탐지기는 감지하는 대상이나 작동원리에 따라서 많은 종류의 탐지기가 사용되고 있으나, 터널에 설치되는 탐지기는 화재안전기준에 제시되어 있는 자동화재탐지기 중 감지범위 및 감지능력은 다음 조건을 만족하여야 한다.

㉠ 자동화재탐지기 성능은 화재강도가 1.5 MW의 화재 시 종방향의 풍속이 3 m/s인 상황에서 화재 발생 후 1분 이내에 화재를 탐지할 수 있는 능력의 것을 표준으로 한다.

㉡ 자동화재탐지기의 경계구역은 자동화재탐지설비의 화재안전기준(NFSC 203)에

준하나 물분무설비가 설치되는 경우는 당해 소화설비의 방수구역과 동일하거나 짧아야 한다.

㉢ 화재지점에 대한 인지능력은 환기방식에 따라서 고려한다. 즉, 종류환기방식에서는 화재부근의 제트팬의 가동은 연기의 성층화를 교란하여 대피에 악영향을 주게 되므로 제트팬의 가동에 필요한 범위 내에서 화재지점을 인지할 수 있는 능력을 갖추어야 한다.

㉣ 횡류환기방식을 적용하는 터널에서 배연을 위한 구역을 구분하는 경우에는 구역제어를 위해서 필요한 범위에서 화재지점을 인지할 수 있도록 한다.

㉤ 대배기구방식을 적용하는 경우에는 화재지점의 원격제어 댐퍼의 개폐 조작을 위해서 댐퍼의 설치간격 이내로 화재지점을 인지할 수 있는 감지능력이 있어야 한다.

㉥ 자동화재탐지설비는 자동차의 배기가스에 의한 열기류 및 입출구부의 태양광에 의한 온도상승에 따라 영향을 받지 않아야 한다.

(나) 자동화재탐지설비의 설치대상 터널 및 설치는 다음과 같다.

㉠ 연장기준등급이 2등급 이상의 터널에 설치함을 원칙으로 한다.

㉡ 터널 내 자동화재탐지기는 화재 발생을 가장 신속하게 감지할 수 있는 위치에 설치한다.

㉢ 터널 위험도 및 터널 폐쇄로 인한 경제적인 손실 등을 고려하여 2,000 m 이상의 터널에서는 사전경보 및 관리자의 상황 판단을 위해서 가시도측정장치와 병용하거나 CCTV 및 영상유고감지설비를 화재감시시스템으로 병용하는 것을 권장한다.

㉣ 자동화재탐지설비가 작동하면 CCTV와 연동하여 CCTV에 의해서 화재구역에 대한 감시가 자동적으로 이루어질 수 있도록 한다.

㉤ 연장기준등급이 3등급인 터널이 위험도지수기준등급에 의해서 제연설비가 설치되는 경우에는 자동화재탐지설비를 CCTV나 영상유고감지기로 대체할 수 있다.

㉥ 연장기준등급이 2등급이지만 위험도지수기준등급이 3등급인 터널은 소방관련법규정에 의해서 자동화재탐지설비의 설치가 의무적이나, 이 경우 관할소방서와 협의하여 CCTV 또는 영상유고감지설비로 자동화재탐지설비를 대체할 수 있다.

(3) 비상방송설비

화재안전기준에는 별도의 비상방송설비에 대한 기준이 없이 비상경보설비에서 다루는 것으로 되어 있다. 따라서 본 장에서는 국토수산부의 기준에 대하여 기술하였다. 관리사무소에서 터널 내 사고 발생 시 터널에 설치된 스피커를 통하여 터널 내부에 비상방송을 할 수 있도록 한다. 화재 시 화재수신기와 연동하여 자동으로 비상방송이 가능하도록 하여야 하며 60분 이상 기능을 유지할 수 있는 무정전전원을 공급한다.

① 기기사양

(가) 비상방송설비는 Power Amp., Tunner, CD Player, Tape Recorder, Emergency 유니트, Matrix Logic 유니트 등으로 구성한다.

(나) 비상방송설비와 라디오재방송설비는 상호 연동하여 비상시 터널 내 라디오방송 채널에서도 비상방송이 동시에 송출되도록 구성한다.

② 설치지침

(가) 위험도지수기준등급이 3등급 이상으로 제연설비나 피난대피시설이 설치되는 터널에 설치함을 원칙으로 한다.

(나) 스피커는 주행차로 측벽 상부에 설치하며, 터널 내 소음을 80～90 dB 정도로 고려하여 터널 전체에서 비상방송을 청취할 수 있도록 설치한다.

(다) 스피커에서 방송되는 내용은 운전자가 차량의 창문을 열고 저속으로 주행할 경우에 방송내용을 알아들을 수 있도록 한다.

(라) 피난대피시설(비상주차대, 피난대피터널, 피난대피소)에는 비상방송설비를 설치한다.

(마) 스피커는 습도 및 먼지 등의 영향이 많은 터널 특성을 고려하여 방수용 옥외 설치형을 기본으로 한다.

(바) 터널에서의 비상방송은 스피커 상호간의 간섭 및 공명현상으로 인해서 음성의 명료도가 저하하는데, 음성의 명료도를 높이기 위해서 2웨이 이상 스피커의 사용을 표준으로 한다.

(사) 마이크를 통해서 직접 방송하거나, 녹음된 내용을 방송할 수 있도록 한다.

(아) 스피커는 구역별로 작동할 수 있도록 한다.

(4) 긴급전화

긴급전화는 터널 내부에 설치되는 긴급전화기 및 관리실에 설치되는 긴급전화 주장치와 접수대로 구성된다. 긴급전화는 이용자가 별도의 다이얼 조작 없이 관리자와 직접 통화가 가능한 전화를 말한다. 긴급전화 주장치는 현장의 긴급전화기와 접수대를 연결하여 통신할 수 있도록 하는 장치를 말한다. 여기서 접수대라 함은 터널 내부의 긴급전화기로부터 송신되는 신호를 수신하여 긴급전화 이용자와 통화를 하며, 해당 위치를 파악할 수 있는 장비를 말한다. 긴급전화는 비상시 60분 이상 기능을 유지할 수 있는 무정전전원을 공급한다.

① 기기사양

(가) 긴급전화기

㉠ 긴급전화기는 송수화기와 긴급전화 표시등이 있는 구조로 한다.

㉡ 송수화기를 들으면 전화 연결음이 들려야 하며 송수화기로 접수자의 음성을 확인할 수 있어야 하고 접수대에서는 송신 중인 긴급전화기의 위치를 파악할 수 있어야 한다.

㉢ 일정시간 동안 관리자가 응답하지 않는 경우에는 또 다른 관리체계에 자동으로 연결될 수 있도록 한다.

(나) 긴급전화 주장치

㉠ 함체의 전면에는 도어를 장착하여 내부의 장비를 보호할 수 있도록 한다.

㉡ 주장치는 전원공급장치, 통신모듈을 포함하며, 긴급전화의 위치를 파악할 수 있는 기능이 있어야 한다.

(다) 접수대

㉠ 접수대에는 호출응답에 따른 긴급전화기의 위치를 표시하는 기능

㉡ 비상시 관리자가 송수화기로 통화할 경우, 통화 내용이 자동으로 녹음되도록 하며, 주장치에는 통화기록(위치명, 시작 및 종료시간, 통화시간 등)을 기록 및 저장할 수 있어야 한다.

㉢ 주장치에는 긴급전화기의 고장 여부를 알 수 있도록 자가진단 기능이 있어야 한다.

② 설치지침

(가) 위험도지수기준등급이 3등급 이상의 터널에 설치한다.

(나) 긴급전화의 설치는 피난대피시설(피난대피소, 비상주차대, 피난대피터널) 및 주행차로 측벽(우측 측벽)에 250 m 이내의 간격으로 설치

(다) 긴급전화는 바닥으로부터 1.0～1.5 m 이하의 높이에 설치한다.

(라) 터널 측벽에 매립·설치하거나 방음을 위해 문이 달린 부스를 설치하여 소음을 차단할 수 있는 구조로 하는 것을 권장한다.

(마) 긴급전화의 설치위치를 분명하게 할 수 있도록 내조식 조명의 표지판에 '긴급전화'라고 표시하여 먼 곳에서도 식별이 가능하도록 한다.

(5) CCTV(감시용 텔레비전설비)

CCTV는 터널에 설치되는 카메라, 관리실에 설치되는 모니터 및 녹화장치로 구성되며 CCTV라 함은 카메라 및 모니터를 통하여 터널 입·출구 및 터널 내부의 상황을 감시하고,

동시에 녹화할 수 있는 설비를 말한다. 터널 내의 교통상황을 실시간으로 감시할 수 있도록 구성되어야 하며, 필요시 특정 부분만을 확대하여 감시할 수 있는 기능을 보유할 수 있다. 관리사무소에서 CCTV 시스템에 대한 원격제어가 가능하여야 하며 CCTV는 비상상황 시 최소 1시간 이상 기능을 유지할 수 있도록 무정전전원설비에 의해 비상전원을 공급한다.

① 기기사양

(가) 카메라

㉠ 터널 내부에 설치하는 카메라는 터널과 같은 저조도 환경에서 영상의 끊김이나 번짐현상을 최소화할 수 있는 기종을 적용한다.

㉡ 카메라 하우징은 옥외설치용 카메라 하우징을 사용함을 표준으로 하며, 특히 터널 내부의 경우, 각종 분진 및 차량매연으로부터 카메라를 보호할 수 있는 하우징을 사용한다.

(나) 모니터

20인치 이상의 모니터를 표준으로 한다.

(다) 녹화장치

CCTV 영상을 저장하는 디지털방식인 DVR, NVR 또는 동등 이상의 방식으로 녹화가 가능하도록 한다.

② 설치지침

(가) 카메라

㉠ 위험도지수기준등급이 2등급 이상의 터널에 설치하는 것을 원칙으로 하며, 제연설비가 설치되는 터널에는 화재상황 감시를 위해서 설치함을 원칙으로 한다.

㉡ CCTV는 터널 입·출구 및 터널 내 가시거리의 확보가 용이한 장소에 설치한다.

㉢ 터널 내 설치간격은 200～400 m를 표준으로 하며, 터널의 선형 및 종단경사, 식별 가능한 화상의 크기, 렌즈의 초점거리를 고려하여 결정해야 한다. 단, CCTV를 영상유고감지설비의 카메라로 활용하거나 향후, 영상유고감지설비의 설치를 계획하는 경우에는 영상유고감지기 설치기준에 준하여 설치할 수 있다.

㉣ 터널 외부는 터널 입·출구의 교통흐름을 잘 파악할 수 있도록 터널 입·출구부 500 m 이내의 지점에 설치함을 원칙으로 한다.

㉤ 감시용 CCTV 설비는 터널에서 발생되는 모든 비상신호(자동화재탐지설비, 비상경보, 소화기, 소화전)와 연동하여 비상신호 발신구역의 카메라 및 모니터가 자동으로 활성화되어 집중감시가 이루어지도록 한다.

㉥ 터널 내 카메라의 설치높이는 3.5 m 이상으로 설치하며, 조명 및 역광의 영향과

대형차량에 의한 시야 저해가 최소화될 수 있도록 한다.

ⓢ 터널 외부카메라는 터널 입·출구부의 상·하행 차로의 교통흐름을 동시에 파악할 수 있는 높이에 설치하도록 한다.

ⓞ 터널 내 CCTV 카메라는 시공성, 유지보수성 등을 감안하여 주행차로 측벽에 설치한다.

(나) 영상전송 및 저장

㉠ 현장의 카메라와 터널에 설치되는 CCTV 제어장치간의 선명한 화상전송이 이루어질 수 있도록 한다.

㉡ 영상은 각종 정보를 제공할 수 있도록 6시간 이상의 영상저장을 원칙으로 하며, 최근상황을 연속적으로 갱신할 수 있도록 한다. 단, 화재상황에서는 화재원인 및 대처상황 등의 기록을 위해서 자동갱신기능이 자동으로 해제될 수 있도록 한다.

(6) 라디오재방송설비

터널 내 재난 발생 시 긴급방송(라디오) 및 공중파방송의 중계를 위한 설비로 긴급 라디오방송기능을 포함한 라디오(공중파방송) 중계장치 및 누설동축 케이블과 부대설비로 구성한다. 소방법에서 요구하는 무선통신보조설비와 겸용하여 설치하며, 이 경우에 소방무선통신에 영향을 주지 않도록 설치하여야 한다. 라디오 중계장치라 함은 AM/FM 공중파방송을 수신하여 터널 내 설치된 누설동축케이블 등을 통해 재송신하여 터널 내에서 공중파방송의 청취가 가능하도록 함은 물론 터널 내 재난 발생 시 공중파방송 주파수로 긴급 라디오방송을 하여 신속하게 대처할 수 있도록 유도하는 장치를 말한다. 누설동축케이블이라 함은 동축케이블의 외부도체에 가느다란 홈을 만들어서 전파가 외부로 누설될 수 있도록 한 케이블을 말한다. 분배기라 함은 신호 전송로가 분기되는 개소에 설치하는 것으로 신호 균등분배를 위해 사용하는 장치를 말한다. 소방합성기라 함은 무선기기 접속단자함을 상호간섭 없이 임피던스 정합하여 누설동축케이블에 FM방송신호를 접속할 수 있도록 하는 장치를 말한다.

① 기기사양

(가) 라디오 중계장치

㉠ 터널이 위치한 지역에서 수신이 가능한 AM/FM 공중파 주파수를 터널 내에 중계할 수 있도록 한다.

㉡ 재난 발생 시 중계 가능한 모든 주파수로 긴급 라디오방송을 할 수 있어야 한다.

㉢ 비상방송설비와 라디오재방송설비는 상호 연동하여 긴급 할입방송(노측방송) 시 터널 내 스피커를 통하여 비상방송이 가능하도록 구성한다.

㉣ 무인 운영이 가능하여야 한다.

(나) 누설동축케이블

㉠ 누설동축케이블은 불연 또는 난연성의 것으로써 무선통신보조설비와 겸용하여 사용한다.

㉡ 누설동축케이블 또는 동축케이블의 임피던스는 50 Ω으로 하고, 이에 접속하는 공중선, 분배기 등의 장치는 당해 임피던스에 적합해야 한다.

㉢ 누설동축케이블은 소방전용 무선통신보조설비 주파수 대역을 수용할 수 있어야 한다.

(다) 분배기, 분파기, 혼합기

먼지나 습기 및 부식 등에 의하여 기능에 이상이 발생하지 않도록 할 것

(라) 증폭기

㉠ 비상시 무선통신보조설비는 60분 이상 작동할 수 있도록 무정전전원을 공급한다.

㉡ 증폭기의 전면에는 주회로의 전원이 정상인지의 여부를 표시할 수 있는 표시등을 설치한다.

② 설치지침

라디오재방송설비는 위험도지수기준등급이 3등급 이상의 터널에 설치함을 원칙으로 하며, 터널 이용자에 대한 운전자 서비스 측면에서 200 m 이상의 4등급 터널에 설치를 권장한다. 200 m 미만 터널의 경우에는 지역적 특성과 교통량 등을 감안하여 라디오 중계장치의 설치 여부를 검토할 수 있다.

(가) 라디오 중계장치

점검이 편리하고 먼지, 습기 등으로 인한 피해의 우려가 없는 장소에 설치한다.

(나) 누설동축케이블

㉠ 누설동축케이블은 화재에 의하여 당해 케이블의 피복이 소실된 경우에 케이블 본체가 떨어지지 않도록 금속재 또는 자기재 등의 지지금구로 벽·천장·기둥 등에 견고하게 고정시켜야 한다.

㉡ 누설동축케이블의 말단에는 무반사 종단저항을 견고하게 설치하여야 한다.

㉢ 터널이라는 특수성을 고려하여야 하며, 본선터널, 피난연결통로, 피난대피터널, 터널 내 기계실, 전기실 등에 상시 제공될 수 있도록 한다.

(다) 분배기, 분파기

점검이 편리하고 화재 등의 재해로 인한 피해의 우려가 적은 장소에 설치한다.

(7) 정보표지판

정보표지판은 비상시뿐만 아니라 유지관리, 보수공사 등 안전운행을 확보하기 위해 각종 정보를 운전자에 전달하는 수단으로 터널입구정보표지판과 차로이용규제신호등이 있다. 정보표지판은 터널입구정보표지판(VMS), 차로이용규제신호등(LCS), 제어장치 및 전원공급장치로 구성되며, 차량의 운전자들에게 사고나 유지·관리 등의 요인으로 차선이 통제될 경우, 통제차선을 인식시켜 주며, 기타 외부요인에 의한 사고 정보를 제공하여 운전자들이 적절한 행동으로 각종 상황에 대처하여 사고를 미리 예방할 수 있도록 하는 설비이다. 정보표지판은 시인성이 우수하고 정보 갱신이 용이한 전광식을 원칙으로 한다. 터널입구정보표지판이라 함은 터널 내부의 교통상황을 가시적인 문자 또는 그래픽 형태로 표시하는 장치이며 제한속도, 추월금지, 차선운영상황, 라디오 채널정보 등 일반적인 사고예방을 위한 정보와 사고발생 시 사고상황을 알리고 진입금지를 지시하는 등 각종 지시사항을 표시할 수 있도록 한다. 차로이용규제신호등이라 함은 터널 내부의 사고 또는 작업 시 차량의 진입 통제 및 운행가능 차선을 표시하는 장치를 말하고 제어장치라 함은 위 전광판에 정보를 표출하는 신호를 보내거나 제어하는 장치를 말한다.

① 기기사양

(가) 터널입구정보표지판

㉠ 전광표지판은 옥외용 고휘도 LED Dot Matrix Module로 LED 소자는 직사광선 하에서도 선명한 화면이 표출될 수 있어야 한다.

㉡ 크기는 가로 10 × 세로 2 Module 이상을 표준으로 한다.

㉢ Module의 크기는 600 × 600 mm 이상으로 제작하며, 16 × 16 Dot 이상의 Matrix로 구성함을 표준으로 한다.

(나) 차로이용규제신호등(LCS : Lane-Use Control Signal)

㉠ LCS 표시판은 옥외용 고휘도 LED Dot Matrix Module로 설치하며, 가로 1 × 세로 1 Module 이상을 표준으로 한다.

㉡ Module의 크기는 600 × 600 mm 이상으로 제작하며, 16 × 16 Dot 이상의 Matrix로 구성함을 표준으로 한다.

(다) 제어장치

㉠ 제어장치는 중앙장치(컴퓨터), 통신장치 및 제어기로 구성된다.

㉡ 중앙장치(컴퓨터)는 VMS/LCS 시스템의 스케줄, 홍보 및 안내문안의 계획·편집, 휘도 조절, 통신장치 및 제어기의 기능감시, 전광판의 표출내용 감시기능 등을 갖추어야 한다.

㉢ 제어기는 중앙장치의 명령에 따라 각종 메시지 및 그래픽 등을 전광판에 표현하고, 자체진단 결과를 중앙장치로 송출하는 기능을 갖추도록 한다.

② 설치지침

(가) 터널입구(VMS : Variable Message Sign)

㉠ 위험도지수기준등급이 2등급 이상인 터널에 설치한다.

㉡ 터널안내 전광판은 터널입구 전방 500 m 정도에 설치함을 표준으로 한다. 단, 시야가 확보되지 않는 곳에서는 설치위치를 변경할 수 있으며, 회차로가 있는 경우에는 정차한 차량이 회차로를 이용할 수 있는 위치에 설치한다.

㉢ 연속터널의 경우에는 전방 터널에만 설치할 수 있다.

㉣ 터널에서 화재가 발생하는 경우, 미리 준비된 메시지를 수동 또는 자동으로 표출할 수 있도록 한다.

(나) 차로이용규제신호등(LCS : Lane-use Control Sign)

㉠ 위험도지수기준등급이 2등급 이상인 터널에 설치한다.

㉡ 차로이용규제신호등은 터널 입구와 터널 입구 사이 및 터널 내부에 설치한다.

㉢ 터널 내부에는 400～500 m 간격으로 설치한다. (단, 곡선터널일 경우에는 시야 확보 범위 이내로 간격을 축소하여 설치한다.)

(다) 제어기

㉠ 제어기는 보호함에 설치하고 보호함은 전광판 설치위치 근처에 설치한다.

㉡ 보호함의 전·후면에는 문 및 시건장치를 설치하고, 방우·내진동형의 구조를 갖추어야 한다.

㉢ 보호함은 내부의 온도와 습도를 유지하고 먼지의 유입을 막을 수 있도록 제작

㉣ 보호함의 내부에 야간작업 및 유지보수를 위한 AC전원 콘센트(2구)를 설치

㉤ 보호함의 외부 모서리는 낙뢰방지를 위하여 둥근형으로 하고, 접지봉 또는 접지판을 매설하여 외함을 직접 제3종 접지한다.

(라) 운영

㉠ 터널 입구 및 터널 내 정보표지판은 실시간으로 정보를 입력할 수 있도록 원격관리시스템의 도입을 원칙으로 한다.

㉡ 원격감시시스템을 통하여 가변적 메시지를 관리자가 입력하여 표출하거나 사전에 준비된 표준 메시지를 선택하여 표출이 가능하도록 한다. 또한 실시간으로 전광판에 표출되는 메시지를 감시할 수 있도록 한다.

㉢ 제어기는 중앙제어장치의 명령에 따라 정형화된 경보 메시지 중 교통량 감지시

스템 및 수동발신기에서 감지된 신호를 이용하여 자동으로 '차량정체' 또는 '소통원활' 등을 표시할 수 있으며, 이상신호 발생 시 관리자가 터널 상황을 확인하여 수동으로 '화재 발생' 또는 '차량 사고' 등의 경보 메시지를 표시할 수 있어야 한다.

(8) 터널진입차단설비

터널진입차단설비는 터널 내 화재 시 터널로 진입하는 차량을 차단하여 2차 사고를 방지할 목적으로 시설한다. 진입차단설비는 사고 상황을 전파하고 효율적으로 차량의 진입을 차단하기 위한 스크린과 제어장치로 구성된다.

① 기기사양

(가) 스크린은 '터널사고 진입금지' 등의 사고를 알리고 진입을 금지하기 위한 문구를 명확하게 식별할 수 있도록 제작한다.

(나) 스크린의 폭은 약 3.2 m 정도로 하며, 스크린이 펼쳐졌을 때 최하부 높이는 도상위 2.2 m로 한다.

② 설치지침

(가) 위험도지수기준등급이 2등급 이상의 터널 전방 100～500 m 지점에 설치

(나) 터널진입차단설비는 터널 입구나 차로이용규제신호등과 터널 입구 사이에 설치하는 것을 원칙으로 한다.

(다) 차로이용규제신호등이나 정보표지판 등의 시설물과 혼합형으로 설치

(라) 터널진입차단설비는 터널 입구 정보표시판시설 및 차로이용규제신호등과 연계하여 순차적으로 작동하도록 한다.

(마) 오동작 등에 의한 사고 우려가 있으므로 스크린이 작동하는 경우에는 관리자가 작동을 인지할 수 있도록 경보음을 발하게 한다.

(9) 영상유고감지설비

영상유고감지설비는 도로터널에서 카메라가 실시간으로 제공하는 영상을 분석하여 터널 내 유고상황을 자동으로 구분하고 이를 운영자에게 경보하는 장치를 말한다. 영상유고감지설비는 터널 내 설치되는 카메라, 운영소프트웨어, 영상처리기와 유고감지분석서버 컴퓨터로 구성된다. 터널에 설치되는 CCTV와 연동이 가능하며 터널의 교통상황을 실시간으로 감시한다. 터널 내 유고상황을 감지하기 위한 경보설비의 일환으로 위험도지수기준등급이 3등급 이상인 터널에 설치를 권장한다.

터널통합관리시스템과 연동하여 유고상황에 대한 정보를 제공할 수 있어야 하며 영상유고

감지설비는 비상시 1시간 이상 성능을 유지할 수 있도록 무정전전원을 공급한다.

① 기기사양

(가) 카메라

㉠ CCTV설비에서 제시하고 있는 기기사양을 준용하되, 영상의 끊김 현상을 방지하기 위하여 최소 30프레임/초 이상의 성능을 확보하여야 한다.

㉡ 터널 내 저조도 환경에서 차량의 불빛에 의한 번짐현상을 최소화할 수 있는 기종을 적용하여 오경보를 최소화할 수 있도록 한다.

(나) 영상유고감지 운영 소프트웨어

㉠ 터널에서 발생할 수 있는 유고상황(화재연기감지, 보행자, 낙하물, 사고 또는 정지차량, 역주행 차량 등)을 실시간으로 감지하여 터널 운영자에게 실시간으로 통보함과 동시에 그 영상을 저장할 수 있어야 한다.

㉡ 터널 내 환경변화에 따른 운영상 설정 값을 임의로 변경 가능하도록 하여 오작동에 의한 오경보가 발생하지 않도록 한다.

㉢ 터널의 환경변화에 따른 오작동 발생을 차단하기 위하여 운영자가 원격지에서 영상유고감지기의 성능시험을 할 수 있도록 한다.

(다) 유고감지분석서버 컴퓨터

국내 서버급의 컴퓨터를 준용하며, 유고상황 발생 시 영상을 자동저장 할 수 있도록 한다.

(라) 영상유고감지설비 선정 시 표 10.6 평가항목 및 가중치를 참고하여 선정하도록 한다.

표 10.6 평가항목 및 가중치

평가항목		가중치	비 고
감지능력	보행자, 낙하물, 정지차량, 역주행, 화재감지	0.2	
	정확성 및 신속성	0.1	
감지범위	감지범위 최소 100 m 이상	0.1	
경제성	초기투자비	0.2	시공 시 초기 설치비용
	유지관리비	0.2	소프트웨어 라이선스 연장 및 업그레이드 등을 포함
유지보수성	카메라 점검 주기	0.05	
	운영자의 편의성	0.1	
국산화	HW/SW 국산화율	0.05	

② 설치지침

(가) 카메라

㉠ 유고감지를 목적으로 하는 CCTV의 설치간격은 유고감지시스템의 성능에 영향을 받으나 약 100 m를 표준으로 하며, 터널의 선형 및 종단경사, 렌즈의 초점거리 등을 고려하여 결정한다. 다만, 기존에 설치되어 있는 CCTV와 병용하여 사용하는 경우 감시의 사각지역이 발생하지 않도록 필요시 카메라를 추가로 설치할 수 있다.

㉡ 터널 내 카메라의 설치는 영상감지만을 목적으로 하는 경우에는 터널의 중앙부분이 최적의 위치이나 시공성 및 유지보수성을 감안하여 주행차로의 측벽에 설치할 수 있다.

㉢ 터널 측벽에 카메라를 설치할 경우 설치높이는 3.5～4 m 내외에 설치하며, 역광방지 및 대형차량에 의한 영상감지영역의 저해 요인을 최소화하도록 한다.

㉣ 대형차량에 의한 흔들림 및 차량의 그림자, 옆차선 침범, 카메라 렌즈의 이물질 부착, 주야간의 조도 변경 및 외부환경 변화(우천, 안개) 등에 의한 감지성능 저하를 최소화할 수 있도록 설치한다.

(나) 유고감지운영 소프트웨어 및 분석서버 컴퓨터

㉠ 영상유고감지설비는 최적의 성능을 확보하기 위해서 시운전 시 터널의 조도 등 내부 환경에 적응하기 위한 반복적인 교정(calibration)과 세부 조정(tuning)을 수행하여야 한다.

㉡ 유고상황 발생 시 경보 발생과 동시에 통제실의 현장 화면이 주모니터에 표출되어야 하며, 발생된 유고상황은 운영자가 데이터베이스화하여 비상상황에 대한 검토가 용이하도록 별도의 로그파일과 사고영상이 저장되어야 한다.

다. 피난대피설비 및 시설

(1) 비상조명등

① 화안전기준의 비상조명등

(가) 상시 조명이 소등된 상태에서 비상조명등이 점등되는 경우 터널안의 차도 및 보도의 바닥면의 조도는 10 lx 이상, 그 외 모든 지점의 조도는 1 lx 이상이 될 수 있도록 설치할 것

(나) 비상조명등은 상용전원이 차단되는 경우 자동으로 비상전원으로 60분 이상 점등되도록 설치할 것

(다) 비상조명등에 내장된 예비전원이나 축전지설비는 상용전원의 공급에 의하여 상시 충전상태를 유지할 수 있도록 설치할 것

② 도로터널의 비상조명등 지침

(가) 관리사무소에서 터널 내 사고 발생 시 터널에 설치된 스피커를 통하여 터널 내부에 비상방송을 할 수 있도록 한다. 화재 시 화재수신기와 연동하여 자동으로 비상방송이 가능하도록 하여야 한다. 비상방송설비는 60분 이상 기능을 유지할 수 있는 무정전전원을 공급한다. 본 지침에서 언급하지 않은 사항은 비상방송설비에 대한 화재안전기준(NFSC 202)에 준한다. 터널은 사고나 화재로 인해서 정전이 되면 이차적인 사고를 유발할 위험성이 크며, 신속한 대피에 가장 크게 영향을 미치게 된다. 따라서 비상조명등은 정전 시 이차적인 사고를 방지하고 안전하고 원활한 피난대피활동을 할 수 있도록 조도를 확보하기 위한 설비이다.

(나) 기기사양

㉠ 무정전전원설비에 의해 전원이 공급되는 비상조명은 차도 및 보도의 바닥면의 기준 최저 10 lx 이상의 조도를 확보하여야 하며, 전원공급은 내화전선을 사용한다.

㉡ 비상발전기에 의해 점등되는 조명의 조도는 기본부 조명의 최저 1/2 이상을 확보하고 전원공급은 난연전선 또는 동급 이상을 사용한다.

(다) 설치지침

㉠ 연장 500 m 이상의 터널에 설치하며, 연장 200 m 이상의 위험도기준등급 4등급 터널은 필요시 설치할 수 있다.

㉡ 예비전원을 내장하는 비상조명등을 설치하는 경우에는 평상시 점등 여부를 확인할 수 있는 점검 스위치를 설치하고, 해당 조명등을 60분 이상 유효하게 작동시킬 수 있는 용량의 축전지와 예비전원 충전장치를 내장하여야 한다.

㉢ 예비전원을 내장하지 않는 비상조명등을 설치하는 경우에는 옥내소화전설비의 화재안전기준에 준하여 비상전원을 설치하여야 한다.

㉣ 무정전전원설비에 의한 비상조명등의 전원공급선로는 공동구 및 벽체매입 배관방식으로 시설하고 피난연결통로의 설치간격을 2개의 구역으로 나누어(구역당 길이; 약 125~150 m) 구역별 분기차단기를 설치하여, 화재 등 사고로 인해 천장부 전원공급선이 단락, 지락되는 경우에 해당구역의 차단기만 차단되어 사고구역 이외의 선로는 정상적으로 전원이 공급될 수 있도록 그림 10.2와 같이 전원공급 선로를 구성한다.

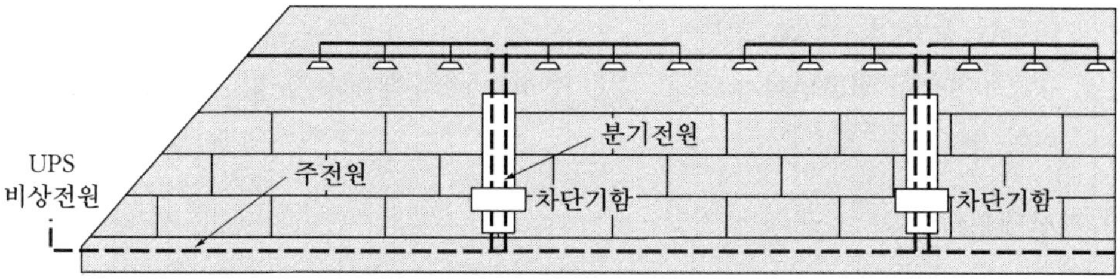

그림 10.2 비상조명등 설치 개념도

(2) 도로터널의 유도표지등

유도표지등은 대피자를 대피시설이나 안전지역으로 유도하기 위해 대피시설이나 출구까지의 거리와 방향, 위치 등의 정보를 제공하기 위한 내조식 표지판을 말한다. 유도표지등 A는 피난대피시설(피난연결통로, 피난대피터널, 피난대피소, 비상주차대)의 위치표시를 위한 유도표지등을 말한다. 유도표지동 B는 터널 측벽에 일정간격으로 설치하여 대피시설이나 안전지역까지의 거리와 방향을 지시하는 유도표지등을 말한다. 유도표지등 A는 용도에 따라 갱문형, 벽부형, 천장형으로 구분하며 비상시 60분 이상 기능을 유지할 수 있도록 비상전원시설을 갖춘다.

① 기기사양

(가) 유도표지등은 녹색바탕에 백색표지를 원칙으로 한다.

(나) 유도표지등의 치수는 갱문형 250×250 mm 이상(단면표지), 벽부형 350×740 mm 이상(양면 표시), 천장형 1,300×600 mm 이상(양면 표시)을 표준으로 한다.

(다) 유도표지등 B는 1,300×700 mm 이상으로 단면 표시를 표준으로 한다.

② 설치지침

(가) 위험도지수기준등급이 3등급 이상의 터널 및 피난연결통로가 설치되는 터널에 설치한다.

(나) 유도표지등은 원거리에서 식별이 용이하도록 화재 시 연기류의 방향, 하강현상 및 유지관리를 고려하여 설치함을 표준으로 한다.

(다) 유도표지등 A는 원거리에서 식별이 가능하도록 연기에 의해서 빛이 차단되지 않는 피난대피시설의 근접한 지점에 돌출형으로 설치한다.

(라) 유도표지등 B는 대피시설의 방향 및 거리를 표시하여 근접한 안전지역으로 대피를 유도할 수 있도록 하며 설치높이는 차도면에서 1.5 m 정도로 한다.

(마) 유도표지등 B는 대피시설이 설치되는 방향의 측벽에 설치함을 원칙으로 한다.

(바) 유도표지등 B는 대피시설(피난연결통로, 피난대피소)간에 50 m 정도의 간격으로 설

치하는 것을 표준으로 한다.

(사) 유도표지등은 경년변화가 적고 최대 30 m의 거리에서 문자 및 색채를 식별할 수 있어야 한다.

(3) 피난대피시설

터널화재 시 터널 이용자의 대피를 위한 시설로 피난연결통로, 피난대피터널, 피난대피소, 비상주차대를 말한다. 피난연결통로라 함은 쌍굴터널에서 상대터널을 연결하는 통로나 피난대피터널과 본 터널을 연결하기 위한 통로를 의미한다. 피난대피터널은 대면통행터널에서 화재 시 터널로부터 안전지역으로 대피자를 탈출시키기 위한 터널로 본 터널과 평행한 서비스터널이나 사갱 및 수직갱 등을 의미한다. 피난대피소는 피난연결통로나 피난대피터널이 확보되지 못하는 상황에서 화재 시 임시로 대피하기 위한 대피장소를 의미하며, 피난대피소에는 생명유지에 필요한 시설을 갖춘다. 비상주차대는 터널 내 고장 또는 사고차량이 2차 사고를 유발하지 않도록 하고 화재발생 시 구급차량이나 소방차량의 정차 및 소화활동을 위한 지역을 말한다. 차단문은 피난연결통로를 통한 연기의 유출입 방지 및 평상시 환기의 신뢰성 확보를 위해서 설치하는 문으로 방화문 역할을 수행할 수 있도록 하며 정전 시에도 동작이 용이한 무동력 자폐기능을 보유한 문을 말한다.

① 설치지침

(가) 피난연결통로

㉠ 연장기준등급이 3등급 이상의 터널과 대피터널이 있는 대면통행터널에 설치한다.

㉡ 일방통행터널에서 대인용 피난연결통로의 설치간격은 250 m 이하로 하며, 3개소마다(750 m 이하의 간격) 구급차량이 통과할 수 있는 차량용 피난연결통로를 설치한다.

㉢ 터널연장이 1,200 m 이하의 터널에서는 최대 설치간격을 300 m로 할 수 있다.

㉣ 차량용 피난연결통로의 맞은편에는 차량의 회전 및 고장차량의 정차를 위해서 비상주차대를 시설하며, 단, 비상차량의 회전반경이 확보되는 경우에는 비상주차대를 생략할 수 있다.

㉤ 피난연결통로는 평상시 환기의 신뢰성과 화재 시 연기의 유입을 막기 위해서 차단문을 설치한다.

㉥ 피난연결통로에는 비상조명을 설치한다.

㉦ 피난연결통로에는 위치표시를 위한 유도표지등 A를 설치하며, 터널측벽부에 피난연결통로로 유도할 수 있도록 유도표지등 B를 설치

ⓞ 대인용 피난연결통로의 차단문은 터널간에 차압이 작용하는 상태에서도 작은 조작력에 의해서 열릴 수 있도록 한다.

(나) 피난대피터널

㉠ 위험도지수기준등급이 1등급 터널로써 대면통행터널과 피난연결통로 설치가 불가능한 일방통행터널에 설치함을 원칙으로 한다.

㉡ 위험도지수기준등급이 2등급이면서 터널연장이 1,000 m를 초과하는 대면통행터널과 정체가 심할 것으로 예상되는 도심터널의 경우는 정량적 위험도 평가를 통해 설치 여부를 판단하여 설치한다.

㉢ 단, 화재지역에서 연기를 집중적으로 배연할 수 있도록 선택대배기구방식 등의 구간제연시스템을 적용하는 터널은 정량적 위험도 평가결과, 안전성을 확보할 수 있는 경우에는 설치를 예외로 할 수 있다.

㉣ 피난대피터널과 본선터널은 피난연결통로를 설치하여 연결하며, 피난연결통로는 일방통행터널의 피난연결통로 설치기준에 준한다.

㉤ 피난대피터널에는 비상조명을 설치하여 조도를 확보하고 사고 시 자동점등 되도록 하며, 3시간 이상 점등이 가능토록 비상전원을 확보

㉥ 피난연결통로와 피난대피터널의 연결부에는 가까운 출구로의 방향과 거리를 표시한 유도표지등을 설치하여 대피를 유도한다.

㉦ 피난대피터널은 생명유지에 필요한 공기를 공급하며, 가압을 목적으로 가압설비를 시설하여 연기의 유입을 충분히 막을 수 있도록 한다.

ⓞ 피난대피터널을 연결하는 통로는 연기의 유입을 차단하기 위해서 대인용 차단문 설치지침에 준해서 차단문을 설치한다.

(다) 피난대피소

㉠ 피난대피소는 대피터널을 설치하여야 하는 터널 중 경제성이나 토목기술상의 이유로 피난대피터널을 시설할 수 없는 경우에 설계심의절차를 거쳐서 시설할 수 있다.

㉡ 피난연결통로 설치간격에 준하여 설치함을 원칙으로 한다.

㉢ 피난대피소는 덕트 등을 통해서 신선공기를 공급하고 이를 통해서 가압할 수 있도록 한다.

㉣ 피난대피소는 비상조명, 긴급전화, 소화기 및 CCTV를 설치하며, 정전 시 자체 축전지에 의해서 3시간 이상 기능을 유지할 수 있도록 하여야 한다.

㉤ 피난대피소의 피난연결통로의 차단문은 대인용 피난연결통로의 차단문의 설치지

침에 준하여 설치하며, 2중으로 한다.

(라) 비상주차대

㉠ 위험도지수기준등급이 2등급 이상인 터널에 차량용 피난연결통로 맞은편에 설치함을 표준으로 한다.

㉡ 대면통행터널의 경우에는 750 m 이내의 간격으로 터널의 양측에 설치함을 원칙으로 하며, 마주보게 설치하여 차량 회전이 가능하도록 한다.

㉢ 비상차로가 있는 터널이나 3차로 이상의 터널은 생략할 수 있다.

㉣ 터널 내 비상주차대의 설치규격은 도로설계기준의 비상주차대 설치기준에 준하여 설치한다.

② 설치사양

(가) 피난연결통로

㉠ 피난연결통로는 대인용과 차량용으로 구분하며 차량용 피난연결통로의 시설한계는 최소 4.7(폭)×3.5(높이) m 이상, 대인용은 최소 2.5(폭)×2.5(높이) m 이상으로 한다.

㉡ 피난연결통로 차단문의 개구부는 대인용의 경우에는 최소 1.35(폭)×2.0(높이) m 이상을 확보하며, 차량용의 경우에는 구급차량이 통과할 수 있도록 3.2(폭)×3.5(높이) m 이상으로 한다.

(나) 피난대피터널

㉠ 피난대피터널은 구급차량의 주행이 가능한 경우와 대인용으로 구분하며, 경제성 및 위험도를 고려하여 결정한다.

㉡ 본선터널과 피난대피터널은 피난연결통로로 연결하며 피난대피터널의 구배는 10%를 넘지 않도록 한다.

㉢ 대피자 대피목적의 피난대피터널의 단면은 최소 2.5(폭)×2.5(높이) m 이상이어야 하며, 피난대피터널과 연결하는 피난연결통로의 차단문은 최소 1.35(폭)×2.0(높이) m 이상이 되도록 한다.

㉣ 구급차량의 주행이 가능한 피난대피터널의 단면은 최소 2.8(폭)×2.8(높이) m 이상이 되어야 하며, 피난대피터널과 연결하는 피난연결통로는 대인용을 기준으로 설치한다.

(다) 피난대피소

㉠ 피난대피소는 바닥면적이 50 m^2 이상이 되도록 하며 최소폭은 4 m, 최소높이는 2.2 m 이상을 확보한다.

㉡ 향후 일방통행터널로 전환할 계획이 있는 경우에는 피난연결통로를 활용할 수 있도록 계획한다.

㉢ 차단문은 자동폐쇄기능을 보유한 형식과 기밀이 유지될 수 있는 차단문을 각각 1개씩 설치한다.

(라) 피난연결통로 및 피난대피소의 차단문

㉠ 터널에 설치되는 피난연결통로의 차단문은 작은 조작력에 의해서도 열 수 있는 구조이어야 하며, 평상시에는 항시 닫혀 있는 구조

㉡ 양 터널 사이에 압력차가 발생할지라도 개폐가 용이하며 전원차단 시에도 자동폐쇄기능을 보유하여야 한다.

㉢ 평상시 배기가스, 분진, 습기차단과 화재 시 화재연기와 열기류에 노출을 고려하여 스테인리스 재질을 사용하고 기밀구조로 한다.

㉣ 대형버스의 화재강도(20 MW)를 고려하여 1시간 이상의 내열성능을 갖는 구조로 한다. 단, 피난대피소는 3시간 이상으로 한다.

㉤ 단, 위 성능기준에 의한 시험방법이 제시되지 않는 경우에는 자동방화셔터 및 방화문의 기준에 의한 시험성적서로 대신할 수 있다.

라. 소화활동설비

(1) 제연설비

① 화재안전기준의 제연설비 기준

(가) 설계화재강도 20 MW를 기준으로 하고, 이 때 연기발생률은 80 m^3/s로 하며, 배출량은 발생된 연기와 혼합된 공기를 충분히 배출할 수 있는 용량 이상을 확보할 것

(나) (가)의 규정에도 불구하고 화재강도가 설계화재강도 보다 높을 것으로 예상될 경우 위험도분석을 통하여 설계화재강도를 설정하도록 할 것

(다) 종류환기방식의 경우 제트팬의 소손을 고려하여 예비용 제트팬을 설치하도록 할 것

(라) 횡류환기방식(또는 반횡류환기방식) 및 대배기구 방식의 배연용 팬은 덕트의 길이에 따라서 노출온도가 달라질 수 있으므로 수치해석 등을 통해 내열온도 등을 검토한 후에 적용하도록 할 것

(마) 대배기구의 개폐용 전동모터는 정전 등 전원이 차단되는 경우에도 조작상태를 유지할 수 있도록 할 것

(바) 화재에 노출이 우려되는 제연설비와 전원공급선 및 제트팬 사이의 전원공급장치 등은 250℃의 온도에서 60분 이상 운전상태를 유지할 수 있도록 할 것

(사) 제연설비의 기동은 자동 또는 수동으로 기동될 수 있도록 하여야 한다.

㉠ 화재감지기가 동작되는 경우

㉡ 발신기의 스위치 조작 또는 자동소화설비의 기동장치를 동작시키는 경우

㉢ 화재수신기 또는 감시제어반의 수동조작스위치를 동작시키는 경우

(아) 비상전원은 60분 이상 작동할 수 있도록 하여야 한다.

② 국토수산부의 제연설비 기준

도로터널의 화재 시 제연설비는 화재지역으로부터 연기를 배기하거나 대피 반대방향으로 연기류를 형성하여 화재초기 자기구조(Self Rescue) 단계에서 이용자 스스로가 안전을 확보할 수 있도록 하는 가장 중요한 설비이다. 터널 내 화재 시 연기의 제연은 평상시 환기설비에 의해서 수행되며, 제연방식은 연기를 화재공간에서 완전히 제거하는 배연(Smoke Exhaust)을 목적으로 하는 횡류식 또는 반횡류식과 대피 반대방향으로 기류를 제어하여 대피안전을 확보하도록 하는 제연(Smoke Control) 개념의 종류식으로 구분된다. 배연(Smoke Exhaust)과 제연(Smoke Control)을 구분하지 않고 제연설비라 칭하며 환기방식별 일반적인 제연특성은 표 10.7과 같다.

표 10.7 횡류식 및 종류식의 일반사항

구 분	횡류식(또는 반횡류식)	종류식
연기의 제어개념	화재지역으로부터 연기를 배연(Exhaust Smoke)하는 방식으로 연기 및 열기류의 방향성 제어가 곤란하여 화재규모가 큰 경우에는 적용성이 떨어진다.	화재지역으로부터 일방향으로 연기 및 열기류를 제어(제연, Smoke Control)하는 방식으로 열기류의 유동방향 제어가 용이하다.
환기팬의 운전제어	급기 반횡류식의 경우, 화재 시 배연모드로 전환하기 위한 대기시간과 역전운전 후에 정상가동에 필요한 시간지연이 길다.	일반적으로 30초에서 1분 이내에 제트팬 정상운전속도에 도달하지만, 터널 내 풍속이 정상상태에 도달하기 위해서 시간지연이 필요하다.
통행방식에 따른 적용	일방통행 터널의 경우에는 차량의 운행에 의해서 발생하는 피스톤효과에 의한 풍속이 상시 존재하므로 열기류의 방향성 제어가 곤란하며, 일방통행터널보다는 대면통행터널에 대한 적용성이 우수하다.	대면통행보다는 일방통행터널에 대한 적용성이 우수하다. 교통정체 시에는 연기가 화재하류 지역의 차량이나 대피자를 덮칠 수 있다. 이와 같은 이유로 외국에서는 단순히 제트팬에 의한 종류식은 정체빈도가 높은 도시지역의 터널과 대면통행터널에 대한 적용을 금지하는 경우도 있다.
배연을 위한 환기기 용량 산정	화재강도에 따른 연기발생량 및 연기의 확산을 억제할 수 있도록 최소한의 풍속을 얻기 위한 풍량에 의해서 배연량을 결정한다.	연기의 역류를 억제하기 위한 임계풍속을 유지할 수 있도록 제트팬 설치 대수를 결정한다.

배연 또는 제연능력 향상을 위한 방안	대배기구방식에 의해서 화재지점에서 집중적으로 연기를 배기할 수 있는 시스템 구축이 필요하다. 제어의 정확성이 요구되며 배기구의 개폐 조절을 위한 전동댐퍼의 설치로 인하여 설치비용 및 유지관리 비용이 증대한다.	연기가 전구간으로 확산되는 것을 억제하기 위해서 일정간격으로 수직갱 또는 배연용 덕트를 설치하여 구간배연을 통해 연기의 배기능력을 증대할 필요가 있다.
비상전원	배기 또는 급기목적의 대형 축류팬은 비상전원시설에 의한 가동이 가능하나 발전실 규모와 용량이 증대한다.	종류식의 주 제연설비인 제트팬은 비상발전기에 의해서 가동되도록 시설하고 있어, 정전 등의 비상시 제연이 가능하다.

(가) 화재 발생 시 환기계획

㉠ 화재단계

차량 화재 발생 시의 제연에 대한 요구사항은 화재단계에 따라 다음의 두 단계로 구분된다.

(a) 제1단계 : 화재 발생 초기(약 10~15분)로 대피환경의 확보를 목표로 하여 제연설비를 운영하여야 하는 단계이다. 이 단계에서는 제연설비를 수동조작하여 대피자가 존재하지 않는 방향으로 연기류를 형성함을 원칙으로 한다. 이때 제연풍속은 임계풍속으로 하며, 자동으로 임계풍속을 유지할 수 있도록 제연팬에 대한 제어로직을 구성한다.

(b) 제2단계 : 화재진압을 지원하기 위한 제연이 수행되어야 하는 시기로 제연설비는 소화활동을 지원하기 위한 운전을 수행하며, 제연설비를 가동하거나 정지시킬 때에는 현장 소방대와 긴밀하게 연락하도록 한다.

㉡ 화재강도 선정

(a) 제연설비용량은 설계화재강도와 임계풍속, 연기발생량에 따라 차이가 발생한다. 차종별 화재강도 및 이에 따른 연기발생량은 표 10.8에 나타낸 바와 같다.

(b) 설계화재강도를 20 MW 이상으로 하며, 이때의 연기발생량은 80 m^3/s로 할 것을 권장한다.

(c) 위험물수송차량의 통과대수가 많은 경우에는 설계화재강도를 증가할 수 있다.

표 10.8 설계화재강도 및 연기발생량

적용 차종	승용차	버 스	트 럭	탱크롤리
화재강도(MW)	5 이하	20	30	100
연기발생량(m^3/s)	20	60~80	80	200

㉢ 터널 내 임계풍속

(a) 임계풍속은 다음 식으로 계산하며, 보정계수(β)는 설계자가 수치시뮬레이션 등을 수행하여 신뢰성을 검증한 후에 적용함을 원칙으로 한다.

$$V_r = K_g Fr_c^{-\frac{1}{3}} \left(\frac{gHQ}{\beta \rho_o C p A_r T_f} \right)^{\frac{1}{3}}$$

$$T_f = \frac{Q}{\beta \rho_o C p A_r V_r c} + T_o$$

여기서, $Fr_c = 4.5$

H : 화점에서 터널 천장까지의 높이(혹은 대표직경)다.

(b) 종단경사 보정계수는 다음 식으로 계산한다.

$K_g = [1 + 0.014 \tan^{-1}(\text{grade}/100)]$

㉣ 제연설비 계획

(a) 위험도지수기준등급이 2등급 이상인 터널에 설치한다.

(b) 화재에 대비한 제연설비는 화재 시 터널 내 대피자의 분포특성을 고려하여 터널의 연장 및 터널의 교통특성에 따라 결정하며, 표 10.9에 제시한 제연방식의 적용을 권장한다.

표 10.9 터널특성별 권장 제연방식

지역 및 통행 방식	터널 길이	화재 시 적용 제연방식 및 방법
대면통행 및 도시지역	500 m 이하	▪ 자연환기에 의한 제연
	500~1,000 m 미만	▪ 기계환기에 의한 제연
	1,000 m 이상	▪ 횡류 또는 반횡류식 ▪ 약 800 m 이내의 간격으로 집중배기 또는 구간배연이 가능한 시설을 설치하여 배연능력을 향상할 수 있는 조치를 강구할 것을 권장한다. ▪ 2,000 m 이상의 터널은 배연능력을 향상하기 위해서 대배기구 방식을 권장한다.
지방지역의 일방통행	500 m 미만	▪ 자연환기에 의한 제연
	500~3,000 m 미만	▪ 위험도지수기준등급이 3등급 이하인 터널 : 자연환기방식 ▪ 위험도지수기준등급이 2등급 이상인 터널 : 기계환기방식
	3,000 m 이상	▪ 집중배기방식이나 대배기구방식 등 구간배연시스템에 의해 배연능력을 향상하기 위한 조치를 강구할 것을 권장한다.

(c) 대면통행터널 및 정체 빈도가 높을 것으로 예상되는 일방통행터널은 횡류(또는 반횡류)식을 적용하는 것을 권장하며, 종류식의 적용은 정량적 위험도 평가를 수행하여 안전성을 검증한 후에 적용함을 원칙

(d) 소형차 터널은 정량적 위험도 평가를 수행하여 안전성을 검증하여 제연설비를 계획한다.

(나) 제연용 환기기 용량 설계

㉠ 횡류식

횡류식은 천장에 설치된 덕트를 통해 배연을 수행하는 방식으로 배기구에 대한 개폐조정이 불가능한 균일배기방식과 배기구에 전동댐퍼를 설치하여 화재 시 배연구간을 선택적으로 선정하여 배연을 수행할 수 있는 대배기구방식으로 대별된다.

(a) 횡류식의 배연풍량 산정

- 화재 시 배연이 주행 공간에서 이루어지기 때문에 연기뿐만 아니라 주변의 공기가 유입되므로 배연량은 연기발생량(화재강도 : 20 MW 기준, 80 m^3/s)보다 현저히 증가한다.
- 배연풍량(Q_b)은 터널 내 유속과 연기발생량(Q_s)을 근거로 하여 산정하며, 산정공식은 다음과 같다.

$$Q_b = A_r \cdot V_r + Q_s$$

여기서, $A_r \cdot V_r$은 주변공기의 유입으로 인해서 증가하는 풍량으로 V_r은 종방향 기류를 제어하기 위한 풍속개념에서 도입된 것으로 배연방식 및 배기구형상, 터널제원에 따라 달라지며, 특히 터널 내 기류가 존재하는 경우에는 현저하게 증대한다. 따라서 배연풍량은 모형실험이나 시뮬레이션을 통해서 신뢰성을 검토한 후에 적용함을 원칙으로 한다.

- 다음은 특정조건에서의 배연풍량 산정 예를 나타낸 것이다.
  - 균일배기방식(횡류 또는 반횡류식)

    $Q_E = 80 + 3.0A_r$ (단, 배연구간연장 600 m 이하, 터널풍속 1 m/s 이하)
  - 대배기구방식

    $Q_E = 80 + 1.5A_r$ (단, 터널풍속 1 m/s 이하)

(b) 대배기구방식은 다음과 같은 원칙을 적용하여 설계한다.

- 터널 갱구부근에서의 배연은 일반적으로 효과적이지 못하다. 그러므로 터널 갱구부와 배기구 사이의 거리는 최소 100 m 정도 이격하여야 한다.

- 배연구역은 터널 내 풍속상태에 따라서 달라지나 일반적으로 화재발생지점으로부터 대칭적으로 200～300 m 정도로 한다.
- 배기구의 형상 및 설치간격은 기본적으로 다음 사항에 준해서 설계할 것을 권장한다. 그러나 배연효율은 터널 내 풍속 및 단면형상에 영향을 받으므로 수치시뮬레이션을 통해서 검증 후 적용한다.
  - 배기구의 형상은 배연효율을 향상하기 위해서 단면 전체에 개구부가 형성될 수 있도록 종횡비를 정한다.
  - 배기구에서의 면풍속은 15 m/s 이하로 한다.
  - 배기구 댐퍼는 각각 개별적으로 조절이 가능해야 한다.
  - 배기구의 설치간격은 50～100 m 정도로 하며, 터널 특성에 따라서 조정한다.
  - 댐퍼는 충분한 밀폐성이 확보되어야 한다.

(c) 터널 내 풍속 제어

- 배기구를 통한 배연은 종방향 풍속이 작을수록 효과적이다.
- 따라서, 터널연장이 2,000 m 이상인 경우에는 종방향 풍속을 제어하기 위한 조치를 강구할 것을 권장한다.
- 풍속제어방법으로는 일반적으로 제트팬을 설치하거나 환기구역을 구분하여 구역별로 급기량과 배기량을 조절하는 방식을 적용한다.

㉡ 종류식

화점부근의 연기가 역류하는 것을 방지하기 위한 최소풍속인 임계풍속을 유지할 수 있도록 시스템을 계획한다. 임계풍속은 전술한 계산식을 적용하여 계산하며, 수치시뮬레이션 등의 수단으로 신뢰성을 검토하여 적용함을 원칙으로 한다.

(a) 화재 시 제연용 제트팬 대수 산정

- 화재 시 제트팬 대수는 임계풍속을 만족할 수 있도록 선정한다. 따라서 화재 시 제트팬 대수는 터널단면적, 터널 내 차량수, 자연풍에 의한 환기저항 등에 영향을 받게 된다.
- 제연용 제트팬만 설치하는 경우에는 환기 시 제트팬의 승압효율 확보를 위한 제트팬설치기준을 변경하여 적용할 수 있으며, 효율저하가 예상되는 경우에는 이를 고려하여 제트팬 대수를 산정한다.
- 화재 시 터널 내 정체차량수는 화재위치를 출구로 하여 정체차량수가 가장 많게 산정되는 조건을 적용하고 터널차단에 소요되는 시간을 3분으로 하

여 다음과 같이 계산한다.

$$n = \frac{N \cdot L}{V_t} + N \cdot \frac{3}{60}$$

여기서, N은 시간교통량(대/hr이며, 우변의 제1항은 화재 발생시점에서 터널에 존재하는 차량의 수이며, 우변의 제2항은 화재 발생 후 3분 동안에 터널에 진입한 차량수이다.

또한 위의 식에서 n은 화재직전의 터널 내 평균주행속도에 따라서 차이가 있으며, 주행속도가 낮을수록 증대한다. 따라서 화재 전 평균주행속도가 제트팬 대수에 영향을 미치며, 화재 직전의 차량주행속도는 도로의 특성을 고려하여 선정한다.

(b) 화재 시 제트팬의 소손을 고려하여 예비용 제트팬을 고려한다.

(c) 방재용 제트팬의 설치

- 방재용 제트팬은 화재 시 가압 및 화재안전성을 위해서 터널의 입·출구부에 분산하여 설치함을 원칙으로 한다.
- 분산설치가 곤란한 경우에는 성층화 교란방지 및 제트팬의 소손을 최소화할 수 있도록 설치위치를 정하며, 이를 검증한 후에 설치할 것을 권장한다.

(다) 화재 시 환기기의 운영

제연설비가 설치되는 터널은 관리소 또는 관리사무소의 설치를 원칙으로 하고 운전을 위해서 자동화재탐지설비와 CCTV 등 교통량감지설비, 터널 내 풍속계의 설치를 권장한다. 화재 시 실행되는 제연설비의 운영 매뉴얼을 화재발생 시나리오(화재의 위치, 화재차량의 종류)에 따라서 작성하고 제연설비 조작반에 비치한다. 화재경보와 연동하여 자동으로 가동될 수 있도록 제어로직을 구성함을 원칙으로 한다. 제연설비의 운영은 관리인이 상주하는 경우에는 수동조작을 원칙으로 하고, 관리인이 상주하지 않는 터널에서는 우선 자동으로 가동한 후, 관리자에 의해서 운전될 수 있도록 제어로직을 구성한다. 관리사무소가 없는 경우에는 터널입구에 제어반을 설치할 수 있으며 조작은 수동조작에 우선권을 부여한다. 비상사태 시 제연설비는 운전 명령에 최대한 신속하게 작동될 수 있도록 하여야 하며, 급기 반횡류식의 경우에는 화재 시 배연을 위해 역전운전이 요구되므로 신속한 배연운전이 되도록 조치를 강구한다. 제연설비는 비상시 1시간 이상 기능을 유지할 수 있도록 비상발전설비에 의한 비상전원을 설비를 갖춘다.

㉠ 종류식의 제연팬 운영

(a) 일방통행터널(비정체 시)

- 화재초기에는 차량주행방향으로 임계풍속을 유지할 수 있도록 제연설비를 운전한다.
- 터널 내 풍속제어를 위해서 풍속제어로직 및 제연팬 운전모드의 설정이 필요하다.
- 화재위치, 화재 발생차종에 따른 제연팬 운전모드를 작성하여 비치·운영한다.
- 상대터널의 제트팬 또는 환기시설은 피난연결통로로 연기유입을 방지하기 위해서 가압운전모드로 운전한다.
- 화재터널의 제트팬이 터널입구 및 터널 출구부에 분산 설치된 경우에는 터널 출구의 제트팬을 가동하여 화재터널의 압력이 부압이 되도록 운전하는 것이 바람직하다.
- 또 화재에 근접한 제트팬의 가동은 연기의 성층화를 교란하게 되므로 가동하지 않는다.

(b) 대면통행터널 및 일방통행터널(정체 시)

- 교통이 정체된 경우, 초기단계에는 화재 전후방에 대피자가 존재하게 되므로 최대한 낮은 풍속을 유지할 수 있도록 제트팬의 가동을 정지하여, 성층화를 교란하지 않도록 한다.
- 대피자가 안전한 장소에 대피한 것이 확인된 후에는 형성된 기류의 방향으로 임계풍속을 유지할 수 있도록 운전한다.

㉡ 횡류식의 운영

평상시 급기를 수행하고 화재 시에 배기운전으로 전환하는 균일배기방식의 횡류식을 적용하는 경우, 급기구는 시운전 및 조정을 통해서 환기효율이 저하할지라도 배기 시 균일한 풍량이 발생할 수 있도록 급기구의 개도를 조정하여 운영한다. 일방통행터널에서 비정체 시에 화재가 발생하는 경우에는 구역제어 또는 대배기구에 의한 선택배기를 하는 경우, 차량의 주행방향으로 기류가 형성될 수 있도록 배연계획을 수립하고 운전한다. 대면통행터널 및 일방통행터널(정체 시)은 차량의 정체에 의해서 화재 상하류에 대피자가 존재할 가능성이 있으므로 화재 지점의 풍속을 최대한 낮게 유지할 수 있도록 환기기 운전계획을 수립하여 운전한다.

(라) 환기시설의 온도저항

연기를 주행공간으로부터 직접 배출시키는 제연용 제트팬은 250℃의 온도에서 60분 이상 정상가동상태를 유지할 수 있어야 한다. 화재에 간접 노출되는 횡류식(또는 반횡류식) 및 대배기구방식의 배연용 팬은 덕트의 길이 등에 따라서 노출온도가 차이가 있으므로 수치해석 등을 통해서 내열온도 등을 검토한 후에 필요시 냉각설비를 적용한다. 또한 대배기구의 개폐용 전동모터는 250℃ 이상의 온도에서 60분 이상 정상 가동되어야 하며, 정전 등 전원이 차단되는 경우에도 조작된 상태를 유지할 수 있어야 한다. 주행공간 내의 전원공급라인과 제트팬과 전원연결장치들은 250℃의 온도에서 60분 이상 운전상태를 유지할 수 있도록 한다.

(2) 무선통신보조설비

① 화재안전기준의 무선통신보조설비

(가) 비상콘센트설비의 전원회로는 단상교류 100 V 또는 220 V인 것으로서, 그 공급용량은 1.5 kVA 이상인 것으로 할 것

(나) 전원회로는 주배전반에서 전용회로로 할 것. 다만, 다른 설비의 회로의 사고에 따른 영향을 받지 아니하도록 되어 있는 것에 있어서는 그러하지 아니하다.

(다) 콘센트마다 배선용 차단기(KS C 8321)를 설치하여야 하며, 충전부가 노출되지 아니하도록 할 것

(라) 주행차로의 우측 측벽에 50 m 이내의 간격으로 바닥으로부터 0.8 m 이상 1.5 m 이하의 높이에 설치할 것

② 국토수산부의 무선통시설비

터널 내 구조활동 및 소화활동 시 터널 내·외부간의 무선통신을 위한 설비이다. 무선통신보조설비는 누설동축케이블과 무선기기접속단자함 및 증폭기 등으로 구성하며 라디오재방송설비와 겸용하여 설치할 수 있다. 누설동축케이블이라 함은 동축케이블의 외부도체에 가느다란 홈을 만들어서 전파가 외부로 새어나갈 수 있도록 한 케이블을 말한다. 증폭기라 함은 신호전송 시 신호가 약해져서 수신이 불가능해지는 것을 방지하기 위해서 증폭하는 장치를 말한다. 본 지침에 언급되지 않은 사항은 무선통신보조설비의 화재안전기준(NFSC 505)을 준용할 수 있다. 터널 내 구조 활동 및 소화활동 시 터널 내·외부간의 무선통신을 위한 설비로서 누설동축케이블과 무선기기접속단자함 및 증폭기 등으로 구성하며 라디오재방송설비와 겸용하여 설치할 수 있다.

(가) 기기사양

㉠ 누설동축케이블

(a) 누설동축케이블은 불연 또는 난연성의 것으로써 습기에 의하여 전기적인 특성이 변질되지 않아야 한다.

(b) 누설동축케이블 또는 동축케이블의 임피던스는 50 Ω으로 하고, 이에 접속하는 공중선·분배기 등 기타의 장치는 당해 임피던스에 적합한 것으로 하여야 한다.

(c) 누설동축케이블은 소방전용 무선통신보조설비 주파수 대역을 수용할 수 있어야 한다.

(d) 누설동축케이블은 라디오재방송설비와 겸용하여 설치할 수 있다.

㉡ 무선기기접속단자함

(a) 단자를 보호하기 위하여 보호함을 설치하고, 먼지·습기 및 부식 등에 의하여 영향을 받지 않도록 하여야 한다.

(b) 무선기기를 쉽게 접속할 수 있도록 5 m 이상 길이의 연장케이블을 포함하여야 한다.

(c) 여러 가지 형태의 무선기기 출력단자와 연결할 수 있도록 시중에 통용되는 형태의 연결용 커넥터를 갖추어야 한다.

㉢ 증폭기

(a) 무선통신보조설비를 60분 이상 유효하게 작동할 수 있도록 무정전전원을 공급한다.

(b) 증폭기의 전면에는 주회로의 전원이 정상인지의 여부를 표시할 수 있는 표시등을 설치한다.

(나) 설치지침

연장기준등급이 3등급 이상인 터널에 설치하는 것을 원칙으로 하며, 3등급 미만의 터널에서 라디오재방송설비가 설치되는 경우에는 이를 겸용하여 설치할 수 있다. 누설동축케이블은 소방전용주파수대에서 전파의 전송 또는 복사에 적합한 것으로 소방대 상호간에 무선연락에 지장이 없도록 설치한다. 누설동축케이블은 말단에는 무반사 종단저항을 설치하여야 하며 성능저하가 발생하지 않는 범위에서 화재의 영향을 가장 적게 받는 위치에 설치한다. 차도터널, 피난연결통로, 피난대피터널, 터널 내 기계실 등에 상시 제공될 수 있도록 한다. 터널 내 무선통신보조설비는 소방전용 채널을 운영한다. 다만, 필요에 따라 무선통신설비에 간섭을 주지 않는 범위 내에서 경찰전용 및 유지 관리자 전용의 주파수 대역을 이용할 수 있다. 누설동축케이블의 시점에는 관리용 무선기와의 공용기를 접속하고, 터널 내 휴대용 무선기와 상호연락이 가능한 기능을 갖도록 한다.

㉠ 누설동축케이블

누설동축케이블은 화재에 의하여 케이블의 피복이 소실된 경우에 케이블 본체가 떨어지지 않도록 4 m 이내마다 금속재 또는 자기재 등의 지지금구로 벽·천장·기둥 등에 견고하게 고정시켜야 한다.

㉡ 무선기기접속단자

(a) 단자는 한국산업규격에 적합한 것으로 하며, 바닥으로부터 높이 0.8 m 이상 1.5 m 이하의 위치에 설치한다.

(b) 터널관리소와 터널입구 및 출구 10 m 이내에 각각 설치

(c) 단자 보호함 표면은 적색으로 도색하고 '무선기기접속단자'라고 표시한 표지를 한다.

(3) 연결송수관설비

① 화재안전기준의 연결송수관설비

(가) 방수압력은 0.35 MPa 이상, 방수량은 400 *l*/min 이상을 유지할 수 있도록 할 것

(나) 방수구는 50 m 이내의 간격으로 옥내소화전함에 병설하거나 독립적으로 터널출입구 부근과 피난연결통로에 설치할 것

(다) 방수기구함은 50 m 이내의 간격으로 옥내소화전함 안에 설치하거나 독립적으로 설치하고, 하나의 방수기구함에는 65 mm 방수노즐 1개와 15 m 이상의 호스 3본을 설치하도록 할 것

② 국토수산부의 연송수관설비

연결송수관설비는 화재진압을 위한 소화용수를 공급하기 위한 배관으로 송수구 및 방수구와 배관으로 구성된다. 연결송수관설비는 화재진압을 위한 소화용수를 공급하기 위한 배관으로 송수구 및 방수구와 배관으로 구성된다. 송수구라 함은 소화설비에 소화용수를 보급하기 위하여 건물 외벽 또는 구조물의 외벽에 설치하는 관을 말한다. 방수구는 소화설비로부터 소화용수를 방수하기 위하여 건물내벽 또는 구조물의 외벽에 설치하는 관을 말한다. 본 기준에서 언급되지 않은 사항은 연결송수관설비의 화재안전기준(NFSC 502)에 준한다.

(가) 설치지침

㉠ 송수구

(a) 연장기준등급이 2등급 이상의 터널에 설치함을 표준으로 한다.

(b) 송수구는 터널의 입·출구부에 소방차의 접근이 용이한 지점에 설치

㉡ 방수구

(a) 연장기준등급이 2등급 이상의 터널에 설치함을 표준으로 한다.

(b) 방수구는 50 m 이하의 간격으로 옥내소화전함에 병설한다.

(4) 비상콘센트설비

① 화재안전기준의 비상콘센트설비

(가) 비상콘센트설비의 전원회로는 단상교류 100 V 또는 220 V인 것으로서, 그 공급용량은 1.5 kVA 이상인 것으로 할 것

(나) 전원회로는 주배전반에서 전용회로로 할 것. 다만, 다른 설비의 회로의 사고에 따른 영향을 받지 아니하도록 되어 있는 것에 있어서는 그러하지 아니하다.

(다) 콘센트마다 배선용 차단기(KS C 8321)를 설치하여야 하며, 충전부가 노출되지 아니하도록 할 것

(라) 주행차로의 우측 측벽에 50 m 이내의 간격으로 바닥으로부터 0.8 m 이상 1.5 m 이하의 높이에 설치할 것

② 국토수산부의 비상콘센트설비

인입개폐기라 함은 전기설비기술기준의 규정에 의한 것을 말하며 변전소는 전기설비기술기준의 규정에 의한 것을 말한다. 본 설치지침에 언급되지 않은 사항은 비상콘센트설비의 화재안전기준(NFSC 504) 및 도로터널 화재안전기준(NFSC 603)을 준용할 수 있다.

(가) 기기사양

㉠ 터널에 설치되는 비상콘센트설비는 구조활동이나 소화활동을 위해 필요한 전원을 공급할 목적으로 시설하며, 단상교류 220 V인 것으로써 공급용량은 1.5 kVA 이상으로 한다.

㉡ 콘센트마다 배선용 차단기를 설치하여야 하며, 충전부가 노출되지 않도록 한다.

㉢ 비상콘센트설비의 전원부와 외함 사이의 절연저항은 500 V 절연저항체로 측정할 때 20 MΩ 이상이어야 한다.

(나) 설치지침

㉠ 연장기준등급이 3등급 이상의 터널에 설치한다.

㉡ 설치간격은 50 m 이내로 하며, 소화기 또는 소화전함에 병설하고, 피난연결통로, 피난대피소, 비상주차대에 설치한다.

㉢ 비상콘센트는 보호함에 내장하여 설치하여야 하며, 소화기함이나 소화전함에 일체형으로 병설한다.

㉣ 1개의 전용회로에 설치할 수 있는 비상콘센트의 수는 동시 사용률을 고려하여

결정한다.

ⓜ 전압강하 계산 시 부하는 비상콘센트 3개를 합한 용량(4.5 kVA)으로 하며 배전거리는 말단 3개의 콘센트에 부하가 연결된 것으로 한다.

ⓗ 허용전압강하는 내선규정(대한전기협회제정)에 준한다.

마. 비상전원설비

무정전전원설비는 터널 내 화재 등 비상사태로 인하여 터널 내 정전상황이 발생하는 경우에 비상발전기의 전원공급 개시 전 및 비상발전기 가동 정지 후 일정시간 동안 방재설비에 대하여 비상전원을 공급하기 위한 시설이다. 본 설계지침에 언급되지 않은 사항은 옥내소화전설비의 화재안전기준(NFSC 102)에 준하여 설치한다.

(1) 무정전전원(UPS)설비

무정전전원설비는 터널 내 화재 등 비상사태로 인하여 터널 내 정전상황이 발생하는 경우에 비상발전기의 전원공급 개시 전 및 비상발전기 가동정지 후 일정시간 동안 방재설비에 대하여 비상전원을 공급하기 위한 시설이다. 무정전전원설비라 함은 보통 UPS(Uninterruptible Power Supply System)라고 부르며, 상용 전원의 정전 등에 대비하여 항상 안정된 전원을 부하에 공급하기 위한 장치로 컨버터, 인버터, 축전지, 전환스위치 등으로 구성된다.

① 기기사양

(가) UPS의 동작방식은 인버터 및 컨버터에 IGBT(Insulated Gate Bipolar Transistor) 반도체를 채용한 On-Line Type이어야 한다.

(나) UPS용 축전지는 2 V 또는 12 V의 무보수 밀폐형을 사용하여 큐비클 내부에 내장하여 설치할 수 있어야 한다.

② 설치지침

(가) 터널연장이 200 m 이상인 터널에 본 지침에서 정하는 방재시설이 설치되는 경우, 비상전원 공급용으로 설치한다.

(나) 무정전전원설비는 비상조명등 등의 방재설비에 대하여 전원을 공급할 수 있는 적정한 용량으로 선정하여야 한다.

(다) 무정전전원설비는 옥내설치를 원칙으로 하며, 옥외설치 시에는 단열 및 냉난방 시설을 갖춘 큐비클 내부에 설치하여야 한다.

(라) 무정전전원설비는 화재안전기준에서 20분을 표준으로 하고 있으나, 터널은 일반적으로 소방서와 원거리에 위치한다는 점에서 접근성 등을 고려하여 60분 이상 비상전원을 공급할 수 있도록 시설한다.

(2) 비상발전설비

비상발전설비는 터널 내 화재 등 비상사태로 인해서 터널 내 정전상황이 발생하는 경우 옥내소화전설비, 제연설비 등의 방재설비에 비상전원을 공급하기 위한 시설이다.

① 기기사양

(가) 비상발전기는 연료 종류에 따라 디젤 발전기, 가솔린 발전기, 가스터빈 발전기, 스팀 터빈 발전기 등이 있으나, 디젤 발전기의 사용을 표준으로 한다.

(나) 비상발전기의 운전은 정전 시 자동으로 가동하여야 한다.

(다) 옥외에 설치하는 비상발전기는 소음을 최대로 줄일 수 있는 형식을 사용한다.

② 설치지침

(가) 연장기준등급이 2등급 이상인 터널에 설치함을 원칙으로 한다. 다만 하나의 변전소로부터 전력의 공급이 중단되면 자동으로 다른 변전소로부터 전원을 공급받을 수 있도록 상용전원을 구성한 경우에는 비상발전기 설치를 생략할 수 있다.

(나) 비상발전설비는 터널 내 설치되는 방재시설을 충분히 가동할 수 있는 용량으로 화재안전기준에서 요구하는 비상전원 공급시간을 고려한 비상출력 용량으로 시설하여야 한다.

(다) 비상발전기는 옥내설치를 원칙으로 하며, 옥외설치 시에는 발전기 및 원동기 내부에 수분, 먼지 등 유해한 물질이 들어가지 않도록 방호시설을 설치하여야 한다.

(라) 발전기 운전은 정전검출계전기에 의하여 한전측과 발전측으로 자동절체가 가능하도록 제어회로를 구성한다.

(마) 한전측 전원과 발전기 전원과의 절체는 자동절체(ATS) 방식으로 인터록을 구성한다.

바. 관리시스템 설치지침

터널 내 화재 등 사고 시 신속한 대응 및 통제체계의 구축과 터널 내 설치되는 환기, 소방, 교통관련 각종 방재시설의 효율적인 유지·관리 및 점검을 위해서 설치하여야 할 관리시스템에 대한 최소한의 일반적, 기술적인 지침을 정함을 목적으로 한다. 관리사무소는 터널에 설치되는 방재시설 및 관리사무소에 설치되는 시설에 따라서 무인관리사무소와 관리인이 상주하는 관리사무소, 관리소와 관리사무소를 통합하여 지원하는 통합관리센터로 구분한다. 관리소 및 관리사무소는 전기실, 중앙제어실, CO_2실, 기계실, 비상발전기실, 경유탱크실, 대기실, 화장실, 염화칼슘창고 등으로 구성하며 터널의 규모 및 시설규모에 따라서 변경하여 적용할 수 있다. 통합관리센터는 주변 관리소나 관리사무소로부터 터널상황을 감시 및 제어하고 터널 내 방재시설 및 환기시설에 대한 운영·관리를 위한 인원이 상주하는 관리사무소를 말한다.

(1) 관리시스템 계획

① 관리소, 관리사무소, 통합관리센터는 터널 규모 및 관리자의 효율적인 관리를 고려하여 설치·운영한다. 관리소 및 관리사무소에 설치되는 시설은 표 10.10과 표 10.11을 참조하여 결정한다.

② 관리시스템은 주변의 노선현황과 개별터널의 통합범위를 고려하여 선정하며, 단기적, 중기적, 장기적 계획을 고려하여 관리소, 관리사무소, 통합관리센터를 계획한다.

③ 관리시스템의 구성은 통합감시/제어시스템/방범시스템/관리시스템 등으로 기능적인 측면을 고려하고, 각종 장애에 의한 업무의 중단이 최소화될 수 있도록 구성한다.

④ 관리시스템은 통합관리시스템, 개별관리시스템 등 계층구조를 가지고 있어서 각 계층간 제어의 충돌문제가 발생할 수 있으므로 제어계층을 고려하여 유고발생 시 각 시스템별 운영자 측면에서 처리해야 하는 부분으로 업무를 분장하고 이에 대한 대응방안을 정의하여야 한다.

⑤ 관리시스템의 인터페이스 방안은 RTU에 의한 방법을 원칙으로 하며 개방형 프로토콜을 채택한다.

(2) 설치지침

① 관리소

(가) 관리소는 연장기준 등급이 3등급 이상인 터널 중 제연설비나 옥내소화전설비가 설치되는 터널에 설치함을 표준으로 하며, 터널의 사고 상황 시 통제에 필요한 설비와 터널통합관리를 위한 통신 관련시설 등 최소한의 설비만을 갖출 수 있다.

(나) 터널 입구나 출구 또는 터널 내부에 공간을 확보하여 설치할 수 있으며, 관리소 자체의 화재에 대비하여 소방차의 접근이 용이하도록 하며, 터널 내부에 설치할 경우에는 자체 화재로 인해 발생하는 연기가 터널 내로 유입하지 않도록 별도의 자동소화시설을 한다.

② 관리사무소

(가) 관리사무소는 위험도지수기준등급이 2등급 이상의 터널에 관리인이 상주할 수 있는 시설로 계획함을 원칙으로 한다.

(나) 향후 터널통합관리시스템의 도입에 따른 무인화를 고려하여 설계하며, 주변의 관리소를 통합하여 운영할 수 있도록 계획한다.

(다) 관리사무소를 계획하는 경우에는 60분 이내에 출동 가능한 지역 및 반경 50 km 정도에 있는 관리소를 통합 운영할 수 있도록 계획한다. 단, 유관기관(소방서, 경찰서 등)에서 60분 내에 출동 가능한 지역은 거리와 시간을 제한하지 않는다.

표 10.10 관리사무소 기능실별 기능 및 설치예

실구분	실면적 (m^2)	시 설 물		기 능	개별관리 사무소	통합관리 센터
전기실	233 (71)	수변전 설비		한전전기인입(고압→저압)	○	
		UPS 설비		방재시설별 축전기에 의한 무정전전원설비(40분)	○	
		분전반		각종 설비 동력 분배	○	
제어실	82 (25)	화재수신반		터널 내 화재감시	○	△
		긴급전화설비 접수대		비상시 관리동, 센터 통화시설	○	○
		비상방송설비 제어반		터널 내 비상시 방송 송출	○	○
		라디오 재방송설비 제어반	AM/FM 송수신기	터널 내 상황을 라디오 등을 통한 송출	○	
			무선통신중계기		○	○
			긴급방송 유니트		○	○
		원격감시 및 제어설비	RTU	터널 내 각종 설비 감시제어	○	
			그래픽패널		△	○
			Op. Station		○	○
		CCTV	제어패널	• 터널 내·외부상황 감시녹화 • 개별터널 각종 설비 감시제어	○	△
			모니터		○	○
		통합관련설비		개별터널 각종 설비의 감시제어 요소를 통합센터에 중계	○	○
		통합방범설비		무인운영 관리동감시(CCTV, ACU)	○	○
발전기실	77 (24)	비상발전기설비		정전 시 비상전원 공급	○	○ (자체)
		유류탱크실		비상발전기 연료공급	○	
기계실	67 (21)	소화전 펌프		소화용수 가압공급(펌프 등)설비	○	
		히팅케이블 제어반		소화배관 동파방지 설비	○	
		분전반		각 종 설비의 동력공급용	○	
		급수설비		화장실, 항온 항습기, 급수용 시설 및 물탱크	△	
CO_2실	41 (13)	CO_2 저장용기		전기실, 발전기실 등의 화재진압	○	○ (자체)
저수조	21 (7)	소화용수 저장탱크		터널 내 소화전설비 용수 저장	○	
창고	10 (4)	-		각종설비 예비부품, 공구류 보관	△	○
기타	54 (17)	계단실 외 각종		-	△	
		화장실, 복도, 홀 등		-	△	

개별 관리사무소 : 관리소와 관리사무실을 의미함
△ : 관리소 설치 제외

표 10.11 관리소, 관리사무소, 통합관리센터 계획예

구 분	관리소	관리사무소	통합관리센터
터널등급	연장기준 3등급 이상	위험도지수기준 2등급 이상	-
개 요	무인관리를 목적으로 연장등급기준 3등급 이상 터널의 방재시설 및 환기시설의 유지·관리 및 운전제어를 위한 최소한의 시설을 갖추도록 하며, 전기실, 변전실, 비상발전기실, 중앙제어실 등의 공간을 갖춘다.	상주관리자에 의해서 상시 터널 내 상황을 감시할 수 있도록 하기 위한 시설을 갖추고 있으며, 주변 관리소의 상황 파악을 하기 위한 통합관리센터로 운영될 수 있다.	주변 관리소나 관리사무소의 통합운영을 목적으로 터널 내 방재시설 및 환기시설에 대한 운영관리를 위한 인원이 상주하는 사무소이며, 별도의 통합관리소 설치와 관리사무소에 통합기능을 추가하는 경우로 구분된다.
건물규모	자연환기 : 옥외형 기계환기 : 지상 1층	지하 1층, 지상 1층	별도 : 지하 1층, 지상 1층 통합 : 지하 1층, 지상 1층
건축면적	자연환기 : 30평 내외 기계환기 : 40평 내외	180평 내외	별도 : 180평 내외 통합 : 200평 내외

표 10.12 단기, 중기, 장기 운영계획예

구 분	단기적	중기적	장기적
개 요	관리소만 설치되는 중규모 터널을 운영인원이 상주하는 인접한 관리사무소에서 원격관리시스템을 이용한 운영	관리사무소가 설치되는 터널을 운영인원이 상주하는 인접한 관리사무소에서 원격관리시스템을 이용한 운영	관리소와 관리사무소가 설치되는 터널을 지역단위별로 관리하는 통합계획을 수립하고 원격관리시스템을 이용한 운영
관리개수	관리소 10개소 내외	관리사무소 2~3개소	관리사무소 4개~6개
관리주체	위탁운영	위탁운영	위탁운영
인접거리	50 km 이내	50 km 이내	50 km 이내
긴급출동시간	60분 이내	60분 이내	60분 이내
대상터널	운영 중 및 공사 중인 터널, 설계 중인 터널	운영 중 및 공사 중인 터널, 설계 중인 터널	운영 중 및 공사 중인 터널, 향후 설계 중인 터널

주) 유관기관(소방서, 경찰서 등)에서 60분 내에 출동 가능한 지역은 거리와 시간에 제한을 두지 않는다.

(라) 정기점검에 필요한 각종시설 및 보고서 등을 비치한다.

(마) 관리소를 통합하여 운영하는 경우에는 통합된 관리소 전용의 CCTV 모니터, 화재경보설비는 터널별로 원격 운영할 수 있도록 한다.

(바) 관리사무소는 주변지역의 통합관리센터로 운영될 수 있다.

(사) 통합 운영되는 관리소는 제연설비를 원격으로 운영할 수 있도록 한다.

③ 통합관리센터

(가) 통합관리센터는 관리소 및 관리사무소를 군관리하기 위한 시설로 60분 이내에 출동

할 수 있는 지역 및 반경 50 km 정도의 지역의 터널현황 등을 고려하여 계획한다. 단, 유관기관(소방서, 경찰서 등)에서 60분 내에 출동 가능한 지역은 거리와 시간에 제한을 두지 않는다.

(나) 통합관리센터 운영 시 CCTV 모니터 및 경보설비는 터널별로 전용으로 원격 운영할 수 있도록 한다.

(다) 터널 내 경보신호 및 방재시설로부터 경보신호를 수신하는 경우, 해당 터널을 정확하게 파악할 수 있도록 감시패널을 구성하여 운영한다.

(라) 제연설비는 원격제어가 가능하도록 시스템을 구성한다.

사. 정량적 위험도 평가지침

도로터널의 정량적 위험도 평가를 위한 세부수행지침을 정함을 목적으로 도로터널의 위험도를 정량적으로 분석하고 수치화함으로써 방재시설의 설치 또는 적정성 여부를 판단하기 위한 기준을 제시하여 도로터널의 방재시설에 대한 성능설계를 수행하기 위한 자료로 활용함을 목적으로 한다. 도로터널의 위험은 추돌 및 충돌 등 일반사고, 붕괴, 수해, 화재 등 다양한 사고를 포함하나 정량적 위험도 평가는 화재사고에 한하여 실시한다. 도로터널의 위험도에 대한 평가는 시나리오별 사상자수(Fatalities) 및 해당 사상자가 발생하는 누적빈도(Frequency)에 대한 분석을 수행하여 사회적 위험도(Societal Risk) 평가기준에 의해서 그 적정성 여부를 판단한다.

(1) 정량적 위험도 평가절차

① 도로터널의 위험도에 대한 정량적 평가를 위해서는 화재 발생 시나리오의 작성 및 시나리오별 사고발생률의 산정, 화재해석, 차량정체 및 대피해석, 유해가스가 인체에 미치는 영향의 정량화, 사상자수의 추정, 위험도 평가기준에 의한 위험수준에 대한 분석이 필요하다.

② 정량적 위험도 평가는 일반적으로 다음과 같은 단계로 수행하며, 각각에 대해서 명확한 근거 및 결과를 제시함을 원칙으로 한다.

(가) 화재사고 시나리오의 작성

(나) 화재해석

(다) 대피해석

(라) 사상자수의 추정

(마) 사상자수에 따른 누적빈도 작성

(바) 사회적 위험도 평가기준에 의한 위험도 평가

③ 화재 발생 시나리오 작성기준

(가) 도로터널에서의 화재사고 발생률(건/108 Veh · km)은 국가 통계자료나 관계기관의 통계자료를 인용하여 산정함을 원칙으로 한다. 단, 통계자료가 없는 경우에는 일반도로에서 발생하는 사고통계를 기준으로 하여 터널구간에서 발생할 수 있는 일반사고 발생률을 추정하고, 이중 5~6% 정도를 화재사고 발생률로 산정할 수 있다.

(나) 도로터널 화재 시 사고의 영향은 차량 및 적재물에 따른 화재강도에 영향을 받으므로 화재 발생 차종을 승용차, 버스 및 화물차량으로 구분하여 각각에 대한 사고발생률을 산정하여 작성한다.

(다) 승용차의 화재강도는 5 MW로 산정함을 원칙으로 하며, 단독화재 및 2대 연속화재로 구분하여 시나리오를 구성할 수 있다.

(라) 버스 및 화물차량의 화재강도는 버스는 20 MW 이상, 일반 화물차량은 30 MW 이상, 위험물 수송차량은 100 MW 이상으로 산정하며 각각의 사고발생 확률을 고려한 시나리오를 작성한다.

(마) 화재 시 교통상황(정체 또는 비정체)은 화재로 인한 제연팬 운전 및 화재에 따른 대피자의 분포 및 대피특성, 피해 정도에 지대한 영향을 미치므로 교통량 분석을 통해 정체빈도를 고려하여 작성한다.

(바) 제연설비가 설치되는 경우에는 제연설비의 운전 성공/실패를 고려할 수 있도록 하며, 성공/실패 확률은 기술 데이터를 활용하거나 통계적인 방법에 의해서 신뢰성이 확보된 자료를 적용한다.

(사) 피난연결통로의 설치간격 및 화재위치에 따른 영향을 고려할 수 있도록 작성한다.

(아) 소화설비의 작동 여부는 Fault Tree 기법에 의해서 시나리오에 반영할 수 있으며, 소화설비의 성공/실패 확률은 기술 데이터를 활용하거나 통계적인 방법에 의해서 신뢰성을 확보한 자료를 적용한다.

(자) 기본 시나리오에 화재 시 터널 내 풍속이 미치는 영향을 고려하여 시나리오를 작성할 수 있다.

④ 화재해석 일반사항

(가) 시나리오별 화재해석 결과는 사상자수 추정에 영향을 미치므로 다음과 같은 일반사항을 고려함을 원칙으로 하며, 본 지침에 제시되지 않은 자료는 기술적 · 통계적인 방법에 의해서 신뢰성을 확보한 기술자료를 적용

(나) 화재 시 온도 및 연소생성물 농도에 대해 수치해석을 수행하며, 연소로 인해 발생되는 유해가스의 종류는 위험도 평가의 신뢰성을 확보할 수 있도록 연소이론에 근거

하여 정한다.

(다) 화재강도에 따른 연소생성물의 발생량은 화재해석툴에 따라서 다른 입력데이터를 요구할 수 있으므로 일반적으로 제시되는 값을 변환하여 사용할 수 있다.

⑤ 대피해석 일반사항

(가) 대피해석을 위해서는 화재로 인한 정체차량의 정체길이, 정체차량수, 차두간격 등 차량정체 특성의 분석 및 차량정체로 인한 터널 내 대피자수의 산정이 필요하며, 다음 항과 같이 반영한다.

(나) 터널 내 진입 차량수는 화재 발생 3분 이내에 차량의 진입이 차단되는 것으로 하여 산정한다.

(다) 차두간격 및 정체길이를 산정하는 경우, 정체 시 차량밀도는 150 pc/km · lane, 차종별 혼입률은 목표 연도의 일평균교통량의 구성비를 적용하며, 차종별 차량의 길이는 도로설계기준에 제시된 기준을 적용한다.

(라) 대피시간은 감지시간, 반응/결정시간, 안전지역으로 이동시간을 포함하며, 감지시간 및 반응/결정시간은 터널에 설치되는 화재탐지설비 및 경보설비의 성능 또는 신속성을 반영하여 결정할 수 있다.

(마) 대피자의 이동속도(Walking Speed)는 대피자 밀도, 전방 대피자와의 거리, 가시거리에 의한 보행속도의 저하를 고려하여 산정하는 것을 원칙으로 한다.

⑥ 사상자수의 추정을 위한 일반사항

(가) 대피자가 열환경 및 유해가스에 노출되어 이들로부터 받는 인체의 영향 정도는 유해가스에 대한 유효복용분량(FED : Fractional Effective Dose)에 의해서 평가기법 및 유효안전피난시간(ASET : Available Safe Egress Time)과 필요안전피난시간(RSET : Required Safe Egress Time)에 대한 분석기법 등 통계적인 기법에 의해서 평가할 수 있다.

(나) 유효복용분량이 소정의 값을 초과하는 경우에 사상자로 판정하며, 화재영향의 경중에 따라서 등가사망자 수로 고려하여 산정할 수 있다.

(2) 위험의 평가기준

① 추정사상자수 - 사고발생빈도 선도(F/N선도)

(가) 추정사상자수와 추정사상자수 이상이 발생할 수 있는 빈도(사고발생누적빈도)를 각각 로그좌표계의 x축과 y축에 표시한 것으로 추정사상자수 - 사고발생누적빈도 선도(Frequency(F)/Fatalities(N))라 한다.

(나) 정량적 위험도는 각 시나리오별로 사상자수를 추정하여 추정사상자수와 사고발생

누적빈도를 분석하고 이를 사회적 위험도(Societal Risk) 평가기준과 비교하여 적정 수준의 여부를 판정한다.

② 위험도 평가기준

(가) 정량적 위험도 평가결과는 총체적 위험도와 사상자수 - 사고발생 누적빈도(*F*/*N*) 선도에 의한다.

(나) 총체적 위험도는 시나리오별 사고발생 확률과 사망자 수의 곱을 구하고 이를 누적한 결과로 나타낸다.

(다) 사회적 위험도의 평가를 위한 국가기준이 현재 제시되지 못하고 있는 실정이나, ALARP 영역의 High Level 기준을 *N*=10, *F*=10－4로 Low Level 기준을 *N*=10, *F*=10－6으로 할 것으로 권장한다.

(3) 위험도 평가예

① 본 정량적 위험도 평가예는 실제 위험도평가에 적용할 수 있는 기술데이터를 예시한 것으로 위험도 평가 시 기술적인 자료가 없는 경우에는 예시된 자료를 인용하여 적용할 수 있다.

② 연도별 사고발생률은 표 10.13과 같이 제시한다.

(가) 표에서 일반사고 발생률은 교통안전관리공단의 보고서를 인용한 것이며, 터널에서의 일반사고 발생률은 일반도로의 발생 건수 중 터널에서 발생할 수 없는 사고에 대한 감소요인을 반영한 결과이다.

표 10.13 사고발생률

연 도			2000	2001	2002	2003	2004	2005	2006
자동차등록 대수(100만 대)			12.1	12.9	13.9	14.6	14.9	15.4	15.9
연간 총 주행거리(10억 Veh·km)			290	300	310.8	317	324	328	331
일반도로에서 일반사고 발생건수(A)			290,481	260,579	231,026	240,832	220,755	214,171	213,745
터널사고 건수(건/yr)	일반사고	발생건수(B)	301	292	259	453	382	549	567
	화재사고[1]	발생건수(C)	12	8	13	13	4	7	32
일반사고 발생건수비(B/A)			0.10%	0.11%	0.11%	0.19%	0.17%	0.26%	0.27%
화재사고 발생건수비(C/B)			3.99%	2.74%	5.02%	2.87%	1.05%	1.28%	5.64%
터널사고발생률 (건/억 km·Veh)	일반사고[2]		53.0	45.8	34.0	45.4	35.9	34.4	34.1
	화재사고[3]		2.65	2.29	1.70	2.27	1.80	1.72	1.70

주) 1) 정부 DB에서 검색되지 않는 자료로, 소방방재청, 국정감사자료, 한국도로공사 통계자료 및 각종 언론매체 등에 제시된 자료를 재정리한 것임.

2) 일반도로의 사고발생률(=사고 건수/연간 총 주행거리=건/108 Veh·km) 중 터널에서 발생할 수 없는 사고(횡단보도사고 등)에 대한 감소율(47.2%)을 고려하여 적용한 결과임.

3) 터널에 대한 일반사고 중 화재사고의 비(C/B비율)를 적용하여 화재사고 건수로 환산한 결과임.

(나) 터널 내 화재사고 발생률은 터널 내 일반사고 발생률에 화재사고로 확대되는 비율을 5%로 적용해서 산정한 결과이다.

(다) 목표 연도의 사고발생률은 사고발생 건수가 감소하는 추세에 있기 때문에 제시된 사고발생률 이하로 적용할 수 있다.

③ 사고발생시나리오는 그림 10.3과 같이 예시한다.

(가) 그림의 시나리오는 사고발생률을 2000년 이후 평균치인 40.38건/108 Veh·km로 하여 산정한 결과를 예시한 것이며, ( ) 안의 숫자는 사고발생률(건/108 Veh·km)을 나타낸 것이다.

(나) 화재 발생 차종은 승용차와 버스 및 화물차량의 화재로 구분하고 있으며, 승용차와 화물차의 총 주행거리계의 비는 승용차 61% : 화물차 39%, 화물차의 사고발생률은 승용차보다 약 3.5배 높은 것으로 산정하여, 차종별 사고발생률을 계산한 결과이다.

(다) 승용차의 화재 중 40%를 경미한 화재로 하였으며, 2대 연속으로 화재가 전파하는 비율을 2%로 하였다.

(라) 화물차량 차종별 사고발생률은 국제상설도로협회에서 제시하는 자료를 인용하여, 20 MW 정도의 화재규모를 87%, 30 MW 정도의 화재규모를 11%, 100 MW 정도의 화재규모를 2%로 적용 결과이다.

(마) 교통상황에 따른 화재 발생 시나리오는 화재 전 교통상황에 대해 정상소통을 98%, 정체상태를 2%로 산정한 결과이다.

④ 대피시간 산정을 위한 적용기준

(가) 도로터널 화재 시 대피시간은 다음과 같이 예시하며, 기술적인 데이터가 없는 경우에는 이를 적용할 수 있다.

(나) 대피시간은 감지시간, 반응/결정시간, 이동시간으로 구분하여 이들의 합을 대피시간으로 한다.

(다) 화재감지시간은 자동화재탐지설비의 감지성능을 1분 이내에 화재를 감지할 수 있는 것을 요구하고 있기 때문에 감지가 성공하는 경우에는 1분 이내로 설정한다.

(라) 대피결정시간은 차량을 버리는 시간과 대피를 결정하는 시간으로 구분하며, 이에 대한 정확한 기술자료는 없으나, 본 지침에서는 외국의 연구자료를 인용하여 표 10.14에 제시한 시간대별 대피자의 행동특성 및 이에 따른 확률분포를 적용할 것을 권장한다.

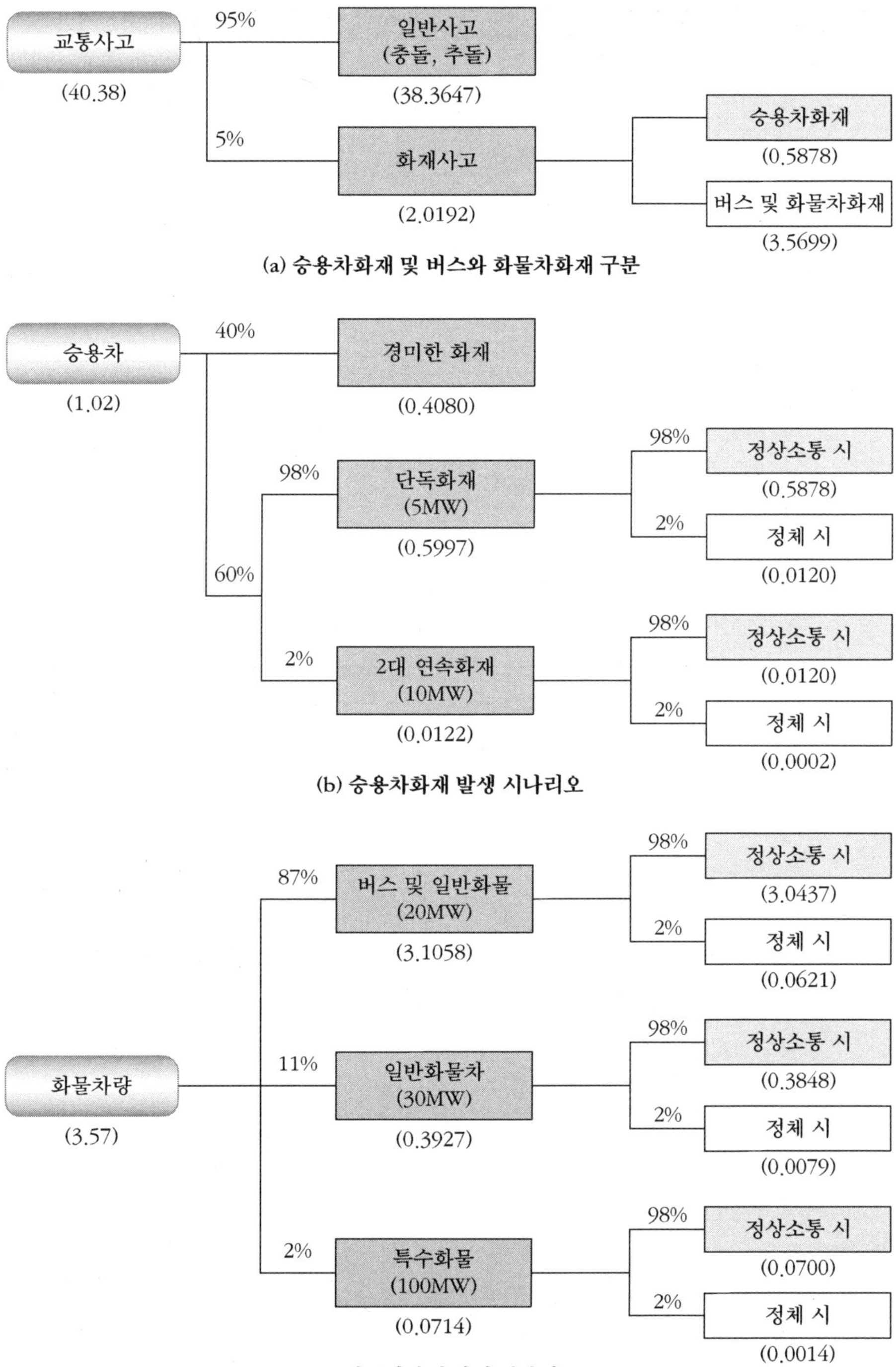

(a) 승용차화재 및 버스와 화물차화재 구분

(b) 승용차화재 발생 시나리오

(c) 화물차화재 발생 시나리오

그림 10.3 터널화재 발생 시나리오

표 10.14 대피특성에 따른 확률분포

그룹	반응시간			결정시간
	비율(%)		확률분포식	확률분포식
I	18.4	51	Norm(41.6, 17.1)	8% (지체 없이 대피하는 비율) 0.08+(1−0.08)Norm(151, 8)
II		49	Gumb(28.8, 155)	
II	81.6		GEV(−0.22, 19.81, 33.08)	28% (지체 없이 대피하는 비율) 0.28+(1−0.28)GEV(−0.44, 13, 8.42)
확률분포	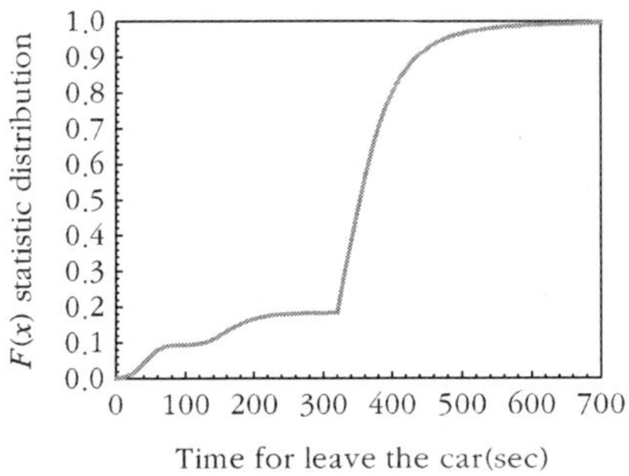			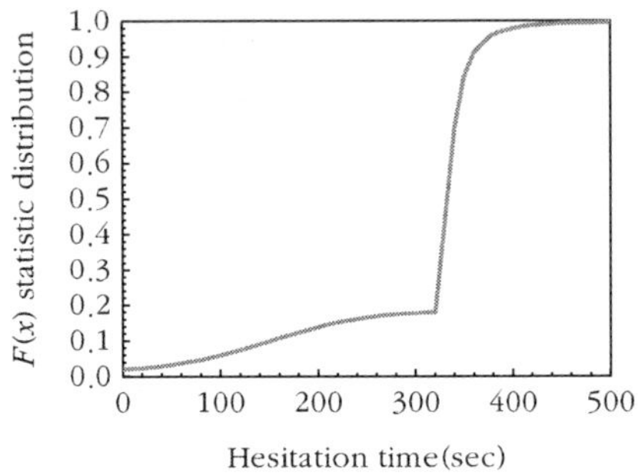

주) $\mathrm{Norm}(x;\ \mu,\ \sigma) = \dfrac{1}{\sigma\sqrt{2\pi}}\exp\left(-\dfrac{1}{2}\left(\dfrac{x-\mu}{\sigma}\right)^2\right)$,

$\mathrm{GEV}(x;\ k,\ \mu,\ \sigma) = \exp\left(\dfrac{1}{(1-k(x-\mu)/\sigma)^{1/k}}\right)$, $\quad \mathrm{Gumb}(x;\ a,\ b) = \exp\left(\dfrac{1}{\exp\left(-\dfrac{(x-b)}{a}\right)}\right)$

(마) 대피속도는 대피자 밀도, 전방 대피자와의 거리, 연기농도에 의한 가시도에 영향을 받으며, 식 (10-1) 및 식 (10-3)과 그림 10.4에 의해서 각 대피자에 대한 대피속도를 구하고 이중에 가장 작은 값을 적용할 것으로 권장한다.

㉠ 전방의 대피자의 거리에 따른 대피속도

$$W_{spd} = V_u \cdot \sin\left(\frac{90}{180}\pi \cdot \frac{D_p - b}{T_D - b}\right), \qquad b \le D_p \le T_D$$

$$W_{spd} = V_u, \qquad D_p > t_d \tag{10-1}$$

여기서, V_u는 방해물이 없는 경우에 보행속도로 $V_u = 1.4$ m/s, D_p는 앞사람과의 거리, $T_D = 1.6$ m, b는 body depth이다.

㉡ 대피자 밀도에 따른 대피속도

$$W_{spd} = k - a \cdot k \cdot D, \qquad D_H > 0.55\ \mathrm{person/m^2}$$

$$W_{spd} = 0.85k \quad (10\text{-}2)$$

여기서, $a = 0.266\ m^2/person$, D_H는 거주밀도, k는 상수로 램프, 복도, 출입구의 경우에는 1.4 m/s이다.

㉢ 가시도에 따른 대피속도

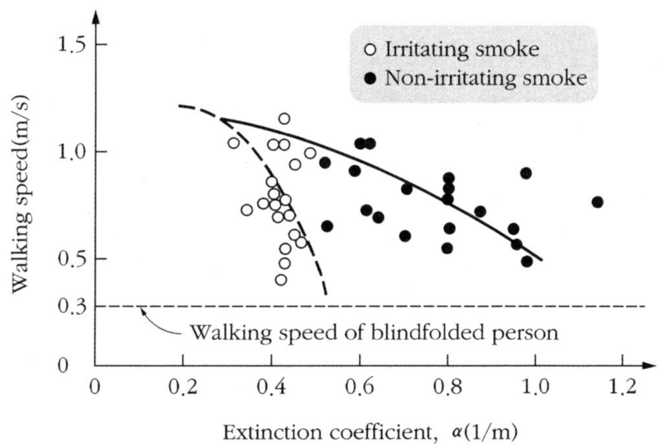

그림 10.4 가시도와 대피속도의 관계

⑤ 터널 내 정체차량

(가) 정체길이의 전파속도(Speed of Shock Wave; U_w)는 교통공학적으로 구할 수 있으며, 식 (10-3)과 같이 예시한다.

$$U_w = \frac{q_1 - q_2}{D_1 - D_o} \ (\text{km/hr}) \quad (10\text{-}3)$$

여기서, q_1 : 정체지점의 시간교통량(Traffic Flow Rate), q_2 : 도착시간교통량(pc/hr), D_o : 정체지점의 교통밀도(150 pc/km), D_1 : 도착교통류의 교통밀도이다.

(나) 터널 내 정체차량 수 및 차두간격의 계산을 위한 수식은 다음과 같이 제시한다.

㉠ 정체차량 수를 식(10-4)로 구한다.

$$N_i = D_o / PCU_{Total} \cdot \phi_i \ (\text{대/km} \cdot \text{lane}) \quad (10\text{-}4)$$

여기서, N_i는 i 차종의 차량 수, PCU_{Total}는 총괄 승용차 환산계수, ϕ_i는 i 차종의 혼입률이다.

㉡ 평균차두간격(D_v)의 계산은 식(10-5)로 구한다.

$$D_v = 1 \Big/ \sum_{i=1}^{n} N_i \cdot CL_i \tag{10-5}$$

여기서, CL_i는 i 차종의 차량길이로 도로설계기준을 참조하여 산정한다.

⑥ 사상자수 추정기준

(가) 화재 시 인체에 영향을 미치는 유해가스는 일산화탄소, 이산화탄소, HCN, 산소저감률 등이 있으나, 유효복용분량(FED) 평가에 의해 사상자수를 추정하는 경우에 적용 대상 가스는 현시점의 기술적인 수준을 반영하여 결정할 수 있으며, 가장 대표적인 일산화탄소를 포함한다.

(나) 유해가스에 따른 유효복용분량은 식(10-6)~식(10-8)을 적용할 수 있다.

$$F_{ICO} = \frac{\%COHb}{D} = \frac{8.2925 \times 10^{-4}(ppmCO)^{1.036} t}{D} \tag{10-6}$$

$$F_{IO_2} = \frac{t}{e^{8.13 - 0.54(20.9 - \%O_2)}} \tag{10-7}$$

$$F_{ICO_2} = \frac{t}{e^{(6.1623 - 0.5189\%CO_2)}} \tag{10-8}$$

여기서, D는 의식불명에 이르게 하는 COHb%농도(%)로 30%를 적용한다. t는 시간(min), $\%O_2$는 산소농도(%), $\%CO_2$는 일산화탄소 농도이다.

(다) 열환경에 대한 평가는 온도, 복사열을 포함할 수 있으며, 각각에 대해 노출되어 발생하는 위험분율(이하 유효복용분량으로 표현한다)은 식 (10-9)와 식(10-10)을 적용할 것을 권장하며, 온도는 반드시 포함할 것을 권장한다.

$$F_{IHEAT} = \frac{t}{e^{5.1849 - 0.0273T}} \tag{10-9}$$

$$F_{IRAD} = \frac{q''^{1.33}}{80} t \tag{10-10}$$

여기서 t는 온도(℃), q''은 복사강도(Radiative Intensity : kW/m^2)이다.

(라) 화재 시 유해가스 및 열환경이 인체에 미치는 영향은 복합적으로 나타나므로 각각에 대한 유효복용분량의 총합으로 인체에 미치는 영향 정도를 평가한다. 즉, 사상여부를 추정하기 위한 유효복용분량은 식 (10-11)로 구할 수 있다.

$$FED_I = F_{ICO} \times V_{CO_2} + F_{ICO_2} + F_{IO_2} + F_{IHeat} + F_{IRAD} \tag{10-11}$$

(마) 일반적으로 식(10-11)에 의해 계산되는 유효복용분량(FED_I)이 0.3 이상인 경우에는 사상자로 판단하며, 그 이하인 경우에는 경상자로 등가사상자수 산정기준에 의해서 평가할 수 있다.

⑦ 사회적 위험도 평가기준

(가) 사회적 위험도 평가기준은 경제협력개발기구(OECD)와 국제상설도로협회(PIARC) 및 다수의 국가에서 제시하고 있으며, 본 지침에서는 그림 10.5와 같이 예시한다.

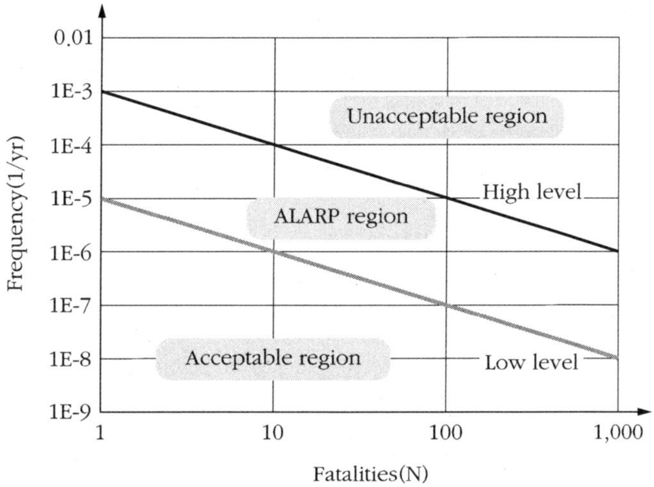

그림 10.5 사회적 위험도 평가기준

(나) 그림에서 Unacceptable 영역은 사회적으로 위험수준을 받아들일 수 없는 영역을 의미한다.

(다) Acceptable 영역은 사회적으로 받아들이기에 충분히 낮은 위험영역을 의미한다.

(라) ALARP 영역은 경제성을 고려하여 적극적인 노력에 의해서 위험수준을 낮춰야 하는 영역으로 정의된다.

5. 도로터널 화재안전기준

1) 수동식소화기

① 수동식소화기의 능력단위는 A급 화재에 3단위 이상, B급 화재에 5단위 이상 및 C급 화재에 적응성이 있는 것으로 할 것

② 수동식소화기의 총중량은 사용 및 운반이 편리성을 고려하여 7 kg 이하로 할 것

③ 수동식소화기는 주행차로의 우측 측벽에 50 m 이내의 간격으로 2개 이상을 설치하며, 편도 2차선 이상의 양방향 터널과 4차로 이상의 일방향 터널의 경우에는 양쪽 측벽에 각각 50 m 이내의 간격으로 엇갈리게 2개 이상을 설치할 것

④ 바닥면(차로 또는 보행로)으로부터 1.5 m 이하의 높이에 설치할 것

⑤ 소화기구함의 상부에 "소화기"라고 조명식 또는 반사식의 표지판을 부착하여 사용자가 쉽게 인지할 수 있도록 할 것

2) 옥내소화전설비

① 소화전함과 방수구는 주행차로 우측 측벽을 따라 50 m 이내의 간격으로 설치하며, 편도 2차선 이상의 양방향 터널이나 4차로 이상의 일방향 터널의 경우에는 양쪽 측벽에 각각 50 m 이내의 간격으로 엇갈리게 설치할 것

② 수원은 그 저수량이 옥내소화전의 설치개수 2개(4차로 이상의 터널의 경우 3개)를 동시에 40분 이상 사용할 수 있는 충분한 양 이상을 확보할 것

③ 가압송수장치는 옥내소화전 2개(4차로 이상의 터널인 경우 3개)를 동시에 사용할 경우 각 옥내소화전의 노즐선단에서의 방수압력은 0.35 MPa 이상이고 방수량은 190 l/min 이상이 되는 성능의 것으로 할 것. 다만, 하나의 옥내소화전을 사용하는 노즐선단에서의 방수압력이 0.7 MPa을 초과할 경우에는 호스접결구의 인입측에 감압장치를 설치하여야 한다.

④ 압력수조나 고가수조가 아닌 전동기 및 내연기관에 의한 펌프를 이용하는 가압송수장치는 주펌프와 동등 이상인 별도의 예비펌프를 설치할 것

⑤ 방수구는 40 mm 구경의 단구형을 옥내소화전이 설치된 벽면의 바닥면으로부터 1.5 m 이하의 높이에 설치할 것

⑥ 소화전함에는 옥내소화전 방수구 1개, 15 m 이상의 소방호스 3본 이상 및 방수노즐을 비치할 것

⑦ 옥내소화전설비의 비상전원은 40분 이상 작동할 수 있을 것

3) 비상경보설비

① 발신기는 주행차로 한쪽 측벽에 50 m 이내의 간격으로 설치하며, 편도 2차선 이상의 양방향 터널이나 4차로 이상의 일방향 터널의 경우에는 양쪽의 측벽에 각각 50 m 이내의 간격으로 엇갈리게 설치할 것.

② 발신기는 바닥면으로부터 0.8 m 이상 1.5 m 이하의 높이에 설치할 것

③ 음향장치는 발신기 설치위치와 동일하게 설치할 것. 다만, 비상방송설비의 화재안전기준(NFSC 202)에 적합하게 설치된 방송설비를 비상경보설비와 연동하여 작동하도록 설치한 경우에는 비상경보설비의 지구음향장치를 설치하지 아니할 수 있다.

④ 음량장치의 음량은 부착된 음향장치의 중심으로부터 1 m 떨어진 위치에서 90 dB 이상이 되도록 할 것

⑤ 음향장치는 터널 내부 전체에 동시에 경보를 발하도록 설치할 것

⑥ 시각경보기는 주행차로 한쪽 측벽에 50 m 이내의 간격으로 비상경보설비 상부 직근에 설치하고, 전체 시각경보기는 동기방식에 의해 작동될 수 있도록 할 것

4) 자동화재탐지설비

① 터널에 설치할 수 있는 감지기

(가) 차동식분포형감지기

(나) 정온식감지선형감지기(아날로그식에 한한다.)

(다) 중앙기술심의위원회의 심의를 거쳐 터널화재에 적응성이 있다고 인정된 감지기

② 하나의 경계구역의 길이는 100 m 이하로 하여야 한다.

③ 감지기의 설치기준은 다음과 같다. 다만, 중앙기술심의위원회의 심의를 거쳐 제조사 시방서에 따른 설치방법이 터널화재에 적합하다고 인정되는 경우에는 다음의 기준에 의하지 아니하고 심의결과에 의한 제조사 시방서에 따라 설치할 수 있다.

(가) 감지기의 감열부(열을 감지하는 기능을 갖는 부분)와 감열부 사이의 이격거리는 10 m 이하로, 감지기와 터널 좌·우측 벽면과의 이격거리는 6.5 m 이하로 설치할 것

(나) (가)의 규정에도 불구하고 터널 천장의 구조가 아치형의 터널에 감지기를 터널 진행방향으로 설치하고자 하는 경우에는 감열부와 감열부 사이의 이격거리를 10 m 이하로 하여 아치형 천장의 중앙 최상부에 1열로 감지기를 설치하여야 하며, 감지기를 2열 이상으로 설치하고자 하는 경우에는 감열부와 감열부 사이의 이격거리는 10 m 이하로 감지기 간의 이격거리는 6.5 m 이하로 설치할 것

(다) 감지기를 천장면(터널 안 도로 등에 면한 부분 또는 상층의 바닥 하부면)에 설치하는 경우에는 감기기가 천장면에 밀착되지 않도록 고정금구 등을 사용하여 설치할 것

(라) 형식승인 내용에 설치방법이 규정된 경우에는 형식승인 내용에 따라 설치할 것. 다만, 감지기와 천장면과의 이격거리에 대해 제조사의 시방서에 규정되어 있는 경우에는 시방서의 규정에 따라 설치할 수 있다.

④ 하나의 경계구역의 길이는 100 m 이하로 하여야 한 다음 규정에도 불구하고 감지기의 작동에 의하여 다른 소방시설 등이 연동되는 경우로서 해당 소방시설 등의 작동을 위한 정확한 발화위치를 확인할 필요가 있는 경우에는 경계구역의 길이가 해당 설비의 방호구역 등에 포함되도록 설치하여야 한다.

⑤ 발신기 및 지구음향장치는 제6조의 규정을 준용하여 설치한다.

5) 비상조명등

① 상시 조명이 소등된 상태에서 비상조명등이 점등되는 경우 터널 안의 차도 및 보도의 바닥면의 조도는 10 lx 이상, 그 외 모든 지점의 조도는 1 lx 이상이 될 수 있도록 설치할 것

② 비상조명등은 상용전원이 차단되는 경우 자동으로 비상전원으로 60분 이상 점등되도록 설치할 것

③ 비상조명등에 내장된 예비전원이나 축전지설비는 상용전원의 공급에 의하여 상시 충전상태를 유지할 수 있도록 설치할 것

6) 제연설비

① 제연설비는 다음 사양을 만족하도록 설계하여야 한다.

(가) 설계화재강도 20 MW를 기준으로 하고, 이 때 연기발생률은 80 m^3/s로 하며, 배출량은 발생된 연기와 혼합된 공기를 충분히 배출할 수 있는 용량 이상을 확보할 것

(나) (가)의 규정에도 불구하고 화재강도가 설계화재강도 보다 높을 것으로 예상될 경우 위험도분석을 통하여 설계화재강도를 설정하도록 할 것

② 제연설비는 다음의 기준에 따라 설치

(가) 종류환기방식의 경우 제트팬의 소손을 고려하여 예비용 제트팬을 설치하도록 할 것

(나) 횡류환기방식(또는 반횡류환기방식) 및 대배기구 방식의 배연용 팬은 덕트의 길이에 따라서 노출온도가 달라질 수 있으므로 수치해석 등을 통해서 내열온도 등을 검토한 후에 적용하도록 할 것

(다) 대배기구의 개폐용 전동모터는 정전 등 전원이 차단되는 경우에도 조작상태를 유지할 수 있도록 할 것

(라) 화재에 노출이 우려되는 제연설비와 전원공급선 및 제트팬 사이의 전원공급장치 등은 250℃의 온도에서 60분 이상 운전상태를 유지할 수 있도록 할 것

③ 제연설비의 기동은 자동 또는 수동으로 기동될 수 있도록 설치
(가) 화재감지기가 동작되는 경우
(나) 발신기의 스위치 조작 또는 자동소화설비의 기동장치를 동작시키는 경우
(다) 화재수신기 또는 감시제어반의 수동조작스위치를 동작시키는 경우
④ 비상전원은 60분 이상 작동할 수 있도록 하여야 한다.

7) 연결송수관설비

연결송수관설비는 다음의 기준에 따라 설치하여야 한다.
① 방수압력은 0.35 MPa 이상, 방수량은 400 l/min 이상을 유지할 수 있도록 할 것
② 방수구는 50 m 이내의 간격으로 옥내소화전함에 병설하거나 독립적으로 터널출입구 부근과 피난연결통로에 설치할 것
③ 방수기구함은 50 m 이내의 간격으로 옥내소화전함 안에 설치하거나 독립적으로 설치하고, 하나의 방수기구함에는 65 mm 방수노즐 1개와 15 m 이상의 호스 3본을 설치하도록 할 것

8) 무선통신보조설비

① 무선통신보조설비의 무전기접속단자는 방재실과 터널의 입구 및 출구, 피난연결통로에 설치하여야 한다.
② 라디오 재방송설비가 설치되는 터널의 경우에는 무선통신보조설비와 겸용으로 설치할 수 있다.

9) 비상콘센트설비

① 비상콘센트설비의 전원회로는 단상교류 100 V 또는 220 V인 것으로서, 그 공급용량은 1.5 kVA 이상인 것으로 할 것
② 전원회로는 주배전반에서 전용회로로 할 것. 다만, 다른 설비의 회로의 사고에 따른 영향을 받지 아니하도록 되어 있는 것에 있어서는 그러하지 아니하다.
③ 콘센트마다 배선용 차단기(KS C8321)를 설치하여야 하며, 충전부가 노출되지 아니하도록 할 것
④ 주행차로의 우측 측벽에 50 m 이내의 간격으로 바닥으로부터 0.8 m 이상 1.5 m 이하의 높이에 설치할 것

10) 물분무소화설비

① 물분무헤드는 도로면에 1 m^2당 6 l/min 이상의 수량을 균일하게 방수할 수 있도록 할 것
② 물분무설비의 하나의 방수구역은 25 m 이상으로 하며, 3개 방수구역을 동시에 40분 이상 방수할 수 있는 수량을 확보할 것
③ 물분무설비의 비상전원은 40분 이상 기능을 유지할 수 있도록 할 것

연습문제

01. 도로터널에 설치하는 소화기구의 설치기준에 대하여 기술하시오.

02. 터널 내의 차로수가 4차로인 터널 내에 옥내소화전설비를 설치할 경우 가압송수장치의 용량 및 전용 수원의 양을 구하시오.

03. 위험도지수기준 등급이 1등급 이상인 터널에 설치하는 물분무소화설비의 헤드는 도로면의 1 m^2의 방수량은 얼마인가?

04. 터널의 방재시설용 비상전원의 성능에 대하여 기술하시오.

05. 발신기의 음향장치의 음량은 얼마 이상이어야 되는가?

06. 자동화재탐지설비의 설치대상 터널 및 설치기준에 대하여 기술하시오.

07. 영상유고감지설비의 일반사항에 대하여 기술하시오.

08. 피난연결통로의 설치기준에 대하여 기술하시오.

09. 승용차, 버스 및 화물차량, 위험물 수송차량의 화재시뮬레이션을 위한 화재강도는 각각 얼마인가?

10. 도로터널에 설치하는 무정전전원설비의 설치지침에 대하여 기술하시오.

11. 관리소의 관리지침에 대하여 기술하시오.

참고문헌

1) 소방방재청, 국가화재안전기준, 2009년 개정편
2) 일진사, 손봉세, 소화시스템공학, 2001
3) 한국화재연구소, 여용주, 수계소화설비공학, 스프링클러편 2006.4
4) 일진사, 장기석, 기계유체역학 2007.8
5) 건기원, 손봉세 외 3인, 기초 유체역학, 2006.7
6) NFPA, 미국, NFPA Hand book, 1997
7) NFPA, 미국, Automatic Sprinkler System, 1997
8) 동화기술, 김엽래 외 5인, 최신 소방기계시설론, 2008.9
9) 현대중공업, 펌프핸드북, 2000.9
10) 성인당, 남상욱, 소방시설의 설계 및 시공, 2008.4
11) 형설출판사, 오규형 외 4인, 소화약제화학, 2005.8
12) 신광문화사, 차시환 외 1인, 소방약제화학, 2004.3
13) 국토행양부, 도로터널 방재시설 설치지침, 2008

찾아보기

소화기구 및 피난설비 포함
수계소화시스템공학 정가 25,000원

인 쇄 2009년 9월 1일 초판 1쇄
발 행 2013년 9월 10일 2 판 1쇄
저 자 손봉세
발행인 정우용
발행처 도서출판 동화기술
경기도 파주시 광인사길 201(문발동, 파주출판도시)
Tel (031)955-4211~6 donghwapub@nate.com
Fax (031)955-4217 www.donghwapub.co.kr
(등록) 1977년 12월 19일/9-16호

ISBN 978-89-425-1818-0